中美欧混凝土结构设计规范差异及实例分析

Differences and Case Analysis of Design Codes for Concrete Structures in China, America and Europe

李文平　编著

中国建筑工业出版社

图书在版编目（CIP）数据

中美欧混凝土结构设计规范差异及实例分析＝Differences and Case Analysis of Design Codes for Concrete Structures in China，America and Europe/李文平编著．—北京：中国建筑工业出版社，2023.6

ISBN 978-7-112-28531-0

Ⅰ．①中… Ⅱ．①李… Ⅲ．①混凝土结构-结构设计-设计规范-对比研究-中国、美国 Ⅳ．①TU370.4-65

中国国家版本馆 CIP 数据核字（2023）第 049682 号

中美欧混凝土结构设计规范差异及实例分析

Differences and Case Analysis of Design Codes for Concrete Structures in China，America and Europe

李文平 编著

*

中国建筑工业出版社出版、发行（北京海淀三里河路 9 号）

各地新华书店、建筑书店经销

霸州市顺浩图文科技发展有限公司制版

北京市密东印刷有限公司印刷

*

开本：787 毫米×1092 毫米 1/16 印张：31 字数：772 千字

2023 年 4 月第一版 2023 年 4 月第一次印刷

定价：**88.00** 元

ISBN 978-7-112-28531-0

（40822）

本书从一线设计实践的角度出发，对中、美、欧现行混凝土结构设计规范的有关规范规定、设计原则及设计方法进行系统介绍，并对某些热点问题及差异较大的内容加以对比分析，必要时通过实例进行验证。内容包括：欧美标准化体系简介，基本规定与要求（含荷载、材料与耐久性），结构模拟与分析，承载力极限状态的构件与节点设计，正常使用极限状态设计，构造规定与详细配筋以及结构抗震设计等。

本书已将我国最新通用规范系列及美国 ASCE/SEI 7-22 等新规范中的有关内容纳入，确保书中所有内容都符合各规范的最新版本，同时在关键之处给出新旧规范的区别，以避免读者混淆和误读。

本书可供混凝土结构研究人员、规范编制人员、工程设计人员及高等院校相关专业师生使用。

From the perspective of front-line design practice, this book systematically introduces the relevant code provisions, design principles and design methods of the current design codes for concrete structures in China, America and Europe, and make comparative analysis on some hot issues and contents with large differences, and verifies them through practical examples if necessary. The contents include: Introduction to European and American standardization system, general provisions and requirements (loads & combinations, materials and durability), structural modeling and analysis, ultimate limit states-design of structural members and joints/connections, serviceability limit states, structural provisions & detailed reinforcement and structural seismic design, etc..

This book has included the latest contents of Chinese general codes series and American ASCE/SEI 7-22 to ensure that all the contents in the book comply with the latest version of each code, and at the same time, the differences between the new and the old codes are shown at the key points to avoid confusing and misreading the readers.

This book can be used by concrete structure researchers, code preparation personnel, engineering designers, and teachers/students of relevant majors in colleges and universities.

* * *

策划编辑：武晓涛
责任编辑：刘婷婷
责任校对：王　烨

前　言

随着我国改革开放程度的不断深入及改革开放步伐的不断加大，工程设计领域的国际交流与合作也日益频繁和深入。改革开放40多年来，尤其是加入世界贸易组织（WTO）之后，国际设计团队纷纷进入中国市场，开展本土化交流及合作。然而，随着房地产及基础建设增速放缓及建筑业产能的过剩，房地产开发商、建筑承包商及设计团队也开始走出国门，开辟国际市场，尤其随着“一带一路”倡议的提出，走出国门的企业越来越多，进入更为广阔的国际市场。不可否认的是，现阶段的“走出去”，基本上以地产开发商及建筑承包商为主，设计单位大多只是“追随者”的角色，鲜有国内设计单位单枪匹马突围而出的情况，这并不代表着国内设计水平的低下，但却充分说明中国设计行业的国际化程度比较低。这种现状与科技实力有关，但主要原因还是国际交流与合作较少。虽然国际设计团队进入中国市场已有几十年，但我们没能利用好主场优势与国外同行进行深度而有价值的交流，造就了时下国内设计单位“走出去”的艰难。

在国外做设计无疑是更深度的国际交流，但对国内设计团队而言，除了项目所在国的市场准入条件之外，最主要的挑战就是设计规范（尤其是结构设计规范）的适用性问题。此时，中国规范不一定适用，项目所在国也不一定有自己的国家标准，应该采用何种规范进行设计，是必须要首先明确的问题。

全世界有200多个国家（地区），并非每个国家（地区）都有自己的结构设计规范。有没有本国或本地区的规范，基本上反映了该国家或地区的科技实力。部分发达国家及发展中国家的大国都有自己的规范；而绝大多数发展中国家的小国则没有，或者虽有部分结构设计规范，但往往局限于荷载规范、抗震规范等有区域特点的规范，未能发展为相对全面、系统的结构设计规范。这些没有本土规范的国家只能引进外来规范，且基本上是执行在本国有影响力的别的国家的设计规范。可见设计规范也存在国际影响力的问题，也是国家软实力的一种表现。若论20世纪结构设计规范的国际影响力，非英国规范与美国规范莫属，这也与两个国家之前的国际地位息息相关。

一般而言，项目所在地有自己的规范的，基本上要求采用项目所在地的规范。如美国、日本等发达国家，均有自己的国家规范。部分欧盟成员国，在欧洲规范（The Eurocodes）实施之前执行本国的国家规范，随着欧洲规范于2002—2007年先后推出，各成员国的国家规范在完成过渡期后被废除，开始执行统一的欧洲规范，但允许以欧洲规范为基础附加适合于本国特殊情况的标题、前言及“国家附录（National Annex）”，这些附加信息必须是欧洲规范中没有的信息，也不允许与欧洲规范有任何冲突。比如在英国，虽然规范名称仍然冠以“British Standard”，但除了标题、前言及国家附录，其核心内容已经是完整的欧洲规范了。

项目所在国如没有自己的国家规范，情况就比较复杂。大部分国家是直接采用其他国家的规范作为工程设计依据，或以别国规范为基础稍作修改从而形成自己所谓的国家规范

（如新加坡的CP 65就是以英国规范BS 8110修改而成），但往往难成体系。哪国的规范会被别国采用，有地缘、语言及历史等方面的原因，也有科技实力方面的原因。比如，很多英联邦国家采用英国规范，很多北非国家采用法国规范，独联体国家采用俄国规范，欧盟成员国统一采用欧洲规范等，这些是基于地缘、语言及历史等因素；而东南亚、中东等许多国家采用美国规范，则主要是基于美国的科技实力。

我国结构设计规范的制订及修订工作，秉承一贯独立自主的政策，不断修改完善，推陈出新，目前在全面性、系统性方面已达到或接近欧美规范的水平，具备了“走出去”的基础。事实也表明，部分周边国家已经开始尝试使用中国规范，中东、中亚、拉美地区的国家也逐渐接受中国开发商或EPC总承包工程采用中国规范进行设计。例如，中信国际合作公司EPC（设计＋采购＋建设）总承包的巴西焦化厂项目，即采用中国规范设计。如何使我国规范具有更广泛的影响力，还需要多方努力及探索。

总体来看，我国结构设计规范尚存在一些不足之处，表现在协调性、严谨性与创新性不够，有些规范条文过于教条、僵化且不合时宜，有些规范条文又很任性、随意且不给出合理解释，规范内部及规范间的协调性还有待提高，条文间互相引用的做法还有待规范化。上述问题显示出我国规范的制修订工作与国际接轨的程度相对较浅，因此，还需在学习、借鉴及吸收发达国家既有成果方面下一番功夫。

我国设计规范、设计团队或设计人员“走出去”的过程中，将不可避免地会发生我国规范与欧美规范的碰撞问题。因此，通过全面比较中国规范与欧美规范，有助于今后在规范制修订工作中做到取长补短、兼收并蓄，逐步提高中国规范的国际化水平。同时，从设计实践的角度，结构设计人员通过直接对比欧美规范与自己所熟悉的中国规范，可以清楚地认识到结构设计的原则和底线在哪里，引导结构设计人员站在一个更高的视角对各国规范进行审视和研究，知其然更知其所以然，针对重点关注问题可从各国规范中梳理出自己的见解，而不再是盲从。总而言之，通过这种横向对比的方式，设计人员将更易于了解欧美规范的内容，是学习和借鉴欧美规范最好的途径。这也是本书写作想要达到的最低目标。

对于绝大多数结构工程师而言，对欧美规范的了解或学习有三个层次：

（1）泛泛而又浅层次的科普式了解。这种学习的目的不是为了学以致用，而是为了丰富知识、增长见识，没有明显的专业性特征；

（2）聚焦于设计方面的探究式了解。这种学习已经具备明显的专业性特征，但往往关注的是与自己专业密切相关的某个方面或某几个方面，比如“中美欧规范之间有无超出正常可靠度（安全度）差异的重大偏差”及“中美欧规范的结构可靠度（安全度）究竟有多大差异”等有专业价值的课题；

（3）着眼于设计实践应用的系统性学习。这种学习具有强烈的目的性、系统性与专业性。本书内容基本上可满足以上三个层次的读者需求。

目前，以中美欧规范对比为题材的专业文献中，大多仅以某一具体课题为主要内容，全面、系统地介绍规范对比的专业书籍相对较少。《中美欧混凝土结构设计》（中国建筑工业出版社，2007）一书首次向国内读者介绍了规范对比相关内容，但作为设计从业者，或许是书中内容过于丰富的缘故，总觉得与规范对比无关的基本知识、基础理论的内容偏多，而规范条文对比分析的内容以及能直接指导设计实践的内容偏少，这样的内容编排对于研究工作或规范制修订工作可能有较大的帮助，但结构设计人员使用起来就觉得不够直接、不够解渴。此外，《中美欧混凝土结构设计》出版时间为 2007 年，所参考的三部规范均已过时，例如中国规范 GB 50010 已经由 2002 年版更新为 2015 年版；美国规范 ACI 318 则由 2005 年版历经 2008 年版、2011 年版、2014 年版及 2019 年版四次更新，且 2014 年版作了重大的调整，目录结构发生了很大变化，内容也丰富了很多，篇幅从 2005 年版的 430 页增加至 2014 年版的 519 页，2019 年版更增加至 623 页；欧洲规范 EN 1992-1-1：2004 升级为 EN 1992-1-1：2004＋A1：2014，其中经过两次勘误（2008 年和 2011 年）及一次修订（A1：2014）。

本书写作所依据的混凝土结构设计规范如下：中国规范为 2015 年版《混凝土结构设计规范》，规范编号为 GB 50010—2010；美国规范为 2019 年版《Building Code Requirements for Structural Concrete》，规范编号为 ACI 318-19；欧洲规范为 2014 年英国版《Eurocode 2：Design of Concrete Structure - Part 1-1 General Rules and Rules for Buildings》，规范编号为 BS EN 1992-1-1：2004＋A1：2014。三者均为最新版本。其中，美国规范因采用英制单位，本书会将有关公式及数值按英制单位与国际单位制同时给出，以方便其与中国规范及欧洲规范的对比。

本书混凝土结构抗震部分的内容经历了一次重写。重写前的内容基于 ASCE/SEI 7-16 及其所参考的资源文件 FEMA P-750/2009。FEMA P-1050/2015 虽早于 ASCE/SEI 7-16，但因为时间间隔太短，ASCE/SEI 7-16 未纳入其修订和更新内容。之后 2020 年版 FEMA P-2082/2020 面世，尽管又有很多修订和更新的内容，但笔者当时依然基于 ASCE/SEI 7-16 进行介绍，只是增加了一些对关键修订和更新内容的简单介绍。直到 ASCE/SEI 7-22 发布，使得本书混凝土结构抗震部分的内容必须重写，因为 ASCE/SEI 7-22 同时纳入了 FEMA P-1050/2015 与 FEMA P-2082/2020 的新增内容，从形式到内容都发生了很大的变化，本书原内容已经显得不合时宜，权衡之下只好重写。加上期间新发布的 2021 年版模式建筑规范 IBC 2021 也需要研读，因此笔者又用了半年的时间来学习、消化这些重要的新规范，确保在本书最终成稿时所有内容都与现行的或即将实施的最新规范一致。这种在写作过程中不断纳新的实践是本书出版时间推迟的主要原因。

上述专业文献的现状也直接影响和决定了本书的内容编排与写作方法。本书摒弃了对基本知识与基础理论的阐述，仅针对设计实践中设计者所真正关心的结构设计问题，结合规范条文进行三本规范的横向对比，尤其是对三本规范的上下边界及设计结果有重大差异的内容进行重点对比分析及点评，必要时通过实例作进一步说明。点评中如涉及基础理论，将根据具体情况决定是否展开论述。

本书中出现的规范名称或其他外文著作名称，均以原文出现而不统一给出译名。主要基于以下考虑：相信本书读者具备读懂英文书名的能力而无须翻译；中文译名往往不够准确也很难统一，不利于读者检索。当然，如能同时给出中英文书名会更好，但会占用较多的篇幅，在本书内容多到必须努力精简和压缩的情况下，这样的做法也非笔者所愿。

他山之石可以攻玉。即便我们的日常工作与欧美规范本身没有任何关系，但规范作为人类对成熟理论与实践经验的总结，有助于拓展我们的知识领域、增长我们的专业见识、丰富我们的实践经验，也必将有助于提升我们解决复杂工程问题的能力。当我们纠结于一些模棱两可或莫名其妙的规范条文而不知如何自处时，当我们纠缠于对规范条文的不同解读而争论不休时，我们是否可以把规范的表层意思放一放，深入探究一下规范条文背后更本质的东西呢？如果你不能从围绕中国规范的有关文献资料中得到解答，不妨看一看欧美的规范，也许会有意想不到的收获。

不可否认的是，我国结构设计规范近 40 年的发展，既是靠自身力量孜孜以求、不断探索、开拓创新的结果，也有博采众长、借鉴和参考国外规范的成分。对此，规范编制组从不讳言对欧美规范的参考引用，这从各主要规范的条文说明中可见一斑。我国最新发布实施的 22 部通用规范，在“起草说明”中也都提到：“编制组在国家现行相关工程建设标准基础上，认真总结实践经验，参考了国外技术法规、国际标准和国外先进标准，并与国家法规政策相协调，经广泛调查研究和征求意见，编制了本规范。”可见，在对待国际先进规范时，既不应妄自菲薄，也不应妄自尊大，坦诚交流、兼收并蓄才是正确的态度。借用赵国藩老师于 2007 年 9 月为《中美欧混凝土结构设计》一书所作序言中的原话：“该书的出版不仅有利于我国土木工作者学习和吸收国外的先进经验，尤其对于我国加入 WTO 后我国标准与国际标准的接轨，参与国际竞争具有非常重要的意义。”在此，一并向该书三位作者及赵国藩老师致敬。

本书写作的初衷是立足于设计工作实践，基于中美欧现行结构设计及相关规范，力求全面、系统地介绍有关规范规定、设计原则及设计方法，并就设计人员普遍关心的规范内容进行比较或点评，以期达到“一书在手，走遍中美欧”的目的。然而，尽管作者有此美好的愿望，本书仍然只是帮助广大读者快速了解中美欧规范的一部参考书，而不应将本书作为规范或标准对待，如本书内容与相关规范或标准的内容有偏差，应以规范或标准为准。且因笔者水平有限，恐于此心愿之处愧对读者。

写作的过程，既是作品产出的过程，也是自我学习的过程，本书自立意开始至最终完稿耗时近 4 年，熬过了美国规范 ACI 318-19 与 IBC 2021 的出版，也熬过了中国系列通用技术规范及美国荷载与抗震规范 ASCE/SEI 7-22 的发布与实施，并适时将新规范中新增或修订的内容纳入本书，确保所有参考规范在本书最终成稿之时都是最新版本。同时，书中重点提示了新旧规范的区别，以避免读者混淆和误读。写作期间，笔者查阅了海量的中英文资料，参考文献中除“欧洲规范的背景文件”外，所列文献均有涉及，且对部分文献资料进行了深入的研读。

本书的写作异常辛苦，日间工作繁重，唯有晚间、周末与节假日可用来写作。同学、同事、同行们闲暇之余都在微信群与朋友圈中热烈互动，而我则独坐青灯之下，或埋首阅读，或伏案写作，孤寂而清冷，谈不上苦心孤诣，但也算呕心沥血了。鉴于本人水平有限，对中外规范的理解尚不够透彻，内容偏颇之处还望读者海涵并不吝赐教。

目　录

第一章　绪论 ………………………………………………………… 1

第一节　欧洲结构设计规范体系简介 ……………………………… 2

第二节　美国建筑技术规范体系简介 ……………………………… 16

第三节　中美欧混凝土结构设计规范简介及编排特点 ………… 29

第二章　结构设计基础 ……………………………………………… 36

第一节　结构系统要求 ……………………………………………… 37

第二节　极限状态设计 ……………………………………………… 41

第三节　荷载与荷载组合 …………………………………………… 51

第四节　材料 ………………………………………………………… 86

第五节　耐久性 ……………………………………………………… 121

第三章　结构模拟与分析 …………………………………………… 134

第一节　模拟与分析的基本概念 …………………………………… 135

第二节　中国规范对模拟分析的基本要求 ………………………… 157

第三节　美国规范的模拟与分析方法 ……………………………… 164

第四节　欧洲规范的模拟与分析方法 ……………………………… 174

第五节　英国混凝土规范的模拟与分析方法 ……………………… 186

第六节　中美欧规范在模拟分析方面的异同 ……………………… 190

第四章　承载力极限状态——结构构件与节点设计 ……………… 216

第一节　截面强度与强度折减系数 ………………………………… 217

第二节　板的设计 …………………………………………………… 247

第三节　梁的设计 …………………………………………………… 285

第四节　柱的设计 …………………………………………………… 314

第五节　墙的设计 …………………………………………………… 330

第六节　基础设计 …………………………………………………… 342

第七节　膜的设计 …………………………………………………… 344

第八节　节点设计 …………………………………………………… 347

第九节　结构整体性 ………………………………………………… 359

第五章　正常使用极限状态 ………………………………………… 367

第一节　中国规范的正常使用极限状态 …………………………… 367

第二节　美国规范的正常使用极限状态 …… 372
第三节　欧洲规范的正常使用极限状态 …… 375
第四节　中美欧规范正常使用极限状态对比分析 …… 383

第六章　构造规定与详细配筋 …… 387

第一节　钢筋的锚固与延伸 …… 388
第二节　钢筋的连接 …… 405
第三节　大直径钢筋与并筋 …… 413
第四节　弯钩与弯曲直径 …… 416
第五节　中美欧规范的差异 …… 422
第六节　配筋经济性的设计考虑 …… 428

第七章　混凝土结构抗震设计 …… 430

第一节　抗震设计水准 …… 431
第二节　抗震设计参数 …… 435
第三节　抗震设计响应谱 …… 445
第四节　模拟与分析方法 …… 457
第五节　构件强度设计原则 …… 461
第六节　位移控制原则 …… 468

参考文献 …… 473

Contents

Chapter Ⅰ Introduction ······ 1

Section 1 Introduction to European Structural Design Code System ······ 2

Section 2 Introduction to American Structural Design Code System ······ 16

Section 3 Organization Characteristics of Structural Concrete Code in China, America and Europe ······ 29

Chapter Ⅱ Basic Provisions and Requirements ······ 36

Section 1 Structural System Requirements ······ 37

Section 2 Limit State Design ······ 41

Section 3 Load and Load Combination ······ 51

Section 4 Material ······ 86

Section 5 Durability ······ 121

Chapter Ⅲ Structural Modeling and Analysis ······ 134

Section 1 Basic Concepts of Modeling and Analysis ······ 135

Section 2 Basic Requirements for Modeling Analysis of Chinese Codes ······ 157

Section 3 Modeling and Analysis Method of American Codes ······ 164

Section 4 Modeling and Analysis Method of European Codes ······ 174

Section 5 Modeling and Analysis Method for British Concrete Code ······ 186

Section 6 Differences of Modeling and Analysis Method of Codes in China, America and Europe ······ 190

Chapter Ⅳ Ultimate Limit States—Design of Structural Members and Joints/Connections ······ 216

Section 1 Sectional Strength and Strength Reduction Factors ······ 217

Section 2 Design of Slabs ······ 247

Section 3 Design of Beams ······ 285

Section 4 Design of Columns ······ 314

Section 5 Design of Walls ······ 330

Section 6 Design of Foundations ······ 342

Section 7 Design of Diaphragms ······ 344

Section 8 Design of Joints/Connections/Anchors ······ 347

Section 9 Structural Integrity ······ 359

Chapter Ⅴ Serviceability Limit States ······ 367

Section 1 Serviceability Limit State of Chinese Codes ······ 367
Section 2 Serviceability Limit State of American Codes ······ 372
Section 3 Serviceability Limit State of European Codes ······ 375
Section 4 Comparative Analysis of Serviceability Limit States in China, America and Europe ······ 383

Chapter Ⅵ Structural Provisions and Detailed Reinforcement ······ 387

Section 1 Anchorage of Reinforcement in Concrete ······ 388
Section 2 Splices of Reinforcement ······ 405
Section 3 Large Diameter Reinforcement and Bundled Reinforcement ······ 413
Section 4 Hooks and Bend Diameter ······ 416
Section 5 Differences of Codes in China, America and Europe ······ 422
Section 6 Design Considerations for Economical Reinforcement Detailing ······ 428

Chapter Ⅶ Seismic Design of Concrete Structure ······ 430

Section 1 Seismic Design Level ······ 431
Section 2 Seismic Design Parameters ······ 435
Section 3 Seismic Design Response Spectrum ······ 445
Section 4 Modeling and Analysis Method ······ 457
Section 5 Member Strength Design Criteria ······ 461
Section 6 Displacement Control Criteria ······ 468

References ······ 473

第一章 绪 论

笔者在查阅有关介绍或涉及欧美规范的中文文献时，遇到最大的问题是无从查证所引用欧美规范的出处，即便是国家标准或行业标准的条文说明，在参考或引用欧美规范时，也经常语焉不详，能够完整给出规范编号与出版发布年份的不多，例如“参考美国 ACI 318 规范”——有编号无年份，有时甚至连编号都没有，只表示“参考美国 ACI 规范”，更有甚者干脆以“参考国外有关规范”一带而过。

像“参考国外有关规范”这样的说辞，反正无从查证，反倒断了读者溯本追源的念头，但对于“参考美国 ACI 规范”这类说辞，则很容易将有志于钻研的读者带到信息的海洋中而迷失方向，毕竟 ACI 只是美国混凝土协会的简称而不是某部规范的代号，且 ACI 编制的规范多达几十部，谁知道所引用的是哪一部规范？即便具体到了某部规范，如混凝土结构设计规范 ACI 318，因版本更新较为频繁（3 年更新一次）且经历过较大的调整（2011 年版至 2014 年版），如不能定位到具体的版次，仍难以查证。

我国现行规范中还有引用早就被废止的规范（如 UBC 97、ATC 3-06）的情况。除非这些过时的外国规范对我们来说有特别的意义，否则这样的参考引用都是与时代脱节的表现。

统一建筑规范（Uniform Building Code，简称 UBC）曾经是抗震设计的引领者。2000 年以前，其他国家所采用的美国通用规范多为 UBC，我国《建筑抗震设计规范》参考引用最多的也是 UBC。但实际上，UBC 已经是一个实实在在的历史文件，自 2000 年 IBC 2000 面世，UBC 已退出历史舞台。人们怀念 UBC，主要原因是 UBC 97 以附录的方式给出了除美国以外的世界各地的地震分区表，包括中国一些大城市的地震分区，如北京为 Seismic Zone 4、成都为 Seismic Zone 3 等。这是其他规范没有的，包括其替代品 ASCE 7 及 IBC 也没有。至于 UBC 规范的其他内容，作为一部已经过时的规范，笔者认为其不再具备研究与比较的价值，尤其是用来与现行中国规范作比较，更没有实际意义。但即便在 UBC 已经退役 20 多年的今天，有国内同行仍误以为 UBC 是美国的国家规范，其实 UBC 在美国从来都只是一部适用于西部各州的区域性规范，始终没有成为过国家规范。

美国应用技术委员会（Applied Technology Council，简称 ATC）于 1978 年发布的《建筑物抗震规则暂行规定》ATC 3-06，是美国第一部抗震设计文件，也是当前美国抗震设计标准的基础，具有里程碑式意义。美国国家地震减灾项目（NEHRP）创立并由联邦应急管理局（FEMA）接管抗震设计标准的开发管理后，对原始文件进行了协商一致的修改，并于1985年发布了第一版《NEHRP建议抗震规定》，ATC 3-06随即废止。目前《NEHRP建议抗震规定》的最新版本为2020年版，预计ASCE/SEI 7-22及IBC 2024中的有关抗震设计内容均追随2020年版作出相应修改，这从此前三部规范的紧密互动、密切协调中可以预期。

考虑到大多数国内同行对欧美规范缺乏全面了解，因此笔者认为有必要费些笔墨对欧美规范体系作一个比较全面、系统的介绍，帮助读者在宏观层面了解欧美规范。

第一节　欧洲结构设计规范体系简介

一、欧洲的主要国际组织与外围组织

因本节内容中频繁提到欧洲的一些国际组织及相关概念，为了帮助读者准确理解其含义，有必要先系统介绍一下欧洲的主要国际组织及其相互关系。

1. 欧洲联盟（EU）

欧洲联盟（European Union），简称欧盟（EU），总部设在比利时首都布鲁塞尔，由欧洲共同体（European Community，又称欧洲共同市场）发展而来。欧盟在经济方面的重大意义是欧洲统一大市场的建立。统一大市场的目标是逐步取消各种非关税壁垒，包括有形障碍（海关关卡、过境手续、卫生检疫标准等）、技术障碍（法规、技术标准）和财政障碍（税别、税率差别），实现商品、人员、资本和服务的自由流通。其中就包括本书所涉及的工程服务（设计与咨询）与工程承包等内容。

欧盟重要的机构和组织包括欧洲理事会（欧盟中枢）、欧洲委员会（行政）、欧洲议会（立法）、欧盟理事会（立法）、欧洲法院（司法）及欧洲中央银行。

（1）欧洲理事会（European Council）

是欧盟中枢机构，由成员国的国家元首组成，负责总体战略和优先事项。理事会主席由成员国选举得出，每届最长任期两年半。

（2）欧盟委员会（European Commission）

是欧盟的行政机构，也称为欧盟执委会，是欧盟的常设执行机构，大致相当于一个国家系统当中的政府，负责维护欧盟条约和管理日常事务，制定欧盟年度预算和相应监督工作，还是欧盟立法的唯一发起者，在世界各峰会、谈判和国际组织中代表欧盟。委员会成员由欧盟理事会任命，并由欧洲议会批准。

（3）欧洲议会（European Parliament）

是欧盟事实上的两院制立法机关之一，相当于下议院（众议院）。与传统的立法机构不同，欧洲议会不能提出立法动议，但如果一项法律未能得到议会批准就无法获得通过。议会还负责谈判和批准欧盟预算，并监督欧盟委员会。

（4）欧盟（部长）理事会（Council of the EU）

为了防止与欧洲理事会混淆，欧盟理事会也称为部长理事会，是欧盟的第二个立法机构，相当于上议院（参议院）。由欧盟成员国政府部长组成，代表各成员国利益。

2. 欧洲自由贸易联盟（EFTA）

欧洲自由贸易联盟（European Free Trade Association，简称EFTA）又称为“小自

由贸易区”。目前，欧洲自由贸易联盟共有 4 个成员国：冰岛、列支敦士登、挪威、瑞士。EFTA 的宗旨是逐步取消成员国之间工业品的关税和其他贸易壁垒，实现内部自由贸易。

3. 欧洲经济区（EEA）

欧洲经济区（European Economic Area，简称 EEA）最早是由欧洲共同体 12 国和奥地利、芬兰、冰岛、挪威、瑞典 5 国组成的自由贸易区，目前已发展至 30 个成员国，是当今世界最大的自由贸易区。欧洲经济区内的货物、人员、服务及资金可自由流动，欧洲经济区成员国与欧盟成员国之间可以自由贸易，但必须遵守大部分欧盟法律。

欧洲经济区并无涵盖所有成员的常设机构，主要由欧洲自由贸易联盟监察委员会及欧洲自由贸易联盟法院管理，二者类似于于欧盟的欧洲委员会和欧洲法院。

4. 欧元区

欧元区是指欧洲联盟中使用欧元的成员国区域，如德国、法国、意大利、荷兰、比利时、卢森堡、爱尔兰、西班牙、葡萄牙、奥地利、芬兰、立陶宛、拉脱维亚、爱沙尼亚、斯洛伐克、斯洛文尼亚、希腊、马耳他、塞浦路斯等。

5. 申根国家

1985 年 6 月 14 日，德国、法国、荷兰、比利时和卢森堡 5 国在卢森堡边境小镇申根（Schengen）签署了《关于逐步取消共同边界检查协定》（又称《申根协定》），意在取消各成员国之间的边境，统一欧共体各国安全和难民政策。其中，协定第四条内容是：相互承认各国给予非欧共体成员国公民的签证。这一条大大方便了非欧盟国家的公民通行。目前，申根国已增加至 26 个。申根国中除挪威、冰岛和瑞士外均为欧盟国家；相反，爱尔兰是欧盟国家，但不是申根国。

二、欧洲标准制定机构简介

1. 欧洲标准及其制定机构

欧洲标准（European Standards，简称 EN）泛指由三个公认的欧洲标准化组织 CEN、CENELEC 和 ETSI 制定并采用的标准。其中，CENELEC 主要负责电工技术领域的标准化工作，ETSI 主要负责电信领域的标准化工作，CEN 则负责其他领域的标准化工作，包括建筑行业。同时，CENELEC 与 CEN 还建立了一个名为“共同的欧洲标准化组织”的联合机构，简称 CEN/CENELEC，并规定 EN 和 ENV 标准采用同一种编号系统，40000 以下的编号属于 CEN 标准，50000 以上的属于 CENELEC 标准，介于其中的则属于 CEN/CENELEC 标准。

2. 欧洲标准委员会简介

欧洲标准委员会（Comité Européen de Normalisation，简称 CEN）是欧洲标准（European Standards）的制定机构之一，有关建筑行业的欧洲标准由 CEN 负责。CEN 的全球合作伙伴主要是国际标准化组织（ISO）及国际电工委员会（IEC）。

CEN 的标准化活动由 CEN 技术理事会（TB）指导，该理事会全面负责执行 CEN 的工作方案；标准则由技术委员会（TC）制定。每个技术委员会都有自己的业务领域（范围），在该领域内制定并执行标准的工作计划。真正的标准制定则由工作组承担，工作组由 CEN 成员任命但以个人身份发言的专家组成，共同完成标准的起草及制定。

3. CEN 与国际标准化组织（ISO）的合作

（1）国际标准化组织（ISO）简介

1946 年 10 月，25 个国家标准化机构的代表在伦敦召开大会，决定成立新的国际标准化机构。1947 年 2 月 23 日，国际标准化组织（ISO）正式成立，其宗旨是："在全世界范围内促进标准化工作的开展，以便于国际物资交流和服务，并扩大在知识、科学、技术和经济方面的合作。"

ISO 是国际标准化领域中一个十分重要的组织。许多人已注意到，"ISO"与国际标准化组织（International Organization for Standardization）的英文首字母缩写并不相同，为什么不是 IOS 呢？其实 ISO 并不是其全称首字母的缩写，而是一个词，来源于希腊语 isos，意为"相等"。从"相等"到"标准"，内涵上的联系使 ISO 成为该组织的名称。

ISO 标准内容广泛，从基础的原材料到紧固件、轴承等半成品和成品，其技术领域涉及信息技术、交通运输、农业、保健和环境等。迄今为止，ISO 已经发布了 17000 多个国际标准，如公制螺纹、A4 纸张尺寸等都有相应的标准，包括著名的 ISO 9000 质量管理系列标准。

（2）CEN 与 ISO 的合作情况

1991 年，国际标准化组织（ISO）与欧洲标准委员会（CEN）于奥地利维也纳签署了技术合作协议，即《维也纳协议》，主要目的是避免 CEN 与 ISO 标准之间的重复。该协议承认 ISO 标准的首要地位，在此原则下，CEN 采纳了大量的 ISO 标准以取代相应的 CEN 标准。协议还规定了协作制定标准的两种基本模式：ISO 牵头的模式和 CEN 牵头的模式。在这两种模式下，一个机构内制定的文件可被另一个机构同时批准。表 1.1-1 所示为 ISO 制定的标准，可以被 CEN 直接采用；表 1.1-2 所示为 CEN 制定的标准，得到了 ISO 的认可与批准。

与欧洲规范相关的 ISO 标准（ISO Standards related to EN Eurocodes）　　表 1.1-1

ISO 2394	General principles on reliability for structures
ISO 3898	Basis for design of structures-Notations-General symbols
ISO 13822	Bases for design of structures-Assessment of existing structures
ISO 10137	Basis for design of structures-Serviceability of buildings against vibrations
ISO 12494	Atmospheric icing of structures
ISO 9000	Quality management and quality assurance-Vocabulary
	Quality management systems-Fundamentals and vocabulary
ISO 2631	Mechanical vibration and shock-Evaluation of human exposure to whole-body vibration
ISO 4355	Bases for design of structures-Determination of snow loads on roofs
ISO 13847	Welding steel pipeline
ISO 18273	Welding consumables-Wire electrodes, wires and rods for arc welding of aluminium and aluminium alloys-Classification
ISO 11003	Adhesives-Determination of shear behaviour of structural adhesives

与欧洲规范相关的 EN ISO 标准（EN ISO Standards related to EN Eurocodes） 表 1.1-2

EN ISO 13501	Fire classification of construction products and building elements
EN ISO 1363	Fire resistance tests
EN ISO 17760	Permitted welding process for reinforcement
EN ISO 15630	Steel for the reinforcement and prestressing of concrete: Test methods
EN ISO 12944	Paints and vanishes. Corrosion protection of steel structures by protective paint systems
EN ISO 28970	Timber structures. Testing of joints made with mechanical fasteners requirements for wood density
EN ISO 14688	Geotechnical investigation and testing-Qualification and description of soil
EN ISO 14689	Geotechnical investigation and testing-Description of rock
EN ISO 15630	Steel for the reinforcement and prestressing of concrete: Test methods

4. European Standards（欧洲标准）与 The Eurocodes（欧洲规范）

"European Standards"（欧洲标准）与"The Eurocodes"（欧洲规范），无论是原文和译文，字面意思似乎没有区别，但作为"术语"的定义却有很大差别："European Standards"（欧洲标准）泛指由 CEN、CENELEC 和 ETSI 发布的标准，涉及各行各业；"The Eurocodes"（欧洲规范）则特指"European Standards"（欧洲标准）中的结构设计标准（Structural Eurocodes），是 CEN 为建筑和土木工程设计及建筑产品制定的一整套欧洲标准。二者是包含与被包含的关系。

每个欧洲标准都有一个以"EN"开头的唯一代码标识，欧洲规范（The Eurocodes）作为欧洲标准的成员也不例外。但在早期的欧洲规范出版物中，也经常出现编号以"ENV"或"prEN"开头的情况，令很多中国读者感到不解。现解释如下：

编号以"EN"开头是指被 CEN 作为欧洲标准而批准的正式版本；

编号以"ENV"开头是指被 CEN 作为预备标准而出版的临时版本，用于随后转换为欧洲标准 EN；

编号以"prEN"开头是指正在准备中（in preparation），还未正式发行。

当某一欧洲标准转换为成员国的国家标准后，该标准编号会在原欧洲标准编号前面加上该国家的标识代码，比如 EN 1997-1：2004 Eurocode 7：Geotechnical design—Part 1：General rules 这部欧洲标准，被英国转换为国家标准后，标准编号就变成 BS EN 1997-1：2004。

三、欧洲规范

1. 欧洲规范概况

欧洲规范（The Eurocodes）是欧洲标准（European Standards）中的结构设计标准，是欧洲标准的一部分，属于 CEN 的管理范围。欧洲规范（The Eurocodes）由 10 部欧洲结构设计标准（EN 1990～EN 1999）组成。每一部规范（除了 EN 1990）都包含若干分册（Part），共有 62 个分册。

欧洲规范的内容涵盖所有主要建筑材料（混凝土、钢、木材、砖石和铝）、结构工程的所有主要领域（结构设计基础、荷载、火灾、岩土工程、地震等）以及各种类型的结构和产品（建筑物、桥梁、塔架、桅杆、筒仓等），为建筑和其他土木工程以及建筑产品的设计提供了一个通用的方法。

欧洲规范（The Eurocodes）在 CEN 技术委员会 250（CEN/TC250）的指导和协调下制定。CEN 成员国在 CEN/TC250 及其分委会中均有代表。CEN/TC250 全面负责所有 CEN 结构设计规范的工作，包括后期维护与修订。

2. 欧洲规范的构成

“The Eurocodes”实际上特指“欧洲结构设计规范”，是欧洲建筑规范体系的核心，由以下各部分构成：

EN 1990 Eurocode：Basis of Structural Design（结构设计基础，简称 EC 0）

EN 1991 Eurocode 1：Actions on Structures（结构上的作用，简称 EC 1）

EN 1992 Eurocode 2：Design of Concrete Structures（混凝土结构设计，简称 EC 2）

EN 1993 Eurocode 3：Design of Steel Structures（钢结构设计，简称 EC 3）

EN 1994 Eurocode 4：Design of Composite Steel and Concrete Structures（钢与混凝土混合结构设计，简称 EC 4）

EN 1995 Eurocode 5：Design of Timber Structure（木结构设计，简称 EC 5）

EN 1996 Eurocode 6：Design of Masonry Structure（砌体结构设计，简称 EC 6）

EN 1997 Eurocode 7：Geotechnical Design（岩土工程设计，简称 EC 7）

EN 1998 Eurocode 8：Design of Structures for Earthquake Resistance（结构抗震设计，简称 EC 8）

EN 1999 Eurocode 9：Design of Aluminium Structures（铝结构设计，简称 EC 9）

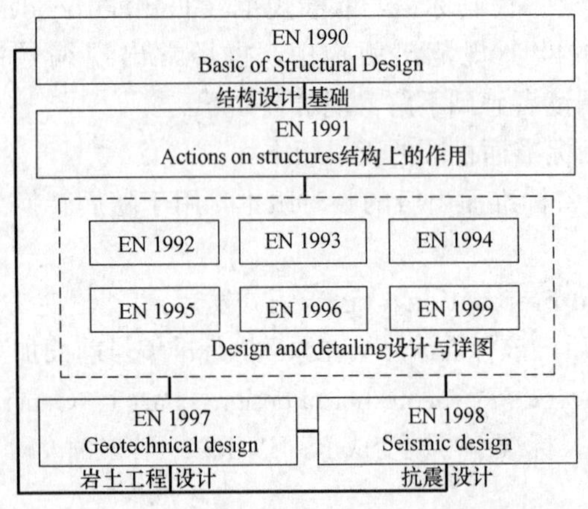

图 1.1-1　欧洲规范的构成情况及相互关系

图 1.1-1 形象地表达了欧洲规范的构成情况及相互关系。其中，EN 1990 好似结构欧洲规范的头（the key head Eurocode），EN 1991 如同脖颈，EN 1992、EN 1993、EN 1994、EN 1995、EN 1996 及 EN 1999 如同躯干，EN 1997 及 EN 1998 则如同双腿。

笔者搜集有关介绍欧美结构设计规范的中文资料时，发现参考引用过时或废止规范版本的情况非常普遍，甚至某些顶级研究机构和受政府资金资助的项目也经常出现这类情况。为避免类似情况，也为了读者搜索的方便，现将欧洲规范（The Eurocodes）所有 62 个分册最新版本的编号、出版日期及英文全称列举如表 1.1-3 所示。

欧洲规范编号及最新发布日期（Date of Availability，简称 DAV）　　表 1.1-3

序号	规范编号	发布日期	标题
1	EN 1990:2002/A1:2005/AC:2010	2010-04-21	Eurocode:Basis of structural design
2	EN 1991-1-1:2002/AC:2009	2009-03-18	Eurocode 1:Actions on structures-Part 1-1:General actions-Densities，self-weight，imposed loads for buildings

续表

序号	规范编号	发布日期	标题
3	EN 1991-1-2:2002/AC:2013	2013-02-06	Eurocode 1: Actions on structures-Part 1-2: General actions-Actions on structures exposed to fire
4	EN 1991-1-3:2003/A1:2015	2015-09-02	Eurocode 1-Actions on structures-Part 1-3: General actions-Snow loads
5	EN 1991-1-4:2005/A1:2010	2010-04-07	Eurocode 1: Actions on structures-Part 1-4: General actions-Wind actions
6	EN 1991-1-5:2003/AC:2009	2009-03-11	Eurocode 1: Actions on structures-Part 1-5: General actions-Thermal actions
7	EN 1991-1-6:2005/AC:2013	2013-02-06	Eurocode 1: Actions on structures Part 1-6: General actions-Actions during execution
8	EN 1991-1-7:2006/A1:2014	2014-06-04	Eurocode 1: Actions on structures-Part 1-7: General actions-Accidental actions
9	EN 1991-2:2003/AC:2010	2010-02-17	Eurocode 1: Actions on structures-Part 2: Traffic loads on bridges
10	EN 1991-3:2006/AC:2012	2012-12-05	Eurocode 1: Actions on structures-Part 3: Actions induced by cranes and machinery
11	EN 1991-4:2006/AC:2012	2012-11-21	Eurocode 1: Actions on structures-Part 4: Silos and tanks
12	EN 1992-1-1:2004/A1:2014	2014-12-17	Eurocode 2: Design of concrete structures-Part 1-1: General rules and rules for buildings
13	EN 1992-1-2:2004/A1:2019	2019-05-15	Eurocode 2: Design of concrete structures-Part 1-2: General rules-Structural fire design
14	EN 1992-2:2005/AC:2008	2008-07-30	Eurocode 2: Design of concrete structures-Concrete bridges-Design and detailing rules
15	EN 1992-3:2006	2006-06-21	Eurocode 2: Design of concrete structures-Part 3: Liquid retaining and containment structures
16	EN 1992-4:2018	2018-09-26	Eurocode 2: Design of concrete structures-Part 4: Design of fastenings for use in concrete
17	EN 1993-1-1:2005/A1:2014	2014-05-07	Eurocode 3: Design of steel structures-Part 1-1: General rules and rules for buildings
18	EN 1993-1-2:2005/AC:2009	2009-03-18	Eurocode 3: Design of steel structures-Part 1-2: General rules-Structural fire design
19	EN 1993-1-3:2006/AC:2009	2009-11-11	Eurocode 3: Design of steel structures-Part 1-3: General rules-Supplementary rules for cold-formed members and sheeting
20	EN 1993-1-4:2006/A2:2020	2020-12-23	Eurocode 3: Design of steel structures-Part 1-4: General rules-Supplementary rules for stainless steels
21	EN 1993-1-5:2006/A2:2019	2019-07-31	Eurocode 3: Design of steel structures-Part 1-5: Plated structural elements
22	EN 1993-1-6:2007/A1:2017	2017-04-26	Eurocode 3: Design of steel structures-Part 1-6: Strength and Stability of Shell Structures

续表

序号	规范编号	发布日期	标题
23	EN 1993-1-7:2007/AC:2009	2009-04-15	Eurocode 3:Design of steel structures-Part 1-7: Plated structures subject to out of plane loading
24	EN 1993-1-8:2005/AC:2009	2009-07-29	Eurocode 3:Design of steel structures-Part 1-8: Design of joints
25	EN 1993-1-9:2005/AC:2009	2009-04-01	Eurocode 3: Design of steel structures-Part 1-9:Fatigue
26	EN 1993-1-10:2005/AC:2009	2009-03-25	Eurocode 3:Design of steel structures-Part 1-10: Material toughness and through-thickness properties
27	EN 1993-1-11:2006/AC:2009	2009-04-29	Eurocode 3:Design of steel structures-Part 1-11: Design of structures with tension components
28	EN 1993-1-12:2007/AC:2009	2009-04-29	Eurocode 3:Design of steel structures-Part 1-12: Additional rules for the extension of EN 1993 up to steel grades S 700
29	EN 1993-2:2006/AC:2009	2009-07-22	Eurocode 3: Design of steel structures-Part 2: Steel Bridges
30	EN 1993-3-1:2006/AC:2009	2009-07-01	Eurocode 3-Design of steel structures-Part 3-1: Towers,masts and chimneys-Towers and masts
31	EN 1993-3-2:2006	2006-10-25	Eurocode 3: Design of steel structures-Part 3-2: Towers,masts and chimneys-Chimneys
32	EN 1993-4-1:2007/A1:2017	2017-06-28	Eurocode 3:Design of steel structures-Part 4-1:Silos
33	EN 1993-4-2:2007/A1:2017	2017-06-14	Eurocode 3: Design of steel structures-Part 4-2:Tanks
34	EN 1993-5:2007/AC:2009	2009-05-13	Eurocode 3:Design of steel structures-Part 5:Piling
35	EN 1993-6:2007/AC:2009	2009-07-01	Eurocode 3: Design of steel structures-Part 6: Crane supporting structures
36	EN 1994-1-1:2004/AC:2009	2009-04-15	Eurocode 4: Design of composite steel and concrete structures-Part 1-1:General rules and rules for buildings
37	EN 1994-1-2:2005/A1:2014	2014-02-26	Eurocode 4: Design of composite steel and concrete structures-Part 1-2: General rules-Structural fire design
38	EN 1994-2:2005/AC:2008	2008-07-30	Eurocode 4: Design of composite steel and concrete structures-Part 2: General rules and rules for bridges
39	EN 1995-1-1:2004/A2:2014	2014-05-07	Eurocode 5:Design of timber structures-Part 1-1: General-Common rules and rules for buildings
40	EN 1995-1-2:2004/AC:2009	2009-03-11	Eurocode 5:Design of timber structures-Part 1-2: General-Structural fire design
41	EN 1995-2:2004	2004-11-24	Eurocode 5: Design of timber structures-Part 2:Bridges
42	CEN/TS 19103:2021	2021-11-17	Eurocode 5: Design of Timber Structures-Structural design of timber-concrete composite structures-Common rules and rules for buildings

续表

序号	规范编号	发布日期	标题
43	EN 1996-1-1:2022	2022-04-06	Eurocode 6:Design of masonry structures-Part 1-1:General rules for reinforced and unreinforced masonry structures
44	EN 1996-1-2:2005/AC:2010	2010-10-27	Eurocode 6:Design of masonry structures-Part 1-2:General rules-Structural fire design
45	EN 1996-2:2006/AC:2009	2009-09-30	Eurocode 6:Design of masonry structures-Part 2:Design considerations,selection of materials and execution of masonry
46	EN 1996-3:2006/AC:2009	2009-10-07	Eurocode 6:Design of masonry structures-Part 3:Simplified calculation methods for unreinforced masonry structures
47	EN 1997-1:2004/A1:2013	2013-11-06	Eurocode 7:Geotechnical design-Part 1:General rules
48	EN 1997-2:2007/AC:2010	2010-06-02	Eurocode 7:Geotechnical design-Part 2:Ground investigation and testing
49	EN 1998-1:2004/A1:2013	2013-02-20	Eurocode 8:Design of structures for earthquake resistance-Part 1:General rules,seismic actions and rules for buildings
50	EN 1998-2:2005/A2:2011	2011-09-28	Eurocode 8:Design of structures for earthquake resistance-Part 2:Bridges
51	EN 1998-3:2005/AC:2013	2013-08-07	Eurocode 8:Design of structures for earthquake resistance-Part 3:Assessment and retrofitting of buildings
52	EN 1998-4:2006	2006-07-05	Eurocode 8:Design of structures for earthquake resistance-Part 4:Silos,tanks and pipelines
53	EN 1998-5:2004	2004-11-24	Eurocode 8:Design of structures for earthquake resistance Part 5:Foundations,retaining structures and geotechnical aspects
54	EN 1998-6:2005	2005-06-08	Eurocode 8:Design of structures for earthquake resistance-Part 6:Towers,masts and chimneys
55	EN 1999-1-1:2007/A2:2013	2013-12-04	Eurocode 9:Design of aluminium structures-Part 1-1:General structural rules
56	EN 1999-1-2:2007/AC:2009	2009-10-14	Eurocode 9:Design of aluminium structures-Part 1-2:Structural fire design
57	EN 1999-1-3:2007/A1:2011	2011-08-31	Eurocode 9:Design of aluminium structures-Part 1-3:Structures susceptible to fatigue
58	EN 1999-1-4:2007/A1:2011	2011-08-31	Eurocode 9:Design of aluminium structures-Part 1-4:Cold-formed structural sheeting
59	EN 1999-1-5:2007/AC:2009	2009-11-04	Eurocode 9:Design of aluminium structures-Part 1-5:Shell structures
60	CEN/TS 19100-1:2021	2021-11-17	Design of glass structures-Part 1:Basis of design and materials

续表

序号	规范编号	发布日期	标题
61	CEN/TS 19100-2:2021	2021-11-17	Design of glass structures-Part 2: Design of out-of-plane loaded glass components
62	CEN/TS 19100-3:2021	2021-11-17	Design of glass structures-Part 3: Design of in-plane loaded glass components and their mechanical joints

注：AC（Amendments Corrigendum）表示此次修订仅包括勘误内容；A1（Amendments 1）表示第1次修订。

3. 欧洲规范的效力

在国家层面，CEN成员必须遵守CEN/CENELEC国际条例，该条例给予欧洲规范不允许作任何修改的国家标准的地位。当各成员国把欧洲规范转换为国家标准使用时，出版物必须附上欧洲规范的全文（包括附录），仅允许附加标题、前言及“国家附录”，而且这些附加信息必须是欧洲规范中没有的信息，且不能与欧洲规范有任何的冲突。

在市场和社会层面，欧洲通过法规或指令规定了商品投放市场时必须满足的基本要求，从而规范和引导建筑市场向欧洲规范倾斜和靠拢，例如：

Construction Products Regulation（建筑产品法规）；

Public Procurement Directive（公共采购指令）；

Services Directive（服务指令）；

Directive on the provision of information in the field of technical standards and regulations（关于在技术标准和法规领域提供信息的指令）。

根据《公共采购指令》，CEN成员国必须接受基于欧洲规范的设计。欧洲规范将成为所有公共工程合同的标准技术规格书，如果提出替代设计，必须证明其在技术上等同于欧洲规范解决方案。

换言之，公共建筑强制使用欧洲规范。而私人建筑虽然没有强制要求，但在各方压力下，大多数私人建筑除了使用欧洲规范以外也别无选择。

4. 欧洲规范在CEN成员国的启用

欧洲规范（The Eurocodes）整体于2007年5月完成全部出版工作，至2010年3月共存期结束，开始在CEN成员国中全面实施。每个欧洲规范分册的实施分为四个阶段：翻译期、国家校准期、共存期和全面实施期。

（1）翻译期

欧洲规范有英语、法语、德语三种官方版本，每一个独立分册正式发布后，由CEN成员的国家标准化机构（NSB）负责翻译成自己国家的语言，允许翻译的最长时间为发布日期（DAV）后12个月。

（2）国家校准期

欧洲规范是适用于所有CEN成员国的技术规范，但由于成员国之间存在的主观（设计文化、结构分析方法与安全水平）与客观（地理、地质或气候条件）差异，很难在技术领域完全达成一致。因此，欧洲规范承认CEN各成员国监管当局的责任，并保障其在国家层面对安全事项相关数据监管的权利。这些数据因国家而异，欧洲规范通过在“国家附录”中引入“国家确定参数”（NDPs），较好地解决了这一矛盾。

成员国的国家标准化组织（NSB）应在发布日期（DAV）后最多2年内确定“国家确定参数”。如果欧洲规范分册不包含对“国家确定参数”开放的选项，或者欧洲规范分册与成员国无关（例如对于某些国家的抗震设计分册），则不需要“国家附录”。

“国家附录”可附加在相应的欧洲规范正文之后，但必须与欧洲规范主体部分分开装订和出售。例如，现行的英国国家标准“BS EN 1990”采用“EN 1990＋A1”的形式，即主体部分采用欧洲规范 EN 1990：2002，“国家附录”采用 A1：2005。

（3）共存期

在国家校准期之后的共存期内，可以使用欧洲规范分册，也可以使用任何现有的国家标准。欧洲规范包的最长共存期为国家公布最后一个分册后3年。当 NSB 撤销了所有相互冲突的国家标准时，共存期即告终止，并确保在必要时修改相关规定，使欧洲规范所有分册适用而不产生歧义。因此，一个规范包中所有冲突的国家标准应在规范包中最后一个标准的发布日期（DAV）后最长5年内撤销。

（4）全面实施期

共存期结束即进入全面实施期，以及维护与修订的周期。关于欧洲规范的修订，除非情况紧迫，否则通常应每5年修订一次。欧洲规范是将成员国的不同设计传统结合在一起并加以协调的长期实践的结果。同时，成员国在环境条件和生活方式方面的差异也要求其应用欧洲规范时应具有灵活性。

通过选择相同的数值和方法，无疑可促进成员国间产品和服务的自由流通，保证建筑工程的高度安全性，因此，欧洲规范在今后仍需进一步协调，主要目标如下：

- 不同设计文化和结构分析方法所导致的欧洲规范中的“国家确定参数”持续减少；
- 通过对推荐值的严格使用来减少“国家确定参数”及其变化；
- 成员国的安全水平逐步调整并尽可能趋同。

5. 欧洲规范的特点与使用方法

欧洲规范（The Eurocodes）体现了国家级的经验和研究成果以及 CEN 技术委员会250（CEN/TC250）和国际科技组织（International Technical and Scientific Organisations）的专业能力，代表了先进的结构设计标准。欧洲规范的灵活性使其成为可供其他国家或地区参考的结构设计基础，得到了全球广泛认可。

欧洲规范的编排体系合理、紧凑、全面，基本涵盖了建筑与土木工程的所有材料、荷载和结构体系，并包含结构防火设计。相应的结构设计规范中不仅包含普通的房屋建筑和桥梁，部分规范还涉及塔、烟囱、管道、仓储等特殊结构。

所有的欧洲规范都遵循一种共同的编写风格，规范中都包含“原则”和“应用规则”。原则由段落编号后面的字母P来标识，是指没有选择的一般陈述和定义，以及除非特别说明外不允许有选择的要求和分析模型。应用规则是符合原则并满足其要求的公认规则；也可使用替代规则，只要证明其符合原则即可，但由此产生的设计不能声称完全符合欧洲规范。

欧洲规范需要配套使用。例如，混凝土结构设计工程师考虑结构上的作用时，需参考 EN 1991；考虑各种混合作用时，需参考 EN 1990；考虑基础结构时，需参考 EN 1997，考虑地震因素时，则需参考 EN 1998 等。

6. 欧洲规范的背景文件

背景文件对成员国选择其“国家确定参数”的方法以及与欧洲技术核准文件（European Technical Approvals）有关的技术评估机构都有意义。对于一般用户，背景文件将解释技术规则的起源。

为方便有需要的读者能够及时、有效地在网上搜索到这些有价值的资料，本书将与欧洲规范有关的背景文件的书名及作者统一列入参考文献。

四、与欧洲规范相关的其他规范

欧洲建筑标准化体系是一个综合的设计标准体系，以欧洲规范（The Eurocodes）为核心，还包括材料和产品标准以及执行和测试标准，并以现有相关的ISO标准作为必要的补充。

在CEN系统内，CEN/TC 250全面负责建筑和土木工程领域的"结构设计规则"。CEN/TC 250与CEN的其他技术委员会协同工作，后者负责起草建筑行业所用材料和产品的规定，以及不同类型结构和测试方法的执行规定。这套一致的标准将与欧洲规范一起用于建筑和其他土木工程的设计和施工，包括设计规则、材料特性、结构和特殊工程的实施、建筑产品规格书以及质量控制等。

图1.1-2所示为欧洲建筑标准化体系的构成。

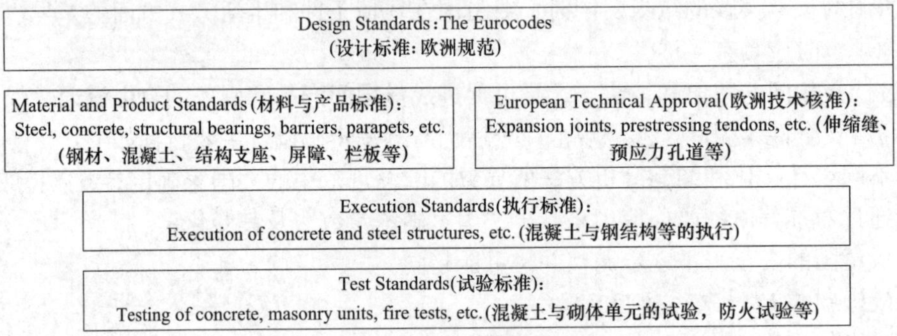

Design Standards:The Eurocodes
(设计标准:欧洲规范)

Material and Product Standards(材料与产品标准):
Steel, concrete, structural bearings, barriers, parapets, etc.
(钢材、混凝土、结构支座、屏障、栏板等)

European Technical Approval(欧洲技术核准):
Expansion joints, prestressing tendons, etc.(伸缩缝、预应力孔道等)

Execution Standards(执行标准):
Execution of concrete and steel structures, etc.(混凝土与钢结构等的执行)

Test Standards(试验标准):
Testing of concrete, masonry units, fire tests, etc.(混凝土与砌体单元的试验，防火试验等)

图1.1-2　欧洲建筑标准化体系

图1.1-3所示为欧洲建筑标准化体系中与混凝土工程相关的各类标准及其相互关系。

从图1.1-3可以看出，处于最上游的是各个国家的立法文件和行政指令，其次是欧洲规范（The Eurocodes）的龙头或总纲EN 1990，然后是欧洲规范核心成员之一的混凝土结构设计规范EN 1992。中间的EN 206是混凝土工程的技术规格书，从材料与产品方面为EN 1992提供技术与质量保障。与EN 1992直接相关的还有EN 13670及EN 13369，二者主要是从施工工艺方面为EN1992提供质量保障。混凝土是一种由多种材料组成的复合材料，因此还需要有混凝土各组成材料的产品标准，如EN 197及EN 12620等。右下角的一列则是与混凝土材料及混凝土结构有关的试验标准。有关执行标准、产品标准及试验标准等内容将在下文一一介绍，前文提及的一些标准编号也会在后文中给出完整的标准名称（见表1.1-4～表1.1-6），方便读者检索。

1. 执行标准（Execution Standards）

在建筑领域，欧洲标准化委员会CEN正在制定涵盖产品、材料和结构的欧洲标准。对于建筑物和其他土木工程的设计和施工，欧洲规范（The Eurocodes）应与执行标准结合使用。执行标准包括混凝土结构、钢结构、铝结构、特殊岩土工程以及岩土的实验室与

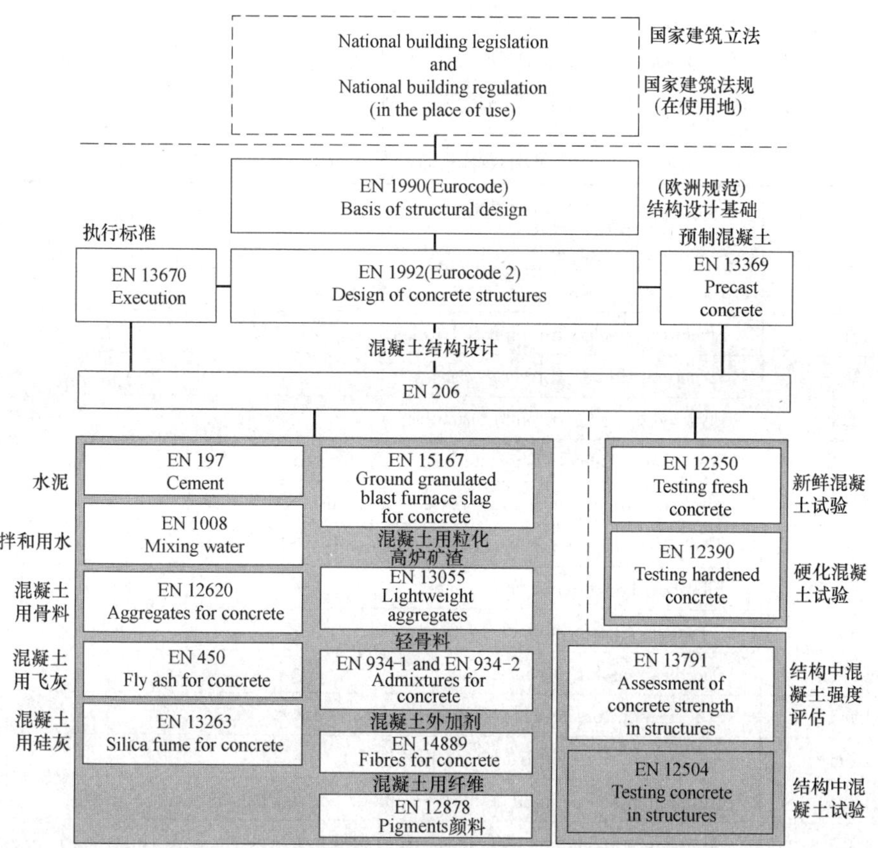

图 1.1-3 与混凝土工程相关各类标准及相互关系

现场试验等，类似于我国的施工规范。表 1.1-4 为常用执行标准。

与欧洲规范有关的常用执行标准 **表 1.1-4**

EN 13670	Execution of concrete structures
EN 1090	Execution of steel structures—Technical requirements
EN 1536	Execution of special geotechnical work—Bored piles
EN 1537	Execution of special geotechnical work—Ground anchors
EN 1538	Execution of special geotechnical work—Diaphragm walls
EN 14199	Execution of special geotechnical work—Micro piles
EN 12063	Execution of special geotechnical work—Sheet-pile walls
EN 12699	Execution of special geotechnical work—Displacement piles
EN 1011	Recommendations for arc welding of steels
EN 12732	Gas supply systems—Welding steel pipe work—Functional requirements
EN 25817	Arc-welded joints in steel:Guidance on quality levels for imperfections
EN 30042	Arc-welded joints in aluminium and its weldable alloys—Guidance on quality levels for imperfections

2. 产品标准（Product Standards）

产品标准确定了技术规格、性能等级、试验方法以及工厂生产和质量控制的要求，并与欧洲规范协调一致。表 1.1-5 列出了与欧洲规范相关的部分产品标准。

与欧洲规范相关的部分产品标准 **表 1.1-5**

EN 206	Concrete: Specification, performance, production and conformity
EN 10080	Steel for the reinforcement of concrete
EN 10138	Prestressing steels
EN 10155	Structural steels with improved atmospheric corrosion resistance
EN 338	Structural timber—Strength classes
EN 313	Plywood-Classification and terminology
EN 12369	Wood-based panels—Characteristic values for structural design
EN 14545	Timber structures—Connectors—Requirements
EN 14592	Timber structures—Fasteners—Requirements
EN 622	Fibreboards—Specifications
EN 636	Plywood—Specifications
EN 771	Specifications for masonry units
EN 845	Specification for ancillary components for masonry
EN 998	Specification for mortar for masonry
EN 754	Aluminium and aluminium alloys—Cold drawn rod/bar and tube
EN 755	Aluminium and aluminium alloys—Extruded rod/bar, tube and profiles
EN 1592	Aluminium and aluminium alloys—HF seam welded tubes
EN 515	Aluminium and aluminium alloys—Wrought products-Temper designations
EN 1337	Structural bearings
EN 12811	Temporary works equipment
EN 12812	Falsework. Performance requirements and general design
EN 13001	Crane safety
EN 1317	Road restraint systems

3. 试验标准（Test Standards）

试验标准用于确定根据欧洲规范进行建筑和其他土木工程结构设计所需材料和产品的性能。包括材料试验（如混凝土、砖石、木材和金属材料等）、无损试验以及燃烧试验方法等。表 1.1-6 为常用试验标准。

与欧洲规范相关的常用试验标准 **表 1.1-6**

EN 12350	Testing fresh concrete
EN 13791	Testing concrete
EN 12390	Testing hardened concrete
ENV 13381	Fire tests on elements of building construction
EN 1365	Test methods for fire resistance of load bearing elements

续表

EN 10002	Metallic materials—Tensile testing
EN 10045	Metallic materials—Charpy impact test
EN 594	Timber structures—Test methods-Racking strength and stiffness of timber frame wall panels
EN 1075	Timber structures—Test methods. Testing of joints made with punched metal plate fasteners
EN 1380	Timber structures—Test methods—Load bearing nailed joints
EN 1381	Timber structures—Test methods—Load bearing stapled joints
prEN 12512	Timber structures—Test methods—Cyclic testing of joints made with mechanical fasteners
EN 772	Methods of test for masonry units
EN 846	Methods of test for ancillary components for masonry
EN 1015	Methods of test for mortar for masonry
EN 1052	Methods of test for masonry
EN 571	Non-destructive testing-Penetrant testing
EN 13068	Non-destructive testing-Radioscopic testing
EN 444	Non-destructive testing—General principles for radiographic examination of metallic materials by X and gamma rays

4. 欧洲技术评估/核准文件（European Technical Assessment/Approvals，简称 ETA）

欧洲技术评估组织（European Organisation for Technical Assessment，简称 EOTA）是欧洲范围内的建筑产品技术评估机构协会，根据建筑产品法规（Construction Products Regulation，简称 CPR）建立。EOTA 网络（The EOTA network）是唯一允许欧洲创新或非标准建筑产品制造商通过 CE 标志将其产品推向欧洲市场的平台。欧洲技术评估/核准文件（ETA）由欧盟成员国和合作伙伴国家根据 CPR 为相关产品领域指定的技术评估机构（Technical Assessment Body，简称 TAB）发布。制造商可以向成员国为相关产品领域指定的任何 TAB 提交 ETA 请求。

ETA 程序允许制造商在没有统一标准的建筑产品上贴上 CE 标志。基于 ETA 的 CE 标志允许制造商在整个欧洲内部市场上自由营销其产品，并以较短的交付周期推出创新产品和新的产品功能。由此可见，ETA 是促进建筑产品自由流通的重要工具，也是加快新产品市场化应用的高效程序。

笔者理解这个 ETA 是在无相关标准规范支持的情况下，为新材料、新产品、新设备快速投放市场并投入应用而开辟的特殊通道，是一项鼓励研发投入、促进产品创新与技术创新的重要举措，值得我们学习。

5. ISO 标准

ISO 与 CEN 签署的《维也纳协议》，开启了 ISO 与 CEN 协作制定标准的新模式。《维也纳协议》确认了 ISO 标准的首要地位，但也认可 CEN 开发区域性标准的特殊必要性，意味着 CEN 没有但 ISO 已有的标准都可以拿来应用，因此现有的 ISO 标准可以作为 CEN 标准很好的补充。有关 ISO 与 CEN 的关系见前文，在此不再赘述。

第二节 美国建筑技术规范体系简介

美国的标准规范体系在专业方面的分工不明显，但行业分工的特点显著，如美国混凝土协会（ACI）及美国钢结构协会（AISC）就分别包揽了与混凝土及钢两种材料及结构设计相关的几乎所有标准规范。与建筑物及其他结构物的设计建造有关的标准规范，除防火、节能、结构、机械、管道、电气等专门的标准规范之外，还有涵盖建筑物及其内置物所有规定要求、集各专业规定要求之大成的“模式建筑规范”，有人形象地称之为“通用建筑规范”，这也是我国标准规范体系与欧洲标准规范体系所没有的。可见美国的建筑技术规范体系更为复杂，难以从结构规范层面讲清楚。因此，有必要对美国的标准规范体系作一个比较系统的介绍，否则总有以偏概全或断章取义之感，容易对读者造成误导。

美国的标准规范体系在过去的百年里经历了百花齐放、百家争鸣的繁荣阶段，但也难逃分久必合、合久必分的历史规律。进入 21 世纪后，美国规范标准体系发展的大趋势就是统合。这种统合基本上是在国际标准化组织（ISO）及美国国家标准学会（American National Standards Institute，简称 ANSI）所制定的一系列规则下完成的。

一、美国国家标准学会（ANSI）

美国具有独特的分散化标准体制：除各企业、公司制定标准之外，尚有近 400 个专业机构和学会、协会制定和发布各自专业领域的标准，总计参加标准化活动的则有 580 多个组织。美国庞大的标准规范体系导致了重叠、交织、不协调、不统一的现状，存在不少矛盾和问题。为此，数百个科技学会、协会组织和团体，均认为有必要成立一个专门的标准化机构，制定统一的通用标准。

ANSI 是美国国家标准学会（American National Standards Institute）的简称，由企业、政府和其他成员自愿组成。其任务是协商与标准有关的活动，审议美国国家标准，提高美国在国际标准化组织中的地位。

ANSI 是非营利性质的民间标准化组织，是美国国家标准化活动的中心。ANSI 本身不制定标准，标准均由相应的标准化团体、技术团体或行业协会制定，并秉持自愿原则将标准送交 ANSI 批准。ANSI 则遵循自愿性、公开性、透明性、协商一致性的原则，采用以下三种方式审批 ANSI 标准。

• 投票调查法：由有关单位负责草拟，邀请专家或专业团体投票，将结果报 ANSI 设立的标准评审会审议批准。

• 委员会法：由 ANSI 的技术委员会和其他机构组织的委员会的代表拟定标准草案，全体委员投票表决，最后由标准评审会审核批准。

• 挑选法：从各专业学会、协会制定的标准中，将其中较成熟且对全国普遍具有重要意义者，经 ANSI 各技术委员会审核后，提升为国家标准并冠以 ANSI 标准号和分类号，同时保留原专业标准代号。

ANSI 是美国国家标准的唯一认证机构，这种认证并非强制，经 ANSI 认证的标准也不具备法律效力，不要求强制执行。但因 ANSI 认证程序严格、可靠，经 ANSI 认证的标准更容易得到有关各方的信任。

通常，美国标准通过 ANSI 或美国国家标准化委员会（USNC）提交至国际标准化组织（ISO）和国际电工委员会（IEC），美国标准因此被全部或部分采用为国际标准。

二、美国的建筑技术法规与建筑规范体系

1. 美国建筑技术法规简介

美国是联邦制国家，联邦和各州都自成法律体系，即同时存在联邦法律与州法律，这决定了美国的建筑标准体系有其自身特色。联邦层面不负责且很少涉足建筑标准事务，几乎不介入建筑技术法规的制定过程，没有全国统一的建筑技术法规，也不对建筑施工负有监管责任。这部分事务属于各州级司法管辖权的职责范围，但各州政府也不负责编制标准规范。州政府负责建筑安全立法工作，由州、县、市政府颁布并实施建筑技术法规。

美国国家标准学会（ANSI）通过一定的程序将某一标准认可为国家标准（仍为自愿采用）后，该标准才可能被地方政府依法采用，从而成为某一方面或某一地区的法规。因此，不论是 I-Code，还是 NFPA 5000，都首先由 ANSI 认可为美国国家标准，后再被某些州、县、市依法采纳或在已被采用的法规中引用，从而成为技术法规，在其行政管辖区内具有法律效力。

2. 美国建筑规范体系

美国建筑规范体系由模式规范、行业共识标准及源文档三大部分构成。

（1）模式规范（Model Code）

模式规范是可以被任一司法管辖区依法采纳并成为辖区内法律（建筑法规）的规范，其名称中一般带有 Code。其中，模式建筑规范（Model Building Code）是模式规范中关于建筑物各组成要素及其相互关系的系统性规范，或者说是建筑物各组成要素的规范合集，特点是大而全，具有超越其他规范的地位。

（2）行业共识标准（Industry Consensus Standards）

随着模式建筑规范的发展，各行业（如混凝土、砖石、钢铁、木材）都建立了专业协会，并针对特定材料或系统制定了结构设计和施工的行业共识标准。

行业共识标准（简称行业标准）一般在封面上印有“Standard”，如 ACI 318-14 在封面最上方印有“An ACI Standard and Report”，这里的 Report 相当于 Commentary（条文说明）；ANSI/AISC 360-16 Specification for Structural Steel Buildings 在封面最上方印有“An American National Standard”；ASCE/SEI 7-16 在封面最上方印有“ASCE STANDARD”等。

（3）源文档（Resource Documents）

源文档是关于标准规范某些内容的原理、背景的阐述，也包括标准规范某些领域的最新研究成果。源文档常被标准规范引用。大多数标准规范采用参考文献的方式来体现源文档。

以上三部分有一定的层级关系。其中，模式规范的级别与权威性最高。

模式规范的数量较少，篇幅较短，以在不失全面性的前提下体现较高的系统性与概括性，类似于法律体系中的宪法地位。行业标准是对模式规范的补充及延伸，通常以摘录或直接引用的方式被模式规范采纳，如 IBC 2018 在第 19 章“User notes”中就明确：“Chapter 19 relies primarily on the reference to American Concrete Institute（ACI）318

Building Code Requirements for Structural Concrete”，但 IBC 2018 并非全文照搬 ACI 318-14，而是在“SECTION 1905”中列出了对 ACI 318-14 的所有修改之处。相比模式规范，行业标准所涉及的内容更详细、更具体、更专业，可直接指导工程设计、施工及检测等。这些专业标准大多由历史悠久、代表广泛的高水平学会、协会主编，具有较高的权威性及较广泛的认可度。

需要说明的是，美国建筑规范体系的三大部分并非严格的递进发展关系，在原则与标准趋同的大方向下，彼此既独立发展，又能通过模式规范进行有机的整合。可以说，美国规范体系已完成了由乱到治的过程，相较而言，我国的规范体系在这方面做得还不够。而欧洲规范体系是从无到有，起点较高，在统合方面相对做得比较好。

3. 模式规范转化为技术法规

鉴于模式建筑规范是将各种专业规范整合在一起的综合性规范，大多数的州县管辖区倾向于将其依法采纳为辖区内的通用建筑规范（General Building Code），也称为辖区内的建筑技术法规。

州政府在采用模式规范作为法规时，可以完全照搬，也可以根据本州的气候、地质和地貌情况（如是否有台风、地震等）做必要的修改、补充。州法规颁布后 180 天内，若县、市地方政府不采取立法程序将州法规转化成县、市地方法规，则州法规在县、市自动生效，且不能做任何修正；反之，若通过立法程序将州法规转化成县、市法规，则可以根据县、市的气候、地质、地貌条件对其进行修正。一般来说，修正后的县、市法规比州法规的要求更为严格。

通用建筑规范在美国有一个逐渐接受的过程，随着其不断发展和完善，已被越来越多的州县所接受和采纳。

4. 技术法规的执行

模式建筑规范一旦被州或地方政府依法采纳为技术法规，被授权执行建筑规范的机构称为具有管辖权的机构（AHJ）。在采用建筑规范的社区中，除非 AHJ 颁发“建筑许可证”，否则建造活动是非法的。在颁发许可证之前，AHJ 通常会审查设计文件是否由具有适当资格和执业许可的专业人员编写，是否符合建筑规范的技术要求。审查通过后，AHJ 将颁发建筑许可证，通常张贴在施工现场。

施工期间，AHJ 还会进行一系列检查，以确保建筑商正确执行设计。在建造商完成施工并提交文件证明建筑物已通过所有必要的检查后，AHJ 将颁发“使用许可证”，允许该结构向公众开放。

5. 美国建筑技术法规体系的特点

综上所述，美国建筑技术法规体系的特点可概括为以下几个方面：

（1）官方、民间分工明确。模式规范与行业标准大多由民间机构编制，官方（联邦及各州县市政府）不直接组织参与标准规范的编制，主要通过立法，使模式规范具有法律的地位，成为建筑技术法规。

（2）在美国只有州、县、市级的建筑技术法规，没有联邦（国家）级的建筑技术法规。联邦政府不颁布实施统一的建筑技术法规，相关工作由地方各级司法管辖区负责。

（3）ANSI 是美国国家标准的唯一认证机构，但这种认证并非强制，而是出于自愿原则。经 ANSI 认证的标准规范也不具备法律效力，不要求强制执行。

（4）美国有模式规范与行业共识标准之分。模式规范经各司法管辖区依法采纳而成为地方技术法规，具有强制性；行业共识标准大多经ANSI认证而成为美国国家标准，不具有强制性。模式规范大量引用行业共识标准，被引用的行业共识标准也随着模式规范的依法采纳而在司法管辖区内具有法律效力。

（5）标准规范的制修订程序比较完善。模式规范都有固定的修订周期，可及时改正规范中可能存在的错误，吸收新的技术成果，有利于规范的长期健康、稳定发展。与之配套的标准也都有完备的修订程序，可有效支撑模式规范的发展。

（6）配套有全面、系统的材料与试验标准。

（7）没有专门的地基基础或桩基规范。有关地基基础或桩基的内容一般仅以专题的形式散列于各个行业协会的标准体系之中，在模式建筑规范中通常也只占较少的篇幅，一直没有形成一部独立的岩土与地基基础方面的行业共识标准。

（8）基本采用英制单位制，给众多熟悉国际单位制的使用者带来不便。但随着国际交流日益频繁和密切，某些行业标准也开始提供国际单位制版。如ACI 318-14为英制版本，其国际单位制版本为ACI 318M-14；ASCE/SEI 7-16则同时给出了两种单位制，方便读者使用。

从规范体系的表现形式来分析，美国建筑结构规范体系与中国规范及欧洲规范相比，最大的不同就是美国有综合性的建筑物规范（Building Code）。所谓综合性的建筑物规范，可以理解为与建筑物设计有关的全专业规范，或集成建筑物各组成要素的规范合集。中国也有全专业的设计规范，比如《人民防空地下室设计规范》GB 50038—2005，内容涉及建筑、结构、暖通、给水排水与电气专业，但该规范仅适用于人防工程。

美国的综合性建筑物规范与专业规范之间的关系，按笔者的理解，有如"系统"与"部件"之间的关系，系统强调大而全，部件则强调专而精。比如，美国现行综合性建筑物规范IBC 2018，涵盖规划、建筑、结构、给水排水、暖通、电气、装修等专业以及消防、节能、垂直运输、特殊建筑及施工防护等专题内容，具体到结构专业，又涵盖荷载、抗震、地基基础、混凝土结构、砌体结构、钢结构、木结构等几乎所有结构设计内容。可以想见，这往往是维护其大而全的系统性所必需的，内容远达不到相应专业规范的深度。

简而言之，我们可以把美国的综合性建筑物规范视为纲领性的规范，是一部带有各部分内容简介的建筑规范大纲，包含了许多对其他组织颁布的标准的引用。

三、模式规范（Model Code）

1. 美国模式建筑规范的发展历程

在2000年以前，美国并不存在全国统一的模式建筑规范，而是以下3部模式建筑规范共存的局面。

（1）建筑官员与规范管理人联合会（Building Officials and Code Administrators International，简称BOCAI，始创于1915年）发布的"国家建筑规范"（National Building Code，简称NBC），主要在美国东北部及中部各州采用。NBC在防火和城市建设方面表现突出。

（2）南方建筑规范国际委员会（Southern Building Code Congress International，简称SBCCI，始创于1941年）发布的"标准建筑规范"（Standard Building Code，简称

SBC），主要是美国东南部各州采用。SBC 在抗风设计方面具有先进性。

（3）国际建筑官员会议（International Conference of Building Officials，简称 ICBO，始创于 1922 年）发布的“统一建筑规范”（Uniform Building Code，简称 UBC），主要是美国西部各州采用。UBC 是抗震设计的引领者。

1994 年，上述三个组织合并为单一组织，即国际规范理事会（International Code Council，简称 ICC），旨在制定全国统一的模式规范。

2000 年，ICC 发布了统一的模式建筑规范，即 I-Codes，包括“国际建筑规范”（IBC）、“国际住宅规范”（IRC）及“国际既有建筑规范”（IEBC）。其中，IBC 涉及几乎所有类型的建筑，包括住宅、商业、机构、政府建筑和工业结构；IRC 仅涉及独栋或联排别墅；IEBC 针对既有建筑。I-Codes 系列在世界各地得到了广泛应用。

目前，I-Codes 系列中有 15 部规范属于模式规范，其中 IBC 及 IRC 为模式建筑规范。而与 IBC 分庭抗礼的有美国国家消防协会的 NFPA 5000，该规范也属于模式建筑规范。

2. 国际规范理事会（ICC）及其模式规范

国际规范理事会（ICC）主要开发用于设计及建造的模式规范，以构建安全、经济、可持续和具有韧性的结构。

（1）I-Codes 系列

I-Codes 系列模式规范由以下 15 部组成（目前最新版本均为 2021 年版）：

- International Building Code（国际建筑规范），简称 IBC
- International Residential Code（国际住宅规范），简称 IRC
- International Mechanical Code（国际机械规范），简称 IMC
- International Plumbing Code（国际管道规范），简称 IPC
- International Fire Code（国际防火规范），简称 IFC
- International Fuel Gas Code（国际燃气规范），简称 IFGC
- International Energy Conservation Code（国际节能规范），简称 IECC
- International Existing Building Code（国际既有建筑规范），简称 IEBC
- International Wildland Urban Interface Code（国际荒地与城市界限规范），简称 IWUIC
- ICC Performance Code for Buildings and Facilities（建筑与设施性能规范），简称 ICCPC
- International Property Maintenance Code（国际物业管理规范），简称 IPMC
- International Zoning Code（国际区划规范），简称 IZC
- International Private Sewage Disposal Code（国际私有污水处理规范），简称 IPSDC
- International Swimming Pool and Spa Code（国际游泳池与温泉规范），简称 ISPSC
- International Green Construction Code（国际绿色建筑规范），简称 IGCC

虽然都是模式规范（Model Code），但这 15 本规范的地位并不相同。毫无疑问，IBC 是 I-Codes 系列的“家长”，IRC 则是 IBC 的“小弟”，但二者都可称为“通用规范”（General Code）。因为这两部规范都是“系统性”规范，涉及建筑设计的方方面面；而其余 13 部模式规范都是针对“系统性”规范的某个局部进行展开，只能算是 IBC 与 IRC 的“晚辈”。

ICC 的 15 部模式规范中，关于节能、防火及绿色建筑的规范在我国都有相对应的规范。此外，国际机械规范可以对应于我国的暖通专业通用规范，国际管道规范可以对应于我国的给水排水专业通用规范；与我国规范一样，生活热水系统被归为给水排水专业，供暖热水系统则被归为暖通专业。

国际防火规范（IFC）的情况较为特殊，类似于我国的建筑设计防火规范，但又不局限于建筑设计。谈到 IFC，就不能不提到美国国家消防协会（NFPA）的两部规范：NFPA 1 Fire Code 和 NFPA 5000 Building Construction and Safety Code，前者是涉及面较广的防火规范，后者是模式建筑规范（Model Building Code）。有关 NFPA 及其开发的主要规范，将在下文以专题的形式介绍。

（2）I-Codes 的应用情况

国际建筑规范（IBC）在美国国内得到了广泛采用，但各州对 IBC 的采纳情况不一，有的是局部采纳，有的则采纳其早期版本。

I-Codes 系列其他规范的采纳情况不如 IBC 广泛，例如，截至 2022 年 5 月，威斯康星州和密歇根州未采纳任何版本的国际住宅规范（IRC）；佛罗里达州、蒙大拿州、马里兰州、西弗吉尼亚州等未采纳任何版本的国际防火规范（IFC）。但总体而言，I-Codes 系列规范在美国的应用范围呈扩张态势。

在美国以外，I-Codes 可用于阿布扎比、哥伦比亚、格鲁吉亚、洪都拉斯、阿富汗、沙特阿拉伯等国家或地区以及加勒比共同体（由 15 个加勒比国家组成）。此外，ICC 还为世界各地的联合国建筑制定了基于性能的商业办公楼设计和建造准则。

（3）IBC 2021 简介

国际建筑规范（IBC）自 2000 年首次正式出版后，历经 2003、2006、2009、2012、2015 及 2018 年版，目前最新版本为 IBC 2021。

IBC 2021 内容可分为管理、技术规定和附录三大部分，共 35 章，15 个附录。各章主要内容见表 1.2-1。其中，第 1 章为管理，详细规定了 IBC 的目标和适用范围、与其他标准规范的关系、IBC 执行部门及相关人员的权责，以及对工程许可、地基和屋顶设计荷载、资料提交、临时结构及使用、收费、施工检查、使用证书、服务设施、申诉、违规、停工、不安全结构和设备等的管理。第 2～34 章为技术规定（第 2 章为术语），涉及生命财产安全、抗震、结构、防火、管道、环境、采光、供暖、无障碍、节能、可持续、场地、防潮、有毒物质、隔声、通风、卫生、排水及废物处理、热能装置、楼梯坡道等多项内容。

附录 A～O 共 15 个，当 IBC 被地方政府采纳为法规后，有的附录将被修改为强制性的，若未经修改则说明其仍然是非强制性的。

IBC 2021 各章主要内容 **表 1.2-1**

章	内容
1,2	Administration and definitions
3	Use and occupancy classifications

续表

章	内容
4,31	Special requirements for specific occupancies or elements
5,6	Height and area limitations based on type of construction
7～9	Fire resistance and protection requirements
10	Requirements for evacuation
11	Specific requirements to allow use and access to a building for persons with disabilities
12,13,27～30	Building systems,such as lighting,HVAC,plumbing fixtures,elevators
14～26	Structural components—performance and stability
32	Encroachment outside of property lines
33	Safeguards during construction
35	Referenced standards

由表 1.2-1 可见，IBC 2021 第 14～26 章属于结构专业的内容，而第 12、13 章和第 27～30 章属于设备专业的内容。

(4) IRC 2021 简介

国际住宅规范（IRC）是专门为独栋、双拼和不少于 3 个单元联排别墅的建造而开发的。单独开发此类专用规范的好处在于，用户在搜索适用条款时不需要浏览大量不适用于此类住宅建设的规范条款。IRC 仅适用于地面以上 3 层及 3 层以下的建筑，4 层以上的住宅建筑则属于 IBC 的适用范围。

IRC 本身是一套完整、全面的规范，涵盖住宅的所有组件，包括结构构件、壁炉和烟囱、隔热系统、机械系统、燃气系统、管道系统和电气系统等。

IRC 的独特之处在于，其大部分内容都以符合正常施工进度的有序格式呈现，从设计阶段开始，持续到最终修整阶段。这与 IRC 的“食谱”理念是一致的。

IRC 内容可分为八个主要部分：管理、定义、建筑规划及建设、节能、机械、燃气、管道和电气。

(5) IFC 2018 简介

国际防火规范（IFC）是一部模式规范，规定了新建和既有建筑物、设施、储存和工艺的最低消防安全要求，包括新建和既有建筑物、设施和工艺中的火灾预防、火灾保护、生命安全，以及危险材料的安全储存和使用问题。IFC 提供了一种全面控制所有建筑物和其他场所危险的方法，且不区分危害来自室内还是室外。

3. NFPA 及其规范简介

(1) NFPA 简介

NFPA 是 National Fire Protection Association（美国消防协会，也译为国家防火委员会）的简称，成立于 1896 年，是一个非营利的国际性的技术与教育组织，负责编制防火相关的标准、规范、操作规程、手册、指南及法规等。尽管 ICC 的异军突起使得 NFPA 逐渐式微，但 NFPA 毕竟有着百余年的积淀，作风顽强，仍然活跃在美国的科技界及工程界，尤其在涉及火灾、爆炸及其他危险源控制方面，具有不可取代的地位及作用。NFPA 的活跃程度从其修订及新版规范的频率可见一斑。迄今为止，NFPA 在消防、电气、化工、建筑及生命安全领域已发布了300多部标准规范，并在世界范围内得到应用。

NFPA最初曾加入ICC，一起致力于发展国际防火标准IFC，但由于不赞同ICC所编制的I-Code规范，后来退出了ICC，并自行制定NFPA 5000 Building Construction and Safety Code。目前来看，同为模式建筑规范，NFPA 5000的影响力和被采用范围不如IBC。二者之间的差异，用伦道夫·塔克（Randolph Tucker）的话来说是："主要区别在于，IBC习惯采用'你应该'这样的措辞，而NFPA 5000更多的是基于性能"（The main difference is that the IBC is couched in "you should" language，NFPA 5000 is more performance-based）。但在性能设计大行其道的今天，NFPA5000的分量无疑将得到增强。尤其是，NFPA 5000早在2003版就通过了ANSI的审核，成为美国国家标准。

（2）NFPA 5000简介

NFPA 5000 Building Construction and Safety Code，通常译为房屋建造和安全规范。NFPA 5000于2002年首次正式发布，目前最新版本为2018年版。NFPA 5000对建造许可、设计、施工、材料质量、使用和居住等方面作出规定，对相关领域内保护生命健康及财产安全、保障公共福祉和尽量减少伤害提出要求。

NFPA 5000是第一部使用美国国家标准学会（ANSI）认可的完全开放、基于共识的程序而制定的模式建筑规范。在此之前，建筑环境规范体系普遍缺乏使用ANSI流程开发的模式建筑规范，NFPA 5000正好填补了这项空白。

四、行业共识标准（The Industry Consensus Standards）

美国的行业共识标准多由行业协会主编，如美国混凝土协会（American Concrete Institute，简称ACI）主编的混凝土系列标准，美国钢结构协会（American Institute of Steel Construction，简称AISC）主编的钢结构系列标准，美国土木工程师协会（American Society of Civil Engineer，简称ASCE）主编的土木工程相关标准，以及美国材料与试验协会（American Society for Testing and Materials，简称ASTM）主编的有关材料及试验方面的系列标准等。

与我国《混凝土结构设计规范》GB 50010对应的是ACI 318 Building Code Requirements for Structural Concrete and Commentary。

与我国《钢结构设计标准》GB 50017对应的是AISC 360 Specification for Structural Steel Buildings。与我国《砌体结构设计标准》GB 50003对应的是TMS 402-2016 Building Code for Masonry Structures。

与我国《建筑结构荷载规范》GB 50009对应的是ASCE/SEI 7 Minimum Design Loads and Associated Criteria for Buildings and Other Structures。

与我国《建筑抗震设计规范》GB 50011对应的是NEHRP Recommended Seismic Provisions for New Buildings and Other Structures（以下简称NEHRP规定）及ASCE/SEI 7。ASCE/SEI 7最早全文引用NEHRP规定，后来二者共同发展、相互引用，因此内容上是协调一致的。

1. ACI混凝土系列标准

美国混凝土协会（ACI）始创于1904年，距今已有110多年的历史。协会的会员包括设计师、建筑师、土木工程师、企业主、技术工人、专家、教育工作者等，其宗旨是规范混凝土结构的设计和施工，促进工程技术教育、科学研究及行业标准化发展。

ACI 混凝土系列标准中最常用的是 ACI 318 Building Code Requirements for Structural Concrete，直译为“结构混凝土的建筑规范要求”，通常称为“混凝土结构标准”，目前最新版本为 2019 年版，规范编号为 ACI 318-19，其中 318 既是标准代码，也是 ACI 下属专业委员会的编号（Committee 318，简称 318 委员会）。ACI 318 的正式版本为英制英文版，为便于使用，318 委员会还批准了以下 3 个版本：

- In English using SI units（ACI 318M），即国际单位制英文版；
- In Spanish using SI units（ACI 318S），即国际单位制西班牙文版；
- In Spanish using inch-pound units（ACI 318SUS），即英制西班牙文版。

ACI 系列标准多达 350 余本，涉及社会各行各业、各种用途、各种工作环境下的混凝土应用，本书仅列出与建筑工程相关的部分标准，供读者参考。

ACI 301-10 Specifications for Structural Concrete

ACI 318. 2-14 Building Code Requirements for Concrete Thin Shells

ACI 332-14 Code Requirements for Residential Concrete and Commentary

ACI 355. 2-07 Qualification of Post-Installed Mechanical Anchors in Concrete and Commentary

ACI 355. 4-11 Qualification of Post-Installed Adhesive Anchors in Concrete and Commentary

ACI 374. 1-05 Acceptance Criteria for Moment Frames Based on Structural Testing and Commentary

ACI 423. 7-14 Specification for Unbonded Single-Strand Tendon Materials

ACI 550. 3-13 Design Specification for Unbonded Post-Tensioned Precast Concrete Special Moment Frames Satisfying ACI 374. 1 and Commentary

以上标准在 ACI 318-19 中均有引用或参考。

此外，还有些标准可能对部分读者有用，列举如下，方便有需要的读者快速搜索，以备不时之需。

（1）与混凝土质量及检测相关的标准：

ACI-121R-08 Guide for Concrete Construction Quality Systems in Conformance with ISO 9001

ACI 311. 4R-05 Guide for Concrete Inspection

ACI-117-06 Specifications for Tolerances for Concrete Construction and Materials and Commentary

ACI 214R-02 Evaluation of Strength Test Results of Concrete

ACI 228. 1R-03 In-Place Methods to Estimate Concrete Strength

ACI 228. 2R-98 Reapproved 2004 Nondestructive Test Methods for Evaluation of Concrete in Structures

（2）与混凝土环境及耐久性相关的标准：

ACI 350. 5M-12 Specification for Environmental Concrete Structures

ACI 212. 3R-04 Chemical Admixtures for Concrete

ACI 201.2R-08 Guide to Durable Concrete

ACI-122R-02 Guide to Thermal Properties of Concrete and Masonry Systems

ACI 207.2R-07 Report on Thermal and Volume Change Effects on Cracking of Mass Concrete

ACI 237R-07 Self-Consolidating Concrete

ACI 223-98 Standard Practice for the Use of Shrinkage-Compensating Concrete

ACI 224R-01（Reapproved 2008）Control of Cracking in Concrete Structures

ACI 224.1R-07 Causes，Evaluation，and Repair of Cracks in Concrete Structures

ACI 222R-01 Protection of Metals in Concrete Against Corrosion

（3）与混凝土施工、养护相关的标准：

ACI 304R-00 Guide for Measuring，Mixing，Transporting，and Placing Concrete

ACI 304.2R-96 Reapproved 2008 Placing Concrete by Pumping Methods

ACI 308R-01 Reapproved 2008 Guide to Curing Concrete

ACI 347-04 Guide to Formwork for Concrete

（4）与混凝土中钢筋相关的标准：

ACI 315-99 Details and Detailing of Concrete Reinforcement

ACI 440.1R-03 Guide for the Design and Construction of Concrete Reinforced with FRP Bars

ACI 408R-03 Bond and Development of Straight Reinforcing Bars in Tension

ACI 421.2R-07 Seismic Design of Punching Shear Reinforcement in Flat Plates

ACI 439.3R-07 Types of Mechanical Splices for Reinforcing Bars

ACI 439.4R-09 Report on Steel Reinforcement—Material Properties and U.S. Availability

（5）与各类混凝土构件相关的标准：

ACI 302.1R-04 Guide for Concrete Floor and Slab Construction

ACI 207.1R-05 Guide to Mass Concrete

ACI 213R-03 Guide for Structural Lightweight-Aggregate Concrete

ACI 224.3R-95 Reapproved 2008 Joints in Concrete Construction

ACI 352R-02 Recommendations for Design of Beam-Column Connections in Monolithic Reinforced Concrete Structures

ACI 334.1R-92 Reapproved 2002 Concrete Shell Structures—Practice and Commentary

ACI 360R-10 Guide to Design of Slabs-on-Ground

ACI 336.2R-88 Reapproved 2002 Suggested Analysis and Design Procedures for Combined Footings and Mats

ACI 543R-2012 Guide to Design Manufacture and Installation of Concrete Piles

ACI 336.3R-2014 Report on Design and Construction of Drilled Piers

（6）与混凝土构筑物、桥梁有关的标准：

ACI 359-01 Code for Concrete Containments

ACI 313-97 Standard Practice for Design and Construction of Concrete Silos and Stacking Tubes for Storing Granular Materials

ACI 350.3-06 Seismic Design of Liquid-Containing Concrete Structures (ACI 350.3-06) and Commentary

ACI 307-08 Code Requirements for Reinforced Concrete Chimneys (ACI 307-08) and Commentary

ACI 343R-95 Reapproved 2004 Analysis and Design of Reinforced Concrete Bridge Structures

ACI 341.2R-97 Reapproved 2003 Seismic Analysis and Design of Concrete Bridge Systems

ACI 435R-95 Reapproved 2000 Control of Deflection in Concrete Structures

2. AISC 钢结构系列标准

美国钢结构协会（AISC）始创于 1921 年，主要服务于美国的钢结构设计及建造工业，集中体现了美国钢铁制造、经销、生产行业的经验、判断及实力。

AISC 钢结构系列标准较多，常用的有 AISC 360 及 AISC 341，也是修订相对频繁的两部标准。

AISC 360 Specification for Structural Steel Buildings 于 2005 年首次发布，其前身为 ASD 1989 及 LRFD 1999。其中，ASD（Specification for Structural Steel Buildings-Allowable Stress Design and Plastic Design）相当于我国 1989 年以前的容许应力设计法；LRFD（Load and Resistance Factor Design Specification for Structural Steel Buildings）相当于我国现行规范中的概率极限状态设计法。随着 LRFD 的出现，ASD 曾一度在 AISC 规范中消失。但是，在 2005 年版的 AISC 360 中，ASD 与 LRFD 被并列写入了同一条款，条文明确二者的计算公式均适用，设计人员可自由选用 ASD 或 LRFD 设计法，从而历史性地实现了 ASD 与 LRFD 的统合，体现了更好的协调性。AISC 360 最新版本为 2016 年版，沿袭了 2005 年版中对 ASD 与 LRFD 的处理思路。

AISC 341 Seismic Provisions for Structural Steel Buildings 是针对美国钢结构抗震的一部标准。现行版本为 AISC 341-16，与 AISC 360-16、ASCE/SEI 7-16 及 IBC 2016 协调。

3. ASCE 系列标准

美国土木工程师协会（ASCE）成立于 1852 年，至今已有 170 多年的历史，协会会员来自 170 多个国家或地区，有超过 15 万的专业人员。ASCE 下设 9 个专业机构，分别代表 9 个技术领域，其中 SEI（Structural Engineering Institute Committees）负责结构工程相关的商务、学术、技术活动，以及相关标准规范的制修订等。SEI 编制的规范大多与荷载（作用）有关，其中最具影响力的是 ASCE/SEI 7 Minimum Design Loads and Associated Criteria for Buildings and Other Structures，已获得 ANSI 认证，并直接被 ACI、AISC 等行业协会以及 IBC 大量引用。许多没有本国荷载规范的国家也会参考使用 ASCE/SEI 7。

ASCE/SEI 7 的最新版本为 2022 年版，相较于 2016 年版有较多修改，尤其是抗震部分的内容。

4. ASTM 系列标准

美国材料与试验协会（ASTM）成立于 1898 年，其技术委员会下设 2004 个分会，超过 10 万个机构参加了 ASTM 标准的制定工作。ASTM 的主要任务是制定材料、产品、系统和服务等领域的特性及性能标准、试验方法及程序标准。其中，负责力学性能测试（Mechanical Testing）标准的是E28主技术委员会。

ASTM标准的表示方法为“标准代号＋字母分类代码＋标准序号＋制定年份＋标准英文名称”。

“字母分类代码”的含义为：

A——黑色金属；

B——有色金属；

C——水泥、陶瓷、混凝土与砖石材料；

D——其他材料（石油产品、燃料、低强塑料等）；

E——杂类（金属化学分析、耐火试验、无损试验、统计方法等）；

F——特殊用途材料（电子材料、防震材料、医用外科用材料等）的腐蚀、变质与降级。

“标准序号”后如带字母M表示采用国际单位制，不带M表示采用英制单位。

“制定年份”后面如有括号，则括号内的数字表示标准重新审定的年份。

ASTM标准因其质量高、适应性好，赢得了美国工业界的广泛信赖，并被美国联邦政府和国防部门采用。美国的通用规范及专业标准甚至不再编制自己的材料与试验标准，而是直接引用ASTM。这一点值得我国规范体系学习和参考。

5. 关于地基基础（含桩基）标准

在美国的规范体系中，ICC（国际规范理事会）虽然以IBC统一并取代了NBC、SBC及UBC三部区域性规范，并将目标瞄准国际市场以应对欧洲规范的挑战与冲击，但ICC始终未能像欧洲规范一样推出一部系统、全面、通用的地基基础规范或桩基规范，而是将有关内容简要地融入其他规范的章节中，例如，IBC 2021第18章“Soils and Foundations”与岩土基础相关的内容仅30页，且几乎没有索引其他相关规范。类似地，各个行业协会的规范中，地基基础及桩基有关内容也多以专题形式列出，例如，ACI 336.3R-2014 Report on Design and Construction of Drilled Piers中关于钻孔墩基础的设计与施工，ACI 543R-2012 Guide to Design Manufacture and Installation of Concrete Piles中关于混凝土桩的设计、制作与安装，ACI 360R-10 Design of Slabs-on Ground中关于地面上板的设计。而ASCE 20-96 Standard Guidelines for the Design and Installation of Pile Foundations虽以“桩基础设计与施工准则”命名，字面上看似乎是一本桩基规范，然而其正文部分仅17页，没有公式，图表也极为有限，仅仅提供了一些指导原则与注意事项，不太符合我们对桩基规范的期望与定义。

此外，Structural Design Guideline for LRFD（荷载抗力安全系数法结构设计导则，美国佛罗里达州交通运输部主编）、AASHTO LRFD Bridge Design Specifications（桥梁设计导则，美国国家公路与运输协会主编）、Soils and Foundation Handbook（岩土与基础工程手册，美国佛罗里达州交通运输部主编）中都有地基基础方面的内容，但同样比较简短，而且岩土工程勘察占了较大篇幅。

UFC 3-220-01N Geotechnical Engineering Procedures for Foundation Design of Buildings and Structures（建筑结构基础设计的岩土工程方法，美国国防部主编），其地基基础部分的内容涉及岩土、浅基础、深基础、边坡挡墙、开挖降水、桩基设备与施工等，看似全面、系统，但并没有提出自己的要求，仅仅列出了相关规范或参考书的名称供读者参考，可说是典型的“标题党”了。

相比之下，EM 1110-2-2906 Design of pile foundation（桩基础设计，美国工程师兵团主编）似乎更像一本桩基规范，全文 113 页，对桩基础的设计与施工进行了比较系统的介绍，但该规范由美国军方编制，且自 1991 年后再未修订过，也较少被其他规范或参考书引用，故引用时要慎重。

综上可见，美国规范与中国规范、欧洲规范的一大差异就在于，美国至今没有一本系统、全面、通用的国家级地基基础规范，这也可以说是美国规范系统的一大缺憾。我们在引用美国规范时一定要加以区分，不要笼统地引用。就时效性与权威性而言，IBC、ACI 及 ASCE 的有关内容可优先参考，上述规范没有的内容可参考其他规范或图书。而且，美国规范是指导性规范，不具有强制性，设计人员要具有独立判断的能力，并对自己的能力负责。

五、源文档（Resource Documents）

源文档是关于标准规范中某些内容的原理、背景的阐述，也包括某些领域的最新研究成果，是理论研究及实验验证的第一手资料。源文档既是标准规范条文制定时的资源，也常常在标准规范中被引用，这种引用多以参考文献的形式出现，但也有特例，如前文提及的《NEHRP 建议抗震规定》中第 3 篇就是出现在正文中的源文档。同时，整部《NEHRP 建议抗震规定》在某种意义上，可视为模式规范与行业共识标准的源文档，如 IBC 在其建筑规范中就采用了相关抗震规定。尤其是，1998 年，美国土木工程师学会结构工程研究所（ASCE/SEI）几乎原封不动地将 1997 年版《NEHRP 建议抗震规定》纳入 ASCE/SEI 7 标准。截至目前，《NEHRP 建议抗震规定》仍然是 IBC 及 ASCE 7 更新抗震设计要求时的关键资源。

1. NEHRP 简介

NEHRP（National Earthquake Hazards Reduction Program，国家地震减灾项目）最早是美国国会通过的一项法案，后发展为推进该法案执行的一个不断扩大的官方组织机构。自 NEHRP 于 1977 年成立以来，美国国会定期审查和重新授权 NEHRP。重新授权后，一些计划的细节有所变化，但 NEHRP 的四个基本目标保持不变：

- 制定减少地震损失的有效做法和政策，并加快实施的目标；
- 改进用于降低设施和系统地震脆弱性的技术目标；
- 改进地震危险识别和风险评估方法及其使用的目标；
- 提高对地震及其影响的认识的目标。

在 NEHRP 的主导下，四个联邦机构——联邦应急管理局（FEMA）、国家标准与技术研究所（NIST）、国家科学基金会（NSF）和美国地质调查局（USGS）——获得授权，并获得专项资金，以采取有效措施，减轻地震对国民经济和建筑物居住者生命安全的危害。

2004 年，美国国会完成了对 NEHRP 的彻底审查，《NEHRP 再授权法案》得以产生并获得了联邦法律的地位，这是 ICC 或 NFPA 等模式规范制订机构不曾有过的法律地位。NEHRP 法案已多次重新授权，最近一次授权是在 2018 年。

2. NEHRP 建议抗震规定

联邦应急管理局（Federal Emergency Management Agency，简称 FEMA）是由 NEHRP 领导的官方机构，隶属于美国国土安全部，是《NEHRP 建议抗震规定》的真正主管部门。《NEHRP 建议抗震规定》作为技术资源文件，第 1 版于 1985 年由 FEMA 发布，历经 1988、1991、1994、1997、2000、2003、2009 和 2015 年版，目前最新版为 2020 年版（第 10 版）。《NEHRP 建议抗震规定》的编号并不固定，2009 年版为 FEMA P-750/2009，2015 年版为 FEMA P-1050/2015，2020 年版则为 FEMA P-2082/2020。

《NEHRP 建议抗震规定》既可视为美国的抗震规范或抗震标准，也可视为美国抗震领域的源文档，有着超然的地位。作为先进的、可信赖的抗震设计资源文件，《NEHRP 建议抗震规定》在美国已得到广泛可用，并适用于全美的模式建筑规范和行业标准。

我国《建筑抗震设计规范》GB 50011 的条文说明中多处提及 FEMA，但这种引用其实并不准确，因为 FEMA 本身不是一份参考文献，而是一个机构名称。因此，准确的引用方式应该是《NEHRP 建议抗震规定》或 FEMA P-2082 等。

第三节 中美欧混凝土结构设计规范简介及编排特点

本书所用中美欧混凝土结构设计规范均采用最新版本，中国规范为 2015 年版《混凝土结构设计规范》，规范编号为 GB 50010—2010；美国规范为 2019 年版《Building Code Requirements for Structural Concrete》，规范编号为 ACI 318-19；欧洲规范为 2014 年英国版《Eurocode 2：Design of Concrete Structure-Part 1-1 General Rules and Rules for Buildings》，规范编号为 BS EN 1992-1-1：2004＋A1：2014。

一、中美欧现行混凝土结构设计规范的编排顺序

（1）中国规范 GB 50010—2010（2015 年版）的编排顺序如下：

总则→术语和符号→基本设计规定→材料→结构分析→承载能力极限状态计算→正常使用极限状态计算→构造规定→结构构件的基本规定→预应力混凝土结构构件→混凝土结构构件抗震设计。

（2）美国规范 ACI 318-19 的编排顺序如下：

一般规定→符号和术语→参考标准→结构系统要求→荷载→结构分析→单向板→双向板→梁→柱→墙→膜→基础→素混凝土→梁柱节点与板柱节点→构件间的连接→混凝土中的锚固→抗震结构→混凝土是设计与耐久性要求→钢筋特性、耐久性与锚固→强度折减因子→截面强度→拉压杆模型→适用性要求→钢筋大样→施工文件与检验→既有结构的强度评估。

（3）欧洲规范英国版 BS EN 1992-1-1：2004＋A1：2014 的编排顺序如下：

一般规定→设计基础→材料→耐久性与钢筋保护层→结构分析→承载力极限状态→正常使用极限状态→钢筋与预应力筋的一般构造→构件构造要求与特定规则→预制混凝土构件及结构的附加规则→轻集料混凝土结构→素混凝土与低配筋混凝土结构。

二、中欧现行混凝土结构设计规范的编排特点与对比分析

从上述内容可以看出，中国规范与欧洲规范的编排顺序比较类似，大体沿着“基本设计规定→材料→结构分析→承载能力极限状态计算→正常使用极限状态计算→构造规定→结构构件的基本规定”的脉络编排，其编排方面的区别主要有以下几点：

（1）有关“耐久性与钢筋保护层”的要求，欧洲规范是单列一章，而中国规范则将“耐久性”合并在“基本设计规定”里，同时将“钢筋保护层”合并到“构造规定”里。笔者认为，欧洲规范的编排方式更严谨，使用及查阅起来也更方便。

（2）中国规范将“预应力混凝土结构构件”单列一章，而欧洲规范则将有关内容根据相关性原则分列到各章之中。

（3）中国规范同时在混凝土设计规范与抗震设计规范中给出结构抗震的设计要求，而欧洲规范中的混凝土规范不体现抗震要求，有关抗震要求集中体现在 EN 1998 Eurocode 8：Design of Structures for Earthquake Resistance（结构抗震设计）中。

（4）欧洲规范将“预制混凝土构件及结构的附加规则”单列一章，中国规范则将其合并到“结构构件的基本规定”中。

（5）欧洲规范的“素混凝土与低配筋混凝土结构”单列一章，而中国规范没有“低配筋混凝土结构”的概念，且将“素混凝土结构构件设计”作为附录内容。

（6）欧洲规范将“轻集料混凝土结构”作为一个独立章节列入，而中国混凝土结构设计规范则未收录“轻集料混凝土结构”。

三、美国规范 ACI 318-14 与旧版规范的重大改变

在谈到美国混凝土结构设计规范 ACI 318-19 的编排特点时，有必要谈一下 ACI 318-14 相对于 ACI 318-11 的重组。因为这种巨大的重组和改变是自 ACI 318-71 以来从未有过的改变，也即在 ACI 318-11 及以前的版本中（包括 1977、1983、1989、1995、1999、2002、2005 及 2008 年版），一直遵循着 ACI 318-71 的组织框架，但这种框架在 ACI 318-14 被打破了，ACI 318-19 基本沿用了 ACI 318-14 的组织结构。

ACI 318-11，在材料和结构方面的最初章节之后，在随后的两章中讨论了分析和设计以及强度和适用性要求。接下来，有三个基于性能的章节，一个关于弯曲和轴向荷载，一个关于剪切和扭转，一个关于钢筋的锚固和搭接。然后，该文件切换到基于构件的章节：双向板系统、墙和基础。最后，是有关于预制混凝土、复合混凝土受弯构件、预应力混凝土、壳和折板构件、既有结构的强度评估、抗震结构和结构素混凝土的章节。还有四个附录，其中包括拉压杆模型和混凝土中的锚固。

在 2014 年版的修订周期中，ACI 318 计划以基于构件的文档形式重新组织。希望在专门讨论特定构件类型的每一章中，例如梁或柱，用户将能找到设计该特定构件类型所需的所有要求。ACI 318 委员会成员 Cary Kopczynski 说：“这将消除翻阅几个章节的需要，以符合特定结构构件的所有必要设计要求。本次规范重组可比作食谱：所有用于烘焙蛋糕的成分，如鸡蛋、面粉、糖、油及烘焙说明等，都在同一章中给出，而不是将鸡蛋、面粉

和糖列入不同的章节”。

转换为基于构件的组织的一个挑战是确定在何处放置适用于多种构件类型的设计信息，例如锚固长度要求。在多个章节中重复基本相同的信息是没有意义的，因为这会使ACI 318标准更冗长、更笨拙，所以决定在“工具箱”章节中放置这些信息并在基于构件章节中引用这些信息。

应注意ACI 318-14的构成有一些整体变化。有两个新增章节，分别是第4章的“结构系统要求”和第12章的“膜”。

ACI 318-11附录B“钢筋混凝土与预应力混凝土弯曲和受压构件的替代规定”和附录C“替代荷载和强度折减因子”已被废止。

旧规范附录A的“拉—压杆模型”（“Strut-and-Tie Model”）是新规范的第23章，旧规范附录D的“混凝土中的锚固”是新规范中的第17章。这两章的内容本身均没有任何重大变化。

其他三章保持不变：原第20章是现在的27章“现有结构的强度评估”，原第21章是现在的第18章“抗震结构”，原第22章是现在的第14章“素混凝土结构”。在新第18章中有重大的技术变更，但在新第27章或第14章中则没有技术变更。第1章，“一般”（旧版为“一般要求”），第2章“符号和术语”（旧版为“符号和定义”）和第3章“参考标准”（旧版为“材料”）属于同一类别，因为它们基本上不变，但有技术上的变化。

第16章“预制混凝土”和第18章“预应力混凝土”不再作为单独的章节存在。这些章节的规定现在分布在几个新的章节中。

第19章“壳和折板”不再是重组文件的一部分。ACI委员会318与ACI-ASCE委员会334（混凝土壳结构设计与施工，简写为CSDC）合作，开发了ACI 318.2-14，其内容与ACI 318-11第19章的内容相符。

表1.3-1显示了ACI 318-11和ACI 318-14组织架构的并列比较。因表中英文均为最基本的专业英语词汇，为节省篇幅，在此就不给出中文翻译了。

ACI 318-14只有两个附录，其一是钢筋与预应力筋的型号及基本几何物理特性信息，其二是针对规范中所出现的数值及公式，给出SI-Metric、MKS Metric及U.S. Customary Units三种单位制的对比表，其中的SI-Metric就是国际上最通用、也为我国官方所采用的国际单位制，其质量、长度与时间三个基本物理量的单位分别为千克（kg）、米（m）与秒（s），U.S. Customary Units是美国当今仍在流行的英制单位制，但这个英制是美式英制，与英联邦早期的英式英制是有区别的。MKS Metric中的MKS是Metre、Kilogram与Second的首字母，因此其原始本意就是SI-Metric，在国际上也把二者视为相同，但到了美国，这个MKS Metric就把长度单位换成了厘米（cm），而把质量单位千克（kg）换成力的单位千克力（kgf），1千克力（kgf）等于SI-Metric中的9.8牛顿（N）。

ACI 318附录在过去通常是为某些素材进入或移出该标准而为之预设的空间，故可以预期以后很有可能随时新增某些附录。如ACI 318-11的附录A和D成为ACI 318-14的正文，而ACI 318-11的附录B和C则在ACI 318-14中被彻底移出。ACI 318-19保留和继承了ACI 318-14的架构。

ACI 318-14 相对于 ACI 318-11 的重新组织 **表 1.3-1**

ACI 318-11		ACI 318-14		Comment
Description of provisions	Chapter and title	Description of provisions	Chapter and title	
Introductory	1. General Requirements	Introductory	1. General	
	2. Notation and Definitions		2. Notation and Terminology	
	3. Materials		3. Referenced Standards	
Materials/ construction	4. Durability Requirements	Other	4. Structural System Requirements	New
	5. Concrete Quality, Mixing, and Placing		5. Loads	
	6. Formwork, Embedded Pipes, and Construction Joints		6. Structural Analysis	
	7. Details of Reinforcement	Member-based	7. One-Way Slabs	
Other	8. Analysis & Design-General Considerations		8. Two-Way Slabs	
	9. Strength & Serviceability Requirements		9. Beams	
Behavior-based	10. Flexure and Axial Loads		10. Columns	
	11. Shear and Torsion		11. Walls	
	12. Development and Splices of Reinforcement		12. Diaphragms	New
Member-based	13. Two-Way Slab Systems		13. Foundation	
	14. Walls	Other	14. Plain Concrete	
	15. Footings	Connections	15. Beam-Column & Slab-Column Joints	
Other	16. Precast Concrete		16. Connections between Members	
	17. Composite Concrete Flexural Members	Other	17. Anchoring to Concrete	Intact
	18. Prestressed Concrete		18. Earthquake-Resistant Structures	Intact
	19. Shells and Folded Plate Members	Materials	19. Code Requirements for Thin Shells and Commentary	ACI 318.2
	20. Strength Evaluation of Existing Structures		20. Steel Reinforcement Properties, Durability, and Embedments	
	21. Earthquake-Resistant Structures	Toolbox	21. Strength Reduction Factors	
	22. Structural Plain Concrete		22. Sectional Strength	
	App. A. Strut-and-Tie Models		23. Strut-and-Tie Models	Intact
	App. B. Alternative Provisions for Reinforced and Prestressed Concrete Flexural and Compression Members (discontinued)		24. Serviceability Requirements	
	App. C. Alternative Load and Strength Reduction Factors (discontinued)		25. Reinforcement Details	
	App. D. Anchoring to Concrete	Construction	26. Construction Documents and Inspection	
		Other	27. Strength Evaluation of Existing Structures	Intact

四、中美现行最新版本混凝土设计规范的编排特点与对比分析

中美混凝土规范在编排方面的主要区别有以下几点：

规范用户会发现 ACI 318-14 已经从以前的版本中进行了实质性的重新组织与格式化。本次重组的主要目标是在专门针对特定主题的章节中对结构系统或特定构件给出所有设计与构造要求，并以遵循正常的设计建造过程与时间顺序的方式来安排章节。通用于构件设计的信息和做法则位于实用章节中。

中国规范大体是按照材料→分析→设计（两种极限状态）→构造规定的脉络进行结构和构件设计的，对于特定结构构件类型而言，有关设计计算的要求与构造规定要求分别列在不同章节的；而 2014 年版重组后的美国规范 ACI 318-14 则是基于构件的编排方式，每种结构构件类型各分配一个章节，在每种结构构件的特定章节中将两种极限状态的设计以及适用于该结构构件类型的构造要求均放在同一章节中，其目的是最大限度地方便各类结构构件的设计，即前文所述的“食谱”模式，这是 ACI 318 在 2014 年版才开始采用的编排方式。

ACI 318-14 新增“结构系统要求”章节，内容涉及材料、设计荷载、结构系统和荷载路径、结构分析、强度、适用性、耐久性、可持续性、结构完整性、耐火性、特定建造形式的要求、施工与检验要求以及现有结构的强度评估等。虽然该章内容大多数在 ACI 318-14 中的其他章节有体现，有些内容甚至在本章中一带而过，但它为结构设计师提供了一种整体的、全局的思维，避免陷入具体构件设计的局部而忽略结构作为一个整体的性能；虽然中国混凝土规范也有“基本设计规定”一章，与 ACI 318-14 的“结构系统要求”有一定的类似性，但从内容方面不够全面，在组织形式上不够系统。

ACI 318-14 将荷载与荷载组合单列一章，虽然有些内容一带而过，更多的内容要求参考 ASCE/SEI 7，但从混凝土结构设计的角度维护了整个设计过程的完整性；中国混凝土规范则没有给出荷载与荷载组合的相关要求，只是在“基本设计规定”中的第 3.1.4 条给出所要参考的规范名称及编号，这样做的好处是避免规范之间的重复性，但也存在完整性方面的缺陷。

ACI 318-14 单独将“膜”列为一章，这也是美国规范相较于中欧规范的特别之处，也是国内很多结构工程师感觉到陌生甚至别扭的一部分内容。其实“膜”的概念对国内的工程师并不陌生，就是在抗侧力结构体系中，由梁板等组成的水平构件系统在其平面内的那部分功能，但美国人将其与单向板、双向板及梁等章节并列起来作为两类结构构件来分开讨论，就令国内的工程师感到费解甚至不适。其实这个“膜”的概念在美国规范中也仅适用于侧向受力的情况，更准确地说是仅适用于承受地震作用的情况。而且直到 ACI 318-14 才首次将有关膜的设计规定赋予抗震设计类别（SDC）为 C 级及低于 C 级的结构，而在 ACI 318-11 中，仅针对抗震设计类别（SDC）为 D、E 及 F 的结构给出了“膜”的设计规定。须知美国人关于“膜”的概念不仅仅局限于水平或近水平的楼屋盖系统，能够起到分配与传递侧向力的其他结构类型，如水平桁架，也是一种类型的“膜”，但不包括在 ACI 318 规范中。

ACI 318-14 有三章关于节点的设计，将各种节点单独摘取出来，又分成三个主题分别作出规定，体现出美国学界、工程界对节点设计的高度关注；中国规范则是将节点设计散列在各个章节之中。

ACI 318-14 将适用于各类结构构件的共性要求独立成章，分别放在 5 个章节中，号

称“工具箱（Toolbox 或 Utility Chapter）”，包括第 21 章 Strength Reduction Factors、第 22 章 Sectional Strength、第 23 章 Strut-and-Tie Models、第 24 章 Serviceability Requirements 及第 25 章 Reinforcement Details。这是 ACI 318-14 基于构件的重组方式所采用的处理手法；否则，如果每种构件类型中都重复这些相同的要求，既无必要，也会使规范变得更加冗长。其实中国规范关于钢筋的连接、锚固与最小配筋率要求就采用类似处理手法。但美国规范将拉压杆模型与适用性要求也归属为“工具箱”章节，处理手法则与中欧规范明显不同。比如，适用性要求，中欧规范都是放在正常使用极限状态设计章节中，美国规范没有采用两种极限状态设计的分类方法，而是作为构件间的通用要求放入“工具箱”中。

ACI 318-14 有一些中国规范没有的章节内容，如强度折减系数、拉压杆模型、施工文件与检验及既有结构的强度评估等。

关于强度折减系数，是美国混凝土规范对材料强度可靠性的一种综合安全系数，是在计算钢筋混凝土构件截面的设计强度时，首先用钢筋与混凝土的标准强度计算出构件截面的标准强度，然后再将这个构件截面标准强度乘以强度折减系数而得到构件截面的设计强度；而中欧规范都是直接用钢筋与混凝土的设计强度去直接计算得到构件截面的设计强度，只不过这个钢筋与混凝土设计强度的来源有所不同，中国规范是在给出材料标准强度的同时，也直接给出材料的设计强度，用户可以直接采用规范提供的设计强度值；而欧洲规范不提供材料的设计强度，仅提供材料的标准强度及材料的分项系数，将钢筋及混凝土的标准强度除以各自的分项系数，就可得到各自的设计强度。因此本质上来说，中欧规范采用的都是分项系数法，而美国规范则是综合系数法。

关于拉压杆模型（Strut-and-Tie Model），欧美混凝土结构设计规范均有专门的章节，欧美规范之间所不同的是，欧洲规范将其放在极限状态设计的章节中，而美国规范则是一个完全独立的章节；但中国规范没有这个概念及设计方法。顺便说一句，早期的英国规范也有拉压杆模型。

关于施工文件与检验，在 2011 年以前版本的“规范”中，这些条款遍布整本规范。从 2014 年版开始，除第 17 章外，所有与施工有关的规定都已收集到第 26 章中供设计专业人员使用。需要特别明确的是，ACI 318 是写给设计师而不是承包商的。因此，不能要求承包商将整本规范作为其必要的施工文件，承包商也不需要阅读和解释该规范。因此这就要求设计专业人员将承包商需达到规范要求所需的所有设计和施工要求写入施工文件中，而且是采用明文而非引用的方式，避免承包商需翻看规范条文才能获取相关信息的情况。中国规范可能在个别章节中也有一些施工方面的要求，但可以确定的是，这些施工方面的要求在 GB 50010 中既不系统也不全面，有关内容需要参阅《混凝土结构工程施工质量验收规范》GB 50204，其最新版本为 2015 年版。

既有结构的强度评估，中国混凝土结构设计规范中没有，但有专门的规范可查，如《民用建筑可靠性鉴定标准》GB 50292—2015、上海市《既有建筑物结构检测与评定标准》DG/TJ 08—804—2005 等。

五、中国规范对欧美规范的借鉴情况

我国结构设计有关规范在某些条文的制定中参考、引用了欧美规范的相关条文内容，这反映了我国规范编制者谦虚、务实、开放、进取的科学精神。笔者不曾参与中国国家或行业标准的编制，也没有系统研究过主要的国家/行业标准的演进历史，但有关中国规范部分内容对欧美规范的参考、引用可从其条文说明中得到证明。

1.《混凝土结构设计规范》(2015 年版) GB 50010—2010

第 3.4.3 条“表 3.4.3 受弯构件的挠度限值”的注 4 参考了欧洲规范 EN 1992 的规定，该条的条文说明部分原文如下：“表注 4 中参照欧洲标准 EN 1992 的规定，提出了起拱、反拱的限制，目的是为防止起拱、反拱过大引起的不良影响”；

第 6.5 受冲切承载力一节则有多条规范条文参考了美国规范 ACI 318，如 6.5.1 的条文说明：“参考美国 ACI 318 等有关规范的规定，给出了两个调整系数 η_1、η_2 的计算公式 (6.5.1—2)、公式 (6.5.1—3)”；

第 9.2.15 条的图文则几乎原样照搬了欧洲规范的图文，该条文说明原文如下：“本条参考欧洲规范 EN 1992—1～1：2004 的有关规定，为防止表层混凝土碎裂、坠落和控制裂缝宽度，提出了在厚保护层混凝土梁下部配置表层分布钢筋（表层钢筋）的构造要求。表层分布钢筋宜采用焊接网片。其混凝土保护层厚度可按第 8.2.3 条减小为 25mm，但应采取有效的定位、绝缘措施”。

尚有多处，不再一一列出。

2.《建筑抗震设计规范》(2016 年版) GB 50011—2010

第 6.4.3 条条文说明，原文如下：“美国 ACI 318 规定，当抗震结构墙的设计剪力小于 $A_{cV}\sqrt{f'_c}$（A_{cV} 为腹板截面面积，该设计剪力对应的剪压比小于 0.02）时，腹板的竖向分布钢筋允许降到同非抗震的要求。因此，本次修订，四级抗震墙的剪压比低于上述数值时，竖向分布筋允许按不小于 0.15%控制”。

“8 多层和高层钢结构房屋”一章对欧美规范的参考引用更多，特别是美国 AISC 341 钢结构抗震规范。

第 8.1.3 条的条文说明，部分原文如下：“不同的抗震等级，体现不同的延性要求。可借鉴国外相应的抗震规范，如欧洲 Eurocode 8、美国 AISC、日本 BCJ 的高、中、低等延性要求的规定。而且，按抗震设计等能量的概念，当构件的承载力明显提高，能满足烈度高一度的地震作用的要求时，延性要求可适当降低，故允许降低其抗震等级”。

第 8.2.5 条的条文说明，部分原文如下：“参考美国规定增加了梁端塑性铰外移的强柱弱梁验算公式。骨形连接（RBS）连接的塑性铰至柱面距离，参考 FEMA350 的规定，取 $(0.5\sim0.75)b_f+(0.65\sim0.85)h_b/2$（其中，$b_f$ 和 h_b 分别为梁翼缘宽度和梁截面高度）；梁端扩大型和加盖板的连接按日本规定，取净跨的 1/10 和梁高二者的较大值。强柱系数建议以 7 度（0.10g）作为低烈度区分界，大致相当于 AISC 的等级 C，按 AISC 抗震规程，等级 B、C 是低烈度区，可不执行该标准规定的抗震构造措施。”

“13 非结构构件”一章中，第 13.2.3 条的条文说明不但提到了欧洲规范、日本规范，甚至提到了 ACT-3 与 UBC 97，部分原文如下：“非结构构件的抗震计算，最早见于 ACT-3，采用了静力法”；“位置系数，一般沿高度为线性分布，顶点的取值，UBC 97 为 4.0，欧洲规范为 2.0，日本取 3.3”。而根据前文“美国规范体系的介绍”，UBC 97 在 IBC2000 诞生之时即被废止和取代，至于 ACT-3，可能更为古老。

第二章　结构设计基础

对比中美欧混凝土结构设计规范的目录可知，每部规范均在开篇附近列有类似“基本规定与要求”之类的章节，如中国的《混凝土结构设计规范》GB 50010—2010（以下简称《混规》）有“第 3 章 基本设计规定”及“第 4 章 材料”；美国规范 ACI 318-2008 有“CHAPTER 1-GENERAL REQUIREMENTS”（第 1 章 一般要求）及“CHAPTER 3—MATERIALS”（第 3 章 材料），只不过自 ACI 318-14 版内容与结构重组之后，将“材料”一章分解为两章并调到后面的第 19 章与第 20 章，并把耐久性要求分别编入这两章；欧洲规范除了 EN 1990 Eurocode：Basis of Structural Design（结构设计基础，简称 EC0）有统一的结构设计要求外，在 EN 1992 Eurocode 2：Design of Concrete Structures（混凝土结构设计，简称 EC2）中，也有“2 Basis of Design”（第 2 章 设计基础）及“3 Materials”（第 3 章 材料）。

关于荷载，鉴于中美欧各有自己一套完整的荷载规范，故中美欧混凝土规范均直接引用各自的荷载规范，其中美国的荷载规范为《Minimum Design Loads and Associated Criteria for Buildings and Other Structures》ASCE/SEI 7-16，这是一部堪称世界范围内大而全的荷载规范，除了常规的恒、活、风、雪荷载之外，还包括洪水、海啸、雨荷载、冰荷载及地震作用，尤以风荷载与地震作用更为详尽，是很多国家制定本国荷载规范的参考依据；中国的荷载规范为《建筑结构荷载规范》GB 50009—2012（以下简称《荷载规范》），有关抗震的内容不包含在荷载规范之内，而是以《建筑抗震设计规范》GB 50011—2010（以下简称《抗规》）的形式单独成册，《混规》及《高层建筑混凝土结构技术规程》JGJ 3—2010（以下简称《高规》）也均有混凝土结构抗震的内容；欧洲的荷载规范为《Eurocode 1：Actions on Structures》EN 1991（简称 EC1），包括 4 个部分（Parts）、11 个分册，也是一部大而全的荷载规范，影响力在逐步上升，有关抗震的内容也是单独成册，即《Eurocode 8：Design of Structures for Earthquake Resistance》EN 1998（简称 EC8）。

ACI 318-19 虽然有“CHAPTER 5 LOADS”（第 5 章 荷载），但主要内容是关于荷载规范 ASCE/SEI 7 的引用及正确使用，以及“所需强度”计算需采用的荷载组合、组合系数及修正系数等，活荷载折减系数则在 ASCE/SEI 7 中予以规定。

EC 2 也有关于荷载及荷载组合的内容，如 2.3.1 Actions and environmental influences（作用与环境影响）及 2.4.3 Combination of actions（作用组合）。其中，2.3.1 既有对 EC1 荷载规范 10 个分册的引用，并以注释的方式针对土水压力对 EC7 的引用，也针对“热效应”“差异沉降/变形”以及“预应力”给出了比较具体的规定。而 2.4.3 只是关于 EC0 的引用，没有直接给出有关混凝土结构设计的荷载组合。

《混规》的目录里没有荷载或荷载组合的内容，有关荷载方面的要求汇聚为一条，即“3.1.4 结构上的直接作用（荷载）应根据现行国家标准《建筑结构荷载规范》GB 50009 及相关标准确定；地震作用应根据现行国家标准《建筑抗震设计规范》GB 50011 确定”。

耐久性设计也是本章涉及的内容，ACI 318-19 将耐久性设计分别并入第 19 章（混凝土）与第 20 章（钢筋），EC 2 则将耐久性内容单独成篇，即“4 Durability and cover to reinforcement”（第 4 章 耐久性与钢筋保护层），《混规》则是将耐久性设计前置到“材料”篇前面的“基本设计规定”中，即“3.5 耐久性设计”，但保护层厚度限值则放在后面的“8.2 构造规定”下。

综上所述，本章主要关注的重点有两个方面，其一为荷载、材料及与材料相关的耐久性要求，既有比较完整的介绍，也有规范间的简单比较；其二为各混凝土规范的基本规定，这部分内容不进行泛泛的介绍，主要介绍欧美规范中的一些特殊规定，特别是那些对我们有启发和借鉴意义的内容。

第一节 结构系统要求

本节内容是美国规范 ACI 318-19 专有的内容，虽然中国规范有差不多可以对应的章节“基本设计规定”，但远没有美国规范那么系统、全面，欧洲规范虽有，但不在混凝土结构设计规范 EC 2 中，而是集中体现在 EN 1990 中。

尽管本节内容为美国规范 ACI 318-19 所专有，但并不意味着有什么新奇的内容，只不过是将与结构设计有关的各方面要求在此概略地全都阐述一遍，而更具体的内容，还是得查阅该规范的其他有关章节。

因只有美国规范 ACI 318-19 将“结构系统要求”单独成篇且作出了系统性的规定，故笔者认为有必要将 ACI 318-19 的“结构系统要求”以摘要或目录的形式列举一下，仅针对个别相对比较特殊且与结构模拟密切相关的内容展开对比分析。

ACI 318-19 的“结构系统要求”涵盖如下内容：

4.1—Scope（范围）

4.2—Materials（材料）

4.3—Design loads（设计荷载）

4.4—Structural system and load paths（结构系统与荷载路径）

4.5—Structural analysis（结构分析）

4.6—Strength（强度）

4.7—Serviceability（适用性）

4.8—Durability（耐久性）

4.9—Sustainability（可持续性）

4.10—Structural integrity（结构整体性）

4.11—Fire resistance（防火）

4.12—Requirements for specific types of construction（特殊建造类型的要求）

4.13—Construction and inspection（施工与检测）

4.14—Strength evaluation of existing structures（既有结构的强度评估）

下文将针对笔者认为比较特殊且与结构模拟密切相关的内容展开对比分析。

一、有关体积改变与差异沉降方面的系统性要求

ACI 318-19 第 4.4.5 条要求："结构系统的设计应适应预期的体积变化和差异沉降"。

该条文解释作出了进一步的引申："柱和墙蠕变和收缩的影响、长屋顶与楼板系统的蠕变和收缩的限制、预应力引起的蠕变、温度变化引起的体积变化、以及由这些体积变化引起的对支承构件的潜在损坏应该在设计中考虑。钢筋、封闭带（closure strip，本人理解为后浇带）或伸缩缝是适应这些效果的常用方法。在许多普通暴露环境的混凝土结构中，最小收缩和温度钢筋可将裂缝控制在可接受的水平"。

"差异沉降或隆起可能是设计中的重要考虑因素。但普通建筑结构的设计荷载组合中，通常不包括岩土工程关于允许差异沉降与隆起的建议"。

EC 2-2014 的要求更为详尽，也更为系统，该规范整个第二章第三节（2.3 Basic variables）均为有关荷载或作用方面影响结构设计的一些变量。为了有一个更直观的效果，特将局部目录列举如下：

2.3 Basic variables（基本变量）

2.3.1 Actions and environment influences（作用与环境影响）

2.3.1.1 General（一般要求）

2.3.1.2 Thermal effects（温度效应）

2.3.1.3 Differential settlements/movements（差异沉降/位移）

2.3.1.4 Prestress（预应力）

2.3.2 Material and product properties（材料与产品特性）

2.3.2.1 General（一般要求）

2.3.2.2 Shrinkage and creep（收缩与徐变）

2.3.3 Deformations of concrete（混凝土的变形）

2.3.4 Geometric data（几何数据）

2.3.4.1 General（一般要求）

2.3.4.2 Supplementary requirements for cast in place piles（灌注桩的补充要求）

其中的 2.3.1 为作用与环境影响，又细分为 4 种类型，2.3.1.1 General 为相对比较常规的荷载或作用，可在 EC 1 中查取，2.3.1.2 Thermal effects 为温度效应，2.3.1.3 Differential settlements/movements 为差异沉降或位移的效应，2.3.1.4 Prestress 为预应力效应。

关于温度效应与差异沉降或差异变形的效应，规范仅要求正常使用极限状态设计需要考虑，承载力极限状态设计仅需在温度效应影响比较显著的情况下考虑，如疲劳破坏及二阶效应对稳定性影响比较重要的情况。当需要考虑温度效应与差异沉降或差异变形效应时，温度效应归为可变作用，而差异沉降或差异变形效应则归为永久作用，并适用于不同的分项系数与组合系数。

2.3.2 Material and product properties 是关于材料与产品特性的影响，其中对混凝土

结构最重要的是 Shrinkage and creep（收缩与徐变）。规范的规定与对温度效应的要求类似，但在免除承载力极限状态设计的条款中，增加了“构件需满足延性与转动承载力”的附加条件，而且收缩与徐变应归为准永久组合。

2.3.3 Deformations of concrete 是关于混凝土的变形。规范给出了一些比较具体的措施，包括：①通过优化混凝土混合物的成分使由于早期运动、蠕变和收缩引起的变形和开裂最小化；②通过优化支座或接头来减小对变形的约束；③在建筑结构中，如果在每隔 d_{joint} 距离都设了变形缝以适应温度和收缩变形，则温度和收缩效应可以在整体分析中忽略。d_{joint} 数值可能会因国家而异，可查阅各国的国家附录。欧洲规范的推荐值是 30m。

中国《混规》将混凝土收缩、徐变及温度变化归类为间接作用，在规范第 5.7 条“间接作用分析”中给予了提示，但未提供具体方法或措施。关于伸缩缝的设置，《混规》的规定比较系统而详细，可参阅 8.1.1～8.1.4 条。关于温度钢筋的配置，可参见第 9.1.8、9.2.13、9.2.15 及 9.4.4 条。鉴于本书读者对中国规范大多比较熟悉，在此不再赘述。

二、有关抗震方面的系统性要求

ACI 318-19 第 4.4.6.3 条允许抗震设防类别（Seismic Design Category，简写为 SDC）为 A 类的结构不需要进行抗震设计。主要是因为 SDC A 类结构的地震危险性很低，规范有关的抗震方面的内容均不适用。欧洲规范及以前的英国规范均有无需进行抗震设计的情况（如新加坡），中国抗震规范 1.0.2 条虽然要求“抗震设防烈度为 6 度及以上地区的建筑，必须进行抗震设计”，似乎是低于 6 度的建筑可以不考虑抗震设计，但翻遍整个《中国地震动参数区划图》GB 18306—2015，也找不到设计基本地震加速度（峰值加速度）低于 0.05g（对应于抗震设防烈度 6 度）的区域。中国抗震规范 3.1.2 条规定“抗震设防烈度为 6 度时，除本规范有具体规定外，对乙、丙、丁类的建筑可不进行地震作用计算”，该条规定免除了部分 6 度区建筑的计算要求，但有关抗震构造要求还需要满足。

ACI 318-19 第 4.4.6.5 条规定，在抗震结构中允许非抗震结构构件的存在，前提是这些非抗震的结构构件本身不属于该结构抗震体系的一部分，而且必须考虑整个结构系统地震响应对这些非抗震结构构件的影响并适应这种影响（内力与位移），同时需考虑这些结构构件受损的后果。中国的《混凝土结构设计规范》GB 50010 未见有相关规定。中国的《建筑抗震设计规范》GB 50011 中有“非结构构件”的专门章节，但这个“非结构构件”的定义与此处的非抗震“结构构件”也并不相同。

三、关于膜

美国混凝土规范 ACI 318-19 与中欧混凝土规范比较明显的特别之处，就是 Diaphragm（膜）的概念及单独作为一类结构构件的编排方式。有关“膜”的系统性、全面性的规定可见 ACI 318-19 第 12 章，对于 SDC D、E 与 F 的附加要求可参见第 18 章，此处仅仅作为结构系统要求的一部分而进行概略性介绍。

膜的概念对于国人并不陌生，最早是有限元法中的一个术语或专有名词，是指一个平面单元考虑其平面内实际刚度而平面外刚度为零的一种单元类型，即“膜元”。“膜元”“板元”（考虑其平面外实际刚度而平面内刚度为无限大）与“壳元”（既考虑平面外实际刚度又考虑平面内实际刚度）是有限元法模拟墙板类构件的三种单元类型。国内有关结构分析设计软件中针对平面构件（板、墙）会根据其具体功能或具体分析目的而可能采用三种单元类型的任一种，但当楼板平面内刚度符合“刚性楼板假定”且不想考虑其平面外刚度时，也可不对楼板划分单元而视为一整块刚性楼板来处理，此时整个楼层的自由度数量就可减少到3个。早期的有限元分析程序大都采用这种处理手法。

ACI 318-19中的“膜”，根据条文说明R4.4.7的定义，是发挥平面内与平面外双重作用的楼（屋）面板，在承受竖向荷载的同时还承受并传递其平面内的侧向力。因此，“膜”的设计需按规范第4.3节的荷载组合同时考虑其平面内与平面外的作用。在某些情况下，“膜”还需考虑承受来自土压力与流体压力等方面的侧向荷载。当“膜”作为抗震体系的一部分时，还需考虑抗震设计，对于抗震设防类别为D、E与F的结构，应符合规范第18章的要求。

欧洲混凝土结构设计规范EC 2没有美国规范“膜”的概念，也没有中国规范关于“刚性楼板假定”的概念。笔者尝试查阅EC0，也没有发现有关内容。

四、关于结构整体性

ACI 318-19通篇都有结构整体性（Structural integrity）的考虑，在进行构件设计的同时兼顾结构全局的整体性，在ACI 318-19中，结构整体性主要通过节点设计与结构整体性钢筋来实现。其目的是通过钢筋和连接的构造设计来提高结构的冗余度和延展性，以便在主要支承构件损坏或异常荷载的情况下，导致的损坏只是局部的，并且使结构维持整体稳定的可能性更高。各类结构构件类型的整体性要求将在后文的构件设计章节中再分别展开讨论。

《混规》第3.6节有“防连续倒塌设计原则”，可以视为是与ACI 318-19的“结构整体性”相类似的内容，但也只是给出了结构防连续倒塌概念设计的基本原则及定性设计的方法，而在构件设计环节并未提供具体的设计或构造措施。当然这也和防连续倒塌设计的难度与代价相对较大有关。

EC2-2014虽然没有“结构整体性”的概念，但有“防连续倒塌”的设计原则及具体的设计方法，集中体现在9.10 Tying systems（拉结系统）中，同时在构件设计环节也在构造方面予以适当的考虑，如连续梁的支座下部钢筋（9.2.1.5）及无梁楼盖的支座下部钢筋（9.4.1）等。以下为9.10 Tying systems的分级目录，从中可以看出欧洲规范对于“防连续倒塌”设计有比较系统而契合实际的考虑：

9.10　Tying systems（拉结系统）

9.10.1　General（一般要求）

9.10.2　Proportioning of ties（拉结比例）

9.10.2.1　General（一般要求）

9.10.2.2　Peripheral ties（外围拉结）

9.10.2.3　Internal ties（内部拉结）

9.10.2.4　Horizontal ties to columns and/or walls（柱墙的水平拉结）

9.10.2.5　Vertical ties（垂直拉结）

9.10.3　Continuity and anchorage of ties（拉结的连续性与锚固）

欧洲规范认为，防连续倒塌的设计至关重要，也即由于不可预见的事件而对结构小范围造成的损坏或单个构件的失效不会导致连续倒塌。因此，欧洲规范在第 9.10 节专门提供了防连续倒塌设计的“Tying systems”，规定只要不是专门设计用于承受意外作用的结构都应提供以下“Tying systems”：

（1）在每个楼层和屋顶标高处，应提供有效连续的外围拉结；

（2）在每个楼层和屋顶标高处，应在两个大致成直角的方向上提供有效连续的内部拉结，且该内部拉结需锚固在其端部的外围拉结构件上（除非连接到外围的柱或墙）；

（3）在每个楼层和屋顶标高处，外围的柱和墙（除非外围拉结位于墙壁中）需锚固或拉结在整体结构中；

（4）在柱和墙中，宜提供从基础到屋顶的连续垂直拉结。虽然本条仅适用于 Building Regulations 中的 building classes 2B and 3，但连续垂直拉结对所有建筑都是有益的。

在设计抵抗特定力的拉结时，可以假定钢筋以其特征强度（对应于中国标准的标准强度）起作用。梁、柱、板和墙中用于其他目的的钢筋，可部分或全部发挥其拉结作用。

EC2 第 10.9.7 节有关于预制混凝土构件与结构的拉结系统设计原则与具体设计方法，在此不再展开讨论。

第二节 极限状态设计

中国混凝土结构设计规范自 1989 年版规范以来一直采用极限状态设计方法，但最新颁布施行的全文强制性规范《工程结构通用规范》GB 55001—2021（以下简称《混通规》）再次引入了其他设计方法，如在建筑结构设计领域早已废止的“容许应力法”及“单一安全系数法”。其主要原因是《混通规》的适用范围不局限于建筑工程，而某些工程领域仍采用传统的容许应力法和单一安全系数法进行设计。因此，作为工程结构设计领域的强制性通用规范，必须对此作出规定。欧洲结构规范体系自诞生以来即采用极限状态设计理论，且同样规定了承载能力极限状态与正常使用极限状态。英国混凝土规范 BS 8110 自其 1985 年版即采用极限状态设计法，直至其最终被欧洲规范取代。美国混凝土规范虽没有明确的极限状态设计的提法，但在实际操作层面也基本上是极限状态设计的理念。但在钢结构设计领域，容许应力法（Allowable Stress Design，简称 ASD）仍然有很大市场，以至在 2005 年颁布的 AISC 360-05 将 ASD 与 LRFD 并列写入同一条目中，使之可同时适用于 ASD 与 LRFD 的计算公式，此后的 AISC 360-10 及 AISC 360-16，一直沿袭 AISC 360-05 对 ASD 与 LRFD 的处理手法。LRFD 即 Load and Resistance Factor Design Specification for Structural Steel Buildings 的简称，相当于极限状态设计法。

一、中国规范的极限状态设计规定

（一）极限状态分类与界定

根据《建筑结构可靠性设计统一标准》GB 50068—2018（以下简称《可靠性标准》），极限状态可分为承载能力极限状态、正常使用极限状态和耐久性极限状态。《混通规》废止了《可靠性标准》的少量强制性条文，但以下内容基本未变。

极限状态应符合下列规定：

涉及人身安全以及结构安全的极限状态应作为承载能力极限状态。当结构或结构构件出现下列状态之一时，应认定为超过了承载能力极限状态：

(1) 结构构件或连接因超过材料强度而破坏，或因过度变形而不适于继续承载；

(2) 整个结构或其一部分作为刚体失去平衡；

(3) 结构转变为机动体系；

(4) 结构或结构构件丧失稳定；

(5) 结构因局部破坏而发生连续倒塌；

(6) 地基丧失承载力而破坏；

(7) 结构或结构构件发生疲劳破坏。

涉及结构或结构单元的正常使用功能、人员舒适性、建筑外观的极限状态应作为正常使用极限状态。当结构或结构构件出现下列状态之一时，应认为超过了正常使用极限状态：

(1) 影响外观、使用舒适性或结构使用功能的变形；

(2) 造成人员不舒适或结构使用功能受限的振动；

(3) 影响外观、耐久性或结构使用功能的局部损坏。

结构设计应对起控制作用的极限状态进行计算或验算；当不能确定起控制作用的极限状态时，结构设计应对不同极限状态分别计算或验算。

《可靠性标准》还规定了耐久性极限状态，但没有纳入《混通规》。

当结构或结构构件出现下列状态之一时，应认定为超过了耐久性极限状态：

(1) 影响承载能力和正常使用的材料性能劣化；

(2) 影响耐久性能的裂缝、变形、缺口、外观、材料削弱等；

(3) 影响耐久性能的其他特定状态。

(二) 设计状况分类

《混通规》对《可靠性标准》作了少量改动，原文如下：

结构设计应区分下列设计状况：

(1) 持久设计状况，适用于结构使用时的正常情况；

(2) 短暂设计状况，适用于结构施工和维修等临时情况等；

(3) 偶然设计状况，适用于结构遭受火灾、爆炸、非正常撞击等罕见情况等；

(4) 地震设计状况，适用于结构遭受地震时的情况。

结构设计时选定的设计状况，应涵盖正常施工和使用过程中的各种不利情况。各种设计状况均应进行承载能力极限状态设计，持久设计状况尚应进行正常使用极限状态设计。

对每种设计状况，均应考虑各种不同的作用组合，以确定作用控制工况和最不利的效应设计值。

中国规范在此借鉴了欧洲规范 EC 0-2005 的规定，在原有三种设计状况的基础上，增加了地震设计状况。《工程结构可靠性设计统一标准》GB 50153—2008 在术语方面也参考欧洲规范 EC 0-2005。

(三) 极限状态设计

《可靠性标准》要求对上述四种建筑结构设计状况，应分别进行下列极限状态设计：

(1) 对四种设计状况均应进行承载能力极限状态设计；

(2) 对持久设计状况尚应进行正常使用极限状态设计，并宜进行耐久性极限状态设计；

(3) 对短暂设计状况和地震设计状况可根据需要进行正常使用极限状态设计；

(4) 对偶然设计状况可不进行正常使用极限状态和耐久性极限状态设计。

《混通规》对《可靠性标准》进行了补充完善。

进行承载能力极限状态设计时采用的作用组合，应符合下列规定：

(1) 持久设计状况和短暂设计状况应采用作用的基本组合；

(2) 偶然设计状况应采用作用的偶然组合；

(3) 地震设计状况应采用作用的地震组合；

(4) 作用组合应为可能同时出现的作用的组合；

(5) 每个作用组合中应包括一个主导可变作用或一个偶然作用或一个地震作用；

(6) 当静力平衡等极限状态设计对永久作用的位置和大小很敏感时，该永久作用的有利部分和不利部分应作为单独作用分别考虑；

(7) 当一种作用产生的几种效应非完全相关时，应降低有利效应的分项系数取值。

进行正常使用极限状态设计时采用的作用组合，应符合下列规定：

(1) 标准组合，用于不可逆正常使用极限状态设计；

(2) 频遇组合，用于可逆正常使用极限状态设计；

(3) 准永久组合，用于长期效应是决定性因素的正常使用极限状态设计。

设计基本变量的设计值应符合下列规定：

(1) 作用的设计值应为作用代表值与作用分项系数的乘积。

(2) 材料性能的设计值应为材料性能标准值与材料性能分项系数之商。

(3) 当几何参数的变异性对结构性能无明显影响时，几何参数的设计值应取其标准值；当有明显影响时，几何参数设计值应按不利原则取其标准值与几何参数附加量之和或差。

(4) 结构或结构构件的抗力设计值应为考虑了材料性能设计值和几何参数设计值之后，分析计算得到的抗力值。

结构或结构构件按承载能力极限状态设计时，应符合下列规定：

(1) 对于结构或结构构件的破坏或过度变形的承载能力极限状态设计，作用组合的效应设计值与结构重要性系数的乘积不应超过结构或结构构件的抗力设计值，其中结构重要性系数应按表 2.2-1 的规定取值。

(2) 对于整个结构或其一部分作为刚体失去静力平衡的承载能力极限状态设计，不平衡作用效应的设计值与结构重要性系数的乘积不应超过平衡作用的效应设计值，其中结构重要性系数 γ_0 应按表 2.2-1 的规定取值。

(3) 对于结构或结构构件的疲劳破坏的承载能力极限状态设计，应根据构件受力特性及疲劳设计方法采用不同的疲劳荷载模型和验算表达式。

结构或结构构件按正常使用极限状态设计时，作用组合的效应设计值不应超过设计要求的效应限值。结构重要性系数 γ_0 不应小于表 2.2-1 的规定。

结构重要性系数 γ_0（《混通规》表 3.1.12） **表 2.2-1**

结构重要性系数	对持久设计状况和短暂设计状况			对偶然设计状况和地震设计状况
	安全等级			
	一级	二级	三级	
γ_0	1.1	1.0	0.9	1.0

承载能力极限状态设计或正常使用极限状态按标准组合设计时，对可变荷载应按规定的荷载组合采用荷载的组合值或标准值作为其荷载代表值。可变荷载的组合值，应为可变荷载的标准值乘以荷载组合值系数。

正常使用极限状态按频遇组合设计时，应采用可变荷载的频遇值或准永久值作为其荷载代表值；按准永久组合设计时，应采用可变荷载的准永久值作为其荷载代表值。可变荷载的频遇值，应为可变荷载标准值乘以频遇值系数。可变荷载准永久值，应为可变荷载标准值乘以准永久值系数。

（四）可靠性指标

《可靠性标准》规定：结构构件持久设计状况承载能力极限状态设计的可靠指标不应小于表 2.2-2 的规定：

结构构件的可靠指标 β（《可靠性标准》表 3.2.6） **表 2.2-2**

破坏类型	安全等级		
	一级	二级	三级
延性破坏	3.7	3.2	2.7
脆性破坏	4.2	3.7	3.2

上表中规定的房屋建筑结构构件持久设计状况承载能力极限状态设计的可靠指标，是以建筑结构安全等级为二级时延性破坏的 β 值 3.2 作为基准，其他情况下相应增减 0.5 而确定的。可靠指标 β 与失效概率运算值 P_f 的关系见表 2.2-3。

可靠指标 β 与失效概率运算值 P_f 的关系 **表 2.2-3**

β	2.7	3.2	3.7	4.2
P_f	3.5×10^{-3}	6.9×10^{-4}	1.1×10^{-4}	1.3×10^{-5}

上表规定的 β 值是对结构构件而言的。对于其他部分如连接等，设计时采用的 β 值，应由各种材料的结构设计标准另作规定。

目前，由于统计资料不够完备以及结构可靠度分析中引入了近似假定，因此所得的失效概率 P_f 及相应的 β 并非实际值。这些值是一种与结构构件实际失效概率有一定联系的运算值，主要用于对各类结构构件可靠度作相对的度量。

与欧洲规范作用分项系数取值及目标可靠指标（$\beta=3.8$）的关系相比较，中国建筑结构目标可靠指标的规定（延性破坏结构为 $\beta=3.2$，脆性破坏结构为 $\beta=3.7$）是适宜的。

（五）混凝土结构的承载能力极限状态计算

混凝土结构的承载能力极限状态计算应包括下列内容：

（1）结构构件应进行承载力（包括失稳）计算；

（2）直接承受重复荷载的构件应进行疲劳验算；

（3）有抗震设防要求时，应进行抗震承载力计算；

（4）必要时尚应进行结构的倾覆、滑移、漂浮验算；

（5）对于可能遭受偶然作用，且倒塌可能引起严重后果的重要结构，宜进行防连续倒塌设计。

混凝土结构的承载能力极限状态计算除满足前述（三）的通用要求外，尚应满足下述要求：

混凝土结构上的作用及其作用效应计算应符合下列规定：

（1）应计算重力荷载、风荷载及地震作用及其效应；

（2）当温度变化对结构性能影响不能忽略时，应计算温度作用及作用效应；

（3）当收缩、徐变对结构性能影响不能忽略时，应计算混凝土收缩、徐变对结构性能的影响；

（4）当建设项目要求考虑偶然作用时，应按要求计算偶然作用及其作用效应；

（5）直接承受动力及冲击荷载作用的结构或结构构件应考虑结构动力效应；

（6）预制混凝土构件的制作、运输、吊装及安装过程中应考虑相应的结构动力效应。

采用应力表达式进行混凝土结构构件的承载能力极限状态计算时，应符合下列规定：

（1）应根据设计状况和构件性能设计目标确定混凝土和钢筋的强度取值；

（2）钢筋设计应力不应大于钢筋的强度取值；

（3）混凝土设计应力不应大于混凝土的强度取值。

装配式混凝土结构应根据结构性能以及构件生产、安装施工的便捷性要求确定连接构造方式并进行连接及节点设计。

混凝土结构构件之间、非结构构件与结构构件之间的连接应符合下列规定：

（1）应满足被连接构件之间的受力及变形性能要求；

（2）非结构构件与结构构件的连接应适应主体结构变形需求；

（3）连接不应先于被连接构件破坏。

（六）混凝土结构的正常使用极限状态验算

混凝土结构构件应根据其使用功能及外观要求，按下列规定进行正常使用极限状态验算：

（1）对需要控制变形的构件，应进行变形验算；

（2）对不允许出现裂缝的构件，应进行混凝土拉应力验算；

（3）对允许出现裂缝的构件，应进行受力裂缝宽度验算；

（4）对舒适度有要求的楼盖结构，应进行竖向自振频率验算。

二、美国规范

美国规范虽然没有明确的承载能力极限状态、正常使用极限状态与耐久性极限状态的概念，但有系统的 Strength（强度）、Serviceability（适用性）与 Durability（耐久性）设计内容，相当于中欧规范的承载能力极限状态、正常使用极限状态和耐久性极限状态设计。

1. 风险类别（Risk Category）与重要性系数（Importance Factors）

建筑物及其他结构应根据其占用性质或用途，以及因其破损对人类生命、健康和福祉带来的风险，按照表 2.2-4（ASCE 表 1.5-1）进行风险类别划分，以适用洪水、狂风、暴雪、地震和冰冻等规定。

每个建筑物或其他结构的风险类别应按其适用的最高风险类别进行指定。结构的最小设计荷载应包括适用于表 2.2-5 给出的重要性系数。允许根据荷载工况类型（例如雪或地震）而将建筑物或其他结构赋予多个风险类别。

当建筑法规或其他参考标准指定占用类别时，风险类别应按其指定的占用类别确定而不应降低。

建筑物与其他结构物在洪水、风、雪、地震及冰荷载下的风险类别（ASCE 表 1.5-1）

表 2.2-4

<table>
<tr><th>建筑物与结构物的用途或占用(Use or Occupancy of Buildings and Structures)</th><th>风险类别</th></tr>
<tr><td>发生事故时对人类生命风险较低的建筑物和其他结构</td><td>Ⅰ</td></tr>
<tr><td>除风险类别为Ⅰ、Ⅲ、Ⅳ类之外的所有建筑物与其他结构</td><td>Ⅱ</td></tr>
<tr><td>一旦破坏可能对人类生命构成重大风险的建筑物与其他结构</td><td rowspan="3">Ⅲ</td></tr>
<tr><td>事故发生时可能对日常平民生活造成重大经济影响和(或)大规模混乱，但未列入第四类风险的建筑物与其他结构</td></tr>
<tr><td>包含有毒或爆炸物质且这些物质的数量超过当局确定的阈值数量，一旦释放会对公众构成威胁，但未列入第四类风险的建筑物与其他结构(包括但不限于制造、加工、处理、储存、使用或处置含有毒性或爆炸性物质的危险燃料、危险化学品、危险废物或爆炸物的设施)</td></tr>
<tr><td>被指定为关键设施的建筑物与其他结构</td><td rowspan="4">Ⅳ</td></tr>
<tr><td>一旦破坏可能对社区构成重大危害的建筑物与其他结构</td></tr>
<tr><td>包含足够数量的剧毒物质且这些物质的数量超过当局确定的阈值数量，一旦释放会对公众构成威胁，但未列入第四类风险的建筑物与其他结构(包括但不限于制造、加工、处理、储存、使用或处置含有毒性或爆炸性物质的危险燃料、危险化学品、危险废物的设施)</td></tr>
<tr><td>维持第四类风险结构功能所需的建筑物与其他结构</td></tr>
</table>

当需要通过相邻结构对Ⅳ级风险结构进行操作访问时，则相邻结构应符合Ⅳ级风险结构的要求。如果操作通道距离内部用地红线或同一用地范围其他结构的距离小于 10ft（3.05m），则Ⅳ级风险结构的所有者应提供保护以防止相邻结构可能掉落的碎屑。

不同风险类别建筑结构关于雪、冰与地震作用的重要性系数（ASCE 表 1.5-2） **表 2.2-5**

风险类别	雪重要性系数，I_s	冰重要性系数-厚度，I_i	冰重要性系数-风，I_w	地震重要性系数，I_e
Ⅰ	0.80	0.80	1.00	1.00
Ⅱ	1.00	1.00	1.00	1.00
Ⅲ	1.10	1.15	1.00	1.25
Ⅳ	1.20	1.25	1.00	1.50

2. 可靠性指标

恒荷载、活荷载、环境荷载以及除地震、海啸、洪水与来自意外事件荷载外的其他荷载应基于表 2.2-6 中的目标可靠性。遭受地震的结构系统应基于表 2.2-7 和表 2.2-8 中的目标可靠性。使用的分析程序应考虑荷载与抗力的不确定性。

不包括地震、海啸或意外事件荷载工况的目标可靠性
(年度失效概率 P_f 和相关的可靠性指标 β)(ASCE 7-16 表 1.3-1) 表 2.2-6

基础	风险类别			
	Ⅰ	Ⅱ	Ⅲ	Ⅳ
非突然破坏，且不会导致破坏的广泛蔓延	$P_f=1.25\times10^{-4}/yr$	$P_f=3.0\times10^{-5}/yr$	$P_f=1.25\times10^{-5}/yr$	$P_f=5.0\times10^{-6}/yr$
	$\beta=2.5$	$\beta=3.0$	$\beta=3.25$	$\beta=3.5$
突然破坏，或导致破坏的广泛蔓延	$P_f=3.0\times10^{-5}/yr$	$P_f=5.0\times10^{-6}/yr$	$P_f=2.0\times10^{-6}/yr$	$P_f=7.0\times10^{-7}/yr$
	$\beta=3.0$	$\beta=3.5$	$\beta=3.75$	$\beta=4.0$
突然破坏，且会导致破坏的广泛蔓延	$P_f=5.0\times10^{-6}/yr$	$P_f=7.0\times10^{-7}/yr$	$P_f=2.5\times10^{-7}/yr$	$P_f=1.0\times10^{-7}/yr$
	$\beta=3.5$	$\beta=4.0$	$\beta=4.25$	$\beta=4.5$

注：提供的目标可靠性指标为 50 年的参考期，并且已将失效概率进行了年度化。

地震引起的结构稳定性的目标可靠性（条件失效概率）(ASCE 7-16 表 1.3-2) 表 2.2-7

风险类别	由 MCE_R 地震灾害引起的条件失效概率(%)
Ⅰ和Ⅱ	10
Ⅲ	5
Ⅳ	2.5

地震引起的普通非关键结构构件的目标可靠性（条件失效概率）(ASCE7-16 表 1.3-3)
表 2.2-8

风险类别	由 MCE_R 地震灾害引起的构件失效或锚固失效的条件概率(%)
Ⅰ和Ⅱ	25
Ⅲ	15
Ⅳ	9

3. 强度与刚度

建筑物和其他结构及其组成部分的设计和建造应具有足够的强度和刚度，以提供结构稳定性，保护非结构构件和机电系统并满足适用性要求。

ASCE/SEI 7-16 规定可接受强度（Acceptable strength）应使用以下一种或多种方法验证。

1）强度法（Strength Procedures）

结构和非结构组件及其连接应具有足够的强度，以抵抗各种适用的荷载组合，而又不超过建筑材料适用的强度极限状态。

2）允许应力法（Allowable Stress Procedures）

结构和非结构组件及其连接应具有足够的强度，以抵抗各种适用的荷载组合，而又不超过建筑材料的适用许可应力。

3）经 ARJ 批准的基于性能的方法（Performance-Based Procedures subject to the approval of the Authority Having Jurisdiction for individual projects）

基于性能方法设计的结构和非结构部件及其连接，应通过合乎规范要求的分析方法或通过辅以测试的分析方法进行证明，以提供与规定的目标可靠性基本相符的可靠性。

结构和非结构组件承受除地震、海啸、洪水和异常事件荷载以外的恒荷载、活荷载、

环境荷载和其他荷载，应基于表 2.2-6 中的目标可靠性。受地震作用的结构系统应以表 2.2-6 和表 2.2-7 中的目标可靠性为依据。

ASCE 7-22 允许对结构的不同部分和不同的荷载组合使用替代方法，当考虑抵抗意外事件的承载力时，应使用 ASCE 7-22 第 2.5 节的方法。

美国规范 ACI 318 针对强度设计的基本要求可表达如下：

Design Strength（设计强度）≥Required Strength（所需强度）

在强度设计方法中，安全水平是由施加于荷载的系数与施加于标称强度的强度折减系数的组合提供的。

使用标准假设与强度公式以及材料强度与尺寸的标称值计算的构件或截面强度称为标称强度，通常用 S_n 来表示。构件或截面的设计强度（或可用强度）是通过适用的强度折减系数 ϕ 将标称强度进行折减而得到。强度折减系数的目的是考虑变异性所导致强度不足的可能性，这些变异性可能来自现场材料强度与尺寸的变化、设计公式中简化假设的效应、延性程度、构件的潜在失效模式、所需可靠度、失效后果以及结构中替代荷载路径的影响。

ACI 318 规范或通用建筑规范规定了设计荷载组合，也称为因式荷载组合（Factored Load Combination），定义了将不同类型的荷载与各个荷载系数相乘（乘系数）然后组合以获得一个因式荷载 U 的方式。各荷载系数与叠加组合反映了各个荷载在数值上的变化、各种荷载同时发生的可能性，以及在确定所需设计强度的结构分析中所作的假设和近似程度。

当线性分析适用时，一种典型的设计方法是分析单个非因式荷载工况（Unfactored Load Case）的结构，然后将单个非因式荷载工况组合为一个因式荷载组合以确定设计荷载效应。在荷载效应是非线性的情况下（如基础上浮），各种因式荷载应同时施加以确定非线性的因式荷载效应。与强度设计有关的荷载效应包括弯矩、剪力、轴力、扭矩、承压力以及冲切剪应力。有时，设计位移也需要根据因式荷载效应确定。与适用性设计有关的荷载效应包括应力和位移。

在应用这些原则的过程中，获得许可的设计专业人员应该意识到，提供超出要求的强度并不一定会导致结构更安全，因为这样做可能会改变潜在的破坏模式。例如，在不增加横向钢筋的情况下，将纵向钢筋面积增加至超过弯曲强度所需的面积，可能会增加剪切破坏先于弯曲破坏发生的可能性。对于预期在地震期间发挥非弹性性能的结构，过度强度可能是不可取的。

结构和结构构件在所有截面上的设计强度 ϕS_n 均应大于或等于所需强度 U，所需强度 U 应按因式荷载和 ACI 318 规范或通用建筑规范所要求的组合力而计算得到。

4. 适用性

结构和非结构组件应满足适用性要求。

在服务荷载下，结构系统、构件应设计成有足够的刚度以限制挠度、侧向位移、振动或任何其他变形，这些变形可能对建筑物与其他结构的预期用途及性能产生不利的影响。

在服务荷载工况下的性能评估应考虑由预应力、蠕变、收缩、温度变化、轴向变形、施加在结构构件的约束以及基础沉降引起的反力、弯矩、扭矩、剪力和轴力。

对于结构、结构构件及其连接，如果按照适用的构件章节的规定进行设计，则应认为满足上述要求。具体要求详见各类结构构件设计的章节。

5. 功能性

结构和非结构组件应满足功能性要求。

风险类别Ⅳ的结构系统、构件和节点在结构强度与刚度设计方面应具有合理的可靠度，以限制挠度、侧向漂移（lateral drift）或其他变形，确保其性能不会在规范规定的任何设计级别（Design-level）环境危害事件发生后立即妨碍设施的功能。

指定的非结构系统及其与结构的连接应设计成具有足够的强度和刚度，以使其性能不会在规范规定的任何设计级别环境危害事件发生后立即妨害其功能。指定的非结构系统的组件应经过设计、鉴定或以其他方式受到保护，以便证明它们在设施遭受规范规定的任何设计级别环境危害事件后能够发挥其关键功能。

6. 自应变力及其效应

应为预期的自应变力及其效应作出规定，这种自应变力是由于基础的差异沉降及对温度、湿度、收缩、蠕变和类似作用所引起的变形约束而产生。

7. 维持结构稳定的作用

建筑物或其他结构中的所有结构构件和系统，以及所有组件和围护结构，应在设计时考虑地震与风荷载可能引起的倾覆、滑移和上浮，并应提供连续的荷载路径将这些力传递至基础。如果使用滑动支座来隔离构件，则应将滑动构件之间的摩擦效应作为力包括在内。如果这些力的全部或部分抗力是由恒荷载提供的，则恒荷载应取为在维持平衡期间可能存在的最小恒荷载。应考虑这种力引起的垂直挠度与水平位移的效应。

三、欧洲规范的极限状态设计规定

欧洲规范这部分内容不属于混凝土结构设计规范 EN 1992（简称 EC 2），而是属于 EN 1990（简称 EC 0）的内容。

（一）一般规定

应区分承载能力极限状态与正常使用极限状态，极限状态应与设计状况有关，设计状况应分为持续、短暂或偶然。

验证与时间相关效应（例如疲劳）的极限状态应与结构的设计使用寿命建立联系，而且大部分时间相关效应具有累计效应。

（二）设计状况

设计状况应分类如下：

（1）持久设计状况，是指正常使用时的工作状况；

（2）短暂设计状况，是指临时适用于结构的状况，如工程实施与维修时的状况；

（3）偶然设计状况，是指适用于结构的异常情况，如遭受火灾、爆炸、撞击以及局部破坏等的情况；

（4）地震设计状况，适用于结构遭受地震时的状况。

所选设计状况应足够严峻且多变，以涵盖在结构的执行和使用过程中可以合理预见的所有工况。

（三）极限状态设计原则

极限状态的设计应基于相关极限状态的结构模型与荷载模型。该要求应通过分项系数法（partial factor method）来实现，也可采用直接基于概率的设计方法。

当有关作用、材料特性、产品属性以及几何数据的设计值用于结构模型与荷载模型时，应验证并确保不超过极限状态。

应对所有相关的设计状况与荷载工况进行验证。所选的设计状况应考虑并确定关键荷载工况。

对于特定的验证，荷载工况的选择应考虑荷载布置的兼容性以及与固定可变作用（fixed variable actions）及永久作用同时考虑的变形和缺陷的集合。

应考虑到与预期的作用方向或作用位置可能存在的偏差。

结构模型与荷载模型可以是物理模型，也可以是数学模型。

（四）承载能力极限状态

关注人员安全与/或结构安全的极限状态应确定为承载能力极限状态。在某些情况下，与内容物保护有关的极限状态应归类为承载能力极限状态。

1. 一般规定

以下极限状态应予以验证：

（1）EQU：结构或其任何部分视为刚体而丧失静力平衡，此时作用数值或空间分布的微小变化足以产生重大影响，并且通常不受建筑材料或地面强度的控制；

（2）STR：结构或结构构件的内部破坏或过度变形，此时包括基础、桩、地下室墙体等结构材料的强度起控制作用；

（3）GEO：地基的破坏或过度变形，此时提供抵抗力的土壤或岩石的强度发挥重要作用；

（4）FAT：结构或结构构件的疲劳破坏。

2. 静力平衡与抗力的验证

在考虑结构静力平衡（EQU）极限状态时，应验证

$$E_{d,dst} \leqslant E_{d,stb} \tag{2.2-1 [EC 0 式 (6.7)]}$$

式中，$E_{d,dst}$ 是破坏稳定作用效应的设计值，$E_{d,stb}$ 是维持稳定作用效应的设计值。

在适当的情况下，可以通过其他术语来补充静力平衡极限状态的表达式，例如刚体之间的摩擦系数。

当考虑截面、构件或节点的断裂或过度变形这种极限状态（STR 和/或 GEO）时，应验证：

$$E_d \leqslant R_d \tag{2.2-2 [EC 0 式 (6.8)]}$$

式中，E_d 是作用的设计值，例如内力、力矩或代表多个内力或力矩的矢量，R_d 是相应抗力的设计值。

注：STR 和 GEO 方法的细节在 EC 0 附件 A 中给出。

（五）正常使用极限状态

关注正常使用下结构或结构构件的功能、人员的舒适性与建筑工程外观的极限状态应确定为正常使用极限状态。此处的术语“外观”与诸如大挠度和宽裂缝有关，而不是与美观有关。通常，每个项目的适用性要求都是经过商定的。

应区分可逆与不可逆的正常使用极限状态。

正常使用极限状态的验证应基于以下几方面的标准：

(1) 变形——影响外观、用户舒适感与结构功能（包括机器或服务的功能）的变形，或导致饰面或非结构构件损坏的变形；

(2) 振动——使人感到不适，或限制结构功能有效性的振动；

(3) 损坏——可能对外观、耐久性或结构功能产生不利影响的损坏。

1. 验证

应按下式进行验证：

$$E_d \leqslant C_d \qquad (2.2\text{-}3)\ [\text{EC 0 式 (6.13)}]$$

式中，C_d 为有关适用性准则的设计限值，E_d 为适用性准则中规定的作用效应设计值，是根据相关荷载组合确定的。

2. 适用性准则

与适用性要求相关的变形应根据建筑工程的类型在相关附件 A 中进行详细说明，或与业主或国家主管部门商定。

注：有关其他特定的适用性标准，例如裂缝宽度、应力或应变限值、抗滑移，请参见 EN 1991～EN 1999。

第三节 荷载与荷载组合

荷载是结构模拟的一个重要环节和重要组成部分，是建（构）筑物自身（含附属设施）及环境与其他外部因素对结构体系影响（大多是不利影响）的量化过程，只不过这个量化过程基本已经由荷载规范来完成，结构工程师直接使用其量化结果即可，因此很多人都忽略了这个荷载量化阶段的模拟过程。但如何正确使用荷载规范进行荷载取值以及如何在结构模型中正确施加荷载并进行合理的荷载组合，也是结构模拟的重要环节，是对结构设计师的基本要求，也是应该重点关注的内容。

荷载是一个很宏大的专项课题，中美欧均有各自独立成册的荷载规范，其中中国的荷载规范为《建筑结构荷载规范》GB 50009—2012（以下简称《荷载规范》），美国的荷载规范为《Minimum Design Loads and Associated Criteria for Buildings and Other Structures》ASCE/SEI 7-22（以下简称 ASCE 7-22），欧洲的荷载规范为《Eurocode 1：Actions on Structures》EN 1991（以下简称 EC 1）。

中国《荷载规范》包括荷载分类与荷载组合、永久荷载、活荷载、起重机荷载、雪荷载、风荷载、温度作用及偶然荷载，共 10 章，含封面、前言、目录、条文正文、附录及条文说明总共 266 页（32 开本）。《混通规》对《荷载规范》进行了局部修订，预计会在新版荷载规范修订中予以体现。

美国 ASCE/SEI 7-22 包括荷载组合、恒荷载与水土压力荷载、活荷载、洪水荷载、海啸荷载、雪荷载、雨荷载、冰荷载、风荷载及地震作用，总共 32 章（含 9、24、25 共 3 个预留章，预留了章节号但没有内容），含封面、前言、目录、条文正文、附录及条文说明总共 1046 页（大 16 开本）。ACI 318-19 第 5.2.1 节明确，荷载应包括自重、外加荷载以及预应力、地震、体积变化的约束与差异沉降的效应。

欧洲规范 EC 1 包括 4 个 Parts、11 个分册，其中 Part 1（EC 1-1）为 General Action（一般荷载或作用），又分为 7 个分册，分别是 Part 1-1（EC 1-1-1）容重、自重与活荷载，

Part 1-2（EC 1-1-2）火灾中结构上的荷载或作用，Part 1-3（EC 1-1-3）雪荷载，Part 1-4（EC 1-1-4）风荷载，Part 1-5（EC 1-1-5）温度荷载或作用，Part 1-6（EC 1-1-6）施工期间的荷载，Part 1-7（EC 1-1-7）意外荷载或作用；Part 2（EC 1-2）为桥梁上的交通荷载；Part 3（EC 1-3）为起重机及机械引起的荷载；Part 4（EC 1-4）为筒仓及储罐（箱）上的荷载或作用。

从章节内容来看，欧美荷载规范比中国荷载规范全面，其中 ASCE/SEI 7-22 的洪水荷载、海啸荷载、雨荷载、冰荷载以及地震作用都是中国《荷载规范》没有的内容，而 EC 1-1-2 火灾中结构上的荷载或作用、EC 1-1-6 施工期间的荷载、EC 1-2 桥梁上的交通荷载以及 EC 1-4 筒仓及储罐（箱）上的荷载或作用也是中国《荷载规范》没有的内容。从内容篇幅来看，中国《荷载规范》也远不及 ASCE/SEI 7-22 与 EC 1。因此，至少可以得出欧美荷载规范更全面、更详细的结论。

关于中美欧荷载规范的对比分析不是本书所要重点讨论的内容，如果有必要及可能，可以另出专著进行专门讨论。但因美国混凝土规范 ACI 318-19 将有关荷载方面的规定或要求又单独开列在第 5 章中，而且荷载是结构模拟、分析、设计不可或缺、不可回避的内容，故本书也在此加进了荷载这一章节。无论是对于本书的系统性与完整性，还是对于读者全面了解中美欧规范的差异，都有非常重要的意义。但限于篇幅，本书仅针对与常规设计最密切相关的活荷载以及 ACI 318-19 中出现的荷载系数（Load Factors）与荷载组合作一些简单的对比分析，以期抛砖引玉。

一、有关荷载与环境影响的基本规定

（一）中国规范

中国规范的这部分内容不在《混规》中，而是包含在《荷载规范》中，《混通规》对《荷载规范》进行了局部修订，预计会在新版荷载规范修订中予以体现。

作用（Action）：施加在结构上的集中力或分布力和引起结构外加变形或约束变形的原因。前者为直接作用，也称为荷载；后者为间接作用。这是《可靠性标准》中的术语定义。笔者认为还是比较准确的，因此当泛指包括温度作用等的“广义荷载”时，采用“作用”一词会更准确，而当特指比较具体的直接作用时，仍可采用“荷载”一词。

中国《荷载规范》在泛指时采用了“荷载”一词，仅在特指温度作用时采用了“作用”一词。《可靠性标准》与《混通规》则在泛指时均采用“作用”一词，仅在特指时采用“荷载”一词。

结构上的作用根据时间变化特性应分为永久作用、可变作用和偶然作用，其代表值应符合下列规定：

（1）永久作用应采用标准值；

（2）可变作用应根据设计要求采用标准值、组合值、频遇值或准永久值；

（3）偶然作用应按结构设计使用特点确定其代表值。

结构上的作用应根据下列不同分类特性，选择恰当的作用模型和加载方式：

（1）直接作用和间接作用；

（2）固定作用和非固定作用；

（3）静态作用和动态作用。

确定可变作用代表值时应采用统一的设计基准期。当结构采用的设计基准期不是50年时，应按照可靠指标一致的原则，对《荷载规范》规定的可变作用量值进行调整。

对于结构在施工和使用期间可能出现，而《荷载规范》未规定的各类作用，应根据结构的设计工作年限、设计基准期和保证率，确定其量值大小。

生产工艺荷载应根据工艺及相关专业的要求确定。

作用组合的效应设计值，应将所考虑的各种作用同时加载于结构之后，再通过分析计算确定。

当作用组合的效应设计值简化为单个作用效应的组合时，作用与作用效应应满足线性关系。

永久荷载应包括结构构件、围护构件、面层及装饰、固定设备、长期储物的自重，土压力、水压力，以及其他需要按永久荷载考虑的荷载。

结构自重的标准值可按结构构件的设计尺寸与材料单位体积的自重计算确定。

一般材料和构件的单位自重可取其平均值，对于自重变异较大的材料和构件，自重的标准值应根据对结构的不利或有利状态，分别取上限值或下限值。常用材料和构件单位体积的自重可按《荷载规范》附录A采用。

固定隔墙的自重可按永久荷载考虑，位置可灵活布置的隔墙自重应按可变荷载考虑。

（二）美国规范

荷载应包括自重、施加的荷载，以及预应力、地震、限制体积变化与差异沉降的效应。

1. 恒荷载

1）定义

恒荷载包括纳入建筑物的所有建筑材料的重量，包括但不限于墙体、楼面、屋面、吊顶、楼梯、内置隔断、饰面、围护结构、其他类似纳入建筑与结构的部件以及固定的服务设备，包括起重机和物料搬运系统的重量。

2）材料和建筑产品的重量

在确定出于设计目的的恒荷载时，应使用材料和建筑产品的实际重量，在没有确切信息的情况下，应使用具有司法管辖权的机构所批准的值。

3）固定服务设备的重量

为设计目的而确定恒荷载时，应考虑固定服务设备的重量，包括固定服务设备所含物品的最大重量。固定服务设备的可变部件（例如液体内容物和可移动托盘）不得用于抗倾覆、抗滑移和抗漂浮等条件的有利作用。

4）植物和景观绿化的屋面

所有园林绿化材料的重量应视为恒荷载。计算重量时应同时考虑土壤和排水层材料完全饱和的情况以及土壤和排水层材料完全干燥的情况，以确定对结构的最不利的荷载影响。

5）太阳能板

太阳能板及其支撑系统与压载物的重量应视为恒荷载。

2. 土压力和静水压力

1）侧向压力

地坪以下的结构应设计成能抵抗相邻土壤的侧向土压力荷载。如果在具有管辖权的机构批准的岩土工程报告中未给出侧向土压力荷载，则应将表 2.3-1 中规定的侧向土压力荷载用作最小设计侧向土压力荷载。在适用的情况下，应将来自固定或移动附加荷载的侧向土压力附加到侧向土压力荷载中。当一部分或全部相邻土壤位于自由水面以下时，应根据因浮力而减小的土壤重量（浮重度）加上全部静水压力来进行计算。如果岩土勘察确定现场存在膨胀土，则侧向土压力应适当增加。

设计侧向土壤荷载（ASCE 7-16 表 3.2-1） **表 2.3-1**

回填材料描述	统一岩土分类	设计侧向土压力 /psf 每英尺深 （kN/m^2 每米深）
Well-graded, clean gravels, gravel-sand mixes 级配良好的干净砾石—砾砂混合物	GW	5.50(9.43)
Poorly graded, clean gravels, gravel-sand mixes 级配不良的干净砾石—砾砂混合物	GP	5.50(9.43)
Silty gravels, poorly graded gravel-sand mixes 粉土砾石，级配不良的砾石—砾砂混合物	GM	5.50(9.43)
Clayey gravels, poorly graded gravel-and-clay mixes 黏土砾石，级配不良的砾石—黏土混合物	GC	7.07(9.43)
Well-graded, clean sands, gravel-sand mixes 级配良好的干净砂子，砾石—砂混合物	SW	5.50(9.43)
Poorly graded, clean sands, sand-gravel mixes 级配不良的干净砂子，砂—砾石混合物	SP	5.50(9.43)
Silty sands, poorly graded sand-silt mixes 粉质砂，级配不良的砂—淤泥混合物	SM	7.07(9.43)
Sand-silt clay mix with plastic fines 含有可塑细粉的砂—淤泥质黏土混合物	SM-MC	13.35(15.71)
Clayey sands, poorly graded sand-clay mixes 黏土砂，级配不良的砂—黏土混合物	SC	13.35(15.71)
Inorganic silts and clayey silts 无机淤泥和黏土淤泥	ML	13.35(15.71)
Mixture of inorganic silt and clay 无机淤泥和黏土的混合物	ML-CL	13.35(15.71)
Inorganic clays of low to medium plasticity 中低塑性无机黏土	CL	15.71
Organic silts and silt-clays, low plasticity 低塑性有机淤泥和淤泥黏土	OL	不适合回填
Inorganic clayey silts, elastic silts 无机黏土淤泥，弹性淤泥	MH	不适合回填
Inorganic clays of high plasticity 高塑性无机黏土	CH	不适合回填
Organic clays and silty clays 有机黏土和粉质黏土	OH	不适合回填

注：

1. 设计侧向土壤荷载是指定土壤在最佳密度下潮湿条件下给出的。实际以现场条件为准。浸没或饱和土壤压力应包括土壤的浮重度加上静水压力荷载。
2. 对于比较刚的墙，当有楼板支撑时，应将砂土和砾石型土壤的设计侧向土壤荷载增加到每米深 9.43kN / m^2；地下室外墙在地坪以下的延伸深度不超过 2.44m 且支承轻型楼面系统时不应视为比较刚的墙。
3. 对于比较刚的墙，当有楼板支撑时，应将淤泥和黏土类型的设计横向荷载增加至每米深 15.71kN / m^2。地下室外墙在地坪以下的延伸深度不超过 2.44m 且支承轻型楼面系统时不应视为比较刚的墙。

2）楼板和基础的上浮荷载

在适用的情况下，地下室的底板、地面板、基础以及类似在地坪以下的近似水平的构件应设计成能抵抗上浮荷载。水的向上压力应视为施加在整个区域上的全部静水压力。静水压力荷载应从建筑物的底面测量。

基础、地面板以及支承在膨胀土上的其他构件的设计应能容许移动或抵抗膨胀土所引起的向上荷载，或者将膨胀土从结构周围和下方移除或使其稳定。

3. 活荷载

1）定义

活荷载：由建筑物或其他结构的使用和占用而产生的荷载，不包括施工或环境荷载（如风荷载、雪荷载、雨荷载、地震、洪水荷载或恒荷载）。

屋面活荷载：下述原因产生的作用于屋面的荷载：

① 维护期间由工人、设备和材料产生；

② 在结构的使用寿命期间，由可移动物体（例如花盆或其他类似非占用属性的小型装饰附件）产生的荷载。作用于屋面上但与占用相关的活荷载（例如屋顶聚集区、屋顶平台及具有可占用区域的植被或景观屋顶）被认为是活荷载而不是屋面活荷载。

2）均布活荷载

（1）所需活荷载（最小活荷载）

建筑物和其他结构设计中使用的活荷载应为预期用途或占用的最大荷载，但在任何情况下均不得低于表 2.3-8 要求的最小均布荷载。

（2）隔断荷载

对于隔断位置可能发生变化的办公楼和其他建筑物，无论平面图上是否标明隔断，均应考虑隔断荷载。隔断荷载不得小于 15psf（0.72kN/m^2）。

例外情况：如果指定的最小活荷载为 80psf（3.83kN/m^2）或更大，则不需要考虑隔断的活荷载。

3）集中活荷载

楼面、屋面和其他类似表面的设计应考虑 ASCE 7-22 第 4.3 节中规定的均布活荷载或表 2.3-8 中给出的以磅或千牛顿（kN）为单位的集中荷载，以产生更大荷载效应的荷载为准。除非另有规定，否则应假定所指定的集中荷载均匀分布在 2.5ft（762mm）×2.5ft（762mm）的区域内，并且其位置应能在构件中产生最大荷载效应。

4）扶手、护栏、把手、车辆阻挡系统以及固定梯子上的荷载

（1）扶手和护栏系统

扶手和护栏系统的设计应能够抵抗施加于扶手或栏杆顶部任何点沿任何方向的 200lb（0.89kN）的单一集中荷载，以对所考虑的构件产生最大荷载效应，并将该荷载通过支座传递给结构。此外，还需考虑 50lb/ft（0.73kN/m）的线荷载，但不与集中荷载同时考虑。

（2）抓手系统

抓手系统的设计应能抵抗在抓手上任何点沿任何方向施加的 250lb（1.11kN）的单一集中荷载，以产生最大荷载效应。

（3）车辆阻挡系统

用于乘用车的车辆阻挡系统应设计为能够抵抗沿任何方向水平施加到阻挡系统的6000lb（26.70kN）的单一荷载，并且应具有锚固装置或附件以便将该荷载传递到结构。对于系统设计，荷载应假定作用在楼面或坡道表面上方460～686mm之间的高度，以产生最大的荷载效应。荷载应施加在不超过305mm×305mm的区域上，且不与任何扶手或护栏系统的荷载同时作用。

容纳卡车和公共汽车的车库中的车辆阻挡系统应根据AASHTO LRFD桥梁设计规范进行设计。

（4）固定梯子

带横档固定梯子的设计应考虑在任何点施加300lb（1.33kN）的单一集中荷载，以对所考虑的构件产生最大荷载效应。沿梯子高度应至少每10ft（3.05m）施加1个300lb（1.33kN）的集中活荷载。

5）冲击荷载

（1）一般规定

前文规定的活荷载已考虑正常冲击条件的足够余量。此处的冲击荷载是针对异常振动和冲击力而作出的规定。

（2）升降电梯

承受来自电梯的动态荷载的所有构件均应按照ASME A17规定的冲击荷载和挠度限值进行设计。

（3）机械设备

出于设计目的，机械重量和移动荷载应按如下方式增加以考虑冲击：

① 轻型机械，轴驱动或电机驱动，增加20%；

② 往复式机械或动力驱动装置，增加50%。制造商有规定时，应按其规定执行。

（4）用于支承外墙与建筑物维护设备提升系统的构件

应取起重机额定荷载的2.5倍或起重机失速荷载，以较大者为准。

（5）防坠落和救生索锚固

防坠落和救生索锚固装置以及支承这些锚固装置的结构构件应设计为在可能施加防坠落荷载的每个方向上，每条连接的救生索应能承受3100lb（13.8kN）的活荷载。

6）起重机荷载

起重机活载应为起重机的额定容量。移动桥式起重机和单轨起重机的吊车梁（包括连接件和支架）的设计荷载应包括起重机的最大轮压荷载以及起重机移动引起的竖向冲击力、横向力和纵向力。

7）直升机停机坪荷载

（略）

8）不适合居住的阁楼

根据是否具有储藏功能而作出不同规定，详情从略。

9）图书馆书库

表2.3-8中提供的图书馆书库活荷载适用于支承非移动双面书架的书库楼板，但受以下限制：

（1）标称书架单元高度不得超过90in（2290mm）；

（2）每个面的标称书架深度不得超过 12in（305mm）；

（3）平行排列的双面书架间应通过不小于 36in（914mm）宽的走道隔开。

10）集会用座椅

除了表 2.3-8 中提供的用于检阅台、观礼台和露天看台的垂直活荷载，以及带有固定座椅（固定在地板上）的体育场和竞技场的垂直活荷载外，设计还应包括施加在每排座椅上的水平摇摆力，如下所示：

（1）在平行于每排座椅的方向上施加 24lb/ft（0.35kN/m）的线荷载；

（2）在垂直于每排座椅的方向上施加 10lb/ft（0.15kN/m）的线荷载。

两个方向的水平摇摆力不需要同时施加。

11）受卡车运输影响的人行道、车辆车道和庭院

（1）均布荷载

除表 2.3-8 中规定的荷载外，在适当的情况下，还应按照已批准的包含卡车荷载规定的方法考虑均布荷载。

（2）集中荷载

表 2.3-8 中提供的集中轮压荷载应施加在 4.5in×4.5in（114mm×114mm）的区域上。

12）楼梯踏步

表 2.3-8 中规定的楼梯踏板集中荷载应施加在 2in×2in（50mm×50mm）的面积上，并且不应与均布荷载同时施加。

13）太阳能电池板荷载

（1）太阳能电池板的屋顶荷载

支承太阳能电池板系统的屋顶结构应设计为能够抵抗以下每种情况：

① 表 2.3-8 中规定的均布屋面活荷载和集中屋面活荷载，以及太阳能电池板系统的恒载。

例外情况：如果太阳能电池板与屋顶表面之间的净空间不大于 24in（610mm），则无需在太阳能电池板覆盖的区域施加屋顶活荷载。

② 在没有太阳能电池板系统的情况下，应采用表 2.3-8 中规定的均布屋面活荷载和集中屋面活荷载。

（2）荷载组合

为太阳能电池板系统提供支承的屋顶系统应按照 ASCE 7-22 第 2 章规定的荷载组合进行设计。

（3）支承太阳能电池板的开放式网格屋顶结构

具有开放式网格且无屋顶板或覆盖层的结构，当结构设计考虑支承太阳能电池板系统时，应采用表 2.3-8 中规定的均布和集中屋面活荷载，但均布屋面活荷载应允许降低至 12psf（0.57kN/m^2）。

（三）欧洲规范

欧洲规范的这部分内容不在 EC 2 中，也不在 EC 1 中，而是包含在 EC 0 中。

1. 作用的分类

作用应按其时间变化分类如下：

（1）永久作用（G），例如结构自重、固定设备与面层自重，以及由于收缩和不均匀

沉降引起的间接作用；

（2）可变作用（Q），例如作用在建筑物的地面、横梁与屋面的外加荷载、风荷载或雪荷载；

（3）意外作用（A），例如爆炸或车辆撞击。

某些作用如地震作用和雪荷载可能被视为意外作用和/或可变作用，取决于场地位置，具体参阅 EC 1 和 EC 8。

由水引起的作用可被视为永久作用和/或可变作用，取决于其幅度随时间的变化。

作用应根据其来源，分为直接作用或间接作用；根据其空间变化，分为固定作用或自由作用；根据其性质和/或结构响应，分为静力作用与动力作用。

一个作用应该用一个模型来描述，在最常见的情况下，它的大小用一个标量表示，它可以有几个代表值。

2. 作用的特征值

作用的特征值 F_k 是其主要代表值，应指定为平均值、上限值或下限值，或标称值（不涉及已知的统计分布）（参见 EC 1），并需要在项目文档中指定，但需要与 EC 1 中给出的方法保持一致。

永久作用的特征值应按以下方式评估：

（1）如果 G 的可变性很小，则可以使用一个单一值 G_k；

（2）如果 G 的可变性不能被视为很小，则应使用两个值：上限值 $G_{k,sup}$ 和下限值 $G_{k,inf}$。

如果在结构设计使用年限内 G 的变化不大且其变化系数较小，则 G 的变化性可以忽略，应取 G_k 等于平均值。

注：该变化系数可以在 0.05～0.10 的范围内，取决于结构的类型。

如果结构对 G 的变化非常敏感（例如某些类型的预应力混凝土结构），则即使变化系数很小，也应使用两个值。则 $G_{k,inf}$ 是 G 的统计分布的 5%分位值，$G_{k,sup}$ 是 G 的统计分布的 95%分位值，可以假设它是高斯分布（即我们熟知的正态分布）。

自重在数值上一般服从正态分布，当需要使用两个标准值时，可分别采用 0.05 与 0.95 分位点的值，如图 2.3-1 所示。这样下限值 $G_{k,inf}$ 与上限值 $G_{k,sup}$ 可分别表示为：

$$G_{k,inf}=\mu_G-1.645\sigma_G=\mu_G(1-1.645\delta_G)$$

（2.3-1a）［文献 112（式 4-1a）］

$$G_{k,sup}=\mu_G+1.645\sigma_G=\mu_G(1+1.645\delta_G)$$

（2.3-1b）［文献 112（式 4-1b）］

式中，μ_G 为自重 G 的平均值，σ_G 为自重 G 的标准差，δ_G 为自重 G 的变异系数。

假定变异系数 $\delta_G=0.10$，则 $G_{k,inf}$ 与 $G_{k,sup}$ 比平均值 μ_G 偏小或偏大 16.45%。

结构自重可以用单一特征值表示，并可以根据公称尺寸和平均单位质量进行计算。

预应力（P）应归类为由施加在结构上的受控力和/或受控变形引起的永久性作用。这些类型的预应力应相互区分（例如，通过预应力筋束施加的预应力，或通过在支座上施加变形产生的预应力）。

注：在给定的时间 t，预应力的特征值可以是上限值 $P_{k,sup}(t)$ 和下限值 $P_{k,inf}(t)$。对于承载能力极限状态，可以使用平均值 $P_m(t)$。详细信息在 EC 2～EC 6 和 EC 9 中给出。

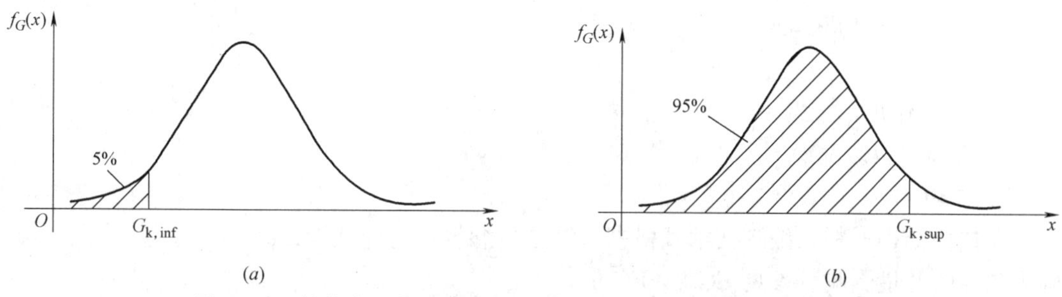

图 2.3-1 结构自重使用两个标准值的概率含义（文献 112 图 4-11）

（a）下限值 $G_{k,inf}$；（b）上限值 $G_{k,sup}$

对于可变作用，特征值（Q_k）应与以下任一项相对应：

（1）在某个特定参考期内，未超过预期概率的上限值或已达到预期概率的下限值；

（2）标称值，可以在未知统计分布的情况下指定。

注 1：数值在 EN 1991 的各个部分中给出。

注 2：气候活动的特征值是基于一年基准期内其值随时间变化的部分超过 0.02 的概率，这相当于时变部分 50 年的平均回归周期。

对于意外作用，应逐个项目指定设计值 A_d。

对于地震作用，设计值 A_{Ed} 应根据特征值 A_{Ek} 或为具体项目指定的特征值来进行评估。参见 EC8。

3. 可变作用的其他代表值

可变作用的其他代表价值如下（图 2.3-2）：

（1）用乘积 $\psi_0 Q_k$ 表示的组合值，用于验证承载能力极限状态和不可逆的正常使用极限状态（参见第 6 节和附件 C）。

（2）用乘积 $\psi_1 Q_k$ 表示的频遇值，用于验证涉及意外作用的承载能力极限状态，以及用于验证可逆的正常使用极限状态。

注：例如，对于建筑物，应以其被超越的时间为基准期的 0.01 来确定频遇值，对于桥梁上的道路交通负载，频遇值是根据一个星期的回归周期来评估的。

（3）用乘积 $\psi_2 Q_k$ 表示的准永久值，用于验证涉及意外作用的承载能力极限状态和可逆的正常使用极限状态。准永久值也用于计算长期效应。

注意：对于建筑物楼面上的荷载，通常以使其在参考期内的超越时间比例为 0.50 来确定准永久值。准永久值可以替代地确定为在选定时间段内的平均值。对于风荷载或道路交通荷载，准永久值通常取为零。

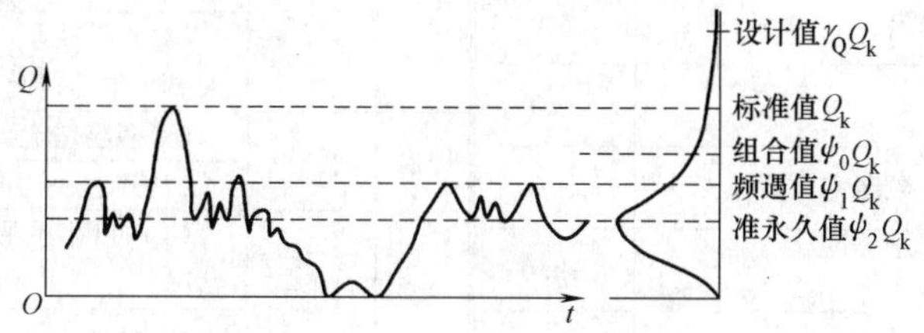

图 2.3-2 各作用代表值的相对量值关系

4. 疲劳作用的代表值

（略）

5. 动力作用的代表值

（略）

6. 岩土作用

参见 EC 7-1。

7. 环境影响

在选择结构材料、编制技术规格书、结构概念设计与详细设计时，应考虑可能影响结构耐久性的环境影响。参见 EC 2～EC 9。

应考虑环境影响的效应，并在可能的情况下进行定量描述。

二、公共与民用建筑的楼面活荷载

（一）中国规范

1.《建筑结构荷载规范》GB 50009—2012

由于本书读者大多为中国大陆的人士，对中国的荷载规范都比较了解，而且《混通规》GB 55001—2021 已对《荷载规范》作出了比较大的调整，新版《荷载规范》必将根据《混通规》进行修订，故本书仅节选了《荷载规范》的部分内容，以便于和《混通规》及美欧规范进行比较，各类代表值系数及表后的注不再列出。见表 2.3-2。

中国《荷载规范》GB 50009—2012 的活荷载标准值（《荷载规范》5.1.1）　表 2.3-2

项次	类别	标准值（kN/m²）
1	（1）住宅、宿舍、旅馆、办公楼、医院病房、托儿所、幼儿园	2.0
	（2）试验室、阅览室、会议室、医院门诊室	2.0
2	教室、食堂、餐厅、一般资料档案室	2.5
3	（1）礼堂、剧场、影院、有固定座位的看台	3.0
	（2）公共洗衣房	3.0
4	（1）商店、展览厅、车站、港口、机场大厅及其旅客等候室	3.5
	（2）无固定座位的看台	3.5
5	（1）健身房、演出舞台	4.0
	（2）运动场、舞厅	4.0
6	（1）书库、档案库、贮藏室	5.0
	（2）密集柜书库	12.0
7	通风机房、电梯机房	7.0

项次	类别			标准值（kN/m²）
8	汽车通道及客车停车库	（1）单向板楼盖（板跨不小于 2m）和双向板楼盖（板跨不小于 3m×3m）	客车	4.0
			消防车	35.0
		（2）双向板楼盖（板跨不小于 6m×6m）和无梁楼盖（柱网不小于 6m×6m）	客车	2.5
			消防车	20.0
9	厨房	（1）餐厅		4.0
		（2）其他		2.0
10	浴室、卫生间、盥洗室			2.5
11	走廊、门厅	（1）宿舍、旅馆、医院病房、托儿所、幼儿园、住宅		2.0
		（2）办公楼、餐厅、医院门诊部		2.5
		（3）教学楼及其他可能出现人员密集的情况		3.5
12	楼梯	（1）多层住宅		2.0
		（2）其他		3.5
13	阳台	（1）可能出现人员密集的情况		3.5
		（2）其他		2.5

2.《工程结构通用规范》GB 55001—2021

《混通规》GB 55001—2021 推出后，对《荷载规范》GB 50009—2012 作出了比较大的调整。除了重新划分类别和分组外，比较明显的是部分功能区楼面活荷载的提高，如办公楼与医院门诊室由原来的 2.0kN/m^2 提高到 2.5kN/m^2，而试验室、阅览室、会议室则提高得更多，由原来的 2.0kN/m^2 提高到 3.0kN/m^2，食堂、餐厅、一般资料档案室也由原来的 2.5kN/m^2 提高到 3.0kN/m^2，礼堂、剧场、影院、有固定座位的看台及公共洗衣房则由原来的 3.0kN/m^2 提高到 3.5kN/m^2，商店、展览厅、车站、港口、机场大厅及其旅客等候室及无固定座位的看台则由 3.5kN/m^2 提高到 4.0kN/m^2，健身房、演出舞台、运动场与舞厅则由 4.0kN/m^2 提高到 4.5kN/m^2。总体而言，除了少部分功能区保持不变外，大部分功能区都有提高的趋势，提高幅度大多在 0.5～1.0kN/m^2 区间。余者不再列出，详见表 2.3-3。

《混通规》民用建筑楼面均布活荷载标准值及各类代表值系数（《混通规》表 4.2.2）

表 2.3-3

项次	类别		标准值 (kN/m^2)	组合值系数 ψ_c	频遇值系数 ψ_f	准永久值系数 ψ_q
1	(1)住宅、宿舍、旅馆、医院病房、托儿所、幼儿园		2.0	0.7	0.5	0.4
	(2)办公楼、教室、医院门诊室		2.5	0.7	0.6	0.5
2	食堂、餐厅、试验室、阅览室、会议室、一般资料档案室		3.0	0.7	0.6	0.5
3	礼堂、剧场、影院、有固定座位的看台、公共洗衣房		3.5	0.7	0.5	0.3
4	(1)商店、展览厅、车站、港口、机场大厅及其旅客等候室		4.0	0.7	0.6	0.5
	(2)无固定座位的看台		4.0	0.7	0.5	0.3
5	(1)健身房、演出舞台		4.5	0.7	0.6	0.5
	(2)运动场、舞厅		4.5	0.7	0.6	0.3
6	(1)书库、档案库、储藏室(书架高度不超过 2.5m)		6.0	0.9	0.9	0.8
	(2)密集柜书库(书架高度不超过 2.5m)		12.0	0.9	0.9	0.8
7	通风机房、电梯机房		8.0	0.9	0.9	0.8
8	厨房	(1)餐厅	4.0	0.7	0.7	0.7
		(2)其他	2.0	0.7	0.6	0.5
9	浴室、卫生间、盥洗室		2.5	0.7	0.6	0.5
10	走廊、门厅	(1)宿舍、旅馆、医院病房、托儿所、幼儿园、住宅	2.0	0.7	0.5	0.4
		(2)办公楼、餐厅、医院门诊部	3.0	0.7	0.6	0.5
		(3)教学楼及其他可能出现人员密集的情况	3.5	0.7	0.5	0.3
11	楼梯	(1)多层住宅	2.0	0.7	0.5	0.4
		(2)其他	3.5	0.7	0.5	0.3
12	阳台	(1)可能出现人员密集的情况	3.5	0.7	0.6	0.5
		(2)其他	2.5	0.7	0.6	0.5

《混通规》GB 55001—2021 对《荷载规范》GB 50009—2012 的另一较大调整是将汽车通道及客车停车库的楼面均布活荷载单独列出，且对板跨介于 3～6m 之间的双向板消防车荷载标准值与板跨建立了联系，实现了消防车荷载标准值从单向板（板跨不小于

2m）的 $35kN/m^2$ 到双向板（板跨短边不小于 6m）的 $20kN/m^2$ 的连续过渡，比原规范的内插法更简单易行。见表 2.3-4。

《混通规》汽车通道及客车停车库的楼面均布活荷载标准值及代表值系数（《混通规》表 4.2.3）

表 2.3-4

类别		标准值（kN/m^2）	组合值系数 ψ_c	频遇值系数 ψ_f	准永久值系数 ψ_q
单向板楼盖（2m≤板跨 L）	定员不超过 9 人的小型客车	4.0	0.7	0.7	0.6
	满载总重不大于 300kN 的消防车	35.0	0.7	0.5	0.0
双向板楼盖（3m≤板跨短边 L＜6m）	定员不超过 9 人的小型客车	(5.5—0.5)L	0.7	0.7	0.6
	满载总重不大于 300kN 的消防车	(50.0—5.0)L	0.7	0.5	0.0
双向板楼盖（6m≤板跨短边 L）和无梁楼盖（柱网不小于 6m×6m）	定员不超过 9 人 的小型客车	2.5	0.7	0.7	0.6
	满载总重不大于 300kN 的消防车	20.0	0.7	0.5	0.0

工业建筑楼面均布活荷载的标准值及其组合值系数、频遇值系数和准永久值系数的取值不应小于表 2.3-5 的规定。

工业建筑楼面均布活荷载标准值及各类代表值系数（《混通规》表 4.2.7）　　表 2.3-5

项次	类别	标准值（kN/m^2）	组合值系数 ψ_c	频遇值系数 ψ_f	准永久值系数 ψ_q
1	电子产品加工	4.0	0.8	0.6	0.5
2	轻型机械加工	8.0	0.8	0.6	0.5
3	重型机械加工	12.0	0.8	0.6	0.5

房屋建筑的屋面，其水平投影面上的屋面均布活荷载的标准值及其组合值系数、频遇值系数和准永久值系数的取值，不应小于表 2.3-6 的规定。

屋面均布活荷载标准值及各类代表值系数（《混通规》表 4.2.8）　　表 2.3-6

项次	类别	标准值（kN/m^2）	组合值系数 ψ_c	频遇值系数 ψ_f	准永久值系数 ψ_q
1	不上人的屋面	0.5	0.7	0.5	0.0
2	上人的屋面	2.0	0.7	0.5	0.4
3	屋顶花园	3.0	0.7	0.6	0.5
4	屋顶运动场地	4.5	0.7	0.6	0.4

不上人的屋面，当施工或维修荷载较大时，应按实际情况采用；当上人屋面兼作其他用途时，应按相应楼面活荷载采用；屋顶花园的活荷载不应包括花圃土石等材料自重。

对于因屋面排水不畅、堵塞等引起的积水荷载，应采取构造措施加以防止；必要时，应按积水的可能深度确定屋面活荷载。

屋面直升机停机坪荷载应按下列规定采用：

（1）屋面直升机停机坪荷载应按局部荷载考虑，或根据局部荷载换算为等效均布荷载考虑。局部荷载标准值应按直升机实际最大起飞质量确定，当没有机型技术资料时，局部荷载标准值及作用面积的取值不应小于表 2.3-7 的规定。

屋面直升机停机坪局部荷载标准值及作用面积（《混通规》表 4.2.11） 表 2.3-7

类型	最大起飞质量(t)	局部荷载标准值(kN)	作用面积
轻型	2	20	0.20m×0.20m
中型	4	40	0.25m×0.25m
重型	6	60	0.30m×0.30m

（2）屋面直升机停机坪的等效均布荷载标准值不应低于 5.0kN/m^2。

（3）屋面直升机停机坪荷载的组合值系数应取 0.7，频遇值系数应取 0.6，准永久值系数应取 0。

施工和检修荷载应按下列规定采用：

（1）设计屋面板、檩条、钢筋混凝土挑檐、悬挑雨篷和预制小梁时，施工或检修集中荷载标准值不应小于 1.0kN，并应在最不利位置处进行验算；

（2）对于轻型构件或较宽的构件，应按实际情况验算，或应加垫板、支撑等临时设施；

（3）计算挑檐、悬挑雨篷的承载力时，应沿板宽每隔 1.0m 取一个集中荷载；在验算挑檐、悬挑雨篷的倾覆时，应沿板宽每隔 2.5～3.0m 取一个集中荷载。

地下室顶板施工活荷载标准值不应小于 5.0kN/m^2。当有临时堆积荷载以及有重型车辆通过时，施工组织设计中应按实际荷载验算并采取相应措施。

楼梯、看台、阳台和上人屋面等的栏杆活荷载标准值，不应小于下列规定值：

（1）住宅、宿舍、办公楼、旅馆、医院、托儿所、幼儿园，栏杆顶部的水平荷载应取 1.0kN/m；

（2）食堂、剧场、电影院、车站、礼堂、展览馆或体育场，栏杆顶部的水平荷载应取 1.0kN/m，竖向荷载应取 1.2kN/m，水平荷载与竖向荷载应分别考虑；

（3）中小学校的上人屋面、外楼梯、平台、阳台等临空廊、部位必须设防护栏杆，栏杆顶部的水平荷载应取 1.5kN/m，竖向荷载应取 1.2kN/m，水平荷载与竖向荷载应分别考虑。

施工荷载、检修荷载及栏杆荷载的组合值系数应取 0.7，频遇值系数应取 0.5，准永久值系数应取 0。

将动力荷载简化为静力作用施加于楼面和梁时，应将活荷载乘以动力系数，动力系数不应小于 1.1。

（二）美国规范 ASCE/SEI 7-22

仅节选常用功能区域的楼面活荷载与屋面活荷载，供有需要的读者参考并方便与中欧楼屋面活荷载的比对，见表 2.3-8。

ASCE/SEI 7-22 的最小均布活荷载与最小集中荷载（节选自 Table 4.3-1） 表 2.3-8

功能或用途	均布活荷载 L_0 psf(kN/m^2)	是否活荷载折减？（章节编号）	是否多层活荷载折减？（章节编号）	集中荷载 lb(kN)
Assembly areas（集会区域）				
固定座椅区域	60(2.87)	No(4.7.5)	No(4.7.5)	

续表

功能或用途	均布活荷载 L_0 psf(kN/m^2)	是否活荷载折减？（章节编号）	是否多层活荷载折减？（章节编号）	集中荷载 lb(kN)
Assembly areas（集会区域）				
大堂	100(4.79)	No(4.7.5)	No(4.7.5)	
活动座椅区域	100(4.79)	No(4.7.5)	No(4.7.5)	
集会平台	100(4.79)	No(4.7.5)	No(4.7.5)	
舞台	150(7.18)	No(4.7.5)	No(4.7.5)	
检阅台、站台和看台	100(4.79)	No(4.7.5)	No(4.7.5)	
有固定座位的体育场和竞技场	60(2.87)	No(4.7.5)	No(4.7.5)	
其他集会区域	100(4.79)	No(4.7.5)	No(4.7.5)	
Balconies and decks(阳台及露台)				
阳台及露台	1.5倍相邻房间荷载但不大于4.79kN/m^2	Yes(4.7.2)	Yes(4.7.2)	
Corridors(廊道)				
首层	100(4.79)	Yes(4.7.2)	Yes(4.7.2)	
其他各层	同其服务的房间，除非单独指定			
Dining rooms and restaurants(餐厅及饭馆)				
餐厅及饭馆	100(4.79)	No(4.7.5)	No(4.7.5)	
Garages(车库)(See Section 4.10)				
载人车辆	40(1.92)	No(4.7.4)	Yes(4.7.4)	见4.10.1
卡车及公共汽车	见4.10.2	—	—	见4.10.2
Hospitals(医院)				
手术室、实验室	60(2.87)	Yes(4.7.2)	Yes(4.7.2)	1000(4.45)
病房	40(1.92)	Yes(4.7.2)	Yes(4.7.2)	1000(4.45)
上层廊道	80(3.83)	Yes(4.7.2)	Yes(4.7.2)	1000(4.45)
Libraries(图书馆)				
阅览室	60(2.87)	Yes(4.7.2)	Yes(4.7.2)	1000(4.45)
书库	150(7.18)	No(4.7.3)	Yes(4.7.3)	1000(4.45)
上层廊道	80(3.83)	Yes(4.7.2)	Yes(4.7.2)	1000(4.45)
Office buildings(办公建筑)				
文档室及计算机房应根据预期用途采用更大的荷载				
大堂及首层廊道	100(4.79)	Yes(4.7.2)	Yes(4.7.2)	2000(8.90)
办公区域	50(2.40)	Yes(4.7.2)	Yes(4.7.2)	2000(8.90)
上层廊道	80(3.83)	Yes(4.7.2)	Yes(4.7.2)	2000(8.90)
Recreational uses(娱乐用途)				
保龄球馆、游泳池及类似用途	75(3.59)	No(4.7.5)	No(4.7.5)	

续表

功能或用途	均布活荷载 L_0 psf(kN/m^2)	是否活荷载折减？（章节编号）	是否多层活荷载折减？（章节编号）	集中荷载 lb(kN)
Recreational uses(娱乐用途)				
舞厅及宴会厅	100(4.79)	No(4.7.5)	No(4.7.5)	
健身房	100(4.79)	No(4.7.5)	No(4.7.5)	
Residential(居住)				
One-and two-family dwellings(独栋或双拼住宅)				
无储物的非居住阁楼	10(0.48)	Yes(4.7.2)	Yes(4.7.2)	
有储物的非居住阁楼	20(0.96)	Yes(4.7.2)	Yes(4.7.2)	
可居住阁楼及卧室	30(1.44)	Yes(4.7.2)	Yes(4.7.2)	
除楼梯外的其他区域	40(1.92)	Yes(4.7.2)	Yes(4.7.2)	
All other residential occupancies(所有其他居住用途)				
私人房间及为其服务的廊道	40(1.92)	Yes(4.7.2)	Yes(4.7.2)	
公共房间	100(4.79)	No(4.7.5)	No(4.7.5)	
为公共房间服务的廊道	100(4.79)	Yes(4.7.2)	Yes(4.7.2)	
Schools(学校)				
教室	40(1.92)	Yes(4.7.2)	Yes(4.7.2)	1000(4.45)
上层廊道	80(3.83)	Yes(4.7.2)	Yes(4.7.2)	1000(4.45)
首层廊道	100(4.79)	Yes(4.7.2)	Yes(4.7.2)	1000(4.45)
Stores(商店)				
零售首层	100(4.79)	Yes(4.7.2)	Yes(4.7.2)	1000(4.45)
零售上层	75(3.59)	Yes(4.7.2)	Yes(4.7.2)	1000(4.45)
批发各层	125(6.00)	No(4.7.3)	Yes(4.7.3)	1000(4.45)
Roof(屋面)				
普通平屋面、坡屋面、曲屋面	20(0.96)	Yes(4.8.2)	—	4.8.1
用于聚集目的的屋面区域	100(4.79)	No(4.7.5)		
占用而非聚集用途的屋面区域	同其服务的房间	Yes(4.8.3)	—	
植被屋面和景观屋面				
非占用目的的屋面区域	20(0.96)	Yes(4.8.2)	—	
用于聚集目的的屋面区域	100(4.79)	No(4.7.5)	—	
占用而非聚集用途的屋面区域	同其服务的房间	Yes(4.8.3)	—	
雨篷、罩篷	5(0.24)	No(4.8.2)	—	

(三) 欧洲规范 EN 1991-1-1

EN 1991-1-1 将建筑物活荷载划分为若干类别，混凝土结构设计最常用的活荷载类别如表 2.3-9 所示。

1) 表 2.3-9 中规定的受荷区域类别应使用特征值 q_k（均布荷载）和 Q_k（集中荷载）进行设计。

欧洲规范 EN 1991-1-1 的活荷载类别（EC1 表 6.1） **表 2.3-9**

Category(类别)	描述
A	家庭及居住活动区域
B	办公区域
C	集会区域
D	购物区域
E	仓储区域及工业用途
F	交通及停车区域(车辆小于 30kN)
G	交通及停车区域(车辆大于 30kN)
H	不上人屋面(仅维修)
I	类别 A～D 的上人屋面
K	提供特殊服务的上人屋面(如直升机停机坪)

注意：q_k 和 Q_k 的值在下面的表 2.3-10 中给出。在本表中给出取值范围的情况下，具体数值可由国家附件设定。表中带有下划线的为推荐值，可以单独应用。q_k 用于确定整体效应，Q_k 用于确定局部效应。国家附件可以定义本表的不同使用条件。

建筑物楼面、阳台与楼梯上的活荷载（EC1 表 6.2） **表 2.3-10**

Categories of loaded areas(受荷区域类别)	q_k(kN/m^2)	Q_k(kN)
Category A(类别 A)		
-Floors(楼面)	1.5 to $\underline{2.0}$	$\underline{2.0}$ to 3.0
-Stairs(楼梯)	$\underline{2.0}$ to 4.0	$\underline{2.0}$ to 4.0
-Balconies(阳台)	$\underline{2.5}$ to 4.0	$\underline{2.0}$ to 3.0
Category B(类别 B)	2.0 to $\underline{3.0}$	1.5 to $\underline{4.5}$
Category C(类别 C)		
-C1	2.0 to $\underline{3.0}$	3.0 to $\underline{4.0}$
-C2	3.0 to $\underline{4.0}$	2.5 to 7.0$\underline{(4.0)}$
-C3	3.0 to $\underline{5.0}$	$\underline{4.0}$ to 7.0
-C4	4.5 to $\underline{5.0}$	3.5 to $\underline{7.0}$
-C5	$\underline{5.0}$ to 7.5	3.5 to $\underline{4.5}$
Category D(类别 D)		
- D1	$\underline{4.0}$ to 5.0	3.5 to 7.0$\underline{(4.0)}$
- D2	4.0 to $\underline{5.0}$	3.5 to $\underline{7.0}$

2）如有必要，应在设计中增加 q_k 和 Q_k 的量值（例如楼梯和阳台，取决于占用和尺寸）。

3）对于局部验证，应考虑单独作用的集中荷载 Q_k。

4）对于来自存储物货架或起重设备的集中荷载，Q_k 应根据具体情况确定，见第 6.3.2 条。

5）应考虑集中荷载作用于楼面、阳台或楼梯某一区域上的任何点，该区域的形状应与楼面用途和形式相适应。

注：该形状通常可以假定为宽度为 50mm 的正方形。另见第 6.3.4.2（4）款。

6）应按第 6.3.2.3 款考虑因叉车通行而产生的楼面垂直荷载。

7）如果楼板经受多种用途，它们应按对所考虑构件产生最大作用效果（例如内力或挠度）的最不利荷载类别进行设计。

8）如果楼板允许荷载侧向分布，则活动隔断的自重可按均布荷载 q_k 考虑，该荷载应加到从表 2.3-10 查得的楼面活荷载中。该均布荷载取决于隔断的自重，按如下方法确定：

（1）对于自重≤1.0kN/m 墙长的活动隔断：$q_k=0.5\text{kN/m}^2$；

（2）对于自重≤2.0kN/m 墙长的活动隔断：$q_k=0.8\text{kN/m}^2$；

（3）对于自重≤3.0kN/m 墙长的活动隔断：$q_k=1.2\text{kN/m}^2$。

9）较重的隔断在设计中应考虑如下因素：

（1）隔断的位置和方向；

（2）楼板的结构形式。

由于欧洲规范 EC1 原文的表 6.2（本书表 2.3-10）的受荷区域类别比较概略，且活荷载建议值给定的是范围值，因此在实际执行层面存在一定的模糊空间，为了最大限度地方便英国的用户，矿物产品协会的混凝土中心基于 BS EN 1992-1-1：2004 及 UK National Annex：2005（英国国家附件）出版了 Worked Examples to Eurocode 2（欧洲规范 2 的工作示例）一书，将受荷区域进一步划分为若干子类别，并给每一个子类别赋予了一组定值，见表 2.3-11～表 2.3-16。注意，这是欧洲规范在其成员国属地化后的英国国家标准，仅适用于英国，读者不要把这些表格当作欧洲规范看待，但作为参考是可以的。

A 类（家庭和居住）活荷载特征值 **表 2.3-11**

子类别	示例	活荷载	
		$q_k(\text{kN/m}^2)$	$Q_k(\text{kN})$
A1	独立的住宅单位的所有用途；小规模公寓[a] 的公共区域(包括厨房)	1.5	2.0
A2	除独栋住宅、旅馆及汽车旅馆之外的卧室及宿舍	1.5	2.0
A3	旅馆及汽车旅馆的卧室、医院病房及卫生间区域	2.0	2.0
A4	台球/斯诺克厅	2.0	2.7
A5	独栋住宅及小规模公寓公共区域的阳台	2.5	2.0
A6	旅馆、客房、住区会所的阳台；大规模公寓[a] 的公共区域	最小 3.0[b]	最小 2.0[c]
A7	旅馆及汽车旅馆的阳台	最小 4.0[b]	最小 2.0[c]

注：

a. 小规模公寓是指不超过 3 层且每层（或每部楼梯）不超过 4 个居住单位的公寓；否则，视为大规模公寓。

b. 同与其相通的房间，但最小为 3.0kN/m^2 或 4.0kN/m^2。

c. 集中荷载作用于最外缘。

B 类（办公）活荷载特征值 **表 2.3-12**

子类别	示例	活荷载	
		$q_k(\text{kN/m}^2)$	$Q_k(\text{kN})$
B1	除 B2 子类别之外的其他用途	2.5	2.7
B2	地面层及地面以下各层	3.0	2.7

C类（集会区域）活荷载特征值 **表 2.3-13**

子类别	示例	活荷载	
		q_k(kN/m^2)	Q_k(kN)
C1	有桌子的区域		
C1-1	机构或社会的公共餐厅与休息区、咖啡厅、餐馆（如果适用于C4、C5则应采用C4、C5数值）	2.0	3.0
C1-2	无藏书的阅览室	2.5	4.0
C1-3	教室	3.0	3.0
C2	有固定座位的区域		
C2-1	有固定座位的集会区域	4.0	3.6
C2-2	宗教朝拜场所	3.0	2.7
C3	人员走动无障碍的区域		
C3-1	机构类建筑、招待所、客房、住区俱乐部以及大规模公寓公共区域的走廊、门厅、过道	3.0	4.5
C3-2	机构类建筑、招待所、客房、住区俱乐部以及大规模公寓公共区域的楼梯及楼梯平台	3.0	4.0
C3-3	其他类型建筑物的走廊、门厅、过道	4.0	4.5
C3-4	承受包括手推车在内车轮式车辆的其他类型建筑物的走廊、门厅、过道	5.0	4.5
C3-5	人群聚集的其他类型建筑物的楼梯及楼梯平台	4.0	4.0
C3-6	轻型走道（大约600mm宽的单行道）	3.0	2.0
C3-7	普通走道（正常双向人行通道）	5.0	3.6
C3-8	重型走道（包括逃生路线等高密度人行通道）	7.5	4.5
C3-9	展出目的的博物馆楼面及艺术画廊	4.0	4.5
C4	可能有肢体活动的区域		
C4-1	舞厅、演播室、健身房、舞台	5.0	3.6
C4-2	训练厅、训练室	5.0	7.0
C5	大量人群集聚的区域		
C5-1	无固定座位的集会区域、音乐厅、酒吧及宗教朝拜场所	5.0	3.6
C5-2	公共集会区域的舞台	7.5	4.5

D类（商场）活荷载特征值 **表 2.3-14**

子类别	示例	活荷载	
		q_k(kN/m^2)	Q_k(kN)
D1	普通零售商店区域	4.0	3.6
D2	百货商店区域	4.0	3.6

E类（仓储区域及工业用途）活荷载特征值 表2.3-15

子类别	示例	活荷载	
		q_k(kN/m^2)	Q_k(kN)
E1	包括交通区域在内易发生物品堆积的区域		
E1-1	未在他处指定的静态设备区域(机构和公共建筑)	2.0	1.8
E1-2	有藏书的阅览室,如图书馆	4.0	4.5
E1-3	非指定的一般存储	2.4/m	7.0
E1-4	文档室,文档及存储空间(办公室)	5.0	4.5
E1-5	堆物房间(书籍)	2.4/m 高度(最小6.5)	7.0
E1-6	纸张存储及文具商店	4.0/m 高度	9.0
E1-7	在公共及结构建筑内可能在手推车上有高密度可移动堆积物(书籍)的区域	4.8/m 高度	7.0
E1-8	在仓库内可能在卡车上有高密度可移动堆积物(书籍)的区域	4.8/m 高度(最小15)	7.0
E1-9	冷藏区域	5.0/m 高度(最小15)	9.0
E2	工业用途	参见BS EN 1991-1-1:表6.5及表6.6	
	叉车等级FL1至FL6		

注：表中所给为下限值，更具体的数值应获得业主认可。

F及G类（交通与停车区域）活荷载特征值 表2.3-16

子类别	示例	活荷载	
		q_k(kN/m^2)	Q_k(kN)
F	轻型车交通与停车区域,如停车场、停车库、停车楼		
	车辆总重≤30kN以及9座(含司机)及以下	2.5	20.0
G	中型车交通与停车区域,如进出通道、装卸货物区域、消防车通过与工作区域		
	30kN<车辆总重<160kN	5.0	90.0或据具体用途确定

（四）对比分析与结论

前述中美欧规范活荷载取值虽然只是节选，但已有足够的代表性，读者可看出欧美规范在活荷载分类方面更加系统和全面，分类更科学，也更详细。至于取值大小，读者可自行比较，但为了直观起见，本书在此针对住宅卧室、办公区域、商场及小型车停车区域等几个有代表性功能区域的活荷载取值以列表的方式进行比较，见表2.3-17。

典型功能区域中美欧规范活荷载建议值对比（kN/m^2） 表2.3-17

典型功能区域	中国规范		美国规范 ASCE/SEI 7-16	欧洲规范 EN 1991-1-1
	《荷载规范》GB 50009—2012	《混通规》GB 55001—2021		
住宅卧室	2.0	2.0	独栋及双拼1.44 其他住宅1.92	1.5
办公区域	2.0	2.5	2.4	2.5～3.0

续表

典型功能区域	中国规范 《荷载规范》 GB 50009—2012	中国规范 《混通规》 GB 55001—2021	美国规范 ASCE/SEI 7-16	欧洲规范 EN 1991-1-1
商场	3.5	4.0	零售首层 4.79 零售二层及以上 3.59 批发 6.00	4.0
礼堂、剧场、影院	3.0	3.5	2.87	4.0
健身房、舞厅	4.0	4.5	4.79	5.0
演出舞台	4.0	4.5	7.18	7.5
有固定座位的集会区域	3.0	3.5	2.87	4.0
无固定座位的集会区域	3.5	4.0	4.79	5.0
小型车停车区域	单向板 4.0 双向板 2.5	单向板 4.0 双向板 2.5	1.92	2.5

由表 2.3-17 可见，中国规范对住宅卧室及小型车汽车库的活荷载取值比欧美规范偏大，而《荷载规范》对办公及商场的活荷载取值偏低，但经《混通规》提高后已与欧美规范相当。

欧美规范均针对礼堂、剧场、影院、舞厅等公共聚会场所单独开辟出一个功能区类别，即集会区域（Assembly areas），并根据是否有固定座位来评估人群的聚集程度。有固定座位（如礼堂、影院等）则聚集程度有限，故美国规范的荷载取值并不高，而欧洲规范的荷载取值则比较高；无固定座位（如舞厅、宴会厅等）的聚集程度不可控，且可能有肢体动作，故欧美规范的荷载取值就明显高一些。笔者认为，欧美规范的这种分类还是很科学的，中国规范应该借鉴。

在此应特别注意宴会厅与演出舞台的活荷载取值。宴会厅一般没有固定座位，且多作为多功能厅而举办舞会、酒会、音乐会，或作为训练厅、排练厅及表演场所等，但中国规范没有针对宴会厅和多功能厅的明确规定，笔者建议可按舞厅取值。演出舞台除了人群聚集程度可能较高外，也经常会举办有肢体动作的表演，美国规范按 7.18kN/m^2 取值，欧洲规范则又对舞台进行了细分，对于有肢体活动的舞台按 5.0kN/m^2 取值，而公共集会区域的舞台则按 7.5kN/m^2 取值。相比之下，中国规范 4.5kN/m^2 的取值明显偏低，建议按不小于 7.0kN/m^2 取值。

此外，美国荷载规范特别强调首层（地面层）的荷载取值，同种功能下首层楼地面的活荷载取值较其他各层都要大一些。笔者认为这种做法主要是考虑首层对人员、车辆的易达性最高，作为人群疏散的功能性最强，以及作为施工与使用期间材料货物中转场所的可能性最高等原因，因此提高首层荷载取值是科学合理的。

欧洲规范对于人员密集区域（C 类）及仓储区域（E 类）的功能细分与荷载取值值得借鉴，可作为我国荷载规范的参考及很好的补充，特别是仓储区域楼面均布活荷载取值与堆藏高度相联系的做法，尤其值得我们学习和借鉴。

三、活荷载折减

中美欧规范都有活荷载折减方面的规定和要求，但中欧的混凝土结构设计规范均没有列入相关内容，而是出现在各自的荷载规范中，而美国混凝土规范 ACI 318-19 则有活荷载折减方面的内容，但同时也指向了美国的“通用建筑规范”及荷载规范 ASCE/SEI 7。

（一）中国规范

1.《建筑结构荷载规范》GB 50009—2012

设计楼面梁、墙、柱及基础时，表 2.3-2（规范表 5.1.1）中楼面活荷载标准值的折减系数取值不应小于下列规定。

设计楼面梁时：

（1）第 1（1）项当楼面梁从属面积超过 $25m^2$时，应取 0.9；

（2）第 1（2）～7 项当楼面梁从属面积超过 $50m^2$ 时，应取 0.9；

（3）第 8 项对单向板楼盖的次梁和槽形板的纵肋应取 0.8，对单向板楼盖的主梁应取 0.6，对双向板楼盖的梁应取 0.8；

（4）第 9～12 项应采用与所属房屋类别相同的折减系数。

设计墙、柱和基础时：

（1）第 1（1）项应按表 2.3-18（规范表 5.1.2）规定采用；

（2）第 1（2）～7 项应采用与其楼面梁相同的折减系数；

（3）第 8 项的客车，对单向板楼盖应取 0.5，对双向板楼盖和无梁楼盖应取 0.8；

（4）第 9～13 项应采用与所属房屋类别相同的折减系数。

注：楼面梁的从属面积应按梁两侧各延伸二分之一梁间距的范围内的实际面积确定。

中国规范活荷载按楼层的折减系数（《荷载规范》表 5.1.2）　　表 2.3-18

墙、柱、基础计算截面以上的层数	1	2～3	4～5	6～8	9～20	>20
计算截面以上各楼层活荷载总和的折减系数	1.00(0.90)	0.85	0.70	0.65	0.60	0.55

注：当楼面梁从属面积超过 $25m^2$ 时，应采用括号内的系数。

设计墙、柱时，消防车活荷载可按实际情况考虑；设计基础时可不考虑消防车荷载。常用板跨的消防车荷载按覆土厚度的折减系数可按附录 B 的规定采用。

2.《工程结构通用规范》GB 55001—2021

当采用楼面等效均布活荷载方法设计楼面梁时，表 2.3-3 和表 2.3-4 中的楼面活荷载标准值的折减系数取值不应小于下列规定值：

（1）表 2.3-3 中第 1（1）项当楼面梁从属面积不超过 $25m^2$（含）时，不应折减；超过 $25m^2$ 时，不应小于 0.9。

（2）表 2.3-3 中第 1（2）～7 项当楼面梁从属面积不超过 $50m^2$（含）时，不应折减；超过 $50m^2$ 时，不应小于 0.9。

（3）表 2.3-3 中第 8～12 项应采用与所属房屋类别相同的折减系数。

（4）表 2.3-4 对单向板楼盖的次梁和槽形板的纵肋不应小于 0.8，对单向板楼盖的主梁不应小于 0.6，对双向板楼盖的梁不应小于 0.8。

当采用楼面等效均布活荷载方法设计墙、柱和基础时，折减系数取值应符合下列规定：

(1) 表 2.3-3 中第 1 (1) 项单层建筑楼面梁的从属面积超过 $25m^2$ 时不应小于 0.9，其他情况应按表 2.3-19 规定采用；

(2) 表 2.3-3 中第 1 (2)～7 项应采用与其楼面梁相同的折减系数；

(3) 表 2.3-3 中第 8～12 项应采用与所属房屋类别相同的折减系数；

(4) 应根据实际情况决定是否考虑表 2.3-4 中的消防车荷载；对表 2.3-4 中的客车，对单向板楼盖不应小于 0.5，对双向板楼盖和无梁楼盖不应小于 0.8。

活荷载按楼层的折减系数 **表 2.3-19**

墙、柱、基础计算截面以上的层数	2～3	1～5	6～8	9～20	>20
计算截面以上各楼层活荷载总和的折减系数	0.85	0.70	0.65	0.60	0.55

当考虑覆土影响对消防车活荷载进行折减时，折减系数应根据可靠资料确定。

(二) 美国混凝土规范 ACI 318-19

ACI 318-19 允许活荷载折减，但应符合通用建筑规范的规定。或者在没有通用建筑规范的情况下，根据 ASCE/SEI 7 的有关规定进行折减。

以下为 ASCE/SEI 7-22 有关活荷载折减的规定：

一般规定，除屋面均布活荷载外，允许按照下文（ASCE/SEI 7-22 第 4.7.2 至 4.7.6 节）的要求对表 2.3-8 中所有其他最小均布活荷载 L_0 进行折减。

均布活荷载的折减：

对于 $K_{LL}A_T \geqslant 400ft^2$ ($37.16m^2$) 的构件设计，允许根据公式 (2.3-2) 进行活荷载折减，但需注意下文的限制条件（ASCE/SEI 7-16 第 4.7.3 至第 4.7.6 节)：

$$L = L_0\left(0.25 + \frac{4.57}{\sqrt{K_{LL}A_T}}\right)$$

(2.3-2) [ASCE/SEI 7-16 式 (4.7-1)]

式中，L 为构件支承区域折减后的设计活荷载（国际单位制为 kN/m^2），L_0 为构件支承区域未折减的设计活荷载，见表 2.3-8，K_{LL} 为活荷载构件系数，见表 2.3-20，A_T 为构件的从属面积 (m^2)。

美国规范 ASCE/SEI 7-16 的活荷载构件系数 (ASCE/SEI 7-16 表 4.7.1) **表 2.3-20**

构件		K_{LL}
中间柱		4
无悬挑板的边柱		4
有悬挑板的边柱		3
有悬挑板的角柱		2
无悬挑板的边梁		2
中间梁		2
所有其他构件	有悬挑板的边梁	1
	悬挑梁	
	单向板	
	双向板	
	没有垂直于其跨度的连续剪力传递的构件	

按式（2.3-2）算得的 L 尚应满足如下条件：对于支承一个楼层的构件，$L \geqslant 0.5L_0$，对于支承两个及两个以上楼层的构件，$L \geqslant 0.4L_0$。

此外，ASCE/SEI 7-22 还规定了不允许活荷载折减的情况：

（1）重型活载（规范第 4.7.2 节）：超过 100lb/ft^2（4.79kN/m^2）的活荷载不得折减。但存在如下例外情况：支承两层或更多层构件的活荷载最多可折减 20%，但折减后的活荷载不得小于第 4.7.2 节中计算的 L。

（2）客车车库（规范第 4.7.4 节）：客车车库中的活荷载不得折减。但存在如下例外情况：支承两层或更多层构件的活载允许最多折减 20%，但折减后的活载不得小于第 4.7.2 节中计算的 L。

（3）人员集会场所（规范第 4.7.5 节）：人员集会场所的活荷载不应折减。

对于单向板的活荷载折减，ACI 318-19 也有特殊规定：

单向板的从属面积 A_T 不得超过板跨乘以 1.5 倍板跨宽度所定义的面积（规范第 4.7.6 节）。

（三）欧洲规范 EN 1992-1-1

欧洲规范 EN 1992-1-1：2004＋A1：2014 中没有提及活荷载折减，有关活荷载折减的内容掺杂在 EN 1991-1-1 第 6.2.1（4）、6.2.2（2）、6.3.1.2（10）及 6.3.1.2（11）等有关章节中，然而关于系数 ψ_0 还需查阅 EN 1990 的附录 A1，部分节选内容见表 2.3-21。

欧洲规范可变荷载系数 ψ 的推荐值（节选自 EN1990 附录 A1 中的表 A1.1）　　表 2.3-21

荷载或作用类别	ψ_0	ψ_1	ψ_2
类别 A：家庭及居住活动区域	0.7	0.5	0.3
类别 B：办公区域	0.7	0.5	0.3
类别 C：集会区域	0.7	0.7	0.6
类别 D：购物区域	0.7	0.7	0.6
类别 E：仓储区域及工业用途	1.0	0.9	0.8
类别 F：交通及停车区域（车辆＜30kN）	0.7	0.7	0.6
类别 G：交通及停车区域（车辆＞30kN）	0.7	0.5	0.3
类别 H：不上人屋面（仅维修）	0	0	0
海拔高度不大于 1000m 的雪荷载	0.5	0.2	0
风荷载	0.6	0.2	0
温度效应	0.6	0.5	0

表中的 ψ_0 既是组合值系数，也是下文活荷载面积折减公式中所用的系数，ψ_1 为频遇值系数，ψ_2 为准永久值系数。

1. EN 1991-1-1 的面积折减

单一使用类别的活荷载，可根据构件的受荷面积进行折减。楼面均布活荷载及上人屋面均布活荷载 q_k 可按规定乘以折减系数 α_n，对于受荷区域类别为 A 到 E 的均布活荷载，折减系数 α_n 的推荐值可按下式确定：

$$\alpha_n = \frac{5}{7}\psi_0 + \frac{A_0}{A} \leqslant 1.0 \qquad (2.3\text{-}3)\ [\text{EC1 式 (6.1)}]$$

且 $\alpha_n \geqslant 0.6$（仅针对活荷载类别 C 及 D）

此处，ψ_0 同 EN 1990 附件 A1 表 A1.1 中的系数 ψ_0，见表 2.3-21，$A_0=10.0\text{m}^2$，A 为受荷面积。

2. EN 1991-1-1 的层数折减

对于承受多个楼层活荷载的柱、墙，则作用于柱、墙上的活荷载总和可以通过乘以一个折减系数 α_n 来进行折减。对于使用类别为 A～D 的活荷载，α_n 的推荐值可按下式计算：

$$\alpha_n=\frac{2+(n-2)\psi_0}{n} \quad (2.3\text{-}4)\ [\text{EC1 式 (6.2)}]$$

此处，n 是结构构件之上承受相同类别荷载的层数（>2），ψ_0 同 EN 1990 附件 A1 表 A1.1 中的系数 ψ_0，见表 2.3-21。

注：CEN 成员国的国家附件可能会给出与此不同的替代方法，已知英国的面积折减与层间折减就另有算法。

（四）对比分析与结论

分别以 8.0m×8.0m 柱网的办公楼及客车车库为例，假定均采用主梁大板结构，现比较中间主梁的活荷载折减系数。此时中间主梁从属面积均为 64m^2。

1. 办公楼主梁的活荷载折减系数

中国规范：因中间主梁从属面积为 64m^2，大于规范规定的 25m^2，故折减系数取 0.9

美国规范：$0.25+\dfrac{4.57}{\sqrt{K_{\text{LL}}A_{\text{T}}}}=0.25+\dfrac{4.57}{\sqrt{2\times 64}}=0.25+\dfrac{4.57}{11.314}=0.25+0.404=0.654$

欧洲规范：$\alpha_n=\dfrac{5}{7}\psi_0+\dfrac{A_0}{A}=\dfrac{5}{7}\times 0.7+\dfrac{10}{64}=0.5+0.156=0.656$

2. 客车车库主梁的活荷载折减系数

中国规范：对于汽车通道及客车停车库，双向板楼盖梁的折减系数应取 0.8。

美国规范：明确规定不允许活荷载折减。

欧洲规范：对使用类别为 F、G 类的客车车库没有活荷载折减的相关规定。

可见对于非交通与停车类功能区域（美国规范的人员聚集区域除外）的面积折减，欧美规范的折减系数比较相近，均比中国规范有更大幅度的折减；而对于交通与停车类功能区域，欧美规范均不折减，中国规范则有折减，且在某些情况下折减幅度还比较大。有兴趣者可深入研究。

四、荷载组合

（一）中国规范

中国的荷载组合分承载力极限状态与正常使用极限状态两种情况分别进行。承载力极限状态有基本组合与偶然组合两种组合方式。基本组合是承载力极限状态计算时永久荷载与可变荷载的组合；偶然组合则是承载力极限状态设计时永久荷载、可变荷载和一个偶然荷载的组合，以及偶然事件发生后受损结构整体稳固性验算时永久荷载与可变荷载的组合。正常使用极限状态则有标准组合、频遇组合及准永久组合三种组合方式。限于篇幅及必要性，本书在此仅简单介绍承载力极限状态的基本组合与正常使用极限状态的标准组合，并据此与欧美规范的荷载组合展开对比。

由于中国规范正处于一轮规范修订周期，出版发行并开始实施的《建筑结构可靠性设计统一标准》GB 50068—2018 将荷载组合公式进行了调整并将荷载分项系数予以提高，故与现行的《建筑结构荷载规范》GB 50009—2012 存在差异，而且笔者惊异地发现，《建筑结构可靠性设计统一标准》GB 50068—2018 的荷载组合公式及荷载分项系数取值与欧洲规范已经非常接近，故笔者认为还是有必要简单介绍一下。

1.《建筑结构荷载规范》GB 50009—2012

1）基本组合

荷载基本组合的效应设计值，应从下列荷载组合值中取用最不利的效应设计值确定。

由可变荷载控制的效应设计值，应按下式进行计算：

$$S_d = \sum_{j=1}^{m} \gamma_{G_j} S_{G_j k} + \gamma_{Q_1} \gamma_{L_1} S_{Q_1 k} + \sum_{i=2}^{n} \gamma_{Q_i} \gamma_{L_i} \psi_{c_i} S_{Q_i k}$$

（2.3-5）［《荷载规范》式（3.2.3-1）］

由永久荷载控制的效应设计值，应按下式进行计算：

$$S_d = \sum_{j=1}^{m} \gamma_{G_j} S_{G_j k} + \sum_{i=1}^{n} \gamma_{Q_i} \gamma_{L_i} \psi_{c_i} S_{Q_i k}$$

（2.3-6）［《荷载规范》式（3.2.3-2）］

以上两式中，$S_{G_j k}$ 为按第 j 个永久荷载标准值 G_{jk} 计算的荷载效应值，$S_{Q_i k}$ 为按第 i 个可变荷载标准值 Q_{ik} 计算的荷载效应值，其中 $S_{Q_1 k}$ 为诸可变荷载效应中起控制作用者，ψ_{c_i} 为第 i 个可变荷载 Q_i 的组合值系数；γ_{L_i} 为第 i 个可变荷载 Q_i 考虑设计使用年限的调整系数，其中 γ_{L_1} 为主导可变荷载 Q_1 考虑设计使用年限的调整系数，γ_{G_j}、γ_{Q_i} 分别对应第 j 个永久荷载与第 i 个可变荷载的分项系数，其中 γ_{Q_1} 为主导可变荷载 Q_1 的分项系数，这几个系数也是荷载组合中用于与欧美规范对比的重要参数，数值因《可靠性标准》的修订及实施而与现行的《荷载规范》相比有所提高，具体数值见表 2.3-22 及表 2.3-23。

《建筑结构荷载规范》GB 50009—2012 的荷载分项系数　　表 2.3-22

适用情况		γ_G	γ_Q		ψ_c
			>4kN/m² 工业房屋楼面	其他情况	
荷载效应对结构不利	可变荷载控制	1.20	1.30	1.40	书库、设备机房:0.9 其他:0.7
	永久荷载控制	1.35	1.30	1.40	
荷载效应对结构有利		≤1.00	0	0	

2）标准组合

荷载标准组合的效应设计值应按下式进行计算：

$$S_d = \sum_{j=1}^{m} S_{G_j k} + S_{Q_1 k} + \sum_{i=2}^{n} \psi_{c_i} S_{Q_i k}$$

（2.3-7）［《荷载规范》式（3.2.8）］

2.《建筑结构可靠性设计统一标准》GB 50068—2018

1）基本组合

对持久设计状况和短暂设计状况，应采用作用的基本组合，当作用与作用效应按线性关系考虑时，基本组合的效应设计值按下式中最不利值计算：

$$S_d=\sum_{i\geqslant 1}\gamma_{G_i}S_{G_{ik}}+\gamma_P S_P+\gamma_{Q_1}\gamma_{L_1}S_{Q_{ik}}+\sum_{j>1}\gamma_{Q_j}\psi_{cj}\gamma_{L_j}S_{Q_{jk}}$$

（2.3-8）［《可靠性标准》式（8.2.4-2）］

《建筑结构可靠性设计统一标准》GB 50068—2018 的荷载分项系数　　表 2.3-23

适用情况	γ_G	γ_Q	ψ_c
荷载效应对结构不利	1.30	1.50	书库、设备机房：0.9 其他：0.7
荷载效应对结构有利	≤1.00	0	

式中各符号的含义与《荷载规范》相同，但与《荷载规范》相比新增的 S_P 及 γ_P 分别为预应力效应及其分项系数。

2）标准组合

当作用与作用效应按线性关系考虑时，标准组合的效应设计值按下式计算：

$$S_d=\sum_{i\geqslant 1}S_{G_{ik}}+S_P+S_{Q_{ik}}+\sum_{j>1}\psi_{cj}S_{Q_{jk}}$$

（2.3-9）［《可靠性标准》式（8.3.2-2）］

3.《工程结构通用规范》GB 55001—2021

结构作用应根据结构设计要求，按下列规定进行组合：

基本组合：

$$\sum_{i\geqslant 1}\gamma_{G_i}G_{ik}+\gamma_P P+\gamma_{Q_1}\gamma_{L_1}Q_{1k}+\sum_{j>1}\gamma_{Q_j}\psi_{c_j}\gamma_{L_j}Q_{jk}$$

（2.3-10）［《混通规》式（2.4.6-1）］

偶然组合：

$$\sum_{i\geqslant 1}G_{ik}+P+A_d+(\psi_{f1}\text{ 或 }\psi_{q1})Q_{1k}+\sum_{j>1}\psi_{qj}Q_{jk}$$

（2.3-11）［《混通规》式（2.4.6-2）］

地震组合：应符合结构抗震设计的规定。

标准组合：

$$\sum_{i\geqslant 1}G_{ik}+P+Q_{1k}+\sum_{j>1}\psi_{cj}Q_{jk}$$

（2.3-12）［《混通规》式（2.4.6-3）］

频遇组合：

$$\sum_{i\geqslant 1}G_{ik}+P+\psi_{f1}Q_{1k}+\sum_{j>1}\psi_{qj}Q_{jk}$$

（2.3-13）［《混通规》式（2.4.6-4）］

准永久组合：

$$\sum_{i\geqslant 1}G_{ik}+P+\sum_{j>1}\psi_{qj}Q_{jk}$$

（2.3-14）［《混通规》式（2.4.6-5）］

房屋建筑结构的作用分项系数应按下列规定取值：

（1）永久作用：当对结构不利时，不应小于 1.3；当对结构有利时，不应大于 1.0。

（2）预应力：当对结构不利时，不应小于 1.3；当对结构有利时，不应大于 1.0。

（3）标准值大于 $4kN/m^2$ 时的工业房屋楼面活荷载，当对结构不利时不应小于 1.4；当对结构有利时，应取为 0。

（4）除第 3 款之外的可变作用，当对结构不利时不应小于 1.5；当对结构有利时，应取为 0。

房屋建筑的可变荷载考虑设计工作年限的调整系数 γ_L 应按下列规定采用：

（1）对于荷载标准值随时间变化的楼面和屋面活荷载，考虑设计工作年限的调整系数 γ_L 应按表 2.3-24 采用。当设计工作年限不为表中数值时，调整系数 γ_L 不应小于按线性内插确定的值（表 2.3-25 则为 γ_L 的理论计算值）。

（2）对雪荷载和风荷载，调整系数应按重现期与设计工作年限相同的原则确定。

楼面和屋面活荷载考虑设计工作年限的调整系数 γ_L（《混通规》表 3.1.16）　　表 2.3-24

结构设计工作年限(年)	5	50	100
γ_L	0.9	1.0	1.1

考虑设计工作年限的可变荷载调整系数 γ_L 计算值（《混通规》条文说明表 1）

表 2.3-25

设计工作年限(年)	5	10	20	30	50	75	100
办公楼活荷载	0.839	0.858	0.919	0.955	1.000	1.036	1.061
住宅活荷载	0.798	0.859	0.920	0.955	1.000	1.036	1.061
风荷载	0.651	0.756	0.861	0.923	1.000	1.061	1.105
雪荷载	0.713	0.799	0.886	0.936	1.000	1.051	1.087

（二）美国规范 ACI 318-19

美国规范 ACI 318-19 的荷载组合除了考虑恒荷载、活荷载、风荷载、雪荷载与地震作用外，还考虑了雨荷载，而且把屋面活荷载单独拿出来参与组合，这一点与中欧规范不同。详见表 2.3-26。

注意，表 2.3-26 是关于荷载组合的一般要求，ACI 318-19 还给出了一些例外情况与补充要求，是设计人员所不能忽略的。

美国规范 ACI 318-19 的荷载组合（ACI 318-19 表 5.3.1）　　表 2.3-26

Load combination(荷载组合)	Equation(公式)	Primary load(主导荷载)
$U=1.4D$	(5.3.1a)	D
$U=1.2D+1.6L+0.5(L_r$ 或 S 或 $R)$	(5.3.1b)	L
$U=1.2D+1.6(L_r$ 或 S 或 $R)+(1.0L$ 或 $0.5W)$	(5.3.1c)	L_r 或 S 或 R
$U=1.2D+1.0W+1.0L+0.5(L_r$ 或 S 或 $R)$	(5.3.1d)	W
$U=1.2D+1.0E+1.0L+0.2S$	(5.3.1e)	E
$U=0.9D+1.0W$	(5.3.1f)	W
$U=0.9D+1.0E$	(5.3.1g)	E

其中，D 为恒荷载，L 为活荷载，L_r 为屋面活荷载，S 为雪荷载，R 为雨荷载，W

为风荷载，E 为地震作用。

在采用表 2.3-26 中的荷载组合时，应考虑如下例外情况与补充要求。

1. 关于活荷载 L 的组合

表 2.3-26 式（5.3.1c）、式（5.3.1d）和式（5.3.1e）中活荷载 L 的荷载系数应允许减少到 0.5，但下述（1）、（2）或（3）三种情况除外：

（1）车库；

（2）被用作公共集会场所的区域；

（3）L 大于 4.8kN/m^2 的区域。

如果适用，L 应包括（1）至（6）：

（1）集中活载；

（2）车辆荷载；

（3）起重机荷载；

（4）扶手、护栏和车辆护栏系统上的荷载；

（5）冲击效应；

（6）振动效应。

2. 关于风荷载 W 的组合

如果风荷载 W 基于服务水平荷载（service-level loads），应使用 $1.6W$ 代替表 2.3-26 式（5.3.1d）和式（5.3.1f）中的 $1.0W$，以及应使用 $0.8W$ 代替式（5.3.1c）中的 $0.5W$。

3. 关于体积变化和差异沉降 T 的组合

如果体积变化和差异沉降 T 的影响可能对结构安全或性能产生不利影响，则应考虑约束体积变化和差异沉降 T 所产生约束力的结构效应与其他荷载的组合。应建立 T 的荷载系数以考虑 T 在量值上的不确定性、T 与其他施加荷载同时发生时最大效应的概率，以及当 T 的实际效应大于假设效应时的潜在不利后果。T 的荷载系数的数值不应小于 1.0。

4. 关于流体荷载 F 的组合

如果存在流体荷载 F，则应按照下述（1）、（2）、（3）或（4）将其包括在表 2.3-26 的荷载组合公式中：

（1）如果 F 单独作用或与 D 的效应叠加，则其应包括在表 2.3-26 式（5.3.1a）中，荷载系数取 1.4；

（2）如果 F 与主要荷载叠加，则其应包含在表 2.3-26 式（5.3.1b）～式（5.3.1e）中，荷载系数取 1.2；

（3）如果 F 的效应是永久性的并且抵消了主要荷载，则它应包括在式（5.3.1g）中，荷载系数取 0.9；

（4）如果 F 的效应非永久性，但一经存在就会抵消主要荷载，则 F 不应含在式（5.3.1a)～式（5.3.1g）中。

5. 关于侧向土压力 H 的组合

如果存在侧向土压力 H，则应按照下述（1）、（2）或（3）的规定将其包括在表 2.3-26 的荷载组合公式中：

（1）如果 H 单独作用或增加主要荷载效应，则其荷载系数应为 1.6；

(2) 如果 H 的效应是永久性的并抵消主要荷载效应，则其荷载系数应为 0.9；

(3) 如果 H 的效应不是永久性的，然而一旦存在就会抵消主要荷载，则 H 不应包括在内。

6. 关于洪水、大气结冰及预应力荷载的组合

如果结构处于洪水区，则应使用洪水荷载和适当的荷载系数以及 ASCE/SEI 7 的荷载组合。

如果结构受到来自大气冰荷载的力，则应使用冰荷载和适当的荷载系数以及 ASCE/SEI 7 的荷载组合。

所需强度 U 应包括预应力引起的内部荷载效应，荷载系数为 1.0。

对于后张拉锚固区设计，施加预应力的最大张拉力应采用 1.2 的荷载系数。

(三) 欧洲规范 EN 1992-1-1

欧洲规范 EN 1992-1-1：2004+A1：2014 虽然在第 5.1.3 节有 Load cases and combinations 的相关内容，但没有展开，而是索引到 EN 1990 Section 6。鉴于 EN 1990 Section 6 的内容也比较庞杂，本文在此只能摘取部分内容，由于节选内容容易被读者断章取义，所以建议那些对该部分内容有重大关切的读者最好去阅读原文。

欧洲规范的荷载组合也分承载力极限状态与正常使用极限状态两种情况，其中承载力极限状态又分为持久或短暂设计状态的荷载组合（基本组合）、偶然设计状态的荷载组合与地震设计状态的荷载组合。

要考虑的作用效应的组合应基于以下两种情况：主导可变作用的设计值，以及伴随可变作用的组合设计值。取两者的较大者。

1. 承载能力极限状态荷载组合（不含疲劳极限状态验证）

1）一般规定

对于每个关键荷载工况，作用效应的设计值（E_d）应通过将被认为同时发生的作用值进行组合来确定。

每一作用组合应包括一项主导性可变作用或一项偶然作用。

如果验证结果对结构中永久作用的数值变化非常敏感，则该作用的不利和有利部分应被视为单独的作用。

如果一个作用的多个效应（例如，由于自重引起的弯矩和法向力）不完全相关，则应用于任何有利分量的分项系数可以折减。

应恰当考虑所施加的变形。

2）持久设计状况或短暂设计状况的作用基本组合

对持久设计状况和短暂设计状况的基本组合，当作用与作用效应按线性关系考虑时，基本组合的效应设计值应按下式计算：

$$\sum_{j\geqslant 1}\gamma_{G,j}G_{k,j}+\gamma_P P+\gamma_{Q,1}Q_{k,1}+\sum_{i>1}\gamma_{Q,i}\psi_{0,i}Q_{k,i}$$

(2.3-15)［EC 1 式 (6.10)］

或按以下两式计算并取其较大值：

$$\sum_{j\geqslant 1}\gamma_{G,j}G_{k,j}+\gamma_P P+\gamma_{Q,1}\psi_{0,1}Q_{k,1}+\sum_{i>1}\gamma_{Q,i}\psi_{0,i}Q_{k,i}$$

(2.3-15a)［EC 1 式 (6.10a)］

$$\sum_{j\geqslant 1}\xi_j\gamma_{G,j}G_{k,j}+\gamma_P P+\gamma_{Q,1}Q_{k,1}+\sum_{i>1}\gamma_{Q,i}\psi_{0,i}Q_{k,i}$$

(2.3-15b)［EC 1 式（6.10b)］

式中，G_k 为永久荷载，$Q_{k,i}$ 为可变荷载，其中 $Q_{k,1}$ 为主导可变荷载，P 为预应力作用，γ_G、γ_Q 分别为永久荷载、可变荷载的分项系数（见表 2-2-18），γ_P 为预应力作用的分项系数，根据 EN1992 第 2.4.2.2 条可取 1.0、1.3 或 1.2，ψ_0 为可变荷载的组合系数（见表 2-2-14），ξ 为永久荷载对结构有利时的折减因子，EN 1990 的推荐值为 0.85。

式（2.3-15）为基本公式，式（2.3-15a）与式（2.3-15b）为替代公式。一般说来，式（2.3-15）的计算结果与式（2.3-15a）和式（2.3-15b）两式的较大值相比相等或偏大。对于式（2.3-15a）与式（2.3-15b），鉴于绝大多数钢筋混凝土结构的永久荷载均不大于 4.5 倍可变荷载，因此式（2.3-15b）起控制作用（但对于使用类别为 E 的仓储荷载，由于此种情况的 $\psi_0=1.0$，故式（2.3-15a）起控制作用）。但对于地下车库顶板或种植屋面等有较大覆土荷载或其他类型的附加恒载的情况，式（2.3-15a）就会起控制作用。

如果作用及其效应之间的关系不是线性的，则应直接应用通用式（6.9a）或式（6.9b）（本书未给出，请参阅 EC 0 原文），具体取决于作用效应相对于效应幅度增加的情况。

3）持久设计状况与短暂设计状况中作用的设计值及分项系数

在持久和短暂设计状况（表达式 2.3-15）中，承载能力极限状态的作用设计值应符合表 2.3-27～表 2.3-29 的规定。

注：表 2.3-27～表 2.3-29 中的值可以根据国家附件中不同的可靠性级别进行更改（请参阅 EC 0 第 2 节和附件 B）。

在使用表 2.3-27～表 2.3-29 时，在极限状态对永久作用数值的变化非常敏感的情况下，应根据 EC 0 第 4.1.2 节采取作用的上限特征值与下限特征值。

建筑结构的静态平衡（EQU）（EC 0 第 6.4.1 节）应使用表 2.3-27 中的作用设计值进行验证。

不涉及岩土作用的结构构件的设计（STR）（EC 0 第 6.4.1 节）应使用表 2.3-28 中的作用设计值进行验证。

涉及岩土作用与地基抗力的结构构件（基础、桩、地下室墙体等）的设计（GEO/STR）（EC 0 第 6.4.1 节）应采用以下三种方法（依据 EN1997 针对岩土作用与抗力而提供的补充方法）之一来进行验证：

方法 1：将表 2.3-29 的设计值应用于岩土作用，而将表 2.3-28 的设计值应用于结构上的其他作用或从结构中提取的其他作用。通常情况下，基础的尺寸由表 2.3-29 控制，而结构抗力由表 2.3-28 控制。

注：在某些情况下，这些表的应用更为复杂，请参见 EN 1997。

方法 2：将表 2.3-28 中的设计值应用于岩土作用以及施加于结构上/来自结构上的其他作用。

方法 3：将表 2.3-29 中的设计值应用于岩土作用；同时，将表 2.3-28 中的分项系数应用于结构上/来自结构上的其他作用。

注：方法 1、2 或 3 的选用在国家附件中指定。

建筑结构的整体稳定性（例如，支撑建筑物的边坡的稳定性）应按照 EN 1997 进行验证。

水压力和浮力破坏应根据 EN 1997 进行验证。

稳定验算的作用设计值（EQU）（A 组）（EC 0 表 A1.2（A））　　表 2.3-27

持久与短暂设计状况	永久作用		主导可变作用		伴随可变作用		
	不利	有利	不利	有利	主要(若有)	其他	
						不利	有利
公式(6.10)	$\gamma_{Gj,sup}G_{kj,sup}$	$\gamma_{Gj,inf}G_{kj,inf}$	$\gamma_{Q,1}Q_{k,1}$			$\gamma_{Q,i}\psi_{0,i}Q_{k,i}$	
欧标建议值	$\gamma_{Gj,sup}=1.10$	$\gamma_{Gj,inf}=0.90$	$\gamma_{Q,1}=1.50$	$\gamma_{Q,1}=0$		$\gamma_{Q,i}=1.50$	$\gamma_{Q,i}=0$

注：γ 值以国家附件为准，上述仅为欧洲规范推荐值。

强度验算的作用设计值（STR/GEO）（B 组）（EC 0 规范表 A1.2（B））　　表 2.3-28

持久与短暂设计状况	永久作用		主导可变作用		伴随可变作用		
	不利	有利	不利	有利	主要(若有)	其他	
						不利	有利
公式(6.10)	$\gamma_{Gj,sup}G_{kj,sup}$	$\gamma_{Gj,inf}G_{kj,inf}$	$\gamma_{Q,1}Q_{k,1}$			$\gamma_{Q,i}\psi_{0,i}Q_{k,i}$	
公式(6.10a)	$\gamma_{Gj,sup}G_{kj,sup}$	$\gamma_{Gj,inf}G_{kj,inf}$			$\gamma_{Q,1}\psi_{0,1}Q_{k,1}$	$\gamma_{Q,i}\psi_{0,i}Q_{k,i}$	
公式(6.10b)	$\xi\gamma_{Gj,sup}G_{kj,sup}$	$\gamma_{Gj,inf}G_{kj,inf}$	$\gamma_{Q,1}Q_{k,1}$			$\gamma_{Q,i}\psi_{0,i}Q_{k,i}$	
欧标建议值	$\gamma_{Gj,sup}=1.35$ $\xi=0.85$	$\gamma_{Gj,inf}=1.00$	$\gamma_{Q,1}=1.50$	$\gamma_{Q,1}=0$	$\gamma_{Q,1}=1.50$ $\gamma_{Q,1}=0$(有利)	$\gamma_{Q,i}=1.50$	$\gamma_{Q,i}=0$

注：选择式（6.10）或式（6.10a）、式（6.10b）由国家附件决定；γ 与 ξ 值以国家附件为准，上述仅为欧洲规范推荐值。

岩土承载力验算的作用设计值（STR/GEO）（C 组）（EC 0 规范表 A1.2（C））

表 2.3-29

持久与短暂设计状况	永久作用		主导可变作用		伴随可变作用		
	不利	有利	不利	有利	主要(若有)	其他	
						不利	有利
公式(6.10)	$\gamma_{Gj,sup}G_{kj,sup}$	$\gamma_{Gj,inf}G_{kj,inf}$	$\gamma_{Q,1}Q_{k,1}$			$\gamma_{Q,i}\psi_{0,i}Q_{k,i}$	
欧标建议值	$\gamma_{Gj,sup}=1.00$	$\gamma_{Gj,inf}=1.00$	$\gamma_{Q,1}=1.30$	$\gamma_{Q,1}=0$		$\gamma_{Q,i}=1.30$	$\gamma_{Q,i}=0$

注：γ 值以国家附件为准，上述仅为欧洲规范推荐值。

4）意外设计状况的作用组合

意外设计状况的作用组合应按下式确定：

$$\sum_{j\geqslant 1}G_{k,j}+P+A_d+(\psi_{1,1}\text{ 或 }\psi_{2,1})Q_{k,1}+\sum_{i>1}\psi_{2,i}Q_{k,i}$$

（2.3-16）［EC 1 式（6.11b）］

在 $\psi_{1,1}Q_{k,1}$ 或 $\psi_{2,1}Q_{k,1}$ 之间进行选择应与相关的意外设计状况有关（撞击、火灾或意外事件或情况发生后的生存）。

意外设计状况下的作用组合应为下列之一：

（1）涉及明确的意外作用 A（火灾或撞击）；

（2）指意外事件后的状况（$A=0$）。

对于火灾状况，除了温度对材料性能的影响外，A_d 还应代表着火灾引起的间接温度作用的设计值。

5）地震设计状况的作用组合

地震设计状况的作用组合应按下式确定：

$$\sum_{j\geqslant 1} G_{k,j} + P + A_d + \sum_{i\geqslant 1} \psi_{2,i} Q_{k,i}$$

（2.3-17）［EC 1 式（6.12b）］

6）意外设计状况与地震设计状况中作用的设计值与组合系数

在意外和地震设计状况下，用于承载能力极限状态的作用分项系数应为 1.0（表 2.3-30）。ψ 值在表 2.3-3 中给出。

注：关于地震设计状况，另请参见 EN 1998。

用于意外与地震作用组合的作用设计值（EC 0 表 A1.3）　　表 2.3-30

设计状况	永久作用		主导意外或地震作用	伴随可变作用	
	不利	有利		主要(若有)	其他
意外［式(6.11a、b)］	$G_{kj,sup}$	$G_{kj,inf}$	A_d	$\psi_{1,1}Q_{k,1}$ 或 $\psi_{2,1}Q_{k,1}$	$\psi_{2,i}Q_{k,i}$
地震［式(6.12a、b)］	$G_{kj,sup}$	$G_{kj,inf}$	$\gamma_I A_{Ek}$ 或 A_{Ed}	$\psi_{2,i}Q_{k,i}$	

注：在意外设计状况下，主要可变作用可以取频遇值，或在地震组合项取准永久值。选择权以国家附件为准，取决于所考虑的意外作用。

2. 正常使用极限状态荷载组合

在相关设计状况下要考虑的作用组合应符合适用性要求和待验证的性能标准。

正常使用极限状态的作用组合由以下表达式定义（另请参见 EC 0 第 6.5.4）。

注：在这些表达式中，假定所有分项系数均等于 1。请参见附件 EN 1990 附录 A、EN 1991～EN 1999。

1）特征组合（标准组合）

$$\sum_{j\geqslant 1} G_{k,j} + P + Q_{k,1} + \sum_{i>1} \psi_{0,i} Q_{k,i}$$

（2.3-18）［EC 1 式（6.14b）］

注：特征组合通常用于不可逆的极限状态。

2）频遇组合

$$\sum_{j\geqslant 1} G_{k,j} + P + \psi_{1,1} Q_{k,1} + \sum_{i>1} \psi_{2,i} Q_{k,i}$$

（2.3-19）［EC 1 式（6.15b）］

注：频遇组合通常用于可逆的极限状态。

3）准永久组合

$$\sum_{j\geqslant 1} G_{k,j} + P + \sum_{i\geqslant 1} \psi_{2,i} Q_{k,i}$$ （2.3-20）［EC 1 式（6.16b）］

注：准永久组合通常用于长期效应和结构外观。

对于预应力作用的代表值（即 P_k 或 P_m），应根据预应力类型参考相关欧洲设计规范。

当所施加的变形与组合效应有关时，应考虑由于施加的变形而产生的作用效应。

4）作用分项系数

对于正常使用极限状态，除非 EN 1991 到 EN 1999 中有不同规定，否则应将作用的分项系数取为 1.0（表 2.3-31）。

正常使用极限状态用于作用组合的设计值（EC 0 表 A1.4）　　表 2.3-31

荷载组合	永久作用		可变作用	
	不利	有利	主导	其他
特征组合	$G_{kj,sup}$	$G_{kj,inf}$	$Q_{k,1}$	$\psi_{0,i}Q_{k,i}$
频遇组合	$G_{kj,sup}$	$G_{kj,inf}$	$\psi_{1,1}Q_{k,1}$	$\psi_{2,i}Q_{k,i}$
准永久组合	$G_{kj,sup}$	$G_{kj,inf}$	$\psi_{2,1}Q_{k,1}$	$\psi_{2,i}Q_{k,i}$

5）适用性准则

建筑物的正常使用极限状态应考虑诸如楼/屋面刚度、不同楼面标高、楼层及建筑物的摇摆等相关的准则。刚度准则可以用垂直挠度和振动的限值来表示。摇摆准则可以用水平位移的限值来表示。

应为每个项目指定适用性标准，并与客户达成协议。

注：适用性准则可以在国家附录中定义。

6）变形与水平位移

垂直和水平变形应根据 EN 1992～EN 1999 进行计算，并根据式（2.3-18）～式（2.3-20）使用适当的作用组合，且考虑到 EC 0 第 3.4（1）款中给出的适用性要求。应特别注意可逆和不可逆极限状态之间的区别。

如果考虑结构、饰面或非结构构件（如隔墙、围护结构）的功能或损坏，则挠曲验证应考虑发生在构件或面层实施之后的永久作用与可变作用的影响。

如果考虑结构的外观，则应使用准永久性组合（式 2.3-20）。

如果考虑用户的舒适度或机器的功能，则验证应考虑相关的可变作用影响。

应适当考虑由于收缩、松弛或徐变引起的长期变形，并通过使用永久作用效应和可变作用的准永久值来进行计算。

7）振动

为了使建筑物及其结构构件在适用性条件下获得令人满意的振动性能，应考虑以下几个方面：

（1）用户的舒适度；

（2）结构或结构构件的功能（例如，隔断的开裂、围护结构的损坏、建筑物内容物对振动的敏感性）。

每个项目都应考虑并与客户达成协议。

为了使结构或结构构件在遭受振动时不会超过正常使用极限状态，应将结构或结构构件的固有振动频率保持在适当值之上，该值取决于建筑物的功能和振动的来源，并征得客户和/或有关当局的同意。

如果结构的固有振动频率低于适当值，则应对结构的动力响应进行更精细的分析，包括对阻尼的考虑。

注：有关更多指导，请参阅 EN 1991-1-1、EN 1991-1-4 和 ISO 10137。

应考虑的可能振动源包括步行、人员的同步运动、机械振动、交通引起的地面振动以及风荷载作用。应为每个项目指定这些振动来源，并与客户达成协议。

3. 材料与产品的分项系数

承载能力极限状态设计的材料与产品性能的分项系数应从 EN 1992 至 EN 1999 中获得。

（四）对比分析与结论

经简单对比后发现，中国《建筑结构可靠性设计统一标准》GB 50068—2018 的荷载组合公式（2.3-8）及《工程结构通用规范》GB 55001—2021 的荷载组合公式（2.3-10）与欧洲 EN 1990 的荷载组合公式（2.3-15）非常相似，差别仅在于式（2.3-8）及式（2.3-10）比式（2.3-15）多了一个系数 γ_L（考虑结构设计使用年限的调整系数），而且荷载分项系数的取值也已非常接近。

如果仅以永久荷载与单一可变荷载的荷载组合作简单的对比，当二者对结构均为不利作用，中美欧的荷载组合系数如表 2.3-32 所示。

中美欧永久荷载与单一可变荷载不利组合时的组合系数对比　　表 2.3-32

荷载分项系数	建筑结构荷载规范 GB 50009—2012	建筑结构可靠性设计统一标准 GB 50068—2018	工程结构通用规范 GB 55001—2021	美国 ACI 318-19、IBC2018、ASCE/SEI 7-16	欧洲 EN 1990
永久荷载	1.2	1.3	1.3	1.2	1.35
可变荷载	1.4	1.5	1.5	1.6	1.5

从表 2.3-32 的简单对比来看，中国最新修订实施的《建筑结构可靠性设计统一标准》GB 50068—2018 在荷载组合的分项系数方面已经与欧美规范非常接近。美国规范与中欧规范相比，永久荷载的分项系数略低，但可变荷载的分项系数却略高，故总体的可靠度水平仍然接近。从荷载取值与荷载组合的规范层面，我国已步入发达国家之列。

此外，在关于中美欧规范可靠度或安全度的对比中，很多人往往片面比较各规范荷载取值的大小或荷载分项系数的高低。其实结构的可靠度不仅与荷载取值及荷载分项系数有关，也与荷载组合方式与组合系数、基本计算公式以及材料分项系数等因素密切相关。任何不全面的比较都是没有意义的。

五、关于结构抗震

结构抗震原本不是本书的重点内容，但因美国在 2000 年前后对抗震规范的整合力度非常大，从术语到内容都发生了巨大的变化，而很多国内文献在介绍美国抗震规范时还在使用旧规范、旧术语（如 UBC 1997 等），故本书在此有必要梳理一下，有助于读者对美国的抗震规范能有全面而正确的认识。而且近几年来美国在地球物理学、地质学、地震工程学及岩土工程领域都有长足的发展和巨大的进步，进而具备了将这些成果连接在一起来预测特定地点震动严重程度和可能性的能力，这一方法称为“概率地震危险分析”（probabilistic seismic hazard analysis）。笔者认为美国抗震规范的最新版本就其先进性而言已超越欧洲规范，对有心的读者一定大有裨益，故笔者实在不忍割舍，最终混凝土结构抗震反倒成了浓墨重彩的一章。

ACI 318-19 第 5.2.2 节规定“荷载和抗震设计类别（SDCs）应符合通用建筑规范，或由有管辖权的机构确定”。这是美国建筑法规体系独到之处的具体体现。本条款的条文说明明确告知，ACI 318-19 的“抗震设计类别（SDCs）”直接来自 ASCE/SEI 7，而《国际建筑规范》（IBC）和国家消防协会的 NFPA 5000 也使用了类似的名称。该条文说明进一步介绍了历史上几部比较有影响力的模式建筑规范（Model Building Codes）以及 ACI 318 早期版本中所用的有关术语，并列表进行了直观的对比（表 2.3-33），表中也包括了 ASCE/SEI 7 与 NEHRP 中所用的术语。可以发现美国现行所有规范、标准及源文档中的抗震术语已经协调统一。

美国模式规范间有关抗震术语的关系（ACI 318-19 表 R5.2.2）　　表 2.3-33

规范、标准或源文档及其版本	地震风险等级/赋予的地震性能/ACI 318 规范中的设计类别		
ACI 318-08，ACI 318-11，ACI 318-14，ACI 318-19；IBC of 2000，2003，2006，2009，2012，2015，2018，2021；NFPA 5000 of 2003，2006，2009，2012，2015，2018；ASCE 7-98，7-02，7-05，7-10，7-16，7-22；NEHRP 1997，2000，2003，2009，2015，2020	SDC A，B 抗震设计类别 A、B	SDC C 抗震设计类别 C	SDC D，E，F 抗震设计类别 D、E、F
ACI 318-05 and previous editions	Low seismic risk 低地震风险	Moderate/Intermediate seismic risk 轻度/中度地震风险	High seismic risk 高地震风险
BOCA National Building Code 1993，1996，1999；Standard Building Code 1994，1997，1999；ASCE 7-93，7-95；NEHRP 1991，1994	SPC　A，B 抗震性能类别 A、B	SPC C 抗震性能类别 C	SPC D，E 抗震性能类别 D、E
Uniform Building Code 1991，1994，1997	Seismic zone 0，1 地震区划 0、1	Seismic zone 2 地震区划 2	Seismic zone 3，4 地震区划 3，4

在通用建筑规范没有规定地震作用和地震区划的情况下，ACI 318 委员会建议抗震设计条款的应用应符合国家标准或模式建筑规范，如 ASCE/SEI 7、IBC 或 NFPA 5000。

ACI 318 规范中抗震结构的设计要求由指定结构的 SDC 确定。通常，SDC 与地震危害水平、土壤类型、占用情况及建筑物用途有关。对建筑物划分抗震设计类别受通用建筑规范管辖，而非 ACI 318 规范。

在无通用建筑规范的情况下，ACI 318 委员会建议有关抗震设计规定应与国家标准或模式建筑规范（例如 ASCE/SEI 7、IBC 以及 NFPA5000）保持一致。模式建筑规范还指定了与抗震系统有关的用于某些构件设计的超强度系数 Ω_0。

六、关于“General Building Code”（通用建筑规范）

ACI 318-19 第 5.2.1 节的条文说明中还有非常重要的一点，往往容易被忽略，就是明确了 ACI 318-19 所采用的荷载规范与“通用建筑规范”的地位与优先级，即“如果通用建筑规范所规定的荷载不同于 ASCE/SEI 7，则通用建筑规范适用。然而，如果通用建筑规范中包含的荷载性质与 ASCE/SEI 7 荷载有很大不同，则该规范（ACI 318）的某些规定可能需要修改以反映这些差异”。通用建筑规范是指在辖区内被依法采用的建筑规范。

第四节 材 料

普通钢筋混凝土结构的组成材料有混凝土及钢筋，预应力钢筋混凝土结构的组成材料除了混凝土及普通钢筋外，还有预应力筋，本节在此主要讨论混凝土及普通钢筋。

一、混凝土

混凝土作为一种建筑材料其最主要的力学性能就是较高的抗压能力及其对钢筋的握裹力与约束作用，从而在钢筋与混凝土复合而成的钢筋混凝土构件中既能充分发挥钢筋的高强抗拉压性能，也能充分发挥混凝土的抗压性能，各取所长、相得益彰。

混凝土的抗压能力以抗压强度表示，一般是指混凝土单方向受压时的强度，即所谓的单轴抗压强度，或无侧限抗压强度，通常不考虑混凝土有侧限情况下的抗压强度，这也和绝大多数混凝土构件的实际受力状况比较符合（钢管混凝土柱中的混凝土受压是比较例外的情况）。混凝土的抗压强度与水泥强度、水灰比、骨料的性质、混凝土的级配、混凝土成型方法、硬化时的环境条件、混凝土的龄期、试件的大小和形状、试验方法以及加载速率等多种因素有关，站在中美欧规范对比的角度，水泥强度、水灰比、骨料的性质、混凝土级配等影响因素是与规范无关的，可以做到统一标准；而混凝土成型方法、硬化时的环境条件、混凝土的龄期、试件的大小和现状、试验方法以及加载速率等影响因素，就与规范的不同规定有关，中美欧各自的规定有可能存在差异，因此同一批次、同种质量混凝土，按照中美欧各自的试件制作、养护与试验方法，直接的试验结果是非常有可能不同的。

（一）混凝土强度的代表方式

1. 中国规范

中国规范以混凝土强度等级来表征混凝土的强度及其他各项力学性能指标，所有各项力学指标都直接与混凝土强度等级建立联系。中国规范的混凝土强度等级由立方体抗压强度标准值 $f_{cu,k}$ 确定，立方体抗压强度标准值 $f_{cu,k}$ 是《混规》中混凝土各种力学指标的基本代表值，按混凝土强度总体分布的平均值减去 1.645 倍标准差的原则确定。混凝土强度等级是一个代号，以大写英文字母“C”开头，后接立方体抗压强度标准值，如 C30，即表示强度等级为 C30 的混凝土，其立方体抗压强度标准值 $f_{cu,k}=30\text{MPa}$。表 2.4-1 所示为中国规范各种强度等级混凝土的性能参数。

中国规范的混凝土强度序列与性能参数 表 2.4-1

强度等级	C15	C20	C25	C30	C35	C40	C45	C50	C55	C60	C65	C70	C75	C80
$f_{cu,k}$	15	20	25	30	35	40	45	50	55	60	65	70	75	80
f_{ck}	10.0	13.4	16.7	20.1	23.4	26.8	29.6	32.4	35.5	38.5	41.5	44.5	47.4	50.2
f_{tk}	1.27	1.54	1.78	2.01	2.20	2.39	2.51	2.64	2.74	2.85	2.93	2.99	3.05	3.11
f_c	7.2	9.6	11.9	14.3	16.7	19.1	21.1	23.1	25.3	27.5	29.7	31.8	33.8	35.9
f_t	0.91	1.10	1.27	1.73	1.57	1.71	1.80	1.89	1.96	2.04	2.09	2.14	2.18	2.22
E_c	2.20	2.55	2.80	3.00	3.15	3.25	3.35	3.45	3.55	3.60	3.65	3.70	3.75	3.80

注：

1. $f_{cu,k}$ 为立方体抗压强度标准值，也即强度等级；f_{ck} 为轴心抗压强度标准值；f_{tk} 为轴心抗拉强度标准值；f_c 为轴心抗压强度设计值；f_t 为轴心抗拉强度设计值；E_c 为混凝土弹性模量。
2. 强度单位为 N/mm^2；弹性模量 E_c 数值及单位为 $\times10^4\text{N/mm}^2$。

需要注意的是，表 2.4-1 是《混规》2015 版的规定，但被《混凝土结构通用规范》GB 55008—2021（以下简称《混通规》）废止，《混通规》2021 规定：结构混凝土强度设计值应按其强度标准值除以材料分项系数确定，且材料分项系数取值不应小于 1.4。

这意味着设计者在采用混凝土抗压/抗拉强度设计值时不可直接取用表 2.4-1 中的 f_c 与 f_t，而是应该通过查取该表中的 f_{ck} 与 f_{tk} 值，再除以材料分项系数 1.4 得到。但经笔者验证，表中 f_{ck}/f_c 与 f_{tk}/f_t 的比值基本接近 1.4，实际影响不大。

2. 美国规范

美国规范 ACI 318-19 以“规定的混凝土抗压强度” f'_c（specified compressive strength of concrete）来表征混凝土的强度等级。f'_c 根据 28 天的圆柱体抗压强度确定，抗压强度试件可取至少两个 6in×12in（150mm×300mm）圆柱体或至少三个 4in×8in（100mm×200mm）圆柱体。美国规范没有混凝土强度等级的概念，表里如一，设计、施工、检测都采用一个单一指标 f'_c。既用于混凝土混合物配合比的确定，也用于混凝土的验收。

美国规范没有像中欧规范那样给出混凝土的强度序列，但 ACI 318-19 规定了各种应用情况下的混凝土强度最低限值，且在任何情况下都不得低于 2500psi［17.2MPa］，而且对正常质量混凝土没有指定强度上限，见表 2.4-2。

美国规范正常重量混凝土与轻质混凝土的强度限值（ACI 318-19 表 19.2.1.1）　表 2.4-2

应用场景	最低 f'_c，psi[MPa]
一般	2500[17.2]
划分为 SDC A、B 或 C 类结构的基础	2500[17.2]
带有螺柱承重墙结构且划分为 SDC D、E 或 F 类的不多于两层的居住或公益事业建筑的基础	2500[17.2]
带有螺柱承重墙结构且划分为 SDC D、E 或 F 类的不多于两层的非居住或公益事业建筑的基础	3000[20.7]
特殊弯矩框架；采用 60 级或 80 级钢筋的特殊结构墙	3000[20.7]
采用 100 级钢筋的特殊结构墙	5000[34.5]
预制非预应力混凝土打入式桩；钻孔灌注桩	4000[27.6]
预制预应力混凝土打入式桩	5000[34.5]

根据 ASTM C39 第 10.1.1 节可知美国混凝土的强度范围一般为 2000～8000psi［15～55MPa］。根据笔者对诸多文献资料的观察，美国混凝土强度一般均以 500psi［3.45MPa］的整数倍出现，即以 500psi［3.45MPa］为一个极差，且结构设计很少采用 3000psi［20.7MPa］以下的混凝土。为了方便读者应用，笔者仿照中欧规范将美国规范的混凝土强度序列与性能参数整理如表 2.4-3 所示。

美国规范没有像中国规范那样给出每个强度等级所对应的混凝土弹性模量，而是给出了弹性模量与混凝土强度的函数关系，虽然不直观但却更方便编程，见式（2.4-1）。

（1）对于密度 w_c 值介于 90～160lb/ft^3［1440～2560kg/m^3］的混凝土：

$$E_c = w_c^{1.5} \times 0.043\sqrt{f'_c}\text{（单位 MPa）}$$

（2.4-1a）［ACI 318-19 式（19.2.2.1.a）］

（2）对于正常质量混凝土：

$$E_c = 4700\sqrt{f'_c}\text{（单位 MPa）}$$

（2.4-1b）［ACI 318-19 式（19.2.2.1.a）］

为了最大限度地方便读者，笔者在此根据式（2.4-1b）将正常质量混凝土的弹性模量与混凝土的规定抗压强度一一对应并以读者熟悉的列表方式呈上，见表2.4-3。

美国规范的混凝土强度序列与性能参数 **表2.4-3**

f'_c(psi)	2500	3000	3500	4000	4500	5000	5500	6000	6500	7000	7500	8000
f'_c(MPa)	17.2	20.7	24.1	27.6	31.0	34.5	37.9	41.4	44.8	48.3	51.7	55.2
E_c(MPa)	19492	21384	23073	24692	26168	27606	28935	30241	31458	32664	33794	34919

3. 欧洲规范

欧洲规范同样以混凝土强度等级（concrete strength classes）来表征混凝土的强度及其他各项力学性能指标。EN 206：2013＋A1：2016同时以圆柱体特征抗压强度及立方体特征抗压强度来划分混凝土的强度等级，同样在混凝土强度等级前冠以字母“C”，如C25/30，即表示150mm×300mm圆柱体试件在28d的抗压强度特征值为25MPa，而边长150mm立方体试件在28d的抗压强度特征值为30MPa。但EN 1992-1-1：2004＋A1：2014没有采用C25/30的表示方法，而是直接采用f_{ck}来代表混凝土的强度等级，此处的f_{ck}就是EN 206：2013＋A1：2016中的$f_{ck,cyl}$。

在EN 206-1：《混凝土-规格、性能、产品与符合性》中，抗压强度表示为强度等级。而EN 1992-1-1使用特征圆柱体抗压强度f_{ck}（基于2∶1圆柱体）作为设计计算的基础。

在英国，抗压强度是使用立方体（100mm或150mm）而不是圆柱体进行测试的。立方体可获得更高的强度，因为立方体试件的高宽比较小，测试机的压板对试件提供了更大的横向约束。在BS EN 206-1中，2∶1圆柱体强度被认为比普通结构混凝土的立方体强度小约20%；而在强度等级较高的情况下，圆柱体强度与立方体强度的相对比例则会更高些。为了适应这些差异，强度等级由圆柱体强度与立方体强度同时定义。表2.4-4所示为欧洲规范各种强度等级混凝土的性能参数。

欧洲规范的混凝土强度序列与性能参数（EC 2表3.1） **表2.4-4**

强度等级	C12/15	C16/20	C20/25	C25/30	C30/37	C35/45	C40/50	C45/55	C50/60	C55/67	C60/75	C70/85	C80/95	C90/105
$f_{ck,cube}$	15	20	25	30	37	45	50	55	60	67	75	85	95	105
f_{ck}	12	16	20	25	30	35	40	45	50	55	60	70	80	90
f_{cm}	20	24	28	33	38	43	48	53	58	63	68	78	88	98
f_{ctm}	1.6	1.9	2.2	2.6	2.9	3.2	3.5	3.8	4.1	4.2	4.4	4.6	4.8	5.0
$f_{ctk,0.05}$	1.1	1.3	1.5	1.8	2.0	2.2	2.5	2.7	2.9	3.0	3.1	3.2	3.4	3.5
$f_{ctk,0.95}$	2.0	2.5	2.9	3.3	3.8	4.2	4.6	4.9	5.3	5.5	5.7	6.0	6.3	6.6
E_{cm}	27	29	30	31	33	34	35	36	37	38	39	41	42	44
ε_{c1}	1.8	1.9	2.0	2.1	2.2	2.25	2.3	2.4	2.45	2.5	2.6	2.7	2.8	2.8
ε_{cu1}	3.5									3.2	3.0	2.8	2.8	2.8
ε_{c2}	2.0									2.2	2.3	2.4	2.5	2.6
ε_{cu2}	3.5									3.1	2.9	2.7	2.6	2.6
n	2.0									1.75	1.6	1.45	1.4	1.4
ε_{c3}	1.75									1.8	1.9	2.0	2.2	2.3
ε_{cu3}	3.5									3.1	2.9	2.7	2.6	2.6

（二）混凝土强度的确定方法

1. 中国规范的强度确定方法

立方体抗压强度标准值 $f_{cu,k}$ 是指按标准方法制作、养护的边长为 150mm 的立方体试件，在 28d 或设计规定龄期以标准试验方法测得的具有 95%保证率的抗压强度值。《混凝土强度检验评定标准》GB/T 50107—2010 则将该原则表述为："立方体抗压强度标准值应为按标准方法制作和养护的边长为 150mm 的立方体试件，用标准试验方法在 28d 龄期测得的混凝土抗压强度总体分布中的一个值，强度低于该值的概率应为 5%"。二者的原则是一致的。

该值不是直接试验结果的平均值，而是一个统计值，即按照混凝土强度总体分布的平均值减去 1.645 倍标准差而确定的值，即

$$f_{cu,k}=f_{cm}-1.645\sigma=f_{cm}(1-1.645\delta)$$

（2.4-2）（《混规》式 C.2.1-1）

式中 f_{cm}——边长 150mm 立方体试件在 28d 的抗压强度平均值；

σ——标准差；

δ——变异系数（$\delta=\sigma/f_{cm}$）；

1.645——概率度系数，对应 95%的保证率。

混凝土强度应分批进行检验评定。一个检验批的混凝土应由强度等级相同、试验龄期相同、生产工艺条件和配合比基本相同的混凝土组成。"检验批"就是用于合格性评定的混凝土总体。每次取样应至少制作一组标准养护试件，每组三个试件应由同一盘或同一车的混凝土中取样制作。每批混凝土试样应制作的试件总组数，除了满足混凝土强度评定所必需的组数外，还应留置为检验结构或构件施工阶段混凝土强度所必需的试件。

公式（2.4-2）是教科书中混凝土立方体抗压强度标准值的确定方法，也是《混规》条文说明 4.1.1 中的混凝土立方体抗压强度标准值的确定原则。至少一组、每组三个试件的平均值很容易取得，但标准差与变异系数的计算却稍显复杂。故与美国标准相比，中国标准的上述方法严谨但不直观，难以对试验结果作出直观与简单的判断。

《混凝土强度检验评定标准》GB/T 50107—2010 的评定标准则更为复杂。提供了"统计方法评定"与"非统计方法评定"两种方法，对大批量、连续生产混凝土的强度应按统计方法确定，对小批量或零星生产混凝土的强度应按非统计方法评定。其中，"统计方法评定"又根据混凝土强度质量控制的稳定性，提供了标准差已知与标准差未知两种方案。

1）标准差已知方案

混凝土生产可在较长时期内维持原材料、设备、工艺以及人员的稳定性，即便有所变化也能予以调整而恢复正常，因而可使每批混凝土强度的变异性基本稳定，故每批的强度标准差 σ_0 可根据前一时期生产累计的强度数据，此时可采用标准差已知方案。标准差已知方案由同类混凝土、生产周期不少于 60d 且不超过 90d、样本容量不少于 45 的强度数据计算确定，并假定其值延续在一个检验期内保持不变。

标准差已知方案的强度应同时符合以下规定：

$$f_{cu,m}\geqslant f_{cu,k}+0.7\sigma_0 \tag{2.4-3a}$$

$$f_{cu,min}\geqslant f_{cu,k}-0.7\sigma_0 \tag{2.4-3b}$$

检验批混凝土立方体抗压强度的标准差应按下式计算：

$$\sigma_0=\sqrt{\frac{\sum_{i=1}^{n}f_{\mathrm{cu},i}^2-nf_{\mathrm{cu,m}}^2}{n-1}} \tag{2.4-4}$$

当混凝土强度等级不高于C20时，其强度的最小值尚应满足下式要求：

$$f_{\mathrm{cu,min}}\geqslant 0.85f_{\mathrm{cu,k}} \tag{2.4-5a}$$

当混凝土强度等级高于C20时，其强度的最小值尚应满足下列要求：

$$f_{\mathrm{cu,min}}\geqslant 0.90f_{\mathrm{cu,k}} \tag{2.4-5b}$$

式中 $f_{\mathrm{cu,m}}$——同一检验批混凝土立方体抗压强度的平均值（MPa）；

$f_{\mathrm{cu,k}}$——混凝土立方体抗压强度标准值（MPa）；

σ_0——检验批混凝土立方体抗压强度标准差（MPa），当计算值小于2.5MPa时应取2.5MPa；

$f_{\mathrm{cu},i}$——前一个检验期内同一品种、同一强度等级的第i组混凝土试件的立方体抗压强度代表值（MPa），该检验期不应少于60d，也不得多于90d；

$f_{\mathrm{cu,min}}$——同一检验批混凝土立方体抗压强度最小值（MPa）；

n——前一检验期的样本容量，在该期间内样本容量不应少于45。

对每组混凝土试件强度代表值 $f_{\mathrm{cu},i}$ 的确定，《混凝土强度检验评定标准》GB/T 50107—2010作出了下列规定：

（1）取每组3个试件强度的算数平均值作为该组试件的强度代表值；

（2）当一组试件中强度的最大值或最小值与中间值之差超过中间值的15%时，取中间值作为该组试件的强度代表值；

（3）当一组试件中强度的最大值和最小值与中间值之差均超过中间值的15%时，该组试件的强度不应作为评定的依据。

2）标准差未知方案

当生产连续性较差，即在生产中无法维持基本相同的生产条件，或生产周期较短，无法积累强度数据以便计算可靠的标准差参数时，此时检验评定只能直接根据每一检验批抽样的样本强度数据确定。此种情况下标准差数值本身的离散性就比较大，且没有前一检验期的数据供参考，故称为“标准差未知”。但为了尽可能提高检验的可靠性，要求每批样本组数不少于10组。

标准差未知方案当样本容量不少于10组时，其强度应同时满足下列要求：

$$f_{\mathrm{cu,m}}\geqslant f_{\mathrm{cu,k}}+\lambda_1\cdot\sigma_1 \tag{2.4-6a}$$

$$f_{\mathrm{cu,min}}\geqslant\lambda_2\cdot f_{\mathrm{cu,k}} \tag{2.4-6b}$$

同一检验批混凝土立方体抗压强度的标准差应按下式计算：

$$\sigma_1=\sqrt{\frac{\sum_{i=1}^{n}f_{\mathrm{cu},i}^2-nf_{\mathrm{cu,m}}^2}{n-1}} \tag{2.4-7}$$

式中 σ_1——同一检验批混凝土立方体抗压强度的标准差（MPa），当计算值小于2.5MPa时应取2.5MPa；

λ_1、λ_2——合格评定系数，按表 2.4-5 取用；

n——本检验期内的样本容量。

混凝土强度的合格评定系数 表 2.4-5

试件组数	10～14	15～19	≥20
λ_1	1.15	1.05	0.95
λ_2	0.90	0.85	

3）非统计方法评定

当用于评定的样本容量小于 10 组时，应采用非统计方法评定混凝土强度，其强度应同时符合下列规定：

$$f_{cu,m} \geqslant \lambda_3 \cdot f_{cu,k} \quad (2.4\text{-}8a)$$

$$f_{cu,min} \geqslant \lambda_4 \cdot f_{cu,k} \quad (2.4\text{-}8b)$$

式中 λ_3、λ_4——合格评定系数，按表 2.4-6 取用。

混凝土强度的非统计法合格评定系数 表 2.4-6

混凝土强度等级	＜C60	≥C60
λ_3	1.15	1.10
λ_4	0.95	

标准差 σ 与变异系数 δ 均为反映统计数据离散程度的指标，具体到混凝土强度的确定，就是反映混凝土质量稳定性的指标，显然 σ 与 δ 值越小，表明混凝土的质量越稳定。换个角度来说，σ 与 δ 难有定值，而是因时、因地、因人、因物而异的，具体到某一特定工程，也会因材料、配比、浇捣、养护、温湿度、试验龄期、试验方法的不同而异。很明显，具有一定规模的正规混凝土搅拌站生产的商品混凝土的质量稳定性一般均优于现场自拌混凝土。

此外，混凝土强度标准差及变异系数也与混凝土的强度高低有关。一般来说，混凝土强度标准差会随强度平均值的降低而减小，非常接近线性关系，而强度变异系数则会随强度降低而增大。表 2.4-7 所示为文献 112 给出的变异系数，源自《混凝土结构设计规范》GB 50010—2002 第 4.1.3 条的条文说明，是基于 1979—1980 年对全国十个省、市、自治区的混凝土强度的统计结果，既可看出变异系数随混凝土强度降低而增大的规律，也可看出那个年代的混凝土变异系数值普遍偏高，这与当时的混凝土质量控制水平直接相关（当时商品混凝土尚未普及，自拌混凝土普遍存在）。时过境迁，随着混凝土组成材料及工艺控制水平的提高，尤其是商品混凝土的普遍应用，混凝土的质量稳定性有明显提高，该表的变异系数已不能如实反映现实情况，故 2010 年版的《混凝土结构设计规范》不再保留该表，但也没有提供当时工艺水平下的混凝土强度变异系数。

文献 7 给出的混凝土强度变异系数（文献 112 表 3-1） 表 2.4-7

$f_{cu,k}$	C15	C20	C25	C30	C35	C40	C45	C50	C55	C60	C65	C70
δ	0.21	0.18	0.16	0.14	0.13	0.12	0.12	0.11	0.11	0.10	0.10	0.10

表 2.4-8 为基于表 2.4-7 的变异系数所得到的立方体抗压强度平均值及标准差，以及

立方体抗压强度平均值与标准值的差值。以 C30 混凝土为例，如果想得到 30MPa 的立方体抗压强度标准值，则混凝土试块试验结果的平均值需要达到 38.98MPa 才能满足要求，即试验所得的平均值需要比 C30 的强度等级（立方体抗压强度标准值）高出 8.98MPa，对应的变异系数为 0.14。

中标混凝土强度等级与标准差、变异系数及立方体抗压强度平均值之间的对应关系

表 2.4-8

强度等级	C15	C20	C25	C30	C35	C40	C45	C50	C55	C60	C65	C70
$f_{cu,k}$	15	20	25	30	35	40	45	50	55	60	65	70
f_{cm}	22.92	28.41	33.93	38.98	44.52	49.84	56.07	61.05	67.15	71.81	77.80	83.78
δ	0.21	0.18	0.16	0.14	0.13	0.12	0.12	0.11	0.11	0.10	0.10	0.10
σ	4.81	5.11	5.43	5.46	5.79	5.98	6.73	6.72	7.39	7.18	7.78	8.38
1.645σ	7.92	8.41	8.93	8.98	9.52	9.84	11.07	11.05	12.15	11.81	12.80	13.78

表 2.4-9 所示为基于文献 112 并重新格式化的变异系数，除了体现变异系数随混凝土强度降低而增大的规律外，更体现了不同的混凝土质量控制水平对强度变异系数的影响，且这种影响同样非常显著，是不可忽略的因素，也突显了混凝土质量控制水平对混凝土强度保证的重要性。对于控制水平为“优秀”的混凝土，当强度等级不低于 C30 时，变异系数完全可以控制在 0.10 以下。同样以 C30 混凝土为例，如果想得到 30MPa 的立方体抗压强度标准值，则混凝土试块试验结果的平均值仅需达到 34.62MPa 即可满足要求，比前述 38.98MPa 的平均值可降低 4.36MPa，对应的变异系数仅为 0.094。

文献 112 提供的基于不同混凝土质量控制水平的变异系数与标准差　　表 2.4-9

控制水平	优秀			良好			普通		
$f_{cu,k}$	30	40	50	30	40	50	30	40	50
δ	0.094	0.089	0.086	0.138	0.130	0.126	0.183	0.172	0.166
σ	2.81	3.55	4.29	4.15	5.22	6.29	5.49	6.89	8.30

所谓的“标准方法制作、养护”以及“标准试验方法”需参考《普通混凝土力学性能试验方法标准》GB/T 50081—2002。

对于试件形状与尺寸，该标准提供了多种形状与多种尺寸，但适用于不同的试验目的，也有标准试件与非标准试件之分。其中，边长为 150mm 的立方体试件是立方体抗压强度与劈裂抗拉强度试验的标准试件，而边长为 150mm×150mm×300mm 的棱柱体试件是轴心抗压强度及静力受压弹性模量试验的标准试件。但 ϕ150mm×300mm 圆柱体试件也被称为混凝土抗压强度的标准试件。不过工程中最常用的还是边长 150mm 的立方体试件。

关于混凝土试件的养护，该标准规定：试件入模后应初始养护 24～48h，初始养护温度为 20±5℃；拆模后应立即放入温度 20±2℃、相对湿度在 95%以上的标准养护室中养护（与 ISO 的要求一致），或在温度为 20±2℃的不流动的氢氧化钙饱和溶液中养护。

关于加载速率，因混凝土强度等级的分档而略有不同：<C30，0.3～0.5MPa/s；≥C30 且<C60，0.5～0.8MPa/s；≥C60，0.8～1.0MPa/s。

除了《混凝土结构设计规范》GB 50010—2010 及《普通混凝土力学性能试验方法标准》GB/T 50081—2002 外，有关混凝土强度检验的评定还需参考《混凝土强度检验评定标准》GB/T 50107—2010。

2. 美国规范的强度确定方法

提到美国 ACI 318 规范，笔者有必要简单梳理一下现行及过往的版本。目前最新版本为 2019 年版，此前的版本从新至旧依次为 2014 年版、2011 年版、2008 年版、2005 年版、2002 年版、1999 年版等，最早可追溯至 1941 年，该年首次赋予 ACI 318 这一编号。其中，2014 年版、2008 年版及 2002 年版是较其前一版规范变化较大的版本。比如 ACI 318-14 与 ACI 318-11 相比，从目录结构及内容编排方面都作出了巨大的改变，内容方面也有不少修改和新增的内容。本书在编撰过程中跨越了 ACI 318-19 发布的时间，在 ACI 318-19 未发布之前一直参考 ACI 318-14，ACI 318-19 一经发布，笔者即转而参考 ACI 318-19，故本书有关 ACI 318 规范的内容都是最新的，其中部分内容很可能与 2011 年版及以前各版本的内容有所不同。如果国内同行在别的中文资料上看到某些内容与本书有所不同，读者有必要考证一下其成书或成文年代，是否早于美欧规范的较新版本，因为这种差异很可能是规范版本的差异所致。比如 Required average strength f'_{cr}(所需平均强度)的概念，曾经作为一个非常重要的概念以及作为混凝土强度验收的关键指标而普遍存在于 ACI 318-11 及以前各版本中，但在 ACI 318-14 及 ACI 318-19 中，f'_{cr}这一符号连同“所需平均强度”的概念彻底消失，以致初次接触 ACI 318-14 以后版本而从未接触过 ACI 318-11 及以前版本的人很容易误读新版规范的有关内容。当然，也不排除对英文原版规范存在翻译和解读方面的差异。本书有选择地在某些章节引述部分规范原文，就是为了还原规范的本意，避免陷入读者错误翻译与解读的误区。

ACI 318-19 经过 ACI 318-14 的内容重组之后，有关混凝土材料特性及要求的内容被放到了 PART 6：MATERIALS & DURABILITY 下的第 19 章（混凝土：设计与耐久性要求），而有关混凝土强度验收方面的内容则放到了 PART 9：CONSTRUCTION 下的第 26 章文档及验收。因 ACI 318 的混凝土强度验收标准对深入理解美国混凝土规范意义重大，故本书在此对部分关键内容原文引述，同时附上中文翻译，以免包括笔者在内的任何人，因对原文错误的翻译或解读，而给读者造成不利影响。

ACI 规范自 2014 年版不再包括先前版本中所包含的配比混凝土的统计要求。这方面信息已从 ACI 规范中删除，因为特许专业设计人员不需对混凝土混合物的配比负责。此外，此信息可在其他 ACI 文档中找到，例如 ACI 301 和 ACI 214R。最后，某些混凝土生产商的质量控制方法可以满足规范的验收标准，而无需遵循包含在 ACI 规范以前版本中的处理方式。

1）美国规范的混凝土评估与可接受性

强度测试应为至少两个 6in×12in（150mm×300mm）圆柱体或至少三个 4in×8in（100mm×200mm）圆柱体的强度平均值，这些圆柱体由相同的混凝土样品制成，并在 28d 或指定的测试龄期进行测试。

规范原文的 A strength test 千万不要错误理解为一个混凝土试件的测试，而是指一组混凝土试件的测试。一组混凝土试件至少应由两个 150mm×300mm 的圆柱体试件或至少三个 100mm×200mm 的圆柱体试件组成。究竟采用何种尺寸的试件，应该在业主、特许设计专业人士与检测机构间取得共识。而且，试件尺寸与数量一经确定，对某一混凝土混合物就应保持一致。一般来说，与测试每组两个150mm×300mm的圆柱体试件相比，测试每组三个100mm×200mm的圆柱体试件可保持信心水平。因为100mm×200mm圆柱体试件一般比150mm×300mm的圆柱体试件的变异性高出约20%。

(1) 试验频率

a. 每天浇筑的每一批混凝土中用于制备强度试验试件的样品应按照(a)~(c)抽取：

(a) 每天至少1次；

(b) 每150yd^3 (110m^3) 混凝土至少1次；

(c) 每5000ft^2 (460m^2) 板或墙面积至少1次。

b. 在既定项目中，如果混凝土总体积使测试频率对既定混凝土混合物提供的强度测试少于5次，则强度试验样本应至少从5个随机选择的批次中制作，或者如果少于5个批次，则从每个批次中制作。

c. 如果既定混凝土混合物的总量少于50yd^3 (38m^3)，在向政府相关部门提交令人满意的强度证明并获得其批准后，则不需要进行强度试验。

(2) 标准养护试件的可接受性标准（验收标准）

a. 可接受性试验的试件应符合(a)和(b)的规定：

(a) 混凝土强度测试试件的取样应符合ASTM C172；

(b) 用于强度试验的圆柱体试件应按照ASTM C31的要求制造并进行标准养护，且按照ASTM C39进行试验。

b. 如果满足下述(a)和(b)的条件，则混凝土混合物的强度等级是可接受的：

(a) 任何三组连续强度试验的每一组的算术平均值等于或超过f'_c；

(b) 如果$f'_c \leqslant$5000psi (35MPa)，则每组强度试验低于f'_c的数值不应超过500psi (3.5MPa)；如果$f'_c >$5000psi (35MPa)，则每组强度试验低于f'_c的数值不应超过$0.10f'_c$。

c. 如果不满足上述b的任何一项要求，则应采取措施增加后续强度试验结果的平均值。

d. 如果不满足上述b.(b)的要求，应启动针对低强度试验结果的调查。

ACI 301-10在其1.6.6 Acceptance of concrete strength中的1.6.6.1 Standard molded and cured strength specimens中采用了与ACI 318-19相同的验收标准。

美国标准ACI 318与ACI 301的混凝土强度验收标准为混凝土强度评定与验收工作提供了极大的便利性，通过简单的算术就可得出结论，当在工作过程中收到测试结果时，可以立即据此判断混凝土评估与验收的结果。而且，从前述验收标准可以看出，美国规范允许单组试件的试验结果低于f'_c，但不能低得太多（3.5MPa或$0.10f'_c$），但任何三组连续强度试验结果的算数平均值不得低于f'_c。

表面上看，美国ACI 318的验收标准似乎并不高，没有采用数理统计与概率方法对混凝土的试验结果进行评定，而是采用简单且直观的算数平均法。这也正是ACI 318自2014年版大规模调整之后该部分内容易被人误解之处。但笔者在通读ACI 318-19第19&26章、ACI 301M-10以及ACI 214R-11，并与ACI 318-11第5章的相关内容比较后，意识到这一验收标准是一个“结果导向”的标准，满足这一验收标准本身就要求是一个极大概率的事件，换言之，应该把不满足这一验收标准的概率控制在一个极低的水平。ACI

318-19 条文说明 R26. 4. 3. 1（b）：“The code presumes that the probability of not meeting the acceptance criteria in 26. 12. 3 is not more than 1 in 100” （本规范假定不满足第 26. 12. 3 节验收标准的概率不超过 1%），ACI 318-11 条文说明 R5. 1. 1 则表述得更为绝对：“It is emphasized that the average compressive strength of concrete produced should always exceed the specified value of f'_c used in the structural design calculations”（需要强调的是，所生产的混凝土的平均抗压强度应始终超过结构设计计算中使用的规定抗压强度 f'_c），用的是“always”一词，意味着混凝土强度实测结果不满足 26. 12. 3 的概率应该降为零。可见这个标准其实不低。

由上可以看出，ACI 318 的结果评判虽然简单，但确保评判结果满足规范要求的过程与前提条件却绝不简单，其中最主要的就是混凝土试配强度的控制，不但要确保验收通过而需在 f'_c的基础上增加一个余量，还要注意经济性而不致使这个余量过大。为达此目的，同样需要采用数理统计的方法。

2）美国规范的规定抗压强度

根据 ACI 318 第 26. 4. 3 节进行配比的混凝土混合物的平均抗压强度应超过结构设计计算中使用的 f'_c值，混凝土平均强度超出 f'_c的量值基于统计概念，当混凝土按照高于f'_c的强度水平设计时，它可以确保混凝土强度测试高概率满足 ACI 318 第 26. 12. 3 节中的强度可接受性标准。

ACI 318-19 第 26 章条文说明再次明确了上述规范意图：

R26. 12. 3. 1：即使混凝土强度和均匀性令人满意，也偶尔会有强度试验不满足这些验收标准的情况，这种不满足的情况大约有 1%的概率。在确定所产生的强度水平是否足够时，应为这种统计上的预期变化留出“余量”。

这个“余量”才是美国标准混凝土强度保证率的核心，同样是基于统计的概念，同样体现在失效概率或质量保障率等数值上面。

ACI 318-19 没有提供失效概率或质量保障率的数值，但文献 112 认为美国规范有关混凝土强度的保证率为 91%。这是一个比较令人困惑的数字，因其比中国标准 95%的保证率要低，很容易给人以“美国标准低于中国标准”的错觉，笔者试图从该书中寻找答案，未果。为此笔者查遍 ACI 318 自 2002—2019 年的各个版本（ACI 318-02、05、08、11、14、19）的规范条文与条文说明，均未发现这一信息。笔者认为这一信息缺乏依据，如果笔者认知有误，欢迎包括原作者在内的读者批评指正。

ACI 318-19 同 ACI 318-14 一样，也将配比混凝土的统计要求从条文中删除，同时推荐了 ACI 301 与 ACI 214R，这两部 ACI 标准均提供了配比混凝土的统计要求，二者均可解决和确定 ACI 318-19 之 R26. 12. 3. 1 中所提到的“余量”问题，进而确定一个混凝土平均抗压强度的控制标准 f'_{cr}，这个 f'_{cr}在 ACI 301 与 ACI 214R 中被称为“平均所需强度”。这个平均所需强度 f'_{cr}就是曾经在 ACI 318-11 及以前版本中出现但却在 ACI 318-14 及以后版本消失的内容，是由变异系数或标准差所衡量的混凝土强度测试结果变异性的函数。ACI 318-19 之 R26. 12. 3. 1 中的“余量”就体现为平均所需强度 f'_{cr}与“规定混凝土抗压强度 f'_c”之间的差值。即为了满足设计上对 f'_c的要求及必要的保证率，混凝土的平均抗压强度在配比、生产、施工、养护的整个过程中需按 f'_{cr}控制。ACI 301 与 ACI 214R 两部标准的功能不同，前者主要作为指导与规范生产施工的合同文件，后者主要用于混凝土强度测试结果的评估，二者均提供了“平均所需强度”的确定方法，但二者又有所不同。

ACI 301 可以理解为混凝土施工的技术规程，全名 Specifications for Structural Concrete，其编写符合 ACI 318 的要求，一般作为合同文件对承包商提出要求，目前最新版本为 ACI 301-16。

ACI 301-16 的混凝土强度验收标准与 ACI 318-19 相同，但为满足这一验收标准而进行的混凝土配比及所需平均抗压强度的确定，则需要采用统计方法。

如果厂商有对于某一等级的混凝土过去 24 个月且持续时间不少于 45d 的野外强度测试记录，且按 ACI 301-16 第 4.2.3.2 计算的标准差在 1000psi（7MPa）以内时，即可按表 2.4-10 确定所需平均抗压强度 f'_{cr}。

有足够数据用以确定样品标准差时的所需平均抗压强度［ACI 301—2016 表 4.2.3.3（a）1］

表 2.4-10

f'_c,psi(MPa)	f'_{cr}(psi)	f'_{cr}(MPa)
	用较大值	用较大值
≤5000(35)	$f'_{cr}=f'_c+1.34k\sigma$	$f'_{cr}=f'_c+1.34k\sigma$
	$f'_{cr}=f'_c+2.33k\sigma-500$	$f'_{cr}=f'_c+2.33k\sigma-3.5$
＞5000(35)	$f'_{cr}=f'_c+1.34k\sigma$	$f'_{cr}=f'_c+1.34k\sigma$
	$f'_{cr}=0.90f'_c+2.33k\sigma$	$f'_{cr}=0.90f'_c+2.33k\sigma$

表中的系数 k 为标准差放大系数，可从表 2.4-11 中查取，总测试数量非表中数值时可线性插入，σ 为强度测试结果的标准差，针对单批次连续测试结果（至少 15 组连续抗压强度测试）与两批次连续测试结果（至少 30 组抗压强度测试，每批次不少于 10 组抗压强度测试）有不同的公式，限于篇幅不在此列出，感兴趣的读者可去参考查阅原文 4.2.3.2（b）。

与测试数量有关的标准差放大系数k［ACI 301-16 表 4.2.3.3（a）2］　　表 2.4-11

总的测试数量	标准差放大系数 k	总的测试数量	标准差放大系数 k
15	1.16	25	1.03
20	1.08	≥30	1.00

当无法获得野外强度测试记录时，可从表 2.4-12 中选择 f'_{cr}。

无标准差数据时的所需平均抗压强度（ACI 301-16 表 4.2.3.1）　　表 2.4-12

f'_c,psi(MPa)	f'_{cr}(psi)	f'_{cr}(MPa)
＜3000(21)	f'_c+1000	f'_c+7
3000～5000(21～35)	f'_c+1200	$f'_c+8.3$
＞5000(35)	$1.1f'_c+700$	$1.1f'_c+5$

ACI 214R 是专门用于指导混凝土强度测试结果评估的一部 ACI 标准，笔者参阅的版本为 ACI 214R-11。ACI 214R-11 的混凝土强度试验结果评定准则不但完全采用数理统计的方法，而且与 ACI 301 相比其统计方法也更详细与科学，故其评定方法也就更复杂。

（1）有足够强度测试数据时的“平均所需强度”

当某一批次的混凝土具有不少于30组的强度测试结果时，ACI 214R-11提供了4条“平均所需强度”的确定准则：

准则1：工程师可指定单一随机试验结果允许低于f'_c的最大百分比。这是许多国际标准所采用的形式，一般采用1.65（我国标准1.645）的可靠度因子，代表不超过5%的失效概率，但ACI 214R明确“ACI 318不再采用这一准则”。在ACI的规范体系中，一个典型的要求是允许不超过10%的强度测试结果低于f'_c。正态分布的10%对应于平均值减去1.28倍的标准差。转换为我们容易理解的表达方式，就是准则1要求单一随机试验结果需具有90%的保证率，对应的标准差为1.28。

准则1：有两种“所需强度”的确定方法，即变异系数法与标准差法，即式（2.4-9a）与式（2.4-9b），但为了国人的方便，笔者把美标字符体系换成国人习惯的字符体系：

$$f'_{cr}=f'_c/(1-z\delta) \tag{2.4-9a}$$

$$f'_{cr}=f'_c+z\sigma \tag{2.4-9b}$$

这两个公式其实就是前文公式（2.4-1）的变化形式，只不过美标的可靠度因子z在一系列的所需强度准则中未采用单一值，因而用变量z表示，而中国的可靠度因子为定值1.645，对应于95%的保证率。式中的f'_{cr}即为前文多次提到的所需平均抗压强度。

准则2：工程师可以指定n次连续强度测试的平均值低于f'_c的概率。此时，应按失效概率不高于1%来确定，即准则2要求具有99%的保证率，对应的可靠度因子为2.33，但所需强度的计算公式却有较大不同，因此同样不能简单认为准则2的强度保证率就更高，准则2同样给出了变异系数法与标准差法，详见以下二式：

$$f'_{cr}=f'_c/[1-(z\delta/\sqrt{n})] \tag{2.4-10a}$$

$$f'_{cr}=f'_c+z\sigma/\sqrt{n} \tag{2.4-10b}$$

以上二式所用的可靠度因子z应按2.33取值，n应按3取值，这个n值不要与用于计算平均值、标准差的强度测试结果的数量相混淆，仅仅是准则2用平均值作为评定标准用于计算所需强度时所采用的一个参数。

准则3&4：工程师可以指定随机个体强度测试结果不低于f'_c一定量值的某一概率。其中，准则3规定了一个绝对的量值，而准则4则规定的是一个相对的量值。前述ACI 318-19的26.12.3.1（a）（2）即为准则3&4的具体应用。对于$f'_c \leqslant$5000psi（35MPa）的混凝土，强度试验低于f'_c的数值不应超过500psi（3.5MPa），就是准则3的具体应用；而对于$f'_c>$5000psi（35MPa）的混凝土，强度试验低于f'_c的数值不应超过$0.10f'_c$，就是准则4的具体应用。在此准则下确定的f'_{cr}最小值，要求任一情况下单个随机测试的不合格概率预期不超过1%。这个可靠度要求与准则2一样，也是99%的保证率，对应2.33的可靠度因子。

准则3的计算公式为以下二式：

$$f'_{cr}=(f'_c-k)/(1-z\delta) \tag{2.4-11a}$$

$$f'_{cr}=(f'_c-k)+z\sigma \tag{2.4-11b}$$

前者为变异系数法计算公式，后者为标准差法计算公式，式中 k 为 500psi（3.5MPa），z 为可靠度因子，应取 2.33（对应于 99%的保证率）。

算例：假设设计文件中要求的 $f'_c=4000$psi（28MPa），且有足够数据算得混凝土强度变异系数为 10.5%，标准差为 519psi（3.58MPa），依据准则 3 确定所需平均抗压强度 f'_{cr}。

变异系数法：

$$f'_{cr}=(f'_c-k)/(1-z\delta)=(28-3.5)/(1-2.33\times10.5/100)=32.4\text{MPa}$$

标准差法：

$$f'_{cr}=(f'_c-k)+z\sigma=(28-3.5)+2.33\times3.58=32.8\text{MPa}$$

即根据准则 3，为确保混凝土能够达到 ACI 318-19 第 26.12.3 条的验收标准，混凝土的所需平均抗压强度 f'_{cr} 需按不小于 32.8MPa 控制。

准则 4 的计算公式为以下二式

$$f'_{cr}=0.90\times f'_c/(1-z\delta) \tag{2.4-12a}$$

$$f'_{cr}=0.90\times f'_c+z\sigma \tag{2.4-12b}$$

式中，可靠度因子 z 与准则 3 一样，应取 2.33。

无论采用何种所需强度的确定准则，都必须先确定变异系数或标准差。对于同一等级、同一配比、同一生产条件的混凝土，如果想获得足够可靠的变异性指标，必须有足够的样本数。

（2）强度测试数据不足 30 组但不少于 15 组时的“平均所需强度”

ACI 214R—2011 建议的样本数量为不少于 30 组连续强度测试，允许少至 15 组，只不过需要对不足 30 组连续强度测试结果的标准差进行修正，修正系数与前文 ACI 301 表 2.4-11 的标准差放大系数相同，在此不再重复列表。

（3）强度测试数据不足 15 组时的“平均所需强度”

当强度测试结果不足 15 组时，前述所需强度的 4 个准则不再适用，而是采用表 2.4-13 的公式来确定所需平均抗压强度 f'_c，即不再仰仗基于统计的变异性参数来计算所需平均抗压强度。

无足够历史数据时的最小所需平均强度（ACI 214R-11 表 5.2，ACI 318-08 表 5.3.2.2）

表 2.4-13

所需平均抗压强度		规定抗压强度	
英制(psi)	米制(MPa)	英制(psi)	米制(MPa)
$f'_{cr}=f'_c+1000$	$f'_{cr}=f'_c+7$	$f'_c<3000$	$f'_c<21$
$f'_{cr}=f'_c+1200$	$f'_{cr}=f'_c+8$	$3000\leqslant f'_c\leqslant5000$	$21\leqslant f'_c\leqslant35$
$f'_{cr}=1.10f'_c+700$	$f'_{cr}=1.10f'_c+5$	$f'_c>5000$	$f'_c>35$

为了最大限度地方便教学与工程应用，ACI 214R-11 针对规定抗压强度不大于 5000psi（35MPa）的混凝土提供了不同质量控制水平的变异性指标，按“总体变异性”与“检验批内变异性”两种样本源分别给出，其中“总体变异性”提供的是标准差的经验值，而“检验批内变异性”则提供的是变异系数的经验值，见表 2.4-14。

f'_c≤5000psi（35MPa）混凝土的控制标准（ACI 214R-11 表 4.3）　　表 2.4-14

总体变异性					
操作等级	不同控制标准的标准差，psi(MPa)				
	优异	非常好	好	一般	较差
一般工程试验	<400 (<2.8)	400～500 (2.8～3.4)	500～600 (3.4～4.1)	600～700 (4.1～4.8)	>700 (>4.8)
试验室批量预配	<200 (<1.4)	200～250 (1.4～1.7)	250～300 (1.7～2.1)	300～350 (2.1～2.4)	>350 (>2.4)
检验批内变异性					
操作等级	不同控制标准的变异系数(%)				
	优异	非常好	好	一般	较差
野外控制试验	<3.0	3.0～4.0	4.0～5.0	5.0～6.0	>6.0
试验室批量预配	<2.0	2.0～3.0	3.0～4.0	4.0～5.0	>5.0

ACI 214R-11 针对规定抗压强度大于 5000psi（35MPa）的混凝土则只提供了变异系数的指标，也是按“总体变异性”与“检验批内变异性”两种样本源分别给出的，见表 2.4-15。

f'_c≥5000psi（35MPa）混凝土的控制标准（ACI 214R-11 表 4.4）　　表 2.4-15

总体变异性					
操作等级	不同控制标准的变异系数(%)				
	优异	非常好	好	一般	较差
一般工程试验	<7.0	7.0～9.0	9.0～11.0	11.0～14.0	>14.0
试验室批量预配	<3.5	3.5～4.5	4.5～5.0	5.0～7.0	>7.0
检验批内变异性					
操作等级	不同控制标准的变异系数(%)				
	优异	非常好	好	一般	较差
野外控制试验	<3.0	3.0～4.0	4.0～5.0	5.0～6.0	>6.0
试验室批量预配	<2.0	2.0～3.0	3.0～4.0	4.0～5.0	>5.0

所需强度的确定究竟采用标准差法还是采用变异系数法，取决于给定强度范围内哪种方法的计算结果更恒定。经验显示标准差法在有限的混凝土强度范围内能保持合理的恒定，但研究发现变异系数法在一个更广强度范围内能更好地保持恒定，尤其是对高强混凝土更为恒定。变异系数法也是检验批内混凝土强度评价的更好方法。这也正是表 2.4-14 对检验批内变异性参数用变异系数取代标准差的原因，也是表 2.4-15 对 35MPa 及以上混凝土仅给出变异系数的原因。

除了前文提到的两部美国 ACI 标准外，美国还有非常系统、完善的产品与试验标准，有关混凝土强度试验方面的标准如下：

ASTM C31/C31M Making and Curing Concrete Test Specimens（制作和养护混凝土试验试件）；

ASTM C39/C39M Compressive Strength of Cylindrical Concrete Specimens（圆柱混

凝土试件抗压强度)。

其中，ASTM C31/C31M 为试件制作及养护方面的规定，要求混凝土入模后养护48h，初始养护温度为60～80℉（16～27℃），对于 f'_c≥6000psi（40MPa）的试件，初始养护温度应为68～78℉（20～26℃），养护环境应能防止混凝土试件的水分损失。初始养护完成后，在试件出模后的30min内，试件应在符合规范要求的储水罐或潮湿房间内进行养护，出模养护温度为73±3℉（23±2℃），试件表面应始终保持有自由水的状态。

ASTM C39/C39M 为混凝土试件强度试验方面的规定，最主要的是加载速率。对于螺杆式试验机，当机器空转时，移动头应以大约0.05in（1mm)/min 的速度行进。对于液压操作的机器，荷载应以一定的移动速度（压板到十字头测量）施加，对应于20～50psi/s（0.15～0.35MPa/s）的加载速率。指定的移动速度应至少保持在试验周期预期加载阶段的后半段。

3. 欧洲规范的强度确定方法

欧洲规范也以混凝土强度等级（concrete strength classes）来表征混凝土的各项力学性能，虽然 EN 206-2013＋A1-2016 及 EN 12390-1 均提供了立方体、圆柱体及棱柱体等多种几何形状的试件，而且对每种几何形状试件均规定了多种公称尺寸，甚至允许用户指定试件尺寸，但 EN 1992-1-1：2004＋A1：2014 中的强度等级还是以28d试验的圆柱体特征强度（characteristic cylinder strength）f_{ck} 为基础，此处特征强度或强度特征值是取试验结果的5%分位值（超越概率95%，即95%保证率），同样是一个统计值而不是直接试验结果的平均值，欧洲规范给出的计算方法为：

$$f_{ck}=f_{cm}-8(\mathrm{MPa}) \tag{2.4-13}$$

其中，f_{ck} 为 ϕ150mm×300mm 圆柱体的特征强度，f_{cm} 为 ϕ150mm×300mm 圆柱体试件在28d的抗压强度平均值。欧洲规范这个圆柱体特征强度的计算方法，不是严格意义上的5%分位值，显得不那么严谨，但优点是计算方法简单且易于操作。

对照中国规范混凝土立方体抗压强度标准值的计算公式，欧洲规范公式（2.4-20）减号后面的8即对应中国规范公式（2.4-1）的1.645σ。区别在于中国规范的1.645σ 是个变量，而欧洲规范则给出了一个定值，意味着欧洲规范的标准差也是一个定值，并可推出欧洲规范不同混凝土强度等级的变异系数，见表2.4-16。以C25/30（圆柱体特征强度25MPa、立方体特征强度30MPa）混凝土为例，若想获得25MPa的圆柱体特征强度（对应30MPa的立方体特征强度），则圆柱体混凝土试块的试验平均值需达到33MPa才能满足要求，对应的变异系数为0.15，与我国规范20世纪80年代的混凝土控制水平和21世纪控制水平中等的变异系数相当，但高强混凝土的变异系数则明显降低。

欧洲规范 EN1992 的混凝土强度等级及对应的平均值、变异系数与标准差　　表 2.4-16

强度等级	C12/15	C16/20	C20/25	C25/30	C30/37	C35/45	C40/50	C45/55	C50/60	C55/67	C60/75
$f_{ck,cube}$	15	20	25	30	37	45	50	55	60	67	75
f_{ck}	12	16	20	25	30	35	40	45	50	55	60
f_{cm}	20	24	28	33	38	43	48	53	58	63	68
δ	0.24	0.20	0.17	0.15	0.13	0.11	0.10	0.09	0.08	0.08	0.07
σ	4.86	4.86	4.86	4.86	4.86	4.86	4.86	4.86	4.86	4.86	4.86

混凝土配合比设计的目标平均强度

机械性能用于检查正常使用极限状态，其值几乎总是与平均抗压强度有关，而与特征强度无关。为简单起见，假定平均强度为特征强度加上 8MPa（圆柱体强度），立方体强度则为 10MPa。考虑到机械性能和平均抗压强度之间关系的近似性质，通常使用 8MPa（圆柱体）和 10MPa（立方体）的裕度足够，没有理由使用较低的裕度。

目标平均强度 f_{cm} 也是用于建立配合比设计的值，目的是考虑混凝土生产中会发生的正常变化。

圆柱体强度 8MPa 裕度与正态分布一致，标准差 σ 约为 5MPa。

$$f_{ck}=f_{cm}-1.645\sigma$$

式中，$1.645\sigma=8$，故 $\sigma=8/1.645\approx5$MPa。

立方体强度的裕度为 10MPa，相当于大约 6MPa 的标准差。这完全在经认证厂商生产混凝土的能力范围。表 2.4-17 列出了每种强度等级的目标平均值。

每种强度等级的目标平均值 **表 2.4-17**

配合比设计的目标平均强度	C12/16	C16/20	C20/25	C25/30	C30/37	C35/45	C40/50	C45/55	C50/60	C55/67	C60/75
特征圆柱体强度 f_{ck}	12	16	20	25	30	35	40	45	50	55	60
目标平均圆柱体强度 f_{cm}	20	24	28	33	38	43	48	53	58	63	68
特征立方强度 $f_{ck,cube}$	16	20	25	30	37	45	50	55	60	67	75
目标平均立方强度 $f_{cm,cube}$	26	30	35	40	47	55	60	65	70	77	85

除了 EN 1992-1-1 之外，与混凝土抗压强度确定有关的欧洲标准还有以下材料与试验标准：

EN 206-2013＋A1-2016 Concrete—Specification，performance，production and conformity（混凝土——技术规格书、性能、产品及一致性）。有关混凝土强度确定的方法更加详细具体，也相对来说更为复杂。既有针对单一结果的符合性准则，要求每一单一结果的强度值不低于（$f_{ck}-4$）MPa，也有针对平均结果的符合性准则，而且提供了三种评估方法。方法 A 针对首批产品，要求连续 3 组结果的平均值不低于（$f_{ck}+4$）MPa；方法 B 针对后续的产品，满足连续生产条件时可以采用，当三个月内的检测数量不少于 15 次时，要求评估期内混凝土连续检测结果的平均值不低于（$f_{ck}+1.48\sigma$）MPa，这一方法还必须接受混凝土家族成员（水泥类型、强度等级与来源的不同；骨料与添加物的不同；减水剂或增塑剂等的有无，均可作为区分混凝土家族的方法）确认法则（原标准的表 18）的检验，任何不满足家族成员确认法则的混凝土需接受单一结果符合性准则的检验；方法 C 为控制曲线法，适用于具备连续生产条件且混凝土生产有第三方认证的情况，在此略过，不再详述。

EN 12350-1 Testing fresh concrete—Part 1：Sampling（新拌混凝土的检测——第一部分：样品）

EN 12390 Testing hardened concrete（硬化混凝土的检测），共有 18 个分册，本文限于篇幅仅简单介绍前 3 个分册：

—Part 1（EN 12390-1）：Shape，dimensions and other requirements for specimens and moulds（试件与模具的形状、尺寸及其他要求）；

—Part 2（EN 12390-2）：Making and curing specimens for strength tests（强度测试试件的制作与养护）；

—Part 3（EN 12390-3）：Compressive strength of test specimens（测试试件的抗压强度）。

其中，EN 12350-1 规定了混凝土试件的取样原则。EN 12390-1 规定了试件与模具的形状、尺寸及其他要求，即前文所提及的多种形状、多种公称尺寸的试件，甚至包括用户指定尺寸的试件的规定和要求。EN 12390-2 则是试件制作与养护方面的要求，要求混凝土入模后至少养护 16h（但不多于 3d）方可出模，初始养护温度为 20±5℃，炎热天气可采用 25±5℃。试件出模后需要在水中或养护槽中继续养护，出模养护温度为 20±2℃、相对湿度需在 95%以上，与中国规范的要求基本相同。EN 12390-3 是关于试验方法的规定和要求，其中比较关键的是加载速率，要求以 0.6±0.2MPa/s 的相对恒定的速度进行加载，与中国规范的要求相近。EN 12390-3 对检测报告的内容给出了比较明确的要求，其中包括对破坏形态的描述。对此，EN 12390-3 针对立方体试块给出了 3 种满意的破坏形态（图 2.4-1）与 9 种不满意的破坏形态（图 2.4-2），针对圆柱体试块给出了 4 种满意的破坏形态（图 2.4-3）与 11 种不满意的破坏形态（图 2.4-4）。这些破坏形态的图示对理论研究与实践操作均具有较大价值。

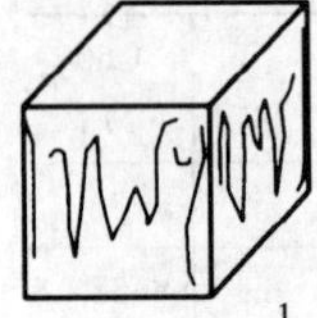

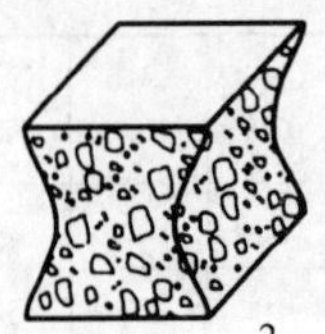

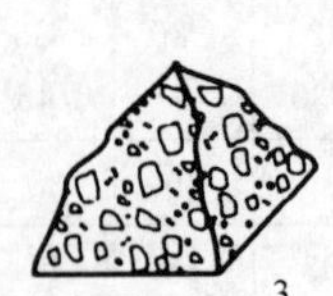

图 2.4-1　立方体试件 3 种满意的破坏形态

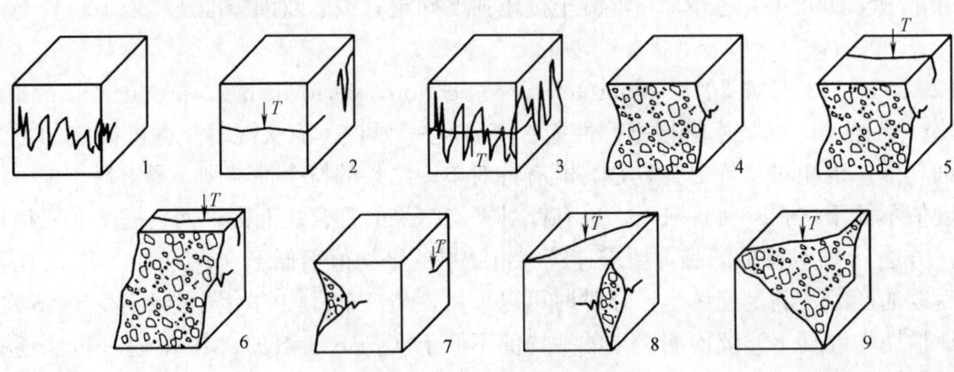

图 2.4-2　立方体试件 9 种不满意的破坏形态

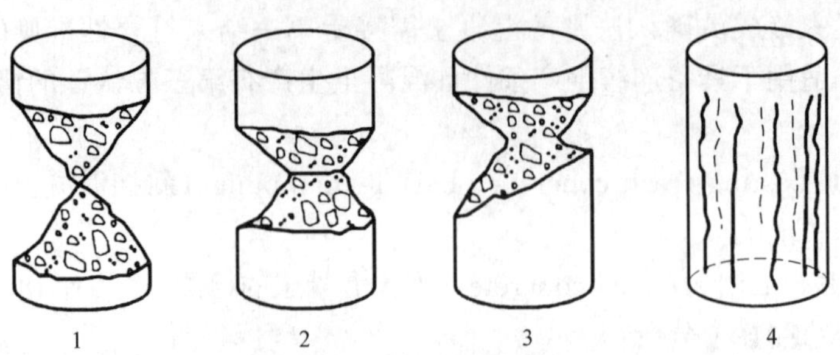

图 2.4-3　圆柱体试件 4 种满意的破坏形态

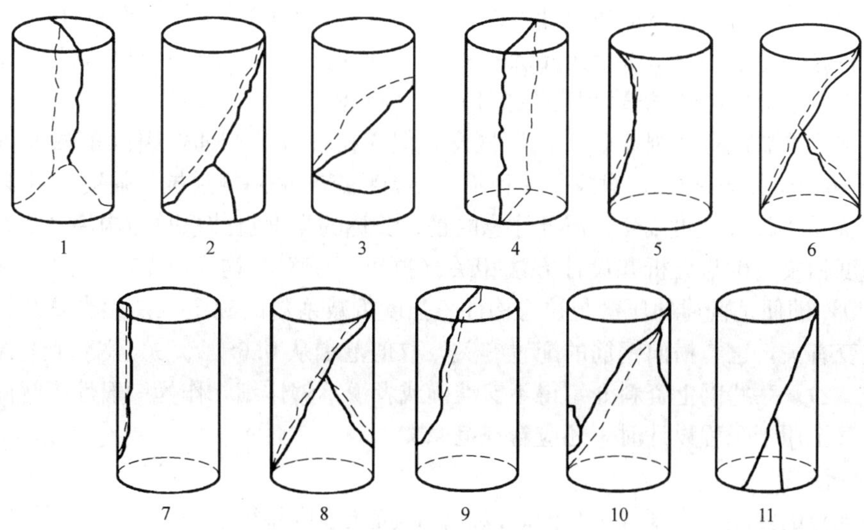

图 2.4-4　圆柱体试件 11 种不满意的破坏形态

（三）混凝土强度的实际应用

1. 中国规范

中国规范《混凝土结构设计规范》GB 50010 虽然以混凝土强度等级（立方体抗压强度标准值）来表征混凝土的强度，但在有关计算公式中采用的均为混凝土轴心抗压强度，对于正常使用极限状态设计，一般采用轴心抗压强度标准值，而对于承载力极限状态设计，一般采用轴心抗压强度设计值。故具体应用时，需根据混凝土强度等级与轴心抗压强度的对照表来查表套用，见表 2.4-1。

混凝土轴心抗压强度的术语，是中国规范特有的，但却不是一个新的概念，轴心抗压强度本质上就是棱柱体或圆柱体抗压强度，是为更真实地模拟混凝土构件实际受力状况与抗压能力而采用更偏于细长形状试件所得到的抗压强度。对于相同截面的混凝土试件，试验所得的抗压强度随试件高宽比的增大而减小，在高宽比小于 1 时变化剧烈，在高宽比 1～2 区间变化渐缓，而当高宽比大于 2 时，抗压强度变化幅度已经很小，抗压强度曲线已经接近斜率很小的直线，见图 2.4-5。因此，我国标准《混凝土物理力学性能试验方法标准》GB/T 50081 采用 150mm×150mm×300mm 的棱柱体试件来确定混凝土结构设计用的强度指标，这就是轴心抗压强度。美国规范的规定强度 f_c' 就是 ϕ150mm×300mm 圆柱体试件的轴心抗压强度，欧洲规范的 f_{ck} 也是 ϕ150mm×300mm 圆柱体试件的轴心抗压强度（$f_{ck,cyl}$）。

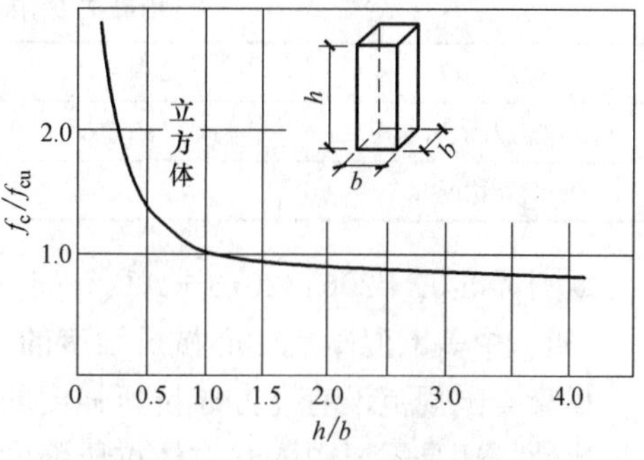

图 2.4-5　相同截面不同高宽比试件抗压强度变化曲线

2. 美国规范

美国规范 ACI 318-14 的处理方式更为简单，规范中的强度计算公式直接采用混凝土的规定强度 f_c'，没有中国规范标准值与设计值的概念，也没有欧洲规范特征值、设计值与材料分项系数的概念。不但在设计方面直接使用 f'_c，在施工文件中也是直接针对 f'_c提出要求，在验收评价方面，也是以试件的算数平均值作为 f'_c的评价值（但需满足 ACI 318-14 第 26.12.3.1（b）条第 2 款的条件，前文有述）。

美国规范虽然没有“强度设计值”概念，但在构件设计层面，引入了强度折减系数（strength reduction factor），对应每一种不同受力状态，采用规定抗压强度 f'_c乘以强度折减系数 ϕ 而得到设计强度 ϕS_n。需要注意的是，美标的强度折减系数与构件（节点）的受力模式高度相关，也与分析和设计方法相关（拉压杆模型法均为 0.75）（详 ACI 318-19 表 21.2.1），即便是普通的压弯与拉弯构件，强度折减系数的确定也是相当复杂的，不但与净拉应变有关，也与横向钢筋的配置有关，取值范围从 0.65～0.90 不等（详 ACI 318-19 表 21.2.2）。某些网上资料介绍得不够准确或者说不够详细，作为一般性了解尚可，想深入研究甚至用于工程设计时，还应看规范原文。

3. 欧洲规范

欧洲规范的混凝土强度等级是同时以圆柱体抗压强度特征值与立方体抗压强度特征值来表达的，但有关计算公式中均采用圆柱体抗压强度，虽然欧洲规范对材料强度也有特征值与设计值的概念，且承载力极限状态设计的公式中也基本是采用设计值，但欧洲规范与中国规范不同的是，欧洲规范明确引入了材料分项系数（partial factor）的概念，且规定了抗压强度设计值与特征值之间存在如下关系：

$$f_{cd}=\alpha_{cc}f_{ck}/\gamma_c \tag{2.4-14}$$

式中，f_{cd} 为承载力极限状态公式中常用的混凝土抗压强度设计值，f_{ck} 为 ϕ150mm×300mm 圆柱体试件的抗压强度特征值，α_{cc} 为考虑受压长期效应及荷载施加方式不利效应的系数，该系数因国家不同而可能有异，但欧洲规范限定了 α_{cc} 的取值区间为（0.8～1.0），欧洲规范本身的推荐值为 1.0，因此当 α_{cc} 采用欧洲规范的推荐值时，特征值除以材料分项系数就是设计值，γ_c 即为欧洲规范的混凝土材料分项系数，见表 2.4-18。

承载力极限状态的材料分项系数 **表 2.4-18**

设计工况	混凝土 γ_c	普通钢筋 γ_s	预应力钢筋 γ_s
持久状况及短暂状况	1.50	1.15	1.15
意外状况	1.20	1.00	1.00

欧洲标准 EN 206：2013＋A1：2016 的混凝土强度等级序列见表 2.4-4。

（四）中美欧混凝土轴心抗压强度的比较

尽管美国规范没有立方体抗压强度的概念，但为了使不同规范所用的混凝土强度更具有可比性，还是需要引入立方体抗压强度的概念来进行比较，也即比较相同立方体抗压强度下中国规范棱柱体轴心抗压强度标准值 f_{ck}、欧洲规范圆柱体抗压强度特征值 $f_{ck,cyl}$ 与美国规范圆柱体抗压强度规定值 f'_c之间的数值关系。

美国规范没有立方体抗压强度的概念，因此也就没有在规范中给出立方体抗压强度与圆柱体抗压强度之间的关系。

1. 中国规范的轴心抗压强度

1）轴心抗压强度标准值 f_{ck}

$$f_{ck}=0.88\alpha_{c1}\alpha_{c2}f_{cu,k} \tag{2.4-15}$$

式中，0.88 为结构中实体混凝土的强度与立方体试件混凝土强度相比的折减系数，欧美规范均没有此系数，α_{c1} 为棱柱体强度与立方体强度之比，C50 及以下取 0.76，C80 取 0.82，中间线性插值，α_{c2} 为 C40 以上混凝土的脆性折减系数，对 C40 取 1.0，对 C80 取 0.87，中间按线性插值。对强度等级不高于 C40 的混凝土，$\alpha_{c1}=0.76$，$\alpha_{c2}=1.0$，$f_{ck}=0.88\alpha_{c1}\alpha_{c2}f_{cu,k}=0.88\times0.76\times1.0\times f_{cu,k}=0.6688f_{cu,k}$

2）轴心抗压强度设计值 f_c

$$f_c=f_{ck}/\gamma_c \tag{2.4-16}$$

式中，γ_c 为混凝土的材料分项系数，取 1.40。

故 $f_c=f_{ck}/\gamma_c=0.6688f_{cu,k}/1.4=0.4777f_{cu,k}$

2. 美国规范的轴心抗压强度

美国规范 ACI 318-19 所用的“规定的混凝土抗压强度” f'_c采用的是 ϕ150mm×300mm 圆柱体的轴心抗压强度，而且从前文得知，这个“规定的混凝土抗压强度” f'_c是通过圆柱体试件（与中国标准的棱柱体试件类似）的试验结果以统计学的方式确定的，就相当于中国标准的棱柱体轴心抗压强度标准值。但因为美国标准的试验方法与中欧标准略有不同，且强度评定标准与中欧标准迥异，故很难建立起美国标准规定的混凝土抗压强度 f'_c与中国标准轴心抗压强度标准值 f_{ck} 的函数关系，同理也难以建立与欧洲规范圆柱体抗压强度特征值 $f_{ck,cyl}$（一般简写为 f_{ck}）的函数关系。

从前文可知，中国规范的混凝土强度等级或称立方体抗压强度是由边长为 150mm 的立方体标准试件测得的，对于轴心抗压强度，可通过 150mm×150mm×300mm 的棱柱体试件来确定，也可通过与立方体抗压强度的函数关系来计算确定，美国规范的规定强度 f'_c则采用 ϕ150mm×300mm 圆柱体试件的轴心抗压强度，欧洲规范的 f_{ck} 也是 ϕ150mm×300mm 圆柱体试件的轴心抗压强度。对于同一批次的混凝土，在取样方式相同、测试样本数相同、试件制作与养护方法相同、试样设备与试验方法相同且测试结果评定标准相同（下文简称为同等条件）的情况下，不同形状、尺寸试件的测试结果可以通过平均值或标准值作为衡量对比的标准，则立方体试件与 ϕ150mm×300mm 圆柱体试件轴心抗压强度的相对关系可按表 2.4-19 采用。

不同形状和尺寸试件的混凝土强度换算系数 **表 2.4-19**

试件	立方体			圆柱体(直径 150mm,高 300mm)				
	边长(mm)			强度等级				
	200	150	100	C20～C40	C50	C60	C70	C80
换算系数	0.95	1.00	1.05	0.80	0.83	0.86	0.88	0.89

因此，在同等条件下，对于 C20～C40 的混凝土，ϕ150mm×300mm 圆柱体试件强度与边长 150mm 立方体试件强度的关系如下：

$$f_{ck,cyl}=0.80f_{ck,cube} \tag{2.4-17}$$

文献 112 引述文献 114 给出了如下关系式：

$$f'_c=(0.79\sim0.81)f_{cu} \tag{2.4-18}$$

并进行中国标准 95%保证率与美国标准 91%保证率之间的换算，笔者认为不妥。不但因为美国标准 91%保证率的数据存疑，而且前文所述美国标准规定抗压强度 f'_c的评定验收标准也与中国标准有很大不同，此外还存在反映混凝土质量控制水平的混凝土强度变异性（变异系数与标准差）问题。在此情况下，任何简单的对比都是不严谨的，但笔者也没有想到一个更好的办法。因此，如果硬要在一起比较，则可以参阅文献 112 的表 3-3 与表 3-6，本书在此引录如下，见表 2.4-20 与表 2.4-21。

美国混凝土强度与我国混凝土强度的大致对应关系（文献 112 表 3-3）　　表 2.4-20

ACI 318—2019，f'_c(psi)	3000	4000	5000	6000
ACI 318M—2019，f'_c(MPa)	20.7	27.6	34.5	41.4
GB 50010—2010，$f_{cu,k}$(MPa)	24.5	32.7	40.9	49.1

表 2.4-20 不意味着美国混凝土强度的代表性等级只有上述 4 种，而是可以由专业设计人员指定，但也不意味着设计人员可以随意指定，一般是从 2500psi 开始，以 500psi 递增，即 2500psi、3000psi、3500psi、4000psi、4500psi、5000psi、5500psi、6000psi、6500psi 等。ACI 318-19 没有规定混凝土强度的上限。

中美欧混凝土轴心抗压强度标准值、特征值与规定值（文献 112 表 3-6）　　表 2.4-21

规范	混凝土强度等级(立方体抗压强度标准值)(MPa)								
	C20	C25	C30	C35	C40	C45	C50	C55	C60
中国标准 f_{ck}	13.4	16.7	20.1	23.4	26.8	29.6	32.4	35.5	38.5
欧洲标准 f_{ck}	16	20	25	C30/37		35	40	45	50
美国标准 f'_c	15.8	21.1	25.3	29.5	33.7	38.0	42.2	—	—

文献 112 根据上表给出如下结论：在相同的混凝土强度等级下，美国规范的规定强度值与欧洲规范的特征值比较接近，比我国的标准值高。但应该注意的是，美国规范和欧洲规范的强度值直接根据混凝土试件试验确定，表示的是混凝土试件的强度，尚没有考虑混凝土试件与混凝土构件的差别，而我国规范的抗压强度标准值考虑了混凝土试件与混凝土构件的差别（0.88 的系数）。但即便表 2.4-21 中欧洲规范与美国规范数值也同样乘以 0.88 的系数，数值也同样高于中国规范的数值。当然，笔者认为这种对比本身就缺乏严谨性，权作参考而已。即便美国规范自身，当某一规范同时给出英制与公制两套体系时，两套体系的数值及公式也不是完全准确的一一对应关系，也不能互相换算和混用。

3. 欧洲规范的轴心抗压强度

无论是 EN 1992-1-1：2004＋A1：2014 还是 EN 206：2013＋A1：2016，均没有直接给出圆柱体抗压强度特征值 $f_{ck,cyl}$（一般简写为 f_{ck}）与立方体抗压强度特征值 $f_{ck,cube}$ 之间的函数关系，二者关系体现在 EN 1992-1-1：2004＋A1：2014 表 3.1（本书表 2.4-4）中，表中 f_{ck} 与 $f_{ck,cube}$ 的比值不等，可能基于四舍五入方面的精度差异，基本介于 0.778～0.8333 之间，中位数为 0.8。文献 114 通过将表 2.4-4 线性回归得到下式：

$$f_{ck,cube}=1.226f_{ck} \tag{2.4-19}$$

即

$$f_{ck}=0.816f_{ck,cube} \tag{2.4-20}$$

将式（2.4-20）代入式（2.4-14），则：

当 $\alpha_{cc}=1.0$ 时

$$f_{cd}=\alpha_{cc}f_{ck}/\gamma_c=1.0\times0.816\times f_{ck,cube}/1.5=0.544f_{ck,cube}$$

比中国规范的轴心抗压强度设计值 $f_c=0.4777f_{cu,k}$ 高 13.9%。

当 $\alpha_{cc}=0.8$ 时

$$f_{cd}=\alpha_{cc}f_{ck}/\gamma_c=0.8\times0.816\times f_{ck,cube}/1.5=0.435f_{ck,cube}$$

比中国规范的轴心抗压强度设计值 $f_c=0.4777f_{cu,k}$ 低 8.9%。

英国的国家附录取 $\alpha_{cc}=0.85$，则：

$f_{cd}=\alpha_{cc}f_{ck}/\gamma_c=0.85\times0.816\times f_{ck,cube}/1.5=0.462f_{ck,cube}$，已与中国规范的轴心抗压强度设计值 $f_c=0.4777f_{cu,k}$ 非常接近。

4. 约束混凝土强度

欧洲混凝土规范 EN 1992-1-1 第 3.1.9 条给出了约束混凝土强度提高的计算公式：

$$f_{ck,c}=f_{ck}(1000+5.0\sigma_2/f_{ck}),\text{当 }\sigma_2\leqslant0.05f_{ck}\text{ 时} \tag{2.4-21}$$

$$f_{ck,c}=f_{ck}(1125+2.5\sigma_2/f_{ck}),\text{当 }\sigma_2>0.05f_{ck}\text{ 时} \tag{2.4-22}$$

式中，f_{ck} 为欧洲规范 ϕ150mm×300mm 圆柱体试件的抗压强度特征值，$f_{ck,c}$ 为约束混凝土按前述公式计算提高后的抗压强度特征值，σ_2 为混凝土源于约束所产生的有效侧向应力。欧洲规范认为足够的封闭箍筋及交叉拉筋能够达到这种约束作用。欧洲规范给出了约束混凝土的应力—应变关系，如图 2.4-6 所示（规范原图 3.6）。

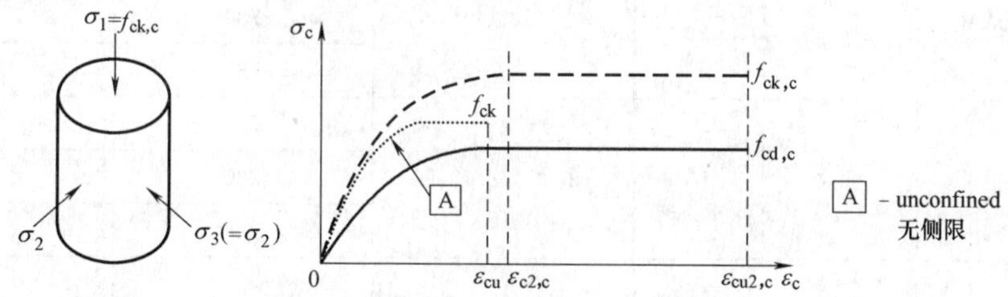

图 2.4-6 约束混凝土的应力—应变关系（EC 2-1-1 图 3.6）

中国规范也有对约束混凝土强度提高的考虑，但中国规范是将这种考虑放在了正截面受压承载力计算的章节，而不像欧洲规范这样放在材料章节。前者是具体到构件层面体现，而后者则是放宽到混凝土材料层面来体现。

二、钢筋

早年中美欧规范在普通钢筋混凝土用钢筋方面的最显著差异体现在钢筋强度方面，即欧美普通钢筋的强度普遍高于中国的钢筋强度。在 2000 年以前，当我国规范普通钢筋的主流强度还是 HRB335 级钢筋时，英国规范 BS 8110 的主流钢筋强度就已经采用屈服强度为 460MPa 的钢筋，在 2002 年以后，伴随《混凝土结构设计规范》GB 50010—2002 的面世，HRB400 与 RRB400 钢筋方始进入规范，开始一轮推动设计上使用 HRB400 级钢筋的浪潮，此时的钢筋强度仍然与欧美钢筋强度有一定差距。时间到了 2010 年，HRB500 与 HRBF500 级钢筋编入了《混凝土结构设计规范》GB 50010—2010，我国普通钢筋混凝土用钢筋的强度终于赶上了欧美，但高强钢筋的工程应用并不理想，推广 HRB500 与 HRBF500 级钢筋应用的浪潮也远不如当年推广 HRB400 级钢筋应用那样显著。

（一）中国规范的钢筋

混凝土结构的纵向受力普通钢筋可采用 HRB400、HRB500、HRBF400、HRBF500、

HRB335、RRB400、HPB300 钢筋；梁、柱和斜撑构件的纵向受力普通钢筋宜采用 HRB400、HRB500、HRBF400、HRBF500 钢筋；箍筋宜采用 HRB400、HRBF400、HRB335、HPB300、HRB500、HRBF500 钢筋。

根据《混规》2015 年版：钢筋的强度标准值应具有不小于 95%的保证率。普通钢筋的屈服强度标准值 f_{yk}、极限强度标准值 f_{stk} 应按表 2.4-22 采用；预应力钢丝、钢绞线和预应力螺纹钢筋的极限强度标准值及屈服强度标准值应按表 2.4-23 采用。

普通钢筋强度标准值（N/mm²）（《混规》表 4.2.2-1） **表 2.4-22**

牌号	公称直径 d(mm)	屈服强度标准值 f_{yk}	极限强度标准值 f_{stk}
HPB300	6～14	300	420
HRB335	6～14	335	455
HRB400、HRBF400、RRB400	6～50	400	540
HRB500、HRBF500	6～50	500	630

预应力筋强度标准值（N/mm²）（《混规》表 4.2.3-1） **表 2.4-23**

种类		符号	公称直径 d(mm)	屈服强度标准值 f_{yk}	极限强度标准值 f_{stk}
中强度预应力钢丝	光面 螺旋肋	Φ^{PM} Φ^{HM}	5、7、9	620	800
				780	970
				980	1270
预应力螺纹钢筋	螺纹	Φ^{T}	18、25、32、40、50	785	980
				930	1080
				1090	1230
消除应力钢丝	光面 螺旋肋	Φ^{P} Φ^{H}	5	—	1570
				—	1860
			7	—	1570
			9	—	1470
				—	1570
钢绞线	1×3 （三股）	Φ^{S}	8.6、10.8、12.9	—	1570
				—	1860
				—	1960
	1×7 （七股）		9.5、12.7、15.2、17.8	—	1720
				—	1860
				—	1960
			21.6	—	1860

对按一、二、三级抗震等级设计的房屋建筑框架和斜撑构件，其纵向受力普通钢筋性能应符合下列规定：

（1）抗拉强度实测值与屈服强度实测值的比值不应小于 1.25；

（2）屈服强度实测值与屈服强度标准值的比值不应大于 1.30；

（3）最大力总延伸率实测值不应小于 9%。

根据《混规》：普通钢筋的抗拉强度设计值 f_y、抗压强度设计值 f'_y应按表 2.4-24 采用。当构件中配有不同种类的钢筋时，每种钢筋应采用各自的强度设计值。对轴心受压构件，当采用 HRB500、HRBF500 钢筋时，钢筋的抗压强度设计值应取 400N/mm^2。横向钢筋的抗拉强度设计值 f_{yv} 应按表中 f_y 的数值采用；当用作受剪、受扭、受冲切承载力计算时，其数值大于 360N/mm^2 时应取 360N/mm^2。

普通钢筋强度设计值（N/mm^2）（《混规》表 4.2.3-1）　　表 2.4-24

牌号	抗拉强度设计值 f_y	抗压强度设计值 f'_y
HPB300	270	270
HRB335	300	300
HRB400、HRBF400、RRB400	360	360
HRB500、HRBF500	435	435

需要注意的是，表 2.4-24 是《混规》的规定，但被《混凝土结构通用规范》GB 55008—2021（以下简称《混通规》）废止，《混通规》规定：普通钢筋、预应力筋的强度设计值应按其强度标准值分别除以普通钢筋、预应力筋材料分项系数确定。

通过规定普通钢筋的材料分项系数最低限值（表 2.4-25）的方式间接确定普通钢筋的抗拉强度设计值 f_y 与抗压强度设计值 f'_y。

普通钢筋的材料分项系数最小取值（《混通规》表 3.2.1）　　表 2.4-25

钢筋种类	光圆钢筋	热轧钢筋		冷轧带肋钢筋
强度等级(MPa)	300	400	500	—
材料分项系数	1.10	1.10	1.15	1.25

对 500MPa 级高强钢筋，考虑压弯构件、受弯构件在钢筋所在位置混凝土压应变限值对钢筋抗压强度发挥的影响，适当留有材料的安全储备，其材料分项系数的最小取值为 1.15。冷轧带肋钢筋其生产质量的稳定性与热轧钢筋相比有一定的差距，同时因为其经冷轧处理后极限强度提高较多，为保证材料的安全性，其材料分项系数的最小取值为 1.25。

此外，《混通规》还以全文强制性条文的形式规定了热轧钢筋、余热处理钢筋、冷轧带肋钢筋及预应力筋的最大力总延伸率限值，见《混通规》表 3.2.2，本书不再列出。

中国规范的钢筋直径、截面面积及理论质量见表 2.4-26。

钢筋的公称直径、公称截面面积及理论质量（《混规》附录表 A.0.1）　　表 2.4-26

公称直径(mm)	不同根数钢筋的公称截面面积(mm^2)								单根钢筋理论质量(kg/m)
	1	2	3	4	5	7	8	9	
6	28.3	57	85	113	141	198	226	254	0.222
8	50.3	101	151	201	251	352	402	452	0.395
10	78.5	157	236	314	393	550	628	707	0.617
12	113.1	226	339	452	565	792	905	1018	0.888
14	153.9	308	462	616	770	1078	1232	1385	1.208
16	201.1	402	603	804	1005	1407	1608	1810	1.578

续表

公称直径(mm)	不同根数钢筋的公称截面面积(mm^2)								单根钢筋理论质量(kg/m)
	1	2	3	4	5	7	8	9	
18	254.5	509	763	1018	1272	1781	2036	2290	1.998(2.11)
20	314.2	628	942	1257	1571	2199	2513	2827	2.466
22	380.1	760	1140	1521	1901	2661	3041	3421	2.984
25	490.9	982	1473	1963	2454	3436	3927	4418	3.853(4.10)
28	615.8	1232	1847	2463	3079	4310	4926	5542	4.834
32	804.2	1608	2413	3217	4021	5630	6434	7238	6.313(6.65)
36	1017.9	2036	3054	4072	5089	7125	8143	9161	7.990
40	1256.6	2513	3770	5027	6283	8796	10053	11310	9.865(10.34)
50	1963.5	3927	5890	7854	9817	13744	15708	17671	15.413(16.28)

中国推荐性标准《预应力混凝土用螺纹钢筋》GB/T 20065—2016 推出了 PSB785、PSB830、PSB930、PSB1080 与 PSB1280 共 5 个级别的高强钢筋，对应的屈服强度分别为 785MPa、830MPa、930MPa、1080MPa 及 1280MPa，有关力学参数见表 2.4-27。

《预应力混凝土用螺纹钢筋》GB/T 20065—2016 中的高强钢筋　　表 2.4-27

级别	屈服强度 R_{el}（MPa）	抗拉强度 R_m（MPa）	断后伸长率（%）	最大力下总伸长率（%）	应力松弛性能	
	不小于				初始应力	1000h 后应力松弛率
PSB785	785	980	8	3.5	$0.7R_m$	≤4.0
PSB830	830	1030	7			
PSB930	930	1080	7			
PSB1080	1080	1230	6			
PSB1280	1280	1330	6			

注：无明显屈服时，用规定非比例延伸强度 $R_{P0.2}$ 代替。

（二）美国规范的钢筋

1. 美国标准普通钢筋的屈服强度

美国 ACI 318-19 规范采用的非预应力钢筋及钢丝以屈服强度作为强度标准，没有中国规范中标准值与设计值的概念，而是采用“规定屈服强度”作为结构设计的钢筋强度值，f_y 代表纵向受力钢筋的“规定屈服强度”，f_{yt} 代表横向钢筋的“规定屈服强度”。

美国 ACI 318-19 规范非预应力钢筋及钢丝的屈服强度按如下原则确定：

（1）偏移量法：即 ASTM A370 所采用的 0.2%偏移量方法；

（2）力停止屈服点法：前提是非预应力钢筋或钢丝的拉伸试验曲线具有尖锐的弯曲或具有明显的屈服点。

上述方法与我国规范的屈服强度确定方法基本相同。即应力—应变曲线有明显流幅的，将屈服点处所对应的钢筋应力作为屈服强度（力停止屈服点法），没有明显流幅的，则取应力—应变曲线上 0.2%残余应变处所对应的钢筋应力作为屈服强度（偏移量法）。

读者需要注意的是，在 ACI 318 及 ASTM A615 & A706 的历史上，上述屈服强度确定原则并不固定和唯一，甚至可以说是比较混乱。如果读者读过文献 112 的有关内容，再结合前述屈服强度确定原则，一定会有这种困惑，然而这还并不是混乱和困惑的全部。文献 112 出版于 2007 年，参考的 ACI 318 版本至多是 2005 年版，ASTM A615 及 A706 据书中所言均为 2006a 版，彼时对没有明显屈服台阶的钢筋屈服强度的确定，确实如文献 112 中所言，是按应力—应变曲线上 0.35％应变所对应的应力来确定的，而对于 ASTM A615 Grade40 钢筋，则按应力—应变曲线上 0.50％应变所对应的应力来确定。

ACI 318-08 基本沿袭 ASTM A615-06a 及 A706-06a 的原则，对于 f_y 超过 60000psi 的钢筋，再次明确将对应于 0.35％应变的应力作为屈服强度。

ASTM A615-09 对没有明显流幅的钢筋采用偏移量法确定屈服强度，即取钢筋应力—应变曲线上 0.2％残余应变处所对应的钢筋应力作为屈服强度。

比较令人费解的是，ACI 318-11 对于没有明显屈服台阶的钢筋并没有采用 ASTM A615-09 的偏移量法，而是几乎又回到 ASTM A615-06a 及 A706-06a 的屈服强度确定原则，即对于 f_y 小于 420MPa 的钢筋，屈服强度取对应于 0.5％应变处的应力；对于 f_y 不小于 420MPa 的钢筋，屈服强度取对应于 0.35％应变处的应力。

自 ACI 318-14 起至现行最新版本 ACI 318-19，对没有明显流幅的钢筋屈服强度，开始启用 ASTM A615-09 的屈服强度确定原则，即钢筋应力—应变曲线上 0.2％残余应变处所对应的钢筋应力作为屈服强度。

2. 美国规范钢筋的品类

美国规范的普通钢筋混凝土用钢筋品种非常丰富，而且随着 ACI 系列规范的不断推陈出新，钢筋强度也在不断增高，须知 ACI 318 规范差不多每三年就更新一次版本（上一次从 ACI 318-14 到 ACI 318-19 则用时 5 年），学习者要用发展的眼光看问题，使用者更要跟上时代的步伐，不要仅停留在过去的认知水平。比如 ACI 318-08 的钢筋还按带肋钢筋、光圆钢筋、带头抗剪钢筋（抗剪栓钉）与预应力筋分类，但 ACI 318-19 则撤销了光圆钢筋所在章节，仅在带肋钢筋章节中规定光圆钢筋只能应用于箍筋。ACI 318-08 所参考的 ASTM A615/A615M-07 中也还没有 Grade80 与 Grade100 的低碳钢。本书以下将要引述的源自 ACI 318-19 的表 2.4-31、表 2.4-33 等也没有出现在 ACI 318-08 中，ACI 318-08 所做的就是给出一长串的有关钢筋材料的 ASTM 标准列表，想获取详细或准确信息就需要查阅相关的 ASTM 标准。

ACI 318-19 首先根据用途将混凝土用钢材分成三大类：Nonprestressed bars and wires（非预应力钢棒和钢丝）、Prestressing strands，wires and bars（预应力钢绞线、钢丝与钢棒）及 Headed shear stud reinforcement（抗剪栓钉）。限于篇幅仅介绍非预应力筋。

ACI 318-19 要求非预应力筋必须是带肋钢筋，光圆钢筋仅可用于箍筋。带肋钢筋可以采用执行 ASTM A615/A615M 标准的碳钢、执行 ASTM A706/A706M 标准的低合金钢、执行 ASTM A955/A955M 标准的不锈钢、执行 ASTM A996/A996M 标准的车轴钢与轨道钢，ACI 318-19 与 ACI 318-08 相比还增加了执行 ASTM A1035/A1035M 标准的低碳铬钢。

ACI 318 对钢筋材料的要求几乎完全遵照前述材料标准的要求，要准确理解 ACI 318-19 对钢筋材料的要求，就必须首先全面理解这些材料标准，但这些材料标准版本更新得比较频繁，意味着美国在钢筋材料方面发展变化得也非常快，因此 ACI 318 规范所引用材料标准的年代就非常重要，比如 ACI 318-19 所引用的材料标准版本号就是 ASTM A615-

18 及 ASTM A706-16，但随着钢筋材料的发展，至 ACI 318-19 发布时，出现某些新的钢筋品种或更高强度的钢筋，而 ASTM A615 或 ASTM A706 来不及修订而无法反映这一最新变化时，ACI 318-19 就在自身的规范原文中作出相应的补充规定。ACI 318-19 表 20.2.1.3（a）~（c）都是 ASTM A615-18 及 ASTM A706-16 发布后新材料出现并被引入 ACI 318-19 后的补充规定，也包括某一等级钢筋强度调整后的修正。故完整的钢筋材料信息及规范要求，对执行 ASTM A615/A615M 标准的碳钢来说，需要将 ACI 318-19 的补充要求与 ASTM A615/A615M-18 结合起来阅读。鉴于本书行文至此时 ASTM A615/A615M-20 已经发布，已经将上述 ASTM A615-18 与 ACI 318-19 的补充要求合并，使用者可以直接参阅 ASTM A615/A615M-20。但 ASTM A706 的最新版本仍然停留在 2016 年版，故读者仍需结合 ASTM A706-16 与 ACI 318-19 的补充要求来获取该品类钢筋的完整信息。

ASTM A615 是专为钢筋混凝土用变形与光圆碳钢钢棒提供的材料标准。ASTM A615/A615M-20 提供了 Grade40、Grade60、Grade80 及 Grade100 四种强度等级的钢筋，分别代表屈服强度最小值为 40000psi［280MPa］、60000psi［420MPa］、80000psi［550MPa］、100000psi［690MPa］。表 2.4-28 所示为 ASTM A615/A615M-20 中的表 2，已经包含了 ACI 318-19 表 20.2.1.3（a）对 ASTM A615/A615M-18 的补充要求。ASTM A615/A615M-20 的弯曲试验要求见表 2.4-29。

ASTM A615/A615M-20 的抗拉强度要求（psi［MPa］）　　表 2.4-28

		Grade 40[280]	Grade 60[420]	Grade 80[550]	Grade 100[690]
最小抗拉强度		60000[420]	80000[550]	100000[690]	115000[790]
最小屈服强度		40000[280]	60000[420]	80000[550]	100000[690]
最小强屈比		1.10	1.10	1.10	1.10
8in[200mm]的最小伸长率	3[10]	11	9	7	7
	4[13]、5[16]	12	9	7	7
	6[19]	12	9	7	7
	7[22]、8[25]	—	8	7	7
	9[29]、10[32]、11[36]	—	7	6	6
	14[43]、18[57]、20[64]	—	7	6	6

注：Grade 40［280］钢筋仅 3~6［10~19］有供货。

ASTM A615/A615M-20 的弯曲试验要求　　表 2.4-29

钢筋型号	弯曲试验的弯曲直径			
	Grade 40[280]	Grade 60[420]	Grade 80[550]	Grade 100[690]
3、4、5[10、13、16]	3.5d	3.5d	5d	5d
6[19]	5d	5d	5d	5d
7、8[22、25]	—	5d	5d	5d
9、10、11[29、32、36]	—	7d	7d	7d
14、18[43、57](90°)	—	9d	9d	9d
20[64](90°)	—	10d	10d	—

注：1. 除非另有说明，试验弯曲 180°；
2. d 为试件的标称直径。

表 2.4-28 中的最小抗拉强度（Tensile strength，min）一行为钢筋抗拉强度最小值，对应的强屈比均不应低于 1.10。

ASTM A615/615M 的修订相当频繁，几乎每年修订一次，有时甚至一年就修订 2～3 次，目前最新版本为 2020 年版，即 ASTM A615/615M-20 Standard Specification for Deformed and Plain Carbon-Steel Bars for Concrete Reinforcement。2020 版以前的版本列表如下：A615/A615M-18e1、A615/A615M-18、A615/A615M-16、A615/A615M-15ae1、A615/A615M-15a、A615/A615M-15、A615/A615M-14、A615/A615M-13、A615/A615M-12、A615/A615M-09b、A615/A615M-09a、A615/A615M-09、A615/A615M-08b、A615/A615M-08a、A615/A615M-08、A615/A615M-07、A615/A615M-06a、A615/A615M-06

表 2.4-30 所示为 ASTM A615/A615M-20 对变形钢筋型号、尺寸、重量的要求。

ASTM A615/A615M-20 的变形钢筋型号、尺寸、重量及变形要求　　表 2.4-30

钢筋型号	标称重量(lb/ft)[标称质量(kg/m)]	标称尺寸			变形要求，in[mm]		
		直径 in[mm]	截面积 in^2[mm]	周长 in[mm]	最大平均间距	最小平均高度	最大间隙
3[10]	0.376[0.560]	0.375[9.5]	0.11[71]	1.178[29.9]	0.262[6.7]	0.015[0.38]	0.143[3.6]
4[13]	0.668[0.994]	0.500[12.7]	0.20[129]	1.571[39.9]	0.350[8.9]	0.020[0.51]	0.191[4.9]
5[16]	1.043[1.552]	0.625[15.9]	0.31[199]	1.963[49.9]	0.437[11.1]	0.028[0.71]	0.239[6.1]
6[19]	1.502[2.235]	0.750[19.1]	0.44[284]	2.356[59.8]	0.525[13.3]	0.038[0.97]	0.286[7.3]
7[22]	2.044[3.042]	0.875[22.2]	0.60[387]	2.749[69.8]	0.612[15.5]	0.044[1.12]	0.334[8.5]
8[25]	2.670[3.973]	1.000[25.4]	0.79[510]	3.142[79.8]	0.700[17.8]	0.050[1.27]	0.383[9.7]
9[29]	3.400[5.060]	1.128[28.7]	1.00[645]	3.544[90.0]	0.790[20.1]	0.056[1.42]	0.431[10.9]
10[32]	4.303[6.404]	1.270[32.3]	1.27[819]	3.990[101.3]	0.889[22.6]	0.064[1.63]	0.487[12.4]
11[36]	5.313[7.907]	1.410[35.8]	1.56[1006]	4.430[112.5]	0.987[25.1]	0.071[1.80]	0.540[13.7]
14[43]	7.65[11.38]	1.693[43.0]	2.25[1452]	5.32[135.1]	1.185[30.1]	0.085[2.16]	0.648[16.5]
18[57]	13.60[20.24]	2.257[57.3]	4.00[2581]	7.09[180.1]	1.580[40.1]	0.102[2.59]	0.864[21.9]
20[64]	16.69[24.84]	2.500[63.5]	4.91[3167]	7.85[199.5]	1.750[44.5]	0.113[2.86]	0.957[24.3]

此外，ASTM A615/615M-20 虽然提供了 20［64］号钢筋，但行业共识标准及技术规格书可能不认同这一规格。故 20［64］号钢筋应慎用，且在使用前需要获得建筑官员或其他当局的批准，并需要进行特殊的细部设计，以确保在使用荷载和设计荷载下具有足够的性能。

ASTM A706 是专为钢筋混凝土用变形与光圆低合金钢棒提供的材料标准。A706/A706M-06a 中只有 Grade60 一种，屈服强度最小值为 60000psi［420MPa］，A706/A706M-16 增加了 Grade80，屈服强度最小值为 80000psi［550MPa］，ACI 318-19 又增加了 Grade100，屈服强度最小值为 10000psi［690］，故目前 ASTM A706/A706M 共有 Grade60、Grade80 及 Grade100 三种强度等级。表 2.4-31 所示为 ACI 318-19 对 ASTM A706 Grade100 钢筋的拉伸性能要求。

ACI 318-19 对 ASTM A706 Grade100 钢筋的拉伸性能要求（ACI 318—2019 表 20.2.1.3（b））

表 2.4-31

	Grade 100[690]	屈服强度最小值	100000[690]
抗拉强度最小值	117000[805]	屈服强度最大值	118000[810]
最小强屈比	1.17	8in[200mm]的最小断裂伸长率(%)	10

表 2.4-32 所示为 ASTM A706/A706M-16 对 Grade60［420］及 Grade80［550］的抗拉强度要求。

ASTM A706/A706M-16 的抗拉强度要求 **表 2.4-32**

		Grade60[420]	Grade80[550]
抗拉强度最小值		80000[550]	100000[690]
屈服强度最小值		60000[420]	80000[550]
屈服强度最大值		78000[540]	98000[675]
8in[200mm]的最小伸长率	3、4、5、6[10、13、16、19]	14	12
	7、8、9、10、11[22、25、29、32、36]	12	12
	14、18[43、57]	10	10

注：抗拉强度不应小于 1.25 倍实际屈服强度。

A706/A706M-16 中对变形钢筋型号、尺寸、质量的要求完全同 ASTM A615/A615M-20，故有关要求详见前文表 2.4-30。

ASTM A706/A706M 的修订也很频繁，目前最新版本为 ASTM A706/A706M-16 Standard Specification for Deformed and Plain Low-Alloy Steel Bars for Concrete Reinforcement。2016 年版以前的版本如下：A706/A706M-15、A706/A706M-14、A706/A706M-13、A706/A706M-09b、A706/A706M-09a、A706/A706M-09、A706/A706M-08a、A706/A706M-08、A706/A706M-06a、A706/A706M-06、A706/A706M-05a、A706/A706M-05、A706/A706M-04b、A706/A706M-04a、A706/A706M-04、A706/A706M-03a、A706/A706M-03、A706/A706M-02。

从这里可以看出美国规范的变化及密集修编的程度，当我们在谈论“美国规范”时，往往视其为一个静态的事务，但美国规范实则是在动态发展之中，且发展变化之快是远超中欧规范的，故对待美国规范更应该抱持一种谨慎和发展的眼光，切记与时俱进，切忌抱残守缺。

ASTM A1035 是关于更高强度低碳铬钢的材料标准。ASTM A1035/A1035M-20 具有两个最小屈服强度等级，分别称为 100 级［690］和 120 级［830］，对应的屈服强度最小值分别为 100000psi［690MPa］和 120000psi［830MPa］。这一强度水平对于普通混凝土结构用非预应力钢筋而言是非常高了，欧洲规范目前还没有这样高强的钢筋，我国规范的预应力混凝土用螺纹钢筋（也称精轧螺纹钢筋），最高屈服强度达到 1280MPa，但仅宜作预应力筋使用。ACI 318-19 允许特殊抗震结构系统中用于约束混凝土的横向钢筋及柱子箍筋采用这种高强钢筋。

3. 各种品类钢筋的适用条件与应用限制

ACI 318-19 对每一品种每一强度等级钢筋的适用条件进行了规定，为特定结构应用指定的非预应力钢筋和钢丝的类型应符合表 2.4-33a（对于带肋钢筋）和表 2.4-33b（对于光圆钢筋）的要求。这两个表在 ACI 318-11 以前的版本中没有，最早出现于 ACI 318-14。

表 2.4-33a 及表 2.4-33b 分别限制了在非预应力带肋钢筋和非预应力普通螺旋钢筋设计计算中使用的屈服强度最大值。

非预应力带肋钢筋的适用条件（ACI 318-19 表 20.2.2.4（a））　　表 2.4-33a

<table>
<tr><th rowspan="2">用途</th><th rowspan="2" colspan="2">具体应用</th><th rowspan="2">f_y 或 f_{yt} 最大值</th><th colspan="4">适用的 ASTM 标准</th></tr>
<tr><th>带肋钢筋</th><th>带肋钢丝</th><th>焊接钢丝网片</th><th>焊接变形钢筋网片</th></tr>
<tr><td rowspan="3">弯曲、轴力、收缩、温度</td><td rowspan="2">特殊抗震体系</td><td>特殊弯矩框架</td><td>80000[550]</td><td rowspan="2">A706</td><td rowspan="2">不允许</td><td rowspan="2">不允许</td><td rowspan="2">不允许</td></tr>
<tr><td>特殊结构墙</td><td>100000[690]</td></tr>
<tr><td colspan="2">其他</td><td>100000[690]</td><td>A615,A706,A955,A996,A1035</td><td>A1064,A1022</td><td>A1064,A1022</td><td>A184</td></tr>
<tr><td rowspan="3">纵向钢筋的侧向支撑或约束钢筋</td><td colspan="2">特殊抗震体系</td><td>100000[690]</td><td>A615,A706,A955,A996,A1035</td><td>A1064,A1022</td><td>A1064,A1022</td><td>不允许</td></tr>
<tr><td colspan="2">螺旋箍</td><td>100000[690]</td><td>A615,A706,A955,A996,A1035</td><td>A1064,A1022</td><td>不允许</td><td>不允许</td></tr>
<tr><td colspan="2">其他</td><td>80000[550]</td><td>A615,A706,A955,A996</td><td>A1064,A1022</td><td>A1064,A1022</td><td>不允许</td></tr>
<tr><td rowspan="6">剪切</td><td rowspan="2">特殊抗震体系</td><td>特殊弯矩框架</td><td>80000[550]</td><td rowspan="2">A615,A706,A955,A996</td><td rowspan="2">A1064,A1022</td><td rowspan="2">A1064,A1022</td><td rowspan="2">不允许</td></tr>
<tr><td>特殊结构墙</td><td>100000[690]</td></tr>
<tr><td colspan="2">螺旋箍</td><td>60000[420]</td><td>A615,A706,A955,A996</td><td>A1064,A1022</td><td>不允许</td><td>不允许</td></tr>
<tr><td colspan="2">剪切摩擦</td><td>60000[420]</td><td>A615,A706,A955,A996</td><td>A1064,A1022</td><td>A1064,A1022</td><td>不允许</td></tr>
<tr><td rowspan="2" colspan="2">箍筋、拉筋</td><td>60000[420]</td><td>A615,A706,A955,A996,A1035</td><td>A1064,A1022</td><td rowspan="2"></td><td>不允许</td></tr>
<tr><td>80000[550]</td><td>不允许</td><td>不允许</td><td>不允许</td></tr>
<tr><td>扭转</td><td colspan="2">纵筋与横筋</td><td>60000[420]</td><td>A615,A706,A955,A996</td><td>A1064,A1022</td><td>A1064,A1022</td><td>不允许</td></tr>
<tr><td rowspan="2">锚固钢筋</td><td colspan="2">特殊抗震体系</td><td>80000[550]</td><td>A706</td><td>不允许</td><td>不允许</td><td>不允许</td></tr>
<tr><td colspan="2">其他</td><td>80000[550]</td><td>A615,A706,A955,A996</td><td>A1064,A1022</td><td>A1064,A1022</td><td>A184</td></tr>
<tr><td rowspan="2">拉压杆模型设计的区域</td><td colspan="2">纵向拉筋</td><td>80000[550]</td><td rowspan="2">A615,A706,A955,A996</td><td rowspan="2">A1064,A1022</td><td rowspan="2">A1064,A1022</td><td rowspan="2">不允许</td></tr>
<tr><td colspan="2">其他</td><td>60000[420]</td></tr>
</table>

非预应力光圆钢筋的适用条件（ACI 318-19 表 20.2.2.4（b））　　表 2.4-33b

<table>
<tr><th rowspan="2">用途</th><th rowspan="2">具体应用</th><th rowspan="2">f_y 或 f_{yt} 最大值</th><th colspan="2">适用的 ASTM 标准</th></tr>
<tr><th>光圆钢筋</th><th>光圆钢丝</th></tr>
<tr><td rowspan="2">纵向钢筋的侧向支撑或约束钢筋</td><td>特殊抗震体系的螺旋筋</td><td>100000[690]</td><td>A615,A706,A955,A1035</td><td>A1064,A1022</td></tr>
<tr><td>螺旋筋</td><td>100000[690]</td><td>A615,A706,A955,A1035</td><td>A1064,A1022</td></tr>
<tr><td>剪切</td><td>螺旋筋</td><td>60000[420]</td><td>A615,A706,A955,A1035</td><td>A1064,A1022</td></tr>
<tr><td>非预应力梁的扭转</td><td>螺旋筋</td><td>60000[420]</td><td>A615,A706,A955,A1035</td><td>A1064,A1022</td></tr>
</table>

对于抗震设计类别 C、D、E 和 F 中特殊地震系统中用于抵抗地震引起的弯矩、轴力或二者组合的非预应力纵向受力带肋钢筋及锚固钢筋应符合下列要求：

1）ASTM A706 中 Grade 60、80、100 可用于特殊结构墙（special structural wall），Grade 60、80 可用于特殊抗弯框架（special moment frames）。

2）ASTM A615 中 Grade 60 可用于满足下述情况，Grade 80 及 Grade 100 不允许用于特殊抗震系统（special seismic systems）：

（1）基于实测的实际屈服强度超出 f_y 不多于 18000psi（125MPa）；

（2）实际抗拉强度与实际屈服强度之比（实际强屈比）不小于 1.25；

（3）8in（203mm）试件的最小断裂伸长率不小于以下数值：3～6 号钢筋 14%，7～11 号钢筋 12%，14 号、18 号钢筋 10%；

（4）最小平均伸长率不小于以下数值：3～10 号钢筋 9%，11 号、14 号、18 号钢筋 6%。

在表 2.4-33a 中，对于特殊抗弯框架和特殊结构墙中的带肋钢筋，使用强度明显高于设计假定强度的纵向钢筋将在屈服弯矩发展时导致较高的剪切应力和粘结应力。这些条件可能导致剪切或粘结的脆性破坏，即使这种破坏可能在比设计预期更高的荷载下发生，也应避免。因此，对钢筋的实际屈服强度要有一个限制。也正因如此，ASTM A706 同时规定了实际屈服强度的上下限值，并且对最小强屈比提出要求。ASTM A706 的 Grade 80 及 Grade 100 在 ACI 318-19 的规定中允许在特殊结构墙及结构墙的所有组件（包括连梁与暗柱）中用于抵抗弯矩、轴力及剪力。ASTM A706 的 Grade 80 也可用于特殊抗弯框架。

对于受压钢筋，应变协调计算显示：在无侧限混凝土中钢筋应力在钢筋应变达到 0.003 的应变限值之前很难超过 80000psi（550MPa），除非配置特殊约束钢筋以增加混凝土的极限压应变。

当带肋钢筋与光圆钢筋用作纵向受力钢筋的侧向支撑或用于约束混凝土时，在结构计算时屈服强度最大值均应被限制在 10000psi（690MPa），在特殊抗弯框架与特殊结构墙系统中，研究显示更高屈服强度钢筋可有效用于约束钢筋。对于梁来说，随着 f_y 的增加，挠度及受力钢筋的构造要求可能会对设计起控制作用。

将用于抗剪及抗扭钢筋的 f_y 与 f_{yt} 值限制在 60000psi（420MPa）以内是为了控制正常使用极限状态下重力荷载作用下的裂缝宽度。

至于 ASTM A706 Grade 80 在特殊抗震系统中的应用以及 ASTM A706 Grade 100 在特殊结构墙中的应用，得益于美国人自 2001～2019 年一系列实验及研究的成果，这些成果表明这些高强钢筋在地震作用下具有可接受的性能。

当采用“拉—压杆模型”（strut-tie method）设计拉杆及节点域时，f_y 应限制在 80000psi（550MPa）以内，主要是无足够试验数据佐证更高限值的正当性。

对于非预应力钢筋及钢丝，美国规范允许弹性模量 E_s 统一取值为 29000000psi（200000MPa）。

（三）欧洲规范的钢筋

现行欧洲规范 EN 1992-1-1：2004＋A1：2014 没有提供普通钢筋分级的概念，而是给出了规定屈服强度 400～600MPa 的范围值。

欧洲规范中的设计和配筋应用规则对指定屈服强度在 f_{yk}＝400～600MPa 范围的普通钢筋有效。

就笔者所知，原采用英国规范后采用欧洲规范的国家，可用的钢筋屈服强度有 400、

450、500 及 600MPa，其中 500MPa 为主力钢筋，同时每个强度等级考虑强屈比及极限压应变等差异而细分为 A、B、C 三个等级，见表 2.4-34。f_{yk} 或 $f_{0.2k}$ 一行的 5%分位值等同于 95%的保证率。而强屈比 $k=(f_t/f_y)_k$ 及极限应变 ε_{uk} 特征值则采用 10%分位值，即相当于 90%的保证率。

欧洲规范的钢筋性能（EC 2 表 C.1）　　　　表 2.4-34

<table>
<tr><td colspan="2">产品形式</td><td colspan="3">钢筋</td><td colspan="3">钢丝网片</td><td>要求或分位值</td></tr>
<tr><td colspan="2">Class 等级</td><td>A</td><td>B</td><td>C</td><td>A</td><td>B</td><td>C</td><td>—</td></tr>
<tr><td colspan="2">特征屈服强度 f_{yk} 或 $f_{0.2k}$(MPa)</td><td colspan="6">400～600</td><td>5.0</td></tr>
<tr><td colspan="2">$k=(f_t/f_y)_k$ 最小值</td><td>≥1.05</td><td>≥1.08</td><td>≥1.15
<1.35</td><td>≥1.05</td><td>≥1.08</td><td>≥1.15
<1.35</td><td>10.0</td></tr>
<tr><td colspan="2">最大力下的特征应变 ε_{uk}(%)</td><td>≥2.5</td><td>≥5.0</td><td>≥7.5</td><td>≥2.5</td><td>≥5.0</td><td>≥7.5</td><td>10.0</td></tr>
<tr><td colspan="2">可弯曲性</td><td colspan="3">弯曲/重弯曲试验</td><td colspan="3">—</td><td></td></tr>
<tr><td colspan="2">抗剪强度</td><td colspan="3">—</td><td colspan="3">$0.25Af_{yk}$(A 为钢丝面积)</td><td>最小值</td></tr>
<tr><td rowspan="2">标称质量的最大偏差(单根钢筋或钢丝,%)</td><td>标称钢筋尺寸(mm)
≤8</td><td colspan="6">±6.0</td><td rowspan="2">5.0</td></tr>
<tr><td>>8</td><td colspan="6">±4.5</td></tr>
</table>

Class A（A 级）：通常为用于网片或其他制品的小直径（≤12mm）冷加工钢丝。这是一个最低的延性类别，当用于弯矩重分配时有限制。

Class B（B 级）：是最常用的钢筋等级。

Class C（C 级）：可用于抗震设计及相似状况的高延性钢筋。

虽然英国规范最终于 2010 年 3 月被欧洲规范所取代，其后英国也不再维护其原有英国规范。但由于文化传承与语言习惯等原因，原来那些采用英国规范的国家，继续追随英国的脚步，继续采用被英国属地化的欧洲规范，而不是被法德等欧洲大国属地化的欧洲规范。因此，本书对欧洲规范的介绍基本基于 BS EN 系列规范。

在英国，与钢筋制品有关的规范有 BS 4449、BS 4483 与 BS 4482，均符合欧洲标准 EN 10080 的要求。其中，BS 4449 规定了符合 EC 2 附录 C 规定的棒材、卷材和去卷产品的要求；BS 4483 规定了由符合 BS 4449 和 EC 2 附件 C 的带肋钢丝经工厂制造与机器焊接而形成的钢筋制品的要求；BS 4482 则包含了普通钢丝、压痕钢丝和带肋钢丝的规定。其中，特征强度和延性要求与 BS 4449 中的 B500A 级相一致。而且，该标准还补充了 EN 10080 和 EC 2 附件 C 的要求（但没有规定疲劳性能），因为 EC 2 仅涉及带肋钢丝，而不涉及普通钢丝和压痕钢丝。

BS 4449 和 EC 2 的附录 C 规定了 A、B 和 C 级三种等级的强度和延性要求。钢筋的强度/延性性能见表 2.4-35。

钢筋的强度/延性性能（文献 124 表 5.1）　　　　表 2.4-35

钢筋等级	屈服强度 R_e(N/mm^2)	应力比(强屈比)R_m/R_e	最大拉力下的总延伸率(%)
500A	500	≥1.05	≥2.5
500B	500	≥1.08	≥5.0
500C	500	≥1.15 且<1.35	≥7.5

注：R_m 为抗拉强度，R_e 为屈服强度。

新加坡当初采用英国规范时，英国规范 BS 8110-1：1997 采用的钢筋强度等级就比较单一，规定特征强度只有 250MPa 与 460MPa 两种，受力钢筋主要采用 $f_y=460$MPa 的 High yield steel（hot rolled or cold worked），英国规范伴随欧洲规范的启用而退役后，新加坡也转而采用欧洲规范，目前新加坡普遍采用屈服强度 $f_{yk}=500$MPa 的普通钢筋（表 2.4-36）。可见欧洲标准的钢筋强度等级与中美规范相比相当单一。

原英国规范 BS8110-1：1997 采用的钢筋强度 **表 2.4-36**

钢筋型号	规定的特征强度，f_y（N/mm^2）
热轧光圆钢筋	250
高屈服强度钢筋（热轧或冷加工）	460

在欧洲市场，250 级（低碳钢）普通钢筋已不再常见。如果有，它们的尺寸可能有 8、10、12 和 16mm。

欧洲规范有关钢筋的设计与详图要求是基于钢筋和钢丝的标称尺寸。标称尺寸是一个等价圆形的直径，其面积等于钢筋或钢丝的有效横截面积，即我们熟知的公称直径。

欧洲规范采用“尺寸（Size）”而不是“直径（Diameter）”这一术语来描述钢筋的标称尺寸，这一点和美国规范的术语相同。例如，对于尺寸为 20 的钢筋，由于钢筋表面带肋的缘故，无法测量出 20mm 这一数值。大多数带肋钢筋都可以包含在比钢筋标称尺寸大 10%的外切圆中。但由于肋纹尺寸的变化，个别部位测量的直径可能比标称尺寸高出 13%～14%（表 2.4-37）。在 EC 2 第 5.3 节中给出了需要特别注意的例子。

钢筋棒材标称尺寸与实际最大尺寸的比较（mm）（文献 124 表 5.2） **表 2.4-37**

标称尺寸(mm)	6*	8	10	12	16	20	25	32	40	50*
实际最大尺寸(mm)	8	11	13	14	19	23	29	37	46	57

注：* 表示非常用的尺寸。

需要注意的是，大尺寸钢筋可能操作不便，根据健康和安全规定可能需要吊装设备。表 2.4-38 所示为钢筋的横截面面积和单位长度质量。

钢筋实际面积与单位长度质量（文献 124 表 5.3） **表 2.4-38**

钢筋尺寸(mm)	截面面积(mm^2)	每延米质量(kg/m)
6	28.3	0.222
8	50.3	0.395
10	78.5	0.616
12	113.1	0.888
16	201.1	1.579
20	314.2	2.466
25	490.9	3.854
32	804.2	6.313
40	1256.6	9.864
50	1963.5	15.413

高产量钢筋的首选尺寸分别为 8、10、12、16、20、25、32、40mm。由于需求低和轧制不频繁，尺寸 6mm 通常不常见。厂商一般不提供尺寸 50mm 的库存，但可以订购，并取决于轧制程序，尽量不要采用。

对于棒材，尺寸 12mm 及以上的标准长度为 12m。对于尺寸 8mm 和 10mm，库存长度为 8m、9m 或 10m。可获得和可运输的最大长度为 18m，但如果超过 12m 长度，可能会涉及额外的成本和延误。

钢筋棒材可以通过肋的排列连同肋间的点或空白来识别。对于 A 级钢，钢筋具有两组或多组平行横肋，其中每组横肋都具有相同的倾角和相同的方向。对于 B 级钢，钢筋具有两组或多组平行横肋。对于二肋或三肋成组的钢筋，其中一肋与其余的肋倾角相反，对于四肋成组的钢筋，其中二肋与其余的肋倾角相反。对于 C 级钢，钢筋具有与 B 级相同的肋系列。但是，在每个肋系列中，肋与钢筋轴线的夹角应以大小相差 10°以上的角度交替变化。图 2.4-7 显示了 B500A 级钢筋典型的肋排布，带有“圆点—横线—圆点”标记，以及国家和工厂标识。

钢筋产地国的标识如表 2.4-39 所示。

钢筋产地国的标识（EN10080 表 18）　　**表 2.4-39**

国家	区间肋数
Austria，Germany，Czech Republic，Poland，Slovakia（奥地利、德国、捷克共和国、波兰、斯洛伐克）	1
Belgium，Netherlands（比利时、荷兰）	2
Luxembourg，Switzerland（卢森堡、瑞士）	2
France，Hungary（法国、匈牙利）	3
Italy，Malta，Slovenia（意大利、马耳他、斯洛文尼亚）	4
UK，Ireland，Iceland（英国、爱尔兰、冰岛）	5
Denmark，Estonia，Finland，Latvia，Lithuania，Norway，Sweden（丹麦、爱沙尼亚、芬兰、拉脱维亚、立陶宛、挪威、瑞典）	6
Spain，Portugal（西班牙、葡萄牙）	7
Greece，Cyprus（希腊、塞浦路斯）	8
Other countries（其他国家）	9

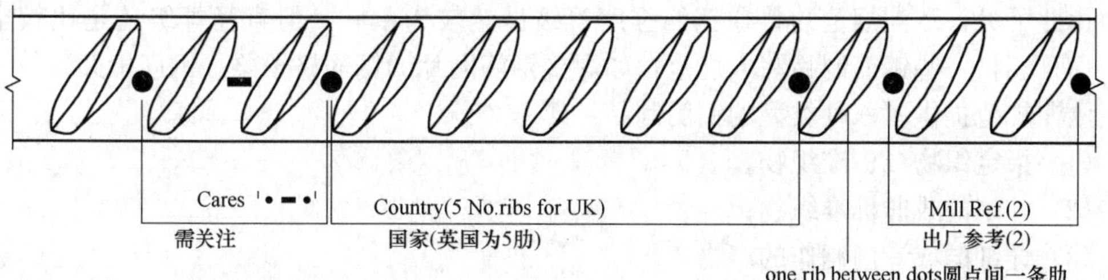

图 2.4-7　B500A 级的制造商身份标记示例（使用圆点）（文献 124 图 5.1）

需要注意的是，上述钢筋的尺寸规格与出厂长度均指棒材，对于盘条钢，在尺寸 16mm 以下的尺寸规格更为丰富且长度不限，可在钢筋加工时调直并按需截断下料，这一点和中国规范没有不同。

欧洲标准 EN 10080 所列钢筋直径及截面参数见表 2.4-40，表中“×”表示有这种规格的产品。

常用钢筋标称直径、截面面积及每米质量（EN 10080：2005 表 6）　　表 2.4-40

标称直径(mm)	钢筋	盘条或去卷产品	焊接编织物	格子梁	标称截面积(mm^2)	每米标称质量(kg/m)
4.0		×		×	12.6	0.222
4.5		×		×	15.9	0.260
5.0		×	×	×	19.6	0.302
5.5		×	×	×	23.8	0.347
6.0	×	×	×	×	28.3	0.395
6.5		×	×	×	33.2	0.445
7.0		×	×	×	38.5	0.499
7.5		×	×	×	44.2	0.556
8.0	×	×	×	×	50.3	0.617
8.5		×	×	×	56.7	0.746
9.0		×	×	×	63.6	0.888
9.5		×	×	×	70.9	1.210
10.0	×	×	×	×	78.5	1.580
11.0		×	×	×	95.0	2.470
12.0	×	×	×	×	113	3.850
14.0	×	×	×	×	154	4.830
16.0	×	×	×	×	201	6.310
20.0	×				314	2.47
25.0	×				491	3.85
28.0	×				616	4.83
32.0	×				804	6.31
40.0	×				1257	9.86
50.0	×				1963	15.4

由此可见，欧洲规范的普通钢筋强度等级虽然较为单一，但直径等级还是比较丰富的，而且还将一些钢筋制品写入规范，如焊接钢筋网片、钢筋格子梁（钢筋桁架）等。

欧洲规范提供了三种类型的钢筋制品：

（1）指定织物或标准织物；

（2）计划的或非标准织物；

（3）详细的或专门制作的织物。

现仅介绍指定（或标准）织物。

BS 4483 根据钢丝方向和钢丝横截面积而进行分类。标准织物制品尺寸为 4.8m×2.4m（长×宽），边缘悬挑为 0.5×钢丝中心距。主要有三种类型：

（1）A 型或方形织物：用相同直径的钢丝在两个方向均以 200mm 间距制成的织物。钢丝尺寸范围为 5～10mm，但不包括 9mm。

（2）B型或结构织物：主筋在长方向以 100mm 的中心距，横向钢丝在短方向以 200mm 的中心距制成的织物。主筋钢丝尺寸为 5～12mm，不包括 9 和 11mm。

（3）C型或长织物：主筋中心距 100mm，横向钢丝中心距 400mm。主筋钢丝尺寸为 6～10mm。

此外，还有一种轻质织物（D49），通常用于裂缝控制。

“飞边”织物也可以作为大多数制造商的标准产品购买。这些织物有扩大的悬挑端，旨在消除标准织物在搭接点处的层堆积。

一般来说，所有织物都可以裁剪成合适的尺寸，并弯曲成大多数 BS 形状。制造商通常能够提供指导。

可见欧洲规范对直线型钢筋的直径等级在 16mm 及以下与中国规范几乎相同，在直径 16mm 以上，没有直径 18、22、36mm 的钢筋，最大直径 50mm 与中国规范相同。

欧洲规范不像中国规范那样分别给出钢筋强度标准值与设计值，而是仅提供了特征强度（相当于强度标准值），但欧洲规范并非没有强度设计值的概念，欧洲规范的钢筋强度设计值 f_{yd} 由钢筋强度标准值 f_{yk} 除以材料分项系数 γ_s 得到，即 $f_{yd}=f_{yk}/\gamma_s$。普通钢筋 γ_s 取值见前文表 2.4-18。

可以看出，欧洲规范普通钢筋材料分项系数 γ_s 与工况有关，对持久状态工况与瞬时状态工况一律取 1.15，而对偶然状态工况则取 1.00；而中国规范则与钢筋强度有关，对延性较好的热轧钢筋取 1.10，而对 500MPa 级高强钢筋，为提高安全储备，材料分项系数取为 1.15。

第五节　耐　久　性

一、中国规范

1）混凝土结构应根据设计使用年限和环境类别进行耐久性设计，耐久性设计包括下列内容：

（1）确定结构所处的环境类别；

（2）提出对混凝土材料的耐久性基本要求；

（3）确定构件中钢筋的混凝土保护层厚度；

（4）不同环境条件下的耐久性技术措施；

（5）提出结构使用阶段的检测与维护要求。

注：对临时性的混凝土结构，可不考虑混凝土的耐久性要求。

2）混凝土结构暴露的环境类别应按表 2.5-1 的要求划分。

混凝土结构的环境类别（《混规》表 3.5.2）　　　　**表 2.5-1**

环境类别	条件
一	室内正常环境；无侵蚀下静水浸没环境
二 a	室内潮湿环境；非严寒和非寒冷地区的露天环境；非严寒和非寒冷地区与无侵蚀性的水或土壤直接接触的环境；严寒和寒冷地区的冰冻线以下与无侵蚀性的水或土壤直接接触的环境

续表

环境类别	条件
二 b	干湿交替环境；水位频繁变动环境；严寒和寒冷地区的露天环境；严寒和寒冷地区的冰冻线以上与无侵蚀性的水或土壤直接接触的环境
三 a	严寒和寒冷地区冬季水位变动区环境；受除冰盐影响环境；海风环境
三 b	盐渍土环境；受除冰盐作用环境；海岸环境
四	海水环境
五	受人为或自然的侵蚀性物质影响的环境

注：1. 室内潮湿环境是指构件表面经常处于结露或湿润状态的环境。
2. 严寒和寒冷地区的划分应符合现行国家标准《民用建筑热工设计规范》GB 50176 的有关规定。
3. 海岸环境和海风环境宜根据当地情况，考虑主导风向及结构所处迎风、背风部位等因素的影响，由调查研究和工程经验确定。
4. 受除冰盐影响环境是指受到除冰盐雾影响的环境；受除冰盐作用环境是指被除冰盐溶液溅射的环境以及使用除冰盐地区的洗车房、停车楼等建筑。
5. 暴露的环境是指混凝土结构表面所处的环境。

3）设计使用年限为 50 年的混凝土结构，其混凝土材料宜符合表 2.5-2 的规定。

结构混凝土材料的耐久性基本要求（《混规》表 3.5.3）　　表 2.5-2

环境等级	最大水胶比	最低强度等级	最大氯离子含量(%)	最大碱含量(kg/m^3)
一	0.60	C20	0.30	不限制
二 a	0.55	C25	0.20	3.0
二 b	0.50(0.55)	C30(C25)	0.15	
三 a	0.45(0.50)	C35(C30)	0.15	
三 b	0.40	C40	0.10	

注：1. 氯离子含量系指其占胶凝材料总量的百分比。
2. 预应力构件混凝土中的最大氯离子含量为 0.06%；其最低混凝土强度等级宜按表中的规定提高两个等级。
3. 素混凝土构件的水胶比及最低强度等级的要求可适当放松。
4. 有可靠工程经验时，二类环境中的最低混凝土强度等级可降低一个等级。
5. 处于严寒和寒冷地区二 b、三 a 类环境中的混凝土应使用引气剂，并可采用括号中的有关参数。
6. 当使用非碱活性骨料时，对混凝土中的碱含量可不作限制。

规范的规定是明确的，但对于三北地区（华北、东北、西北）的地下室外墙，当外侧有建筑防水层时，混凝土结构的环境类别应该如何确定，规范并没有明确。

有些工程师倾向于定为二 b 甚至三 a，理由是地下室外墙的工作条件符合“干湿交替环境”“水位频繁变动环境”“严寒和寒冷地区的露天环境”的条件，东北地下水位较高的地区甚至符合“严寒和寒冷地区冬季水位变动区环境”的条件。

有些工程师则认为：建筑防水层的存在，已经阻隔了地下水与土壤对混凝土的不利作用，换句话说，混凝土自身并没有置身于“干湿交替”或“水位频繁变动”的环境中，埋在地下当然也不属于“露天环境”，因此其环境类别与“室内正常环境”相似，故应视为一类环境。

4）混凝土结构及构件尚应采取下列耐久性技术措施：

（1）预应力混凝土结构中的预应力筋应根据具体情况采取表面防护、孔道灌浆、加大混凝土保护层厚度等措施，外露的锚固端应采取封锚和混凝土表面处理等有效措施；

（2）有抗渗要求的混凝土结构，混凝土的抗渗等级应符合有关标准的要求；

（3）严寒及寒冷地区的潮湿环境中，结构混凝土应满足抗冻要求，混凝土抗冻等级应符合有关标准的要求；

（4）处于二、三类环境中的悬臂构件宜采用悬臂梁—板的结构形式，或在其上表面增设防护层；

（5）处于二、三类环境中的结构构件，其表面的预埋件、吊钩、连接件等金属部件应采取可靠的防锈措施，对于后张预应力混凝土外露金属锚具，其防护要求见《混规》第10.3.13条；

（6）处在三类环境中的混凝土结构构件，可采用阻锈剂、环氧树脂涂层钢筋或其他具有耐腐蚀性能的钢筋、采取阴极保护措施或采用可更换的构件等措施。

5）一类环境中，设计使用年限为100年的混凝土结构应符合下列规定：

（1）钢筋混凝土结构的最低强度等级为C30；预应力混凝土结构的最低强度等级为C40。

（2）混凝土中的最大氯离子含量为0.06%。

（3）宜使用非碱活性骨料；当使用碱活性骨料时，混凝土中的最大碱含量为$3.0kg/m^3$。

（4）混凝土保护层厚度应符合表2.5-3的规定；当采取有效的表面防护措施时，混凝土保护层厚度可适当减小。

混凝土保护层的最小厚度 c（《混规》表8.2.1）　　　　**表2.5-3**

环境类别	板、墙、壳(mm)	梁、柱、杆(mm)
一	15	20
二a	20	25
二b	25	35
三a	30	40
三b	40	50

注：1. 混凝土强度等级不大于C25时，表中保护层厚度数值应增加5mm；

2. 钢筋混凝土基础宜设置混凝土垫层，基础中钢筋的混凝土保护层，厚度应从垫层顶面算起，且不应小于40mm。

6）二、三类环境中，设计使用年限100年的混凝土结构应采取专门的有效措施。

7）耐久性环境类别为四类和五类的混凝土结构，其耐久性要求应符合有关标准的规定。

8）混凝土结构在设计使用年限内尚应遵守下列规定：

（1）建立定期检测、维修制度；

（2）设计中可更换的混凝土构件应按规定更换；

（3）构件表面的防护层，应按规定维护或更换；

（4）结构出现可见的耐久性缺陷时，应及时进行处理。

二、美国规范

1. 暴露类别及等级

获得许可的设计专业人员应根据表2.5-4中每个暴露类别中构件的预期暴露严重程度来划分暴露等级。

暴露类别及等级（ACI 318-19 表 19.3.1.1） **表 2.5-4**

<table>
<tr><th>类别</th><th>暴露等级</th><th colspan="2">环境条件</th></tr>
<tr><td rowspan="4">冻融(F)</td><td>F0</td><td colspan="2">没有暴露于冻融循环的混凝土</td></tr>
<tr><td>F1</td><td colspan="2">暴露于冻融循环但与水有限接触的混凝土</td></tr>
<tr><td>F2</td><td colspan="2">暴露于冻融循环且与水频繁接触的混凝土</td></tr>
<tr><td>F3</td><td colspan="2">暴露于冻融循环及除冰盐且与水频繁接触的混凝土</td></tr>
<tr><td rowspan="5">硫酸盐(S)</td><td></td><td>水溶性硫酸盐在土中的质量含量百分比</td><td>溶解于水中的硫酸盐，$\times10^{-6}$</td></tr>
<tr><td>S0</td><td>$SO_4^{2-}<0.10$</td><td>$SO_4^{2-}<150$</td></tr>
<tr><td>S1</td><td>$0.10\leqslant SO_4^{2-}<0.20$</td><td>$150\leqslant SO_4^{2-}<1500$ 或海水</td></tr>
<tr><td>S2</td><td>$0.20\leqslant SO_4^{2-}<2.00$</td><td>$1500\leqslant SO_4^{2-}<10000$</td></tr>
<tr><td>S3</td><td>$SO_4^{2-}>2.00$</td><td>$SO_4^{2-}>10000$</td></tr>
<tr><td rowspan="2">与水接触(W)</td><td>W0</td><td colspan="2">干燥工作环境的混凝土或与水接触但没有低渗透性要求的混凝土</td></tr>
<tr><td>W1</td><td colspan="2">与水接触且有低渗透性要求的混凝土</td></tr>
<tr><td rowspan="3">钢筋防腐(C)</td><td>C0</td><td colspan="2">干燥工作环境的混凝土或有防潮要求的混凝土</td></tr>
<tr><td>C1</td><td colspan="2">暴露于潮湿环境但未暴露于外部氯化物源的混凝土</td></tr>
<tr><td>C2</td><td colspan="2">暴露于潮湿环境且与外部氯化物源(除冰剂、盐、微咸水、海水或这些来源的喷雾)接触的混凝土</td></tr>
</table>

注：1. 土壤中硫酸盐的质量百分比应由 ASTM C1580 确定。
　　2. 水中溶解的硫酸盐的浓度（$\times10^{-6}$），应由 ASTM D516 或 ASTM D4130 确定。

2. 对混凝土混合物的要求

根据表 2.5-4 中划分的暴露等级，混凝土混合物应符合表 2.5-5 中最严格的要求。

不同暴露等级的混凝土要求（ACI 318—2019 表 19.3.2.1） **表 2.5-5**

<table>
<tr><th rowspan="2" colspan="2">暴露等级</th><th rowspan="2">最大水胶比 w/cm[1,2]</th><th rowspan="2">最低强度 f'_c,psi(MPa)</th><th colspan="3">附加要求</th><th rowspan="2">胶凝材料限值</th></tr>
<tr><th colspan="3">空气含量</th></tr>
<tr><td colspan="2">F0</td><td>无要求</td><td>2500(17)</td><td colspan="3">无要求</td><td>无要求</td></tr>
<tr><td colspan="2">F1</td><td>0.55</td><td>3500(24)</td><td colspan="3">普通混凝土按表 2.5-5，喷射混凝土按表 2.5-6(ACI 318-19 表 19.3.3.3)</td><td>无要求</td></tr>
<tr><td colspan="2">F2</td><td>0.45</td><td>4500(31)</td><td colspan="3">按表 2.5-5(ACI 318-19 表 19.3.3.1)</td><td>无要求</td></tr>
<tr><td colspan="2">F3</td><td>0.40[3]</td><td>5000(35)[3]</td><td colspan="3">按表 2.5-5(ACI 318-19 表 19.3.3.1)</td><td>26.4.2.2(b)</td></tr>
<tr><td rowspan="2" colspan="2"></td><td rowspan="2"></td><td rowspan="2"></td><td colspan="3">胶凝材料[4]——类型</td><td rowspan="2">氯化钙外加剂</td></tr>
<tr><td>ASTM C150</td><td>ASTM C595</td><td>ASTM C1157</td></tr>
<tr><td colspan="2">S0</td><td>无要求</td><td>2500(17)</td><td>无类型限制</td><td>无类型限制</td><td>无类型限制</td><td>无限制</td></tr>
<tr><td colspan="2">S1</td><td>0.50</td><td>4000(28)</td><td>Ⅱ[5,6]</td><td>带有(MS)标记的类型</td><td>MS</td><td>无限制</td></tr>
<tr><td colspan="2">S2</td><td>0.45</td><td>4500(31)</td><td>Ⅴ[6]</td><td>带有(HS)标记的类型</td><td>HS</td><td>不允许</td></tr>
<tr><td rowspan="2">S3</td><td>选项一</td><td>0.45</td><td>4500(31)</td><td>Ⅴ加火山灰或矿渣水泥</td><td>带有(HS)标记的类型，加火山灰或矿渣水泥</td><td>HS 加上火山灰或矿渣水泥</td><td>不允许</td></tr>
<tr><td>选项二</td><td>0.40</td><td>5000(35)</td><td>Ⅴ</td><td>带有(HS)标记的类型</td><td>HS</td><td>不允许</td></tr>
</table>

续表

暴露等级	最大水胶比 $w/cm^{1,2}$	最低强度 f'_c,psi(MPa)	附加要求		胶凝材料限值
			空气含量		
W0	无要求	2500(17)	无		
W1	0.50	4000(28)	无		
			混凝土最大水溶性氯离子(Cl^-)含量,占水泥质量的百分比		附加条款
			非预应力混凝土	预应力混凝土	
C0	无要求	2500(17)	1.00	0.06	无
C1	N/A	2500(17)	0.30	0.06	
C2	0.40	5000(35)	0.15	0.06	混凝土保护层(ACI 318—2019 第 20.5 节)

注:1. 水胶比 w/cm 基于混凝土混合物中的所有胶凝材料与辅助胶凝材料;
2. 最大水胶比 w/cm 限值不适用于轻质混凝土;
3. 对于素混凝土,最大水胶比 w/cm 应为 0.45,最小 f'_c 应为 4500psi (31MPa);
4. 当进行抗硫酸盐抗性测试并符合 ACI 318—2019 第 26.4.2.2 (c) 款的标准时,允许使用表中所列胶凝材料的替代组合;
5. 对于海水暴露环境,如果 w/cm 不超过 0.40,则允许使用铝酸三钙 (C3A) 含量高达 10%的其他类型的波特兰水泥;
6. 如果暴露等级 S1 的 C3A 含量低于 8%或暴露等级 S2 的 C3A 含量低于 5%,则允许使用Ⅰ类或Ⅲ类水泥。

混凝土的耐久性受到混凝土抗流体渗透性的影响。这主要受混凝土的水胶比 w/cm 与胶凝材料成分的影响。对于给定的 w/cm,使用粉煤灰、矿渣水泥、硅灰或这些材料的组合通常会增加混凝土对流体渗透的阻力,从而提高混凝土的耐久性。表 2.5-5 中规定了对 w/cm 的限制,以实现低渗透性和预期的耐久性。

3. 对冻融暴露的附加要求

冻融暴露等级为 F1、F2 或 F3 级的正常质量混凝土和轻质混凝土应引气,空气含量应符合表 2.5-6 的规定。

暴露于冻融循环的混凝土空气总含量 (ACI 318-19 表 19.3.3.1)　　表 2.5-6

骨料最大公称尺寸 in(mm)	目标空气含量百分比	
	F1	F2、F3
3/8(10)	6.0	7.5
1/2(13)	5.5	7.0
3/4(19)	5.0	6.0
1(25)	4.5	6.0
1-1/2(38)	4.5	5.5
2(50)	4.0	5.0
3(75)	3.5	4.5

混凝土应按照 ASTMC172 进行取样,空气含量应按照 ASTMC231 或 ASTMC173 进行测量。

冻融暴露等级 F1、F2 或 F3 的湿拌喷射混凝土应引气。经受冻融暴露等级 F3 的干混喷射混凝土应引气。空气含量应符合表 2.5-7 的要求。

暴露于冻融循环的喷射混凝土空气总含量（ACI 318-19 表 19.3.3.3）　　表 2.5-7

拌合类型	取样位置	目标空气含量百分比		
		F1	F2	F3
湿拌喷射混凝土	浇筑前	5.0	6.0	6.0
干混喷射混凝土	原位	N/A	N/A	4.5

湿拌喷射混凝土检验测试的取样与测试方法应按照相关测试规范执行（按照 ASTM C172 进行取样，按照 ASTM C231 或 ASTM C173 进行空气含量测量）。

干混喷射混凝土应按照有执照的专业设计人员的指示进行取样和空气含量测量。

对于 f'_c超过 5000psi（35MPa）的混凝土，允许将表 2.5-6 与表 2.5-7 中的空气含量减少 1.0 个百分点。

指定暴露等级为 F3 的混凝土中的辅助胶凝材料（包括火山灰、粉煤灰、硅灰及磨细矿渣）的最大百分比，应符合下述要求（ACI 318—2019 第 26.4.2.2（b）款）：

对于施工文件中确定的经受冻融循环和使用化学除冰剂的构件，混凝土中的辅助胶凝材料，包括粉煤灰、天然火山灰、硅粉和磨细矿渣，不得超过表 2.5-8 中允许的最大百分比，并应满足下述要求：

（1）用于制造 ASTM C595 和 C1157 共混水泥的辅助胶凝材料，包括粉煤灰、天然火山灰、硅灰和磨细矿渣，均应根据表 2.5-8 评估是否满足限制要求；

（2）无论混凝土混合物中胶凝材料的种类如何，表 2.5-8 中对单独每种辅助胶凝材料的限值均适用。

暴露等级为 F3 的混凝土中的胶凝材料限值（ACI 318-19 表 26.4.2.2（b））　表 2.5-8

补充胶凝材料	总胶凝材料的最大质量百分比(%)
符合 ASTM C618 的粉煤灰(fly ash)或天然火山灰(natural pozzolans)	25
符合 ASTM C989 的矿渣水泥(slag cement)	50
符合 ASTM C1240 的硅灰(silica fume)	10
粉煤灰或天然火山灰与硅灰的总量	35
粉煤灰或天然火山灰与矿渣水泥和硅灰的总量	50

ACI 201.2R-16 认为：辅助胶凝材料（Supplementary Cementitious Materials，以下简称 SCMs）的使用可以显著降低混凝土的渗透率和扩散性。这些材料可能不会在很大程度上降低总孔隙率，但可以通过细化和细分孔隙，使孔隙变得不那么连续。而且，这些材料还具有提高混凝土和易性与减少离析的优势。粉煤灰的使用还可以减少一些混凝土混合物的需水量，在保持同等和易性的前提下降低水胶比（w/cm）。

然而，从耐久性的角度来看，掺加 SCMs 最大的好处来自于与许多 SCMs 相关的火山灰反应。在此反应中，水泥水化产生的 CH 与 SCMs 中的非晶二氧化硅和水反应形成 C-S-H。由于 C-S-H 的体积比形成它的 CH 和火山灰的体积更大，因此火山灰反应产生了更细的毛细孔体系。

矿渣水泥和含氧化铝的火山灰有额外的好处，因为水化产物可以非常有效地结合氯离子，防止氯离子进一步渗透到混凝土中。

硅粉和矿渣等辅助胶凝材料通常都能有效地重塑孔隙结构，可以减轻高水化热的有害影响。

滥用SCMs并不一定是有益的。它们的火山灰反应和水化反应需要时间，一方面是因为水泥必须与水充分结合才能产生CH，从而才能参与火山灰反应；另一方面，是因为SCMs在化学反应速率方面可能有显著差异。工程师必须考虑混凝土的早期性能，所以必须考虑SCMs在发挥其益处时的延迟效应。而且，由于火山灰反应通常比水泥的水化反应进行得更慢，因此为了达到使用SCMs的最佳结果，延长保湿养护时间非常必要。

4. 氯离子含量的附加要求

在原地镀锌钢模板上浇筑的非预应力混凝土应符合暴露等级C1的氯离子限值，除非其他项目条件有更严格的限制要求。

5. 保护层厚度的要求

美国规范ACI 318-19在混凝土耐久性设计要求方面对混凝土保护层厚度没有给予更多关注，仅出现在表19.3.2.1（本书表2.5-5）中，而且是针对暴露等级C2的混凝土提出的附加要求，即需满足表2.5-9的要求。

现浇非预应力混凝土构件混凝土保护层的最小限值（ACI 318-19表20.5.1.3.1）

表2.5-9

混凝土暴露性质	构件	钢筋	保护层厚度,in[mm]
在地面浇筑并永久与地面接触	所有	所有	3.0[75]
室外环境或与地面接触	所有	6～18号[19～57mm]钢筋	2.0[50]
		5号[16mm],W31或D31网片,以及更小尺寸	1.5[40]
室内环境或与地面接触	板、密肋板、墙	14号[43mm]和18号[57mm]钢筋	1.5[40]
		11号[36mm]和更小直径钢筋	0.75[20]
	梁、柱、基架、受拉拉结构件	受力钢筋、箍筋、拉筋、螺旋筋、水平箍筋	1.5[40]

ACI 318-19还规定了深基础构件的最小保护层厚度，也是2019年版新增的内容，见表2.5-10。

深基础构件的最小保护层厚度（ACI 318-19表20.5.1.3.4） **表2.5-10**

混凝土暴露性质	深基础构件类型	钢筋	保护层厚度,in[mm]
在地面浇筑并永久与大地接触，未被钢管、永久套筒或稳定嵌岩所封闭	原位浇筑	所有	3.0[75]
被钢管、永久套筒或稳定嵌岩所封闭	原位浇筑	所有	1.5[40]
与大地永久接触	预制非预应力	所有	1.5[40]
	预制预应力		
暴露于海水	预制非预应力	所有	2.5[65]
	预制预应力	所有	2.0[50]

三、欧洲规范

欧洲规范的耐久性设计通过限制混凝土的强度等级、配合比以及各种暴露条件下的混凝土保护层厚度而使用了一种“认为满足”的方法。在某些情况下，还对混凝土组成材料及其性能作出了规定。

（一）欧洲规范 EC 2 的有关规定

1. EC 2 规范中的一般规定

耐久结构应在其设计工作寿命期间满足适用性、强度和稳定性的要求，而不会显著损失适用性或出现不可预见的过度维护。

应通过考虑其预期用途、设计工作寿命、维护计划和措施来确定所需的结构保护标准。

应考虑直接和间接作用、环境条件及其效应的重要影响，如蠕变和收缩引起的变形影响。

钢筋的腐蚀保护取决于混凝土保护层的密度、质量、厚度和开裂情况。保护层密度和质量通过控制最大水灰比和最小水泥含量来实现（参见 EN 206-1），并且可能与混凝土的最小强度等级有关。见表 2.5-11。

欧洲规范的混凝土环境类别分级与指标下限要求　　表 2.5-11

环境条件	暴露等级	最大水灰比	最低混凝土强度等级	最小水泥用量(kg/m^3)
无腐蚀或侵蚀风险	X0	—	C12/15	—
碳化引起的腐蚀	XC1、XC2、XC3、XC4	0.50～0.65	C20～C37	260～300
氯化物引起的腐蚀	XD1、XD2、XD3	0.45～0.55	C30～C45	300～320
海水氯化物引起的腐蚀	XS1、XS2、XS3	0.45～0.50	C30～C45	300～340
冻融循环	XF1、XF2、XF3、XF4	0.45～0.55	C25～C37	300～340
化学侵蚀	XA1、XA2、XA3	0.45～0.55	C30～C45	300～360

金属紧固件在可检查和可更换的情况下，可在暴露情况下与保护涂层一起使用。否则，它们应该是耐腐蚀材料。

2. EC 2 规范中的环境条件分类与定义

暴露条件是结构除了力学作用外还暴露在其中的化学和物理条件。

根据 EN 206-1，环境条件可按表 2.5-12 进行分类。

符合 EN 206-1 的与环境条件相关的暴露等级（EC 2-1-1 表 4.1）　　表 2.5-12

暴露等级	环境描述	可能出现的暴露等级的信息性示例
1. 无腐蚀或侵蚀风险		
XO	对于没有钢筋或嵌入金属的混凝土：除存在冻融、磨损或化学侵蚀外的所有暴露环境； 对于带有钢筋或嵌入金属的混凝土：非常干燥环境	空气湿度非常低的建筑物内的混凝土

续表

暴露等级	环境描述	可能出现的暴露等级的信息性示例
2. 碳化引起的腐蚀		
XC1	干燥或永久湿润环境	空气湿度低的建筑物内的混凝土;永久浸没在水中的混凝土
XC2	潮湿、偶尔干燥的环境	混凝土表面长期与水接触;多数基础类构件
XC3	中等潮湿环境	中等湿度及高湿度室内环境;不受雨淋的室外环境
XC4	干湿交替的环境	混凝土表面与水接触的但不属于 XC2 的环境
3. 氯化物引起的腐蚀		
XD1	中等潮湿环境	混凝土表面受空气中氯离子腐蚀
XD2	潮湿、偶尔干燥的环境	游泳池;混凝土构件暴露于含氯离子的工业废水
XD3	干湿交替的环境	暴露于含氯化物喷雾的桥梁组件;人行道;停车场楼地板
4. 海水氯化物引起的腐蚀		
XS1	暴露于海风盐但不与海水直接接触的环境	位于或靠近海岸的结构
XS2	永久浸没于海水	海事结构的部分
XS3	受海水潮汐、浪溅的结构	海事结构的部分
5. 冻融侵蚀		
XF1	中等水饱和度,无除冰剂	暴露于雨水和冰冻的垂直混凝土表面
XF2	中等水饱和度,有除冰剂	暴露于冰冻和空气除冰剂的道路结构的垂直混凝土表面
XF3	高度水饱和度,无除冰剂	暴露于雨水和冰冻的水平混凝土表面
XF4	含有除冰剂或海水的高度水饱和度	暴露于除冰剂的道路和桥面;混凝土表面暴露于含除冰剂和冷冻剂的直接喷雾;暴露于冰冻的海事结构飞溅区
6. 化学侵蚀		
XA1	符合 EN 206-1 表 2 的轻微腐蚀性化学环境	天然土壤和地下水
XA2	符合 EN 206-1 表 2 的中等腐蚀性化学环境	天然土壤和地下水
XA3	符合 EN 206-1 表 2 的高腐蚀性化学环境	天然土壤和地下水

图 2.5-1 更形象地示意了欧洲规范的混凝土环境类别分级。

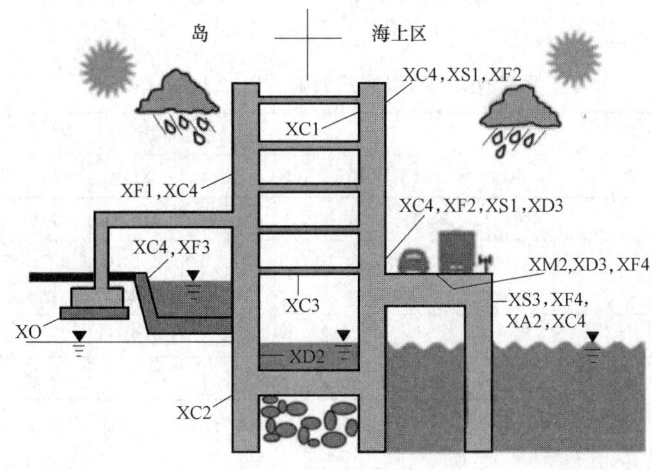

图 2.5-1 欧洲规范的混凝土环境类别分级示意图

除了表 2.5-8 中的条件外，还应考虑特定形式的侵蚀性或间接作用。

1）由以下原因引起的化学侵蚀

（1）建筑物或构筑物储存液体；

（2）酸或硫酸盐溶液；

（3）混凝土中的氯化物；

（4）碱—骨料反应。

2）由以下原因引起的物理侵蚀

（1）温度变化；

（2）磨损；

（3）水渗透。

3. EC 2 规范中的耐久性要求

为了达到结构所需的设计工作寿命，应采取适当措施保护每个结构元件免受相关环境影响。

在考虑以下方面时，应包括对耐久性的要求：

（1）结构概念设计；

（2）材料选择，施工细节，执行程序；

（3）质量控制、检验、验证；

（4）特殊措施（例如，使用不锈钢、涂层、阴极保护）。

4. EC 2 规范规定的验证方法

EC 2 最主要的验证方法就是混凝土保护层厚度。欧洲规范根据混凝土的暴露等级以及混凝土强度等几项指标而将混凝土构件划分为 6 个结构等级（Structural Class）；然后，又针对普通钢筋与预应力钢筋根据暴露等级与结构等级，规定了最小保护层厚度的限值要求。

考虑到暴露等级和结构等级的正常质量混凝土中钢筋和预应力筋的最小保护层限值由 $c_{\min,dur}$ 给出。

注：在一个国家使用的结构等级和 $c_{\min,dur}$ 值可以在其国家附录中找到。对于附录 E 中给出的指示性混凝土强度，推荐的结构等级（设计工作寿命为 50 年）为 S4，对结构等级的推荐性修正见表 2.5-13。推荐的最低结构等级为 S1。

推荐的结构等级修正原则（EC 2 表 4.3N） **表 2.5-13**

标准	暴露等级						
	XO	XC1	XC2/XC3	XC4	XD1	XD2/XS1	XD3/XS2/XS3
设计工作年限 100 年	等级+2	等级+2	等级+2	等级+2	等级+2	等级+2	等级+2
混凝土强度等级	≥C30/37 等级-1	≥C30/37 等级-1	≥C35/45 等级-1	≥C40/50 等级-1	≥C40/50 等级-1	≥C40/50 等级-1	≥C45/55 等级-1
板类几何形状的构件	等级-1	等级-1	等级-1	等级-1	等级-1	等级-1	等级-1
确保混凝土生产的特殊质量控制	等级-1	等级-1	等级-1	等级-1	等级-1	等级-1	等级-1

注：1. 混凝土强度等级和水灰比 w/c 被认为是相关值。可以考虑使用旨在产生低渗透性的特殊成分（水泥类型、水灰比 w/c 值、细填料）。

2. 如果引气量超过 4%，则限值可能会降低一个强度等级。

$c_{min,dur}$ 的推荐值见表 2.5-14（普通钢筋）和 EC2 表 4.5N（预应力筋）。

符合 EN 10080 钢筋耐久性要求的最小保护层厚度 $c_{min,dur}$（mm）（EC 2 表 4.4N）

表 2.5-14

结构等级	暴露等级						
	XO	XC1	XC2/XC3	XC4	XD1/XS1	XD2/XS2	XD3/XS3
S1	10	10	10	15	20	25	30
S2	10	10	15	20	25	30	35
S3	10	10	20	25	30	35	40
S4	10	15	25	30	35	40	45
S5	15	20	30	35	40	45	50
S6	20	25	35	40	45	50	55

（二）英国规范 BS 8500 的有关规定

英国的耐久性建议体现在 BS 8500 第 1 分册，是英国标准对欧洲标准 EN 206-1 的补充，而欧洲规范 EN 1992-1-1 第 4 节又反过来引用了该标准。

1. 防止钢筋腐蚀

当由于碳化或氯化物的进入而失去通常由混凝土中的碱性环境提供的保护时，就会发生钢筋腐蚀。

有关钢筋防腐的暴露条件分类如下：

XO——没有钢筋腐蚀或侵蚀的风险；

XC——碳化引起的钢筋腐蚀；

XD——由海水以外的氯化物引起的钢筋腐蚀；

XS——海水中的氯化物引起的钢筋腐蚀。

对于这些环境作用与严重程度中的每一个，都给出了最大水灰比、最小强度等级和最小水泥含量的推荐限值。BS 8500-1 提供了针对英国的限值，与 EN 206-1 的不同之处在于它允许在混凝土质量和保护层之间进行权衡。

2. 防止冻融破坏

BS 8500-1 给出了四个级别的冻融暴露，即 XF1～XF4。引气是公认的抵抗冻融破坏的手段。所需最小空气含量通常在 3.0%～5.5%之间，在最大骨料尺寸偏小的混凝土中需要更高的空气含量。此外，还限制了最大 w/c 比和最小强度等级。

此外，对于每个暴露等级，BS 8500-1 中都提供了引气与不引气的混凝土选项，后者需要更高的强度等级。但因引气选项可提供出色的抗冻融性能，因此应优先考虑该选项，特别是对于人行道与硬质路面。此外，应注意在强度等级为 C35/C45 或更高等级混凝土中实现引气的实际困难。

3. 防止化学侵蚀

欧洲标准 EN 206-1 仅定义了来自天然土壤和静态地下水（XA1～XA3）的三个级别的化学侵蚀。因此，XA 作用在英国标准 BS 8500-1 中被重新定义，因为 EN 206-1 推荐的一些暴露等级限值和测试方法与英国的实践有很大不同。BS 8500-1 中的建议基于设计化学（Design Chemical，简写为 DC）类别，其中考虑了硫酸盐水平、酸度性质和水平、地下水的流动性和静水压头。BS 8500-1 还提供了有关可能采用的附加保护措施（APM）的指南。因此，涉英项目应注意英国国家标准与欧洲规范的不同。

4. 避免碱—硅反应

EN 206-1 通过一般要求处理碱—硅反应，即组成材料不得含有可能对耐久性有害的成分。BS 8500-2 要求混凝土生产商采取措施将潜在的碱—硅反应破坏的风险降至最低。

四、中美欧规范的简单对比

1. 环境类别的划分

从混凝土环境类别的划分上，欧美规范均根据不同腐蚀源和侵蚀源来划分暴露类别，然后在每个暴露类别中再根据腐蚀或侵蚀的严重程度而细分为各种暴露等级，体现了更好的结构性与逻辑性，也更为严谨与精细。中国规范是根据腐蚀或侵蚀的严重程度划分，虽然逻辑性与精细性不足，但更便于结构设计应用。

2. 混凝土耐久性对有关限值的要求

中国规范有最大水胶比、最低强度等级、最大氯离子含量、最大碱含量与最小保护层厚度的限值要求，而且对每一个环境类别均规定了最小保护层厚度限值。

美国规范有最大水胶比及最低混凝土强度的限值要求，对于冻融侵蚀中暴露等级为F1、F2、F3 的混凝土则有引气的附加要求。其中，对 F3 暴露等级还有对辅助胶凝材料限值的附加要求；对于硫酸盐侵蚀，则有水泥类型（主要是水泥中铝酸三钙 C_3A 的含量）及其与辅助胶凝材料的组合及辅助胶凝材料掺量的附加要求。只有钢筋腐蚀类别中暴露等级为 C2 的混凝土，即暴露于潮湿环境且与外部氯化物源（除冰剂、盐、微咸水、海水或这些来源的喷雾）接触的混凝土，才有保护层厚度（ACI 318-19 第 20.5 节）的要求。然而美国规范认为，与控制裂缝宽度相比，增加混凝土的密实度与保护层厚度，对钢筋防腐更有意义。

欧洲规范有最大水灰比、最低混凝土强度等级与最小水泥用量的限值要求，但最主要的验证方法则是混凝土保护层厚度。

3. 辅助胶凝材料与水胶比

中国规范直接采用了水胶比的概念。虽然《混凝土结构设计规范》GB 50010—2010没有给出水胶比的术语定义，但《混凝土结构耐久性设计规范》GB/T 50476—2008 则给出了明确的定义，即：

水胶比：混凝土拌合物中用水量与胶凝材料总量的质量比。

胶凝材料（Cementitious Material）：混凝土原材料中具有胶结作用的硅酸盐水泥和粉煤灰、硅灰、磨细矿渣等矿物掺合料与混合料的总称。

欧洲规范表 2.5-11 中水灰比限值是根据水泥质量确定的，而没有考虑其他添加剂的影响。但欧洲规范允许采用粉煤灰或硅灰等添加剂，但考虑添加剂后的水胶比应根据“k-值法”进行确定，即用最小水泥＋添加剂含量代替最低水泥含量，或者用水/(水泥＋k×添加剂）之比或水/(水泥＋添加剂）之比代替水/水泥比，并经适当的修正后应用。详见 EN 206-1 第 5.2.5 节与 5.4.2 节。

中欧规范的区别在于：在计算水胶比时，中国规范是把全部的胶凝材料作为分母，而欧洲规范则把非水泥胶凝材料质量乘了一个折减系数 k 再与水泥质量相加作为分母。

美国规范的水胶比 w/cm 基于混凝土混合物中的所有胶凝材料与辅助胶凝材料，这点与中国规范相同。

4. 计算水胶比时的水质量计算规则

中国规范在确定水胶比中的水质量时没有明确是否需要考虑骨料的饱和程度与吸水能力。

美国规范虽然在规范正文中没有明确强调，但在水胶比（Water-Cementitious Material Ratio）的术语定义中，则明确为混凝土混合物中的总用水量扣除掉被骨料吸收部分后剩余部分的用水量，实质也是有效用水量的概念。

欧洲规范的水灰比是新拌混凝土中有效含水量与水泥质量的比值。特别强调了有效含水量的概念。而有效含水量是新拌混凝土中的总水量与骨料吸收的水量之差。因此，必须对骨料的自然含水量进行评估后确定。

5. 最小水泥用量

中国2010年版《混规》伴随着将“水灰比”改为“水胶比”而删除了对最小水泥用量的限制，虽没有进一步的解释，但很可能与辅助胶凝材料的采用有关，也可能与增加“最低强度等级”的要求有关。

美国规范也没有最小水泥用量的限制。

欧洲规范仍有最小水泥用量限值的要求。

第三章　结构模拟与分析

结构设计的全过程涉及模拟（Modeling）、分析（Analysis）、设计（Design）与绘图（Drafting）四个阶段，在国外，绘图员是一个独立的职业，工程师（设计师）一般不画图，因此真正意义的设计只有前三个阶段。在结构设计主要由计算机来完成且结构分析设计软件高度集成的时代背景下，这三者的界限已经相当模糊，很多工程师甚至已经淡忘了结构设计还有模拟与分析两个阶段。

结构模拟是从实物形态或类实物形态（建筑图、建筑模型）经抽象化与模型化而形成的、可供结构分析计算的结构模型的过程，无论是简单的结构计算简图，还是通过计算机建立的三维结构计算模型，都是结构模拟的过程和结果。很显然，结构模拟永远是一个无限接近真实状态但永远也不可能做到绝对的真实。结构模拟的好坏直接关系到其与实际建筑物真实受力状态的接近程度，当然也关系到最重要的安全与经济问题，是结构设计最为关键的一步。结构模拟错了，后面的结构分析与设计环节也不可能得到正确的结果，就可能会出现既不安全又不经济的设计结果。结构模拟涉及几何模型、边界条件与荷载三方面内容。几何模型的确定，包括构件在空间中的位置关系、构件尺寸（截面尺寸与计算跨度）、构件间的连接特性等；边界条件的确定，主要是支座的数量、位置、性质等；荷载则主要是取值与倒算。结构模拟在集成设计软件中即是所谓的“前处理”。

结构分析是根据结构模拟的结果，通过手算、查表或借助计算机软件求解内力、位移的过程。结构分析的方法很多，有结构力学与弹性力学中可以得到精确解的解析法，也有通过静力计算手册查得近似解的查表法，但现在应用最多的则是可得到更精确近似解的数值分析方法，因数值分析方法最容易通过计算机程序来实现。数值分析方法也有很多，有差分法、有限元法、边界元法、离散元法及界面元法等。在结构分析设计软件中，应用最多的是有限元法。国内应用最多的 PKPM 系列结构分析设计软件的分析求解工具即是有限元，国际知名的大型结构分析软件 ANSYS、ALGOR、SAP2000 及 ETABS 等，也都是有限元分析软件。同为有限元软件，单元特性、本构关系及算法的不同，其模拟的真实性及解算精度也不同。国内结构分析软件与国际知名结构分析软件的最大差距即在于此。有关结构整体性能如周期、位移等，在这一阶段的后处理结果中就可以得到。对于结构分析来说，一旦几何模型、边界条件及荷载确定下来，任何人采用任何软件，分析的结果只存在精度方面的差异，而不应有本质上或较大的差别。因此说，结构分析的结果是不分国界、与规范无关的。

结构设计是根据结构分析所得内力进行截面选择（金属结构）或截面配筋（钢筋混凝

土结构）的过程，也包括节点设计及构造措施。在国产大型集成设计软件中，虽然也是分析与设计两个过程，但软件在计算时是连续进行的，二者的结果通常也都包含在同一个后处理程序之中。但国际通用结构分析设计软件则不同，虽然也是集成在一个软件里，但却是截然分开的先分析（analysis）、后设计（design）两个阶段，并且各有自己的后处理程序。ETABS、SAP2000、STAAD PRO 及国内熟知的 Midas 等软件，都是先用其国际通用的结构分析软件进行结构分析计算，得到周期、位移及内力等分析结果，用户可以查看并根据分析结果的合理性决定是否回到前处理程序进行修改重算；当分析结果无误后，再接力结构设计程序完成结构设计。在进行结构设计前，程序一般会提供一个结构设计的前处理界面，用户可在其中选择所适用的设计规范（如美国规范、欧洲规范等）及修改一些具体设计参数。对于钢结构而言，结构设计最基本的输出结果，是应力与应力比等信息，对于钢筋混凝土结构而言，最基本的输出结果则是配筋信息。随着软件功能的不断扩展及加强，一些结构设计软件的后处理部分也会给出构件设计超限方面的信息，方便阅读和提取设计结果的功能以及生成计算书与施工图绘制等扩展功能。

绘图是将结构设计结果图纸化的过程，在国内是由工程师（设计师）自身完成，在国外则大多是由工程师（设计师）交给专业的绘图员来完成。严格意义上，不属于结构设计的一个过程。

第一节 模拟与分析的基本概念

广义结构设计的全过程涉及模拟、分析、设计与绘图四个阶段。在国外，绘图员是一个独立的职业，工程师（设计师）一般不画图，因此真正意义的结构设计只有前三个阶段。

一、模拟、分析的区别与联系

严格意义上，模拟与分析是求解结构或构件在内外部各种作用下所产生的各种效应（内力、应力、变形、加速度等）的两个阶段，先通过结构模拟获取用于结构分析的结构或构件计算模型，再通过某种分析方法对该计算模型进行分析以求取内力、位移等作用效应，前者是实物模型理想化为理论模型的过程，后者则是针对理想化模型进行分析求解的过程。

但在实际意义上，二者又存在密不可分的关系。一方面，结构模拟必须基于现实可行的分析方法、分析工具来进行，高度仿真的结构模拟可能给结构分析带来不可承受之重，对于结构分析的过程与结果都可能是一种灾难，正如集绝大部分信息于一身的 BIM（Building Information Modeling）模型在现阶段无法直接用于结构分析一样；另一方面，结构分析的准确性与精度又高度依赖于结构模拟的精度。结构模拟是纲，而结构分析是目，纲举而目张。结构模拟错了，结构分析不可能正确，结构模拟粗糙，也不可能得到精确的分析结果。结构模拟的精度与结构分析的精度对作用效应求解的精度都有非常重要的影响，结构模拟与结构分析的发展水平相当，才能彼此匹配、相得益彰，从而获得更接近真实的模拟分析结果。在有些时候，模拟与分析的界限并非很清晰，越是简单的结构或构件层面的求解，模拟与分析的界限就越模糊，以至于很多专业人士甚至国家规范用语也往往容易忽略模拟与分析的区别及界限。

模拟与分析均伴随技术进步而在不断发展完善，而且二者还呈现了互相促进、并肩发展的势头。

比如平面桁架，在计算机及矩阵位移法出现以前，因为没有足够强大的分析工具，只能将所有桁架节点模拟为铰接，同时将所有桁架杆件模拟为只承受轴力的杆件。这种模拟分析方法对于上下弦杆为连续的钢结构桁架或整浇在一起的钢筋混凝土桁架而言，忽略杆端弯矩的模型误差还是非常显著的。随着矩阵位移法与计算机技术的发展，连续的上下弦杆件可按连续的梁元模拟，杆件间节点也可按刚接、铰接甚至半刚接模拟，则整体的模拟分析结果越趋于真实、准确。

再比如，框支剪力墙结构中的框支梁，在手算时代是一件非常复杂的事，但在电算时代，采用国际通用的有限元分析软件或国产集成设计软件进行分析都不是什么难事，不但可以通过对整个结构的分析获取框支梁的内力及变形，而且还可以在结构整体分析的基础上再针对框支梁本身进行局部的更精细化的模拟分析，从而获取该框支梁各个截面以及截面不同部位的应力状态。这均是有限元技术带动模拟技术的发展以及软件技术对分析工具进行升级的结果。

再比如，对剪力墙的有限元法模拟，即便在电算技术发展之初，也均采用只考虑平面内刚度、不考虑平面外刚度的“墙单元”进行模拟，与既能考虑平面内刚度又能考虑平面外刚度的“壳单元”相比，是一种简化的、更为近似的模拟方法，但这不是因为当时的有限元技术跟不上，而是受限于当时计算机的计算、存储与数据处理能力，是一种模型相对轻量化但却偏于安全的模拟方法。计算机技术发展至今天，以前的瓶颈已不复存在，对剪力墙全部采用壳单元进行模拟已不再有任何障碍，对于设计者而言不必再纠结于模拟与分析方法本身，而是在简单加保守与精确加经济之间进行抉择了。

高度集成化的模拟分析设计软件发展到今天，这些以有限元法为基础的软件对上部结构楼板的计算模型有刚性板、弹性膜、弹性板 3 与弹性板 6 四种。刚性板的计算模型是平面内刚度无限大而平面外刚度为零；弹性膜可模拟平面内的真实刚度而平面外刚度为零；弹性板 3 可模拟平面外的真实刚度而平面内刚度为无限大；弹性板 6 实质就是“壳单元”，既可模拟平面内刚度，又可模拟平面外刚度。

刚性板的计算模型实质上是确立了板周边节点的刚性约束关系，并无一个明确的刚性板块存在，也没有这个必要。在采用刚性楼板假定进行整体分析时，软件会强制刚性楼板以其形心为中心在水平面内作刚体运动，除刚性板主节点（一般为刚性板形心）外，其余每个节点的独立自由度只剩下 3 个，即绕 X、Y 方向的转动和 Z 向的平动，而 X、Y 向的平动与绕 Z 向的转动则不独立，由主节点自由度来决定。国外针对建筑物（可分层）的有限元分析软件也大多采用这种处理方式，如 ETABS、Midas Building 等。

采用刚性楼板假定后，结构分析的自由度数量大大减少，使结构分析过程和分析结果的后处理工作大大简化，这一做法在过去不但成为一种传统的设计习惯，甚至写入了《高层建筑混凝土结构技术规程》JGJ 3—2010 第 5.1.5 条。刚性楼板假定的楼板在楼板平面内没有相对位移，故楼板平面内的水平构件轴力为零，也就无法得出水平构件的轴力。

“刚性楼板假定”是为了减少结构整体模型的自由度数量而人为进行的简化约定，是一种模拟精度相对较低的近似模型，最初的本意是为了匹配当时的电算能力而采用的无奈之举。但随着计算机计算、存储与数据处理能力的提高，刚性楼板假定并没有退出历史舞台，工程界在很长一段时间内仍沿袭刚性楼板假定，即便时至今日，在获取诸如周期、位移等整体分析指标时，也以刚性楼板假定的指标作为标准。但这种模型忽略了楼板平面外的抗弯承载能力，使楼板在整个结构抗侧力体系的角色限定为将竖向构件在楼板平面内连接起来的刚性链杆，而完全忽视了楼板与竖向构件一起构成的框架作用，实质上降低了整个结构体系的抗侧刚度。

随着楼板凹入或开大洞等削弱平面内刚度的情况大量涌现，为了在结构整体分析中更真实地模拟楼板平面内刚度，出现了可真实模拟楼板平面内刚度但忽略平面外刚度的弹性膜单元。坡屋面等斜板、平面比较狭长、有较大的凹入或开洞时的楼板、需要计算梁板轴力的楼板及需要考虑温度效应时，均应考虑楼板平面内的实际刚度（弹性膜或弹性板 6）。

对于楼板自身作为整体结构抗侧力体系一部分的无梁楼盖，当强制采用刚性楼板假定时，会严重低估整个结构体系的抗侧刚度以及水平构件对抗侧刚度的贡献，会使整个分析结果出现严重偏差，且会使竖向构件的设计结果过于保守，而水平构件的设计结果则存在安全风险，既不经济、又不安全。为了准确模拟刚性楼板条件下的平面外刚度，便引入了“弹性板 3”单元。弹性板 3 单元假定楼板平面内刚度无限大，楼板平面外刚度采用中厚板弯曲单元计算，可以比较准确地模拟板的平面外刚度，还可以改变水平构件的传力路径，将作用于板上的荷载自动传递给支承板的梁或墙柱，这也为一次分析运算同时解决抗侧力构件的设计与非抗侧力构件（主要是梁板结构中的板）奠定了基础。该假定与厚板转换层结构的转换厚板特性一致，转换厚板一般面内刚度很大，其面外刚度是结构传力的关键，不可忽略。通过厚板的面外刚度，改变传力途径，将厚板以上部分结构承受的荷载安全地传递下去。故同样适用于厚板转换层结构的厚板分析。

在弹性板 3 的基础上，当楼板平面内刚度受到削弱，不足以支撑刚性楼板假定时，可以采用“弹性板 6”单元模拟。弹性板 6 单元就是“壳单元”，既可真实模拟面内刚度，又可真实模拟面外刚度，可发挥楼板平面外的抗弯承载力。尤其对于较厚（如大于 150mm）且在平面上有较大削弱的楼板，采用弹性板 6 就具有实际意义与迫切需求。从理论上说，弹性板 6 假定最符合楼板的实际工作情况，可应用于任何工程。但弹性板 6 比刚性板模型的自由度数量增加 4 倍左右，比弹性膜、弹性板 3 的计算自由度数量也增加很多。即便计算与存储能力满足要求，也会影响效率，用户需要在更高精度与效率之间作出取舍，但总体来说，软件与计算机性能的提升为弹性板 6 的普遍应用创造了现实可行且越来越有利的条件。至少对于较厚楼板，可以采用弹性板 6 计算而不必过于担心效率问题。

弹性板 3 及弹性板 6 均为梁板共同工作的模型，不但楼面竖向荷载由梁板共同承受并直接传递给支承梁板的竖向构件，水平荷载也由梁与板共同参与的侧向刚度来抵抗，改变了竖向荷载经板→梁→墙/柱最后传至基础的楼面竖向荷载传统分配与传递模式，也改变了水平荷载由竖向构件与梁（而忽略板）组成的抗侧力体系来分配和传递的模式。这样板的直接参与必然减少梁的内力与配筋，既节约了材料，又实现了强柱弱梁，有利于改善结构抗震性能。对于地下车库顶板、转换层、加强层，或承受人防荷载及消防车荷载等情况，更有必要采用弹性板 3 或弹性板 6 模型。

对楼板采用弹性板 3 或弹性板 6 单元进行模拟后，可计算出楼板在楼面荷载作用下的弯矩与剪力，理论上具有进一步计算楼板配筋的可行性，可通过一次整体分析同时得出所有抗侧力构件的配筋及楼板的配筋，但这需要检查软件本身是否开发了这种有限元倒荷并接力配筋的功能。

笔者经对比研究后发现，楼面竖向荷载作用下考虑板平面外刚度的受传力模式与美国规范 ACI 318 针对双向板的“直接设计法”（Direct Design Method）的分析设计理念非常接近，而 ACI 318 自 1971 年版就已经将直接设计法纳入其中，彼时有限元法还没有开始工程应用，第一台微处理机 4004 也才由英特尔公司研制成功。有兴趣的读者可翻阅本章第 6 节有关直接设计法的内容。

对楼板采用何种有限元单元类型本质上是结构模拟的范畴，但这种模拟能否实现其目的以及实现的效率如何，则受制于用于结构分析的软硬件工具。从结构分析的角度，考虑平面外刚度的弹性板 3 与弹性板 6 模型的分析方法也比不考虑平面外刚度的刚性板与弹性模单元复杂得多。弹性板 3 适用于弹性力学的薄板弯曲理论，只有在特定边界条件、特定荷载作用下才有解析解，稍微复杂一些就需要采用诸如有限元法等近似解法。至于弹性板 6 则是典型的壳单元，不但自由度数量更多，且自由度间存在耦合现象，就更加重了结构分析的复杂性，一般情况下只能通过近似解法求解。表 3.1-1 所示为国产集成化分析设计软件在结构整体分析中针对楼板所提供的有限元法结构模拟单元类型及其特点。

用于楼板模拟的有限元单元类型及其特点 **表 3.1-1**

楼板模型	平面内刚度	平面外刚度	自由度耦合情况	特点及适用情况
刚性板	无限大	零	同层所有节点 X、Y 向平动及绕 Z 向转动	平面规则结构，楼板连续无大开洞的多数情况
弹性板 3	无限大	实际计算	同层所有节点 X、Y 向平动及绕 Z 向转动	可考虑平面外刚度，自由度较少，适用于厚板转换结构
弹性板 6	实际计算	实际计算	不耦合	部分竖向荷载通过楼板面外刚度直接传到竖向构件，梁弯矩偏小；适用于无梁楼盖、厚板转换、板柱结构（一般结构使用需谨慎）
弹性膜	实际计算	零	不耦合	不考虑平面外刚度，导荷方式与刚性板一致，应用广泛

二、结构模拟

1. 作用与意义

结构模拟是为结构分析作准备的，就是要把实物形态的建筑物或其组成部分抽象化成为可以进行结构分析的模型化的过程，并以结构计算模型作为结构模拟的结果。而结构分析则是进行结构设计的前提，是为结构设计服务的。一方面，结构分析结果中的位移与周期等指标可作为结构初算结果是否具有可接受性的判断依据，并以计算书的形式作为广义结构设计最终成果的一部分；另一方面，结构分析的内力（局部精细化分析的应力）成果又可作为挑选截面（钢结构）及构件配筋（钢筋混凝土结构）的依据。

在结构设计主要由计算机来完成且结构分析设计软件高度集成的时代背景下，这三者的界限已经相当模糊，很多工程师甚至已经淡忘了结构设计还有模拟与分析两个阶段。但事实上，结构模拟与分析的能力，不但是古人智慧的体现，最终将这种智慧凝聚为结构工程领域三大力学（理论力学、材料力学与结构力学），并继而左右和影响着整个结构工程设计领域的发展，就是在今天，也是考验结构工程师结构工程设计功底及决定结构工程师在专业领域能走多远的重要指标，更现实的作用就是解决工程现场实际问题的能力。拥有扎实力学基础的结构工程师，就会有相应的结构模拟与分析能力，就能从复杂的实物工程现场迅速抽象出简单且可靠的结构模型，并通过非计算手段得出该结构模型的变形特征及内力分配模式，这才是结构大师在工程现场迅速作出定性分析与判断的可靠依据，背后有深厚的理论基础与实践经验作支撑，绝不是现场随意“拍脑袋”的结果。当然，对现场实际问题的定量分析更离不开结构模拟与分析方法的选择。

结构模拟是结构设计链条的第一步，也是事关结构设计正确性、准确性最为关键的一步，结构设计过程的可实施性与难易程度以及结构设计结果的安全性与经济性都取决于结构模拟的正确性与准确性。而结构模拟的正确性与准确性不仅仅与作为个体的人的学识经验、智力水平相关，也和作为群体的人类的生产力发展水平高度相关。徒手计算、徒手画图的前人无法想象如今的计算机辅助设计系统及建筑信息模型，但却把基于那个年代简单易行的模拟与分析技术作为宝贵的遗产留给了我们，而这个时代的我们，虽然已经无法想象和还原那刀耕火种般的手算手绘时代，但那个时代的遗产却凝结在我们现今一本本的教科书中，无论是在理论研究方面还是设计实践方面仍然是这个时代的经典，滋养着投身于结构设计事业的每一个人。因此，在历史的长河中，结构模拟必然是一个从简单到复杂、从粗糙到精细、从粗略到精确的逐渐接近真实但永远不可能达到真实的渐进的过程，但那些不朽的经典，在我们今天的设计实践中仍然具有化腐朽为神奇的力量。这是现今高度依赖计算机的结构设计师们所退化的、欠缺的技能，也是我们必须重视和重拾的技能。对这些经典的掌握与领会程度是结构工程师专业基本功的体现，也是结构工程师在专业方面进阶的重要基础。掌握领会得好，会令结构工程师受益终生。

结构模拟的前提是“模拟假定”，就是建立结构实物状态与结构计算模型间的对应关系。美国 ACI 318-19 专门开列一节对“模拟假定”作出规定，即“6.3—Modeling assumptions”（模拟假定），中国《混凝土结构设计规范》GB 50010—2010 的“5.2 分析模型”一节也有大量关于模拟假定的规定，EN 1992-1-1：2004＋A1：2014 的“5.3 Idealisation of the structure”（结构的理想化）一节也基本是关于模拟假定的内容，这里的“结构理想化”就是指结构模拟，换句话说，结构模拟就是结构实物理想化为结构计算模型的过程。

2. 结构模拟的层级

结构模拟既然是时代的产物与生产力水平的体现，故必然会根据其模拟复杂程度存在层级。

1）针对某一类结构构件的结构模拟——单个构件模拟或一维模拟

双向板楼屋盖系统中的单块板模型、单向板楼屋盖系统中的多跨连续板模型、承受竖向荷载的单跨或多跨连续梁模型、单层或多层地下车库挡土外墙在水土压力作用下的模型等，都是针对某一类结构构件的模拟。这种结构模拟方式一般适用于梁板等水平构件在竖向荷载作用下的情况，对土压力作用下的地下室外墙也比较适用。其中，单块板、单跨梁的模拟均属于单个构件的模拟，而多跨连续板与多跨连续梁则属于适用于多个构件的一维模拟。

《结构静力计算手册》中的大量图表均基于这种结构模拟方式，理正工具箱软件基本采用这一层级的模拟方式，很多构件层面的分析计算其实是基于图表法的，简单且实用。

针对这种单个构件或同类连续构件的分析，可采用解析法、图表法或有限元法。

2）针对某一组结构构件的结构模拟——多构件系统的二维模拟

这种多构件系统一般可称为“子结构”。“子结构”一般来说是从整体结构隔离出来一部分并用以分析整个结构或其部分构件内力状态的一种局部计算模型。最容易理解的子结构如适用于单层工业厂房或仓库的平面刚架以及广泛用于大跨屋面结构的平面桁架。从三维框架切分出来的平面框架模型也属于一种子结构，在计算机出现之前，这种子结构计算模型是非常具有现实意义的。比如，这个平面框架模型，就可以用传统的结构力学方法求解，这在电算法出现以前是十分必要和关键的。连续梁也是一种子结构，但在框架结构中，柱子的刚度不可忽略，且会分担柱两侧梁端的不平衡弯矩。若采用连续梁模型，对于第一内支座的梁端弯矩以及跨度或荷载差异较大的梁端弯矩均会有较大的偏差。此种情况下，除了采用平面框架法之外，更简单的方法是采用“子框架法”。

子框架（Sub-Frame）法适用于竖向力作用下的框架结构，是在框架结构连续梁法的基础上加上与该连续梁直接相连的上下层柱，从而与该连续梁一起构成一个子框架。这是早期英国规范就有且被当今欧洲规范继承的模拟方法，在现今的设计实践中仍然在广泛采用。美国规范 ACI 318-19 第 6.3.1.2 款就是针对子框架法的描述。中国规范没有子框架法的概念，当然也就在设计上很少用。

对于框架结构，比子框架更为复杂的，是包括多层多跨的平面框架。PKPM 系列软件的 PK，就是平面框架中“平”与“框”的拼音首字母；而且，PKPM 软件的早期，也是采用平面框架的模拟与分析方式，三维模拟分析是 SATWE 软件推出后才有的事。

3）针对整个单体建筑的结构模拟——单体建筑的三维模拟

这种结构模拟方式是当代结构工程师最熟悉的。无论是国内的 PKPM 系列 SATWE 软件和盈建科软件，还是国外的 ETABS 软件与 Midas 软件，都是三维模拟与分析软件。只有到了三维模拟分析的时代，随着计算机技术与数值分析方法的发展，结构中剪力墙的模拟分析才开始由理论变为现实。伴随着计算机存储容量与计算速度的提升，有限元技术也得以迅速发展及应用，更精确和先进的单元类型得以在有限元模型中应用，更精细的有限元网格划分可以进一步提升解算精度，这种三维模拟分析的结果也逐渐由粗略走向精确。

4）针对特殊构件、特殊节点的精细化模拟——采用三维实体元的有限元三维模拟

对于受力复杂因而应力分布复杂的构件或节点，比如转换梁、框支梁、厚板转换的转换层楼板这样的构件，以及多构件交叉复杂节点的节点域，采用传统的以构件为基本单元（不是指有限元法的单元）的结构模拟方式无法达到所需的精度，采用轴力、弯矩、剪力及扭矩等内力形式无法准确描述这些构件或节点在内外各种作用下的反应状态（受力结果），需要以应力的方式去描述构件或节点域在两个甚至是三个维度的应力状态，才能据此判断此类构件或节点的受力性能是否满足要求，并根据应力分析结果采取相应必要的措施。

对于转换梁、框支梁，可以采用二维的壳元来模拟，但壳元无法反映沿梁宽方向的应力变化情况，更准确的模拟方式还是三维实体元；转换厚板也有用壳元模拟的，但壳元模拟厚板时沿板厚方向的应力分布只能假定符合平截面假定，而无法反映厚板沿厚度方向的

真实应力分布状态；复杂节点域则只能用三维实体元来模拟。

前述几种结构模拟方式，并不是并列关系，而是一种递进的层级关系。其中，构件层面的模拟是基础，然后才推演到多构件子结构的模拟，直至单体结构、连体结构乃至多塔结构的模拟。但无论是子结构还是复杂的连体与多塔结构，都是以单个构件的模拟为基础和前提的，故首先应关注构件层面的模拟。

构件层面的模拟存在两种情况：其一是构件作为整个结构体系一部分时的模拟；其二是构件从结构体系（包括子结构与完整结构）中分离出来作为隔离体的模拟。同一构件在上述两种情况下的几何模型与边界条件并不相同。

先说几何模型。前者在模型中的构件长度与构件的实际长度一般是相等的，如桁架杆件在模型中按节点间距离确定的长度与实际桁架杆件以节点中线确定的长度相等，而后者的构件长度则不一定按支承构件中线间的距离取值，根据我国《混凝土结构设计规范》GB 50010—2010 第 5.2.2 条，对于梁柱等杆件的计算跨度或计算高度，可取两端支承构件间的中心距或净距，并根据支承节点的连接刚度与支承反力的位置进行修正，尤其对于宽扁梁体系中板的模拟分析，板计算跨度采用中心距还是净距对计算结果影响极大（参见《地下建筑结构优化设计方法及案例分析》第五章第二节的有关内容）。

再说边界条件。前者构件的两端不是严格意义上的边界条件，而是构件与构件之间在节点处的连接方式，根据节点或相连构件对该构件端部自由度的约束情况来确定该构件与节点或相连构件的连接方式，比如空间网架的某个杆件，一般认为网架节点及与其相连的其他杆件均不能约束该杆件在节点处的相对转动，但却足以约束该杆件与节点间的相对位移，故该杆件与球节点的连接方式就是一个三维铰（三个方向的线位移被约束，三个方向的转动位移则被释放）；而后者的杆端就是真正意义上的边界条件了。这种情况通俗的说法就是支座形式，如固定铰支座、滑动铰支座、固定端支座等。

3. 结构模拟的关键要素

结构计算模型的三要素为几何模型、边界条件与荷载。因此，几何模型与边界条件的正确性、准确性，直接关系到内力分析结果与结构构件实际受力状态的吻合程度，也就是关系到结构安全与经济性问题。但这两方面恰恰因为计算机辅助设计的大行其道而受到结构工程师的忽略，现在让一些年轻工程师去手绘一些简单结构构件的计算简图及其弯矩分布的大致形态，相信很多人都画不出来。是电脑把人脑给废了。

1）几何模型

几何模型中对内力计算结果影响最大的是几何长度（计算跨度、计算高度），均布荷载作用下的构件截面弯矩与几何长度的 2 次方成正比，弯曲挠度（位移）则与几何长度的 3 次方成正比。因此，计算跨度的取值必须准确，取值偏小会使结构偏于不安全，取值偏大则会造成浪费。支座宽度及节点域的尺寸均会影响几何长度，故各国规范均在模拟假定中对构件的几何长度作出各种相应的规定。框架结构刚域的作用也是减小框架梁的计算跨度。

构件的截面尺寸，以及构件截面尺寸沿长度方向的变化情况也很重要。截面尺寸的重要性对于静定结构可能不显，但对于超静定结构，这种构件截面尺寸变化导致构件截面刚度变化的因素就必须考虑，否则就会带来很大的模型误差，可能会使结果严重失真，带来既不安全又不经济的效果。矩形截面梁考虑楼板作为翼缘的贡献而按 T 形截面梁考虑，以及梁端加腋等均是截面尺寸及其变化情况影响模拟分析结果的具体应用。

构件的截面尺寸在静定结构中对内力分析没有影响，但在超静定结构中，某个构件截面尺寸的变化会导致该构件与其他构件的刚度比发生变化，对内力在各构件中的分配会产生影响，也即内力会有一个按刚度重分配的过程。因此，在超静定结构中，调整任何一个构件的几何属性，都会产生牵一发而动全身的效果，在检查调整后的效果时，不能只看被调整的构件而忽略其他未作调整的构件，尤其要查看那些相对刚度较大的构件。

2）边界条件

边界条件对结构内力的量值与分布关系影响巨大，甚至导致计算结果不可信。所谓边界条件，就是结构在某些位置位移或内力为已知的条件，又可分为力边界条件和位移边界条件。所谓力的边界条件就是结构在某些点内力为已知的条件，比如铰支座处的弯矩为零，自由端处的弯矩、剪力及轴力均为零等；位移边界条件就是在结构的某些点位移为已知的条件，比如固定铰支座在 X、Y、Z 三个方向的平动位移分量为零，而固定端支座则三个平动分量及三个转动分量均为零。施加荷载与约束，归根结底要遵循一个原则——尽量还原结构在实际中的真实约束和受力情况。

边界条件是有限元法中的专有名词和重要概念，就是以单元节点位移作为基本未知量进行结构有限元分析时，那些节点位移为已知的条件，与已知节点外力一起共同构成有限元方程组的初始条件。那些节点位移为已知的节点一般均为构件、子结构或整个结构与其支承物的连接点，也就是结构工程师所熟知的“支座”。比如，固定端支座就是三个平动位移（也叫线位移）与三个转动位移（也叫角位移）均为零的节点；而固定铰支座就是三个平动位移为零、三个转动位移未知（因而作为未知量需求解）的节点。

单个构件进行精细化有限元分析时，同样需要指定边界条件，只不过此时的边界条件是施加在该构件被离散化后的某些单元节点上。但因为单个构件的支承物（支座）并非一个点，而是有一定尺度（主要是支座宽度），而且这个支座宽度对构件层面精细分析的影响往往是不能忽略的，所以此种情况下边界条件的确定就更要慎重。因单个构件的模拟分析一般均来自经典力学方法和后来发展起来的有限元法（用于更精确的分析），且国际上强大且通用的有限元分析软件一般均产自美国，故中美欧在单个构件层面的模拟分析并无本质上的差别。

3）荷载

荷载取值不是结构模拟的核心内容，有关荷载取值一般均有专门的荷载规范。

在混凝土结构设计规范中针对荷载的结构模拟主要体现在活荷载的分布。中美欧规范在活荷载分布方面的大体原则基本相同，差异仅在某些细节方面。本书对此不作重点讨论。

(1) 中国规范

中国规范的活荷载分布出现在荷载规范里，混凝土结构设计规范没有专门规定。

(2) 美国规范

对于双向板楼屋盖，如果活荷载 L 的分布是确定的和已知的，则应按此种 L 的分布来对板进行分析。

如果活荷载 L 是可变的并且不超过 $0.75D$，或者 L 的性质使得所有面板将同时加载，则应允许假设所有截面的最大 M_u 发生在所有面板同时加载因式荷载 L 的情况。

对于上述条件以外的加载条件，应允许假设下述加载条件：

① 面板跨中附近的最大正 M_u 发生在因式荷载 L 的 75%同时在本跨与隔跨加载的情况；

② 支座处的最大负 M_u 仅出现在因式荷载 L 的 75%同时在相邻面板加载的情况。

最大弯矩加载模式仅使用因式荷载 L 的 75% 是基于这样一个事实，即活荷载产生的最大负弯矩与最大正弯矩不能同时发生，因此在失效前最大弯矩的重新分配是有可能发生的。这种处理方式实际上允许板系统在全系数活荷载（按规定方式分布）下出现一些局部过载，但仍确保弯矩重分配后板系统的设计强度不小于 100%因式恒活荷载作用于所有面板时所需的强度。

针对双向板的这一规定与中国规范有所不同。

(3) 欧洲规范

在考虑作用的组合时，请参见 EN 1990 第 6 节，应考虑相关情况，以便能够在所考虑结构的所有截面建立临界设计条件。

注：如果需要简化一个国家使用的荷载分布数量，请参考其国家附件。欧洲规范建议对建筑物采用以下简化的荷载分布原则：

① 隔跨承受设计可变荷载与设计永久荷载（$\gamma_Q Q_k+\gamma_G G_k+P_m$），其他各跨仅承受设计永久荷载（$\gamma_G G_k+P_m$）；

② 任意两个相邻跨承受设计可变荷载与设计永久荷载（$\gamma_Q Q_k+\gamma_G G_k+P_m$），所有其他跨仅承受设计永久荷载（$\gamma_G G_k+P_m$）。

三、结构分析

结构分析是确定荷载对物理结构及其组件的影响。受此类分析影响的结构包括所有必须承受荷载的结构，例如建筑物、桥梁、飞机和船舶等。结构分析采用应用力学、材料科学和应用数学来计算结构的变形、内力、应力、支座反力、加速度和稳定性。分析结果用于验证结构的适用性，通常排除物理测试。因此，结构分析是结构工程设计的关键部分。

对于结构分析来说，一旦几何模型、边界条件及荷载确定下来，任何人采用任何软件，分析的结果只存在精度方面的差异，而不应有本质上或较大的差别。因此说，结构分析的结果是不分国界、与规范无关的。但结构分析的前提或前序阶段——结构模拟，则是与规范有关的；结构分析后序阶段——结构设计，也是与规范有关的，不同规范有不同的要求。

为了执行准确的分析，结构工程师必须确定结构荷载、几何形状、支撑条件和材料属性等信息。这种分析的结果通常包括支座反力、内力、应力和位移。然后将此信息与标明失效条件的标准进行比较。高级结构分析可以检查动态响应、稳定性和非线性行为。

（一）分析方法的类别及各自局限性

维基百科将结构分析归纳为三种，即：材料力学方法（也称为材料强度方法）、弹性理论方法（实际上是更一般的连续介质力学领域的一个特例）和有限元方法。

前两种方法采用能适用于大多数简单线弹性模型的解析公式，且能得到封闭形式的解（解析解），并且通常可以手算解决。这种应用解析式去求解数学模型的方法统称为“解析法”，通过解析法求得的解称为“解析解”，解析解相对于已确立的结构模型是精确解。

与精确解对应的就是“近似解”，获得近似解的求解方法就是“近似解法”，近似解法有多种，但最有影响力、最常用的近似解法是有限元法。为求解一些复杂的问题，在弹性力学中还发展了许多近似解法，能量法就是其中用得最多的一类方法，它把弹性力学问题化为数学中的变分问题（泛函的极值和驻值问题），然后再用瑞利—里兹法求近似解。能量法的内容很丰富，适应性很强。工程界当前广泛使用的有限元法是能量法的一种新发展。差分法也是一种常用的近似解法，其要点是用差商近似地代替微商，从而把原有的微分方程近似地化为代数方程。此外，边界积分方程、边界元法和加权残数法对解决某些问题也是有效的手段。

有限元法实际上是求解由弹性理论、材料强度等力学理论所产生的微分方程的数值方法。然而，有限元法在很大程度上依赖于计算机的处理能力，更适用于任意大小和复杂程度的结构。

无论采用何种方法，基本公式都基于相同的三个基本关系：平衡、本构和相容性。当这些关系中的任何一个仅近似满足，或者只是对现实的近似模拟时，解就是近似的。

每种方法都有明显的局限性。

材料力学方法虽然仅限于相对简单荷载条件下非常简单的结构元件，但其所允许的结构元件和荷载条件足以解决许多有用的工程问题。

弹性理论原则上允许求解一般荷载条件下一般几何形状的结构元件，但求取解析解仅限于相对简单的情况。大量弹性问题的求解需要求解偏微分方程组，这在数学上比材料力学问题的求解要求高得多，而材料力学问题最多需要求解一个常微分方程。

有限元方法可能是最严格的，同时也是最有用的。这种方法本身虽依赖于其他结构理论来求解方程，但即使是在高度复杂的几何形状和荷载条件下，它也能够使求解前述微分方程成为可能。有限元法的限制条件是总有一些数值误差，因此有效和可靠地使用这种方法，需要对其局限性有一个坚实的理解。

（二）各分析方法分述

1. 材料力学方法（材料强度方法或经典方法）

作为三种方法中最简单的一种，材料力学方法适用于承受特定荷载的简单结构构件，例如轴向受力杆件、纯受弯的棱柱形截面梁和受扭转的圆轴。对于承受组合荷载的构件，可以在特定条件下使用叠加原理将承受单一荷载的解进行叠加。

对于整个系统的分析，这种方法可以与静力学结合使用，从而产生用于桁架分析的截面法和节点法、用于小型刚架与门式刚架的力矩分配法以及用于大型刚架的悬臂法。

除了在 20 世纪 30 年代开始使用的弯矩分配法外，其余这些方法都是在 19 世纪下半叶以目前的形式发展起来的。它们仍然适用于小型结构和大型结构的初步设计。

材料力学方法的解基于线性各向同性无限小弹性和欧拉—伯努利梁理论。换句话说，它们包含以下假设（以及其他假设）：材料为弹性；应力与应变线性相关；材料（而非结构）各向同性（无论施加的荷载方向如何，材料性能均相同）；所有变形都很小；梁长相对于其截面高度较大。如同工程中的任何简化假设一样，模型越偏离现实，结果就越没用（也越危险）。

2. 弹性理论方法

弹性方法通常适用于任何形状的弹性固体。可以对诸如梁、柱、轴、板和壳的单个构件进行模拟。弹性方法的解由线性弹性方程导出。弹性方程是由 15 个偏微分方程组成的系统。弹性理论的精确解法包括分离变量法和复变函数方法。弹性力学中的许多精确解是用分离变量法求得的。如果微分方程中的变量能够分离，通常便可求得问题的解。能用分离变量法求得精确解的问题有：无限和半无限体的问题，球体和球壳的问题，椭球腔的问题，圆柱和圆盘的问题等。对于能化为平面调和函数或平面双调和函数的问题，复变函数方法是一个有效的求解工具，如柱体的扭转和弯曲问题、平面应变和平面应力问题以及薄板弯曲问题中的许多重要精确解都是用复变函数法求得的。

弹性力学又分为数学弹性力学与实用弹性力学。数学弹性力学只用精确的数学推演而不引用关于形变状态或应力分布的假定，可得到更为精确的解答（相对于已确定的结构模型就是精确解）。实用弹性力学则与材料力学一样，也引用一些关于形变状态或应力分布的假定来简化数学推演，因此得出的是具有一定近似性的解答。

比如直梁在横向荷载的弯曲问题，材料力学在研究时引用了平截面假定（结构力学继承了材料力学的方法），得出了“横截面上正应力按直线分布”的结论。但弹性力学在研究同一问题时，就不采用平截面假定，得出的结论是：当梁的跨高比较大时，基本符合平截面假定，但当跨高比接近于 1 时，横截面的正应力呈明显的曲线分布，且材料力学给出的最大正应力具有很大的误差。

从广义上说，各种工程结构元件的实用理论（如杆、梁、板、壳的实用理论，即材料力学与结构力学中的理论）都是弹性力学的特殊分支，而且是最有实用价值的分支。这些实用理论分别依据结构元件形状及其受力的特点，对位移分布作一些合理的简化假设，对广义胡克定律也作相应的简化。这样，就能使数学方程既得到充分简化又保留了主要的力学特性。从弹性力学看，这些结构元件的实用理论都是近似理论，其近似性大多表现为按照这些理论计算得到的应力和应变不能严格满足胡克定律。

由于所涉及的数学性质，弹性理论只能为相对简单的几何体产生解析解。

3. 数值近似方法

工程中常用的数值近似分析方法有两大类：一类以有限差分法为代表，在流体力学领域具有优势，至今仍占支配地位；另一类则以有限元法为代表，更适用于固体结构问题。结构分析中最常用的数值近似方法是有限元法。

有限元法将结构近似为单元或组件的集合，它们之间具有各种连接形式，并且每个单元都具有相关联的刚度。这样，连续系统（例如板或壳）被模拟为离散系统，其中有限数量的单元在有限数量的节点上相互连接，并且总体刚度是各个单元刚度相加的结果。单个单元的性能由单元的刚度（或柔度）关系表征。将各单元刚度组合成代表整个结构的总刚度矩阵，得出系统的刚度或柔度关系。为了确定特定单元的刚度（或柔度），我们可以对简单的一维杆单元使用材料力学方法，对更复杂的二维和三维单元使用弹性方法。通过矩阵代数来求解偏微分方程，对分析和计算的发展影响巨大。

矩阵方法的早期应用是应用于具有桁架、梁和柱单元的铰接式框架（即结构力学教材中的矩阵位移法）；后来更先进的矩阵方法，称为“有限元分析”，用一维、二维和三维单元对整个结构进行建模，可用于铰接系统以及连续系统，如压力容器、板、壳和三维实体。因此，“矩阵位移法”与“有限元法”同属于矩阵方法，表面上很像，都将整体结构离散为有限的单元，都采用矩阵方法求解，但本质上“矩阵位移法”不是“有限元法”。

用于结构分析的商用计算机软件通常使用矩阵有限元分析，它可以进一步分为两种主要方法：位移法（或刚度法）和力法（或柔度法）。刚度方法是迄今为止最流行的方法。有限元技术现在已经足够成熟，只要有足够的计算能力，几乎可以处理任何系统。它的适用范围包括但不限于线性和非线性分析、固体和流体相互作用、各向同性、正交各向异性或各向异性的材料，以及静态、动态和环境因素的外部效应。然而，这并不意味着计算出的解会自动可靠，因为这在很大程度上取决于模型和数据输入的可靠性。

(三) 矩阵位移法与有限元法

1. 矩阵位移法概述

矩阵位移法有时被称为杆系结构的有限单元法，但其实并不准确。矩阵位移法可以看作是传统位移法与现代有限元法的结合点，它们的单元刚度方程和整体刚度方程都可以是相同的，但一般来说，得到单元刚度矩阵的方法、手段不同。矩阵位移法更多的是对位移法的继承，而有限元法则更多的是借助能量原理向更为一般的问题延伸。有限元法只有当适当地选择了单元形函数后才与矩阵位移法殊途同归。

矩阵位移法是采用矩阵分析工具对位移法进行求解的方法，而位移法则是结构力学中的传统方法。二者均以节点位移（角位移、线位移）为基本未知量，根据节点荷载与杆端力（用节点位移和结构刚度系数表示）之间的平衡条件，建立求解节点位移的方程式，然后求出节点位移并进而求出结构的内力。位移法是以“手算”为前提的结构分析技术手段，其核心技术要求是使计算尽可能简化；而矩阵位移法是以“电算”为前提的结构分析技术手段，其核心技术要求是计算结果尽可能精确。

矩阵位移法主要包括两部分内容：一是进行单元分析，二是进行整体分析。单元分析的第一步是将结构离散为有限个杆件（称为单元），研究单元的力学特性，建立单元刚度方程，这一过程相当于结构力学位移法中的第一步（判别基本未知量，作基本结构）和第三步（求位移法方程的系数项和自由项）；整体分析是根据平衡条件将各单元进行组合，研究结构整体刚度方程的组成并求解，这一过程相当于结构力学位移法的第二步（建立位移法方程）和第四步（解方程求节点位移）。因此，矩阵位移法的一般原理与位移法完全相同。但与位移法的区别之处在于：

① 位移法一般忽略杆件的轴向变形，而矩阵位移法一般不忽略轴向变形；

② 矩阵位移法的基本结构单元进一步规格化为两端固定杆；

③ 矩阵位移法的所有过程均采用矩阵形式表达。

矩阵位移法的基础与核心是“转角位移方程”，即杆件在无荷载情况下杆端力与杆端位移之间的关系，也称为单元刚度方程，其整个分析方法也常被称为直接刚度法。在“位移法”和“矩阵位移法”中，转角位移方程是通过解析求解而精确地导出的。换言之，对于复杂的问题或变截面杆，若能通过解析求解求出转角位移方程，即可应用位移法和矩阵位移法，如果不能求出转角位移方程，就不能应用位移法和矩阵位移法。

这里就引出了矩阵位移法与有限元法的本质区别：即转角位移方程或单元刚度方程的取得方式。

2. 矩阵位移法与有限元法的区别

矩阵位移法是通过解析求解而导出转角位移方程或单元刚度方程。虽然是精确的解析解，但这个转角位移方程并非总能解析地求出，仅对一维问题（杆系结构）才有现实意义。因此，矩阵位移法本质上仍然是结构力学中的位移法，只不过是为了适应电算，将列式用矩阵表示。矩阵位移法中所谓单元分析，就是建立描述单元杆端力与杆端位移之间的关系式，即单元刚度方程。

有限元法不去精确地解出转角位移方程或单元刚度方程，而是利用形函数人为地对单元位移作出假设从而构建出单元位移函数，确定单元位移后，即可通过几何方程求得单元应变，再根据物理方程求得单元应力，然后再应用能量原理（虚功原理或最小势能原理）建立平衡方程，继而得到单元刚度方程。

矩阵位移法的基本方程只有单元刚度方程、结构原始刚度方程及边界位移条件。虽然采用矩阵位移法求解杆系结构的超静定问题也要求满足平衡条件、几何条件与物理条件，但这里的几何条件一般是指支承约束条件与变形连续条件，是指位移层面的条件，故又称变形协调条件或位移条件。而有限元法的几何方程则是位移与应变之间的关系。至于矩阵位移法的物理条件，虽然在概念上与有限元法相同，但矩阵位移法对物理条件的要求仅限于线弹性结构，即结构的位移与荷载成正比、应力与应变关系符合虎克定律，且在矩阵位移法的具体应用中并不显性地出现（已内化到位移法的转角位移方程中）。而有限元法的物理方程虽然也是应力与应变之间的关系（本构关系），但适用范围却相当广泛，可以适用于各种复杂特性的材料。

有限元法的基本方程有几何方程（位移与应变的关系）、物理方程（应力与应变的关系）及平衡方程。有限元法通过这三组方程才最终建立起杆端力与杆端位移之间的关系，而不是像矩阵位移法那样直接通过转角位移方程直接确定杆端力与杆端位移之间的关系。虽然路线曲折，但可适用于更复杂、更一般性的问题，且能量法形式统一、方程固定的优点使其适应于编程计算，与计算力学的要求高度契合。有限元法最大的优势在于可以取用各种各样的形函数，不管是精确的还是近似的，都统一用一个模式来处理，这就大大扩充了有限元法的适用范围及能力。

位移法及矩阵位移法的基本结构是由多个单跨超静定梁构成的组合体，每个单跨超静定梁要求是等截面直梁并作为基本计算单元，对于同一根等截面直梁只划分为一个单元，节点即端点。但有限元法可沿梁长划分为任意多有限个单元，且支承点、交叉点、集中力作用点均应列为节点，因此可以直接求得接近梁跨中处或集中力作用点处的最大正弯矩。

3. 有限元模拟分析方法各环节要点

1）有限元分析的目的和概念

任何具有一定使用功能的构件（变形体）都是由满足要求的材料所制造的，在设计阶段就需要对该构件在可能的外力作用下的内部状态（力学信息）进行分析，以校核该构件是否安全、可靠，而构件的力学信息一般有以下三类：位移、应变与应力。

当构件为简单形状且外力分布比较单一时（如杆、梁、柱、板），一般可采用材料力学方法获得解析公式，应用比较方便。但对于几何形状较为复杂的构件却很难得到准确的结果，甚至根本得不到结果。此时就需要采用数值近似方法，有限元法就是其中最有效的工具。因此，有限元分析的目的就是：针对具有任意复杂几何形状的变形体，完整获取其在复杂外力作用下的准确内部力学信息（位移、应变与应力）。有限元法基于“离散逼近”的基本策略，可以采用较多数量简单函数的组合来“近似”代替非常复杂的原函数，也即函数逼近。其中有两种典型的函数逼近方式：

① 基于全域的展开（如采用傅里叶级数展开），此即力学分析中经典的瑞利—里兹方法的原则；

② 基于子域的分段函数组合（如采用分段线性函数的连接），此即现代力学分析中有限元方法的思想，其中的分段即是“单元”的概念。

基于分段的函数描述具有非常明显的优势：

① 可以将原函数的复杂性“化繁为简”，使得描述和求解成为可能；

② 可以人工选取最简单的线性函数或取从低阶到高阶的多项式函数；

③ 可以将原始的微分求解变为线性代数方程。但也存在以下问题：

①“化繁为简”后所采用的简单函数的描述能力与效率较低；

② 增加分段数量对描述能力进行弥补会带来较多的工作量。但只要采用功能完善的软件及能够进行高速处理的计算机，就可以完全发挥“化繁为简”的策略优势，有限元法的意义就在于此。

2）有限元法的要点

（1）将一个表示结构或连续体的求解域离散为若干个子域（单元），并通过它们边界上的节点相互连接成组合体。

（2）用每个单元内所假设的近似函数来分片地表示全求解域内待求的未知场变量。而近似函数由未知场函数（或其导数）在单元各个节点上的数值及与其对应的插值函数来表达。由于场函数在相邻单元连接的节点上具有相同的数值，因而将它们用作数值求解的基本未知量，可将求解原待求场函数的无穷多自由度问题转换为求解场函数节点值的有限自由度问题。

（3）通过和原问题数学模型（基本方程、边界条件）等效的变分原理或加权余量法，建立求解基本未知量（场函数节点值）的代数方程组或常微分方程组。此方程组称为有限元求解方程，并表示成规范化的矩阵形式。然后用数值方法求解此方程，从而得到问题的解答。

3）有限元法的固有特性

（1）对于复杂几何模型的适应性

（2）对于各种物理问题的可应用性

尽管有限元法因线弹性应力分析问题而提出，但它很快就发展到弹塑性问题、黏弹塑性问题、动力问题、屈曲问题等，并进一步应用于流体力学问题与热传导问题。

（3）建立于严格理论基础上的可靠性

因为用于建立有限元方程的变分原理或加权余量法在数学上已证明是微分方程和边界条件的等效积分形式。只要原问题的数学模型是正确的，同时用来求解有限元方程的算法是稳定、可靠的，则随着单元数目的增加（即单元尺寸的缩小），或者随着单元自由度数目的增加以及插值函数阶次的提高，有限元解的近似程度将不断被改进。如果单元满足收敛准则，则近似解最终收敛于原数学模型的精确解。

（4）适合计算机实现的高效性

有限元分析的各个步骤可以表达成规范化的矩阵形式，故求解方程可以统一为标准的矩阵代数问题，特别适合计算机的编程和执行。随着计算机软硬件技术的高速发展，以及新的数值计算方法的不断出现，采用有限元法对工程技术领域中的大型复杂问题进行分析已成为常态化的工作。

4）有限元分析的步骤

在根据问题的类型和性质选定了单元的形式并构造了它的插值函数以后，可按以下步骤进行有限元分析。

（1）结构的离散化处理

把任意形状的结构或连续体划分成有限个基本单元的组合，并在单元体的指定点设置节点，把相邻的单元体在节点处连接起来，组成单元的集合体，来代替原有的结构或连续体。单元上所有荷载向节点简化，使弹性体离散后，假定力可以通过节点由一个单元传递到另外一个单元。

（2）单元的特性分析，形成单元刚度矩阵和等效节点荷载列阵

在分析连续体问题时，必须对单元中的位移分布进行假设，假定位移是坐标的某种简单函数，称之为位移函数。位移法有限元采用节点位移作为未知量，在每一个单元内部用该单元的节点位移插值多项式来表示单元内的近似位移函数，$\{f\}=[N]\{\delta\}^e$。

根据所选用的单元位移函数，对单元进行力学特性分析：

$$\{\varepsilon\}=[B]\{\delta\}^e;\{\sigma\}=[D][B]\{\delta\}^e;\{F\}^e=[K]^e\{\delta\}^e$$

（3）整体分析求得总体刚度矩阵和等效节点荷载列阵

包含两方面内容：一是将各单元的刚度矩阵集合成整体刚度矩阵；二是将作用于各单元节点上的等效节点力列阵集合成总的荷载列向量。

$$[K]\{\delta\}=\{F\}$$

（4）引入强制边界条件（给定位移）进行约束处理

未引入边界条件的总刚度矩阵是奇异矩阵，不能直接用来求解，需引入边界条件予以修正。修正后的总刚度矩阵为非奇异矩阵，但仍保持对称性。

（5）求解修正后的总刚方程（即有限元求解方程，本质上为线性代数方程组），得到节点位移。求解方法一般是根据总刚的特性，选取直接解法或迭代法。后文专门介绍。

（6）根据几何方程和物理方程计算单元应变和应力

根据所得到的节点位移利用几何方程反算单元应变，再根据单元应变利用物理方程反算应力。

（7）进行必要的后处理

可视化的后置数据处理功能在提升用户体验从而促进商业推广方面有非常重要的作用，如将大量的计算结果整理成变形图、等值分布云图等，并提供极值搜索和所需数据的列表输出，以及生成结构分析计算书等功能。

基于最小位能原理，利用位移有限元对弹性力学问题进行分析，只要选定单元形式，划分好网格，其计算执行的步骤是完全标准化的，可以方便地将它应用于各类弹性力学问题。这是有限元法得到广泛应用的重要原因。

以上给出的有限元分析的执行步骤属于总体框架性质的，围绕着精度和效率这两个总命题，每一步骤中仍有相当多的理论性和技术性问题需要研究。

5）有限元方程的解法

有限元求解的问题从性质上可以归结为三类。

（1）独立于时间的平衡问题（或稳态问题）

对于常见的应力分析，求解的是对应给定荷载的结构位移和应力。此类问题的解法分为两大类，即直接解法与迭代法。直接法的特点是，事先可按规定的算法步骤计算出它所需要的算术运算操作数，直接给出最后的结果，对小型方程组求解效率高，适用于小于一定阶数的方程组，根据计算机和软件的不同而有所不同。当方程组阶数过高时，系数矩阵中零元素的保存会增加计算机的存储负担，影响计算效率，且由于计算机有效位数的限制，直接解法中舍入误差的积累会影响精度；迭代法的特点是，首先假定初始解，然后按一定的算法进行迭代，在每次的迭代过程中检查解的误差，通过多次迭代直至满足解的精度要求。迭代法不保存系数矩阵中夹杂在非零元素之中的零元素，并且不对它们进行运算，有助于减少计算机存储和提高计算速度。对于大型、超大型方程组增效明显。迭代法不但可避免直接解法因舍入误差的积累对求解精度的影响，而且可以通过增加迭代次数来降低误差，直至满足精度要求。迭代法的不足之处在于缺乏通用的有效性，每一种迭代算法可能只适合某一类问题。如果使用不当，可能会出现迭代收敛很慢，甚至不收敛的情况。

直接解法以高斯消去法为基础，并有高斯循序消去法、三角分解法、波前法等变化形式。

迭代法主要有雅克比迭代法、高斯—赛德尔迭代法、超松弛迭代法及共轭梯度法等。

（2）特征值问题

也属于稳态问题，但求解的是齐次方程。其解是使方程存在非零解的特征值及与之对应的特征模态。在实际应用中对应的是周期、振型，或是结构屈曲的临界荷载和屈曲模态等。幂迭代法、同步迭代法及子空间迭代法均为针对特征值问题的解法。里兹向量直接叠加法与 Laczos 向量直接叠加法由于具有更高的计算效率而得到广泛的重视与应用。

（3）依赖于时间的瞬态问题

这类问题的方程是节点自由度对于时间的一阶、二阶导数的常微分方程组，故求解的是结构在随时间变化荷载作用下的位移与应力的动态响应，或是波动在介质中的传播、反射等，所以此类问题的求解主要是采用对常微分方程组直接进行数值积分的时间逐步积分法。依据所导致的代数方程组是否需要联立求解，可区分为时间步长只受求解精度限制的隐式算法（以 Newmark 法为代表），以及时间步长受算法稳定限制的显式算法（以中心差分法为代表）。一般常采用隐式—显式相结合的算法。动力子结构法（又称模态综合法）是动力分析中经常采用的非常有效的方法。它依靠先求解各子结构的特征值问题，然后只取其对结构响应起主要作用的振动模态进入结构的总体响应分析，从而可以大幅度缩减总体分析的自由度和计算工作量。

上述三类问题，从方程自身性质考虑，还存在对应的非线性情形。非线性可以由材料性质、变形状态和边界接触条件引起，分别称为材料非线性、几何非线性与边界非线性。求解非线性有限元问题的算法主要有以下几种：

① Newton-Raphson 方法或修正 Newton-Raphson：将非线性方程转化为一系列线性方程进行迭代求解；

② 预测—校正法或广义中心法：对材料非线性本构方程进行积分；

③ 广义弧长法（一种时间步长控制方法）和临界点搜索、识别方法，对非线性荷载—

位移的全路径进行追踪；

④ 拉格朗日乘子法、罚函数法或直接引入法。

6）有限元法的精度与收敛问题

在有限元分析中，当节点数目趋于无穷大（即当单元尺寸趋近于0）时或单元位移插值函数的项数趋于无穷大时，如果最后的解能够无限地逼近精确解，则这样的位移函数（或形函数）可逼近于真解，这种情况就称为收敛。

图3.1-1所示几种可能的收敛情况。其中，曲线1和曲线2都是收敛的，但曲线1比曲线2收敛更快；曲线3虽然趋于某一确定值，但该值不是问题的真解，所以也不是收敛的；曲线4虽然收敛，但不是单调收敛，故也不是严格意义上的收敛；曲线5则是发散的，完全不符合要求。

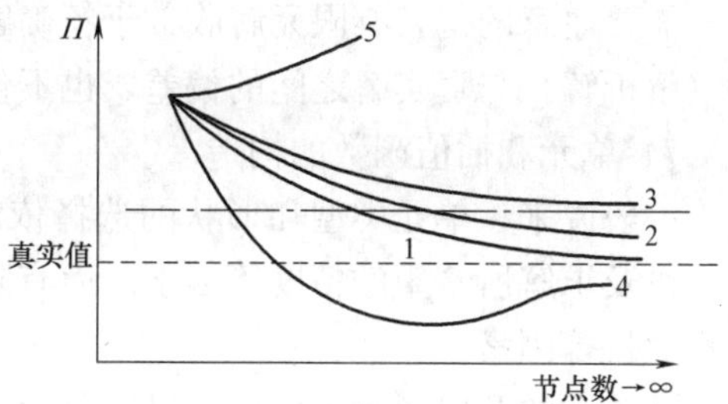

图3.1-1　几种可能收敛的情况示意

单元的位移插值函数必须包含刚体运动和常应变位移模式的完备性要求，同时在单元交界面上必须保持位移连续的协调性要求。对任何收敛准则的违背，都将可能使解的精度受到损害，甚至使求解失败。

单元位移模式或称位移函数一般采用多项式作为近似函数，因为多项式运算简便，且随着项数的增多，可以逼近任何一段光滑的函数曲线。多项式阶次越高，与真实位移的近似程度就越好，但同时会增加计算的复杂性。如果多项式阶次过低，有可能不满足单调收敛性的要求，导致计算错误。

如果单元的插值函数（即试探函数）采用“完全多项式”，则有限元解在一个有限尺寸的单元内可以精确地和精确解一致。但实际上有限元的试探函数只能取有限项多项式，因此有限元解只能是精确解的一个近似解答。在此前提下，若想提高有限元解的精度，只有缩小单元尺寸。那么在什么条件下，当单元尺寸趋于零时，有限元解趋于精确解？这便是有限元解的收敛准则。

幸运的是，存在这样的收敛准则。

准则1——完备性要求

如果出现在泛函（泛函是函数的函数，泛函的自变量是函数，其定义域为函数集，值域为实数集或其子集，是函数空间到数域的映射）中的场函数的最高阶导数是m阶，则有限元解的收敛条件之一是单元内场函数的试探函数至少是m次完全多项式。或者说试探函数中必须包含本身和直至m阶导数为常数的项。

当单元的插值函数满足上述要求时，称这样的单元是完备的。

准则2——协调性要求

如果出现在泛函中的场函数的最高阶导数是m阶，则试探函数在单元交界面上必须具有C_{m-1}连续性，即在相邻单元的交界面上函数应有直至$m-1$阶的连续导数。

当单元的插值函数满足上述要求时，称这样的单元是协调的。

当选取的单元既完备又协调时，有限元解是收敛的，即当单元尺寸趋于零时，有限元解趋于精确解。

概括起来，提高有限元法计算精度有两种方法，分别称为h方法与p方法。h方法不改变单元上基底函数的配置情况，只通过逐步加密有限元网格来使结果向精确解逼近。这种方法在有限元分析的应用中最为常见，并且通常可以采用较为简单的单元构造形式；p方法保持有限元的网格剖分固定不变，通过增加各单元上基底函数的阶次，从而改善计算精度。h 方法可以达到一般工程所要求的精度，其收敛性比 p 方法差，但由于不用高阶多项式作为基底函数，因而数值稳定性和可靠性都较好。p 方法的收敛性大大优于 h 方法，但由于 p 方法使用高阶多项式作为基底函数，会出现数值稳定性问题。此外，受限于计算机的容量与速度，多项式的阶次不能太高。

需要注意的是，有限元解收敛于精确解是指有限元解的离散误差趋于零，不包括精确解（解析解）与真实解之间的偏差，也不包括舍入误差和截断误差。

7）单元和插值函数的构造

一般说来，单元类型和形状的选择依赖于结构或总体求解域的几何特点和方程的类型，以及求解所希望的精度等因素。而有限元的插值函数则取决于单元的形状、节点的类型和数目等因素。

从单元的几何形状上区分，可以分为一维、二维和三维单元。一维单元可以是一简单的直线，也可以是一曲线。二维单元可以是三角形、矩形或四边形。三维单元可以是四面体、五面体、长方体或一般六面体。见图 3.1-2。

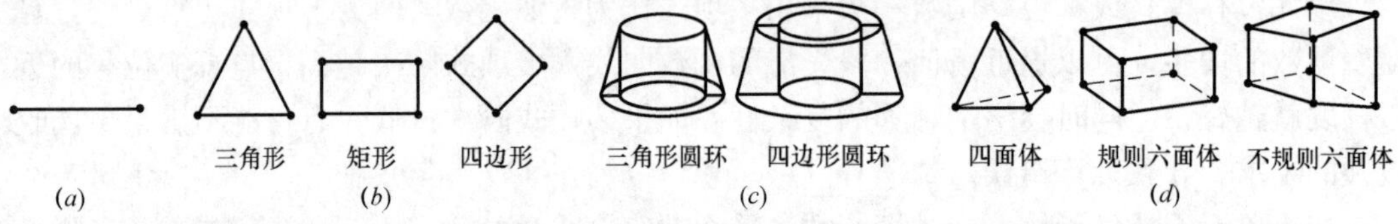

图 3.1-2　各种形状单元只有角节点（端节点）的情况

(a) 一维单元；(b) 二维单元；(c) 轴对称单元；(d) 三维单元

从节点参数的类型上区别，它们可以是只包含场函数的节点值，也可能是同时包含场函数导数的节点值。这主要取决于单元交界面上的连续性要求，而后者又由泛函中场函数导数的最高阶次所决定。即当泛函中的场函数的最高阶导数是 m 阶时，要求单元保持 C_{m-1} 连续性。如果泛函中的场函数导数的最高阶次为 1，则单元交界面上只要求函数值保持连续，即要求单元保持 C_0 连续性，此时节点参数通常只包含场函数的节点值，称这类单元为 C_0 型单元。对于位移有限元法，就是势能中位移函数出现的最高阶导数是 1 阶，在单元交界面上具有 0 阶的连续导数，即节点上只要求位移连续。一般的杆单元、平面问题单元、空间问题单元都是 C_0 型单元。如果泛函中的场函数导数的最高阶次为 2，则要求场函数的一阶导数在单元交界面上也保持连续，即要求单元保持 C_1 连续性，此时节点参数中必须同时包含场函数的节点值及其一阶导数的节点值，称这类单元为 C_1 型单元。对于位移有限元法，就是势能中位移函数出现的最高阶导数是 2 阶，在单元交界面上具有 1 阶的连续导数，即节点上除要求位移连续外，还要求 1 阶导数连续。梁单元、板单元、壳单元都是 C_1 型单元。

关于单元插值函数的形式，有限元法中几乎全部采用不同阶次幂函数的多项式，因其具有便于运算和易于满足收敛性要求的优点。

如果采用幂函数多项式作为单元的插值函数，对于只满足 C_0 连续性的 C_0 型单元，单元内未知场函数的线性变化能够仅用角（端）节点的参数表示。单元内未知场函数的二次变化，则必须在角（端）节点之间的边界上适当配置一个边内节点，如图 3.1-3 所示。未知场函数的三次变化，则必须在每个边界上适当配置两个边内节点，如图 3.1-4 所示。沿边界配置适当的边内节点，不但可以构成二次或更高次多项式来描述单元内未知场函数，还可以描述曲线单元边界。为了满足有限元解的收敛条件，可能还需要在单元内部配置节点，从而使插值函数保持为一定阶次的完全多项式。但这些内部节点的存在会增加表达格式和计算上的复杂性，在自由度数增加的同时却不能提高单元的精度，除非所考虑的具体情况绝对必需；否则，不要轻易增加内部节点。

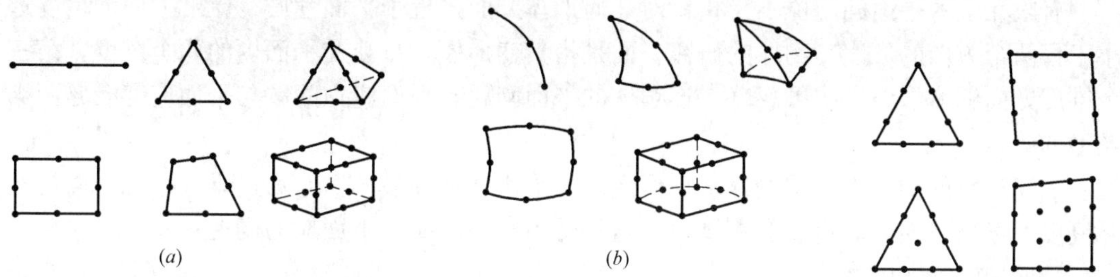

图 3.1-3 二次单元

（a）直线边；（b）曲线边

图 3.1-4 三次或高次单元

“杆件”是构造上其长度远大于截面尺寸的一维构件。结构力学中，常将承受轴力或扭矩的杆件称为“杆”，而将承受横向力和弯矩的杆件称为“梁”。有限元方法中将上述两种情况的单元分别称为“杆单元”和“梁单元”。二者在单元构造上有重要差别，“杆单元”属于 C_0 型单元，而“梁单元”属于 C_1 型单元。前者为一维拉格朗日单元的一种应用；而后者在采用经典梁弯曲理论的情况下，可以看成是一维 Hermite 单元的一种应用。

此外，对于等截面梁来说，若形函数采用三次 Hermite 插值函数，则可得到与矩阵位移法相同的单元刚度矩阵。事实上，若形函数为问题的控制微分方程的齐次通解，则单元刚度矩阵便是精确的，也即可以得到精确的节点位移。

在谈论有限元法的维度问题（一维、二维、三维）时，大多数人都会将构件（或单元）的维度、结构模型的维度与求解问题的维度混淆。而这确实是一件需要费一些笔墨才能讲明白的事。从构件层面且从其几何形状出发，或者从局部坐标系来看，杆单元与梁单元都属于一维单元，但杆单元无论在单元局部坐标系下，还是在二维结构模型的平面直角坐标系或三维结构模型的三维直角坐标系下，杆单元本身的变形都只是其轴向变形，即其变形模式是一维的。在单元局部坐标系下，只通过节点轴线位移一个参数 $u(x)$ 即可描述，这是真正的一维（1D）问题，但当杆单元用于平面结构中（比如平面桁架）时，尽管所有杆的变形只有各杆的轴向变形，但在平面总体坐标系下的杆端位移则需要 2 个参数 $u(x, y)$、$v(x, y)$ 来描述，此时的杆单元就是二维杆单元，每个节点具有 2 个平动自由度（平面桁架问题所有节点在平面外的自由度默认为被约束）。而当杆单元用于空间结构中（比如空间桁架、空间网架）时，在空间总体坐标系下杆端位移则需要 3 个参数 $u(x, y, z)$、$v(x, y, z)$、$w(x, y, z)$ 来描述，此时的杆单元就是三维杆单元，每个节点具有 3 个平动自由度。严格意义上，由二维杆单元和三维杆单元构成的结构只能叫平面结构和空间结构，而不能称之为平面问题和空间问题。有限元法里面的平面问题和空间问题专指单元的变形模式，在一个方向变形的就是一维问题，在两个方向变形的就是二维问题，在三个方向变形的就是三维问题。梁单元在构件几何层面虽然也是一维的，但梁单元除了沿其轴向的变形外，还会有弯曲变形导致的垂直于轴线的位移，因此单向受弯的梁从受力变形模式上就属于二维问题（ANSYS平台中应采用代号为BEAM3的Structural 2-D Beam单元），梁端除了2个平动自由度外，还有1个转动自由度，即平面梁单元每个节点具有3个自由度，而双向受弯的梁则属于三维问题（ANSYS平台中应采用代号为BEAM4的Structural 3-D Beam单元），梁端除了3个平动自由度外，还有3个转动自由度，即空间梁单元每个节点具有6个自由度。

有限元法的平面问题也不是指针对几何形体方面接近于平面性质（厚度方向的尺度远小于另两个方向的尺度）物体的研究，而是指其变形模式只涉及平面内的两个维度，第三个维度方向的变形为零或可忽略。连续体的平面问题有平面应力问题与平面应变问题两类典型问题。

当建筑物的楼板不采用刚性楼板假定，而采用“弹性模3”单元，即仅考虑平面内实际刚度而忽略平面外的荷载及刚度时，这种受力状态就属于平面应力问题。

平面应力问题的特征：

① 在三维尺度方面，一个方向的尺寸远小于另外两个方向的尺寸；

② 在受力方面，外力平行于板面且不沿厚度方向变化。

同时满足上述两个条件的三维问题即可退化为平面应力问题。平面应力问题垂直于平面的应力分量为零。

只考虑平面内刚度而不考虑平面外荷载与刚度的剪力墙，在采用有限元法模拟分析时用到的也是平面应力单元。

对于截面尺寸沿长度方向不变的水坝或挡土墙，当挡水挡土高度不变（外力沿长度方向不变）时，则三维的水坝和挡土墙沿坝长和墙长方向的变形为零，这种受力状态就属于平面应变问题。

平面应变问题的特征：

① 在三维尺度方面，一个方向的尺寸远大于另外两个方向的尺寸；

② 在受力方面，外力平行于横截面且不沿长度方向变化。

同时满足上述两个条件的三维问题即可退化为平面应变问题。平面应变问题垂直于平面的应变分量为零，但应力分量不为零。

平面问题的三角形3节点单元，由于其形函数是完全一次式，故其应变场和应力场在单元内均为常数，因此称其为常应变单元，即其单元内各点的应力、应变均相同。这会导致在多个单元共用的节点上，由各个单元计算所得到的共用节点上的应力各不相同。所以，在采用三角形常应变单元时，单元与单元之间的应力与应变是不连续的，在交界处产生跳跃，无法反映应变的真实变化，尤其是在应变（应力）梯度较大的部位，会导致较大的误差。为了提高三角形3节点平面单元的计算精度，可以采用前处理与后处理两种手段。前处理手段即加密网格，尤其是在应变（应力）梯度较大的部位更要加密；后处理手段即“磨平”处理，即将各个单元在共用节点上的不同应力值进行一定的平均或加权平均处理，也可以得到较好的效果。

四边形单元因其形函数带有二次式，计算得到的应变场和应力场都是坐标的一次函数，对提高精度有一定作用。故在相同的节点自由度情况下，矩形单元的计算精度要比三角形单元高。这个结论与单元的节点数有关。对于三角形 6 节点的二次单元，则以上结论不一定正确。

基于经典梁和板壳理论建立的梁单元和板壳单元，要求单元交界面的法线变形后保持连续，即要求挠度的一阶导数保持连续，这就要求梁、板壳单元在单元交界面应满足 C_1 连续性，这就对单元的构造带来很大困难甚至是挑战。因此，众多有限元研究者孜孜以求这方面的研究，试图研究出完备、协调，又简单高效的单元类型，导致各种不同类型单元百花齐放的局面。因此，时至今日，针对基于经典板壳理论建立的板壳单元的研究仍然大有可为。

8）简化与回归

结构单元是杆—梁单元和板—壳单元的总称，杆—梁和板—壳在工程中有广泛的应用，其力学分析属于结构力学与弹性力学范畴。对于一般几何形状的三维结构或构件，即便限于弹性分析，要获得解析解也是非常困难的。而杆梁在几何上具有两个方向的尺度比另一个方向尺度小很多的特点，板壳在几何上具有一个方向的尺度比另两个方向尺度小很多的特点，在分析中可以在其变形和应力方面引入一定的假设，使杆件和板壳分别简化为一维问题和二维问题，从而方便问题的求解。这种引入一定的假设，使一些典型构件的力学分析成为现实可能的做法，是结构力学的基本特点。但尽管如此，对于杆梁和板壳组成的结构系统，特别是在一般荷载条件的作用下，解析求解仍然存在困难。这就是人们寻求数值近似解法的原因和动力。在有限元法成功应用于弹性力学的平面问题和空间问题以后，很自然地，人们将杆梁和板壳问题的求解作为它的一个重要发展目标。有限元法也因此而获得更迅猛的发展及更广泛的应用。

目前，有限元法用于二维、三维连续体的线性分析已经非常成熟。既然杆梁和板壳在本质上仍属于三维实体，而一维及二维只是其简化模型，原则上可以利用三维实体单元分析杆梁和板壳结构问题，从而避免引入结构力学的简化，是否能得到更接近实际状态的精确解呢？从数值分析软硬件技术发展的现状来看，这种做法是可行的，但是否能得到更精确的解答，则需要处理好“公平与效率”的矛盾，在现实条件下可能存在困难。主要是在用实体单元对结构进行离散时，如果网格适应结构的几何特点，即单元的两个方向或一个方向的尺度比其他方向小得多时，将使单元不同方向的刚度系数相差过大，这种“不公平”会导致求解方程的病态甚至奇异，严重损害解的精度甚至无法求解。但若想避免上述问题，则必须令单元在各个方向的尺度接近，将导致单元总数激增，严重降低效率。这种做法对于构件层面或简单结构的分析尚存可能，但对于大型或超大型结构，可能会因自由度数量过于庞大而令分析无法进行。因此，在个人电脑尚未达到超级计算机的计算能力与存储能力之前，采用三维实体单元对结构进行模拟分析只具有研究价值而无实际工程意义。

因此，即便在数值分析的软硬件技术高度发展的今天，对杆梁和板壳分别采用一维单元与二维单元进行模拟仍然是通行的做法。对于结构力学有限元分析，如何构造适合杆梁和板壳分析的单元，从而避免刚度系数之间相差过大而造成的数值困难，可采用“主从自由度方法”或“相对自由度方法”。结构力学中梁弯曲理论和板壳理论所引入的变形方面的假设基于“主从自由度原理”，而基于“相对自由度原理”的梁单元与板壳单元本质上就是二维、三维实体单元。

简化仍然大行其道，而回归还只是传说。

9）有限元软件及与CAD软件的集成

目前，专业的著名有限元分析软件公司有几十家，这些公司大都分布在以美国为主的发达国家。国际上著名的通用有限元分析软件有ANSYS、ABAQUS、MSC/NASTRAN、MSC/MARC、ADINA、ALGOR、PRO/MECHANICA、IDEAS，此外还有一些专门的有限元分析软件，如LS-DYNA、DEFORM、PAM-STAMP、AUTOFORM、SUPER-FORGE等。国际上著名的主要有限元分析软件状况见表3.1-2。

国产有限元软件有Simdroid、FELAC、FEPG、SciFEA、JiFEX、KMAS等，但均没有走出国门，在国内的影响及市场也较小。

国际上著名的主要有限元分析软件状况 **表3.1-2**

年份	软件名称	开发者	网址
1965年	ASKA(PERMAS)	IKOSS GmbH,(INTES),Germany	www. intes. de
	STRUDL	MCAUTO,USA	www. gtstrudl. gatech. edu
1966年	NASTRAN	MacNeal-Schwendler Corp. ,USA	www. macsch. com
1967年	BERSAFE	CEGB,UK(restructured in 1990)	—
	SAMCEF	Univer. of Liege,Belgium	www. samcef. com
1969年	ASAS	Atkins Res. &Devel. ,UK	www. wsasoft. com
	MARC	MARC Anal. Corp. ,USA	www. marc. com
	PAFEC	PAFEC Ltd. ,UK now SER Systems	—
	SESAM	DNV,Norway	www. dnv. no
1970年	ANSYS	Swanson Anal. Syst. ,USA	www. ansys. com
	SAP	NISEE,Univ. of California,Berkeley,USA	www. eerc. berkeley. edu/software_and_data
1971年	STARDYNE	Mech. Res. Inc. ,USA	www. reiusa. com
	TITUS(SYSTUS)	CITRA,France; ESI Group	www. systus. com
1972年	DIANA	TNO,The Netherlands	www. diana. nl
	WECAN	Westinghouse R&D,USA	
1973年	GIFTS	CASA/GIFTS Inc. ,USA	—
1975年	ADINA	ADINA R&D,Inc. ,USA	www. adina. com
	CASTEM	CEA,France	www. castem. org:8001/ HomePage. html
	FEAP	NISEE,Univ. of California,Berkeley,USA	www. eerc. berkeley. edu/software_and_data
1976年	NISA	Eng. Mech. Res. Corp. ,USA	www. emrc. com
1978年	DYNA2D、DYNA3D	Livermore Softw. Tech. Corp. ,USA	www. lstc. com
1979年	ABAQUS	Hibbit,Karlsson & Sorensen,Inc. ,USA	www. abaqus. com
1980年	LUSAS	FEA Ltd. ,UK	www. lusas. com
1982年	COSMOS/M	Structural Res. & Anal. Corp. ,USA	www. cosmosm. com
1984年	ALGOR	Algor Inc. ,USA	www. algor. com
2000年	Midas FEA	MIDAS Information Technology Co. ,Ltd.	www. MidasUser. com

展望未来，在有限元的研究领域，适应各种传统与新型材料的材料本构关系模型及发展新的单元形式将是持续而长期的工作，多重非线性相耦合的分析方法以及有限元软件与CAD/CAM/CAE等软件系统的集成都是主要的研究方向。但对于工程设计人员而言，有限元软件的真正核心部分恰如一个黑匣子，是设计人员不关心且无法关心的部分。设计人员真正关心的除了对软件功能本身的信念外，最重要的还是软件好用与否，这一部分恰是软件前后处理的内容。坦率地讲，国产集成化建筑结构设计软件的内核其实并没有那么强大，但正是因其前后处理的操作比较简单且符合国人的习惯，才有了如今的地位。因此，通用有限元软件也有必要在前后处理方面下些功夫，在前端可以与CAD软件实现无缝集成，利用CAD软件的强大绘图能力完成建模，然后自动生成有限元网格并进行计算。若分析结果不符合设计要求，则重新修改模型和计算，直到满意为止。如今，很多商用有限元软件都开发了和著名CAD软件的接口。在后端可以向设计端延伸，并引入世界主要经济体的设计规范，且进一步向出图端延伸。目前，SAP2000及Midas均已延伸到设计端，且均引入了中国规范，但还都没有向出图端延伸。

（四）模型化误差

谈到结构模拟分析设计的精度或误差，笔者在此引入“模型化误差”的概念。这种“模型化误差”是指客观非人为因素所产生的结构设计偏差。模型化误差一部分来自模型化的过程，取决于从实际工程中抽象出来的结构计算模型与真实建筑结构的相似程度，也即结构模拟的准确程度；另一部分来自软件功能的局限，也即结构分析设计软件能否实现对结构计算模型的精确分析与设计。结构计算的精度固然与结构分析的精度有关，但更主要的影响因素是结构模拟的精度。这两方面是相辅相成的，在结构分析设计的理论与实践发展过程中也是相互促进与发展的。但有一点是确定的，随着结构分析设计理论的不断发展完善及伴随计算机技术不断突破所引发的数值技术与软件功能的不断强大，模型化误差会越来越小，结构分析与设计结果会越趋精确。

第二节　中国规范对模拟分析的基本要求

一、《混凝土结构设计规范》GB 50010—2010（2015年版）的有关规定

1. 基本原则

结构分析应符合下列要求：

（1）满足力学平衡条件；

（2）在不同程度上符合变形协调条件，包括节点和边界的约束条件；

（3）采用合理的材料本构关系或构件单元的受力—变形关系。

结构分析时，应根据结构类型、材料性能和受力特点等选择下列分析方法：

（1）弹性分析方法；

（2）塑性内力重分布分析方法；

（3）弹塑性分析方法；

（4）塑性极限分析方法；

（5）试验分析方法。

2. 分析模型（此处的分析模型实质就是结构模拟或模拟假定）

混凝土结构宜按空间体系进行结构整体分析，并宜考虑结构单元的弯曲、轴向、剪切和扭转等变形对结构内力的影响。当进行简化分析时，应符合下列规定：

（1）体形规则的空间结构，可沿柱列或墙轴线分解为不同方向的平面结构分别进行分析，但应考虑平面结构的空间协同工作。

（2）构件的轴向、剪切和扭转变形对结构内力分析影响不大时，可不予考虑。

混凝土结构的计算简图宜按下列方法确定：

（1）梁、柱、杆等一维构件的轴线宜取为截面几何中心的连线。

（2）现浇结构和装配整体式结构的梁柱节点、柱与基础连接处等可作为刚接；非整体浇筑的次梁两端及板跨两端可近似作为铰接。

（3）梁、柱等杆件的计算跨度或计算高度可按其两端支承长度的中心距或净距确定，并应根据支承节点的连接刚度或支承反力的位置加以修正。

（4）梁、柱等杆件间连接部分的刚度远大于杆件中间截面的刚度时，在计算模型中可作为刚域处理。

进行结构整体分析时，对于现浇结构或装配整体式结构，可假定楼盖在其自身平面内为无限刚性。当楼盖开有较大洞口或其局部会产生明显的平面内变形时，在结构分析中应考虑其影响。

对现浇楼盖和装配整体式楼盖，宜考虑楼板作为翼缘对梁刚度和承载力的影响。梁受压区有效翼缘计算宽度 b_f' 可按表 3.2-1（《混规》表 5.2.4）所列情况中的最小值取用；也可采用梁刚度增大系数法近似考虑，刚度增大系数应根据梁有效翼缘尺寸与梁截面尺寸的相对比例确定。

受弯构件受压区有效翼缘计算宽度 b_f'（《混规》表 5.2.4） **表 3.2-1**

情况			T形、I形截面		倒L形截面
			肋形梁(板)	独立梁	肋形梁(板)
1	按计算跨度 l_0 考虑		$l_0/3$	$l_0/3$	$l_0/6$
2	按梁(肋)净距 s_a 考虑		$b+s_a$	—	$b+s_a/2$
3	按翼缘宽度 h_f' 考虑	$h_f'/h_0\geqslant 0.1$	—	$b+12h_f'$	—
		$0.1>h_f'/h_0\geqslant 0.05$	$b+12h_f'$	$b+6h_f'$	$b+5h_f'$
		$h_f'/h_0<0.05$	$b+12h_f'$	b	$b+5h_f'$

注：1. 表中 b 为梁的腹板厚度；

2. 肋形梁在梁跨内设有间距小于纵肋间距的横肋时，可不考虑表中情况 3 的规定；

3. 加腋的 T 形、I 形和倒 L 形截面，当受压区加腋的高度 h_h 不小 h_f' 且加腋的长度 b_h 不大于 $3h_h$ 时，其翼缘计算宽度可按表中情况 3 的规定分别增加 $2b_h$（T 形、I 形截面）和 b_h（倒 L 形截面）；

4. 独立梁受压区的翼缘板在荷载作用下经验算沿纵肋方向可能产生裂缝时，其计算宽度应取腹板宽度 b。

3. 弹性分析

结构的弹性分析方法可用于正常使用极限状态和承载能力极限状态作用效应的分析。

结构构件的刚度可按下列原则确定：

（1）混凝土的弹性模量可按《混规》表 4.1.5 采用；

（2）截面惯性矩可按匀质的混凝土全截面计算；

（3）端部加腋的杆件，应考虑其截面变化对结构分析的影响；

（4）不同受力状态下构件的截面刚度，宜考虑混凝土开裂、徐变等因素的影响予以折减。

混凝土结构弹性分析宜采用结构力学或弹性力学等分析方法。体形规则的结构，可根据作用的种类和特性，采用适当的简化分析方法。

当结构的二阶效应可能使作用效应显著增大时，在结构分析中应考虑二阶效应的不利影响。

混凝土结构的重力二阶效应可采用有限元分析方法计算，也可采用《混规》附录B的简化方法。当采用有限元分析方法时，宜考虑混凝土构件开裂对构件刚度的影响。

当边界支承位移对双向板的内力及变形有较大影响时，在分析中宜考虑边界支承竖向变形及扭转等的影响。

4. 塑性内力重分布分析

混凝土连续梁和连续单向板，可采用塑性内力重分布方法进行分析。

重力荷载作用下的框架、框架—剪力墙结构中的现浇梁以及双向板等，经弹性分析求得内力后，可对支座或节点弯矩进行适度调幅，并确定相应的跨中弯矩。

按考虑塑性内力重分布分析方法设计的结构和构件，应选用符合规范规定要求的钢筋（《混规》第4.2.4条），并应满足正常使用极限状态要求且采取有效的构造措施。

对于直接承受动力荷载的构件，以及要求不出现裂缝或处于三a、三b类环境情况下的结构，不应采用考虑塑性内力重分布的分析方法。

钢筋混凝土梁支座或节点边缘截面的负弯矩调整幅度不宜大于25%；弯矩调整后的梁端截面相对受压区高度不应超过0.35，且不宜小于0.10。

钢筋混凝土板的负弯矩调整幅度不宜大于20%。

预应力混凝土梁的弯矩调整幅度应符合规范的专门规定（《混规》第10.1.8条）。

对属于协调扭转的混凝土结构构件，受相邻构件约束的支承梁的扭矩宜考虑内力重分布的影响。

考虑内力重分布后的支承梁，应按弯剪扭构件进行承载力计算。

注：当有充分依据时，也可采用其他设计方法。

5. 弹塑性分析

重要或受力复杂的结构，宜采用弹塑性分析方法对结构整体或局部进行验算。结构的弹塑性分析宜遵循下列原则：

（1）应预先设定结构的形状、尺寸、边界条件、材料性能和配筋等；

（2）材料的性能指标宜取平均值，并宜通过试验分析确定，也可按《混规》附录C的规定确定；

（3）宜考虑结构几何非线性的不利影响；

（4）分析结果用于承载力设计时，宜考虑抗力模型不定性系数对结构的抗力进行适当调整。

混凝土结构的弹塑性分析，可根据实际情况采用静力或动力分析方法。结构的基本构件计算模型宜按下列原则确定：

（1）梁、柱、杆等杆系构件可简化为一维单元，宜采用纤维束模型或塑性铰模型；

（2）墙、板等构件可简化为二维单元，宜采用膜单元、板单元或壳单元；

（3）复杂的混凝土结构、大体积混凝土结构、结构的节点或局部区域需作精细分析时，宜采用三维块体单元。

构件、截面或各种计算单元的受力—变形本构关系宜符合实际受力情况。某些变形较大的构件或节点进行局部精细分析时，宜考虑钢筋与混凝土间的粘结—滑移本构关系。

钢筋、混凝土材料的本构关系宜通过试验分析确定，也可按《混规》附录C采用。

6. 塑性极限分析

对不承受多次重复荷载作用的混凝土结构，当有足够的塑性变形能力时，可采用塑性极限理论的分析方法进行结构的承载力计算，同时应满足正常使用的要求。

整体结构的塑性极限分析计算应符合下列规定：

（1）对可预测结构破坏机制的情况，结构的极限承载力可根据设定的结构塑性屈服机制，采用塑性极限理论进行分析；

（2）对难于预测结构破坏机制的情况，结构的极限承载力可采用静力或动力弹塑性分析方法确定；

（3）对直接承受偶然作用的结构构件或部位，应根据偶然作用的动力特征考虑其动力效应的影响。

承受均布荷载的周边支承的双向矩形板，可采用塑性铰线法或条带法等塑性极限分析方法进行承载能力极限状态的分析与设计。

二、《高层建筑混凝土结构技术规程》JGJ 3—2010（简称《高规》）的有关规定

1. 一般规定

高层建筑结构的变形和内力可按弹性方法计算。框架梁及连梁等构件可考虑塑性变形引起的内力重分布。

高层建筑结构分析模型应根据结构实际情况确定。所选取的分析模型应能较准确地反映结构中各构件的实际受力状况。

高层建筑结构分析，可选择平面结构空间协同、空间杆系、空间杆—薄壁杆系、空间杆—墙板元及其他组合有限元等计算模型。

进行高层建筑内力与位移计算时，可假定楼板在其自身平面内为无限刚性，设计时应采取相应的措施保证楼板平面内的整体刚度。

当楼板可能产生较明显的面内变形时，计算时应考虑楼板的面内变形影响，或对采用楼板面内无限刚性假定计算方法的计算结果进行适当调整。

高层建筑结构按空间整体工作计算分析时，应考虑下列变形：

（1）梁的弯曲、剪切、扭转变形，必要时考虑轴向变形；

（2）柱的弯曲、剪切、轴向、扭转变形；

（3）墙的弯曲、剪切、轴向、扭转变形。

高层建筑结构应根据实际情况进行重力荷载、风荷载和（或）地震作用效应分析，并应按《高规》第5.6节的规定进行荷载效应和作用效应计算。

高层建筑结构内力计算中，当楼面活荷载大于4kN/m^{2}时，应考虑楼面活荷载不利

布置引起的结构内力的增大；当整体计算中未考虑楼面活荷载不利布置时，应适当增大楼面梁的计算弯矩。

高层建筑结构在进行重力荷载作用效应分析时，柱、墙、斜撑等构件的轴向变形宜采用适当的计算模型考虑施工过程的影响；复杂高层建筑及房屋高度大于150m的其他高层建筑结构，应考虑施工过程的影响。

高层建筑结构进行风作用效应计算时，正反两个方向的风作用效应宜按两个方向计算的较大值采用；体形复杂的高层建筑，应考虑风向角的不利影响。

体形复杂、结构布置复杂以及B级高度高层建筑结构，应采用至少两个不同力学模型的结构分析软件进行整体计算。

对多塔楼结构，宜按整体模型和各塔楼分开的模型分别计算，并采用较不利的结果进行结构设计。当塔楼周边的裙楼超过两跨时，分塔楼模型宜至少附带两跨的裙楼结构。

对受力复杂的结构构件，宜按应力分析的结果校核配筋设计。

对结构分析软件的计算结果应进行分析判断，确认其合理、有效后，方可作为工程设计的依据。

2. 计算参数

高层建筑结构地震作用效应计算时，可对剪力墙连梁刚度予以折减，折减系数不宜小于0.5。

在结构内力与位移计算中，现浇楼盖和装配整体式楼盖中，梁的刚度可考虑翼缘的作用予以增大。近似考虑时，楼面梁刚度增大系数可根据翼缘情况取1.3～2.0。

对于无现浇面层的装配式楼盖，不宜考虑楼面梁刚度的增大。

在竖向荷载作用下，可考虑框架梁端塑性变形内力重分布对梁端负弯矩乘以调幅系数进行调幅，并应符合下列规定：

(1) 装配整体式框架梁端负弯矩调幅系数可取为0.7～0.8，现浇框架梁端负弯矩调幅系数可取为0.8～0.9；

(2) 框架梁端负弯矩调幅后，梁跨中弯矩应按平衡条件相应增大；

(3) 应先对竖向荷载作用下框架梁的弯矩进行调幅，再与水平作用产生的框架梁弯矩进行组合；

(4) 截面设计时，框架梁跨中截面正弯矩设计值不应小于竖向荷载作用下按简支梁计算的跨中弯矩设计值的50%。

高层建筑结构楼面梁受扭计算时应考虑现浇楼盖对梁的约束作用。当计算中未考虑现浇楼盖对梁扭转的约束作用时，可对梁的计算扭矩予以折减。梁扭矩折减系数应根据梁周围楼盖的约束情况确定。

3. 计算简图处理

高层建筑结构分析计算时宜对结构进行力学上的简化处理，使其既能反映结构的受力性能，又适应于所选用的计算分析软件的力学模型。

楼面梁与竖向构件的偏心以及上、下层竖向构件之间的偏心宜按实际情况计入结构的整体计算。当结构整体计算中未考虑上述偏心时，应采用柱、墙端附加弯矩的方法予以近似考虑。

在结构整体计算中，密肋板楼盖宜按实际情况进行计算。

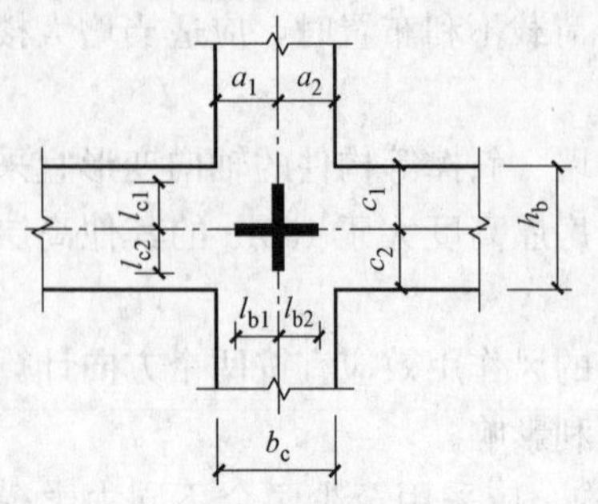

图 3.2-1 框架或壁式框架的节点刚域（《高规》图 5.3.4）

当不能按实际情况计算时，可按等刚度原则对密肋梁进行适当简化后再行计算。

对平板无梁楼盖，在计算中应考虑板的面外刚度影响，其面外刚度可按有限元方法计算或近似将柱上板带等效为框架梁计算。

在结构整体计算中，宜考虑框架或壁式框架梁、柱节点区的刚域影响，见图 3.2-1。

梁端截面弯矩可取刚域端截面的弯矩计算值。刚域的长度可按下列公式计算：

$$l_{b1}=a_1-0.25h_b \quad (3.2\text{-}1a)\ [《高规》式\ (5.3.4\text{-}1)]$$

$$l_{b2}=a_2-0.25h_b \quad (3.2\text{-}1b)\ [《高规》式\ (5.3.4\text{-}1)]$$

$$l_{c1}=c_1-0.25b_c \quad (3.2\text{-}1c)\ [《高规》式\ (5.3.4\text{-}1)]$$

$$l_{c2}=c_2-0.25b_c \quad (3.2\text{-}1d)\ [《高规》式\ (5.3.4\text{-}1)]$$

当计算的刚域长度为负值时，应取为零。

在结构整体计算中，转换层结构、加强层结构、连体结构、竖向收进结构（含多塔楼结构），应选用合适的计算模型进行分析。在整体计算中对转换层、加强层、连接体等作简化处理的，宜对其局部进行更细致的补充计算分析。

复杂平面和立面的剪力墙结构，应采用合适的计算模型进行分析。当采用有限元模型时，应在截面变化处合理地选择和划分单元；当采用杆系模型计算时，对错洞墙、叠合错洞墙可采取适当的模型化处理，并应在整体计算的基础上对结构局部进行更细致的补充计算分析。

高层建筑结构整体计算中，当地下室顶板作为上部结构嵌固部位时，地下一层与首层侧向刚度比不宜小于 2。

4. 重力二阶效应及结构稳定

当高层建筑结构满足下列规定时，弹性计算分析时可不考虑重力二阶效应的不利影响。

（1）剪力墙结构、框架—剪力墙结构、板柱剪力墙结构、筒体结构：

$$EJ_d \geqslant 2.7H^2\sum_{i=1}^{n}G_i \quad (3.2\text{-}2a)\ [《高规》式\ (5.4.1\text{-}1)]$$

（2）框架结构：

$$D_i \geqslant 20\sum_{j=i}^{n}G_i/h_i \quad (i=1,2,\cdots,n)$$

$$(3.2\text{-}2b)\ [《高规》式\ (5.4.1\text{-}2)]$$

式中 EJ_d——结构一个主轴方向的弹性等效侧向刚度；

D_i——第 i 楼层的弹性等效侧向刚度。

当高层建筑结构不满足上述规定时，结构弹性计算时应考虑重力二阶效应对水平力作用下结构内力和位移的不利影响。

高层建筑结构的重力二阶效应可采用有限元方法进行计算；也可采用对未考虑重力二阶效应的计算结果乘以增大系数的方法近似考虑。

高层建筑结构的整体稳定性应符合下列规定：

（1）剪力墙结构、框架—剪力墙结构、筒体结构应符合下列要求：

$$EJ_{\mathrm{d}} \geqslant 1.4H^2\sum_{i=1}^{n}G_i \quad (3.2\text{-}3a)\ [《高规》式\ (5.4.4\text{-}1)]$$

（2）框架结构还应符合下列要求：

$$D_i \geqslant 10\sum_{j=i}^{n}G_i/h_i \quad (i=1,2,\cdots,n)$$

$$(3.2\text{-}3b)\ [《高规》式\ (5.4.4\text{-}2)]$$

5. 结构弹塑性分析及薄弱层弹塑性变形验算

高层建筑混凝土结构进行弹塑性计算分析时，可根据实际工程情况采用静力或动力时程分析方法，并应符合下列规定：

（1）当采用结构抗震性能设计时，应根据《高规》第 3.11 节的有关规定预定结构的抗震性能目标；

（2）梁、柱、斜撑、剪力墙、楼板等结构构件，应根据实际情况和分析精度要求采用合适的简化模型；

（3）构件的几何尺寸、混凝土构件所配的钢筋和型钢、混合结构的钢构件应按实际情况参与计算；

（4）应根据预定的结构抗震性能目标，合理取用钢筋、钢材、混凝土材料的力学性能指标以及本构关系。钢筋和混凝土材料的本构关系可按现行国家标准《混规》的有关规定采用；

（5）应考虑几何非线性影响；

（6）进行动力弹塑性计算时，地面运动加速度时程的选取、预估罕遇地震作用时的峰值加速度取值以及计算结果的选用应符合《高规》第 4.3.5 条的规定；

（7）应对计算结果的合理性进行分析和判断。

在预估的罕遇地震作用下，高层建筑结构薄弱层（部位）弹塑性变形计算可采用下列方法：

（1）不超过 12 层且层侧向刚度无突变的框架结构可采用《高规》第 5.5.3 条规定的简化计算法；

（2）除第 1 款以外的建筑结构可采用弹塑性静力或动力分析方法。

结构薄弱层（部位）的弹塑性层间位移的简化计算，宜符合下列规定：

（1）结构薄弱层（部位）的位置可按下列情况确定：

① 楼层屈服强度系数沿高度分布均匀的结构，可取底层；

② 楼层屈服强度系数沿高度分布不均匀的结构，可取该系数最小的楼层（部位）和相对较小的楼层，一般不超过 2～3 处。

（2）弹塑性层间位移可按下列公式计算：公式略。

三、《混凝土结构通用规范》GB 55008—2021 的有关规定

混凝土结构进行正常使用阶段和施工阶段的作用效应分析时应采用符合工程实际的结

构分析模型。

结构分析模型应符合下列规定：

(1) 应确定结构分析模型中采用的结构及构件几何尺寸、结构材料性能指标、计算参数、边界条件及计算简图；

(2) 应确定结构上可能发生的作用及其组合、初始状态等；

(3) 当采用近似假定和简化模型时，应有理论、试验依据及工程实践经验。

结构计算分析应符合下列规定：

(1) 满足力学平衡条件；

(2) 满足主要变形协调条件；

(3) 采用合理的钢筋与混凝土本构关系或构件的受力—变形关系；

(4) 计算结果的精度应满足工程设计要求。

混凝土结构采用静力或动力弹塑性分析方法进行结构分析时，应符合下列规定：

(1) 结构与构件尺寸、材料性能、边界条件、初始应力状态、配筋等应根据实际情况确定；

(2) 材料的性能指标应根据结构性能目标需求取强度标准值、实测值；

(3) 分析结果用于承载力设计时，应根据不确定性对结构抗力进行调整。

混凝土结构应进行结构整体稳定分析计算和抗倾覆验算，并应满足工程需要的安全性要求。

大跨度、长悬臂的混凝土结构或结构构件，当抗震设防烈度不低于 7 度（0.15g）时应进行竖向地震作用分析。

因《混通规》定位为全文强制性规范，故该规范有关结构分析部分仅列入了强制性要求，而不像《混规》及《高规》那样完整而系统，因此有关混凝土结构设计中所有非强制性的条文仍需遵循《混规》及《高规》的有关规定，但其中涉及《混通规》的条文（主要是强制性条文）应遵循《混通规》的规定。

第三节　美国规范的模拟与分析方法

一、美国规范 ACI 318-19 的结构分析总则

分析的作用是估计结构系统的内力和变形，并确定是否符合规范的强度、适用性和稳定性要求。应通过结构分析方法确定对单个结构构件的荷载效应，该分析方法应考虑平衡、总体稳定性、几何相容性以及短期与长期材料特性。在反复使用荷载下易于累积残余变形的构件，应在其分析中包括预期在其使用寿命期间会发生的附加偏心率。计算机在结构工程中的应用使得对复杂结构进行分析变得可行。规范要求所用的分析程序必须满足平衡和变形相容性的基本原则，并允许采用多种分析技术，包括适用于不连续区域的拉—压杆法。ACI 318-19 允许设计人员使用任何满足平衡条件与几何协调条件的分析程序，只要强度、适用性和稳定性满足规范要求即可。

1. 规范允许的分析方法

(1) 重力荷载下连续梁和单向板分析的简化方法；

（2）一阶分析；

（3）弹性二阶分析；

（4）非弹性二阶分析；

（5）有限元分析。

2. 允许的附加分析方法

双向板在重力荷载下的分析可采用下述两种方法：

（1）非预应力板的直接设计方法；

（2）非预应力与预应力板的等效框架法。

ACI 318 自 1971 年版～2014 年版一直包含“直接设计法”与“等效框架法”的应用条款。这些方法已经完全确立并体现在可用文本中。有关双向板在重力荷载下分析的这些条款被从 ACI 318-19 中移除，原因是这两种方法仅仅是当前用于双向板设计的几种分析方法之中的两种（因而不宜仅单单列出这两种方法）。因此，ACI 318-14 中的直接设计法与等效框架法仍可用于重力荷载下双向板的分析。

细长墙应进行平面外效应分析（ACI 318-19 第 11.8 节）。

隔膜应允许按照 ACI 318-19 第 12.4.2 条进行分析，后文将专题介绍。

构件或区域应允许按照 ACI 318-19 第 23 章规定使用拉—压杆模型方法进行分析和设计。

3. 细长效应

如果下述条件满足，则应允许忽略长细比效应。

1）对于有侧移的无支撑柱

$$\frac{kl_u}{r}\leqslant 22 \qquad (3.3\text{-}1a)\ [\text{ACI 318-19 式 (6.2.5.1a)}]$$

2）对于无侧移的有支撑柱

$$\frac{kl_u}{r}\leqslant 34+12(M_1/M_2) \qquad (3.3\text{-}1b)\ [\text{ACI 318-19 式 (6.2.5.1b)}]$$

$$\frac{kl_u}{r}\leqslant 40 \qquad (3.3\text{-}1c)\ [\text{ACI 318-19 式 (6.2.5.1c)}]$$

式中，当构件按单曲率弯曲时，M_1/M_2 取负值，双曲率弯曲时取正值。

如果抵抗楼层侧向位移的支撑构件的总刚度至少为沿所考虑方向的柱子总侧向刚度的 12 倍，则应允许将楼层中的柱认定为无侧移的有支撑柱。

回转半径应允许按下述方法进行计算：

（1）
$$r=\sqrt{\frac{I_g}{A_g}} \qquad (3.3\text{-}2)\ [\text{ACI 318-19 式 (6.2.5.2)}]$$

（2）矩形柱考虑稳定性方向尺寸的 0.30 倍；

（3）圆形柱 0.25 倍直径。

除非根据上述规定允许忽略长细比效应，否则柱、约束柱的梁及其他支承构件均应按照考虑二阶效应的力与弯矩设计值进行设计。考虑二阶效应的弯矩 M_u 不得超过一阶效应相应弯矩 M_u 的 1.4 倍（表 3.3-1）。

常用分析类型与分析工具（ACI SP-017（14）表 3.2.5）　　表 3.3-1

<table>
<tr><th>分析类型</th><th>适用的构件集</th><th>分析工具</th></tr>
<tr><td rowspan="10">一阶线弹性静力荷载手算</td><td>单向板</td><td>分析表格</td></tr>
<tr><td>连续单向板</td><td>ACI 318-14 第 6.5 节的简化方法</td></tr>
<tr><td rowspan="2">双向板</td><td>ACI 318-14 第 8.10 节的直接设计法</td></tr>
<tr><td>ACI 318-14 第 8.11 节的等效框架法</td></tr>
<tr><td>梁</td><td>分析表格</td></tr>
<tr><td>连续梁</td><td>ACI 318-14 第 6.5 节的简化方法</td></tr>
<tr><td>柱</td><td>轴力—弯矩交互曲线包络图法(Interaction diagrams)</td></tr>
<tr><td rowspan="2">墙</td><td>轴力—弯矩交互曲线包络图法</td></tr>
<tr><td>ACI 318-14 第 11.8 节的平面外细长墙的替代方法</td></tr>
<tr><td>二维框架</td><td>ACI SP-017(14)第 3.3.3 节的 Portal method</td></tr>
<tr><td rowspan="3">一阶线弹性静力荷载计算机程序</td><td rowspan="2">仅重力系统</td><td>基于以上手算分析工具的 Excel 计算表格</td></tr>
<tr><td>基于矩阵法程序但仅限于重力荷载作用下的楼板系统</td></tr>
<tr><td>二维框架与墙</td><td>基于无迭代能力的矩阵法程序</td></tr>
<tr><td rowspan="2">二阶线弹性静力或动力荷载计算机程序</td><td>二维框架与墙</td><td>基于有迭代能力的矩阵法程序</td></tr>
<tr><td>三维结构</td><td>基于有迭代能力的有限元法程序</td></tr>
<tr><td>二阶非弹性</td><td>三维结构</td><td>超出 ACI SP-017(14)的范围</td></tr>
</table>

注：因 ACI SP-017（14）是与 ACI 318-14 配套的参考书，故书中内容所参照的 ACI 318 版本为 2014 年版。

二、美国规范 ACI 318-19 模拟假定

结构系统内构件的相对刚度应基于合理性与一致性的假设。

当计算柱、梁和板中由重力荷载引起的弯矩和剪力时，允许使用仅限于所考虑楼层中的构件以及与该层相连的上下层柱的模型（此即英欧规范的子框架模型）。允许假定与结构整体建造的柱的远端为固接。

分析模型应考虑构件横截面特性变化的影响，例如构件加腋的影响。

1. 构件截面尺寸与刚度

1）截面尺寸

对于支承整浇或迭合板的非预应力 T 形梁，有效翼缘宽度 b_f 应包括梁腹板宽度 b_w 加上根据表 3.3-2 确定的有效悬垂翼缘宽度，其中 h 是平板厚度，而 s_w 是到相邻翼缘间的净距。

T 型梁的有效悬垂翼缘宽度尺寸限值（ACI 318-19 表 6.3.2.1）　　表 3.3-2

<table>
<tr><th>翼缘位置</th><th colspan="2">腹板边缘外的有效悬臂翼缘宽度</th></tr>
<tr><td rowspan="3">腹板的两侧</td><td rowspan="3">右侧数据的最小值</td><td>$8h$</td></tr>
<tr><td>$s_w/2$</td></tr>
<tr><td>$l_n/8$</td></tr>
<tr><td rowspan="3">腹板的一侧</td><td rowspan="3">右侧数据的最小值</td><td>$6h$</td></tr>
<tr><td>$s_w/2$</td></tr>
<tr><td>$l_n/12$</td></tr>
</table>

对于支承双向板的整浇或叠合梁，其截面应包括一部分板的面积，该部分板在梁每一侧延伸的距离等于梁凸出板上方或下方距离的较大者，但不大于板厚的四倍。

当根据 ACI 318-19 第 22.7 节进行抗扭设计时，则用于计算 A_{cp}、A_g 与 p_{cp} 的悬垂翼缘宽度应按下述方法计算：

(1) 悬垂翼缘宽度应包括梁两侧各一部分板的宽度，梁每侧板的宽度应按梁顶突出板顶高度及梁底突出板底高度的较大值取用，但不能超过 4 倍的板厚；

(2) 对于带翼缘的梁，如果实心截面参数 A_{cp}^2/p_{cp} 或空心截面参数 A_g^2/p_{cp} 小于忽略翼缘的相同梁的参数，则应忽略悬垂翼缘（图 3.3-1）。

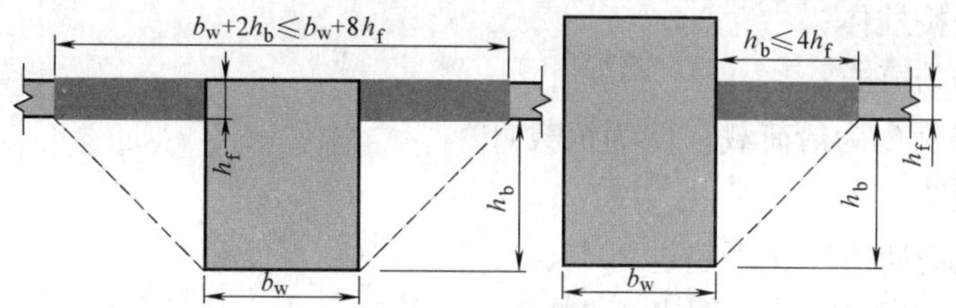

图 3.3-1　抗扭设计中考虑部分板作为梁翼缘的示例（ACI 318-19 图 R9.2.4.4）

2）截面弯曲刚度

结构系统内构件的相对刚度应基于合理性与一致性的假设。

理想情况下，构件刚度 E_cI 与 GJ 应反映屈服前每一构件发生开裂与非弹性行为的程度。但是，为框架所有构件选择不同刚度所涉及的复杂性将使框架分析在设计过程中效率低下。因此，需要简单的假设来定义弯曲和扭转刚度。

对于有支撑框架（braced frames），刚度的相对值很重要。美国规范通常的假设是对梁使用 $0.5I_g$，对柱使用 I_g。

对于无支撑框架（sway frames，摇摆框架），更理想的是取 I 的现实估值。如果执行二阶分析，则更应使用该现实估值。在这种情况下，I 的选择应根据设计极限荷载分析（Factored load analysis，相当于中欧规范的承载力极限状态分析）与服务荷载分析（Service load analysis，相当于中欧规范的正常使用极限状态分析）分别给出。

3）截面扭转刚度

有两个条件决定在给定结构的分析中是否有必要考虑扭转刚度：①扭转刚度和弯曲刚度的相对大小；②扭矩的存在是需要结构来平衡（平衡扭矩），还是使构件扭曲以维持变形相容性（相容扭矩）。如果是变形相容性问题，则扭转刚度可以忽略；如果涉及平衡性问题，则应考虑扭转刚度。

2. 构件的整体模型

应允许通过以下假设来简化分析模型：

(1) 允许净跨不超过 3m 且与支座整体建造的实心板或单向托梁系统按连续简支构件进行分析，跨度等于构件的净跨，忽略支承梁的宽度；

(2) 对于框架或连续结构，应允许假定构件相交区域为刚性。

为了计算由柱、梁和板中由重力荷载引起的弯矩和剪力，应允许使用仅限于所考虑层中的构件以及与该层相连的上下层柱的模型。允许假定与结构整体建造的柱的远端为固接。

分析模型应考虑构件横截面特性变化的影响，例如构件加腋的影响。

稳定性要求：

如果梁没有连续的侧向支撑，则应满足下述条件：

（1）侧向支撑的间距不得超过受压翼缘或断面最小宽度的 50 倍；

（2）侧向支撑的间距应考虑偏心荷载的影响。

三、普通连续梁（板）的简化分析方法

非预应力连续梁和单向板的简化分析方法。

对于满足下述条件的连续梁和单向板，应允许根据重力荷载计算 M_u 和 V_u：

（1）构件是棱柱体；

（2）荷载均匀分布；

（3）$L \leqslant 3D$（L 为活荷载，D 为恒载）；

（4）至少两跨；

（5）相邻两跨跨度之比不超过 20%。

重力荷载引起的 M_u 应按照表 3.3-3 进行计算。

非预应力连续梁与连续单向板的弯矩取值（ACI 318-19 表 6.5.2）　　表 3.3-3

弯矩	位置	条件	M_u
正弯矩	端跨	与支座成为整体的不连续端	$w_u l_n^2/14$
		未被约束的不连续端	$w_u l_n^2/11$
	中间跨	各种情况	$w_u l_n^2/16$
负弯矩	端支座内缘	与支承主梁整浇在一起的构件	$w_u l_n^2/24$
		与支承柱整浇在一起的构件	$w_u l_n^2/16$
	第一内支座外缘	双跨	$w_u l_n^2/9$
		多于两跨	$w_u l_n^2/10$
	其他支座边缘	各种情况	$w_u l_n^2/11$
	满足(1)或(2)的所有支座边缘	(1)跨度不超过 3m 的板； (2)跨端柱刚度之和与梁刚度之比大于 8	$w_u l_n^2/12$

注：计算负弯矩时，l_n 应取相邻净跨长度的平均值。

按照上表计算的弯矩不得再进行重分配。

由于重力荷载引起的 V_u 应按照表 3.3-4 计算。

非预应力连续梁与连续单向板的剪力取值（ACI 318-19 表 6.5.4）　　表 3.3-4

位置	V_u
第一内支座外缘	$1.15 w_u l_n/2$
其他支座边缘	$w_u l_n/2$

楼面或屋面的弯矩应该根据其正上方与正下方柱子的相对刚度并考虑其约束条件，按一定比例在这些柱子中分配。

这一做法就是英国规范及欧洲规范最常采用的子框架法，可以提供柱设计所需的弯矩。该弯矩是施加在柱中心线处梁（板）端的弯矩之差。

四、线弹性一阶分析

1. 一般规定

除非规范有关内容允许忽略构件的细长效应，否则应在线弹性一阶分析中考虑细长效应。

通过线弹性一阶分析计算出的弯矩应允许进行重分配，见下文“连续受弯构件的弯矩重分配”。

2. 构件与结构系统的模拟

楼面或屋面弯矩应通过在给定楼板正上方和正下方的柱之间分配弯矩来抵抗，弯矩分配与相对柱刚度成比例并考虑约束条件。

对于框架或连续结构，应考虑楼面和屋面荷载分布模式对弯矩传递到内外柱的影响，以及由于其他原因造成的偏心荷载的影响。

应允许通过下述假设来简化分析模型：

（1）与支座整体建造的净跨度不超过 10ft（3m）的实心板或单向密肋系统（one-way joist systems）应允许作为简支支座上的连续构件进行分析，其跨度等于构件的净跨度加上支承梁的宽度，否则可忽略梁宽；

（2）对于框架或连续结构，应允许假定构件的交叉区域为刚域。

3. 截面特性

1）因式荷载分析（factored load analysis）

惯性矩 I 与截面积应按表 3.3-5 及表 3.3-6 计算，除非使用更严格的分析。如果持续的侧向荷载存在，则墙与柱的惯性矩 I 应除以（$1+\beta_{ds}$），此处 β_{ds} 为相同荷载组合下楼层最大持续剪力（由持续侧向力产生）设计值与该层中最大剪力设计值之比。

设计极限荷载水平下弹性分析中允许的惯性矩与截面积［ACI 318-19 表 6.6.3.1.1 (a)］

表 3.3-5

构件及开裂情况		惯性矩 I	用于轴向变形的截面积	用于剪切变形的截面积
柱		$0.70I_g$	$1.0A_g$	b_wh
墙	不开裂	$0.70I_g$		
	开裂	$0.35I_g$		
梁		$0.35I_g$		
无梁楼盖		$0.25I_g$		

设计极限荷载水平下弹性分析中可替代的惯性矩取值［ACI 318-19 表 6.6.3.1.1 (b)］

表 3.3-6

构件	弹性分析时 I 的替代值		
	最小值	I	最大值
柱、墙	$0.35I_g$	$\left(0.80+25\dfrac{A_{st}}{A_g}\right)\left(1-\dfrac{M_u}{P_uh}-0.5\dfrac{P_u}{P_o}\right)I_g$	$0.875I_g$
梁、无梁板	$0.25I_g$	$(0.10+25\rho)\left(1.2-0.2\dfrac{b_w}{d}\right)I_g$	$0.5I_g$

注：对于连续弯曲构件，应允许将 I 作为临界正弯矩段和负弯矩段的平均值。P_u 与 M_u 应根据所考虑的荷载组合来计算或能产生最小 I 值的 P_u 与 M_u 的组合来计算。

对于侧向因式荷载分析，考虑到所有构件在该种荷载条件下刚度降低的情况，应允许假定所有构件取 $I=0.5I_g$ 或通过更详细的分析来计算 I。

对于无梁双向板系统的侧向因式荷载分析，当板类构件被指定为抗震系统的一部分时，应通过与全面测试和分析结果基本一致的模型来定义板类构件的 I，框架其他构件的 I 应符合前述规定。

2）服务荷载分析（service load analysis）

由于重力荷载引起的瞬时挠度与时间相关挠度应根据 ACI 318-19 第 24.2 节进行计算。

应允许使用 $1.4I$（其中，I 为按表 3.3-6 确定的惯性矩）或更详细的分析来计算瞬时侧向挠度，但该值不得超过 I_g。

4. 细长效应——弯矩放大法

除非满足 ACI 318-19 第 6.2.5 节有关可忽略细长效应的要求，否则结构中的柱和楼层应指定为非摇摆或摇摆。非摇摆框架或楼层中柱的分析应符合下文 2）的要求。摇摆框架或楼层中柱的分析应符合下文 3）的要求。

分析中使用的每个构件的横截面尺寸与施工文件中规定的构件尺寸偏差应控制在 10%以内，否则应进行重新分析。如果使用表 3.3-6 中的刚度进行分析，则假定的构件配筋率与施工文件中规定的构件配筋率偏差也应控制在 10%以内。

如果满足下述要求，应允许对结构中的柱与楼层按非摇摆框架进行分析：

（1）由于二阶效应而导致的柱端弯矩的增加不超过一阶柱端弯矩的 5%；

（2）下文所述的楼层稳定性指数 Q 不超过 0.05。

1）稳定性

楼层稳定性指数 Q 应按以下方法计算：

$$Q=\frac{\sum P_u \Delta_o}{V_{us} l_c}$$

（3.3-3）［ACI 318-19 式（6.6.4.4.1）］

其中，$\sum P_u$ 和 V_{us} 分别是待评估楼层中总的因式垂直荷载与水平楼层剪力，Δ_o 是 V_{us} 引起的该楼层顶部和底部之间的一阶相对侧向位移。

临界屈曲荷载 P_c 应通过以下方法计算：

$$P_c=\frac{\pi^2 (EI)_{eff}}{(kl_u)^2}$$

（3.3-4）［ACI 318-19 式（6.6.4.4.2）］

有效长度系数 k 应根据按式（2.4-1a）、式（2.4-1b）确定的 E_c 和根据表 3.3-5、表 3.3-6 确定的 I 计算。对于非摇摆构件，k 应被允许取为 1.0，而对于摇摆构件，k 应至少为 1.0。

对于非复合材料柱，$(EI)_{eff}$ 应按照下式进行计算：

$$(EI)_{eff}=\frac{0.4E_c I_g}{1+\beta_{dns}}$$

（3.3-5a）［ACI 318-19 式（6.6.4.4.4a）］

$$(EI)_{\text{eff}}=\frac{(0.2E_cI_g+E_sI_{se})}{1+\beta_{dns}}$$

(3.3-5b)［ACI 318-19 式（6.6.4.4.4b)］

$$(EI)_{\text{eff}}=\frac{E_cI}{1+\beta_{dns}}$$

(3.3-5c)［ACI 318-19 式（6.6.4.4.4c)］

式中，β_{dns} 应为相同荷载组合中最大因式持续轴向荷载与最大因式轴向荷载间的比值。式（3.3-5c）中的 I 对于柱和墙按表 3.3-6 计算，其中式（3.3-5a)、式（3.3-5c）均为式（3.3-5b）的简化形式，但式（3.3-5c）比式（3.3-5a）更为准确。

2）弯矩放大法：非摇摆框架

用于柱和墙体设计的因式弯矩（factored moment，即设计弯矩）M_c 应为一阶因式弯矩 M_2 与反映构件曲率影响放大系数 δ 的乘积：

$$M_c=\delta M_2$$ (3.3-6)［ACI 318-19 式（6.6.4.5.1)］

放大系数 δ 应按下式计算：

$$\delta=\frac{C_m}{1-\dfrac{P_u}{0.75P_c}}\geqslant 1.0$$

(3.3-7)［ACI 318-19 式（6.6.4.5.2)］

C_m 应按下述（1）或（2）的条件确定。

（1）对于支座之间无横向荷载的柱：

$$C_m=0.6-0.4\frac{M_1}{M_2}$$

(3.3-8a)［ACI 318-19 式（6.6.4.5.3a)］

其中，柱为单曲率弯曲时 M_1/M_2 为负，双曲率弯曲时 M_1/M_2 为正。M_1 对应于绝对值较小的柱端弯矩。

（2）对于支座之间施加横向荷载的柱：

$$C_m=1.0$$

(3.3-8b)［ACI 318-19 式（6.6.4.5.3b)］

式（3.3-6）中的 M_2 应至少为根据公式（3.3-9）计算的分别绕每个轴的 $M_{2,min}$

$$M_{2,min}=P_u(0.6+0.03h)$$

(3.3-9)［ACI 318-19 式（6.6.4.5.4)］

如果 $M_{2,min}$ 超过 M_2，则 C_m 应等于 1.0 或根据算得的端弯矩 M_1/M_2 的比值按公式（3.3-8a）计算。

3）弯矩放大法：摇摆框架

单个柱的端弯矩 M_1 和 M_2 应通过式（3.3-10）计算：

$$M_1=M_{1ns}+\delta_sM_{1s}$$

(3.3-10a)［ACI 318-19 式（6.6.4.6.1a)］

$$M_2=M_{2ns}+\delta_sM_{2s}$$

(3.3-10b)［ACI 318-19 式（6.6.4.6.1b)］

弯矩放大系数 δ_s 应通过下述（1）、（2）或（3）进行计算。如果 δ_s 超过 1.5，则仅允许使用（2）或（3）：

（1）
$$\delta_s=\frac{1}{1-Q}\geqslant 1$$
（3.3-11a）［ACI 318-19 式（6.6.4.6.2a）］

（2）
$$\delta_s=\frac{1}{1-\frac{\sum P_u}{0.75\sum P_c}}\geqslant 1$$
（3.3-11b）［ACI 318-19 式（6.6.4.6.2b）］

（3）二阶弹性分析

其中，$\sum P_u$ 是楼层中所有因式垂直荷载的总和，$\sum P_c$ 是楼层中所有抗摇摆柱 P_c 的总和，P_c 用公式（3.3-4）计算，k 及 $(EI)_{eff}$ 按前文确定，并用 β_{ds} 代替 β_{dns}。

弯曲构件应根据节点处总的放大后柱端弯矩进行设计。

摇摆框架中的柱应沿其长度方向考虑二阶效应。应允许按非摇摆框架来考虑这些效应，其中 C_m 用上文的 M_1 和 M_2 计算。

5. 连续受弯构件的弯矩重分配

除非是采用简化分析方法（ACI 318-19 第 6.5 节针对连续梁与单向板）而取得的弯矩近似值，或采用非弹性二阶分析（ACI 318-19 第 6.8 节）而取得的弯矩值，或采用 ACI 318-19 第 6.4.3.3 节规定的荷载分布模式（最大跨中正弯矩由 75%因式活荷载在间隔跨布置而获得，最大支座负弯矩由 75%因式活荷载在相邻跨布置而获得）而确定的双向板弯矩，否则应允许根据弹性理论计算的最大负弯矩或最大正弯矩进行折减，但需满足下列要求：

（1）受弯构件是连续的；

（2）在弯矩折减截面处 $\varepsilon_t\geqslant 0.0075$。

对于预应力构件，弯矩包括因式荷载引起的弯矩和预应力效应引起的弯矩。

在弯矩折减截面，再分配不得超过 $1000\varepsilon_t$%与 20%的较小值。

折减的弯矩应用来重新计算跨度内所有其他截面的重分配弯矩，以便弯矩再分配后对于每个荷载分布模式都能保持静力平衡。

剪力和支座反力应根据静力平衡计算，应考虑到每个荷载分布模式的重分配弯矩。

五、线弹性二阶分析

1. 一般要求

线弹性二阶分析应考虑轴向荷载的影响、沿构件长度开裂区域的存在以及荷载持续时间的影响。使用下文定义的横截面特性可满足上述这些考虑因素。

应考虑沿柱长方向的细长效应。应允许根据前文非摇摆框架的规定来计算这些效应。

用于计算细长效应分析中的每个构件的截面尺寸与施工文件中规定的构件尺寸偏差应控制在 10%以内，否则应进行重新分析。

通过弹性二阶分析算得的弯矩应允许根据前文规定，进行弯矩的重分配。

2. 截面特性

1）因式荷载分析

应允许使用根据线弹性一阶分析计算的截面特性。

2）服务荷载分析

由重力荷载引起的瞬时挠度和时间相关位移应根据 ACI 318-19 第 24.2 节进行计算。

作为替代方法，应允许使用根据表 3.3-5、表 3.3-6 所确定惯性矩 I 的 1.4 倍来计算瞬时位移，或使用更详细的分析计算，但该值不得超过 I_g。

六、非弹性分析

非弹性分析应考虑材料非线性。非弹性一阶分析应满足未变形状态下的平衡。非弹性二阶分析应满足变形状态下的平衡。

应证明非弹性分析方法计算的强度和变形与钢筋混凝土构件、子结构或结构系统的物理测试结果基本一致，其响应机制与所设计结构的预期响应一致。

除非根据前文（ACI 318-19 第 6.2.5.1 款）允许忽略细长效应，否则非弹性分析应满足变形状态下的平衡。应允许使用前文针对非摇摆框架的弯矩放大法（ACI 318-19 第 6.6.4.5 款）计算沿柱长的细长效应。

用于计算细长效应分析中使用的每个构件的截面尺寸与施工文件中规定的构件尺寸偏差应控制在 10%以内，否则应进行重新分析。

通过非弹性分析计算出的弯矩不允许进行重分配。

七、有限元分析的可接受性

应允许通过有限元分析来确定荷载效应。这一规定在 ACI 318-14 开始引入，明确承认有限元法作为一个广泛应用的分析方法。

有限元模型应符合于其预期目的。

获得执业许可的设计专业人员应确保针对感兴趣的特定问题使用适当的分析模型。这包括选择计算机软件程序、单元类型、模型网格和其他模拟假设。

有大量的有限元分析计算机软件程序可供选择，包括那些执行静态、动态、弹性和非弹性分析的程序。

所使用的单元类型应该能够确定所需的响应。有限元模型可以具有模拟结构框架构件（如梁和柱）的梁—柱单元，以及平面应力单元与板单元。壳单元或实体单元或两者可用于模拟楼板、筏形基础、隔膜、墙和连接。所选择的模型网格尺寸应该能够足够详细地确定结构响应。允许对构件的刚度使用任何一组合理的假设。

对于非弹性分析，应对每个因式荷载组合进行单独的分析。

获得执业许可的设计专业人员应确认分析的结果适合于分析的目的。

用于分析的每个构件的横截面尺寸与施工文件中规定的构件尺寸的偏差应控制在10%以内，否则应重新进行分析。

通过非弹性分析计算出的弯矩不允许进行重分配。

八、拉—压杆模型分析

拉—压杆模型在 ACI 318-02、05、08、11 版中均未被列入规范正文，而是被列入附录 A 中，直到 2014 年版 ACI 318 大规模重组时，才被正式列入规范第七部分（Part 7

Strength & Serviceability）下的第 23 章。

详见后文专题介绍。

九、双向板的直接设计法（ACI 318-19 中删除）

直接设计方法是 ACI 318 自 2002 年版就载入的用于双向板分析设计的方法，一直保留到 2014 年版，但在 2019 年版中则从规范中删除，但这并不意味着该方法被摒弃。ACI 318-19 条文说明第 R6.2.4.1 的解释如下：

1971～2014 年的规范版本均包含使用“直接设计法”和“等效框架方法”的规定。这些方法已经牢固建立，并在一切可用文本中进行了介绍。双向板重力荷载分析的这些规定之所以从 2019 年版规范中删除，是因为它们仅是目前用于双向板设计的几种分析方法中的两种而不是全部，删除这两种方法是为了避免排他的误解而不是对其否定与弃置，故 2014 年版规范的直接设计法和等效框架法仍可用于分析重力荷载下的双向板。

因 ACI 318 针对双向板的直接设计法与中欧规范的分析设计方法迥异，为突出其这一特点，故将“直接设计法”详细介绍的内容放到“第六节 中美欧规范在模拟分析中的异同”中。

十、双向板的等代框架法

美国规范的等代框架法有两个层面：其一是规则的三维建筑在纵、横两个方向二维化为若干榀平面框架，是一种二维全框架法，与中国规范的平面框架法有相似之处；其二是适用于楼板系统完整分析的等代框架法，这是以楼层为中心的局部平面框架，与中国规范用于无梁楼盖分析的等代框架法相似。

此类等效框架由三部分组成：

（1）水平板带，包括沿框架方向跨越的任何梁；

（2）延伸到板上方和下方的柱或其他竖向支承构件；

（3）在水平构件和竖向构件之间提供弯矩传递的结构单元。

限于篇幅，本书在此不再进一步介绍等代框架法。

第四节　欧洲规范的模拟与分析方法

一、总则

1. 一般要求

结构分析的目的是确定整个结构或部分结构的内力与力矩，或应力、应变与位移的分布。必要时应进行额外的局部分析。

注：在大多数正常情况下，分析将用于确定内力和力矩的分布，并根据这些作用效应对横截面的抗力进行完整的验证或证明；然而，对于某些特定构件，所使用的分析方法（例如有限元分析）给出的是应力、应变和位移，而不是内力和力矩。此时需要特殊的方法来使用这些结果以获得适当的验证。

当线性应变分布的假设无效时，可能需要进行局部分析，如下列情况：

(1) 在支座附近；

(2) 局部荷载、集中荷载作用区域；

(3) 在梁柱交点；

(4) 在锚固区域；

(5) 在横截面变化区域。

对于平面内应力场，可以使用一种简化的方法来确定钢筋配置。

注：EC 2 附录 F 中给出了一种简化方法。

应使用理想化后的几何形状与结构性能进行分析。所选择的理想化方法对所考虑的问题应是恰当的。

在设计中应考虑结构的几何形状和属性对其在每个施工阶段性能的影响。

常用于分析的理想化性能有：

(1) 线弹性性能（见 EC 2 第 5.4 节）；

(2) 具有有限重分配的线性弹性性能（见 EC 2 第 5.5 节）；

(3) 塑性性能（见 EC 2 第 5.6 节），包括拉—压杆模型（见 EC 2 第 5.6.4 条）；

(4) 非线性性能（见 EC 2 第 5.7 节）。

在建筑物中，剪力和轴力对线性构件与板类构件变形的影响可以忽略不计，因为这些影响可能小于弯曲引起的变形的 10%。

2. 针对基础的特殊要求

如果大地与结构的相互作用对结构的作用效应有重大影响，则应按照 EN 1997-1 的规定考虑岩土性质和相互作用的影响。

注：有关浅层基础分析的更多信息，请参见 EC 2 附件 G。

对于扩展基础的设计，可以使用适当简化的模型来描述土与结构的相互作用。

注：对于简单的独立基础和桩承台，通常可以忽略土与结构相互作用的影响。

对于单根桩的强度设计，应考虑桩、桩承台和支承岩土之间的相互作用来确定它所承受的作用。

如果桩排成几排，则应通过考虑桩之间的相互作用来评估每根桩所受到的作用。

当桩之间的净距大于桩直径的两倍时，可以忽略这种相互作用。

3. 荷载工况与荷载组合

在考虑作用的组合时，请参见 EN 1990 第 6 节，应考虑所有相关工况，以确保在所考虑的结构中的所有截面都可以建立关键设计条件。

注：如果需要简化在一国使用的荷载布置的数量，请参考其国家附件。欧洲规范建议对建筑物使用以下简化的荷载布置：

(1) 间隔跨度承载设计可变荷载及永久荷载（$\gamma_Q Q_k + \gamma_G G_k + P_m$），其他跨度仅承载设计永久荷载（$\gamma_G G_k + P_m$）；

(2) 任意两个相邻跨度承载设计可变荷载和永久荷载（$\gamma_Q Q_k + \gamma_G G_k + P_m$），其他所有跨度仅承受设计永久荷载（$\gamma_G G_k + P_m$）。

4. 二阶效应

在可能显著影响结构整体稳定性以及可能在关键截面处达到承载力极限状态的情况下，应考虑二阶效应（请参阅 EN 1990 第 1 部分）。

对于建筑物，低于某些限值的二阶效应可以被忽略。

二、几何缺陷

欧洲规范与中美规范相比的最大特点就是在材料分项系数之外又考虑了构件几何缺陷的影响，而且还将构件几何缺陷的影响进行了定量化。

在进行构件和结构分析时，应考虑到结构几何形状和荷载位置可能产生偏差的不利影响。

对于受压截面，必须假定 $e_0=h/30$ 且不小于 20mm 的最小偏心率，其中 h 为截面高度。

在持久和偶然状态的极限状态设计中均应考虑构件缺陷，正常使用极限状态不需考虑构件缺陷。

以下规定适用于受轴压的构件及具有垂直荷载的结构。

缺陷可以用下式的倾斜值 θ_i 来表示：

$$\theta_i=\theta_0\cdot\alpha_{\mathrm{h}}\cdot\alpha_{\mathrm{m}} \qquad (3.4\text{-}1)\ [\text{EC 2 式 (5.1)}]$$

式中 θ_0——倾斜基本值；

α_{h}——长度或高度折减系数，$\alpha_{\mathrm{h}}=2/\sqrt{l}$ 且 $2/3\leqslant\alpha_{\mathrm{h}}\leqslant1$；

α_{m}——构件数量折减系数，$\alpha_{\mathrm{m}}=\sqrt{0.5(1+1/m)}$；

l——构件的长度或高度［m］；

m——对总体效应有贡献的竖向构件的数量。

注：用于某国的 θ_0 值可参见其国家附件，欧洲规范推荐值为 1/200。

在式（3.4-1）中，l 和 m 的定义取决于所考虑的效应，为此可以区分三种主要情况(另请参见图 3.4-1)：

（1）对孤立构件的效应：l＝构件的实际长度，$m=1$；

（2）对支撑系统的效应：l＝建筑高度，m＝对支撑系统水平力有贡献的竖向构件的数量；

（3）对分配水平荷载的楼面或屋面膜的效应：l＝建筑高度，m＝对楼面总水平力有贡献的楼层内竖向构件的数量。

对于孤立的构件，可以通过两种替代方式来考虑缺陷的影响。

（1）偏心率 e_i，按下式给出：

$$e_i=\theta_i l_0/2 \qquad (3.4\text{-}2)\ [\text{EC 2 式 (5.2)}]$$

式中 l_0——构件的有效长度，对于有支撑系统的墙与孤立柱，可用 $e_i=l_0/400$ 进行简化，对应于 $\alpha_{\mathrm{h}}=1$ 的情况。

（2）横向力 H_i，施加在会产生最大弯矩的位置：

对于无支撑构件（见图 3.4-1a）：

$$H_i=\theta_i N \qquad (3.4\text{-}3)\ [\text{EC 2 式 (5.3a)}]$$

对于有支撑构件（见图 3.4-1b）：

$$H_i=2\theta_i N \qquad (3.4\text{-}4)\ [\text{EC 2 式 (5.3b)}]$$

式中 N——轴力。

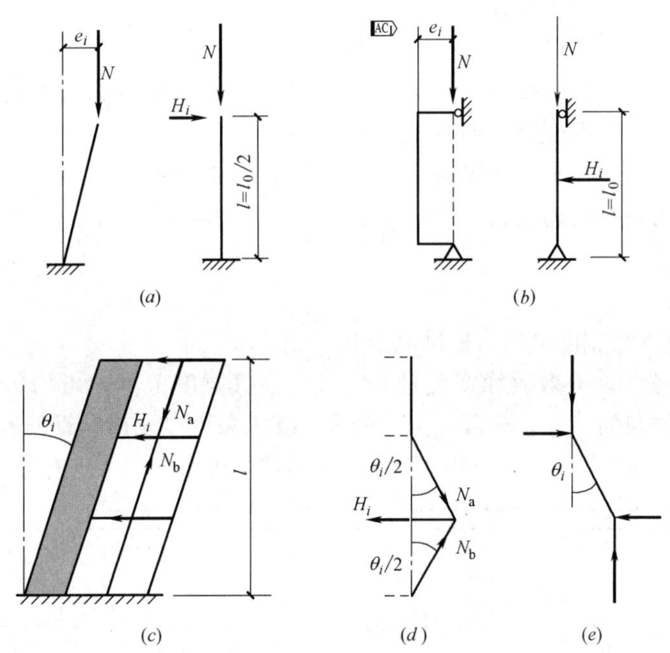

图 3.4-1　几何缺陷效应示例（EC 2 图 5.1）

（a）有偏心轴力或侧向力的隔离构件——无支撑；（b）有偏心轴力或侧向力的隔离构件——有支撑；（c）支撑系统；（d）楼面膜；（e）屋面膜

注：偏心距适用于静定构件，而横向荷载既可以用于静定构件，也可以用于超静定构件。力 H_i 可以用其他等效的横向作用力代替。

作为支撑系统中墙及孤立柱的简化替代方案，可以使用偏心率 $e_i=l_0/400$ 来覆盖与正常施工偏差有关的缺陷。

对于受压截面，必须假定 $e_0=h/30$ 且不小于 20mm 的最小偏心率，其中 h 为截面高度。

三、结构的理想化

1. 整体分析的结构模拟

结构构件根据其性质与功能划分为梁、柱、板、墙、拱、壳等。规范为这些构件及其所组成结构的分析提供了规则。

对于建筑物，下列规定适用：

（1）梁是其跨度不小于总截面高度 3 倍的构件。否则，应将其视为深梁。

（2）板是指其最小平面尺寸不少于板总厚度 5 倍的构件。

（3）下列情况下，以承受均布荷载为主的板可认为是单向板：

① 具有两个自由（无支承）且明显平行的边缘；

② 四边支承的矩形平板且长短跨之比大于 2。

（4）出于分析目的，单向密肋板（Ribbed Slabs，美国规范称为 One-way Joist System）或双向密肋板（Waffle Slabs，美国规范称为 Two-way Joist System）不必视为离散构件，只要翼缘或整浇层与横向肋梁有足够的扭转刚度即可。但需满足下列前提：

① 肋梁间距不超过 1500mm；

② 凸出翼缘下方的肋梁高度不超过其宽度的 4 倍；

③ 翼缘的厚度至少为肋梁之间净距的 1/10 或 50mm，以较大者为准；

④ 横向肋梁间的净距应不超过板总厚度的 10 倍。

如果在肋梁之间存在永久性模块，则最小 50mm 的翼缘厚度可以减小到 40mm。

(5) 柱是截面高度不超过其宽度的 4 倍，而构件高度至少为截面高度 3 倍的构件，否则，应将其视为墙。

2. 几何数据

1）梁的有效翼缘宽度（所有极限状态）

在 T 型截面梁中，有效翼缘宽度是假定应力在其宽度范围内可均匀分布的宽度，取决于腹板与翼缘的几何尺寸、荷载类型、跨度、支承条件以及横向钢筋的配置情况。

有效翼缘宽应基于零弯矩点间的距离 l_0 来确定，可按图 3.4-2 进行确定。

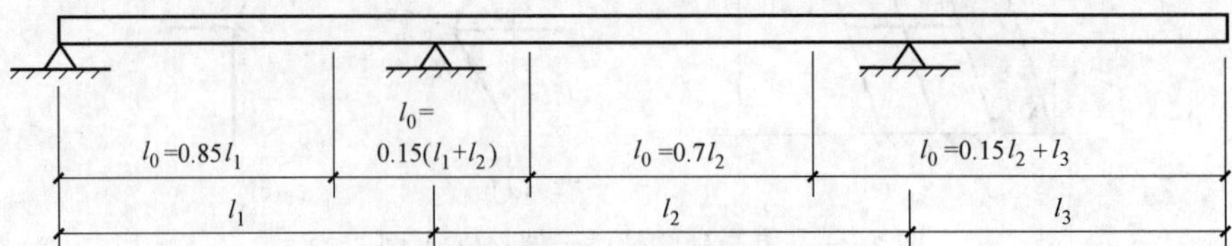

图 3.4-2 用于计算有效翼缘宽度的 l_0 的定义（EC 2 图 5.2）

注：悬臂长度 l_3 应小于相邻跨度的一半，且相邻跨度之比应在 2/3～1.5 之间。

T 形梁或 L 形梁的有效翼缘宽度 b_{eff} 可通过下式计算：

$$b_{\mathrm{eff}}=\sum b_{\mathrm{eff},i}+b_{\mathrm{w}}\leqslant b \qquad (3.4\text{-}5)\ [\text{EC 2 式 (5.7)}]$$

其中：

$$b_{\mathrm{eff},i}=0.2b_i+0.1l_0\leqslant 0.2l_0 \qquad (3.4\text{-}6)\ [\text{EC 2 式 (5.7a)}]$$

$$b_{\mathrm{eff},i}\leqslant b_i \qquad (3.4\text{-}7)\ [\text{EC 2 式 (5.7b)}]$$

（公式中各符号的含义见图 3.4-2 及图 3.4-3）

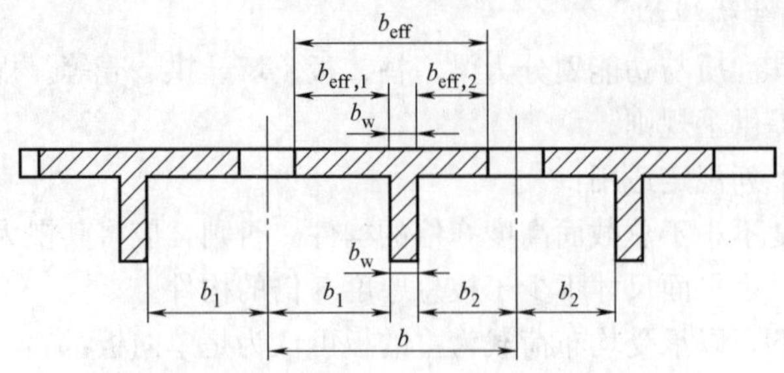

图 3.4-3 有效翼缘宽度参数（EC 2 图 5.3）

对于结构分析，在不需要很高精度的情况下，可以假定在整个跨度上的翼缘宽度恒定。应采用适用于该跨度的截面尺寸。

2）梁的有效跨度

梁的有效跨度 l_{eff} 应按下式计算：

$$l_{eff}=l_n+a_1+a_2 \quad (3.4\text{-}8)\ [\text{EC 2 式 (5.8)}]$$

其中，l_n 是支座间的净距离；在跨度的每一端，a_1 和 a_2 的值可以从图 3.4-4 中取适当的 a_i 来确定，其中 t 是支承构件的宽度。

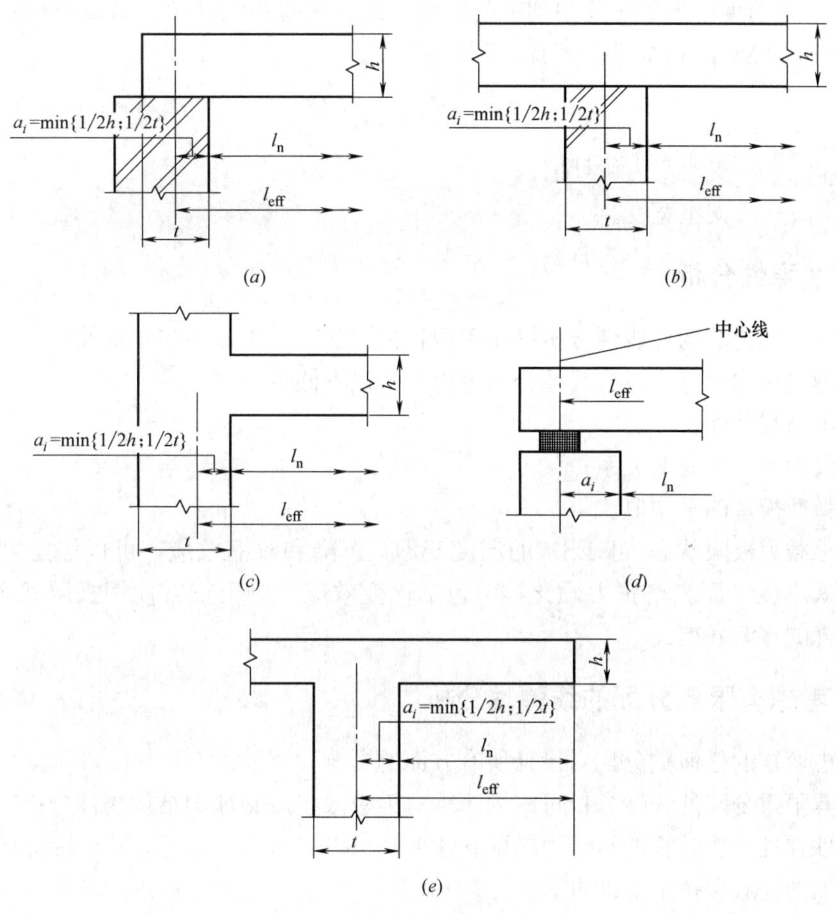

图 3.4-4 不同支承条件的有效跨度（l_{eff}）（EC 2 图 5.4）

（*a*）非连续构件；（*b*）连续构件；（*c*）完全约束支座；（*d*）有垫块支座；（*e*）悬臂构件

情况 1：构件连续跨越并支承于中间支座（图 3.4-4*b*）。

情况 2：完全约束支座（图 3.4-4*c*）。a_j 是 1/2 支座宽度与 1/2 构件总高度的较小者。

情况 3：不连续的端部支座（图 3.4-4*a*）。a_j 是 1/2 支座宽度与 1/2 构件总高度的较小者。

情况 4：垫块上的不连续端部支座（图 3.4-4*d*）。a_j 是支座边缘到垫块中心线的距离。

情况 5：孤立的悬臂（图 3.4-4*e*）。$a_j=0$，即有效跨度是从支座边缘算起的悬臂长度。

3）边界条件（支承条件）与弯矩折减

连续板/梁通常可以按照支座不提供转动约束的假设进行分析。

当梁或板与其支座是整体时，支座处的临界设计弯矩应取支座边缘处的临界设计弯矩。传递到支承构件（例如柱、墙等）的设计弯矩与反力一般应取弹性值或再分配值的较大值。

注：支座边的弯矩不应小于完全固定端弯矩的 0.65。

无论使用何种分析方法，如果梁或板在支座上是连续的，可以被认为不限制转动（例如在墙上），按跨度等于支座间中到中距离计算的支座弯矩设计值，可以减少一个相当于 ΔM_{Ed} 的量值，ΔM_{Ed} 按如下公式计算：

$$\Delta M_{Ed}=F_{Ed,sup}t/8 \qquad (3.4\text{-}9)\ [\text{EC 2 式 (5.9)}]$$

式中　$F_{Ed,sup}$——支座反力设计值；

t——支座宽度。

四、线弹性分析

基于弹性理论的构件线性分析可用于两种极限状态（承载力与正常使用）。

为了确定作用效应，进行线性分析可以基于以下假设：

(1) 不开裂截面；

(2) 线性应力—应变关系；

(3) 弹性模量的平均值。

对于承载力极限状态（ULS）的温度变形、沉降和收缩效应，可以假定对应于开裂截面的折减刚度，而忽略张力硬化，但包括徐变效应。对于正常使用极限状态（SLS），应考虑裂缝的逐渐发展。

五、考虑有限重分配的线弹性分析

应考虑弯矩的任何重分配对设计所有方面的影响；

考虑有限重分配的线性分析可应用于承载力极限状态验证的结构构件分析；

用线性弹性分析计算的承载力极限状态弯矩可以进行重新分配，只要由此产生的弯矩分布与施加的荷载保持平衡即可；

对于连续梁或连续板，只要是以受弯为主且相邻两跨的跨长之比介于 0.5～2.0 之间，就可以进行弯矩重分配而无需校核旋转能力，但重分配的幅度需满足以下条件：

$$\text{当 } f_{ck}\leqslant 50\text{MPa 时}, \delta\geqslant k_1+k_2x_u/d$$

(3.4-10) [EC 2 式 (5.10a)]

$$\text{当 } f_{ck}>50\text{MPa 时}, \delta\geqslant k_3+k_4x_u/d$$

(3.4-11) [EC 2 式 (5.10b)]

当采用 B、C 级钢筋时，$\delta\geqslant k_5$

当采用 A 级钢筋时，$\delta\geqslant k_6$

式中　δ——重分配后弯矩与弹性弯矩的比值；

x_u——承载力极限状态下重分配后的中性轴高度；

d——截面有效高度。

注：在一个国家使用的 k_1、k_2、k_3、k_4、k_5 与 k_6 的值可在其国家附件中找到。欧洲规范的建议值如下：

$k_1=0.44$，$k_2=1.25(0.6+0.0014/\varepsilon_{cu2})$，$k_3=0.54$，$k_4=1.25(0.6+0.0014/\varepsilon_{cu2})$，$k_5=0.7$，$k_6=0.8$；$\varepsilon_{cu2}$ 为极限应变。

不应在无法确定旋转能力的情况下进行弯矩重分配（例如在预应力框架的角部）。

对于柱的设计，应使用框架作用的弹性弯矩，而不应进行任何弯矩重分配。

概括起来，从弹性分析中获得的弯矩最多可重分配30%，其目的是方便配筋构造和施工建造，但弯矩重分配需注意以下原则：

(1) 重分配后的弯矩分布与施加的荷载保持平衡；

(2) 任何截面再分配后的弯矩不应小于弹性弯矩的70%；

(3) 截面中性轴的高度应有限制，取决于再分配的比例；

(4) 柱子的设计弯矩应为重分配后弯矩与重分配前弹性弯矩的较大者。

可以采用如下满足上述准则的简单做法：

(1) 相邻跨加载——将公共支座弯矩减少到不小于交替跨加载工况下所取得的支座弯矩；

(2) 间隔跨加载——将加载跨的弯矩图向上或向下移动所需的重分配百分比，但不要移动未加载跨的弯矩图，图3.4-5所示为文献143根据欧洲规范建议的框架结构弯矩重分配方法。

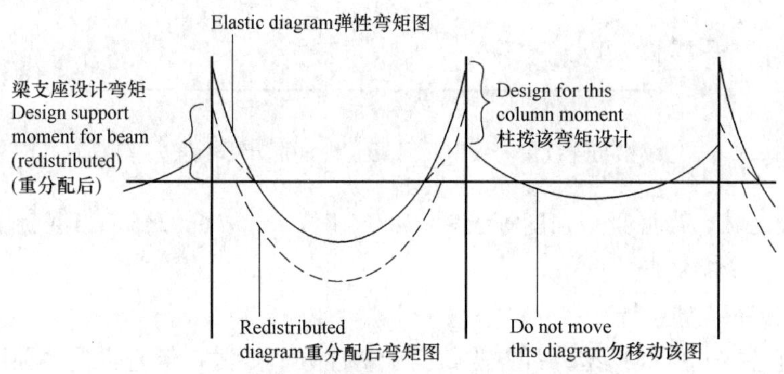

图3.4-5 框架的弯矩重分配方法（文献143图5.11）

六、塑性分析

1. 一般规定

进行塑性分析应满足下述一般规定：

(1) 基于塑性分析的方法只能用于承载力极限状态的校核；

(2) 关键截面的延性应足以形成所设想的机制；

(3) 塑性分析应基于下界（静态）方法或上界（运动学）方法；

(4) 加载历史的影响通常可以忽略，并且可以假定作用强度单调增加。

2. 梁、框架与板的塑性分析

如果关键截面的延性足以形成所设想的机制，则可在不直接校核转动能力的情况下采用承载力极限状态的塑性分析。如果满足以下所有条件，则在没有明确验证的情况下，所需的延性可以被视为满足：

（1）任何截面的抗拉钢筋的面积应受到如下限制：

混凝土强度等级≤C50/60 时，$x_u/d \leqslant 0.25$；

混凝土强度等级≥C55/67 时，$x_u/d \leqslant 0.15$。

（2）钢筋应为 B 级或 C 级。

（3）中间支座处的弯矩与跨中弯矩之比应在 0.5～2.0 之间。

柱应该采用从连接构件传递过来的最大塑性弯矩进行校核。对于与无梁楼盖连接的节点，这一弯矩应包括在冲剪计算中。

在进行板的塑性分析时，应考虑到钢筋的不均匀性、角部下拉力和自由边的扭转。

塑性方法可以扩展到非实心板（如单向密肋板、空心板、双向密肋板等），条件是这些非实心板的响应类似于实心板，特别是在扭转效应方面。

3. 转动能力

连续梁和连续单向跨越板的简化方法是基于梁/板在支座附近约为 $1.2h$ 长度区域的旋转能力，假设这些区域会在相关的作用组合下发生塑性变形（形成塑性铰）。在承载力极限状态下，如果在相关的作用组合下，计算的转角 θ_s 小于或等于允许的塑性转角，则可认为满足塑性转动能力的验证，见图 3.4-6。

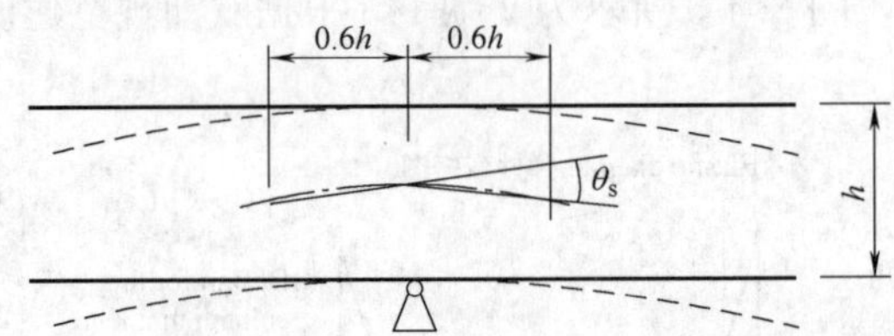

图 3.4-6　连续梁与连续单向板钢筋混凝土截面的塑性转角 θ_s（EC 2 图 5.5）

在塑性铰区域，当混凝土强度等级≤C50/60 时，$x_u/d \leqslant 0.45$；当混凝土强度等级≥C55/67 时，$x_u/d \leqslant 0.35$。

4. 拉—压杆模型分析

欧洲规范将拉—压杆模型分析方法归属于塑性分析方法，但它也是一种设计方法。欧洲规范不但认可这种分析与设计方法，而且有相当广泛的工程应用，既可用于构件层面的整体分析，如墙在平面内的设计与桩承台设计，也可用于结构或构件的局部分析，如牛腿、框架节点、梁靠近支座的局部区域、后张法预应力构件的锚固区以及所有几何或荷载不连续的区域。

有关欧洲规范的拉—压杆模型分析方法将在后文进行详细介绍。

七、非线性分析

只要平衡条件与协调条件得到满足，承载力极限状态与正常使用极限状态均可以采用非线性分析方法，并且假定材料具有足够的非线性性能。可以采用一阶非线性分析或二阶非线性分析。

在承载力极限状态下，应检查局部临界截面承受分析中所隐含的任何非弹性变形的能力，同时适当考虑不确定性。

对于主要受静态荷载作用的结构，通常可忽略先前施加荷载的影响，并可假定作用的强度单调增加。

在使用非线性分析时，所采用的材料特性应能代表实际刚度并考虑到失效的不确定性。只能使用在相关应用领域内有效的设计格式。

八、有轴力构件的二阶效应分析

二阶效应是欧洲规范针对受压为主的孤立构件及整体结构非常关注的一部分内容，用了 11 页的篇幅进行阐述，足见其重视程度。

1. 总体要求

（1）本小节涉及结构性能受二阶效应显著影响的构件和结构（例如，柱、墙、桩、拱和壳）。具有柔性支撑系统的结构中，可能会出现全局二阶效应。

（2）在考虑二阶效应的情况下，应在变形状态下验证平衡和抗力。计算变形时应考虑开裂、非线性材料特性和蠕变的相关影响。

注：在假设线性材料特性的分析中，上述影响可以通过降低刚度值来考虑。

（3）在相关的情况下，分析应包括相邻构件和基础的柔度影响（土—结构相互作用）。

（4）结构行为应考虑可能发生变形的方向，必要时应考虑双轴弯曲。

（5）几何形状和轴向荷载位置的不确定性应作为基于几何缺陷的附加一阶效应考虑。

（6）如果二阶效应小于相应一阶效应的 10%，则可以忽略二阶效应。

2. 二阶效应的简化准则

1）孤立构件的长细比准则

作为 EC 2 第 5.8.2（6）条的替代方法，如果长细比 λ 低于某一特定限值 λ_{lim}，则二阶效应可忽略。

注：用于某国的 λ_{lim} 值可参见其国家附件，欧洲规范推荐值如下式：

$$\lambda_{\mathrm{lim}}=20\cdot A\cdot B\cdot C/\sqrt{n} \qquad (3.4\text{-}12)\ [\text{EC 2 式 (5.13N)}]$$

式中　$A=1/(1+0.2\varphi_{\mathrm{ef}})$，如果 φ_{ef} 未知，则可取 $A=0.7$；φ_{ef} 为有效徐变比率。

$B=\sqrt{1+2\omega}$，如果 ω 未知，则可取 $B=1.1$；$\omega=A_{\mathrm{s}}f_{\mathrm{yd}}/(A_{\mathrm{c}}f_{\mathrm{cd}})$，为力学配筋率；$A_{\mathrm{s}}$ 为纵向钢筋的总面积。

$C=1.7-r_{\mathrm{m}}$，如果 r_{m} 未知，则可取 $C=0.7$；$r_{\mathrm{m}}=M_{01}/M_{02}$，为端弯矩之比，其中 M_{01}、M_{02} 为一阶端部弯矩，且 $|M_{02}|\geqslant|M_{01}|$。如果端弯矩 M_{01} 与 M_{02} 使构件同一侧受拉，则应将 r_{m} 视为正值（即 $C\leqslant1.7$），否则应为负值（即 $C>1.7$）。下列情况 r_{m} 应取为 1.0（$C=0.7$）：

（1）对于有支撑构件，一阶力矩仅由于或主要由于缺陷或横向荷载引起的情况；

（2）一般的无支撑构件。

$n=N_{\mathrm{Ed}}/(A_{\mathrm{c}}f_{\mathrm{cd}})$ 为相对法向力（相当于中国规范的轴压比）；

在双轴弯曲的情况下，可以针对每个方向分别检查长细比标准。根据检查的结果，可以采取如下三种对策：①在两个方向上忽略二阶效应；②在一个方向上考虑二阶效应；③在两个方向上都考虑二阶效应。

2）孤立构件的长细比与有效长度

构件长细比定义如下：

$$\lambda=l_0/i \qquad (3.4\text{-}13)\ [\text{EC 2 式 (5.14)}]$$

式中　l_0——构件的有效长度，用于考虑位移曲线形状的长度，也可以定义为屈曲长度，即具有恒定法向力的简支柱的长度，该简支柱横截面和屈曲荷载与实际构件相同；

i——未开裂混凝土截面的回转半径。

具有恒定横截面孤立构件的有效长度示例在图 3.4-7 中给出。

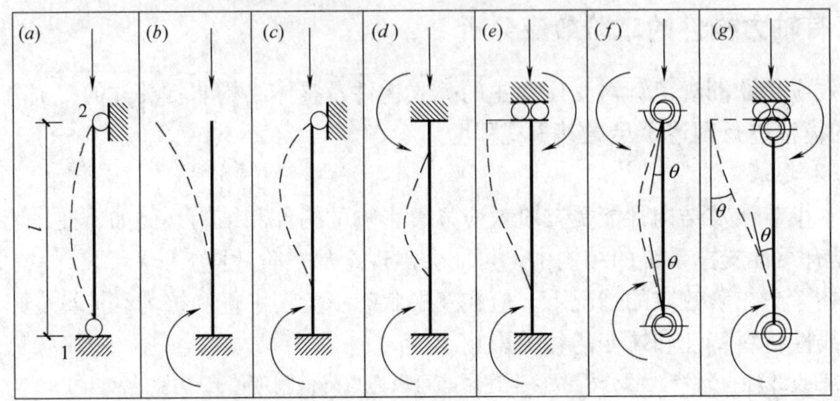

图 3.4-7　不同屈曲模式与相应孤立构件有效长度示例（EC 2 图 5.7）

(a) $l_0=l$；(b) $l_0=2l$；(c) $l_0=0.7l$；(d) $l_0=l/2$；(e) $l_0=l$；(f) $l/2<l_0<l$；(g) $l_0>2l$

对于规则框架中的受压构件，前文的长细比准则应通过以下方式确定的有效长度 l_0 来进行校核：

有支撑构件［图 3.4-7（f）］：

$$l_0=0.5l\sqrt{\left(1+\frac{k_1}{0.45+k_1}\right)\left(1+\frac{k_2}{0.45+k_2}\right)}$$

（3.4-14）［EC 2 式（5.15）］

无支撑构件［图 3.4-7（g）］：

$$l_0=l\cdot\max\left\{\sqrt{1+10\cdot\frac{k_1\cdot k_2}{k_1+k_2}};\left(1+\frac{k_1}{1+k_1}\right)\left(1+\frac{k_2}{1+k_2}\right)\right\}$$

（3.4-15）［EC 2 式（5.16）］

式中　k_1、k_2 分别为 1 端与 2 端处的转动约束相对柔度，可按 $k=(\theta/M)(EI/l)$ 计算；其中，θ 为约束构件在弯矩下的转角，见图 3.4-7（f）、（g）；EI 为受压构件的弯曲刚度；l 为受压构件端部约束之间的净高度。

注意：$k=0$ 是刚性旋转约束的理论极限，而 $k=\infty$ 表示完全没有约束的极限。由于在实践中很少出现完全刚性的约束，因此建议 k_1 和 k_2 的最小值为 0.1。

如果节点中的相邻受压构件（柱）很可能对屈曲旋转有所贡献，则在定义 k 时所用的（EI/l）应用［$(EI/l)_a+(EI/l)_b$］代替，其中 a 与 b 表示节点上方和下方的受压构件（柱）。

在有效长度的定义中，约束构件的刚度应包括开裂的影响，除非可以证明它们在承载力极限状态中未开裂。

对于具有变化法向力和/或变截面的构件，长细比标准应根据基于屈曲荷载（如通过数值方法计算）确定的有效长度来进行校核：

$$l_0=\pi\sqrt{EI/N_B}$$ （3.4-16）［EC 2 式（5.17）］

式中　EI——代表性弯曲刚度；

N_B——用该 EI 表示的屈曲荷载。

3）建筑物的全局二阶效应

（1）作为前述总体要求（6）的替代方法，如果满足下式要求，则可忽略建筑物的全局二阶效应：

$$F_{V,Ed}\leqslant k_1\cdot\frac{n_s}{n_s+1.6}\cdot\frac{\sum E_{cd}I_c}{L^2}$$

（3.4-17）［EC 2 式（5.18）］

式中　$F_{V,Ed}$——（作用于被支撑和支撑构件上的）总竖向荷载；

n_s——楼层数；

L——弯矩约束楼层以上的建筑物总高度；

E_{cd}——混凝土弹性模量设计值；

I_c——支撑构件（未开裂混凝土截面）的惯性矩。

注：在一个国家使用的 k_1 值可以在其国家附件中找到。欧洲规范推荐值为 0.31。

公式（3.4-17）仅在满足以下所有条件时才有效：

① 扭转不稳定性对设计不起控制作用，即结构合理对称；

② 整体剪切变形可以忽略不计（如在主要由无大开口剪力墙组成的支撑系统中）；

③ 支撑构件刚接于基底，即旋转可以忽略不计；

④ 支撑构件的刚度沿高度合理恒定；

⑤ 总竖向荷载每层增加大约相同量值。

（2）如果能够验证支撑构件在承载力极限状态下没有开裂，则式（3.4-17）中的 k_1 可以用 k_2 代替。

注：1. 在一个国家使用的 k_2 值可以在其国家附件中找到。欧洲规范推荐值为 0.62。

2. 对于支撑系统具有显著的整体剪切变形和/或端部旋转的情况，请参见 EC 2 附录 H。

3. 徐变的影响

在二阶分析中应考虑徐变的影响，同时适当考虑徐变发生的一般条件和所考虑荷载组合中不同荷载的持续时间。

荷载的持续时间可以通过有效蠕变比 φ_{ef} 以简化的方式考虑，它与设计荷载一起使用，给出对应于准永久荷载的徐变变形（曲率），具体公式从略。

4. 二阶效应的分析方法

二阶效应分析方法包括一种基于非线性二阶分析的一般方法及下列两种简化方法：

（1）基于标称刚度的方法，见 EC 2 第 5.8.7 节；

（2）基于标称曲率的方法，见 EC 2 第 5.8.8 节。

有关一般方法与两种简化方法不再详述，有兴趣的读者可参阅欧洲规范原文。

方法（1）既可用于独立构件也可用于整个结构，前提是适当估计了标称刚度值；

方法（2）主要适用于孤立构件；然而，根据曲率分布的实际假设，也可用于结构。

5. 一般分析方法

一般方法基于非线性分析，包括几何非线性，即二阶效应。前文非线性分析的一般规则适用。

应使用适合整体分析的混凝土和钢筋的应力—应变曲线。应考虑徐变的影响。

6. 基于标称刚度的方法

在基于刚度的二阶分析中应使用抗弯刚度的标称值，同时考虑开裂、材料非线性和徐变对整体性能的影响。这也适用于分析中涉及的相邻构件，例如梁、板或基础。在相关情况下，应考虑土—结构相互作用。

7. 基于标称曲率的方法

这种方法主要适用于具有恒定法向力和定义了有效长度 l_0 的孤立构件。该方法基于挠度给出标称二阶弯矩，挠度又基于有效长度和预估的最大曲率。

8. 双向弯曲

前述一般分析方法也可用于双向弯曲。当使用简化方法时，以下规定适用。应特别注意识别具有关键力矩组合的杆件截面。

作为第一步，可以在每个主要方向上进行单独设计，不考虑双轴弯曲。仅在它们将产生最不利影响的方向上才需要考虑缺陷。

如果长细比满足 EC 2 式（5.38a、b）两个条件，则无需进一步检查和验证，否则应考虑双向弯曲，包括每个方向的二阶效应。

第五节　英国混凝土规范的模拟与分析方法

欧洲混凝土规范 EN 1992-1-1 针对结构分析提供了有限的指导，大多是指导性原则而非具有明显可操作性的具体方法，不像英国混凝土规范那样具体而明确，这也是很多习惯使用英国混凝土规范的结构工程师诟病欧洲混凝土规范的主要原因。

尽管欧洲混凝土规范 EN 1992-1-1 提供了很多种结构分析原则，但针对框架的弹性分析仍然是最流行的方法。因此，英国混凝土规范中传统有效的分析方法在不与欧洲混凝土规范 EN 1992-1-1 相抵触的前提下仍然在原英国规范国家采用。因此，本书在此有必要简单介绍一下英国混凝土规范 BS 8110 的分析方法。在与欧洲规范的结构分析内容对比后，发现英国规范所列的分析原则与方法还是更简单、直接、高效和实用。

一、针对结构分析的一般建议

1. 一般规定

为验证设计而进行的分析可以分为以下两个阶段：

（1）结构的分析；

（2）截面的分析。

在结构或部分结构的分析中，为了确定结构中的内力分配，材料特性可以被假定为与材料特征强度相关，而不必考虑极限状态所需考虑的特性。而在结构内的任何截面分析中，材料的特性应假定为与材料的设计强度相关，而这是与所考虑的极限状态相关的。

所用分析方法应基于合理可行的、尽可能准确反映结构性能的原则。

2. 结构的分析

结构分析的主要目的是获得一组遍及整个结构且与所需荷载组合的设计荷载相平衡的内力与内力矩。

在设计极限荷载下，任何隐含的力与弯矩的重分配应与所考虑构件的延性相协调。一般情况下，采用 BS 8110 第 3 章、第 4 章所描述的方法对结构的全部或部分进行线弹性分析，从而确定内力与内力矩的包络值并考虑内力重分配及可能的屈曲效果会得到满意的效果。作为替代方法，也可以采用塑性方法，例如屈服线分析。

对于设计服务荷载，线弹性分析方法在正常情况下可得到令人满意的内力及内力矩。

当采用线弹性分析时，构件间的相对刚度可基于下列原则确定：

(1) 混凝土截面：整个混凝土横截面，忽略钢筋；

(2) 毛截面：整个混凝土横截面，包括基于模量比的钢筋；

(3) 转换截面：混凝土横截面的受压面积与基于模量比的钢筋相结合。

在 (2) 与 (3) 中，在无更充分信息的情况下可假定模量比为 15。

一致性的方法应用于所有结构构件。

3. 承载力极限状态的截面分析

承载力极限状态下短期与长期荷载作用下的截面强度可以假定根据短期应力—应变曲线来进行评估。

4. 正常使用极限状态的截面分析

正常使用极限状态下的截面特性可基于平截面假定及线性应力—应变关系（适用于钢筋及混凝土）进行评估。

应考虑徐变、收缩、开裂及预应力损失等效应而留有余量。

钢筋的弹性模量应取为 200kN/mm^2。有关混凝土弹性模量选择的信息可参考 BS 8110-2：1985 第 7 章。

二、结构分析方法

1. 不提供侧向稳定的整体框架 (Braced Frames)

有支撑框架可以作为整个框架进行分析（图 3.5-1），也可以划分为子框架。子框架可以由一层的梁及与其连接成整体的柱组成。除非在特定情况下梁柱远端按铰接考虑更合理，否则可以假定远端为固接。作为进一步的简化，梁本身可以被认为是跨越无转动约束支座的连续梁。显然，这是更保守的模型假定。

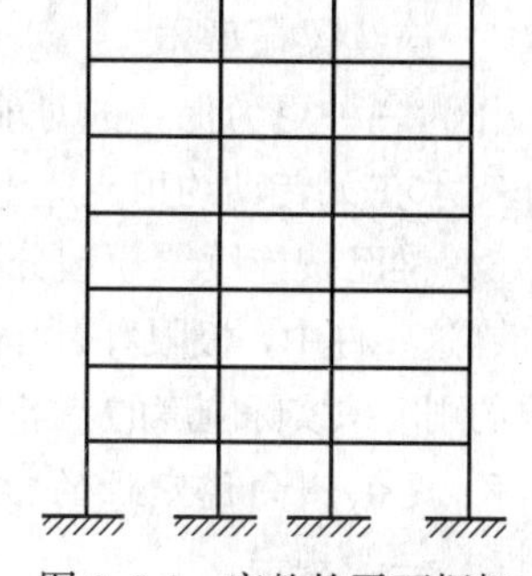

图 3.5-1　完整的平面框架

1) 子框架模型

对于仅支承竖向荷载的框架，用于其中个别梁柱设计所需的弯矩、剪力可从一系列子框架的弹性分析中得到。每一子框架可由某一楼层的梁及与其相连的上下层柱组成。柱的远端通常可假定为固接，除非假定为铰接表明是明显更合理的情况（如基础详图被认为不能提供转动约

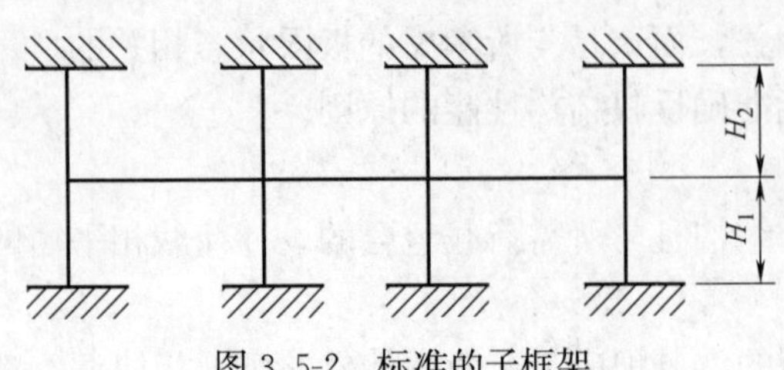

图 3.5-2　标准的子框架

束）。如图 3.5-2 所示，其中 H_1、H_2 为层高。

2）关键荷载分布的选择

竖向荷载考虑如下的分布模式一般认为是足够的：

（1）所有跨度施加最大设计极限荷载（$1.4G_k+1.6Q_k$）；

（2）间隔跨度施加最大设计极限荷载（$1.4G_k+1.6Q_k$），所有其余跨度施加最小设计极限荷载（$1.0G_k$）。

3）子框架模型的替代简化方法——简化子框架模型

作为子框架模型的一个替代方法，每一单根梁的弯矩及内力可以通过一个简化的子框架模型来获取，该简化子框架可仅由该中心梁、与该中心梁相连的柱及与该中心梁两端相连的端梁（若有的话）组成。简化子框架中梁与柱的远端一般均假定为固接，除非假定为铰接明显更为合理。在这种简化子框架模型中，如果端梁在远端按固接考虑，则端梁的刚度应取为实际刚度的一半。关键荷载分布应符合上文 2）的要求。

倘若上述简化子框架的中心梁跨度大于两个端梁的跨度，则柱的弯矩也可以从这种简化子框架模型中获取。见图 3.5-3（*a*）。

图 3.5-3（*b*）仅适用于柱弯矩的分析，是仅用于柱弯矩分析的一种更为简化的分析模型。该模型仅有单一的梁柱节点，所有构件的远端均视为固接。这种类型的子框架大多与连续梁模型分析方法配合使用，用于获取连续梁模型无法获取的柱弯矩。

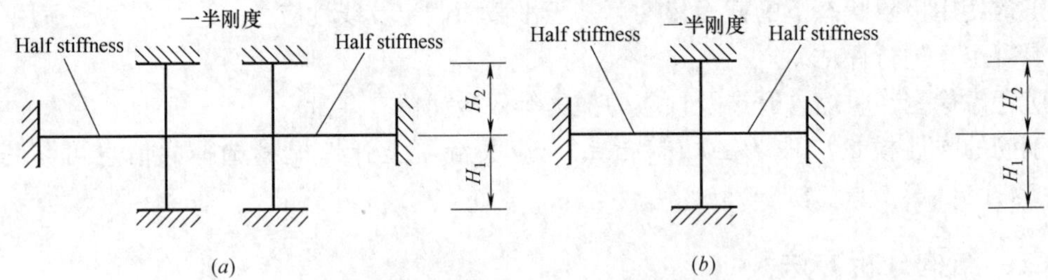

图 3.5-3　简化的子框架模型

（*a*）单根梁的内力分析；（*b*）单根柱的内力分析

对于简化的子框架模型，端梁两端采用固接的假定会高估梁的刚度，因而会引起构件及节点弯矩的不当分配，因此在模拟分析中应将端梁取其实际刚度的一半。

4）连续梁模型

作为一种更为保守的对前述子框架方法的替代方法，在某一标高处梁的弯矩及剪力可视作支承在无转动约束支座上的连续梁来取得。关键荷载分布应符合上文 2）的要求。

5）梁已按连续梁模型分析的非对称加载柱

在这些柱中，极限弯矩可通过简单的弯矩分配方法计算，假定所考虑的梁、柱远端为固接且梁的刚度取实际刚度的一半。设计极限可变荷载的分布应为使柱弯矩最大化的分布方式。

2. 提供侧向稳定性的框架（Unbraced Frames）

1）一般规定

为整体结构提供侧向稳定性的框架应按摇摆框架考虑。此外，如果柱子为细长柱，则附加弯矩（如源自偏心）应施加于梁柱节点。荷载组合 2 与 3 应与荷载组合 1（表 3.5-1）共同考虑。

承载力极限状态的荷载组合和 γ_f 值（BS 8110 表 2.1） **表 3.5-1**

荷载组合	荷载类型					
	恒载		活载		土/水压力	风荷载
	不利	有利	不利	有利		
1. 恒＋活(＋土和水压力)	1.4	1.0	1.6	0	1.2 1.0	—
2. 恒＋风(＋土和水压力)	1.4	1.0	—	—	1.2 1.0	1.4
3. 恒＋活＋风(＋土和水压力)	1.2	1.2	1.2	1.2	2.2 1.0	1.2

2）具有大致相等跨度的三跨或多于三跨的摇摆框架

梁柱可基于仅考虑竖向荷载所取得的弯矩、荷载和剪力进行设计，或者基于下述（1）与（2）所得内力的总和进行更为严格的设计。

（1）一系列子框架的弹性分析，每一子框架由同一标高处的梁及与梁相连的上下层柱组成，柱的远端假定为固接（当铰接更实际时可假定为铰接）。侧向荷载应被忽略，应考虑所有梁都承受其全部设计荷载（$1.2G_k+1.2Q_k$）。

（2）完整框架的弹性分析，假定反弯点在所有梁柱的中心，忽略恒载与活载，仅考虑设计风荷载（$1.2W_k$）作用在结构上。如果首层柱铰接于基础更符合实际情况，可忽略首层柱反弯点位于中点的假定。

考虑荷载组合 2 的效应，即（$1.0G_k+1.4W_k$）也是必要的。

在无支撑结构中，通常需要考虑整个结构，尤其是在涉及横向荷载时。可以进行简化分析，假设在梁和柱的中间长度有反弯点，见图 3.5-4。但应注意，如果柱非固接于基础和/或梁与柱的刚度不同，则此方法将不准确。

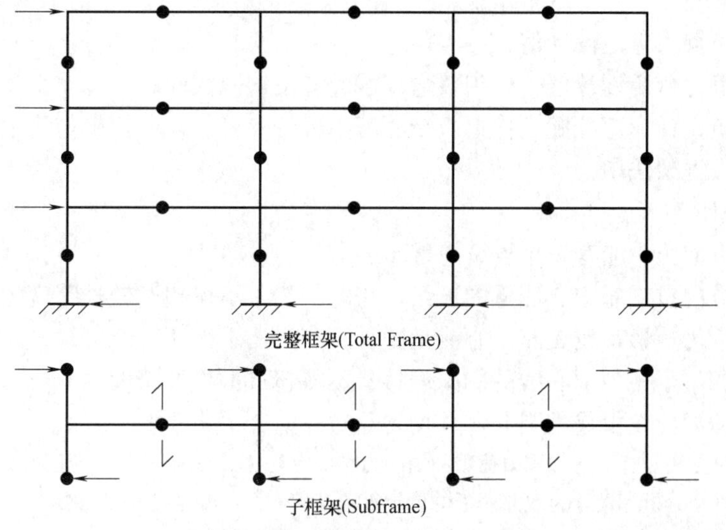

图 3.5-4 无支撑结构分析的简化模型

第六节 中美欧规范在模拟分析方面的异同

一、整体趋同的趋势

随着计算机技术与数值分析技术的发展，将模拟、分析、设计集成在一起的工程设计软件大量涌现并在全球范围内得到广泛应用，不但进一步模糊了模拟、分析与设计的界限，而且结构模拟与分析工具方法也在全球范围内逐渐趋同，可以说在结构工程模拟分析这一环节的应用已无国界。而在设计环节，虽然本土化的结构模拟—分析—设计软件在适应本土规范与用户使用习惯方法方面更有优势，但随着国际通用结构模拟分析软件向设计环节及后处理环节的延伸，也正在逐步将更多国家的设计规范纳入其中；同时，后处理界面与输出结果也更加友好，这种本身具有强大模拟分析能力的模拟分析软件一旦与含本土规范的多规范设计系统相结合。只要能开发出符合本土习惯的后处理输出结果，势必爆发出强大的生命力与竞争力，对本土化软件构成严重挑战。而这一趋势将使各国基于设计规范差异的设计差异进一步缩小。

所谓的差异都是生产力相对落后时的产物，但这些成熟经验的总结并不会因为生产力发达而被彻底淘汰，因其简单、易行且与力学概念高度契合，势必会成为集成化模拟—分析—设计软件的有力补充而长期存在。

二、美国规范针对双向板的直接设计法

注意：ACI 318 的柱上板带与跨中板带不是专指无梁楼盖，对于有梁楼盖，美国规范也按照这个原则划分为柱上板带与跨中板带，然后柱上板带的弯矩再进一步分配给柱上板带的梁与板，其中的梁还需要按前述要求考虑板的贡献而按 T 形梁考虑。这是美国规范与中欧规范关于双向板分析设计的最大区别。

直接设计方法是将弯矩分配到板和梁截面，以同时满足安全要求和大多数适用性要求的一套规则，涉及以下三个基本步骤：

（1）确定总静力弯矩设计值；

（2）将总静力弯矩设计值分配到负弯矩截面和正弯矩截面；

（3）将正负设计弯矩分配到柱上板带、跨中板带和梁。柱上板带与跨中板带的弯矩分配也应用于等效框架法中。

1. 适用条件

（1）每个方向至少应有三个连续跨度。

（2）每个方向按支座中心测量的连续两跨跨长相差不得超过较长跨度的三分之一。

（3）板块应为矩形，按支座中心测量的长短跨之比不得超过 2。

（4）柱子相对于柱列中心线的侧向偏移量不得超过偏移处跨度的 10%。

（5）所有荷载应仅由重力引起，并均匀分布在整个板块上。

注：直接设计方法是基于均匀重力荷载和由静力学确定的柱反力的试验。对于风或地震引起的横向荷载，需要进行框架分析。设计为双向楼板的倒置筏形基础涉及已知柱荷载的应用。因此，即使假定地基反力均匀分布，也应进行框架分析。

(6) 活荷载标准值不得超过恒荷载标准值的两倍。

(7) 对于各边均有梁支承的板块，两个垂直方向的梁应满足式(3.6-1)的要求。

$$0.2 \leqslant \frac{\alpha_{f1} l_2^2}{\alpha_{f2} l_1^2} \leqslant 5.0$$

(3.6-1a) [ACI 318 式 (8.10.2.7a)]

此处，α_{f1} 与 α_{f2} 按下式计算：

$$\alpha_f = \frac{E_{cb} I_b}{E_{cs} I_s} \quad (3.6\text{-}1b)\ [\text{ACI 318 式 (8.10.2.7b)}]$$

2. 一跨内的总静力弯矩设计值

一个跨度的总静力弯矩设计值 M_o 应以支座中心线每侧板块中心线为界的板带来计算。每个方向的正弯矩与平均负弯矩 M_u 的绝对值之和至少是：

$$M_o = \frac{q_u l_2 l_n^2}{8} \quad (3.6\text{-}2)\ [\text{ACI 318 式 (8.10.3.2)}]$$

式中 l_n——弯矩考虑方向的净跨长，应按柱子、柱帽、托架或墙的边缘到边缘计算，并且应至少为 $0.65l_1$，l_1 是弯矩考虑方向按支座中心线计算的跨长；

l_2——支座中心线两侧板块的横向跨度，当支座中心线两侧板块的横向跨度不同时，应将 l_2 取为中心线两侧横向跨度的平均值。当所分析的板带为边跨时，l_2 应取板边到板块中心线的距离。

3. 总静力弯矩设计值的分配

总静力弯矩设计值（total factored static moment）M_o 首先应在跨中正弯矩与支座负弯矩间进行分配。

对于中间跨：$0.65M_o$ 分配给负弯矩，$0.35M_o$ 分配给正弯矩；

对于端跨：M_o 应按照表 3.6-1 分配。

端跨弯矩分配系数（ACI 318-14 表 8.10.4.2） **表 3.6-1**

	外部边缘无约束	所有支座间具有梁的板	中间支座间无梁的板		外部边缘完全约束
			无边梁	有边梁	
中间负弯矩	0.75	0.70	0.70	0.70	0.65
正弯矩	0.63	0.57	0.52	0.50	0.35
边缘负弯矩	0	0.16	0.26	0.30	0.65

如果所考虑方向一个板块的总静力弯矩设计值 M_o 至少是由式(3.6-2)计算的，则允许将正负弯矩设计值修正多达10%。采用直接设计法不允许再进行弯矩重分配。

负弯矩的临界截面应在矩形支座的表面。除非作出分析以根据相邻构件的刚度来确定不平衡弯矩的分配；否则，中间支座处的负弯矩 M_u 应取支座两侧负弯矩 M_u 的较大值。边梁（端支座处的梁）或边板（端支座处的板）应设计成能抵抗相当于所分配的外部负弯矩（端支座负弯矩）份额的扭转。

4. 柱上板带的弯矩分配

柱上板带抵抗内部负弯矩（中间支座负弯矩）M_u 的比例应按照表 3.6-2 取值。

柱上板带对内部负弯矩（中间支座负弯矩）M_u 的分配比例（ACI 318-14 表 8.10.5.1）

表 3.6-2

$\alpha_{f1}l_2/l_1$	l_2/l_1		
	0.5	1.0	2.0
0	0.75	0.75	0.75
≥1.0	0.90	0.75	0.45

注：允许对表中数值进行线性插值。

柱上板带抵抗外部负弯矩（边支座负弯矩）M_u 的比例应按照表 3.6-3 取值。

柱上板带对外部负弯矩（边支座负弯矩）M_u 的分配比例（ACI 318-14 表 8.10.5.2）

表 3.6-3

$\alpha_{f1}l_2/l_1$	β_t	l_2/l_1		
		0.5	1.0	2.0
0	0	1.0	1.0	1.0
	≥2.5	0.75	0.75	0.75
≥1.0	0	1.0	1.0	1.0
	≥2.5	0.90	0.75	0.45

注：允许对表中数值进行线性插值，β_t 按式（3.6-3a）计算，C 按式（3.6-3b）计算。

$$\beta_t=\frac{E_{cb}C}{2E_{cs}I_s} \quad (3.6\text{-}3a)\ [\text{ACI 318 式}(8.10.5.2a)]$$

$$C=\sum\left(1-0.63\frac{x}{y}\right)\frac{x^3y}{3}$$

（3.6-3b）［ACI 318 式（8.10.5.2b）］

扭转刚度参数 β_t 的影响是将所有外部负弯矩（边支座负弯矩）分配给柱上板带，而不分配给跨中板带，除非梁扭转刚度相对于所支承板的弯曲刚度较高。

当墙被用作沿柱列的支座时，可将墙视为 $\alpha_{f1}l_2/l_1$ 值大于 1 的非常刚的梁。当端部支座是由垂直于弯矩确定方向的墙组成时，如果墙是无扭转抗力的砌体，则 β_t 可以被视为零，如果墙是与板整浇的具有很大扭转抗力的混凝土墙，则 β_t 可以被视为 2.5。

柱上板带抵抗正弯矩 M_u 的比例应按照表 3.6-4 取值。

柱上板带对正弯矩 M_u 的分配比例（ACI 318-14 表 8.10.5.5） **表 3.6-4**

$\alpha_{f1}l_2/l_1$	l_2/l_1		
	0.5	1.0	2.0
0	0.60	0.60	0.60
≥1.0	0.90	0.75	0.45

注：允许对表中数值进行线性插值。

对于支座间有梁的板，柱上板带弯矩应由柱上板带中的板抵抗而不是由柱上板带中的梁来抵抗。

支座之间的梁应按照表 3.6-5 的比例分担柱上板带弯矩 M_u。

柱上板带中的梁对柱上板带弯矩 M_u 的分配比例（ACI 318-14 表 8.10.5.7.1）　表 3.6-5

$\alpha_{f1}l_2/l_1$	分配系数
0	0
≥1.0	0.85

注：允许对表中数值进行线性插值。

除了根据上述原则分配的弯矩外，梁还应抵抗直接施加在梁上荷载（包括自重）引起的弯矩。

5. 跨中板带的弯矩分配

未被柱上板带抵抗的那部分正负弯矩应按比例分配给两侧各半个跨中板带。每个跨中板带应抵抗分配给它的两相邻跨中板带各一半的弯矩之和。相邻并平行于墙支承边的跨中板带应抵抗两倍于按第一内支座分配规则分配给半个跨中板带的弯矩。

6. 柱和墙上的弯矩

与板系统整浇在一起的柱和墙应能抵抗由板系统上因式荷载引起的弯矩。

在内部支座处，板上方和下方的柱或墙应抵抗与其刚度成比例的由式（3.6-4）计算的因式弯矩。

$$M_{sc}=0.07[(q_{Du}+0.5q_{Lu})l_2l_n^2-q'_{Du}l'_2(l'_n)^2]$$

（3.6-4）[（ACI 318-14 式（8.10.7.2）]

式中　q'_{Du}、l'_2与l'_n——均参考较短的跨度。

板和边柱之间传递的重力荷载弯矩不得小于 $0.3M_o$。

7. 有梁板的设计剪力

支座之间的梁应按照表 3.6-6 规定的比例抵抗由图 3.6-1 所示从属区域因式荷载引起的剪力部分。

由梁抵抗的剪力分配比例
（ACI 318-14 表 8.10.8.1）
表 3.6-6

$\alpha_{f1}l_2/l_1$	分配系数
0	0
≥1.0	1.0

注：允许对表中数值进行线性插值。

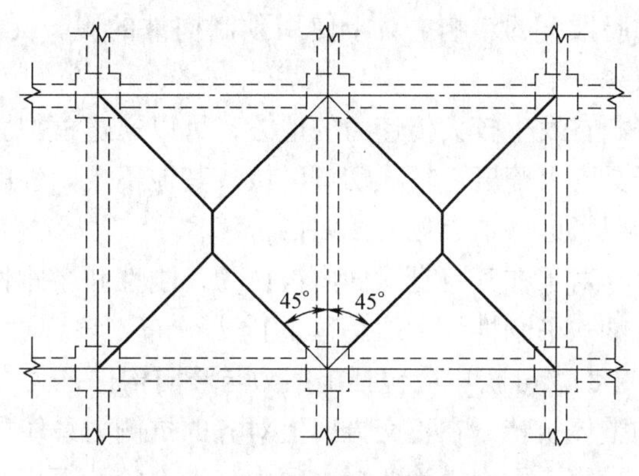

图 3.6-1　中间梁剪力分配从属区域
（ACI 318-14 图 8.10.8.1）

除了根据上述规则计算的剪力外，梁还应抵抗直接施加在梁上的设计荷载（含自重）引起的剪力。

应允许根据荷载分配给所支承梁的假定来计算板所需的抗剪强度。应提供能够抵抗板块上总 V_u 的抗剪强度。

三、美国规范针对膜（Diaphragm）的分析

当通用建筑规范针对膜的模拟和分析要求适用时，应按通用建筑规范执行。ASCE/SEI 7 包括某些设计条件下有关膜的模拟要求，例如抵抗风和地震作用的设计。如果

ASCE/SEI 7 被依法采纳作为通用建筑规范的一部分，则 ASCE/SEI 7 的相关要求也适用于 ACI 318 规范的规定。

膜通常被设计为在因式荷载组合外力作用下在其平面内保持弹性或接近弹性。因此，满足弹性分析理论的分析方法通常是可以接受的。可采用 ACI 318 第 6.6.1～6.6.3 节中关于弹性分析的规定。

膜平面内刚度不仅影响膜内力的分布，还影响竖向构件间位移和力的分布。因此，膜刚度模拟应符合建筑物的特点。如果膜与竖向构件相比非常刚，如由抗弯框架支承的低长宽比现浇膜，可以将膜模拟为完全刚性单元。如果膜与竖向构件相比是比较柔的，如在一些由结构墙支承的分缝预制系统中，可以将膜模拟为跨越刚性支座之间的柔性梁。在其他情况下，可能建议采用一个更详细的分析模型来考虑膜的柔度对位移和力分布的影响。例如，膜和竖向构件刚度具有近似相同值的建筑物，具有较大传递力的建筑物，以及坡道连接在楼板之间并基本上作为建筑内的支撑单元的停车结构。

对于由混凝土板构成的膜，如果膜长宽比在规定的限值内，且结构没有水平不规则性，ASCE/SEI7 允许假设为刚性膜，但对于风和地震作用则不同。ASCE/SEI 7 规定并不禁止其他条件下的刚性膜假设，前提是刚性膜假设与预期性能合理一致。采用刚性膜假定设计的现浇混凝土膜具有长期令人满意的性能，即使它们可能超出 ASCE/SEI 7 的指标值。

膜的刚度模拟允许使用任何一套具有合理性与一致性的假设。

对于完全原位浇筑或在预制板上原位浇筑整浇层的低长宽比膜，通常将膜模拟为由柔性竖向构件支承的刚性构件。但是当膜的柔度可能会严重影响计算所得设计作用时，应考虑膜柔度的影响。对于使用预制构件的膜，无论有无原位浇筑的整浇层，都应考虑这种效果。

在发生较大传递力的地方，可以通过模拟膜的平面内刚度来获得更实际的设计力。对于具有大跨度、较大切口区域或其他不规则性的膜，可能会产生平面内变形，应在设计中予以考虑（请参见图 4.7-2）。

对于在其自身平面内被认为是刚性和半刚性的膜，可通过将膜模拟为支承在弹性支座上的水平刚性梁来取得膜的内力分布，该弹性支座代表竖向构件的侧向刚度（请参见图 4.7-3）。分析中应包括施加力与竖向构件抗力之间面内偏心率的影响，该偏心会导致建筑物整体扭转。在正交方向上对齐的抗侧力系统的构件可以参与抵抗膜的平面内旋转。

膜平面内设计弯矩、剪力与轴力的计算应与平衡要求和设计边界条件相一致。应允许按照下述条件之一计算设计弯矩、剪力与轴力：

（1）如果可以将膜理想化为刚性，则采用刚性膜模型；

（2）如果可以将膜理想化为柔性，则采用柔性膜模型；

（3）边界分析，其中设计值是通过在两次或更多次单独分析中假设膜平面内刚度分别为上限与下限而分别获得包络值；

（4）考虑膜柔性的有限元模型；

（5）拉—压杆模型。

刚性膜模型广泛应用于完全现浇的膜以及预制单元上有现浇层的膜，前提是没有由于大跨度、大长宽比或膜不规则所产生的柔性条件。对于柔度更大的膜，有时会进行包络分析，即将膜模拟为柔性支座上刚度很大或完全刚性的单元，以及刚性支座上的柔性膜，并取两种分析结果的包络值作为设计值。有限元模型适用于任何膜，尤其对于形状不规则的膜和抵抗较大传递力的膜特别有用。应考虑设计荷载下预期的混凝土开裂而对刚度降低的影响并调整刚度。对于有拼缝预制混凝土膜且依赖于机械连接器连接的情况，可能有必要在有限元模型中包括拼缝和连接器。拉—压杆模型可用于膜的分析和设计。拉—压杆模型应考虑在设计荷载组合下可能发生的力反转。

四、特殊边界条件——结构嵌固端

1. 中国规范的结构嵌固端

有一类边界条件对结构计算模型乃至构件内力与节点位移影响全面而深远，涉及每一个建构筑物的结构计算，争论了几乎半个世纪，至今也没有一个适用于各种复杂情况但又简单实用的法则供设计者参考，这就是建构筑物结构设计的嵌固端问题。结构计算的嵌固端无疑是结构计算模型中最重要的边界条件。但热议的焦点不在于嵌固端处是铰接、固接抑或弹性嵌固的问题，而是嵌固端的位置问题，尤其是有地下室时嵌固端的位置问题，成为困扰老中青三代结构设计师的全国性、世纪性热议话题。

但这个非常有温度的议题，被国内两大软件供应商完美地“解决”了，具体的解决方案就是：无论地下室有多少层，也无论设计者将嵌固端指定为地下室顶板还是基础顶（或地下室某中间层楼板），软件计算采用的结构计算模型均默认基础顶为结构计算的嵌固端。换句话说，就是整个地下结构在基础顶以上的部分都在参与结构计算并由程序给出计算配筋。但软件在其前处理菜单中又会开放给用户“嵌固端所在层号（层顶嵌固）”的选项。因此，在结构计算软件中就出现了两个嵌固端，一个是结构计算模型中实际采用的嵌固端，即基础顶；另一个是用户在“结构总体信息”界面所指定的嵌固端。前者是结构计算所用的真实嵌固端，而后者只是名义上的嵌固端，对结构计算没有影响，但会影响抗震措施（各层地下室抗震构造措施的抗震等级、底部加强部位的范围以及约束边缘构件的设置范围）。

YJK 软件虽然在其“地震信息”界面给出了“地震计算时不考虑地下室的结构质量”的选项，但该选项的意义在于：虽然结构计算嵌固端仍然为基础顶，但地下室本身已经没有地震力的输入，就像在地下室范围不考虑风荷载一样，理论上是一种进步。但经核实，是否勾选该选项对结构计算结果也没有影响，也就是说该功能尚未启用。当然，软件也在不断发展完善，很可能在本书出版时该功能已经实质启用，但至少在本书编著过程中YJK1.8.3 版还没有启用该功能。

换而言之，在中国，结构嵌固端在规范规定与软件实现方面到目前为止还没有统一起来。规范上的嵌固端就是结构计算模型最底部的固定端支座，但目前国内结构计算分析软件的嵌固端却只是一个名义嵌固端，可以是包括正负零楼板在内的任何一层地下室的顶板，也可以是基础底板，只有在软件中的嵌固端取在最底部的基础底板时，软件里的嵌固端才与规范的嵌固端完全统一。以笔者对国内两大通用结构分析设计软件的了解，无论软件使用者将结构嵌固端设置在地下室的哪一层楼板处，只要软件中人为指定嵌固端以下尚有结构层，则软件一律将实际结构计算中使用的模型嵌固端设置在包含地下室与基础结构的最底部，这既是一个事实，也算是一个秘密。当然，规范在不断完善之中，软件也在不断发展进步，希望不久的将来能解决并消除这场旷日持久的争议。

实际上，我国《混凝土结构设计规范》GB 50010—2010 也仅仅是在第 11.1.5 条有关确定底部加强部位范围时出现两次“嵌固端”，即“当结构计算嵌固端位于地下一层的底板或以下时，按本条第 1、2 款确定的底部加强部位的范围尚宜向下延伸到计算嵌固端”，除此之外再没有关于“嵌固端”的定义、解释或确定原则。但这不影响中国的结构工程师在这一话题上的热度。

2. 欧洲规范的结构嵌固端

欧洲规范没有关于结构嵌固端定义与嵌固端位置确定的条款，结构工程师一般是将地下结构（不含基础底板或承台）与地上结构一同模拟进去，模型的嵌固端一般均定在最底层地下室的竖向构件与基础底板（桩承台）的连接处，岩土对地下结构的侧向约束则以侧向弹性支撑来模拟。

3. 美国规范的结构嵌固端

美国 ACI 318 在结构模拟中没有嵌固端的概念，但 ASCE 7-16 有明确的“Base（译为基底可能更恰当）”概念，被定义为“认为水平地震的地震动被传递给结构的那个标高”。因为这已经不是美国混凝土规范 ACI 318 的内容，故本书在此仅作简单介绍。

美国荷载规范 ASCE 7—2016 认为，影响抗震设计基底位置的因素有如下这些：

（1）地坪相对于楼层的位置；

（2）建筑物附近的土壤条件；

（3）地下室墙壁上的开口；

（4）抗震系统垂直构件的位置和刚度；

（5）防震缝的位置和范围；

（6）地下室的深度；

（7）地下室墙体的支承方式；

（8）与相邻建筑物的接近程度；

（9）地坪的坡度。

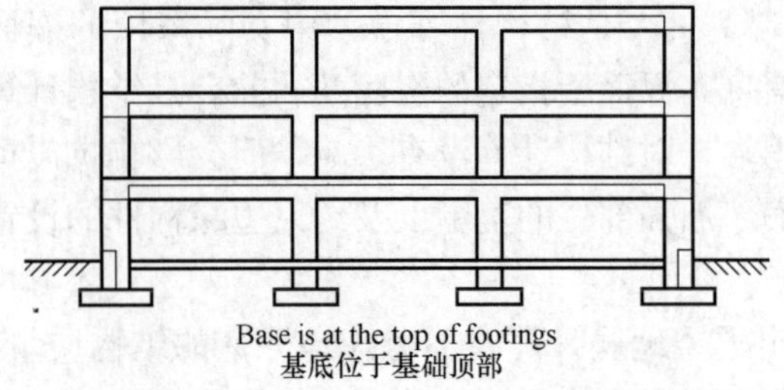

Base is at the top of footings
基底位于基础顶部

图 3.6-2　水平场地无地下室的基底
（ASCE 7-16 图 C11.2-2）

对于在具有合格土壤的平坦场地上的典型建筑物，基底通常靠近地坪平面。对于没有地下室的建筑物，基底通常确定在地面结构板标高附近，如图 3.6-2 所示。如果抗震系统的竖向构件支承在内部的基础或桩承台上，则基底应确定在基础或承台的顶部。

针对抗震系统的竖向构件支承在周边基础墙顶部的情况，基底通常设置在基础墙的顶部。这样就会出现竖向构件会以不同的高度分别支承在基础、桩承台与外围基础墙顶部的情况。当发生这种情况时，通常将基底确定为基础、桩承台与外围基础墙等支承构件顶部标高最低者。

对于地下室位于平坦场地上的建筑物，通常应将基底设置在最靠近地坪的楼板处，如图 3.6-3 所示。如果要将基底设置在最接近地坪的标高处，则地下室深度范围的岩土不应在 MCE_G 级别地震动下液化。

对于高层或重型建筑或地下室深度范围内存在软土的情况，岩土在地震期间的横向压

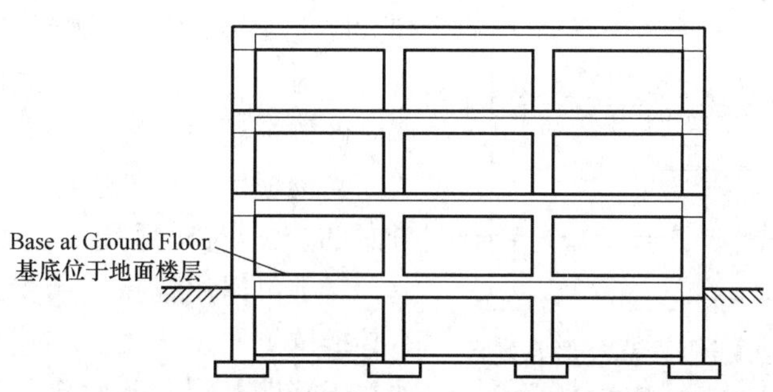

图 3.6-3　基底在地面楼层标高处（ASCE 7-16 图 C11.2-3）

缩可能过大，以致无法将地震力传递至地坪附近。对于这些情况，基底应位于低于地坪的某一标高处。

在某些情况下，基底可能位于地坪以上的楼层。为了将基底设置在高于地坪的楼面标高处，建筑物周圈的刚性基础墙应延伸到被认为是抬高后的基底所在楼面标高的下侧。将建筑物基底设于地坪以上是基于“两阶段侧向力分析方法”的原则（ASCE 7-16 第 12.2.3.2 条），即上柔下刚建筑物的上部刚度低于下部刚度 1/10 的情况。若要将高于地坪的楼面顶部标高确定为基底，则其超出地坪的高度通常不应超过地下室楼层高度的一半，如图 3.6-4 所示。图 3.6-4 说明了基底标高位于地面以上楼层顶部的概念，该基底标高还包括坐落在刚性地下室墙体上的轻型框架楼面系统。

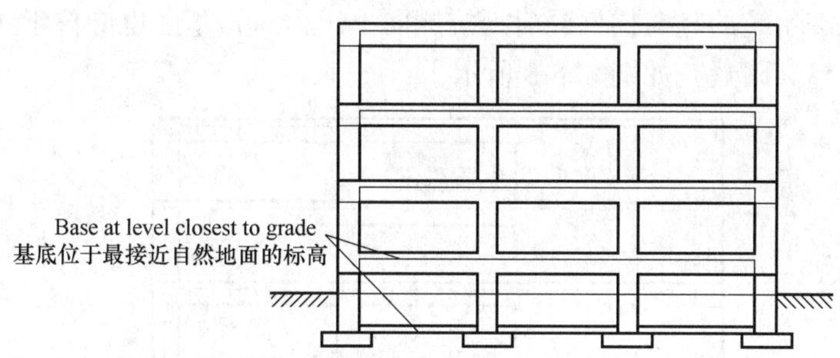

图 3.6-4　基底确定在最靠近地坪标高处（ASCE 7-16 图 C11.2-4）

当地下室墙体虽然向上延伸超过地坪高度，但被诸多洞口削弱而刚度不足时，如图 3.6-5 所示，基底应设置在接近但低于地坪的标高处。如果抗震系统的所有竖向构件都位于地下室墙体的顶部，并且地下室墙体中有许多开洞，则将基底设置在开洞的底部可能是合适的。

地下室墙体可能刚度不足的另一种情况是，抗震系统竖向构件是在建筑物的整个高度

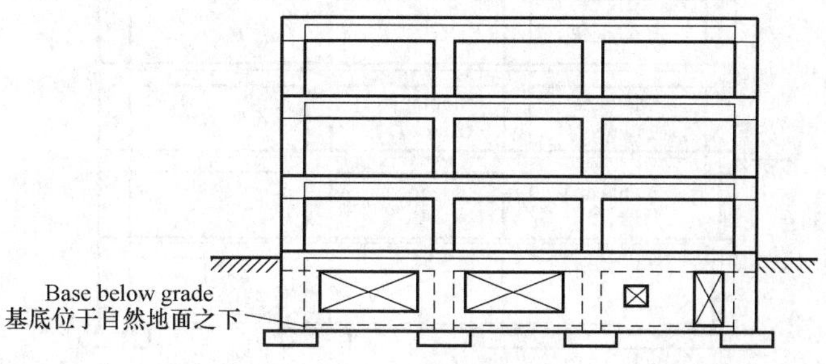

图 3.6-5　基底设定在大量地下室墙体洞口的下方（ASCE 7-16 图 C11.2-5）

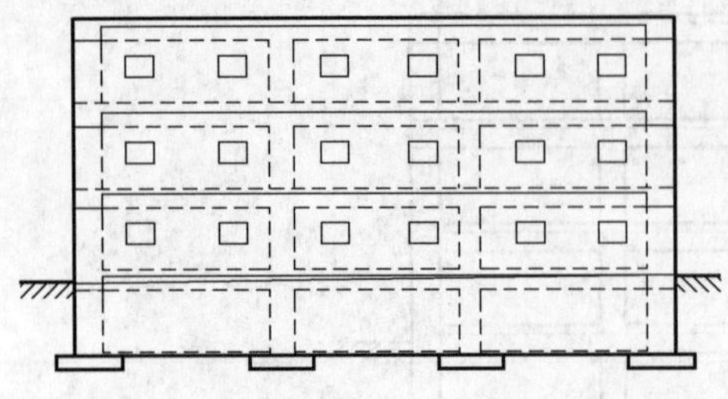

图 3.6-6　基底设定在全长全高外部剪力墙的基础标高（ASCE 7-16 图 C11.2-6）

和长度上延伸的长混凝土剪力墙，如图 3.6-6 所示。对于这种情况，基底的合适位置是地下室墙体的基础顶标高。

当场地地坪有坡度时，许多针对平坦场地考虑的方式同样适用。例如，在陡峭的坡地上，岩土可以用锚拉挡墙支挡，这样建筑物就不必抵抗侧向土压力。在这种情况下，建筑物独立于挡墙，因此基底应位于建筑物最低一侧的地坪标高附近，如图 3.6-7 所示。

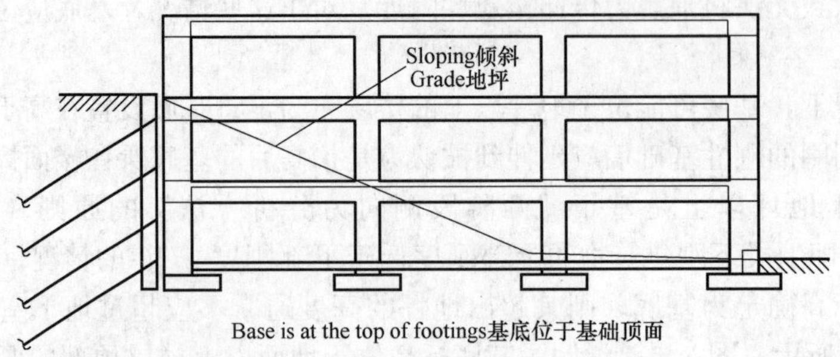

图 3.6-7　具有锚拉或悬臂挡土墙将岩土与建筑物分离的建筑物（ASCE 7-16 图 C11.2-7）

当建筑物抗震系统的竖向构件同时抵抗侧向土压力时，基底也应位于建筑物地坪标高较低一侧的地坪标高附近，如图 3.6-8 所示。

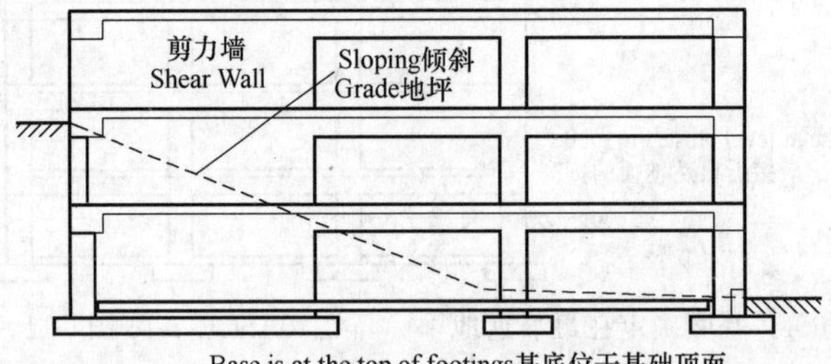

图 3.6-8　建筑物抗震系统竖向构件抵抗侧向土压力的建筑物（ASCE 7-16 图 C11.2-8）

对于最高地坪标高以下抗震系统的刚度远大于其上方抗震系统刚度的这些建筑物，如图 3.6-9 所示，且接近或低于最高地坪标高楼层的地震质量大于最高地坪标高以上楼层的

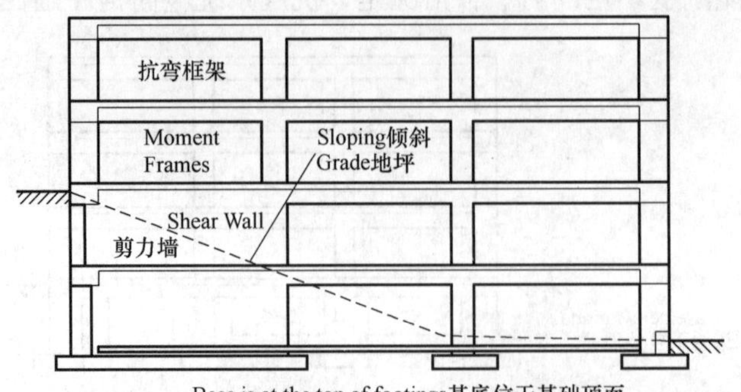

图 3.6-9　建筑物抗震系统竖向构件抵抗侧向土压力的建筑物（ASCE 7-16 图 C11.2-9）

地震质量时，对这些建筑物采用两阶段等效侧向力方法可能会很有用。

当场地中等倾斜，故其高差不超过一个楼层的情况下，刚性墙体经常延伸到接近较高地坪标高的楼层下方，且高于地坪标高的抗震系统要远远柔于其下的抗震系统。如果在建筑物所有侧面上的刚性墙延伸到接近高地坪标高的楼层下侧，则将基底定位在最接近高地坪标高的高度处是合适的。如果在建筑物所有侧面上的刚性墙没有延伸到接近高地坪标高的楼层下侧，则应将基底定位在最接近低地坪标高的高度处。如果对基底的位置存有疑问，应保守地选择在相对较低的高度。

五、美国规范的拉—压杆模型分析

1. 适用范围

拉—压杆模型适用于混凝土结构构件或构件某些区域的设计。在这些区域中，荷载或几何的不连续导致构件截面内纵向应变的非线性分布。

任何混凝土结构构件或构件中的不连续性区域，都应允许根据本章节将构件或区域模拟为理想的桁架进行设计。

应力分布的不连续性发生在结构构件几何形状的变化处，或发生在集中荷载或反力作用处。圣维南原理表明，由轴向力和弯曲引起的应力在近似等于构件总截面高度 h 距离处的应力接近线性分布。因此，假定不连续区域发生在距离荷载或几何形状变化截面延伸一个距离 h。

图 3.6-10 中的阴影区域为典型的 D-域。平截面假定不适用于这些区域。一般来说，构件在 D-域之外的任何部分都是 B-域，B-域适用于弯曲理论中的平截面假定。

拉—压杆模型设计方法基于以下假设：即 D-域可以使用假想的铰接桁架模型进行分析和设计，该桁架由通过节点连接在一起的支柱（压杆）和拉结（拉杆）组成。

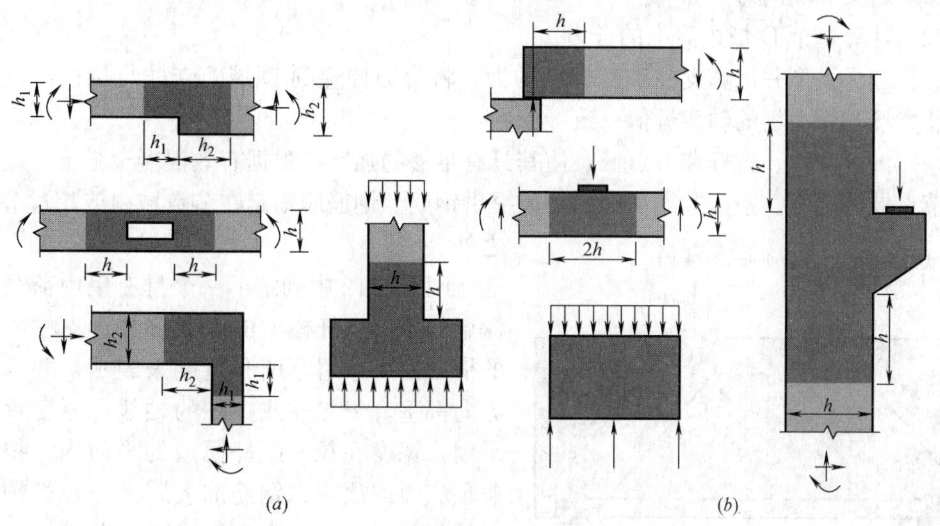

图 3.6-10 D-域与非连续性（ACI 318-19 图 R23.1）
（a）几何非连续性；（b）荷载与几何非连续性

图 3.6-11 所示为同时包含 B-域与 D-域的框架结构

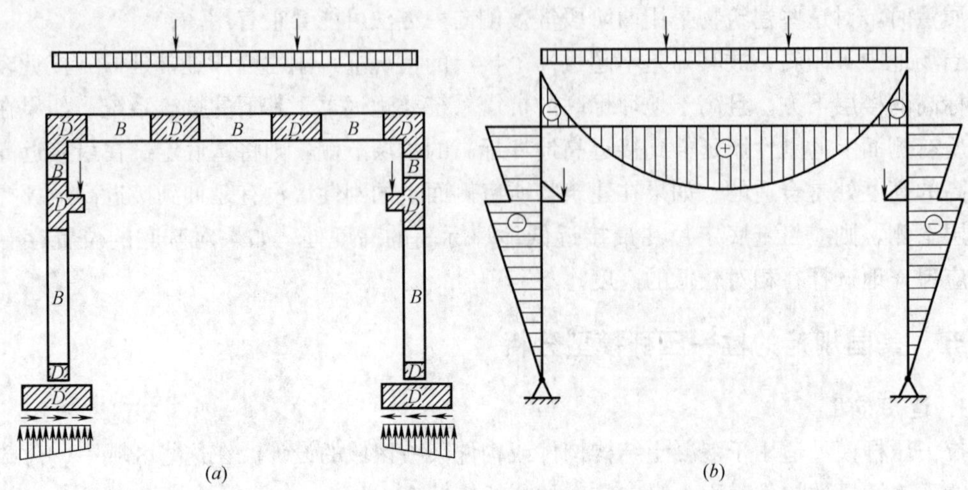

图 3.6-11 同时包含 B-域与 D-域的框架结构

(a) 框架结构及 D-域分布；(b) 弯矩图

2. 一般规定

拉—压杆模型应由在节点处连接以形成理想化桁架的支柱和拉杆组成。

对于理想化的桁架，支柱是受压构件，拉杆是受拉构件，节点是桁架节点。美国版的拉—压杆模型早在 1986 年就有人提出，并陆续有人完善技术细节，Schlaich 等人于 1987 年给出了使用拉—压杆模型的技术细节。ACI SP-208 早在 2002 年就给出了拉—压杆模型方法的设计示例。

承载作用于 D-域上和 D-域内外力的拉—压杆模型的设计过程称为拉—压杆方法，它包括以下四个步骤：

(1) 定义和隔离每个 D-域。

(2) 计算每个 D-域边界上的合力。

(3) 选择模型并计算支柱和拉杆中的力，将合力传递到 D-域。支柱与拉杆的轴线分别与压力场和张力场的轴线近似一致。

(4) 设计支柱、拉杆和节点域，使其具有足够的强度。根据有效混凝土强度，确定支柱和节点域的宽度。根据钢筋强度为拉杆提供钢筋。钢筋应锚定在节点域内或超过节点域之外。

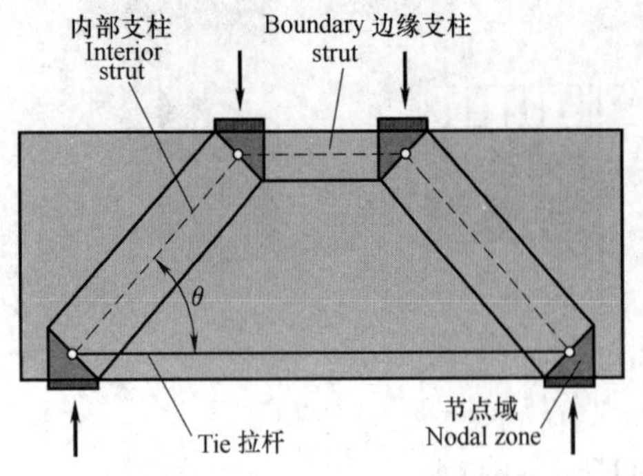

图 3.6-12 拉—压杆模型描述

(ACI 318-19 图 R23.2.1)

图 3.6-12 中确定了一个具有集中荷载单跨深梁的拉—压杆模型的组成部分。支柱或拉杆的横截面尺寸用厚度和宽度来表示，并且两个方向都垂直于支柱或拉杆的轴线。厚度垂直于平面，宽度在拉—压杆模型的平面内。拉杆由非预应力或预应力钢筋加上周围与拉杆轴线同心的部分混凝土组成。将周围的混凝土包括进来是为了确定拉杆拉力锚固的区域。拉杆中的混凝土不用来抵抗拉杆的轴向力。虽然在设计中没有明确考虑，但周围的混凝土将减少拉杆

的伸长，特别是在服务荷载作用下。

理想化桁架的几何形状应与支柱、拉杆、节点区域、承载区域和支座的尺寸相一致。

构成拉—压杆模型的支柱、拉杆和节点域都具有有限的宽度，通常在模型的平面内，厚度通常为结构平面外尺寸，在选择桁架尺寸时应考虑这一点。图 3.6-13（*a*）和（*b*）显示了一个节点和相应的节点域。垂直方向的力与水平方向的力平衡了倾斜支柱中的力。

如果在一个二维的拉—压杆模型中，超过三个力作用于一个节点区域，如图 3.6-13 所示。建议分解（合成）一些力，以形成三个相交的力。作用于图 3.6-13（*a*）中 *A-E* 面和 *C-E* 面的支柱力，可以用作用于图 3.6-13（*b*）中 *A-C* 面的力取代。该力通过了在 *D* 处的节点。

作为替代方案，拉—压杆模型可以假设所有支柱力通过节点作用于 *D* 点来进行分析，如图 3.6-13（*c*）所示。在这种情况下，节点 *D* 右侧的两个支柱力可以分解（合成）为通过 *D* 点作用的单一力，如图 3.6-13（*d*）所示。

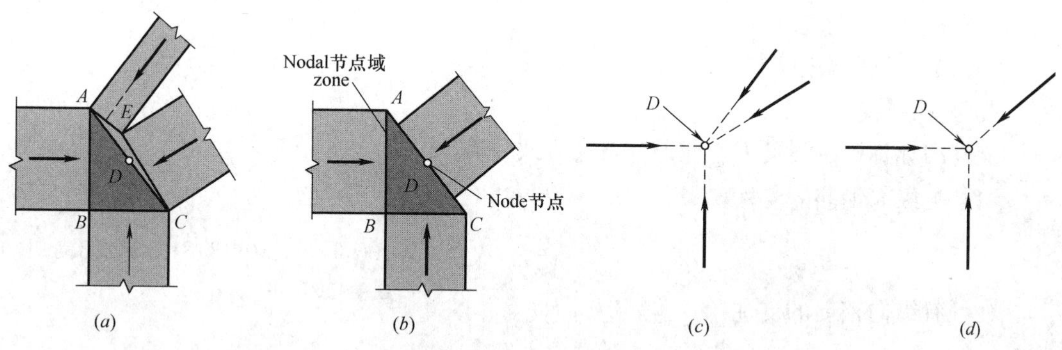

图 3.6-13 节点域上力的解析（ACI 318-19 图 R23.2.2）

（*a*）支柱 *A-E* 与 *C-E* 可被 *A-C* 取代；（*b*）作用于 1 个节点域的 3 个支柱；

（*c*）四个力作用于节点 *D*；（*d*）图(*c*)中节点右侧二力的合力

如果在垂直于构件方向上的支座宽度小于构件的宽度，则可能需要横向钢筋来约束节点平面内的垂直裂缝。这可以使用横向的拉—压杆模型来模拟。

拉—压杆模型应能够将所有因式荷载传递到支座或邻近的 B-域。

拉—压杆模型代表下界强度极限状态。ACI 318 不要求按拉—压杆模型设计的 D-域具有最低水平的分布钢筋，但针对深梁、支架与牛腿却有最低分布钢筋的要求。在类似类型 D-域内的分布钢筋将提高适用性方面的性能。此外，拉杆中的裂缝宽度可以利用 ACI 318-19 的第 24.3.2 条来控制，假设拉杆被包裹在与按 ACI 318-19 第 R23.8.1 节确定的拉杆面积对应的混凝土棱柱体中。

拉—压杆模型中的内力应与施加的荷载与反力保持平衡。

拉杆应允许穿过支柱和其他拉杆。

支柱应只在节点上相交或重叠。

为了平衡，至少有三个力作用于拉压杆模型的每个节点，如图 3.6-14 所示。*C-C-C* 节点承受三个压力，*C-C-T* 节点承受两个压

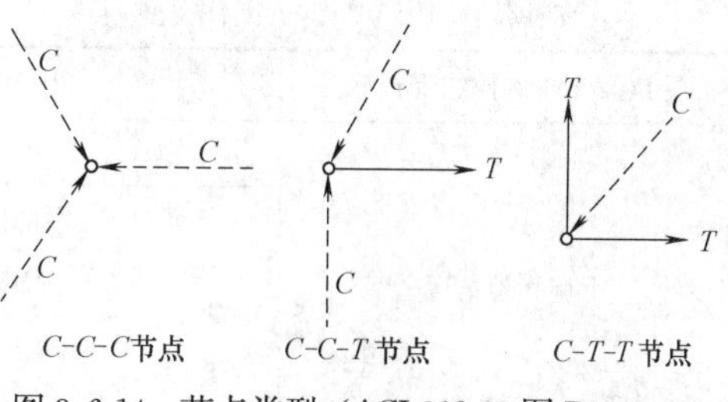

图 3.6-14 节点类型（ACI 318-19 图 R23.2.6c）

力和一个拉力，C-T-T 节点承受一个压力和两个拉力。

进入单个节点的任何支柱与拉杆轴线之间的夹角应至少为 25°。

采用拉—压杆模型设计的深梁应满足 ACI 318-19 第 9.9.2.1、9.9.3.1 和 9.9.4 节的要求。

剪切跨高比 $a_v/d<2.0$ 的支架和牛腿采用拉—压杆模型设计时应满足 ACI 318-19 第 16.5.2、16.5.6 节和下式的要求：

$$A_{sc}\geqslant 0.04(f'_c/f_y)(b_w d)$$

(3.6-5)（ACI 318-19 式 23.2.10）

3. 设计强度

对于每个适用的因式荷载组合，拉—压杆模型中每个支柱、拉杆和节点区域的设计强度应满足 $\phi S_n\geqslant U$，包括下述条件：

(1) 支柱：$\phi F_{ns}\geqslant F_{us}$

(2) 拉杆：$\phi F_{nt}\geqslant F_{ut}$

(3) 节点域：$\phi F_{nn}\geqslant F_{us}$

4. 支柱强度

支柱的标称抗压强度 F_{ns} 应通过下述方式计算。

(1) 无纵向钢筋的支柱：

$$F_{ns}=f_{ce}A_{cs}$$ (3.6-6a)（ACI 318-19 式 23.4.1a）

(2) 有纵向钢筋的支柱：

$$F_{ns}=f_{ce}A_{cs}+A'_s f'_s$$

(3.6-6b)（ACI 318-19 式 23.4.1b）

其中，F_{ns} 应取支柱两端的较小值；A_{cs} 为所考虑支柱端部的横截面积；f_{ce} 为支柱中混凝土的有效抗压强度；A'_s是沿支柱长度的受压钢筋面积；f'_s是支柱标称轴向强度下的受压钢筋应力，对于 40 级或 60 级钢筋应允许取 $f'_s=f_y$。

支柱中混凝土的有效抗压强度 f_{ce} 应由下式计算：

$$f_{ce}=0.85\beta_c\beta_s f'_c$$ (3.6-7)（ACI 318-19 式 23.4.3）

其中，β_s 根据表 3.6-7 确定，β_c 根据表 3.6-8 确定。

支柱系数 β_s［ACI 318-19 表 23.4.3 (a)］ **表 3.6-7**

支柱位置	支柱类型	准则	β_s	
受拉构件或构件的受拉区		所有情况	0.40	(1)
所有其他情况	边缘支柱	所有情况	1.00	(2)
	中间支柱	钢筋满足表 23.5.1(a)或(b)	0.75	(3)
		位于满足 23.4.4 的区域	0.75	(4)
		梁—柱节点	0.75	(5)
		所有其他情况	0.40	(6)

支柱与节点约束修正系数 β_c［ACI 318-19 表 23.4.3（b）］ **表 3.6-8**

位置	β_c		
·支柱端部连接到包含一个承压面的节点 ·包含一个承压面的节点	右侧较小值	$\sqrt{A_2/A_1}$，其中 A_1 按承压表面定义	(1)
		2.0	(2)
其他情况	1.0		(3)

注：本条目内容 ACI 318-19 版与 ACI 318-14 版有变化。

如果取 β_s 等于 0.75 是根据表 3.6-7 中的（4）行确定，则构件截面尺寸的选择应满足下式要求：

$$V_u \leqslant 0.42\phi \tan(\theta)\lambda\lambda_s\sqrt{f'_c}\, b_w d$$

（3.6-8）［ACI 318-19 式（23.4.4）］

上式的尺寸效应修正系数 λ_s 应视适用情况按下述条件确定：

（1）如果按 ACI 318-19 第 23.5 节配置了分布钢筋，则 λ_s 取为 1.0；

（2）如果未按 ACI 318-19 第 23.5 节配置分布钢筋，则 λ_s 应按下式计算：

$$\lambda_s = \sqrt{\frac{2}{1+\frac{d}{10}}} \leqslant 1$$

（3.6-9）［ACI 318-19 式（23.4.4.1）］

5. 最小分布钢筋（ACI 318-19 新增章节）

在采用拉—压杆模型的 D-域，横贯内部支柱轴线的最小分布钢筋应按表 3.6-9 配置。

最小分布钢筋（ACI 318-19 表 23.5.1） **表 3.6-9**

支柱的侧向约束	钢筋配置	分布钢筋最小配筋率	
无约束	正交网格	每一方向为 0.0025	(1)
	一个方向的钢筋与支柱夹角 α_1	$\frac{0.0025}{\sin^2\alpha_1}$	(2)
有约束	不需要分布钢筋		(3)

前述分布钢筋应满足下述条件：

（1）间距不应超过 12in（300mm）；

（2）α_1 角不应小于 40°。

分布钢筋应延伸超出按照 ACI 318-19 第 25.4 节要求的支柱范围。

如果拉—压杆模型的支柱在模型所在平面的垂直方向按下述方式被约束，则认为支柱是受到侧向约束的：

（1）非连续区域在垂直于拉—压杆模型平面方向上是连续的；

（2）约束支柱的混凝土在支柱的每一侧面延伸超出不小于支柱宽度一半的距离；

（3）支柱位于一个按照 ACI 318-19 第 15.2.5 或 15.2.6 节被约束的节点之中。

6. 支柱配筋细节要求

支柱中的受压钢筋应与支柱轴线平行，并沿支柱长度采用符合要求的封闭拉筋或螺旋筋进行封闭。

支柱内受压钢筋的封闭拉筋应满足 ACI 318-19 第 25.7.2 节及下述要求：

1）沿支柱长度的封闭拉筋的间距 s 不得超过下述条件的最小值：

（1）支柱截面的最小尺寸；

（2）封闭拉筋直径的 48 倍；

（3）受压钢筋直径的 16 倍。

2）第一个封闭拉筋应位于距离支柱两端节点域表面不超过 $0.5s$ 处。

3）封闭拉筋应使每个角部钢筋和每隔一根的纵向钢筋都应被横向拉筋拉结或在角部以不超过 135°的角度拉结，沿拉杆每一侧的任何纵向钢筋都不得与此类有侧向支撑钢筋的距离超过 6in（150mm）。

支柱内封闭受压钢筋的螺旋筋应满足 ACI 318-19 第 25.7.3 节的要求。

支柱中的受压钢筋应锚固并在节点域边缘发展强度至 f'_s，其中 f'_s根据 ACI 318-19 第 23.4.1 节计算。

7. 拉杆强度

拉杆钢筋应为非预应力筋或预应力筋。

拉杆的标称抗拉强度 F_{nt} 应由下式计算：

$$F_{nt}=A_{ts}f_y+A_{tp}\Delta f_p$$

（3.6-10）［ACI 318-19 式（23.7.2）］

其中，非预应力构件的 A_{tp} 为零。

式中，有粘结预应力钢筋应允许 Δf_p 等于 60000psi（420MPa），无粘结预应力钢筋应允许 Δf_p 等于 10000psi（70MPa）。应允许更高的 Δf_p 值，但需有分析能证明其适当。

8. 拉杆钢筋细节要求

拉杆钢筋的形心轴应与拉—压杆模型中假定的拉杆轴线重合。

拉杆钢筋应采用机械装置、后张法锚固装置、标准弯钩或采用直线型钢筋延伸锚固。

拉杆钢筋应从拉杆钢筋的形心离开扩展节点域的点（钢筋束形心与扩展节点域外缘的交点）向每一个方向延伸。

9. 节点域强度

节点域的标称抗压强度 F_{nn} 应通过以下方法计算：

$$F_{nn}=f_{ce}A_{nz}$$ （3.6-11）［ACI 318-19 式（23.9.1）］

其中，f_{ce} 为节点域表面混凝土的有效抗压强度，A_{nz} 为节点域的每个面的面积。

节点域表面混凝土的有效抗压强度 f_{ce} 应通过以下方法计算：

$$f_{ce}=0.85\beta_n f'_c$$ （3.6-12）［ACI 318-19 式（23.9.2）］

其中，β_n 应符合表 3.6-10 的要求。

节点域系数 β_n（ACI 318-19 表 23.9.2） **表 3.6-10**

节点域配置	β_n	
以支柱或承压面或以二者为边界的节点	1.0	(1)
锚固一根拉杆的节点域	0.8	(2)
锚固两根或多根拉杆的节点域	0.6	(3)

如果在节点域内提供了约束钢筋，并通过测试和分析记录了其效果，则在计算 F_{nn} 时应允许使用增加的 f_{ce} 值。

节点域的每个面的面积 A_{nz} 应取下述（1）与（2）的较小值：

（1）节点域中垂直于 F_{us} 作用线那个面的面积；

（2）节点域中垂直于合力作用线的截面的面积。

在三维拉—压杆模型中，节点域的每个面的面积 A_{nz} 应至少是上述原则给出的值，并且节点区域每个面的形状应与支柱末端投影到节点域相应面的形状相似。

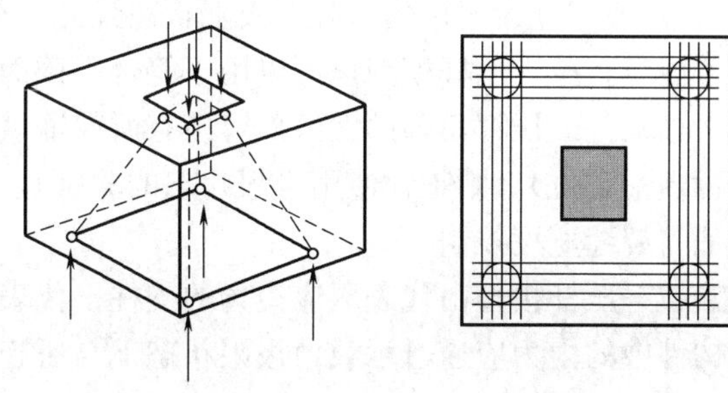

图 3.6-15　典型三维拉—压杆模型应用于四桩承台的示例

转换层楼板、桩承台等会产生三维应力场。如果应力状态不是平面状态，则应使用三维拉—压杆模型。图 3.6-15 所示的四桩承台是一个典型的三维拉—压杆模型示例。

拉—压杆模型的支柱有三种主要的几何形状类别：棱柱形、瓶形和压缩扇形，如图 3.6-16 所示。

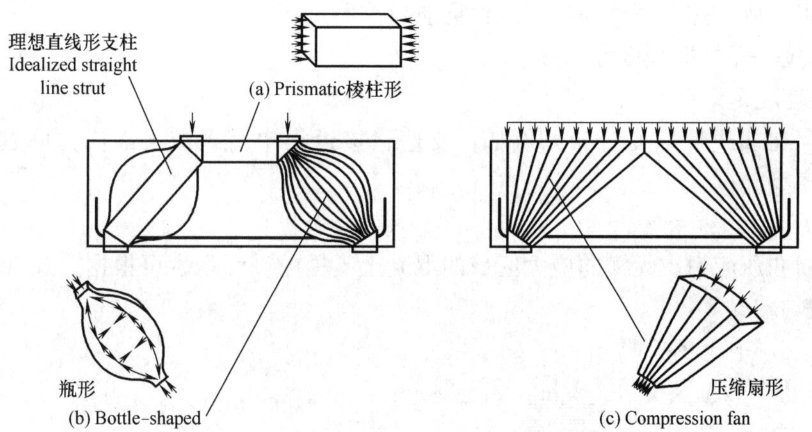

图 3.6-16　拉—压杆模型中支柱的三种主要几何形状

六、欧洲规范的拉—压杆模型分析

（一）拉—压杆模型的雏形

早在 1985 年版的英国混凝土规范 BS 8110：Part 1：1985 中，就在桩承台设计中引入了“Truss Method（桁架方法）”，在 1997 年版规范中继续沿用，可以看作是欧洲规范“Strut and Tie Models（拉—压杆模型）”的雏形。

英国混凝土规范 BS 8110—1997

3.11.4　桩承台的设计

3.11.4.1　一般规定

桩承台可以按弯曲理论或桁架模型进行计算。如果采用桁架模型，则桁架应为三角形桁架，其中一个节点为加载区域中心，桁架其他下部节点位于桩中心线与受拉钢筋的交点处。

3.11.4.2　桁架方法

桁架方法适用于桩间距较大的情况（桩间距超过 3 倍桩径），只有距桩中心 1.5 倍桩径以内的钢筋才应被考虑构成桁架的受拉构件。

(二)拉—压杆模型分析

拉—压杆模型可用于连续区域的承载力极限状态设计(尤其是梁和板已经开裂的状态),以及不连续区域的承载力极限状态设计与配筋细节,见以下拉—压杆模型设计中的有关内容。拉—压杆模型也可以用于符合平截面假定的构件,例如平面应变问题。

如果拉—压杆模型的大致兼容性有所保证(特别是重要支柱的位置和方向应根据线性弹性理论定位),则正常使用极限状态的验证也可以使用拉—压杆模型,例如钢筋应力的验证与裂缝宽度控制。

拉—压杆模型由代表压应力场的支柱、代表钢筋的拉杆和连接节点组成。拉—压杆模型构件中的内力应通过承载力极限状态下与所施加的荷载维持平衡来确定。采用拉—压杆模型的构件应按照下文拉—压杆模型设计中给出的规则确定截面尺寸。

拉—压杆模型的拉杆应与相应钢筋的位置和方向一致。

发展合适的拉—压杆模型的可能方法包括来自线弹性理论或荷载路径法中应力轨迹和分布的应用。所有拉—压杆模型可以根据能量准则进行优化。

(三)拉—压杆模型设计

1. 一般规定

如果存在非线性应变分布(例如,支座、接近集中荷载或平面应力问题),可使用拉—压杆模型。

2. 支柱

具有横向压应力或无横向应力区域的混凝土支柱的设计强度可根据公式(3.6-13)计算,见图3.6-17。

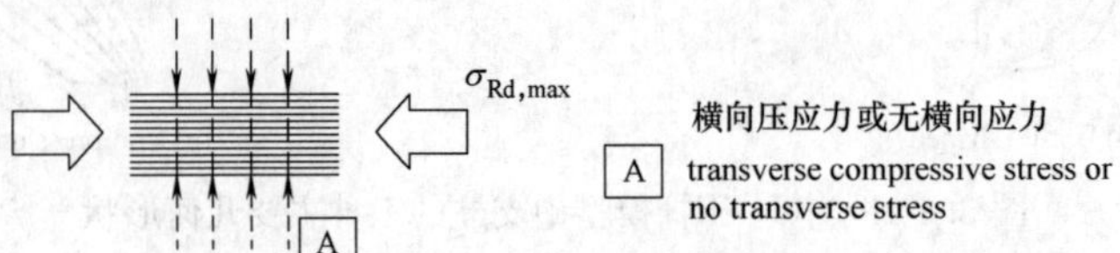

图3.6-17　无横向拉力的混凝土支柱的设计强度(EC 2图6.23)

$$\sigma_{Rd,max}=f_{cd} \qquad (3.6\text{-}13)\ [\text{EC 2 式}(6.55)]$$

在存在多轴受压的区域中,可以假设具有更高的设计强度。

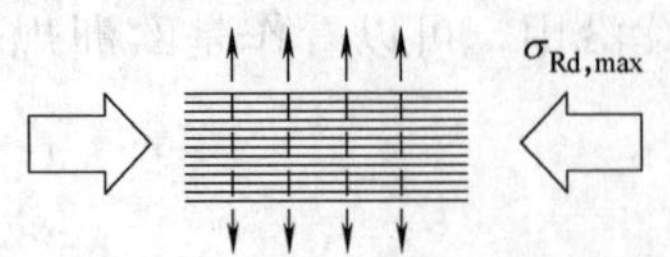

图3.6-18　有横向拉力的混凝土支柱的设计强度(EC 2图6.24)

除非采用更严格的方法,否则混凝土支柱在开裂受压区的设计强度应予以降低,可根据公式(3.6-14)计算,见图3.6-18。

$$\sigma_{Rd,max}=0.6\nu' f_{cd} \qquad (3.6\text{-}14)\ [\text{EC 2 式}(6.56)]$$

注:在一个国家使用的ν'值可以在其国家附件中找到。推荐值由公式(3.6-15)给出。

$$\nu'=1-f_{ck}/250 \qquad (3.6\text{-}15)\ [\text{EC 2 式}(6.57)]$$

对于直接加载区域之间的支柱,如牛腿或短深梁,EC 2第6.2.2和6.2.3条给出了替代计算方法。

3. 拉杆

横向拉结筋和主筋的设计强度应受到 EC 2 第 3.2 和 3.3 节的限制。

钢筋应充分锚固在节点中。

抵抗集中节点处的力所需的钢筋可能会在一定长度内弥散（图 3.6-19*a*、*b*）。当节点区域中的钢筋延伸到相当长的构件长度时，钢筋应在压缩轨迹弯曲的长度上分布（拉杆和压杆）。拉力 T 可通过以下方式获得：

（1）对于部分不连续区域（$b \leqslant H/2$），见图 3.6-19（*a*）：

$$T=\frac{1}{4}\frac{b-a}{b}F \qquad (3.6\text{-}16)\ [\text{EC 2 式 (6.58)}]$$

（2）对于完全不连续区域（$b > H/2$），见图 3.6-19（*b*）：

$$T=\frac{1}{4}\left(1-0.7\frac{a}{h}\right)F \qquad (3.6\text{-}17)\ [\text{EC 2 式(6.59)}]$$

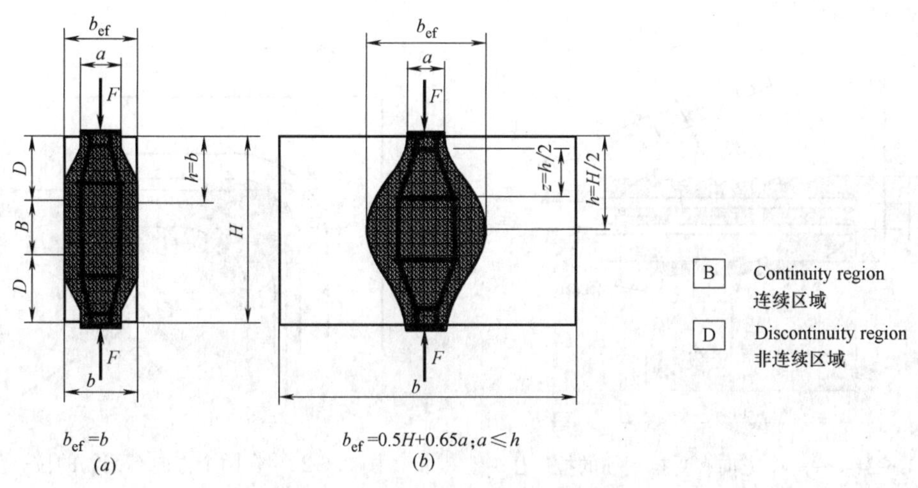

图 3.6-19 用于确定压应力场中钢筋横向张力的参数（EC 2 图 6.25）
（*a*）部分不连续；（*b*）完全不连续

4. 节点

针对节点的规则也适用于构件中传递集中力但未按拉—压杆方法设计的区域。

作用于节点上的力应处于平衡状态。应考虑垂直于平面内节点的横向拉力。

集中节点的尺寸和细节对于确定其承载抗力至关重要。集中节点可以出现在诸如集中荷载施加处、支座处、钢筋或预应力筋的集中锚固区、钢筋的弯曲处以及构件的连接处与拐角处。

节点内压应力的设计值 $\sigma_{Rd,max}$ 可由下列原则确定：

（1）无钢筋在节点内锚固的受压型节点按下式确定（图 3.6-20）：

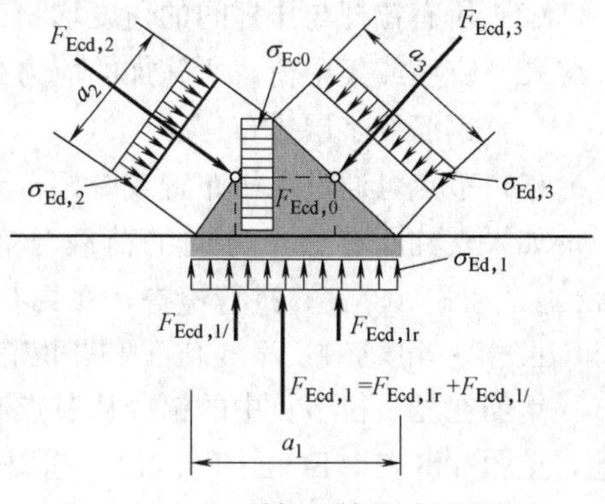

图 3.6-20 无受拉钢筋的受压型节点（EC 2 图 6.26）

$$\sigma_{\mathrm{Rd,max}}=k_1\nu' f_{\mathrm{cd}} \quad (3.6\text{-}18)\ [\text{EC 2 式 (6.60)}]$$

注：在一个国家使用的 k_1 值可见其国家附件。推荐值为 1.0。其中，$\sigma_{\mathrm{Rd,max}}$ 为可施加于节点边缘的最大应力。ν'的定义见前文。

(2) 在一个方向提供锚固拉结的拉－压型节点中可按下式确定（图 3.6-21）：

$$\sigma_{\mathrm{Rd,max}}=k_2\nu' f_{\mathrm{cd}} \quad (3.6\text{-}19)\ [\text{EC 2 式 (6.60)}]$$

其中，$\sigma_{\mathrm{Rd,max}}$ 为 $\sigma_{\mathrm{Ed,1}}$ 和 $\sigma_{\mathrm{Ed,2}}$ 的最大值，ν'的定义见前文。

注：在一个国家使用的 k_2 值可见其国家附件。推荐值为 0.85。

(3) 在具有多于一个方向提供锚固拉结的拉—压型节点中可按下式确定（图 3.6-22）：

$$\sigma_{\mathrm{Rd,max}}=k_3\nu' f_{\mathrm{cd}} \quad (3.6\text{-}20)\ [\text{EC 2 式 (6.62)}]$$

注：在一个国家使用的 k_3 值可见其国家附件。推荐值为 0.75。

其中，$\sigma_{\mathrm{Rd,max}}$ 是可应用于节点边缘的最大压应力。ν'的定义见前文。

注：在一个国家使用的 k_1、k_2 与 k_3 值可见其国家附件。推荐值为 $k_1=1.0$，$k_2=0.85$，$k_3=0.75$。

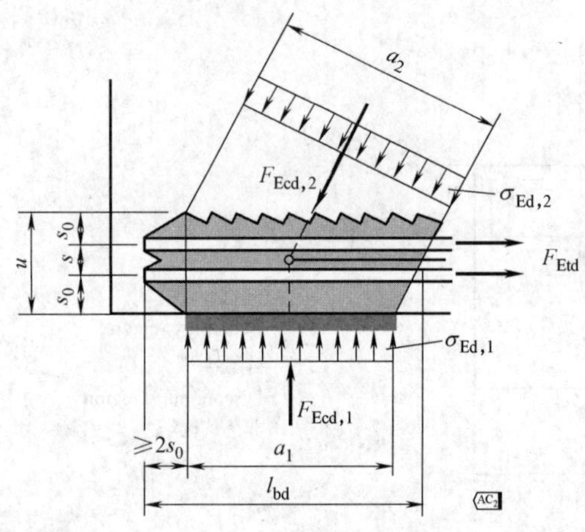

图 3.6-21 在一个方向有受拉钢筋的拉—压型节点（EC 2 图 6.27）

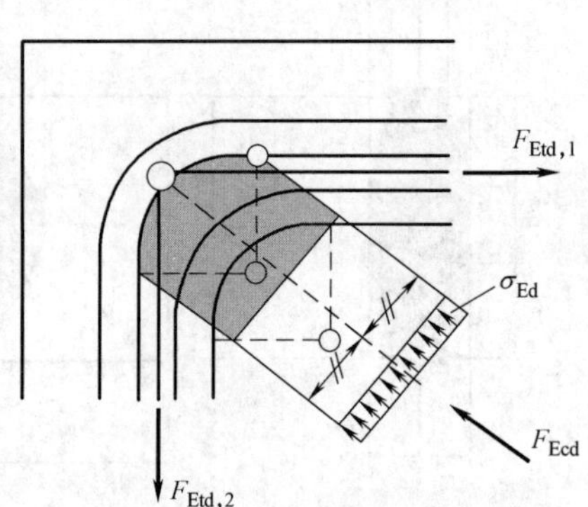

图 3.6-22 在两个方向有钢筋的拉—压型节点（EC 2 图 6.28）

在下列条件下，按上述原则给出的压应力值可增加 10%，但其中下列至少有一条适用：

(1) 三轴受压有保证；

(2) 所有拉杆与压杆间的角度均≥55°；

(3) 支座或集中荷载所施加的应力是均有的，且节点受到箍筋的约束；

(4) 钢筋按多层排布；

(5) 节点可通过承压布置或摩擦得到可靠约束。

如果支柱所有三个方向的荷载分布均为已知，则三轴受压节点可以根据 EC 2 式 (3.24) 和式 (3.25) 进行检查，并具有上限 $\sigma_{\mathrm{Ed,max}}\leqslant k_4\nu' f_{\mathrm{cd}}$。

注：在一个国家使用的 k_4 值可见其国家附件。推荐值为 3.0。

钢筋在压—拉节点中的锚固从节点起点开始，例如在支座的锚固要从支座内侧开始算起，见图 3.6-21（EC 2 图 6.27）。锚固长度应延伸到整个节点长度之上。在某些情况下，钢筋也可以锚固在节点的后面。

三个支柱连接处的平面内受压节点可以按照图 3.6-20 进行验证。最大平均主节点应力（σ_{c0}、σ_{c1}、σ_{c2} 及 σ_{c3}）应按式（3.6-19）[EC 2 式(6.60)]进行校核。通常可以假设以下情况：$F_{cd,1}/a_1=F_{cd,2}/a_2=F_{cd,3}/a_3$，从而推出 $\sigma_{cd,1}=\sigma_{cd,2}=\sigma_{cd,3}=\sigma_{cd,0}$。

七、拉—压杆模型（STM）分析方法的背景资料

以下内容摘自《*Structural Concrete Strut-and-Tie Models for Unified Design*》。

（一）拉—压杆模型——下限解决方案

1. 介绍

基于极限分析的下界定理概念将应力场应用于钢筋混凝土设计是最近的发展，它代表了钢筋混凝土最重要的进步之一。STM 基于极限分析的下界定理，因此它提供了一个安全的解决方案。由于该方法基于平衡方法，因此只有两个条件需要被验证，即平衡准则和失效准则。在这个模型中，结构中的复杂应力分布被理想化为一个桁架，将施加的荷载通过结构传递到桁架支座。与真正的桁架类似，STM 由在节点处相互连接的压杆与拉杆组成。使用类似于图 3.6-23 中所描绘的应力分支，可以构建满足平衡且在任何点不违反屈服准则的下界应力场，以便对具有不连续性的钢筋混凝土结构的承载力提供安全评估。这些技术将具有允许设计人员通过不连续结构来追踪力的优点，这在以前超出了工程实践的范围。

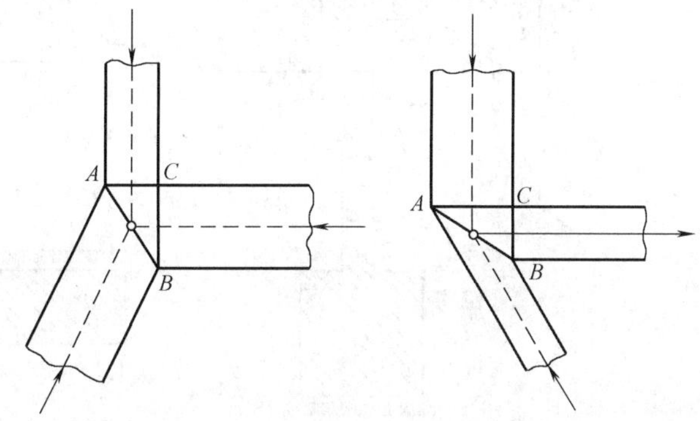

图 3.6-23 使用应力分支作为桁架杆件在应力交汇处产生应力场

STM 是对桁架模型符合逻辑的扩展，两种方法的主要区别在于：STM 是一组处于平衡状态但不形成稳定桁架系统的力。因此，STM 是桁架模型的推广。STM 目前被认为是处理不连续区域或扰动区域（或简称为 D-域）的最可靠工具。

2. 概念

STM 是源自结构混凝土某一区域应力合成内力流的理想化。成功的模型应该满足两个条件，平衡准则和失效准则，并且据此获得的解是安全解或下限解。

STM 源自结构混凝土区域（即高剪切应力区域）内的力流，在这些区域伯努利弯曲假设（平截面假定）不适用。这些区域被称为不连续区域或扰动区域（简称为 D-域）。与之相反的则是伯努利假设有效的区域，被称为伯努利区域或弯曲区域（简称为 B-域）。

不连续性（与高剪切应力相关）要么是静力的（由于集中荷载），要么是几何的（由于几何形状的突然变化）或两者兼而有之。图 3.6-24 所示为 D-域的示例。可以假设 B-域和 D-域之间的分隔界面至几何不连续或集中荷载的距离约为 h，其中 h 等于相邻 B-域的厚度，见图 3.6-24。这一假设被圣维南原理所验证。

在 STM 中，支柱（压杆）表示在支柱方向上具有受压为主的混凝土应力场。另一方面，拉杆则代表一层或几层受拉钢筋。但是，在没有钢筋可用且依赖于混凝土抗拉强度的模型中，可能存在混凝土拉杆。例如，在没有使用腹板钢筋的板类构件中，或在没有横向钢筋的钢筋锚固中，可以在混凝土中追踪到平衡所需的拉应力场。同时，在需要的情况

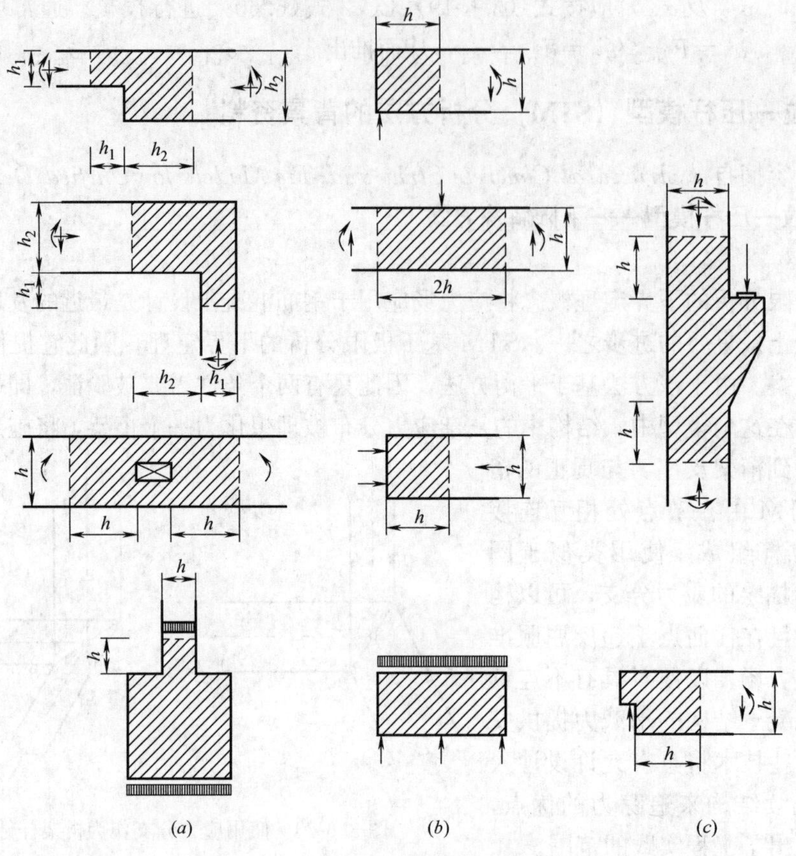

(a) (b) (c)

图 3.6-24 具有非线性应变分布的 D-域

(a) 由于几何不连续；(b) 由于静力不连续；(c) 由于几何及静力不连续

下，受压钢筋也可以由支柱表示。

3. 拉—压杆模拟

在模拟 D-域之前，应确定来自相邻 B-域（或支座，或外力）的边界力，如图 3.6-25(a) 所示。施加到 D-域边界的所有力的应力图以这样的方式细分，即 D-域两侧单个应力合力的大小应相互对应，并且可以通过不相互交叉的流线连接，如图 3.6-25 所示。

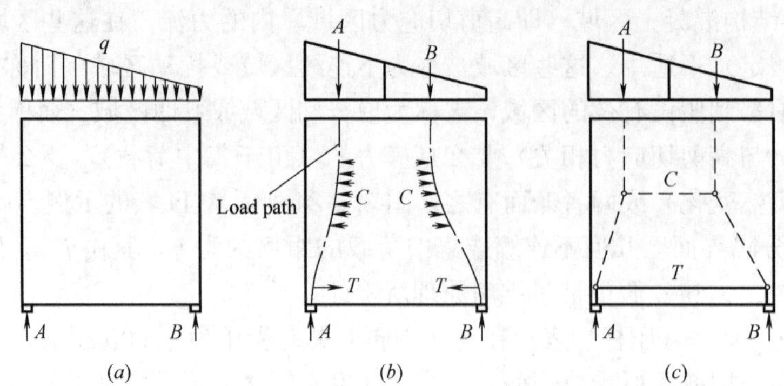

(a) (b) (c)

图 3.6-25 荷载路径（Load path）法

(a) 某区域及边界荷载；(b) 通过该区域的荷载路径；(c) 相应的 STM

然后可以使用荷载路径方法（图 3.6-26*b*）追踪通过该区域的力流，这些路径是平滑弯曲的。接下来，荷载路径被替换为如图 3.6-26（*c*）所示的多边形，并添加额外的压杆或拉杆以实现平衡，例如图中的横向压杆或拉杆。在某些情况下，应力图或力与另一侧的力不完全平衡；为此，剩余力的荷载路径进入结构并在该区域内转向后将其留在同一侧，如图 3.6-26 所示。

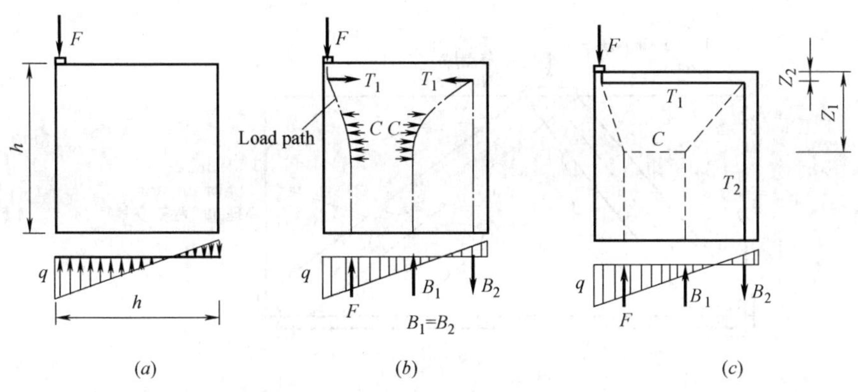

图 3.6-26 包括 U 形弯的荷载路径法

（*a*）某区域及边界荷载；（*b*）通过该区域的荷载路径；（*c*）相应的 STM

如果执行弹性有限元分析以获得弹性应力和主应力方向，则 STM 可得到简化。即可将支柱和拉杆的位置和方向定位在应力图的中心，如图 3.6-27 所示。在某些情况下，当荷载从工作荷载水平增加到使结构混凝土产生非线性性能的倒塌荷载时，应力图形和分布可能会改变，则基于弹性理论结果的支柱和拉杆方向可能不是最佳选择。然而，结构混凝土的延性可以考虑这种偏差。此外，可以根据实际考虑来布置拉杆并设置受拉钢筋，也就是说，结构本身会使其内部结构系统适应这种假设。然而，模拟需要良好的设计经验，以

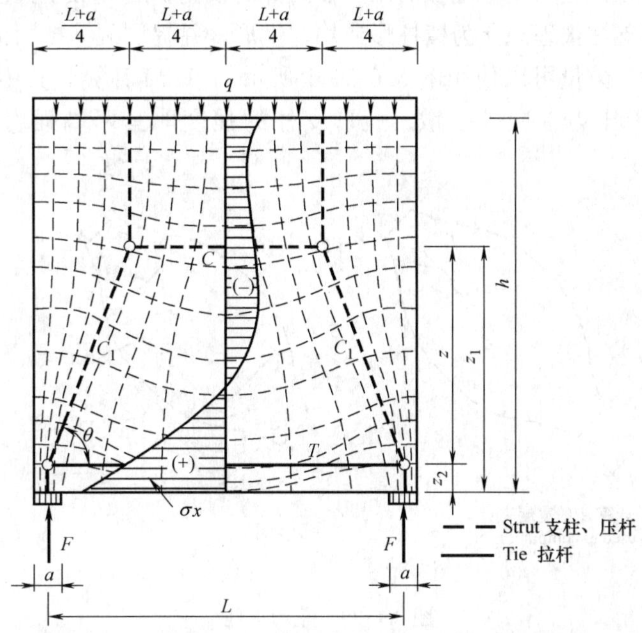

图 3.6-27 弹性应力轨迹、弹性应力分布以及相应的 STM

便建立适当的设计目标，例如安全性和经济性，并提出满足这些目标的设计。

4. 拉—压杆模型的组成单元

STM 将结构或其组件中的类似桁架系统可视化，以将荷载传递到支座上。它由三种类型的单元组成：支柱（抗压）、拉杆（抗拉）和连接节点（支柱和拉杆）或节点域，见图 3.6-28。接下来，更详细地描述这些元素。

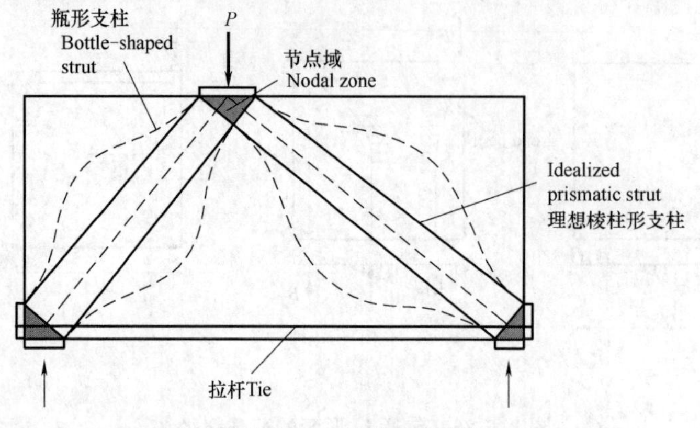

图 3.6-28　STM 的描述

支柱：支柱是 STM 中的受压构件，代表平行或扇形压应力场的合力。在设计中，支柱通常被理想化为棱柱形受压构件，如图 3.6-28 中支柱的直线轮廓所示。如果支柱两端的有效抗压强度（或失效准则）f_{ce}^{s} 不同（因两端节点域强度不同或支承长度不同），则支柱可理想化为均匀渐变截面的受压构件。

瓶形支柱：它是一种中间宽于两端的支柱，它位于构件中支柱中段受压混凝土的宽度可以横向扩展的部分。图 3.6-28 中的弯曲虚线轮廓和图 3.6-29 中弯曲的实线轮廓近似于瓶形支柱的边界。在该应力场中施加的压力在内部的横向扩展类似于圆柱体劈裂试验。为了简化设计，瓶形支柱被理想化为棱柱形或均匀锥形，并提供裂缝控制钢筋以抵抗横向张力。横向约束钢筋的数量可以使用图 3.6-29 中所示的 STM 计算，其中支柱表示压力以 1∶2 的斜率相对于压力轴向外扩散。瓶形支柱的强度取其两端强度中较小的值，如图 3.6-29（a）所示。

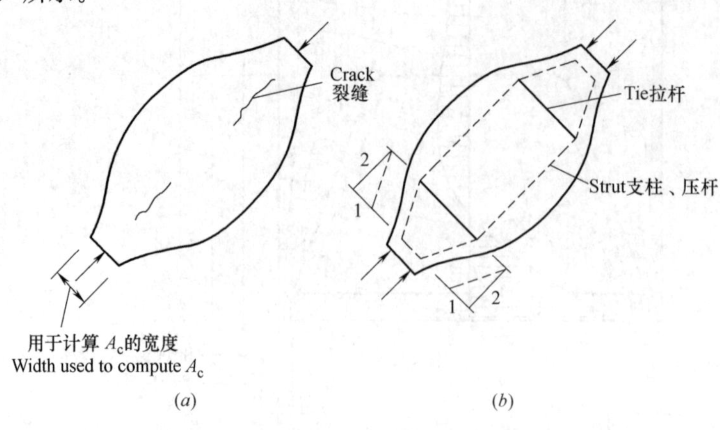

图 3.6-29　瓶形支柱

（a）支柱的开裂状态；（b）STM 的横向钢筋

拉杆：它是 STM 中的受拉构件，其力由普通钢筋、预应力钢筋或混凝土抗拉强度来抵抗。钢筋可能由一层或多层组成，力总是在这些层的中心。

节点：它是 STM 关节中的点，在这个点上，支柱、拉杆轴线与作用于关节上的集中力相交。对于平衡，至少三个力应该作用在一个节点上，如图 3.6-30 所示。节点根据这些力的符号进行分类。*C-C-C* 节点抵抗三个受压力，而 *C-C-T* 节点抵抗两个受压力和一个受拉力，依此类推。

节点域（Nodal Zone）：围绕在传递拉—压杆内力的节点周围的混凝土体积就是节点域。

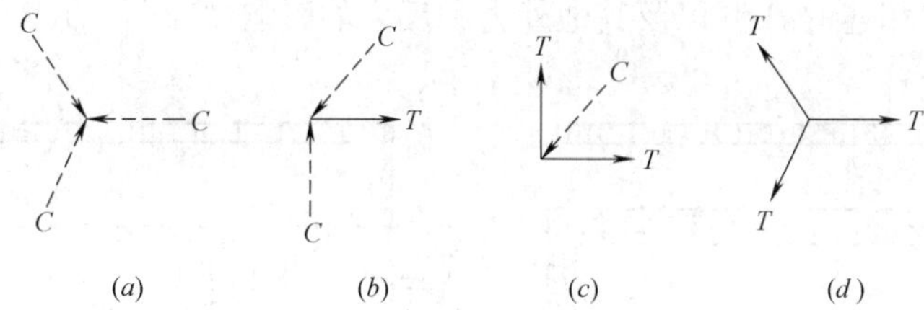

图 3.6-30　节点分类

（*a*）*C-C-C* 节点；（*b*）*C-C-T* 节点；（*c*）*C-T-T* 节点；（*d*）*T-T-T* 节点

（二）D-域与 B-域

1. 介绍

混凝土结构可以根据截面内的应变分布细分为两类区域，这是这些区域设计方法中的一个影响因素。伯努利弯曲假设（即平截面假定：弯曲前的平面截面在弯曲后仍保持平面）适用的区域被称为伯努利区域或弯曲区域（或简称为 B-域）。伯努利假设不适用的其他区域称为不连续区域或扰动区域（或简称为 D-域）。

使用桁架模型已成功处理 B-域。另一方面，这种桁架模型已经被扩展和推广，导致了用于处理 D-域的 STM 方法。这样，整个结构可以采用统一的处理方式。该方法的有效性和成功性已在学术界和实践中得到证明。

D-域通常是混凝土结构中最关键的区域，因为它们本质上最容易受到环境荷载条件的影响。STM 作为一种透明和半透明的工具，代表了一种理解这些区域性能的合理方法。

2. B-域

B-域存在于截面高度恒定或逐渐变化且荷载连续分布的板与梁中。B-域任何截面的应力状态都可以从截面效应（弯矩、扭矩、剪力和轴力）中充分得出。

可以根据标准力学书籍中的弹性理论得到未开裂 B-域令人满意的解。但如果 B-域的拉应力超过混凝土的抗拉强度，则将应用桁架模型而不是基于弹性的解决方案。除了桁架模型，行业规范（ACI 318-14 和 Eurocode 2 等）允许采用已通过实验测试的其他标准方法。

3. D-域

在 D-域，由于几何形状的突然变化（几何不连续）或集中荷载（静力不连续）导致的不连续，应变分布具有明显的非线性特征。几何不连续的例子是梁中的凹槽、框架拐角、弯折和开洞，见图 3.6-24（*a*）与（*c*）。静力不连续的例子是集中荷载、反力与局部压力作用的区域（例如预应力锚固区），见图 3.6-24（*b*）与（*c*）。诸如深梁之类的结构，其应变分布具有显著的非线性特征，被认为是一个完整的 D-域，见图 3.6-24（*b*）。

通过使用诸如有限元方法，可以基于弹性理论对未开裂的 D-域进行令人满意的分析。

然而，即使在服务荷载下，大多数实际应用也并非如此。一旦在D-域形成裂缝并且钢筋与混凝土之间的粘结应力显著发展，线弹性分析将不再适用；另一方面，完整的非线性分析可能会变得不经济，尤其是在设计的早期阶段，而且它无助于细部构造的完善。此外，如果没有精确模拟结构性能，结果可能是性能不佳或未来失效的原因。考虑到这一点，STM方法代表了处理D-域的合理方法。

在B-域，应力状态可能源自截面效应，而在D-域，情况并非如此。然而，传统的结构分析是必不可少的，并且通过将结构划分为B-域和D-域，可以识别D-域的边界力。这些边界力来自与之相连的B-域以及其他外力和反力的影响，如图3.6-31所示。

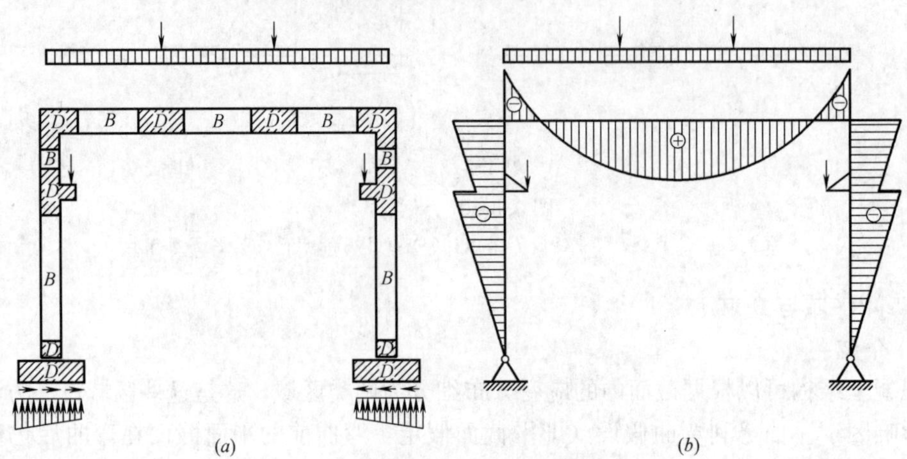

图3.6-31　同时包含B-域与D-域的框架结构

（a）框架结构；（b）弯矩图

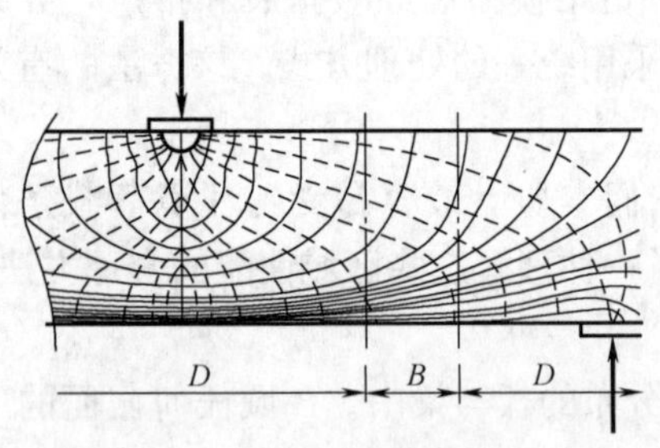

图3.6-32　B-域及附近不连续区域（D-域）的应力轨迹

与D-域相比，B-域的应力和应力轨迹是平滑的，如图3.6-32所示。在D-域，应力强度随着远离应力集中点的距离而迅速降低。这种现象是识别结构中B-域和D-域的关键。

为了说明如何定义B-域和D-域之间的分界线，采用了图3.6-33与图3.6-34中所示的两个示例。二者共同的原则是将图3.6-33（*a*）与图3.6-34（*a*）中的真实结构细分为满足伯努利假设的应力状态[图3.6-33（*b*）与图3.6-34（*b*）]以及应力补偿状态[图3.6-33（*c*）与图3.6-34（*c*）]。应用圣维南原理，假设图3.6-33（*c*）与图3.6-34（*c*）中的非线性应力在大约等于平衡力本身之间最大距离处就可以忽略不计，而该距离即定义了D-域的范围，如图3.6-33（*d*）与图3.6-34（*d*）所示。应该注意的是，对于大多数梁的情况，这个距离实际上等于与D-域相邻的B-域的横截面高度。

在开裂的混凝土构件中，不同方向的刚度可能会因开裂而改变；因此，D-域的边界也可能会改变。尽管如此，前面基于弹性材料性能确定B-域和D-域之间分界线的方法仍然适用。这是因为圣维南原理本身并不精确，B-域和D-域之间的分界线仅作为STM方法的定性参考。

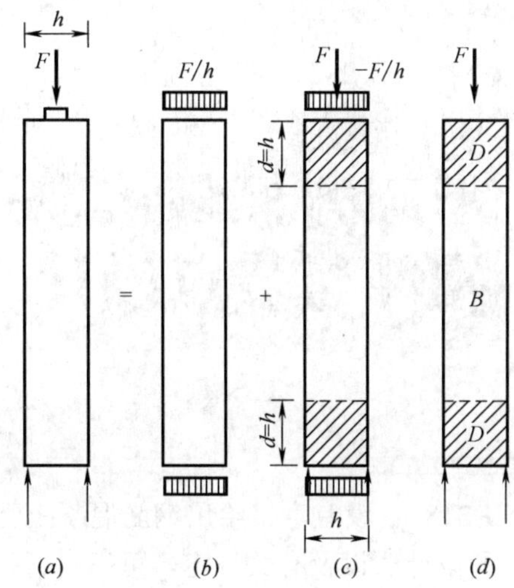

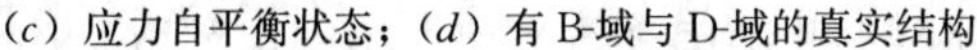
图 3.6-33　根据圣维南原理结构细分为 B-域与 D-域的示例 1——集中力作用下的墙柱

(*a*) 真实荷载作用的结构；(*b*) 据伯努利假设施加的荷载或支座反力；

(*c*) 应力自平衡状态；(*d*) 有 B-域与 D-域的真实结构

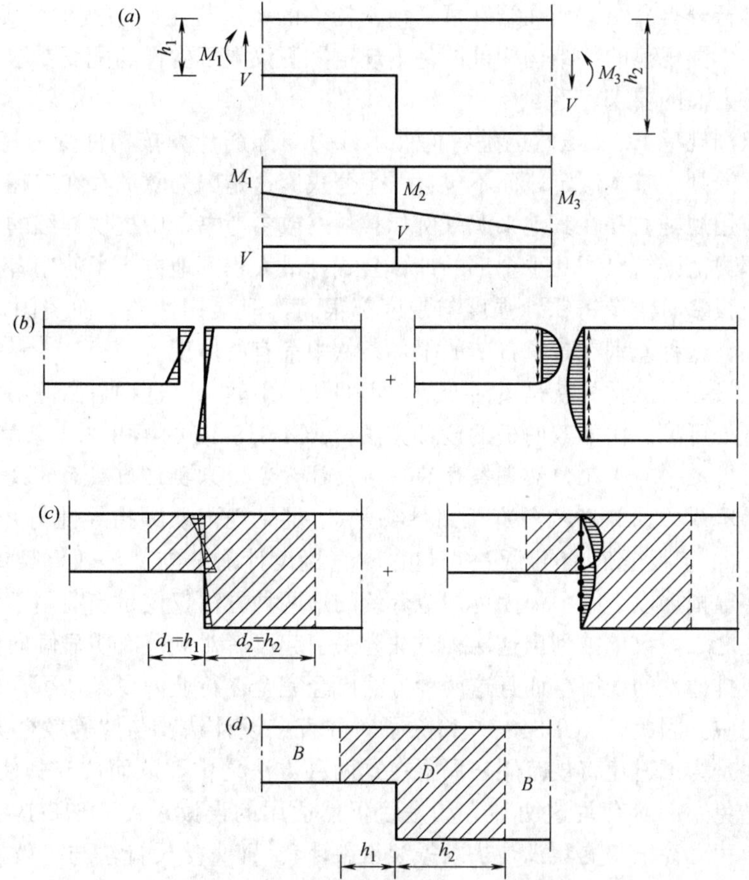

图 3.6-34　根据圣维南原理结构细分为 B-域与 D-域的示例 2——变截面梁

(*a*) 真实荷载作用的结构；(*b*) 据伯努利假设施加的荷载或支座反力；

(*c*) 应力自平衡状态；(*d*) 有 B-域与 D-域的真实结构

第四章　承载力极限状态——结构构件与节点设计

美国 ACI 318-14 和 ACI 318-19 没有直接给出钢筋混凝土受弯构件的截面受弯承载力计算公式，但通过规范给出的设计假设及有关规定，可以自行推导出有关计算公式。

欧洲规范 EC 2 的结构构件设计，有关构件承载力与配筋计算没有按构件类型分别介绍，而是按构件受力特征进行分类介绍，只有在第 9 章“构件详图与特殊规则”中才是按构件类型组织编撰的。这一点与中国规范类似，中国规范也是构件承载力与配筋计算按构件受力特征进行分类介绍，而在第 9 章“结构构件的基本规定”中按构件类型进行介绍。所不同的是，中国规范的“结构构件的基本规定”不仅限于构件的配筋要求，也有几何尺寸与边界条件方面的要求。

此外，欧洲规范 EC 2 虽然也是将构件承载力与配筋计算按构件受力特征进行分类，但只给出基本原则、基本假定，而不包含派生公式。这是因为欧洲存在“在规范中只给出原则和通用应用规则，并在其他来源（例如教科书或参考书）中提供详细的应用规则”的惯例。而中国规范则给出了几乎全部的计算公式，最大程度地方便了使用者。

中国规范很多时候像铸铁，强度与硬度都很高，但柔韧性差；而美国规范更像低碳钢，比较柔韧。这种差别在各章各节的很多条款中都有所体现。

美国规范最令人欣赏的就是灵活变通，不僵化、不教条。这种自由但不放任的精神在规范条文中随处可见。比如双向板的设计方法，ACI 318-14 的第 8.2.1 条就规定：“板的设计允许采用满足平衡与几何协调条件的任何设计方法，只要任何截面的设计承载力都不小于所需要的承载力，且满足所有适用性要求。”足见规范兼顾指导性与开放性的理念。ACI 318 自 1971 年版至 2014 年版一直包含“直接设计法”与“等效框架法”的应用条款，也用较多篇幅加以介绍。但因为规范介绍的这两种方法仅仅是当前用于双向板设计的几种分析方法之二，仅单独列出这两种方法容易引起读者对规范有明显倾向性的误读，甚至有可能造成排他性的误解。而且这两种方法已经完全在行业内得到认可，并体现在各种可用的文献之中。因此，ACI 318-19 移除了对“直接设计法”与“等效框架法”的具体介绍内容，只是为了避免将规范用户局限在这两种方法之中，从而放弃其他可用的方法。同时，为了避免人们对有关这两种方法是否仍然适用的误读，ACI 318-19 在其第 8.2.1 条的末尾重申“允许采用直接设计法或等效框架法”。即直接设计法与等效框架法仍可用于重力荷载下双向板的分析。

对于预应力板，只要预应力产生的平均有效压应力小于 125psi（0.862MPa），就可以按非预应力板设计。这一点，中国规范没有约定。

就结构设计流程而言，挠度与裂缝控制是结构构件设计的必要的内容，但从本书编排方面，因为有第五章的正常使用极限状态设计专篇，故有关内容列入第五章，不在本章的构件设计内容中出现。

第一节　截面强度与强度折减系数

强度折减系数是美国规范特有的术语及符号体系，中欧规范没有强度折减系数的概念。

中国规范的截面强度计算公式中采用的是材料的强度设计值（混凝土为棱柱体轴心抗压强度设计值 f_c，钢筋为抗拉强度设计值 f_y 与抗压强度设计值 f'_y），而材料强度设计值是由材料强度标准值（混凝土为轴心抗压强度标准值 f_{ck}，钢筋为屈服强度标准值 f_{yk}）除以各自的材料分项系数而得到，只不过中国规范为了使用的方便，没有将材料分项系数显性化，而代之以直接以表格形式给出了材料强度设计值 f_c、f_y 与 f'_y。但《混通规》2021 版改变了这一做法。

欧洲规范与中国规范类似，也是通过材料分项系数将材料的强度标准值（欧洲规范称为特征值）换算为强度设计值，然后再将材料的强度设计值代入构件截面承载力计算公式去计算构件的截面强度设计值。所不同的是，欧洲规范将材料分项系数显性化，规范没有直接给出材料强度的设计值（混凝土为抗压强度设计值 f_{cd}，钢筋为屈服强度设计值 f_{yd}），而是完全通过材料强度特征值（混凝土为圆柱体抗压强度特征值 f_{ck}，钢筋为屈服强度特征值 f_{yk}）与材料分项系数（γ_c、γ_s）得到。欧洲规范没有区分钢筋抗拉强度与抗压强度。

美国规范则没有引入材料分项系数（或安全系数）的概念，而是将混凝土的规定抗压强度 f'_c与钢筋的规定屈服强度直接代入截面强度的计算公式，然后通过引入强度折减系数 ϕ 来考虑材料性能的不确定性与结构可靠度，从而得到构件截面强度的设计值。

一、中国规范的截面强度

1. 正截面受弯承载力计算

受弯构件、偏心受力构件正截面承载力计算时，受压区混凝土的应力图形可简化为等效的矩形应力图。

矩形应力图的受压区高度 x 可取截面应变保持平面的假定所确定的中和轴高度乘以系数 β_1。当混凝土强度等级不超过 C50 时，β_1 取为 0.80；当混凝土强度等级为 C80 时，β_1 取为 0.74；其间按线性内插法确定。

矩形应力图的应力值可由混凝土轴心抗压强度设计值 f_c 乘以系数 α_1 确定。当混凝土强度等级不超过 C50 时，α_1 取为 1.0；当混凝土强度等级为 C80 时，α_1 取为 0.94；其间按线性内插法确定。

纵向受拉钢筋屈服与受压区混凝土破坏同时发生时的相对界限受压区高度 ξ_b 应按下列公式计算。

1）钢筋混凝土构件——有屈服点普通钢筋

$$\xi_c=\frac{\beta_1}{1+\dfrac{f_y}{E_s\varepsilon_{cu}}}$$

（4.1-1）［《混规》式（6.2.7-1）］

2）钢筋混凝土构件——无屈服点普通钢筋

$$\xi_c=\frac{\beta_1}{1+\frac{0.002}{\varepsilon_{cu}}+\frac{f_y}{E_s\varepsilon_{cu}}}$$ （4.1-2）［《混规》式（6.2.7-2）］

式中 ξ_c——相对界限受压区高度，取 x_b/h_0；

x_b——界限受压区高度；

h_0——截面有效高度，即纵向受拉钢筋合力点至截面受压边缘的距离；

E_s——钢筋弹性模量；

ε_{cu}——非均匀受压时的混凝土极限压应变；

β_1——系数。

注：当截面受拉区内配有不同种类或不同预应力值的钢筋时，受弯构件相对界限受压区高度应分别计算，并取其较小值。

矩形截面或翼缘位于受拉边的倒 T 形截面受弯构件，其正截面受弯承载力应符合下列规定（图 4.1-1）。

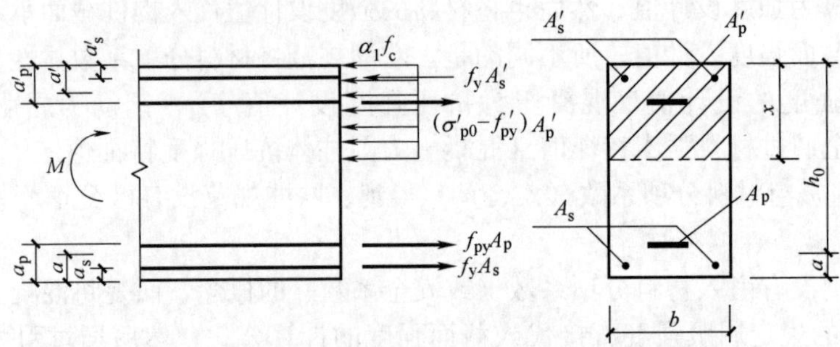

图 4.1-1 矩形截面受弯构件正截面受弯承载力计算（《混规》图 6.2.10）

$$M\leqslant\alpha_1 f_c bx\left(h_0-\frac{x}{2}\right)+f'_y A'_s(h_0-a'_s)-(\sigma'_{p0}-f'_{py})A'_p(h_0-a'_p)$$

（4.1-3）［《混规》式（6.2.10-1）］

混凝土受压区高度应按下列公式确定：

$$\alpha_1 f_c bx=f_y A_s-f'_y A'_s+f_{py}A_p+(\sigma'_{p0}-f'_{py})A'_p$$

（4.1-4）［《混规》式（6.2.10-2）］

混凝土受压区高度尚应符合下列条件：

$$x\leqslant\xi_b h_0$$ （4.1-5）［《混规》式（6.2.10-3）］

$$x\geqslant 2a'$$ （4.1-6）［《混规》式（6.2.10-4）］

式中 M——弯矩设计值；

α_1——系数；

f_c——混凝土轴心抗压强度设计值；

A_s、A'_s——受拉区、受压区纵向普通钢筋的截面面积；

A_p、A'_p——受拉区、受压区纵向预应力筋的截面面积；

σ'_{p0}——受压区纵向预应力筋合力点处混凝土法向应力等于零时的预应力筋应力；

b——矩形截面的宽度或倒 T 形截面的腹板宽度；

h_0——截面有效高度；

a'_s、a'_p——受压区纵向普通钢筋合力点、预应力筋合力点至截面受压边缘的距离；

a'——受压区全部纵向钢筋合力点截面受压边缘的距离，当受压区未配置纵向预应力筋或受压区纵向预应力筋应力（$\sigma'_{p0}-f'_{py}$）为拉应力时，公式（4.1-6）中的a'用a'_s代替。

当计算中计入纵向普通受压钢筋时，应满足公式（4.1-6）的条件；当不满足此条件时，正截面受弯承载力应符合下列规定：

$$M \leqslant f_{py}A_p(h-a_p-a'_s)+f_yA_s(h-a_s-a'_s)+(\sigma'_{p0}-f'_{py})A'_p(a'_p-a'_s)$$

（4.1-7）［《混规》式（6.2.14）］

式中　a_s、a_p——受拉区纵向普通钢筋、预应力筋至受拉边缘的距离。

2. 斜截面受剪承载力计算

矩形、T形和I形截面受弯构件的受剪截面应符合下列条件：

当$h_w/b \leqslant 4$时

$$V \leqslant 0.25\beta_c f_c bh_0$$

（4.1-8）［《混规》式（6.3.1-1）］

当$h_w/b \geqslant 6$时

$$V \leqslant 0.20\beta_c f_c bh_0$$

（4.1-9）［《混规》式（6.3.1-2）］

当$4<h_w/b<6$时，按线性内插法确定。

式中　V——构件斜截面上的最大剪力设计值。

β_c——混凝土强度影响系数：当混凝土强度等级不超过C50时，β_c取1.0；当混凝土强度等级为C80时，β_c取0.8；其间按线性内插法确定。

b——矩形截面的宽度，T形截面或I形截面的腹板宽度。

h_0——截面的有效高度。

h_w——截面的腹板高度：矩形截面，取有效高度；T形截面，取有效高度减去翼缘高度；I形截面，取腹板净高。

注：1. 对T形或I形截面的简支受弯构件，当有实践经验时，公式（4.1-8）中的系数可改用0.3；

2. 对受拉边倾斜的构件，当有实践经验时，其受剪截面的控制条件可适当放宽。

计算斜截面受剪承载力时，剪力设计值的计算截面应按下列规定采用：

（1）支座边缘处的截面（图4.1-2a、b截面1-1）；

（2）受拉区弯起钢筋弯起点处的截面（图4.1-2a截面2-2、3-3）；

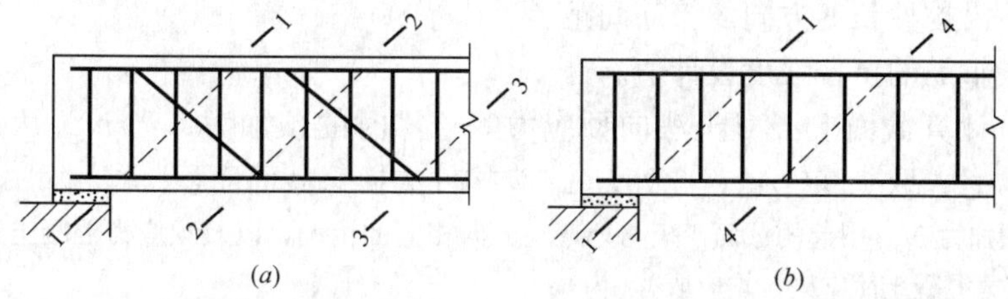

图4.1-2　斜截面受剪承载力剪力设计值的计算截面（《混规》图6.3.2）

（a）弯起钢筋；（b）箍筋

1—1为支座边缘处的斜截面；2—2、3—3为受拉区弯起钢筋弯起点的斜截面；

4—4为箍筋截面面积或间距改变处的斜截面

(3) 箍筋截面面积或间距改变处的截面（图 4.1-2b 截面 4—4）；

(4) 截面尺寸改变处的截面。

注：1. 受拉边倾斜的受弯构件，尚应包括梁的高度开始变化处、集中荷载作用处和其他不利的截面；

2. 箍筋的间距以及弯起钢筋前一排（对支座而言）的弯起点至后一排的弯终点的距离。

不配置箍筋和弯起钢筋的一般板类受弯构件，其斜截面受剪承载力应符合下列规定：

$$V \leqslant 0.7\beta_h f_t b h_0 \quad (4.1\text{-}10)［《混规》式（6.3.3\text{-}1）］$$

$$\beta_h = \left(\frac{800}{h_0}\right)^{1/4} \quad (4.1\text{-}11)［《混规》式（6.3.3\text{-}2）］$$

式中 β_h 为截面高度影响系数：当 $h_0 < 800$mm 时，取 800mm；当 $h_0 > 2000$mm 时，取 2000mm。

当仅配置箍筋时，矩形、T 形和 I 形截面受弯构件的斜截面受剪承载力应符合下列规定：

$$V \leqslant V_{cs} + V_p \quad (4.1\text{-}12)［《混规》式（6.3.4\text{-}1）］$$

$$V_{cs} = \alpha_{cv} f_t b h_0 + f_{yv}\frac{A_{sv}}{s}h_0$$

$$(4.1\text{-}13)［《混规》式（6.3.4\text{-}2）］$$

$$V_p = 0.05N_{p0} \quad (4.1\text{-}14)［《混规》式（6.3.4\text{-}3）］$$

式中 V_{cs}——构件斜截面上混凝土和箍筋的受剪承载力设计值。

V_p——由预加力所提高的构件受剪承载力设计值。

α_{cv}——斜截面混凝土受剪承载力系数，对于一般受弯构件取 0.7；对集中荷载作用下（包括作用有多种荷载，其中集中荷载对支座截面或节点边缘所产生的剪力值占总剪力的 75%以上的情况）的独立梁，取 $\alpha_{cv} = \frac{1.75}{\lambda+1}$，$\lambda$ 为计算截面的剪跨比，可取 $\lambda = a/h_0$，当 $\lambda < 1.5$ 时，取 $\lambda = 1.5$，则最大 $\alpha_{cv} = 0.7$；当 $\lambda > 3$ 时，取 $\lambda = 3$，则最小 $\alpha_{cv} = 0.4375$；a 取集中荷载作用点至支座截面或节点边缘的距离。

A_{sv}——配置在同一截面内箍筋各肢的全部截面面积，即 nA_{sv1}，此处，n 为在同一个截面内箍筋的肢数，A_{sv1} 为单肢箍筋的截面面积。

s——沿构件长度方向的箍筋间距。

f_{yv}——箍筋的抗拉强度设计值。

N_{p0}——计算截面上混凝土法向预应力等于零时的预加力；当 N_{p0} 大于 $0.3f_cA_0$ 时，取 $0.3f_cA_0$，此处，A_0 为构件的换算截面面积。

注：1. 对预加力 N_{p0} 引起的截面弯矩与外弯矩方向相同的情况，以及预应力混凝土连续梁和允许出现裂缝的预应力混凝土简支梁，均应取 V_p 为 0；

2. 先张法预应力混凝土构件，在计算预加力 N_{p0} 时，应考虑预应力筋传递长度的影响。

3. 受冲切承载力计算

在局部荷载或集中反力作用下，不配置箍筋或弯起钢筋的板的受冲切承载力应符合下列规定（图 4.1-3）：

$$F_l \leqslant (0.7\beta_h f_t + 0.25\sigma_{pc,m})\eta u_m h_0$$

(4.1-15)［《混规》式（6.5.1-1)］

公式（4.1-15）中的系数 η，应按下列两个公式计算，并取其中较小值：

$$\eta_1 = 0.4 + \frac{1.2}{\beta_s}$$ (4.1-16)［《混规》式（6.5.1-2)］

$$\eta_2 = 0.5 + \frac{\alpha_s h_0}{4u_m}$$ (4.1-17)［《混规》式（6.5.1-3)］

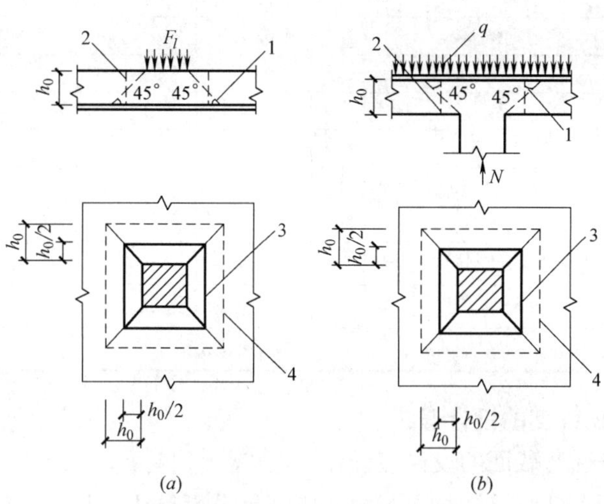

图 4.1-3 板受冲切承载力计算（《混规》图 6.5.1）

(a) 局部荷载作用下；(b) 集中反力作用下

1—冲切破坏锥体的斜截面；2—计算截面；3—计算截面的周长；4—冲切破坏锥体的底面线

式中 F_l——局部荷载设计值或集中反力设计值；板柱节点，取柱所承受的轴向压力设计值的层间差值减去柱顶冲切破坏锥体范围内板所承受的荷载设计值；当有不平衡弯矩时，应按《混规》第 6.5.6 条的规定确定。

β_h——截面高度影响系数：当 h 不大于 800mm 时，取 β_h 为 1.0；当 h 不小于 2000mm 时，取 β_h 为 0.9，其间按线性内插法取用。

$\sigma_{pc,m}$——计算截面周长上两个方向混凝土有效预应力按长度的加权平均值，其值宜控制在 1.0～3.5N/mm^2 范围内。

u_m——计算截面的周长，取距离局部荷载或集中反力作用面积周边 $h_0/2$ 处板垂直截面的最不利周长。

h_0——截面有效高度，取两个方向配筋的截面有效高度平均值。

η_1——局部荷载或集中反力作用面积形状的影响系数。

η_2——计算截面周长与板截面有效高度之比的影响系数。

β_s——局部荷载或集中反力作用面积为矩形时的长边与短边尺寸的比值，β_s 不宜大于 4；当 β_s 小于 2 时取 2；对圆形冲切面，β_s 取 2。

α_s——柱位置影响系数：中柱，α_s 取 40；边柱，α_s 取 30；角柱，α_s 取 20。

二、美国规范的截面强度

（一）强度折减系数（表 4.1-1）

强度折减系数（ACI 318-19 表 21.2.1）　　表 4.1-1

	作用或结构单元	ϕ	例外情况
(1)	弯矩、轴力或弯矩与轴力的组合	0.65～0.90	先张法预应力构件端部附近，预应力筋未完全发挥作用
(2)	剪力	0.75	抗震设计时有附加要求
(3)	扭矩	0.75	—
(4)	局部承压	0.65	—
(5)	后张法锚固区	0.85	—
(6)	支架与牛腿	0.75	—
(7)	按拉—压杆模型设计的压杆、拉杆、节点区以及局部承压区	0.75	—
(8)	由受拉钢部件屈服控制的预制构件连接组件	0.90	—
(9)	素混凝土单元	0.60	—
(10)	混凝土单元中的锚固件	0.45～0.75	—

（二）弯曲与轴向强度的设计假定

普通钢筋混凝土受弯截面的设计假设：

平衡与应变协调条件假设：每一截面均应满足平衡条件；混凝土与非预应力钢筋中应变应与距中性轴的距离成正比。

混凝土的设计假设：混凝土极限受压纤维的最大应变等于 0.003；弯曲与轴力作用下忽略混凝土的抗拉强度；混凝土压应力与应变之间的关系应由矩形、梯形、抛物线或其他形状表示，这些形状导致强度的预测与综合试验的结果基本一致。

美国规范将 $0.85f'_c$ 的混凝土应力假定均匀分布在一个距受压区边缘为 a 的等效受压区（图 4.1-4），这一应力分布符合前述混凝土的设计假设，a 为混凝土等效受压区高度（相当于中国规范的 x），a 由下式计算得到：

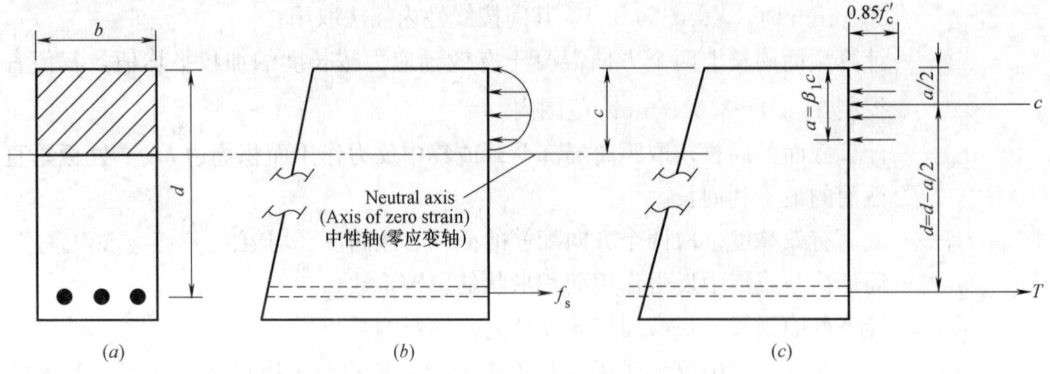

图 4.1-4　等效矩形混凝土应力分布图

（*a*）横截面（Cross section）；（*b*）实际应力分布（Actual stress distribution）；（*c*）等效矩形应力分布（Equivalent rectangular stress distribution）

$$a=\beta_1 c$$

(4.1-18)［ACI 318-19 式（22.2.2.4.1)］

式中　c——实际受压区高度，也就是中性轴高度，即中性轴距受压区边缘的距离；

β_1 可按表 4.1-2 取值。

等效矩形混凝土应力分布的 β_1 值（ACI 318-19 表 22.2.2.4.3）　　表 4.1-2

f'_c(MPa)	β_1	
$17\leqslant f'_c\leqslant 28$	0.85	(1)
$28<f'_c<55$	$0.85-\dfrac{0.05(f'_c-28)}{7}$	(2)
$f'_c\geqslant 55$	0.65	(3)

（三）弯曲强度

美国 ACI 318-14 和 ACI 318-19 没有直接给出钢筋混凝土受弯构件的截面受弯承载力计算公式，但通过规范给出的设计假设及有关规定，可以自行推导出有关计算公式。

对于仅配受拉钢筋的普通钢筋混凝土矩形截面梁板，在受拉钢筋屈服的情况下，M_n 与 ϕM_n 的公式参考图 4.1-4 可推导如下。

混凝土中受压区的合力 C 为：

$$C=(0.85f'_c)ba \tag{4.1-19}$$

钢筋中拉力的合力 T 为：

$$T=A_s f_y \tag{4.1-20}$$

为满足平衡条件，则 $C=T$，故等效矩形应力块的高度（等效受压区高度）a 为：

$$a=\frac{A_s f_y}{0.85f'_c b} \tag{4.1-21}$$

注意到内力 C 和 T 构成等效力偶系统，故内力矩（受弯承载力）为：

$$M_n=T(d-a/2)=A_s f_y(d-a/2) \tag{4.1-22}$$

或

$$M_n=C(d-a/2)=0.85f'_c ba(d-a/2) \tag{4.1-23}$$

ϕM_n即为

$$\phi M_n=\phi T(d-a/2)=\phi A_s f_y(d-a/2) \tag{4.1-24}$$

或

$$\phi M_n=\phi C(d-a/2)=0.85\phi f'_c ba(d-a/2) \tag{4.1-25}$$

此处，ϕ 为强度折减系数，对普通钢筋混凝土受弯构件为 0.90，其他情况见表 4.1-1。

（四）轴向强度或轴弯组合强度

P_n 与 M_n 应按下述原则（ACI 318-19 第 22.4 节）确定。

标称弯曲与轴向强度应按照 ACI 318-19 第 22.2 节的假设计算。

1. 最大轴向抗压强度

标称轴向抗压强度 P_n 不得超过表 4.1-3 中的 $P_{n,max}$，对于非预应力构件，P_o 由式 (4.1-26) 计算，对于预应力构件，P_o 由式 (4.1-27) 计算。f_y 值应限定在最大的 560MPa。

最大轴向强度（ACI 318-19 表 22.4.2.1） **表 4.1-3**

构件	横向钢筋	$P_{n,max}$	
非预应力	符合第 22.4.2.4 节的拉筋	$0.80P_o$	(1)
	符合第 22.4.2.5 节的螺旋筋	$0.85P_o$	(2)
预应力	拉筋	$0.80P_o$	(3)
	螺旋筋	$0.85P_o$	(4)
符合第 10 章的钢—混凝土复合柱	所有	$0.85P_o$	(5)

对于非预应力构件，P_o 按下式计算：

$$P_o=0.85f'_c(A_g-A_{st})+f_yA_{st}$$

（4.1-26）［ACI 318-19 式（22.4.2.2）］

式中　A_{st}——非预应力纵向钢筋的总面积。

对于预应力构件，P_o 按下式计算：

$$P_o=0.85f'_c(A_g-A_{st}-A_{pd})+f_yA_{st}-(f_{se}-0.003E_p)A_{pt}$$

（4.1-27）［ACI 318-19 式（22.4.2.3）］

式中　A_{pt}——预应力纵向钢筋的总面积；

A_{pd}——孔道、腱鞘及预应力筋所占据的总面积；

f_{se}——其值至少应为 $0.003E_p$；

对于后灌浆的后张法构件，允许假定 $A_{pd}=A_{pt}$。

2. 最大轴向抗拉强度

非预应力构件、复合构件或预应力构件的标称轴向抗拉强度 P_{nt} 不应大于 $P_{nt,max}$，$P_{nt,max}$ 按下式计算：

$$P_{nt,max}=f_yA_{st}+(f_{se}+\Delta f_p)A_{pt}$$

（4.1-28）［ACI 318-19 式（22.4.3.1）］

式中　$(f_{se}+\Delta f_p)$——不应大于 f_{py}；

A_{pt}——对于非预应力构件应取 0。

（五）单向抗剪强度

板的单向抗剪强度校核应按下式进行：

$$\phi V_n\geqslant V_u \tag{4.1-29}$$

钢筋混凝土受弯构件的受剪截面尺寸应满足下式要求：

$$V_u\leqslant\phi(V_c+0.66\sqrt{f'_c}b_wd)$$

（4.1-30）［ACI 318-19 式（22.5.1.2）］

式中　V_c——混凝土所提供的抗剪强度，应考虑约束构件徐变和收缩引起的轴向拉力的影响，以及变高度构件倾斜弯曲压缩的影响。

$\sqrt{f'_c}$——其值一般不得超过 8.3MPa，除非满足一定条件（满足最小腹板配筋要求）。

d——应取作极限压缩纤维（受压区最外缘）到纵向受力钢筋（含预应力筋）形心的距离，但不需要小于 $0.8h$。对于实心圆形截面，d 应允许取 0.8 倍直径，b_w 应允许取 1.0 倍直径。

钢筋混凝土受弯构件截面的名义单向抗剪强度 V_n 应由下式计算：

$$V_n = V_c + V_s$$

（4.1-31）［ACI 318-19 式（22.5.1.1）］

式中　V_s——抗剪钢筋所提供的抗剪强度，板类构件单向剪切一般不配抗剪钢筋。计算 V_n 时，应考虑构件中任何开洞的影响。

1. *无抗剪钢筋的单向抗剪强度*

对于钢筋混凝土板类构件，单向抗剪强度一般通过调整板厚与混凝土强度等级就可仅由 V_c 而得到保证，因此一般不会通过配置抗剪钢筋而解决单向剪切问题。

非预应力构件的 V_c 应根据表 4.1-4 中公式计算。

非预应力构件 V_c 的计算（ACI 318-19 表 22.5.5.1）　　**表 4.1-4**

规则	V_c		
$A_v \geqslant A_{v,min}$	其一	$\left(0.17\lambda\sqrt{f'_c}+\dfrac{N_u}{6A_g}\right)b_w d$	(1)
		$\left(0.66\lambda(\rho_w)^{\frac{1}{3}}\sqrt{f'_c}+\dfrac{N_u}{6A_g}\right)b_w d$	(2)
$A_v \geqslant A_{v,min}$	$\left(0.66\lambda_s\lambda(\rho_w)^{\frac{1}{3}}\sqrt{f'_c}+\dfrac{N_u}{6A_g}\right)b_w d$		(3)

注：1. λ 为同强度轻质混凝土在力学性能方面的折减系数，对于普通混凝土为 1.0；
2. 轴力 N_u 以受压为正、受拉为负；
3. V_c 不应小于 0 且不应大于 $0.42\lambda\sqrt{f'_c}b_w d$；
4. $\dfrac{N_u}{6A_g}$不应大于 $0.05f'_c$。

表 4.1-4 中的尺寸效应修正系数 λ_s 应按下式计算：

$$\lambda_s = \sqrt{\frac{2}{1+0.004d}} \leqslant 1.0$$

（4.1-32）［ACI 318-19 式（22.5.5.1.3）］

注意：有关非预应力构件 V_c 的计算，ACI 318-19 较 ACI 318-14 及以前版本有较大变化，而且将有无轴向力（包括轴拉与轴压两种情况）统一起来，使用者应特别留意。

2. *有抗剪钢筋的单向抗剪强度*

抗剪钢筋大多发生在梁中却极少发生在板的单向抗剪强度设计中，有抗剪钢筋的单向抗剪强度主要体现在梁的设计中，但同样适用于有抗剪钢筋的板的单向抗剪强度。

在 $V_u > \phi V_c$ 的每一截面应提供横向钢筋，以满足下式要求：

$$V_s \geqslant \frac{V_u}{\phi} - V_c$$

（4.1-33）［ACI 318-19 式（22.5.8.1）］

如果提供多个类型的抗剪钢筋来加强构件的同一部分，则 V_s 应是各种类型抗剪钢筋 V_s 值之和。

在非预应力和预应力构件中，应允许采用满足下列要求的抗剪钢筋：

（1）与构件纵轴垂直的箍筋、拉筋或封闭拉筋；

（2）与构件纵轴垂直的焊接钢筋（钢丝）网片；

(3) 螺旋钢筋。

此时用作抗剪钢筋的 V_s 应按下式计算：

$$V_s=\frac{A_v f_{yt} d}{s}$$

(4.1-34) [ACI 318-19 式 (22.5.8.5.3)]

式中 s——普通抗剪钢筋的间距或螺旋抗剪钢筋的螺距；

A_v——间距 s 内抗剪钢筋的截面积，对于每一矩形拉筋、箍筋、箍圈或交叉拉筋，A_v 应为间距 s 内所有分支的有效面积。对于每一环形或螺旋箍，A_v 应为间距 s 内钢筋或钢丝面积的 2 倍。

与构件纵轴夹角不小于 45°并跨越潜在剪切裂缝平面的斜箍筋，应允许在非预应力构件中用作抗剪钢筋。此时，用作剪切钢筋的 V_s 应由下式计算：

$$V_s=\frac{A_v f_{yt}(\sin\alpha+\cos\alpha)d}{s}$$

(4.1-35) [ACI 318-19 式 (22.5.8.5.4)]

此处，α 是斜箍筋与构件纵轴之间的夹角，箍筋间距 s 按与纵筋平行的方向测量，A_v 应为间距 s 内所有分支的有效面积。

如果弯起钢筋的倾斜部分与构件纵轴之间的夹角 α 至少为 30°，则应允许纵向弯起钢筋倾斜部分的中间四分之三用作非预应力构件的抗剪钢筋。

如果抗剪钢筋由面积为 A_v 的单根钢筋或单组具有相同弯起点的平行钢筋组成，则 V_s 应取下列二式中的较小者：

$$V_s=A_v f_y \sin\alpha$$

(4.1-36) [ACI 318-19 式 (22.5.8.6.2a)]

$$V_s=0.25\sqrt{f'_c}\,b_w d$$

(4.1-37) [ACI 318-19 式 (22.5.8.6.2b)]

此处，α 为弯起钢筋倾斜部分与构件纵轴之间的夹角。

如果抗剪钢筋由一系列平行的弯起钢筋或数组弯起点不同的平行弯起钢筋组成，则 V_s 应通过公式 (4.1-35) 计算。

用于计算单向剪切 V_c、V_{ci} 与 V_{cw} 的 $\sqrt{f'_c}$ 值不得超过 8.3MPa，除非在 ACI 318-19 第 22.5.3.2 节中允许。

对于按照 ACI 318-19 第 9.6.3.3 或 9.6.4.2 款要求具有最小腹板配筋的普通钢筋混凝土梁或预应力混凝土梁以及混凝土托梁，用于计算单向剪切 V_c、V_{ci} 与 V_{cw} 的 $\sqrt{f'_c}$ 值允许超过 8.3MPa。

用于计算 V_s 的 f_y 与 f_{yt} 的值不得超过 ACI 318-19 第 20.2.2.4 节中的限值。

(六) 双向抗剪强度

双向抗剪强度即为抗冲切强度。

1. 双向构件的临界截面

ACI 318 假定临界截面为距柱边距离为 $d/2$ 的垂直截面，见图 4.1-5，其中 d 为板的有效厚度，临界周长为 $b_0=2[(c_1+d)+(c_2+d)]$，计算混凝土剪应力的临界截面面积为

b_0d。注意：美国规范的冲切临界周长要比欧洲规范的冲切临界周长小很多，与中国规范相同。

对于双向剪切，临界截面的位置应使周长 b_0 为最小值，但临界截面至下述两种情况的距离不小于 $d/2$：

（1）柱、集中荷载或反力区域的边缘或角部；

（2）板或基础变厚度处，如柱帽、托板或剪切帽的边缘。

对于方形或矩形的柱、集中荷载或反力作用区域，双向剪切临界截面应允许按直边假定来定义。对于圆形或规则的多边形柱，应假定按具有相等面积的方柱来定义双向剪切的临界截面。

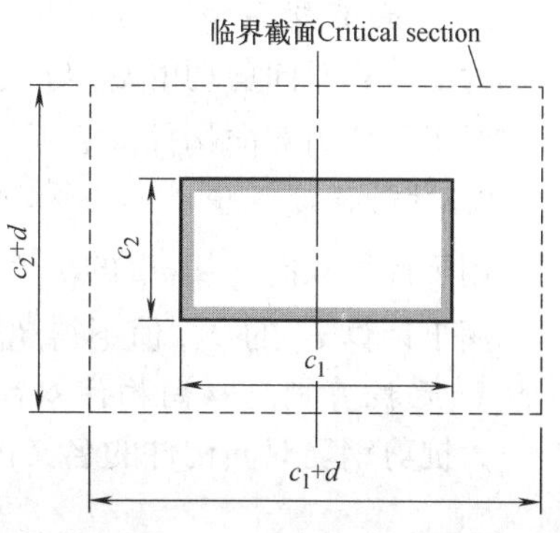

图 4.1-5　临界截面几何尺寸（ACI SP-17（14）图 6.4.2）

对于采用抗剪钉或单肢或多肢箍筋增强的双向构件，还应考虑距离抗剪钢筋最外周边线 $d/2$ 距离处的临界截面 b_0，也称为第二临界截面。该临界截面的形状应为使 b_0 最小化的多边形，如图 4.1-6 所示。

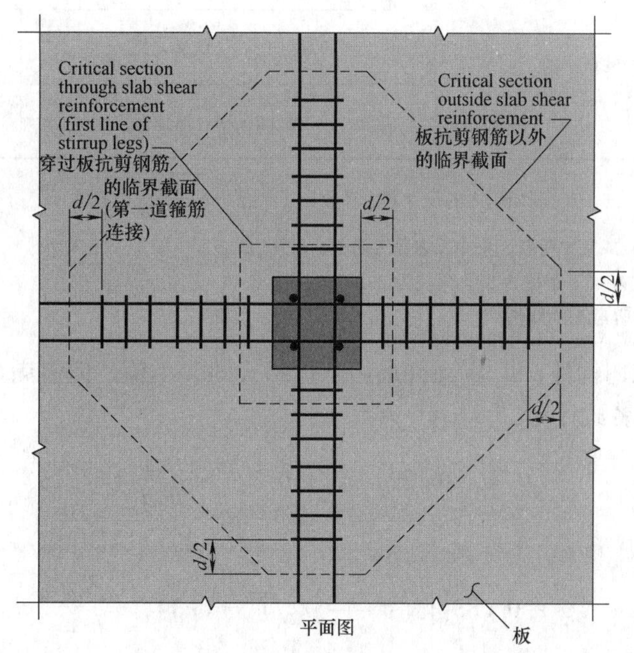

图 4.1-6　中柱处有抗剪钢筋板双向剪力的临界截面（ACI 318-19 图 R22.6.4.2a）

如果开洞位于柱上板带内或距集中荷载或反力区域不到 $4h$，则应从 b_0 中扣除从柱、集中荷载或反力区域的形心伸出并与洞口边界相切的两条直线所包围的部分。

对于具有抗剪钢筋的双向构件，有效高度应按临界截面处算得的 v_u 不超表 4.1-5 中限值的原则来确定。

有抗剪钢筋双向构件的最大 v_u 值（ACI 318-19 表 22.6.6.3）　　**表 4.1-5**

抗剪钢筋类型	第一临界截面的最大 v_u 值	
箍筋	$\phi 0.5\sqrt{f'_c}$	(1)
抗剪钉	$\phi 0.66\sqrt{f'_c}$	(2)

2. 截面有效高度

为了计算双向剪切的 v_c 与 v_s，d 应为两个正交方向上有效高度的平均值。

对于预应力双向构件，d 不应小于 $0.8h$。

3. 材料强度限值

用于计算双向剪切 v_c 的$\sqrt{f'_c}$值不得超过 8.3MPa。

用于计算 v_s 的 f_{yt} 值不得超过 ACI 318-19 第 20.2.2.4 节中的限值。

4. 无抗剪钢筋双向构件双向抗剪强度

无抗剪钢筋双向构件的名义抗剪强度应按下式计算：

$$v_n = v_c \quad (4.1\text{-}38)\ [\text{ACI 318-19 式 } (22.6.1.2)]$$

式中　v_c——混凝土提供的双向抗剪强度。

对于非预应力双向构件，v_c 应按照表 4.1-6 中各式计算。

双向剪切 v_c 的计算（ACI 318—2019 表 22.6.5.2）　　**表 4.1-6**

v_c		
(1)、(2)与(3)的最小值	$0.33\lambda_s\lambda\sqrt{f'_c}$	(1)
	$0.17\left(1+\frac{2}{\beta}\right)\lambda_s\lambda\sqrt{f'_c}$	(2)
	$0.083\left(2+\frac{\alpha_s d}{b_0}\right)\lambda\sqrt{f'_c}$	(3)

注：1. λ_s 为 ACI 318—2019 开始引入的尺寸效应系数，$\lambda_s=\sqrt{\frac{2}{1+0.004d}}\leqslant 1.0$；

2. β 为柱截面（或集中荷载、集中反力作用面积）长短边之比；

3. α_s 对于内柱为 40，边柱为 30，角柱为 20；

4. b_0 为冲切临界截面的周长。

对于预应力双向构件，v_c 应允许采用下述两式的较小值，但需满足一定条件，否则仍应按表 4.1-6 中各式计算：

$$v_c = 0.29\lambda\sqrt{f'_c} + 0.3f_{pc} + \frac{V_p}{b_0 d}$$

(4.1-39)［ACI 318-19 式（22.6.5.5a)］

$$v_c = 0.083\left(1.5+\frac{\alpha_s d}{b_0}\right)\lambda\sqrt{f'_c} + 0.3f_{pc} + \frac{V_p}{b_0 d}$$

(4.1-40)［ACI 318-19 式（22.6.5.5b)］

式中　f_{pc} 的值应取两个方向上 f_{pc} 的平均值且不得超过 3.5MPa；

V_p 是穿过临界截面所有有效预应力的垂直分量；

$\sqrt{f'_c}$ 值不应超过 5.8MPa。

对于预应力双向构件，采用式（4.1-39）与式（4.1-40）计算 v_c 的前提是满足下述条件：

（1）按照 ACI 318-19 第 8.6.2.3 与 8.7.5.3 节的要求提供了有粘结钢筋；

（2）柱横截面的任何部分距不连续边缘的距离均不小于板厚 h 的四倍；

（3）每一方向的有效预应力 f_{pc} 均不小于 0.9MPa。

5. 有抗剪钢筋双向构件的双向抗剪强度

有抗剪钢筋但无抗剪头的双向构件的名义抗剪强度应按下式计算：

$$v_n = v_c + v_s$$

(4.1-41)［ACI 318-19 式 (22.6.1.3)］

双向剪切 v_c 的计算方法同前，但对于具有抗剪钢筋的双向构件，在临界截面处算得的 v_c 值不应超出表 4.1-7 中的限值。

有抗剪钢筋双向构件的 v_c 值（ACI 318-19 表 22.6.6.1）　　　　**表 4.1-7**

抗剪钢筋类型	临界截面	v_c		
箍筋	所有	$0.17\lambda_s\lambda\sqrt{f'_c}$		(1)
抗剪钉	紧邻柱或集中荷载的第一临界截面	(2)、(3)与(4)的最小值	$0.25\lambda_s\lambda\sqrt{f'_c}$	(2)
			$\left(0.17+\frac{0.33}{\beta}\right)\lambda_s\lambda\sqrt{f'_c}$	(3)
			$\left(0.17+\frac{0.083\alpha_s d}{b_0}\right)\lambda_s\lambda\sqrt{f'_c}$	(4)
	抗剪钢筋范围以外的第二临界截面		$0.17\lambda_s\lambda\sqrt{f'_c}$	(5)

注：表中各符号含义同表 4.1-6，箍筋与抗剪钉满足 ACI 318-19 第 22.6.6.2 节要求时 λ_s 可取 1.0。

1) 由单肢或多肢箍筋提供的双向剪切强度

由钢筋或钢丝制成的单肢或多肢箍筋应允许在满足下列条件的平板和基础中用作抗剪钢筋：

(1) d 至少 150mm；

(2) d 至少 $16d_b$，此处 d_b 为箍筋的直径。

对于有箍筋的双向构件，v_s 应按下式计算：

$$v_s = \frac{A_v f_{yt}}{b_0 s} \quad (4.1\text{-}42)［ACI 318\text{-}19 式 (22.6.7.2)］$$

此处，A_v 是与柱截面周长几何形状类似的外围线上所有钢筋分肢截面面积之和，而 s 是垂直于柱面方向抗剪钢筋围合线的间距。

2) 由抗剪钉提供的双向抗剪强度

如果抗剪钉的布置与几何形状满足 ACI 318-19 第 8.7.7 节的要求，则允许采用抗剪钉作为板和基础中的抗剪钢筋。

有抗剪钉双向构件的 v_s 应按下式计算：

$$v_s = \frac{A_v f_{yt}}{b_0 s} \quad (4.1\text{-}43)［ACI 318\text{-}19 式 (22.6.8.2)］$$

此处，A_v 是与柱截面周长几何形状类似的外围线上所有抗剪钉截面面积之和，而 s 是垂直于柱面方向抗剪钉外围线的间距。

如果设置了抗剪钉，则 A_v/s 应满足下式要求：

$$\frac{A_s}{s} \geqslant 0.17\sqrt{f'_c}\frac{b_0}{f_{yt}}$$

(4.1-44)［ACI 318-19 式 (22.6.8.3)］

3）有抗剪头双向构件的设计规定

每个抗剪头应由互相垂直的型钢采用全熔透焊缝焊接形成相同的臂。抗剪头臂在柱截面内不得中断。

抗剪头型钢的截面高度不应超出其腹板厚度的 70 倍。

应允许每个抗剪头臂的末端与水平线按不小于 30°角切割，只要切割后锥形部分的塑性抗弯强度 M_P 足以抵御作用于其上的剪力即可。

型钢受压翼缘应在板受压区表面的 0.3d 之内。

每个抗剪头臂的弯曲刚度与周围复合开裂板的宽度（c_2+d）的弯曲刚度之比 α_v 至少应为 0.15。

（七）抗扭强度

本节中的扭转设计基于薄壁管空间桁架模型。受扭的梁被理想化为薄壁管，其实心梁中核心混凝土截面则被忽略，如图 4.1-7 所示。

一旦钢筋混凝土梁发生扭转开裂，其抗扭强度主要由位于构件表面附近的封闭箍筋和纵向钢筋提供。

在薄壁管模型中，抗扭强度假定由横截面上大致以封闭箍筋为中心的外壁提供。空心截面与实心截面无论开裂前后，均被理想化为薄壁管。

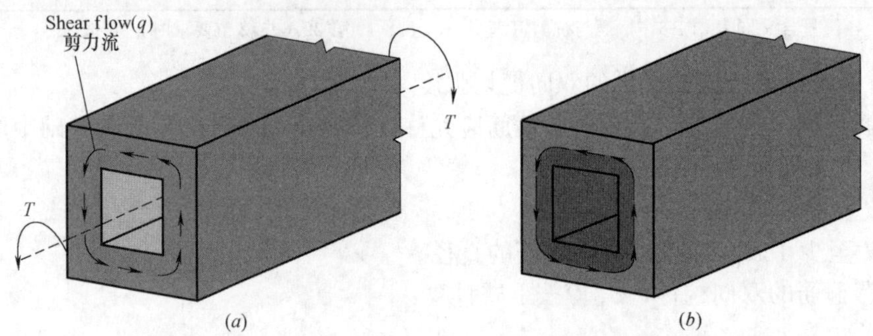

图 4.1-7　梁受扭的薄壁管模型与剪力流所围合的区域（ACI 318-19 图 R22.7）

（a）薄壁管；（b）被剪力流路径围合的区域

1. 一般规定

本节适用于 $T_u \geqslant \phi T_{th}$ 的构件，式中 ϕ 为强度折减系数，T_{th} 为临界扭矩，对于实心截面可按表 4.1-8 计算（空心截面可查规范原文，本文不录入）；

当 $T_u < \phi T_{th}$ 时，美国规范允许忽略扭转效应，则规范针对受扭构件的配筋要求可不执行。

名义抗扭强度 T_n 应按式（4.1-45）与式（4.1-46）确定。

2. 材料强度限值

用于计算 T_{th} 与 T_{cr} 的$\sqrt{f'_c}$不应超过 8.3MPa。

纵向与横向抗扭钢筋的 f_y 与 f_{yt} 不应超过 ACI 318-19 第 20.2.2.4 节的限值。

3. 扭矩设计值

如果 $T_u \geqslant \phi T_{cr}$，且需要与 T_u 保持平衡，则构件应按能抵抗 T_u 设计。

在 $T_u \geqslant \phi T_{cr}$ 且扭转开裂后内力重分配可能导致 T_u 减小的超静定结构中，应允许将

T_u 减小至 ϕT_{cr}。其中，开裂扭矩 T_{cr} 的计算应按表 4.1-9 计算。

如果 T_u 按照上述原则进行了重分配，则用于相邻构件设计的弯矩与剪力设计值应与折减后的扭矩平衡。

4. 临界扭矩

实心截面的临界扭矩 T_{th} 应按表 4.1-8 计算，式中 N_u 为轴力，以受压为正，受拉为负。空心截面的临界扭矩 T_{th} 应按 ACI 318-19 表 22.7.4.1（b）计算，本书不再列出。

实心截面的临界扭矩（ACI 318-19 表 22.7.4.1（a）） **表 4.1-8**

构件类型	T_{th}	
非预应力构件	$0.083\lambda\sqrt{f'_c}\left(\frac{A_{cp}^2}{p_{cp}}\right)$	(1)
预应力构件	$0.083\lambda\sqrt{f'_c}\left(\frac{A_{cp}^2}{p_{cp}}\right)\sqrt{1+\frac{f_{pc}}{0.33\lambda\sqrt{f'_c}}}$	(2)
受轴力的预应力构件	$0.083\lambda\sqrt{f'_c}\left(\frac{A_{cp}^2}{p_{cp}}\right)\sqrt{1+\frac{N_u}{0.33A_g\lambda\sqrt{f'_c}}}$	(3)

注：N_u 为轴力，以受压为正，受拉为负。

5. 开裂扭矩

实心截面与空心截面的开裂扭矩 T_{cr} 应按表 4.1-9 计算，式中 N_u 为轴力，以受压为正，受拉为负。

开裂扭矩 T_{cr}（ACI 318-19 表 22.7.5.1） **表 4.1-9**

构件类型	T_{cr}	
非预应力构件	$0.33\lambda\sqrt{f'_c}\left(\frac{A_{cp}^2}{p_{cp}}\right)$	(1)
预应力构件	$0.33\lambda\sqrt{f'_c}\left(\frac{A_{cp}^2}{p_{cp}}\right)\sqrt{1+\frac{f_{pc}}{0.33\lambda\sqrt{f'_c}}}$	(2)
受轴力的预应力构件	$0.33\lambda\sqrt{f'_c}\left(\frac{A_{cp}^2}{p_{cp}}\right)\sqrt{1+\frac{N_u}{0.33A_g\lambda\sqrt{f'_c}}}$	(3)

6. 抗扭强度

无论是非预应力构件还是预应力构件，抗扭强度 T_n 均应按如下二式计算并取最小值：

$$T_n=\frac{2A_0A_tf_{yt}}{s}\cot\theta$$

（4.1-45）［ACI 318-19 式（22.7.6.1a）］

$$T_n=\frac{2A_0A_tf_y}{p_h}\tan\theta$$

（4.1-46）［ACI 318-19 式（22.7.6.1b）］

式中 A_0——剪力流路径所围合的截面积，应由分析确定，工程实际应用时允许取 $A_0=0.85A_{oh}$，A_{oh} 为最外层封闭抗扭箍筋中心线所围合的截面积；

θ——扭转开裂截面与构件轴向的夹角，取值应不小于 30°且不大于 60°；

A_t——抵抗扭矩的封闭箍筋的单肢截面面积；

p_h——最外圈封闭箍筋中心线的周长。

θ 取值原则如下：

对于非预应力构件或 $A_{ps}f_{se}<0.4(A_{ps}f_{pu}+A_sf_y)$ 的构件，$\theta=45°$；

对于 $A_{ps}f_{se}\geqslant0.4(A_{ps}f_{pu}+A_sf_y)$ 的预应力构件，$\theta=37.5°$。

公式（4.1-45）基于图 4.1-8 中所示的空间桁架模型，其中受压斜支柱的夹角为 θ，并假定混凝土不承受任何拉力且钢筋屈服。扭转裂缝发展后，扭转强度主要由封闭箍筋、纵向钢筋和受压斜支柱提供。而箍筋外的混凝土相对无效。也正因如此，剪力流路径所围合的截面积 A_0 才被定义为开裂后最外层封闭抗扭箍筋中心线所围合的截面积 A_{oh}。

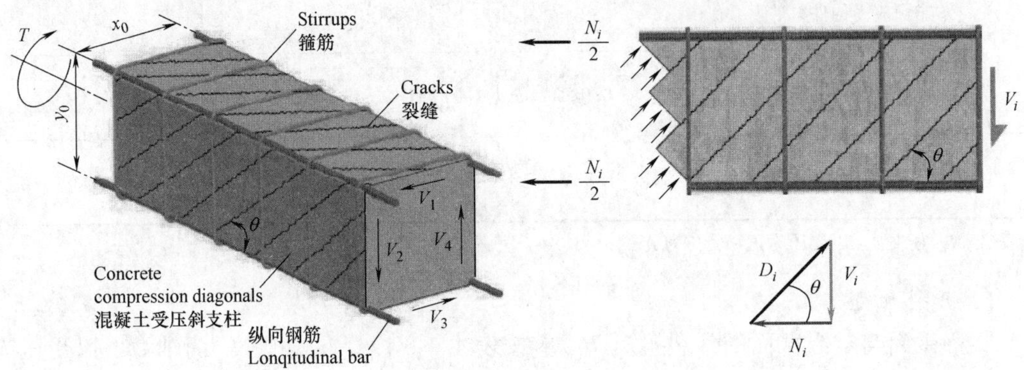

图 4.1-8　受扭构件的空间桁架模型（ACI 318-19 图 R22.7.6.1a、b）

7. 截面尺寸限值

截面尺寸的确定应满足下述原则。

1）对于实心截面

$$\sqrt{\left(\frac{V_u}{b_wd}\right)^2+\left(\frac{T_up_h}{1.7A_{oh}^2}\right)^2}\leqslant\phi\left(\frac{V_c}{b_wd}+0.66\sqrt{f'_c}\right)$$

（4.1-47）[ACI 318-19 式（22.7.7.1a）]

2）对于空心截面

$$\left(\frac{V_u}{b_wd}\right)+\left(\frac{T_up_h}{1.7A_{oh}^2}\right)\leqslant\phi\left(\frac{V_c}{b_wd}+0.66\sqrt{f'_c}\right)$$

（4.1-48）[ACI 318-19 式（22.7.7.1b）]

对于预应力构件，上式中的 d 取值不应低于 $0.8h$。

（八）剪切摩擦强度

这部分内容是中国混凝土结构设计规范所没有的内容，作为各国规范之间的对比，原本可以略过，但考虑到该部分内容具有非常高的适用价值，如施工缝或后浇带处不同浇筑时间混凝土界面处的抗剪强度以及结构加固改造时新旧混凝土界面处的抗剪强度等问题，都是非常具有普遍性的问题，故本书将美国规范的做法列出，供中国的结构工程师们参考。

1. 一般规定

本部分内容适用于任何给定平面需要考虑剪切传力的情况，例如现存的裂缝或潜在的裂缝、不同材料之间的界面或在不同时间浇筑的两种混凝土之间的界面。

本节的目的是提供一种设计方法，以解决由于在某一平面上发生剪切滑动而造成的可能破坏。这些情况包括整体混凝土中裂缝所形成的平面、混凝土与钢材之间的界面以及在不同时间浇筑的混凝土之间的界面。

尽管未开裂的混凝土在直接剪切时相对较强，但始终有可能在不利的位置形成裂缝。剪切摩擦概念假定会形成这样的裂缝，并且会在整个裂缝上提供钢筋以抵抗沿裂缝的相对位移。当剪切力沿着裂缝作用时，一个裂缝面会相对于另一个裂缝面滑动。如果裂缝面粗糙且不规则，则该滑动会伴随裂缝面的分离。

在标称强度下，该分离足以在张力下对穿过裂缝的钢筋施加应力使其达到规定的屈服强度。受拉钢筋在整个裂缝面上提供了一个夹紧力 $A_{vf}f_y$。然后所施加的剪力就会通过裂缝面之间的摩擦、裂缝面上突起的剪切抗力以及穿过裂缝钢筋的销钉作用来共同抵抗。能否成功应用取决于对假定裂缝位置的正确选择。

沿假定剪切平面所需的剪切摩擦筋面积 A_{vf} 应根据下文的名义抗剪强度确定。作为替代方法，应允许使用剪切传力设计方法，该方法对强度的预测与综合试验的结果基本一致。

用于计算剪切摩擦名义抗剪强度 V_n 的 f_y 值不应超过 ACI 318-19 第 20.2.2.4 节中的限值。

设计中假定的剪切平面的表面准备工作应在施工文件中规定。

2. 所需强度

假定剪切平面的剪力设计值应根据 ACI 318-19 第 5 章中定义的设计荷载组合与第 6 章中定义的分析方法进行计算。

3. 设计强度

对每一个适用的设计荷载组合，假定剪切平面的抗剪强度设计值应满足下式要求：

$$\phi V_n \geqslant V_u$$ （4.1-49）［ACI 318-19 式（22.9.3.1）］

4. 名义抗剪强度

假定剪切平面的 V_n 值应根据式（4.1-50）或式（4.1-51）计算。V_n 不得超过表 4.1-11 中的最大值。

如果剪切摩擦钢筋垂直于剪切面，则假定剪切面上的名义抗剪强度应通过下式计算：

$$V_n = \mu A_{vf} f_y$$

（4.1-50）［ACI 318-19 式（22.9.4.2）］

式中　A_{vf}——与假定剪切平面相交以抵抗剪切的钢筋面积；

μ——根据表 4.1-10 确定的摩擦系数。

摩擦系数 μ（ACI 318-19 表 22.9.4.2）　　**表 4.1-10**

接触面状况	摩擦系数	
整体浇筑的混凝土	1.4λ	(1)
混凝土浇筑在干净、无浮浆的硬化混凝土上，并故意粗糙化到大约 6mm 的凸起幅度	1.0λ	(2)
混凝土浇筑在干净、无浮浆的硬化混凝土上，无故意粗糙化	0.6λ	(3)
混凝土浇筑在干净、无油漆并可通过有头栓钉或焊接带肋钢筋（或钢丝）在接触表面传递剪力的轧制结构钢上	0.7λ	(4)

如果剪切摩擦钢筋相对于剪切面倾斜并且剪力在剪切摩擦钢筋中引起拉力，则在假定剪切面上的名义抗剪强度应通过以下公式计算：

$$V_n = A_{vf} f_y (\mu \sin\alpha + \cos\alpha)$$

（4.1-51）［ACI 318-19 式（22.9.4.3）］

式中 α——剪切摩擦钢筋与假定剪切平面之间的夹角；

μ——前述摩擦系数。

公式（4.1-51）仅在平行于钢筋的剪力分量在钢筋中产生拉力且平行于剪切平面的剪力分量抵抗部分剪力时才适用，如图 4.1-9 所示。如果剪切摩擦钢筋的倾斜使得平行于钢筋的剪切力分量在钢筋中产生压缩，如图 4.1-10 所示，则剪切摩擦不起作用（$V_n = 0$）。

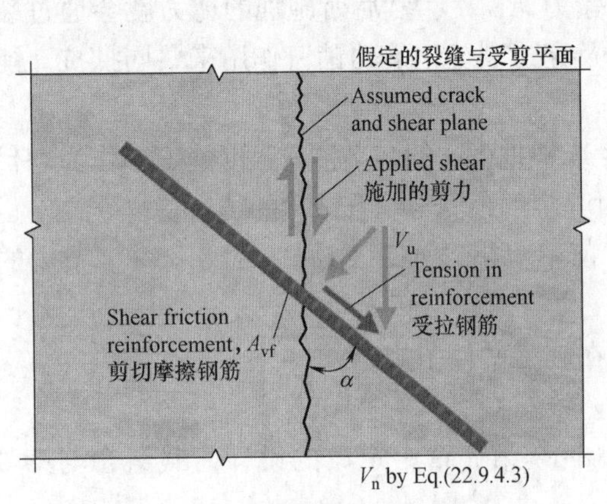

图 4.1-9 受拉的剪切摩擦钢筋

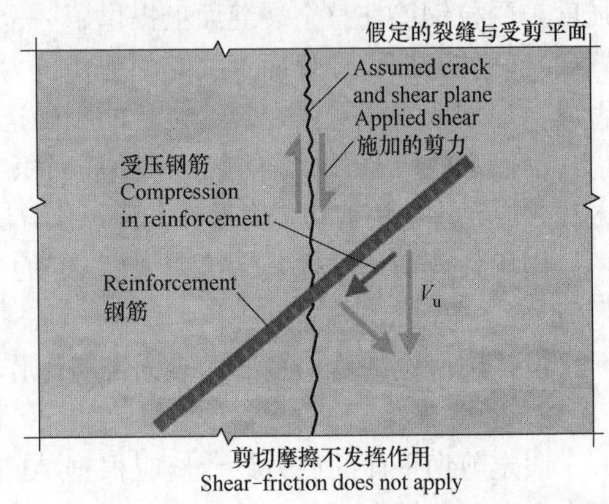

图 4.1-10 钢筋受压

（ACI 318-19 图 R22.9.4.3a、b）

假定剪切平面的 V_n 值应不超过表 4.1-11 的限值。当不同强度的混凝土相互浇筑时，表 4.1-11 应使用较小的 f'_c 值。

假定剪切面上的最大受剪承载力 V_n（ACI 318-19 表 22.9.4.4） **表 4.1-11**

条件	V_n 最大值(N)		
普通混凝土浇筑在干净、无浮浆的硬化混凝土上，并故意粗糙化到大约 6mm 的凸起幅度	(1)、(2)、(3)的最小值	$0.2f'_cA_c$	(1)
		$(3.3+0.08f'_c)A_c$	(2)
		$11A_c$	(3)
其他情况	(4)(5)的较小值	$0.2f'_cA_c$	(4)
		$5.5A_c$	(5)

应允许将剪切面上的永久净压力添加到剪切摩擦钢筋的抗力 $A_{vf}f_y$ 中，用以计算所需的 A_{vf}。

穿过假定剪切面的所需剪切摩擦钢筋面积应计入抵抗假定剪切面上净设计拉力所需的钢筋面积。

5. 剪切摩擦钢筋详图

穿过剪切平面的钢筋应满足 ACI 318-19 第 22.9.4 节的规定，以便在剪切平面的两侧能同时发展 f_y 强度。

三、欧洲规范的截面强度

(一) 有无轴向力的弯曲

欧洲混凝土规范与美国混凝土规范类似，也没有明确给出受弯承载力校核或抗弯截面配筋的计算公式，而仅仅是给出一些原则和假定，因此用户需要根据这些原则和假定去自行推导，或参考 Design Guide 以及 Worked Example 等参考书。

欧洲混凝土规范针对受弯构件提供了两种设计方法：符合平截面假定的传统设计方法与拉—压杆模型设计方法。

本章节所讲均为基于平截面假定的传统设计方法，受弯构件在加载前后能大致保持平面。对于梁或其他构件在受力变形的过程中其截面无法保持平面的构件或构件的不连续区域，可按拉—压杆模型进行设计和配筋。

传统设计方法的钢筋混凝土截面抗弯极限承载力基于以下假设确定：

(1) 平面截面仍保持平面（平截面假定）。

(2) 有粘结钢筋或有粘结预应力筋中的应变，无论受拉还是受压，都与周围混凝土中的应变相同。

(3) 忽略混凝土的抗拉强度。

(4) 混凝土压应力由设计应力/应变关系导出。

(5) 钢筋或预应力筋中的应力由各自的应力—应变关系曲线导出。

(6) 评估预应力筋中的应力时，考虑了预应力筋的初始应变。

混凝土压应变应不超过 ε_{cu2} 或 ε_{cu3}，取决于所使用的应力—应变图。普通钢筋中的应变应不超过 ε_{ud}，ε_{ud} 值可查所在国的国家附件，欧洲规范推荐值为 $\varepsilon_{ud}=0.9\varepsilon_{uk}$，见图 4.1-11。

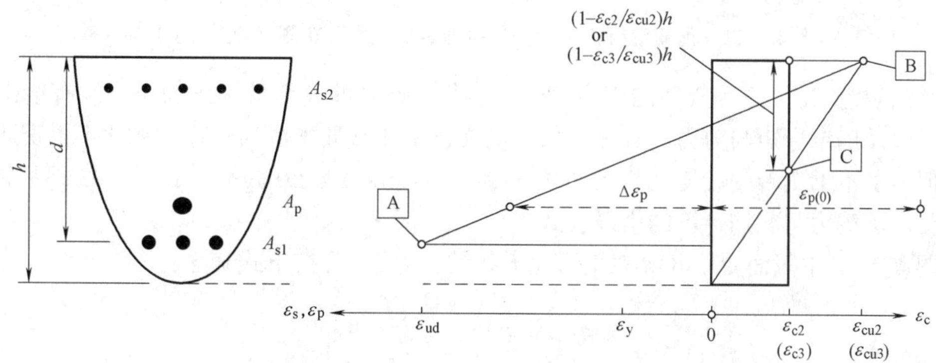

图 4.1-11　承载力极限状态下的可能应变分布（EC 2 图 6.1）

A—钢筋拉应变限值；B—混凝土弯曲受压压应变限值；C—混凝土纯受压压应变限值

欧洲混凝土规范在构件强度设计层面采用材料的设计强度，对于混凝土而言，抗压强度设计值 f_{cd} 通过如下公式定义：

$$f_{cd}=\alpha_{cc}f_{ck}/\gamma_c \quad (4.1\text{-}52)\ [\text{EC 2 式 (3.15)}]$$

式中　γ_c——混凝土的材料分项系数，见 EC 2 第 2.4.2.4 节，本书前文也有引述；

α_{cc}——考虑混凝土抗压强度长期效应以及荷载施加方式的不利效应的系数，各国采用的值应在 0.8～1.0 之间，以其所在国的国家附件为准。欧洲规范的建议值为 1.0。

对于钢筋混凝土受弯构件，作用于截面的应力及其合力如图 4.1-12 所示。当截面为矩形且截面宽度为 b 时，则代表受压区混凝土合力的矩形应力块的合力可按下式计算：

$$F_c=\eta f_{cd}(\lambda x)b=\frac{\eta\alpha_{cc}f_{ck}}{\gamma_c}(\lambda x)b \tag{4.1-53}$$

式中 x——受压区高度，也即中性轴高度；

λ——等效受压区高度，定义了矩形应力块的高度（等效受压区高度），λx 即为等效受压区高度，λ 按下式确定：

当 $f_{ck}\leqslant50\text{MPa}$ 时，$\lambda=0.8$ （4.1-54）［EC 2 式（3.19）］

当 $50<f_{ck}\leqslant90$ 时，$\lambda=0.8-(f_{ck}-50)/400$ （4.1-55）［EC 2 式（3.20）］

η 为混凝土的有效强度系数，定义了混凝土的有效强度，η 按下式确定：

当 $f_{ck}\leqslant50\text{MPa}$ 时，$\eta=1.0$ （4.1-56）［EC 2 式（3.21）］

当 $50<f_{ck}\leqslant90$ 时，$\eta=1.0-(f_{ck}-50)/200$ （4.1-57）［EC 2 式（3.22）］

注：如果最大受压纤维方向的受压区截面宽度减小，则 ηf_{cd} 的值应折减 10%。

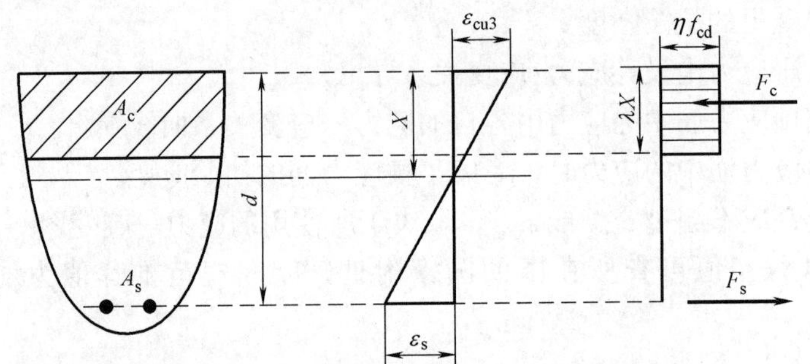

图 4.1-12 钢筋混凝土受弯构件截面矩形应力分布图（EC 2 图 3.5）

欧洲规范 EC 2 作为规范的内容对受弯承载力计算的介绍就到此为止，没有给出派生的公式以及确定弯矩与剪力的具体方法。前文已引述欧洲规范的解释，在此不再赘述。

但为了本书读者阅读使用方便，本书参考《Concrete Design to EN 1992》一书给出如下受弯承载力与配筋计算的推导公式。

图 4.1-12 中截面受压区等效矩形应力块的合力 F_c 应按下式确定：

$$F_c=\eta f_{cd}(\lambda x)b=\frac{\eta\alpha_{cc}f_{ck}}{\gamma_c}(\lambda x)b$$

（4.1-58）［CDEN 92 式（6.9）］

受拉区钢筋的合力应按下式计算：

$$F_s=f_{yd}A_s=\frac{f_{yk}}{\gamma_s}A_s$$ （4.1-59）［CDEN 92 式（6.10）］

当受弯构件仅配受拉钢筋时，受拉区钢筋合力 F_s 与受压区混凝土合力 F_c 组成一对力偶并与截面弯矩设计值 M_d 平衡，即 $F_s\left(d-\frac{1}{2}\lambda x\right)=F_c\left(d-\frac{1}{2}\lambda x\right)=M_d$，且 F_s 与 F_c 彼此平衡，即 $F_s=F_c$，可据此得出两组公式：

$$\frac{f_{yk}}{\gamma_s}A_s=\frac{\eta\alpha_{cc}f_{ck}}{\gamma_c}(\lambda x)b$$ （4.1-60）［CDEN 92 式（6.11）］

$$M_d=\frac{f_{yk}}{\gamma_s}A_s\left(d-\frac{1}{2}\lambda x\right)=\frac{\eta\alpha_{cc}f_{ck}}{\gamma_c}b(\lambda x)\left(d-\frac{1}{2}\lambda x\right)$$

（4.1-61）［CDEN 92 式（6.12）］

以上二式即为钢筋混凝土单筋矩形截面抗弯计算的基本公式，与中美规范的形式类似，只不过存在符号与个别系数的差异。

在欧洲规范中，对于各种等级的混凝土与钢筋，$\gamma_s=1.15$，$\gamma_c=1.50$；当欧洲规范的混凝土强度等级不大于 C50/60 时，λ、η 为常量，此时 $\lambda=0.8$，$\eta=1.0$；α_{cc} 为混凝土抗压强度考虑长期效应及荷载施加方式的不利效应的系数，一般在 0.8～1.0 之间。欧洲规范推荐值为 1.0，英国国家附件的确定值为 0.85。

将以上系数代入式（4.1-60）与式（4.1-61）简化，消减未知项 x/d 并求解，可得对应不同 α_{cc} 值的配筋或受弯承载力计算公式。

1）$\alpha_{cc}=0.85$ 的情况

已知弯矩求配筋时：

$$\frac{A_sf_{yk}}{bdf_{ck}}=0.652-\sqrt{0.425-1.5\frac{M_d}{bd^2f_{ck}}}$$

（4.1-62）［CDEN 92 式（6.22）］

已知配筋求受弯承载力时：

$$\frac{M_d}{bd^2f_{ck}}=0.87\frac{A_sf_{yk}}{bdf_{ck}}\left(1-0.767\frac{A_sf_{yk}}{bdf_{ck}}\right)$$

（4.1-63）［CDEN 92 式（6.23）］

2）$\alpha_{cc}=1.0$ 的情况

已知弯矩求配筋时：

$$\frac{A_sf_{yk}}{bdf_{ck}}=0.767-\sqrt{0.588-1.76\frac{M_d}{bd^2f_{ck}}}$$

（4.1-64）［CDEN 92 式（6.27）］

已知配筋求受弯承载力时：

$$\frac{M_d}{bd^2f_{ck}}=0.87\frac{A_sf_{yk}}{bdf_{ck}}\left(1-0.652\frac{A_sf_{yk}}{bdf_{ck}}\right)$$

（4.1-65）［CDEN 92 式（6.28）］

（二）剪切

普通单向板和双向板通常不配抗剪钢筋，因此只需确保无抗剪钢筋的混凝土抗剪强度 $v_{Rd,c}$ 大于外部荷载引起的剪应力 $v_{Ed}=V_{Ed}/(bd)$ 即可。对于密肋板中肋梁等需要抗剪钢筋的情况，可参阅“梁的设计”章节。

1. 一般核查程序

钢筋混凝土受弯构件需要校核最大剪力截面处的抗剪强度，但对于以承受均布荷载为主的构件，则不需要校核至支座边缘 d 距离以内截面的受剪承载力，但仍需验证支座边缘处的剪力不超过 $V_{Rd,max}$，$V_{Rd,max}$ 为构件所能承受的最大剪力设计值，受限于受压支柱的压溃。

当钢筋混凝土受弯构件的抗剪验算截面满足下式要求时，不需要计算抗剪钢筋：

$$V_{Ed} \leqslant V_{Rd,c} \tag{4.1-66}$$

式中 V_{Ed}——由外部荷载和预应力（粘结或未粘结）引起的截面剪力设计值；

$V_{Rd,c}$——无抗剪钢筋构件的设计受剪承载力。

对于钢筋混凝土梁式构件，尽管计算不需要抗剪钢筋，但仍应按 EC 2 第 9.2.2 条之规定提供最小抗剪钢筋。对于可能发生横向荷载重分配的板式构件（实心板、带肋板或空心板），可以省略最小抗剪钢筋，故本书在“板的设计”一节中不介绍与抗剪钢筋相关的内容。对于那些对结构的整体抗力与稳定性没有显著贡献的次要构件（如跨度不大于 2m 的过梁），也可以省略最小抗剪钢筋。

在 $V_{Ed} > V_{Rd,c}$ 的区域，对于板式受弯构件，应考虑增加截面高度（板厚）。对于梁式受弯构件，应提供足够的抗剪钢筋，以便确保 $V_{Ed} \leqslant V_{Rd}$。

此外，欧洲规范要求纵向受拉钢筋应能抵抗剪力引起的附加拉力。

2. 不需要设计抗剪钢筋的构件

受剪承载力设计值 $V_{Rd,c}$ 可按下式计算：

$$V_{Rd,c} = [C_{Rd,c} k (100 \rho_1 f_{ck})^{1/3} + k_1 \sigma_{cp}] b_w d$$

（4.1-67a）［EC 2 式（6.2.a）］

且不低于

$$V_{Rd,c} = (v_{min} + k_1 \sigma_{cp}) b_w d$$ （4.1-67b）［EC 2 式（6.2.b）］

式中 f_{ck} 为圆柱体抗压强度特征值（MPa）；$k = 1 + \sqrt{\frac{200}{d}} \leqslant 2.0$；$d$ 以 mm 代入；$\rho_1 = \frac{A_{sl}}{b_w d} \leqslant 0.02$ 为对截面抗剪有贡献的受拉钢筋配筋率；A_{sl} 为受拉钢筋截面积，应延伸至计算截面（$l_{bd} + d$）距离以外，见图 4.1-13；

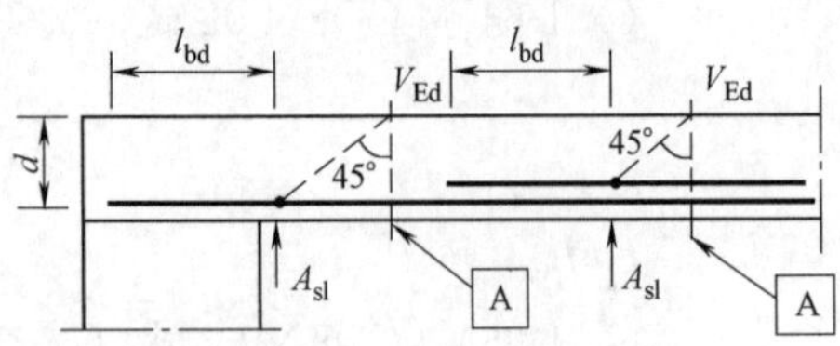

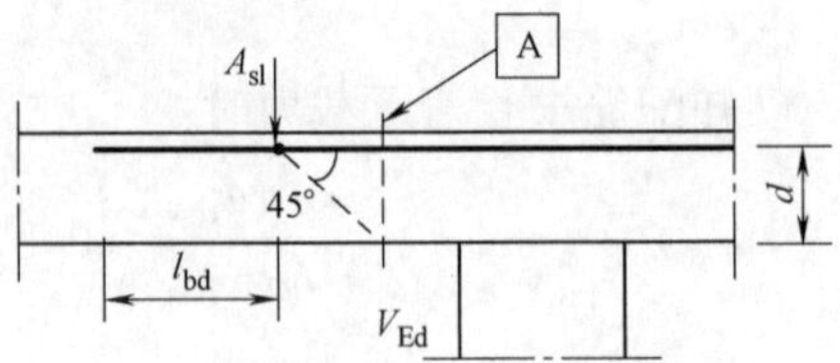

A – section considered 所考虑的截面

图 4.1-13 A_{sl} 的定义（EC 2 图 6.3）

b_w——受拉区最小截面宽度（mm）；

$\sigma_{cp} = N_{Ed}/A_c < 0.2 f_{cd}$（MPa）；

N_{Ed}——由于荷载或预应力产生的轴力（N），以受压为正；

A_c——混凝土截面积（mm^2）；

$V_{Rd,c}$——无抗剪钢筋截面的受剪承载力设计值（N）。

注：$C_{Rd,c}$、v_{min} 与 k_1 的值参见所在国的国家附件。欧洲规范推荐值为：$C_{Rd,c}=0.18/\gamma_c$；$v_{min}=0.035k^{3/2}f_{ck}^{1/2}$；$k_1=0.15$。

对于在上部施加荷载的构件，在距离支座边缘 $0.5d\leqslant a_v\leqslant 2d$ 范围内，这种荷载施加方式会导致剪力 V_{Ed} 有所降低，这种影响可以通过乘以 β 来体现 $\left(\beta=\dfrac{a_v}{2d}\right)$。此项剪力折减可在式（4.1-67a）[EC 2 式(6.2.a)]中用于校核 $V_{Rd,c}$。这种剪力折减仅当纵向钢筋完全锚定在支座时才有效。对于 $a_v\leqslant 0.5d$ 的情况，应以 $a_v=0.5d$ 计算 β 值（图 4.1-14）。

但是，未经折减剪力 V_{Ed} 应始终满足如下条件：

$$V_{Ed}\leqslant 0.5b_w d\nu f_{cd} \qquad (4.1\text{-}68)\ [\text{EC 2 式 (6.5)}]$$

式中　ν——混凝土受剪开裂的强度降低系数。

注：ν 值见所在国的国家附件，欧洲规范建议值应按下式计算：

$$\nu=0.6\left(1-\frac{f_{ck}}{250}\right) \qquad (4.1\text{-}69)\ [\text{EC 2 式 (6.6N)}]$$

式中 f_{ck} 的单位为 MPa。

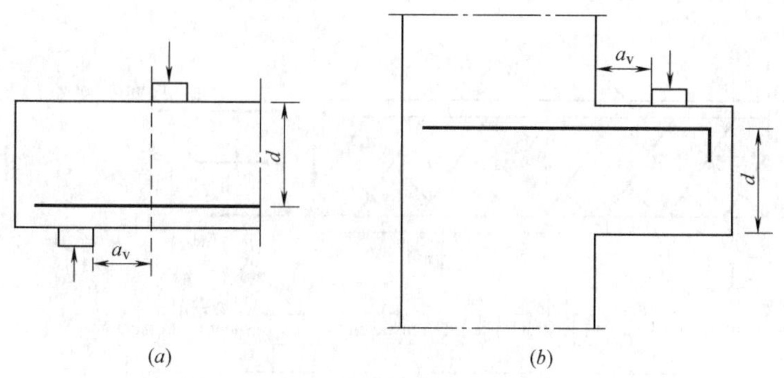

图 4.1-14　荷载靠近支座的荷载折减（EC 2 图 6.4）

（英国规范以抗剪强度增强来表达）

（a）具有直接支座的梁；（b）牛腿

欧洲的大量试验表明，当集中荷载施加在靠近支座的地方时，可以获得比公式（4.1-67）给出的更高的抗剪强度。欧洲规范给出的原因如下：对于任何更接近支座的截面，很大一部分荷载将通过受压支柱作用直接传递到支座，而不是通过正常的剪切和弯曲作用（图 4.1-15）。荷载越接近支座，以这种方式传输到支座的荷载比例越大。试验证据表明，处理这一问题的简便方法是假设该机构所分担的剪力是 d/a_v 的函数，其中 a_v 是从支座边缘到荷载边缘的距离。EN 1992-1-1 通过增加混凝土截面的设计抗剪能力来反映这一问题，将式（4.1-67）中参数以欧洲规范推荐值带入后，可得经抗剪强度增强的修正公式如下：

$$V_{Rd,c}=[(0.18/\gamma_c)k(100\rho_1 f_{ck})^{1/3}(2d/a_v)+0.15\sigma_{cp}]b_w d\leqslant 0.5b_w d\nu f_{cd} \quad (4.1\text{-}70)$$

3. 需要设计抗剪钢筋的构件

对于绝大多数的单向板或普通有梁双向板，一般不需要配置抗剪钢筋，故有关该部分

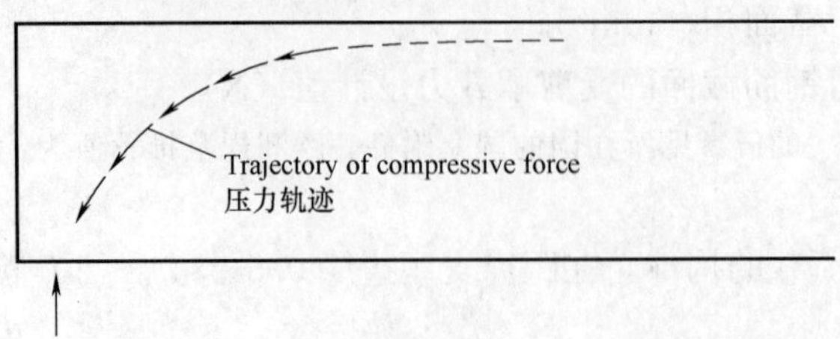

图 4.1-15　荷载向支座的直接传递

内容列入“梁的设计”章节。

具有抗剪钢筋构件的设计基于桁架模型（图 4.1-16，EC 2 图 6.5）。腹板中倾斜支柱角度 θ 的极限值应受到限制，欧洲规范建议值为：

$$1 \leqslant \cot\theta \leqslant 2.5 \qquad (4.1\text{-}71)\ [\text{EC 2 式（6.7N）}]$$

图 4.1-16（EC 2 图 6.5）中各符号的含义如下：

α 为抗剪钢筋与垂直于剪力（图 4.1-16 为正向）的梁轴线间的夹角；θ 为混凝土受压支柱与垂直于剪力的梁轴线间的夹角；F_{td} 为纵向钢筋拉力设计值；F_{cd} 为构件轴向混凝土压力设计值；b_w 为受拉弦与受压弦间的最小宽度；z 为等高截面构件的内力臂长度，在无轴力钢筋混凝土构件的剪力分析中，一般可采用近似值 $z=0.9d$。

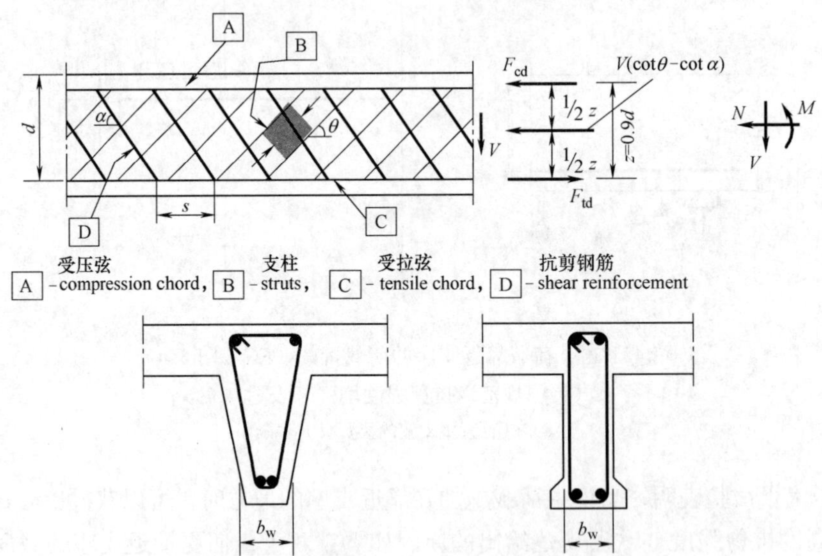

图 4.1-16　配置抗剪钢筋构件的桁架模型与符号图示（EC 2 图 6.5）

EC 2 引入了支杆倾角法来进行受剪承载力验算。在这种方法中，剪力由受压形式的混凝土支柱与受拉形式的抗剪钢筋共同抵抗。

混凝土支柱的角度根据所施加的剪力而变化。如果需要抗剪钢筋，就应计算混凝土支柱的角度。

对于配有垂直抗剪钢筋的构件，受剪承载力 V_{Rd} 应取式（4.1-72）与式（4.1-73）的较小值。

$$V_{Rd,s}=\frac{A_{sw}}{s}zf_{ywd}\cot\theta \qquad (4.1\text{-}72)\ [\text{EC 2 式（6.8）}]$$

$$V_{Rd,max}=\alpha_{cw}b_{w}z\nu_{1}f_{cd}/(\cot\theta+\tan\theta)$$

(4.1-73)［EC 2 式（6.9）］

注：如果下文中的式（4.1-74)［EC 2 式(6.10)］被用到，则式（4.1-72)［EC 2 式(6.8)］中的 f_{ywd} 应取 $0.8f_{ywk}$。

式中 A_{sw}——抗剪钢筋的截面积；

s——箍筋的间距；

f_{ywd}——抗剪钢筋的设计屈服强度；

ν_1——混凝土受剪开裂强度折减系数；

α_{cw}——考虑压缩弦应力状态的系数。

注：1. 一国所用之 ν_1 与 α_{cw} 值可见其国家附件。欧洲规范对 ν_1 推荐值为 ν（见式（4.1-69)，EC 2 式 6.6N)。

2. 如果抗剪钢筋的设计应力低于特征屈服应力 f_{ywk} 的 80%，则 ν_1 可按下式取值：

$$\nu_1=0.6 \quad 当\ f_{ck}\leqslant 60\text{MPa}\ 时$$ (4.1-74a)［EC 2 式（6.10.aN)］

$$\nu_1=0.9-f_{ck}/200>0.5 \quad 当\ f_{ck}\geqslant 60\text{MPa}\ 时$$

(4.1-74b)［EC 2 式（6.10.bN)］

3. 对于非预应力结构，α_{cw} 的推荐值为 1.0，对于预应力结构，则根据平均压应力的水平按 EC 2 式（6.11）取用，本书在此不再引述。

4. 当 $\cot\theta=1$ 时，抗剪钢筋的最大有效截面积可按下式计算：

$$\frac{A_{sw,max}f_{ywd}}{b_{w}s}\leqslant\frac{1}{2}\alpha_{cw}\nu_{1}f_{cd}$$ (4.1-75)［EC 2 式(6.12)］

欧洲规范也提供了配置倾斜抗剪钢筋的受剪承载力计算公式，但因用处不多，故此略过。

在不存在 V_{Ed} 不连续的区域（例如均匀荷载施加在顶部的情况），任意长度增量 $l=z(\cot\theta)$ 的抗剪钢筋可以使用增量中 V_{Ed} 的最小值来计算。

由剪力 V_{Ed} 引起的纵向钢筋的附加拉力 ΔF_{td} 可按下式计算：

$$\Delta F_{td}=0.5V_{Ed}(\cot\theta-\cot\alpha)$$ (4.1-76)［EC 2 式（6.18)］

$(M_{Ed}/z)+\Delta F_{td}$ 取值应不大于 $M_{Ed,max}/z$，此处 $M_{Ed,max}$ 是沿梁长的最大弯矩。

对于施加于构件上部且距离支座边缘 $0.5d\leqslant a_{v}\leqslant 2d$ 范围内的荷载，其对剪力 V_{Ed} 的贡献可以通过 β 来进行折减 $\left(\beta=\frac{a_{v}}{2d}\right)$，采用这种方式计算出来的剪力 V_{Ed} 应满足下式条件：

$$V_{Ed}\leqslant A_{sw}f_{ywd}\sin\alpha$$ (4.1-77)［EC 2 式（6.19)］

其中，$A_{sw}f_{ywd}$ 是穿过加载区域之间倾斜剪切裂缝的抗剪钢筋的抗力（图 4.1-17)，但只有中心 $0.75a_{v}$ 内的抗剪钢筋才会被考虑。折减系数 β 仅应用于抗剪钢筋的计算。仅在将纵向钢筋完全锚固在支座的情况下才有效。

对于 $a_{v}<0.5d$ 的情况，应取 $a_{v}=0.5d$。

但是，不经 β 折减而计算出的 V_{Ed} 值应始终满足下式要求：

$$V_{Ed}\leqslant 0.5b_{w}d\nu f_{cd}$$ (4.1-78)［EC 2 式（6.5)］

4. 不同时间浇筑混凝土的界面抗剪

混凝土在不同时间浇筑时界面处的剪应力还应满足以下要求：

$$v_{Edi}\leqslant v_{Rdi}$$ (4.1-79)［EC 2 式（6.23)］

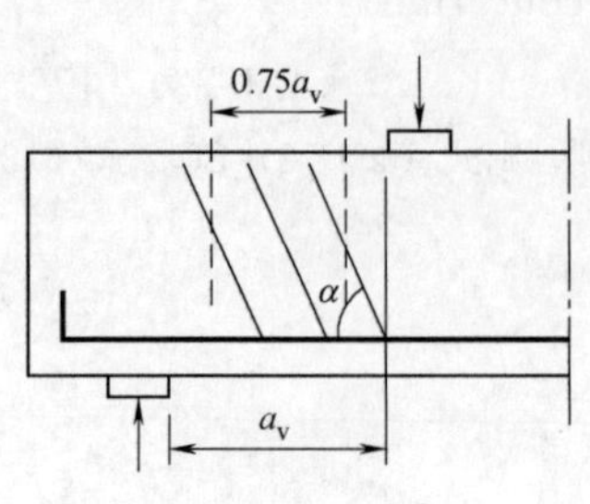

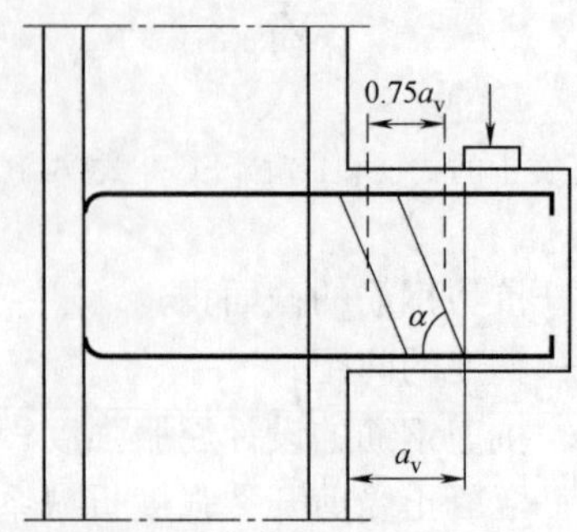

图 4.1-17　具有直接压杆效应的短剪切跨度的抗剪钢筋（EC 2 图 6.6）

v_{Edi} 为界面剪应力的设计值，按下式计算：

$$v_{Edi}=\beta V_{Ed}/(zb_i) \quad (4.1\text{-}80)\ [\text{EC 2 式 (6.24)}]$$

式中　β——新混凝土区域的纵向力与受压区或受拉区的总纵向力之比，二者均用所考虑的截面计算；

V_{Ed}——横向剪力；

z——复合截面的力臂；

b_i——界面的宽度，见图 4.1-18；

v_{Rdi}——界面的抗剪设计承载力，由下式确定：

$$v_{Rdi}=cf_{ctd}+\mu\sigma_n+\rho f_{yd}(\mu\sin\alpha+\cos\alpha)\leqslant 0.5\nu f_{cd} \quad (4.1\text{-}81)\ [\text{EC 2 式 (6.25)}]$$

式中　c 与 μ——由界面粗糙程度决定的系数。

f_{ctd}——混凝土的抗拉强度设计值，参见 EC 2 第 3.1.6（2）节。

σ_n——由界面上的最小外部法向力引起的单位面积应力，它可以与剪力同时作用，以受压为正，受拉为负。当 σ_n 为受拉时，cf_{ctd} 应取为 0。

$\rho=A_s/A_i$。

A_s——穿过界面的钢筋面积，包括在界面两侧有足够锚固的普通抗剪钢筋。

A_i——节点的面积。

α——穿过界面钢筋与界面的夹角，应该限制在 45°$\leqslant\alpha\leqslant$90°。

ν——强度折减系数。

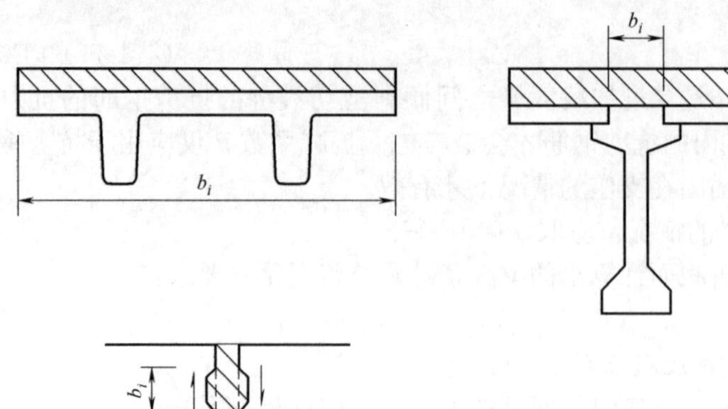

图 4.1-18　界面示例（EC 2 图 6.8）

在没有更详细信息的情况下，表面粗糙程度可以被归类为非常光滑、光滑、粗糙或齿状，例如：

（1）非常光滑：用钢材、塑料或特制的木模浇筑的表面：$c=0.025\sim0.10$，$\mu=0.5$；

（2）光滑：抹压或挤压成型的表面，或振动后未经进一步处理的自由表面：$c=0.20$，$\mu=0.6$；

（3）粗糙：通过耙划表面、骨料暴露或其他等效方法使表面在大约 40mm 间距内至少有 3mm 粗糙度：$c=0.40$，$\mu=0.7$；

（4）齿状：具有齿状的表面：$c=0.50$ 和 $\mu=0.9$。

横向抗剪钢筋可以采用如图 4.1-19 所示的阶梯状分布。如果两种不同混凝土之间的连接是通过钢筋来保证的，则可以将钢筋对 $v_{\mathrm{Rd}i}$ 的贡献取为各个角度力的合力，条件是 $45°\leqslant\alpha\leqslant135°$。

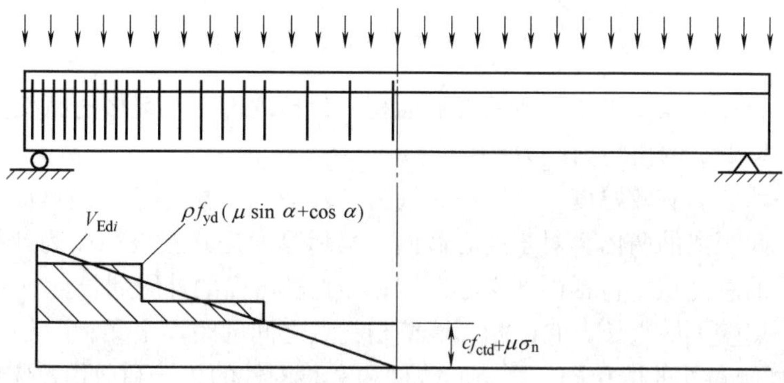

图 4.1-19　剪力图与所需界面钢筋（EC 2 图 6.10）

（三）扭转

1. 一般规定

当结构的静力平衡取决于结构构件的抗扭强度时，应进行全面的抗扭设计，包括承载力极限状态和正常使用极限状态。

如果在超静定结构中，扭转仅是出于对兼容性的考虑，而结构的稳定性并不依赖于扭转抗力，则通常无需考虑承载力极限状态下的扭转。在这种情况下，应按 EC 2 第 7.3 节与第 9.2 节的最低配筋要求提供箍筋与纵筋，以防止过度开裂。

截面的抗扭强度可以基于薄壁封闭截面来计算，在该薄壁封闭截面中，闭合剪切流可以满足平衡要求。实心截面可以用等效的薄壁截面来模拟。复杂的形状（例如 T 形截面）可以分为一系列的子截面，每个子截面都被模拟为等效的薄壁截面，而总的抗扭强度则作为单个元件（子截面）的承载力之和。

子截面上作用扭矩的分布应与其不开裂扭转刚度成比例。对于非实心部分，等效壁厚不应超过实际壁厚。

每个子截面可以单独设计。

2. 设计方法

纯扭矩作用下截面中某一墙壁中的剪应力可通过以下公式计算：

$$\tau_{\mathrm{t},i}t_{\mathrm{ef},i}=\frac{T_{\mathrm{Ed}}}{2A_{\mathrm{k}}}\qquad(4.1\text{-}82)\ [\text{EC 2 式 (6.26)}]$$

墙壁 i 中由扭矩产生的剪力 $V_{Ed,i}$ 按下式计算：

$$V_{Ed,i}=\tau_{t,i}t_{ef,i}z_i \quad (4.1\text{-}83)\ [\text{EC 2 式 (6.27)}]$$

式中 T_{Ed}——所施加的设计扭矩（见图 4.1-20，EC 2 图 6.11）。

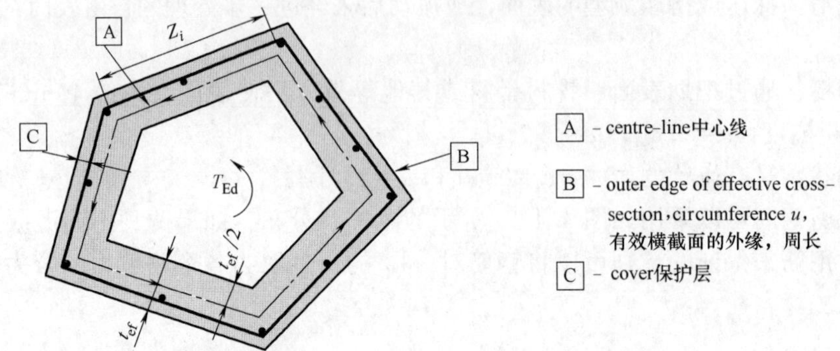

图 4.1-20 本节所用符号及定义（EC 2 图 6.11）

A_k——相连各墙壁中心线所围合的面积，包括内部中空区域的面积。

$\tau_{t,i}$——墙壁 i 的扭转剪应力。

$t_{ef,i}$——墙壁的有效厚度。可以将其视为 A/u，但不应小于纵向钢筋边缘与中心之间距离的两倍。对于空心截面，实际厚度是其上限；A 为外圆周内横截面的总面积，包括内部空心区域；u 为横截面的外缘周长。

z_i——墙壁 i 的边长，它由相邻墙壁相交点之间的距离定义。

假设斜支柱倾角 θ 的值相同，则空心构件和实心构件的扭转和剪切效应可以叠加。前文中给出的 θ 极限值也完全适用于剪切与扭转组合的情况。

可以根据表达式（4.1-84）计算扭转所需的纵向钢筋横截面积 ΣA_{sl}：

$$\frac{\Sigma A_{sl}f_{yd}}{u_k}=\frac{T_{Ed}}{2A_k}\cot\theta \quad (4.1\text{-}84)\ [\text{EC 2 式 (6.28)}]$$

式中 u_k——面积 A_k 的周长；

f_{yd}——纵向钢筋 A_{sl} 的设计屈服应力；

θ——混凝土受压支柱与梁轴线间的夹角。

在受压弦中，纵向钢筋可以根据有效压力按比例折减。在受拉弦中，用于扭转的纵向钢筋应附加到其他钢筋中。纵向钢筋通常应在 z_i 的整个长度上分布，但是对于较小的截面，它可以集中在该长度的两端。

受扭转和剪切构件的最大承载力受到混凝土支柱承载力的限制。为了不超过此抗力，应满足以下条件：

$$T_{Ed}/T_{Rd,max}+V_{Ed}/V_{Rd,max}\leqslant 1.0 \quad (4.1\text{-}85)\ [\text{EC 2 式 (6.29)}]$$

式中 T_{Ed}——设计扭矩。

V_{Ed}——设计横向剪力。

$T_{Rd,max}$——根据下式确定的受扭承载力设计值：

$$T_{Rd,max}=2\nu\alpha_{cw}f_{cd}A_k t_{ef,i}\sin\theta\cos\theta \quad (4.1\text{-}86)\ [\text{EC 2 式 (6.30)}]$$

其中，ν 为前文中的混凝土受剪开裂强度折减系数；α_{cw} 为前文中考虑压缩弦应力状态的系数；$V_{Rd,max}$ 为根据前文式（4.1-73）确定的最大抗剪强度设计值。在实心截面中，可用腹板的整个宽度来确定 $V_{Rd,max}$。

对于近似矩形的实心截面，只要满足以下条件，则只需按最小配筋要求配置钢筋：

$$T_{Ed}/T_{Rd,c}+V_{Ed}/V_{Rd,c}\leqslant 1.0 \qquad (4.1\text{-}87)\ [\text{EC 2 式}(6.31)]$$

式中　$T_{Rd,c}$——扭转开裂扭矩，可以通过设定 $\tau_{t,i}=f_{ctd}$ 来确定；

$V_{Rd,c}$——参见前文式（4.1-67）。

（四）冲切

1. 一般规定

（1）此处的冲切设计规则是对前文剪切设计规则的补充，涵盖了实心板、带有柱上实心区域的密肋板和基础的冲切。

（2）冲切可由集中荷载或集中反力作用在相对较小区域上而引起，这一区域称为板或基础的加载区域。

（3）承载力极限状态下校核冲切破坏的验证模型如图 4.1-21 所示。

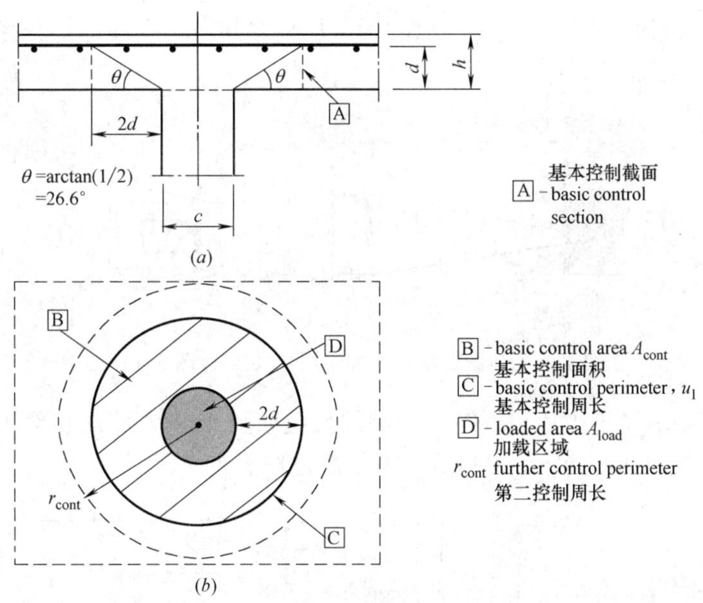

图 4.1-21　承载力极限状态下的冲剪验证模型（EC 2 图 6.12）

（a）剖面；（b）平面

（4）应按柱边处的基本控制周长 u_1 校核受剪承载力。如果需要抗剪钢筋，则应在不需要抗剪钢筋处按周长 $u_{out,ef}$ 校核受剪承载力。

（5）上述规则主要是针对均匀分布荷载情况制定的。在特殊情况下，例如基础，因控制周长内的荷载增加了结构系统的抗力，在确定设计冲切剪应力时可以减去这部分荷载。

2. 荷载分布与基本控制周长

（1）基本控制周长 u_1 通常可以被认为是在距离加载区域边缘 $2d$ 的距离，并且应该按图 4.1-22 所示的方式获取其最小长度。板的有效高度应假定为常数，通常可取为板在两个正交方向有效厚度的平均值，即：

$$d_{eff}=\frac{(d_y+d_z)}{2} \quad (4.1\text{-}88)［EC\ 2式（6.32）］$$

式中　d_y 和 d_z——两个正交方向钢筋的有效高度。

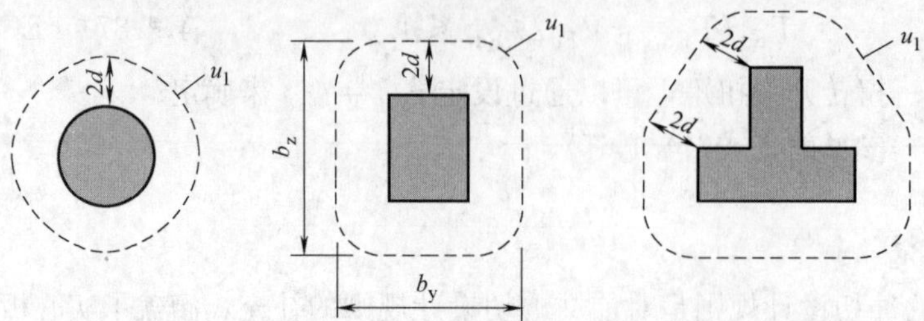

图 4.1-22　围绕加载区域的典型基本控制周长（EC 2 图 6.13）

（2）当集中荷载受到高压的反力（如基底反力）或在集中荷载施加区域周边 $2d$ 范围内有荷载或反力的影响时，应考虑距离小于 $2d$ 的控制周长。

（3）当加载区域位于洞口附近时，如果加载区域的边缘与洞口边缘之间的最短距离不超过 $6d$，则从加载区域中心到洞口轮廓的两条切线之间所包含的那部分控制周长被认为是无效的（图 4.1-23）。

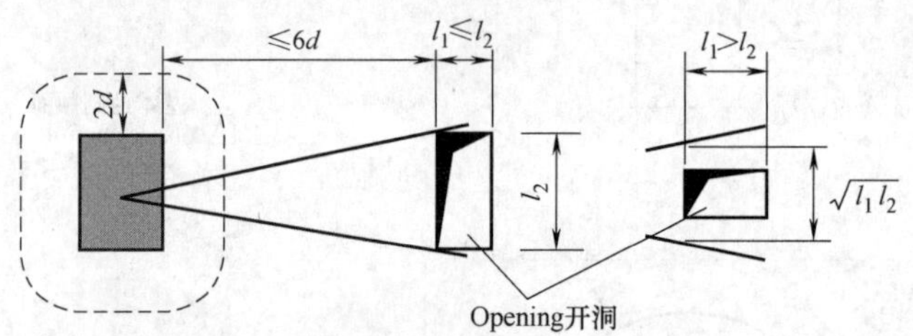

图 4.1-23　洞口附近的控制周长（EC 2 图 6.14）

（4）当加载区域位于边角附近时，控制周长应如图 4.1-24 那样扣除闭合控制周长被边角截断的部分，但如此确定的控制周长不应超过按前述（1）和（2）确定的控制周长。

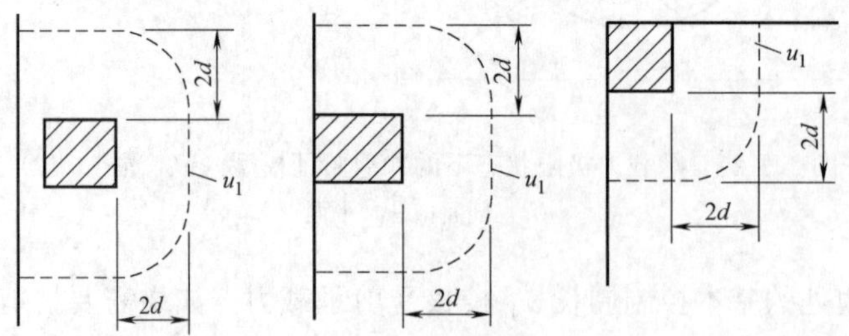

图 4.1-24　加载区域靠近边角的控制周长（EC 2 图 6.15）

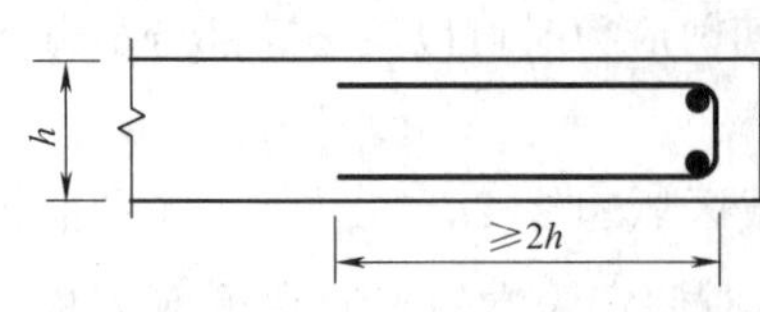

图 4.1-25　板的封边钢筋

（5）当加载区域距边角的距离小于 d 时，应在板边配置如图 4.1-25 所示的封边钢筋。

3. 冲切验算

1）冲切设计方法是基于柱子周边与基本控制周长 u_1 的核查。如果需要剪切钢筋，则应在不再需要剪切钢筋之处另行校核周长 $u_{out,ef}$ 的冲切（图 4.1-26）。

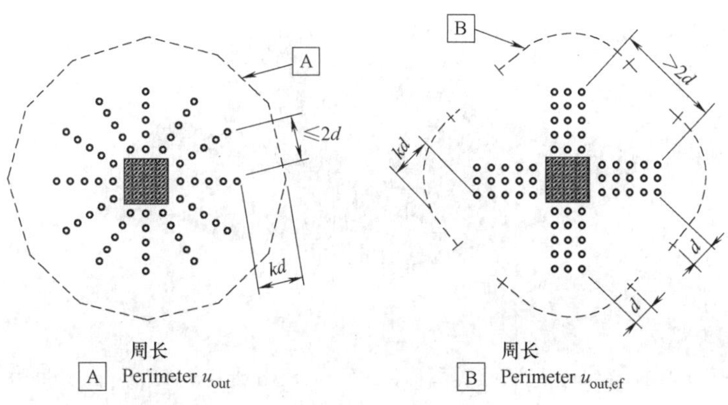

图 4.1-26　中间柱的控制周长（EC 2 图 6.22）

适用于控制截面的设计剪应力（MPa）定义如下：

$v_{Rd,c}$ 为无冲剪钢筋板沿所考虑控制截面的冲剪抗力设计值；$v_{Rd,cs}$ 为带冲剪钢筋的板沿所考虑控制截面的冲剪抗力设计值；$v_{Rd,max}$ 为沿所考虑控制截面的最大冲剪抗力设计值。

2）应执行以下抗冲切验算：

(1）在柱子周长或加载区域的周长处，不应超过最大冲切剪应力：

$$V_{Ed} \leqslant V_{Rd,max}$$

(2）冲剪钢筋无必要时：

$$V_{Ed} \leqslant V_{Rd,c}$$

(3）如果 V_{Ed} 超过所考虑控制截面的 $V_{Rd,c}$ 值，则应按照欧洲规范 EC 2 第 6.4.5 节的规定提供冲切钢筋。

鉴于欧洲混凝土规范的抗冲切计算公式比较复杂，各类系数也很多，限于篇幅，本书在此不作详细介绍，有兴趣者参阅规范原文。

第二节　板的设计

板是承载楼面与楼层建筑功能最重要的水平构件，与梁一起构成楼（屋）盖结构，支承楼（屋）面板的承重墙，一般仅考虑其对楼（屋）面板的支承作用（支座）而不被视为楼（屋）盖结构的一部分。

楼（屋）盖结构有多种结构布置方式，或称楼（屋）盖体系，也存在多种分类方法。传统上一般按有梁和无梁分为有梁楼（屋）盖和无梁楼（屋）盖，其中的板分别称为有梁板与无梁板，有梁板又分为单向板与双向板。这种有梁与无梁的分法，随着双向密肋楼（屋）盖（相当于中国现今比较常用的现浇空心楼盖）的出现而带来了冲击与挑战。因为这种楼（屋）盖在形式上不但有梁，而且梁的数量还很多，但因为这些数量众多的肋梁没有明显的主次关系，因此这种楼（屋）盖在受力、传力及内力与应力分布方面更接近于无梁楼（屋）盖，这种形式与内容的违和与错位对结构工程师形成了一定的困扰，因此美国规范干脆直接用单向板与双向板进行分类，而将传统无梁楼（屋）盖及所有非单向传力的楼（屋）盖统统归为双向板（图 4.2-1）。

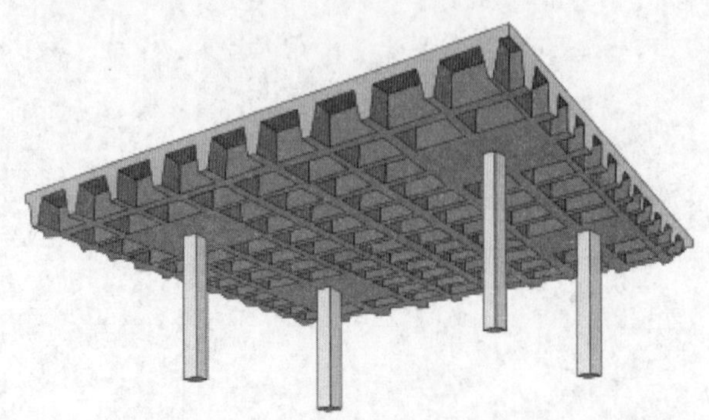

图 4.2-1　双向密肋板（美国称为 Waffle Slab 或 Two-Way Joist Slab）

相比欧美国家，中国惯常采用的楼（屋）盖形式相对单一，基本以截面高宽比大于 2 的常规梁＋梁间平板组成的普通梁板式结构为主，且对相对较薄的中小跨度板比较偏好，对规则柱网结构则会考虑有托板（柱帽）的无梁楼盖，当然现浇空心楼盖近年来也有较多应用。这种局面可能与中国的结构工程师恪守“高宽比较大的梁截面较经济”的原则以及预应力混凝土设计与施工实践经验偏少有关。

相比之下，欧美国家不但偏好相对较厚的大跨度板，且楼（屋）盖形式也要丰富得多，除了无梁楼盖与现浇空心楼盖等在中国也比较常用的楼盖形式外，在中国不常采用的宽扁梁楼盖体系在欧美国家也有着相当广泛的应用。考虑到宽扁梁对压低层高的经济效益、降低板跨的经济效益及相对较厚的大跨板与宽扁梁均可方便预应力筋布置等综合经济效益，宽扁梁＋大跨板体系可能与常规梁＋梁间小跨度平板体系具有更高的竞争力。

根据笔者在新加坡的工作经验也验证了这一点。在诸多的结构设计公司中，凡中国工程师主导的结构设计大多采用中国式传统楼（屋）盖结构，而非中国籍工程师主导的结构设计则更为丰富多元。

一、欧美国家常用楼盖形式

（一）单向板

1. 带有窄梁的单向板（One-way Slab with Narrow Beam）

即单向实心板，是最基本的板的形式。所谓的窄梁即为正常的梁，因欧美惯用宽扁梁，故将我们认为的正常梁称为窄梁；而我国不常用宽扁梁而惯用这种“窄梁”，所以欧美人所谓的窄梁即为我们的正常梁。窄梁单向板适用于跨度较小板。当板跨较大时，板厚一般由位移控制，因此板厚及配筋一般较大，故跨度大时不经济（图 4.2-2）。

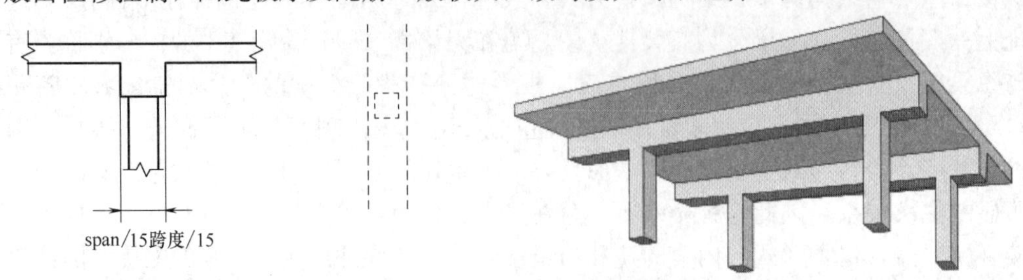

图 4.2-2　带有窄梁的单向板

优缺点：窄梁单向板施工简单，板上开洞很少造成结构问题。但下返梁的截面高度一般较大，会压低净高、增大层高。

2. 带宽扁梁的单向板（One-way Slab with Wide Band Beam）

也叫带状平板（Banded Flat Slab），将有托板无梁楼盖一个方向上的托板拉通即形成宽扁梁，即构成单向的宽扁梁加梁间单向板体系，我们常将带状托板视为宽扁梁，故在中国常称为宽扁梁体系。

其中一个方向的跨度占主导地位且板有效地支承在相对宽且浅的宽扁梁边缘。整体梁高通常受挠度控制，且最好符合模板模数，因此板下梁的凸出高度最好限制在150mm。楼板的经济跨度达10m（支座中心线至支座中心线），宽扁梁跨度可达15m。用于停车场、学校、购物中心、办公室和类似的建筑，活荷载一般相对较小（图4.2-3）。

优缺点：可提供中等跨度的楼盖，施工简单、高效，可在板上开设较大孔洞。有助于水平向设施的分布，但下返梁的存在仍然会导致更高的层高。

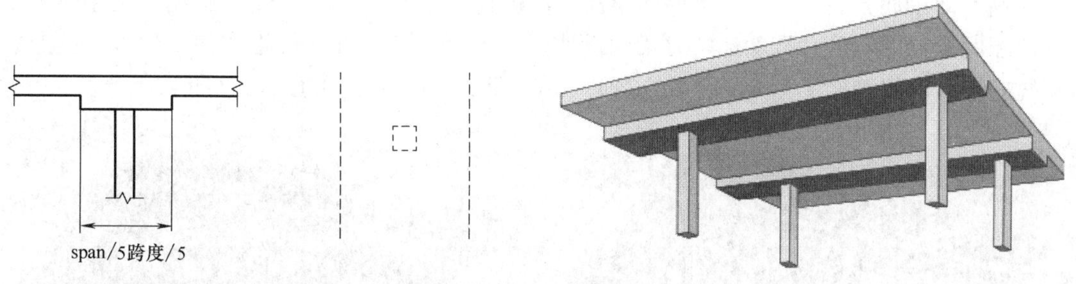

图4.2-3　带状平板

3. 单向密肋板（Ribbed Slab或One-Way Joist Slab）

单向密肋板也叫带肋板（Ribbed Slabs），相当于单向的空心楼盖。此处的Ribbed Slab非我们理解的单向多次梁板，而是单向密肋板。二者在形式上的区别主要在于次梁/肋梁的间距，密肋板的肋梁更密集。在成模方面，单向密肋板一般也是在底平的模板上放置空心垫块来实现。

通过在板底开槽形成带肋板，既可减轻自重，又可提高混凝土截面的效率。经济跨度的范围在8～12m之间。肋梁应至少为150mm宽，以方便布置钢筋（图4.2-4）。

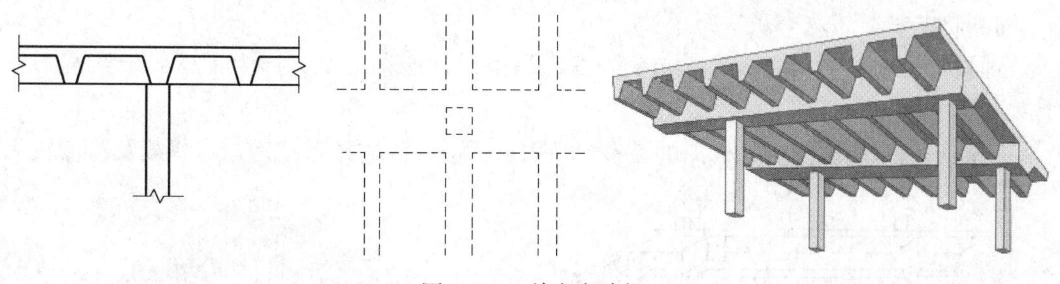

图4.2-4　单向密肋板

优缺点：可实现楼盖的轻质化，可提供中大跨度的楼盖。与实心板相比，截面高度稍厚一些，但可有效增大板的刚度，从而实现更大的跨度。下返主梁的存在仍然会导致更高的层高。材料的节省往往被模板的复杂性抵消，因此会拖慢施工速度。

4. 带宽扁梁的密肋板（Ribbed Slab with Wide Band Beam）

将单向密肋板的主梁加宽，或将有实心托板的方格平板（Coffered Flat Slab with Solid Panels）的托板在一个方向上拉通，即形成带宽扁梁的密肋板。宽扁梁的截面相对较宽、较浅，因而可降低楼盖的截面总高度，同时允许更长的跨度。总截面高度通常由挠度来控制。12m 板跨（支座中心到支座中心）与 15m 梁跨一般来说比较经济。双向空心楼盖常用于停车场和办公楼，其中一个方向的跨度占主导地位，施加的荷载相对较轻（图 4.2-5）。

优缺点：楼盖轻质，可适应中大跨度，楼板厚度一般比实心板宽扁梁的楼板厚度更大；但主梁高度比单向密肋板的主梁高度小，有利于降低层高。复杂模板会使施工进程变得更慢。

5. 槽形板（Troughed Slab）

槽形板与上述带宽扁梁的密肋板的唯一区别就是肋梁的高度。槽形板的肋梁高度与主梁等高，即梁底齐平，而密肋板的肋梁高度一般比主梁高度略矮。槽形板截面的经济高度取决于宽扁梁的宽度，挠度通常对梁的设计至关重要，梁一般较宽且配筋率较大。中梁的梁宽一般可取梁跨的 1/3.5，边梁的梁宽可取梁跨的 1/9 加柱宽的 1/2（图 4.2-6）。

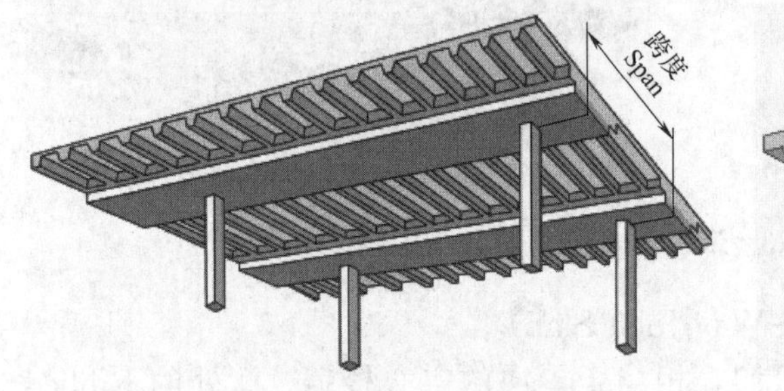

图 4.2-5　带宽扁梁的密肋板

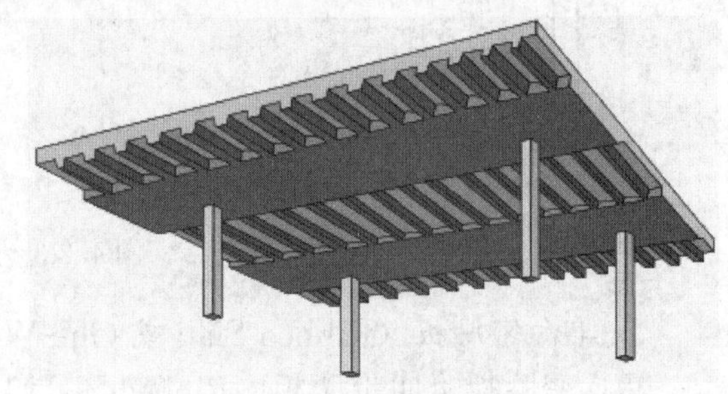
图 4.2-6　槽形板

优缺点：轻质化的楼盖比单向实心板或无梁楼盖可提供更大的跨度，跨度可达 12m。它们产生齐平的底部，在肋梁区域开设孔洞比较灵活，复杂模板会使施工进程变得更慢。

（二）双向板

1. 带有窄梁的双向板

即最常见的双向实心板（Two-way Solid Slab），所谓的窄梁即为梁高大于梁宽的正常梁（图 4.2-7）。

优缺点：双向现浇实心板提供了一个坚固且适应性强的楼盖结构，当荷载及跨度较大

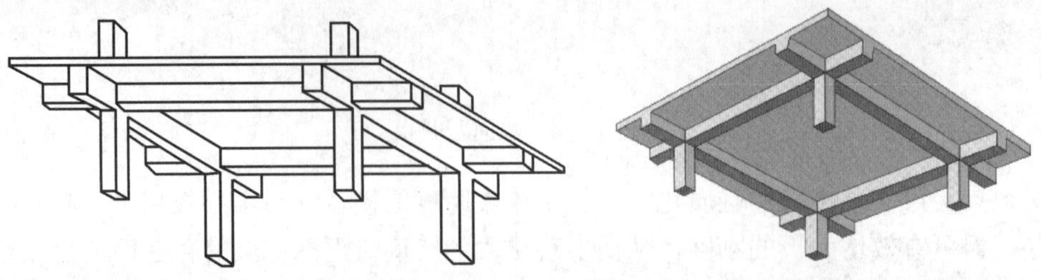
图 4.2-7　双向实心板

时比较经济。几乎没有对孔洞位置和大小的限制。但当存在下返次梁时，模板工程量大且复杂。同时，下返梁可能会导致更大的层高。

2. 实心无梁平板（Solid Flat Plate）

美欧的无梁楼盖有泛指与特指之别。泛指时，无论是否带柱帽或托板一律统称为无梁楼盖（Flat Slab）；当为特指时，Flat Slab是特指带柱帽或托板的无梁楼盖，而Flat Plate特指不带柱帽或托板的无梁楼盖。此处的实心无梁平板，即是指不带柱帽或托板的无梁楼盖，也即Flat Plate（图4.2-8）。

优缺点：无梁楼盖很容易和快速地建造。可大幅降低层高及方便设备管线的敷设。易于密封分区，便于气密、防火与隔声。无梁楼盖中开大洞较难，特别是在柱周边附近，会严重削弱板的抗冲切能力。此类无梁楼盖的设计一般由挠度和柱对板的冲切控制，一般需配抗冲切钢筋，以解决柱对平板的冲切问题。当荷载或跨度大时不经济，一般会增设柱帽或托板以提高板柱间的受冲切承载力。

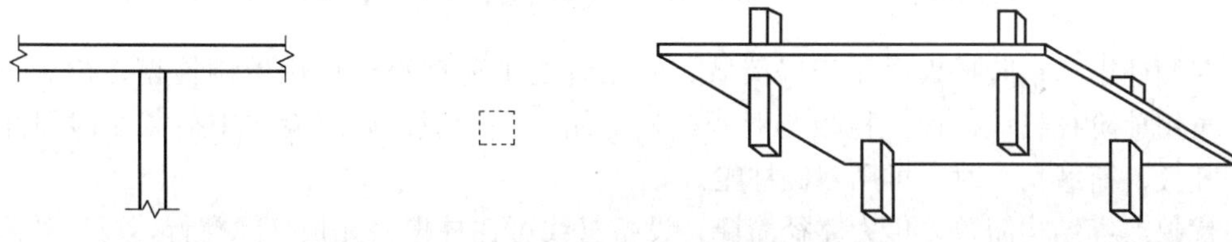

图4.2-8　实心无梁平板

3. 带柱帽或托板实心无梁板（Solid Flat Slab with Column Head/Drop Panel）

欧美一般用Flat Slab，特指带柱帽或托板的无梁楼盖（图4.2-9）。

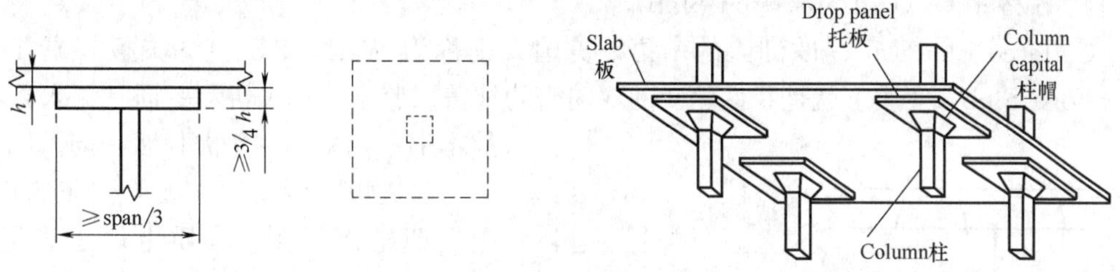

图4.2-9　带托板实心无梁板

柱与平板之间倾斜渐变过渡的部分称为柱帽（Column Capital），而将柱与平板之间水平突变的部分称为托板（Drop Panel），如图4.2-10所示。柱帽及托板的最主要功能是增加板柱间的抗冲切承载能力，其次是加强楼盖结构在柱顶峰值弯矩区域的抗弯性能，并

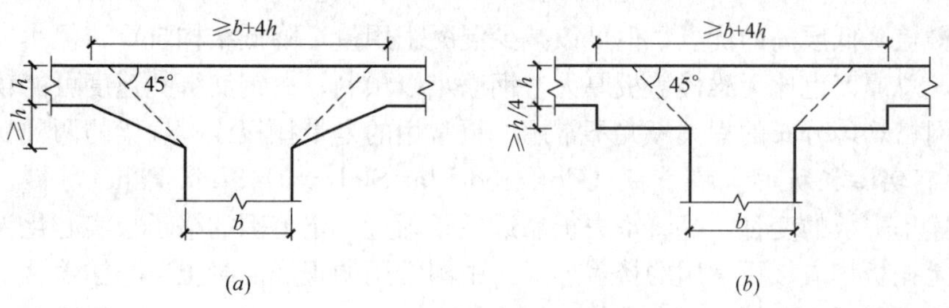

图4.2-10　带柱帽或托板的板柱结构（《混规》图9.1.12）

（a）柱帽；（b）托板

通过加大截面高度来减少配筋，以及增强平板与柱的连接、增强结构刚度、减小板的计算跨度和柱的计算长度等。

柱帽和托板可以单独设置，也可以组合设置，图 4.2-11 所示为柱帽与托板的各种组合形式。

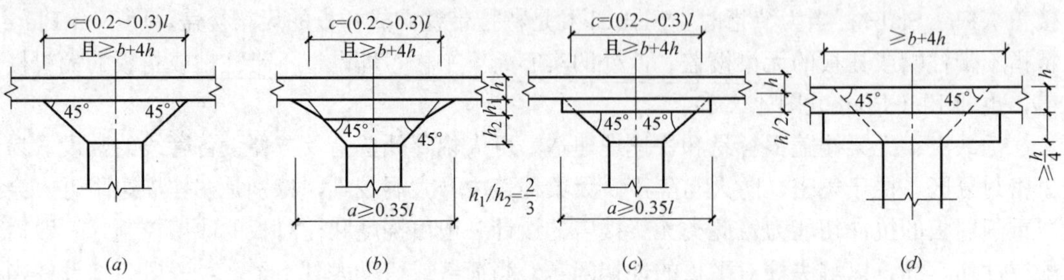

图 4.2-11 《混凝土结构构造手册》中的柱帽与托板的组合
(*a*) 单倾柱帽；(*b*) 双倾柱帽；(*c*) 柱帽+托板组合；(*d*) 单阶托板

单倾柱帽与单阶托板适用于轻荷载，此二者之中荷载小时可用单倾柱帽；荷载稍大时，可用单阶托板；柱帽+托板与双倾柱帽适用于重荷载，此二者之中荷载小时可用柱帽+托板；荷载稍大时，可用双倾柱帽。

优缺点：结构简单，传力路径简捷；设备管线可在柱帽（托板）间穿行，可有效降低层高；模板工程量小且支模简单，钢筋加工及绑扎也相对简单，可方便施工，缩短工期；板底相对平整、简洁、美观。板厚较大，混凝土用量高，结构自重大；延性较差，板在柱帽或柱顶处的破坏属于脆性冲切破坏。

4. 方格平板（Coffered Flat Slab）

Coffered Flat Slab 是欧洲人的术语，美国人则称为 Waffle Slab（华夫板）或 Two-Way Joist Slab，实质上就是我们熟知的双向密肋楼盖。鉴于“华夫饼”一词已深入人心，故本书一律采用“华夫板”一词。

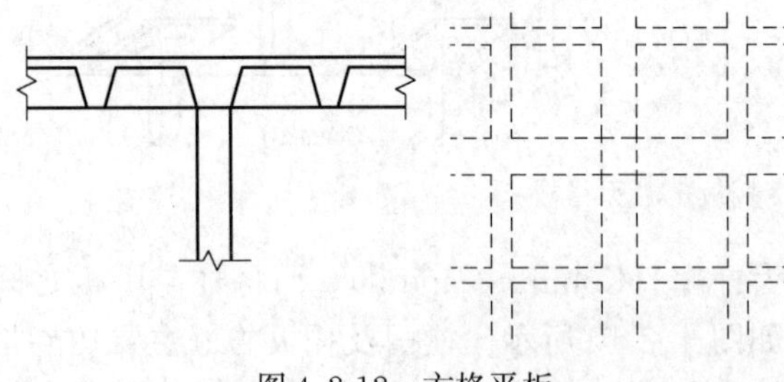

图 4.2-12　方格平板

华夫板一般通过在无梁楼盖的板底引入凹槽而得到，本质上属于密肋楼盖，在受传力模式与内力应力分布方面更接近于无梁楼盖而不是梁板式结构。截面高度一般由挠度、柱周围的冲切和肋梁的剪切来控制（图 4.2-12）。

优缺点：华夫板按无梁楼盖设计，具有无梁楼盖降低层高的优点，但可以减少混凝土用量，降低结构自重；但华夫板的模板成本更大，总厚度也比无梁楼盖板厚大。钢筋难以预制，故钢筋绑扎速度可能较慢。

这种网格均匀分布的华夫板并不常用，更常用的是带托板或宽扁梁的两种变种形式。

5. 带有实心托板的方格平板（Coffered Flat Slab with Solid Panels）

是上述华夫板的变种，是将华夫板靠近柱子附近一定范围的格子板实心化为托板的结果，是比无托板华夫板更常用的楼盖形式。中国常用的现浇混凝土空心楼盖就是这种楼盖形式。本质上仍属密肋楼盖，在受传力模式与内力应力分布方面，更接近于无梁楼盖而不是梁板式结构（图 4.2-13）。

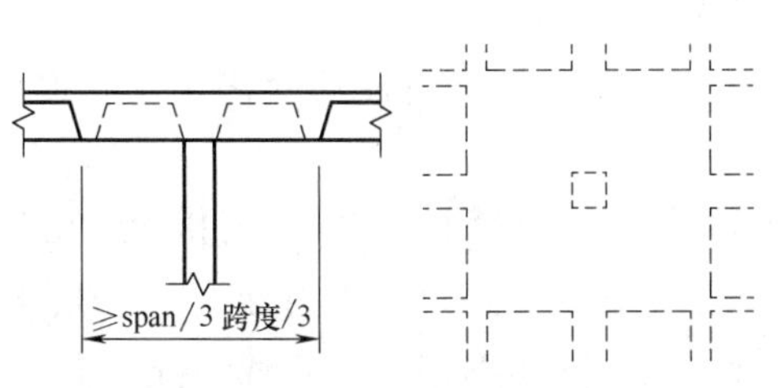

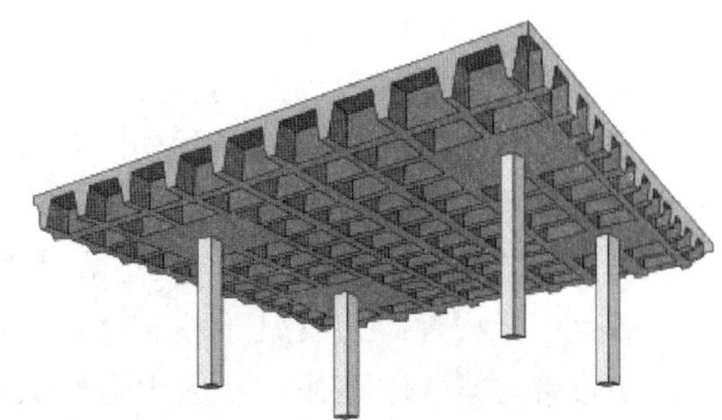

图 4.2-13 带有实心托板的方格平板

6. 带有宽扁梁的方格平板（Coffered Slab with Band Beam）

是上述华夫板的变种，是将华夫板柱上板带靠近柱中心线一定宽度范围的格子板实心化为宽扁梁的结果，中国的现浇混凝土空心楼盖有时也采用这种楼盖形式（图 4.2-14）。

≥span/6 跨度/6

图 4.2-14 带有宽扁梁的方格平板

（三）欧美其他常用楼盖形式

1. 后张法预应力单向实心板

预应力单向板配合预应力宽扁梁特别有效。后张法预应力可以尽量减少楼板的厚度，并控制挠度和开裂。预应力单向板一般用于办公楼和停车场，经济跨度可达 12m。

优缺点：单向现浇实心板施工简单，可有效降低板厚及结构自重，对挠度和开裂控制非常有利。

2. 后张法预应力肋形板

与上述预应力单向板相比，结构自重可进一步降低。经济跨度在 8～16m 范围内。一般可取肋宽 300mm，肋梁中心距 1200mm，实心区域可从支座中心向跨内延伸至跨度的 1/9.6。可用于需要提供大跨度的办公楼和停车场。

优缺点：与实心板相比，截面高度稍大，但可适用于更大的跨度以及方便开设孔洞。模板、钢筋和后张拉操作的复杂性抵消了材料的节省。建造速度较慢。

3. 后张法预应力无梁楼盖

后张法预应力无梁楼盖非常适合多层建筑快速和经济的建造。一般多跨预应力无梁楼盖的经济跨度为 6～13m。

优缺点：可有效降低层高，预应力的应用也有利于降低非预应力无梁楼盖的板厚及结构自重。但楼板减薄后，冲切问题会更为突出和关键，因此增设柱帽/托板更具有合理性和经济性。

二、单向板与双向板的划分标准

中欧混凝土规范是将单向板与双向板合并在一个章节中介绍，而美国规范则将板分为单向板与双向板两个章节分别介绍。

对于两对边支承、另两对边自由的板，中美欧规范都认为是单向板，这一点是没有争议的。但对于四边均有支承的板，中美欧规范对于单/双向板的划分标准不同。

谈到双向板设计，需要特别强调的是，美国规范关于双向板的定义与我国规范有非常明显的区别。美国规范的双向板是泛指双向受力的板，包括有托板或柱帽的无梁楼盖（Flat Slab）、无托板或柱帽的无梁楼盖（Flat Plate）、普通有梁双向板及网格状密肋板。而我国规范及欧洲规范的双向板均特指有梁的双向板。

美国规范关于双向板设计与其他规范也有明显不同，对于美国规范的“直接设计法”及“等代框架法”，无论是否有框架梁，美国规范一律按无梁楼盖的方式划分为柱上板带与跨中板带，梁的作用通过梁板刚度比（α_f）来体现，无梁楼盖对应 $\alpha_f=0$ 的情况，板下有墙则可认为 $\alpha_f=\infty$。换句话说，中国规范及欧洲规范对于传统有梁双向板都是以一块块的板为研究对象，根据每块板在每个支承边是否连续及支承构件对板边的约束情况而定义为固支、简支或自由；但美国规范则是以板带为研究对象，先以柱列为中心，各取柱列两侧的半跨合成为一个板带，求出整个板带的内力，然后再将整个板带划分为柱上板带与跨中板带，并将总的板带内力按一定规则在柱上板带与跨中板带间进行分配，最后再根据所分配的内力进行配筋设计。对于有梁的柱上板带，则需要先对柱上板带的内力根据梁板刚度比在梁与板之间进行分配，然后再根据梁板各自所分配的内力分别进行配筋设计。这差不多是美国规范相比中国规范及欧洲规范最具特色的地方。

1. 中国规范

中国规范以长短边之比 3.0 为界，但对于长短边之比为 2.0～3.0 之间的板块，规范没有强制要求按双向板对待，而是“宜”按双向板计算。原文如下：

《混规》第 9.1.1 节混凝土板按下列原则进行计算：

1）两对边支承的板应按单向板计算。

2）四边支承的板应按下列规定计算：

（1）当长边与短边长度之比不大于 2.0 时，应按双向板计算；

（2）当长边与短边长度之比大于 2.0，但小于 3.0 时，宜按双向板计算；

（3）当长边与短边长度之比不小于 3.0 时，宜按沿短边方向受力的单向板计算，并应沿长边方向布置构造钢筋。

2. 美国规范

美国规范虽然没有明确界定单向板与双向板的界限，但在确定双向板最小板厚的条文里，隐性地给出了长短边之比为 2.0 的界限。

当楼板的长短跨之比下降到 2 以下时，较长跨距在承载楼板荷载方面的贡献就变得很大。由于楼板在两个方向上传递荷载，因此 ACI 318 将其定义为双向系统，在两个方向上都应设计抗弯钢筋。

ACI 318 的双向系统包括无梁平板（无柱帽或托板的无梁板，专用 Flat Plate）、无梁凸板（有柱帽或托板的无梁板，专用 Flat Slab）、双向板和双向密肋板（Waffle Slab）。这些不同类型的双向系统之间的选择主要取决于建筑布局、设计荷载的大小和跨度。无梁平板是直接支承在柱上的厚度均匀的平板，通常适用于相对轻的荷载。对于较大的荷载和跨度，采用可提供更高抗剪和抗弯强度的柱帽或托板会更合理。各边均支承在梁上的平板，就是通常所说的普通双向板。双向密肋板等效于双向托梁系统，或可视为带有凹槽以减轻自重的实心平板。

3. 欧洲规范

欧洲规范也以长宽比 2.0 作为单向板与双向板的划分界限。原文如下：

下列情况下，承受主要均匀分布荷载的平板可认为是单向跨度的：

（1）具有两个自由（无支承）且明显平行的边缘；

（2）四边支承的矩形平板且长短跨之比大于 2.0。

三、最小板厚要求

（一）单向板

1. 中国规范

《混规》(2015 年版）的规定：

钢筋混凝土单向板的跨厚比不大于 30，预应力板可适当增加；当板的荷载、跨度较大时，宜适当减小。现浇钢筋混凝土单向板的厚度不应小于表 4.2-1 规定的数值。

现浇钢筋混凝土单向受力板的最小厚度（《混规》表 9.1.2）　　表 4.2-1

板的类别		最小厚度(mm)
单向板	屋面板	60
	民用建筑楼板	60
	工业建筑楼板	70
	行车道下的楼板	80
悬臂板	悬臂长度不大于 500mm	60
	悬臂长度大于 1200mm	100

《混通规》（2021 年版）的规定：

现浇钢筋混凝土实心楼板的厚度不应小于 80mm，现浇空心楼板的顶板、底板厚度均不应小于 50mm；预制钢筋混凝土实心叠合楼板的预制底板及后浇混凝土厚度均不应小于 50mm。

2. 美国规范

美国规范对单向板没有给出最小板厚的绝对值，而是以跨厚比的形式给出了最小板厚的相对值。但在双向板的最小板厚限值要求中，针对 $\alpha_{fm}>2.0$（相当于单向板）的情况，给出了 90mm 的最小板厚要求。

对于没有支承或连接到隔墙板或其他可能被大挠度损坏的建造物的非预应力实心平板，除非计算挠度满足规范限值要求；否则，总的板厚 h 不得小于表 4.2-2 的限值。

非预应力实心单向板最小厚度（ACI 318 表 7.3.1.1）　　表 4.2-2

支承条件	最小板厚 h	支承条件	最小板厚 h
简支	1/20	两边连续	1/28
一边连续	1/24	悬臂	1/10

表中公式适用于普通混凝土及 $f_y=420$MPa 钢筋，其他情况应该乘以以下修正系数：

1）当没有采用 $f_y=420$MPa 钢筋时，修正系数取（$0.4+f_y/700$）。

2）对于密度 w_c 介于 1440～1840kg/m^3 的轻质混凝土，修正系数取下列数值的较大值：

（1）$1.65-0.0003w_c$；

（2）1.09。

3）对于由轻质和普通质量混凝土组合而成的非预应力复合板，当在施工过程中有支撑并且轻质混凝土受压的情况下，应采用2）的修正系数。

4）当混凝土面层与混凝土结构板整浇，或者楼面面层被设计成与结构板组成叠合板（依照 ACI 318-19 第16.4节）时，表中的 h 应该包括面层厚度。

3. 欧洲规范

欧洲规范没有规定最小板厚的绝对值，也没有给出最小板厚的相对值（跨厚比）；而是给出了不需要进行挠度验算的最小跨厚比，这一点与早期的英国规范类似。意思是，在正常情况下，只要板的跨厚比满足表4.2-3的要求，就意味着不会出现挠度控制的情况，故而不必进行挠度验算。

欧洲给出了两个公式（EC 2 式（7.16a）与式（7.16b），另见本书第五章）用于计算免于挠度计算的最小跨厚比，该值与混凝土强度等级、跨中截面（悬挑构件为支座截面）的配筋率与超配情况以及结构系统系数 K 有关。

表4.2-3给出了欧洲规范 K 的建议值，但某成员国使用的 K 值应去其国家附件中查找。欧洲规范也针对普通情况（C30/37、$\sigma_s=310$MPa、不同结构体系以及两种常用配筋率 $\rho=0.5\%$和1.5%）给出了用规范公式（7.16）算出的基本跨厚比值，见表4.2-3。

无轴压钢筋混凝土构件的基本跨厚比（EC 2 表 7.4N）　　表 4.2-3

结构系统	K	高应力混凝土 $\rho=1.5\%$	低应力混凝土 $\rho=0.5\%$
简支梁,单向或双向简支板	1.0	14	20
连续梁或连续单向板的端跨,跨越长边连续双向板的端跨	1.3	18	26
梁、单向板或双向板的中间跨	1.5	20	30
支承于柱的无梁板(按长跨考虑)	1.2	17	24
悬挑构件	0.4	6	8

注：1. 所给出的值一般偏于保守，经计算可选用较薄的构件。

2. 双向板用较短跨，无梁板应采用较长跨。

（二）双向板

1. 中国规范

《混规》（2015年版）的规定：

钢筋混凝土双向板的跨厚比不大于40，预应力板可适当增加。当板的荷载、跨度较大时，宜适当减小。现浇钢筋混凝土双向受力板的厚度不应小于表4.2-4规定的数值。

现浇钢筋混凝土双向受力板的最小厚度（《混规》表 9.1.2）　　表 4.2-4

板的类别		最小厚度(mm)
双向板		80
密肋楼盖	面板	50
	肋高	250
无梁楼板		150
现浇空心楼盖		200

《混通规》（2021 年版）的规定：同单向板。

2. 美国规范

对于有梁的四边支承非预应力板，板厚 h 应满足表 4.2-5 的限值，除非计算得到的挠度满足 ACI 318-19 第 8.3.2 节的挠度限值要求时可不受此限。

四边有梁支承的非预应力双向板最小厚度（ACI 318-19 表 8.3.1.2）　　表 4.2-5

α_{fm}	最小板厚 h(mm)		
$\alpha_{fm} \leqslant 0.2$	按无梁楼盖取值(ACI 318 表 8.3.1.1)		(1)
$0.2 \leqslant \alpha_{fm} \leqslant 2.0$	较大值	$\dfrac{l_n\left(0.8+\dfrac{f_y}{1400}\right)}{36+5\beta(\alpha_{fm}-0.2)}$	(2)
		125	(3)
$\alpha_{fm} > 2.0$	较大值	$\dfrac{l_n\left(0.8+\dfrac{f_y}{1400}\right)}{36+9\beta}$	(4)
		90	(5)

注：1. α_{fm} 是板边所有梁 α_f 的平均值，α_f 应按式（3.6-1）[ACI 318 式（8.10.2.7）] 计算；
2. l_n 是板长方向的净跨，按梁边到梁边计算；
3. β 是板长短边净跨之比。

对于长短边之比大于 2 的双向板，因表 4.2-5 中公式（2）与（4）算得的最小板厚是按长跨计算的，故计算结果会偏于不合理。对此，采用前文表 4.2-2（ACI 318 表 7.3.1.1）中的单向板原则会更适宜。

对于满足表 4.2-5 要求的板的不连续边，应设置 α_f 不小于 0.8 的边梁，或按表 4.2-5 中式（2）或（4）算得的板厚增加至少 10%。

当混凝土面层与楼板整体浇筑，或者面层按 ACI 318 第 16.4 节的要求与楼板按叠合板设计时，允许将面层厚度计入楼板厚度 h。

3. 欧洲规范

欧洲规范没有将单向板与双向板分开介绍，有关双向板的内容可见前文单向板部分。

（三）无梁楼盖

无梁楼盖属于双向板的范畴，因其受力特点独特，且在我国的应用尤为瞩目，故拿出来单讲。

1. 中国规范

由表 4.2-4 可知，我国规范现浇混凝土实心无梁楼盖的最小厚度为 150mm。无梁支承的有柱帽板的跨厚比不大于 35，无梁支承的无柱帽板的跨厚比不大于 30。预应力板可适当增加；当板的荷载、跨度较大时，宜适当减小。

板柱节点可采用带柱帽或托板的结构形式。板柱节点的形状、尺寸应包容 45°的冲切破坏锥体，并应满足受冲切承载力的要求。

柱帽的高度不应小于板的厚度 h；托板的厚度不应小于 $h/4$。柱帽或托板在平面两个方向上的尺寸均不宜小于同方向上柱截面宽度 b 与 $4h$ 之和（图 4.2-15）。

2. 美国规范

对于两方向跨度比不大于 2 的非预应力无梁板，板厚 h 不应小于表 4.2-6 的限值，且

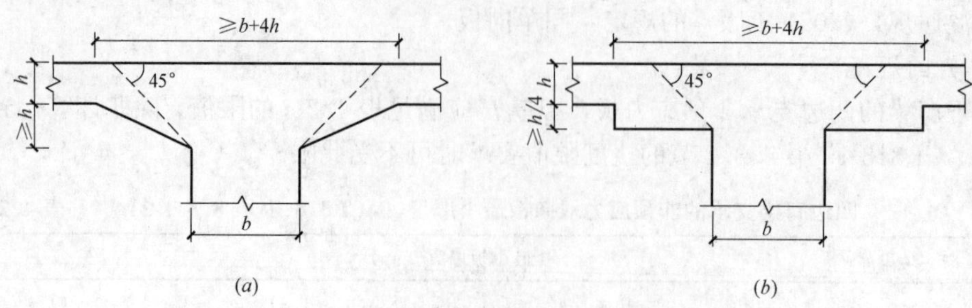

图 4.2-15　带柱帽或托板的板柱结构（《混规》图 9.1.12）
（a）柱帽；（b）托板

不小于下述（1）与（2）的数值。但计算得到的挠度满足 ACI 318-19 第 8.3.2 节的挠度限值要求时可不受此限。

（1）无托板的无梁板厚度不应小于 5in（125mm）；

（2）有托板的无梁板厚度不应小于 4in（100mm）。

无内部梁的非预应力双向板最小厚度（ACI 318-19 表 8.3.1.1）　　表 4.2-6

f_y(MPa)	无托板			有托板		
	边缘板块		内部板块	边缘板块		内部板块
	无边梁	有边梁		无边梁	有边梁	
280	$l_n/33$	$l_n/36$	$l_n/36$	$l_n/36$	$l_n/40$	$l_n/40$
420	$l_n/30$	$l_n/33$	$l_n/33$	$l_n/33$	$l_n/36$	$l_n/36$
520	$l_n/27$	$l_n/30$	$l_n/30$	$l_n/30$	$l_n/33$	$l_n/33$

注：1. l_n 是板长方向的净跨，按支座边到支座边计算；

2. f_y 不等于表中数值时，按线性插值计算最小板厚；

3. 对于边柱间有边梁的板，当 α_f 小于 0.8 时应视作无边梁的板，α_f 算法同前。

ACI 318-19 第 8.2.4 条：用于降低板厚及降低支座负弯矩筋用量的无梁楼盖托板，在厚度方向应该突出板底以下至少 1/4 板厚，在平面尺寸方面应该从支座中心向四边延伸至少 1/6 板跨，此处的板跨为中到中的跨度。

本条规定意味着托板的平面尺寸应至少为 1/3 的板跨，这个尺度的托板尺寸基本可以避免板厚受托板对板的冲切控制，也能起到降低跨中挠度与弯矩的作用。过小的托板平面尺寸很可能导致托板对板的冲切不足。

ACI 318-19 第 8.2.5 条：在板柱连接节点处用于增加冲切临界截面的柱帽，则要求突出板底部分的水平尺寸不小于其竖向尺寸，也即柱帽斜面与水平方向倾角不大于 45°。这一要求与我国规范相同，只不过是表述不同而已。

3. 欧洲规范

欧洲规范对无梁楼盖也未规定最小板厚的绝对值，但以最小跨厚比的方式给出最小板厚的相对值，见表 4.2-3。欧洲规范也没有对无梁楼盖托板或柱帽的尺寸作出限制。但欧洲规范明确冲切破裂角为 26.6°，见图 4.2-16。

（四）中美规范比较

对于无梁楼盖，两本规范都采用双控的原则对板厚进行控制，但美国规范规定得更加

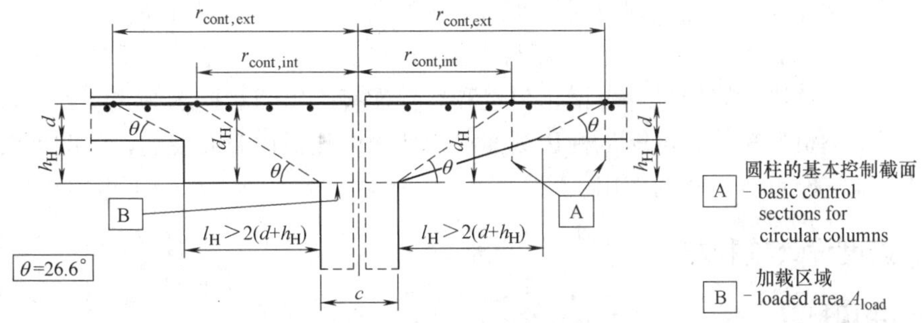

图 4.2-16 带有扩大柱头（托板与柱帽）的无梁板（EC 2 图 6.18）

精细，无论有托板无梁楼盖还是无托板无梁楼盖，都分别按外部板块与中间板块给出跨厚比限值，对于外部板块，又分别按有边梁与无边梁给出。而且，跨厚比限值也因钢筋强度不同而区别对待。为便于比较，仅以钢筋屈服强度 60000psi（414MPa，相当于我国的三级钢）的内部板块为例，比较结果见表 4.2-7。

中美欧规范无梁楼盖最小板厚 **表 4.2-7**

无梁楼盖类型	限值类型	美国规范 ACI 318-14			欧洲规范 EN 1992-1-1:2004	中国规范 GB 50010—2010
		外部板块		内部板块		
		无边梁	有边梁			
无托板无梁楼盖	相对值(跨厚比)	30	33	33	17(ρ=1.5%)、24(ρ=0.5%)	30
	绝对值	5in(125mm)			—	150
有托板无梁楼盖	相对值(跨厚比)	33	36	36	同无托板无梁楼盖	35
	绝对值	4in(100mm)			—	150

不难看出，对于无梁楼盖，中国规范比美国规范要求严格，美国规范比中国规范要求得更精细、更严谨。

对于普通的有梁双向板，美国规范没有给出跨厚比的要求，而是根据梁板刚度比 α_f 给出不同的绝对厚度控制要求：当 α_f 不大于 0.2 时，按前述无梁楼盖处理；当 α_f 大于 2.0 时，板厚不应小于 3.5in（90mm）且不小于表 4.2-5 中的公式（4）的计算值；当 α_f 介于 0.2～2.0 之间时，板厚不小于 5.0in（125mm）且不小于表 4.2-5 中的公式（2）的计算值。一般而言，我国双向板楼盖设计中的梁板刚度比都能达到 2.0。

再次强调一下：美国规范在此处的板厚限值是不进行板挠度计算的条件。这有两层意思，其一，满足此处的板厚控制要求者，可不必进行板的挠度计算；其二，如果板厚不满足上述要求，但挠度计算满足下文中对板挠度的控制要求，则美国规范仍然允许。

这里再一次凸显出美国规范的灵活与务实，但绝不失严谨。

比较之下，两本规范在托板最小厚度方面的规定相同，都是不小于 1/4 板厚，但在托板平面尺寸方面的规定则存在较大分歧。乍看起来，关于托板柱帽的尺寸规定，我国规范规定得更为灵活和宽松，只要大于柱宽加 4 倍板厚即可，但真正做过设计的都知道，若想真正发挥托板对于降低无梁板厚度及支座负弯矩筋的作用，则托板尺寸不能过小；否则，很容易造成托板对无梁板的冲切不足问题。在 2017 年 8 月 19 日北京市石景山区西黄村地下车库坍塌事故之后，以及接下来《关于开展地下室无梁楼盖设计自查的通知》及《关于加强我市无梁楼盖建设工程管理及后续使用工作的通知》的一系列行动中，北京市很多无梁楼盖车库项目都查出了设计问题，而且查出的问题大都集中在“托板对无梁板冲切不足”这一点上，这当然属于设计失误，但也和软件没有给出明显提示有关。此外，托板尺寸过小，则支座负弯矩筋有可能从柱边截面控制变为由托板边截面控制，因此无法有效发挥托板对降低支座负弯矩筋的作用。

四、强度设计或校核

（一）中国规范

《混规》的编排方式是将所有强度设计或校核统一放到“承载能力极限状态计算”一章里，而且是按受力状态而不是按构件类型进行分类。“结构构件的基本规定”一章虽然是按构件类型进行组织的，但各类构件基本都是构造规定与配筋细节方面的要求，因此有关板、梁、柱、墙等构件的强度设计或校核必须根据各自的受力状态去“承载能力极限状态计算”一章去对号入座、寻找解决方案。板是以平面外受弯、受剪为主的结构构件，其承载力计算内容概括如下。

1. 单向板

应按本章第一节的有关内容进行下列计算：

（1）正截面受弯承载力计算，并按式（4.1-3）～式（4.1-7）进行配筋计算或截面受弯承载力校核；

（2）斜截面受剪承载力计算，并按式（4.1-8）～式（4.1-14）进行配筋计算或截面受弯承载力校核。

2. 有梁双向板

同双向板计算。

3. 无梁楼盖

除了进行上述正截面抗弯与斜截面受剪承载力计算外，还需进行柱（柱帽）对托板的抗冲切以及托板对板的受冲切承载力计算，并按式（4.1-15）～式（4.1-17）进行配筋计算或受冲切承载力校核。

（二）美国规范

美国规范 ACI 318 对各类结构构件的设计规定基本上由以下几个部分构成：

（1）适用范围：明确界定了规范适用的构件类别；

（2）一般规定：针对某类构件的一般性规定；

（3）设计限值：主要是几何尺寸、计算位移、钢筋应变限值与预应力限值等，正常使用极限状态下的位移校核在这里进行；

（4）所需强度：是按因式荷载组合计算的构件内力（相当于我国规范荷载基本组合下的内力设计值），是通过前述各类结构分析方法得到的；

（5）设计强度：是各类构件所能够提供的承载力设计值，该承载力设计值不像中欧规范那样通过材料强度设计值（标准值或特征值除以材料分项系数）而得到，而是采用混凝土规定强度与钢筋屈服强度得到相当于承载力标准值后，再根据构件类型乘以一个综合的强度折减系数 ϕ 而得到；

（6）配筋限值：规定了配筋率的上、下限值；

（7）配筋细部要求：规定了保护层厚度、接头、锚固、并筋、最小间距、最大间距、截断点等详细配筋要求；

（8）与该类构件密切相关的其他补充规定或方法。

美国规范自 ACI 318-14 开始，将截面强度从以前散布在各章汇聚在一起单独成章，且放在了比较偏后的位置，对于新接触美国混凝土规范者或者习惯于 ACI 318-11 及以前版本者，都感受到了某种程度的不便。对于本章按结构构件类型分别展开的这种编著方式，也带来了一定不便，必须把构件章节的具体规定与截面强度章节的内容结合起来才可以。

1. 单向板

单向板应进行如下两项承载力校核：

（1）$\phi M_n \geqslant M_u$

（2）$\phi V_n \geqslant V_u$

式中 ϕ——强度折减系数，按表 4.1-1 取用。

1）所需强度 M_u 与 V_u

所需强度就是规范 ACI 318 所规定的“使用任何满足平衡条件与几何协调条件的分析方法”所得到的构件内力设计值（所谓内力设计值就是带系数荷载组合下的内力，相当于中国规范荷载基本组合下的内力），对于单向板而言主要是弯矩（跨中最大正弯矩、支座最大负弯矩）及单向剪力（支座或集中荷载作用处）。

对于与支座整体建造的板，支座处 M_u 与 V_u 应允许计算到支座边缘。

在下述（1）至（3）满足的情况下，非预应力板支座边缘至临界截面（距支座边缘距离为 d）之间的截面，或预应力板支座边缘至临界截面（距支座边缘距离为 $h/2$）之间的截面，应允许在那个临界截面采用 V_u 进行设计。

（1）在施加剪力的方向，支座反力引起板端区域受压；

（2）荷载施加在板的上表面或靠近上表面；

（3）在支座边缘与临界截面之间没有集中荷载。

2）设计强度 ϕM_n、ϕV_n

设计强度就是结构构件的承载力设计值，对于单向板主要是最大正负弯矩截面的受弯承载力设计值与最大剪力截面以及变截面处的受剪承载力设计值。

M_n 应按本章第一节受弯构件的基本假定与承载力计算原则和方法（ACI 318-19 第 22.3 节）进行确定。

V_n 应按本章第一节（ACI 318-19 第 22.5 节）区分有无受剪钢筋分别确定。

如果作为 T 梁翼缘板一部分的板中主要弯曲钢筋与梁的纵轴平行，则应按照下述要求，在板顶设置垂直于梁纵轴的钢筋：

（1）垂直于梁的板筋应设计成能抵抗悬挑板宽度上的设计荷载（假定 T 梁的翼缘板为悬臂受力状态）。

（2）只需考虑有效悬挑板宽度。

对于混凝土叠合板，应按照 ACI 318-19 第 16.4 节的规定计算水平抗剪强度 V_{nh}。

2. 双向板

双向板应进行如下四项承载力校核：

（1）$\phi M_n \geqslant M_u$ 在每个方向沿跨度所有截面的弯矩校核；

(2) $\phi M_n \geqslant \gamma_f M_{sc}$ 在有效板宽 b_{slab} 中的弯矩校核；

(3) $\phi V_n \geqslant V_u$ 在每个方向沿跨度所有截面单向剪切的剪力校核；

(4) $\phi v_n \geqslant v_u$ 在关键截面双向剪切的冲剪应力校核。

可以看出，美国规范对单向板进行弯矩与单向剪切两项内力层面的验算，而对于双向板，除了进行弯矩与单向剪切两项内力层面的验算外，还需要就板与柱之间直接进行弯矩传递的有效板宽 b_{slab} 中的弯矩进行校核，以及板与柱（或集中荷载、集中反力）之间双向剪切（冲切）在应力层面的校核。

1）所需强度（内力）

所需强度应采用因式荷载组合进行计算。所需强度可以采用前述结构分析方法中的任何一种方法进行计算，只要满足平衡条件与几何协调条件即可，也可以采用“直接设计法”或“等效框架法”。

对于由柱或墙支承的平板系统，尺寸 c_1、c_2 和 l_n 应基于有效支承面积。有效支承面积是平板或托板或柱帽（如果存在）的底表面与最大冲切圆锥面、棱锥面或楔形面的交界面，这些冲切面应位于柱、柱帽或托板与柱轴线 45°夹角的范围内。

柱上板带是柱列中心线每一侧宽度等于 $0.25l_2$ 与 $0.25l_1$ 中较小者的设计板带。柱上板带应包含板带内的梁（如果有梁）。

跨中板带是两个柱上板带之间的设计板带。

面板是四周由柱、梁或墙中心线所围合的板块，国人俗称板块。

应允许将重力荷载分析的结果与横向荷载分析的结果进行组合。

(1) 弯矩设计值

对于与支座整浇的板，支座处的弯矩 M_u 允许按支座边缘处计算取用，除非采用“直接设计法”或“等代框架法”的分析方法。

对于用“直接设计法”或“等代框架法”分析的板，支座处的弯矩 M_u 应分别按照各自对应的方法取用。

如果重力荷载、风荷载、地震或其他效应引起板与柱之间的弯矩传递，则在节点处由柱分担的板设计弯矩 M_{sc} 的一小部分应按照下述原则通过弯曲传递。

由柱分担的小部分板设计弯矩 $\gamma_f M_{sc}$ 应假定通过弯曲传递，其中 γ_f 应由下式计算：

$$\gamma_f = \frac{1}{1+\left(\frac{2}{3}\right)\sqrt{\frac{b_1}{b_2}}}$$

(4.2-1)（ACI 318-19 式 8.4.2.2.2）

抵抗 $\gamma_f M_{sc}$ 的有效板宽 b_{slab} 应是柱或柱帽的宽度加上柱或柱帽两侧各 1.5 倍板厚或托板厚度（表 4.2-8）。

有效板宽的尺寸限值（ACI 318-19 表 8.4.2.2.3） **表 4.2-8**

	柱或柱帽每侧的距离	
无托板或柱帽	较小值	1.5 倍板厚
		到板边的距离
有托板或柱帽	较小值	1.5 倍托板或柱帽厚度
		到托板边缘的距离或柱帽宽度加 1.5 倍板厚

对于非预应力楼板，如果 v_{uv} 和 ε_t 满足表 4.2-9 中的限值，γ_f 应允许增加到表 4.2-9 中规定的最大修正值。

非预应力双向板 γ_f 的最大修正值（ACI 318-19 表 8.4.2.2.4）　　　　表 4.2-9

柱子位置	跨度方向	v_{uv}	ε_t（在 b_{slab} 内）	最大修正 γ_f
角柱	任一方向	$\leqslant 0.5\phi v_c$	$\geqslant \varepsilon_{ty}+0.003$	1.0
边柱	垂直于板边	$\leqslant 0.75\phi v_c$	$\geqslant \varepsilon_{ty}+0.003$	1.0
	平行于板边	$\leqslant 0.4\phi v_c$	$\geqslant \varepsilon_{ty}+0.008$	$\dfrac{1.25}{1+\frac{2}{3}\sqrt{\frac{b_1}{b_2}}}\leqslant 1.0$
内柱	任一方向	$\leqslant 0.4\phi v_c$	$\geqslant \varepsilon_{ty}+0.008$	$\dfrac{1.25}{1+\frac{2}{3}\sqrt{\frac{b_1}{b_2}}}\leqslant 1.0$

其中，v_{uv} 是板临界截面上由于重力荷载（不考虑弯矩传递）产生的冲切剪应力设计值，ε_t 为标称强度下最外层纵向受拉钢筋的净拉伸应变，不包括有效预应力、徐变、收缩和温度引起的应变，ε_{ty} 为用来定义受压控制截面最外层纵向受拉钢筋的净拉应变值，v_c 为由混凝土提供的对应于名义双向抗剪强度的冲切剪应力，对于非预应力板按 ACI 318-19 表 22.6.5.2 计算，本书在此不再详细介绍。

通过柱截面的钢筋应相对集中，可以采用更密的布置方式或附加钢筋，用于抵抗前文所述有效板宽上的弯矩。

（2）单向剪力设计值

双向板应该在每个方向的每个板带（假定板为宽扁梁）都有足够的单向抗剪强度，也必须在每一个柱子处具有足够的双向抗剪强度，所谓的双向抗剪强度就是抗冲切强度。双向板的单向抗剪强度与单向板的单向抗剪强度及梁的抗剪强度性质相同，前文单向板环节已有介绍，不再赘述。

（3）双向剪力设计值

双向剪切强度也称作冲切剪切强度，被认为是双向板中最关键的强度。ACI 318 计算标称冲切剪切强度基于混凝土强度及所提供的抗剪钢筋，忽略板中抗弯钢筋在抗冲切强度中的作用。通常，假定冲切破坏形状为环绕柱表面的圆锥体形状或倒金字塔形状。

板应在柱、集中荷载作用处以及集中反力区域附近进行双向剪切评估。

配有箍筋或抗剪钉的板应在临界截面处对双向剪切进行评估。

对于柱承受部分板弯矩的双向剪切，应计算临界截面处的设计剪应力 v_u，v_u 对应于 v_{uv} 与 $\gamma_v M_{sc}$ 所产生剪应力的组合，其中 M_{sc} 同前文，γ_v 按式（4.2-2）计算。

M_{sc} 通过剪切偏心传递的那部分 $\gamma_v M_{sc}$ 应该施加在临界截面的形心，其中：

$$\gamma_v=1-\gamma_f \qquad (4.2\text{-}2)\ (\text{ACI 318-19 式 } 8.4.4.1)$$

应假定由 $\gamma_v M_{sc}$ 引起的设计剪应力在临界截面的形心线上线性变化（图 4.2-17）。

2）设计强度（承载力）

（1）受弯承载力

在计算具有托板的非预应力板的 M_n 时，不得假定板下托板的厚度大于从托板边缘到柱或柱帽边缘距离的四分之一。

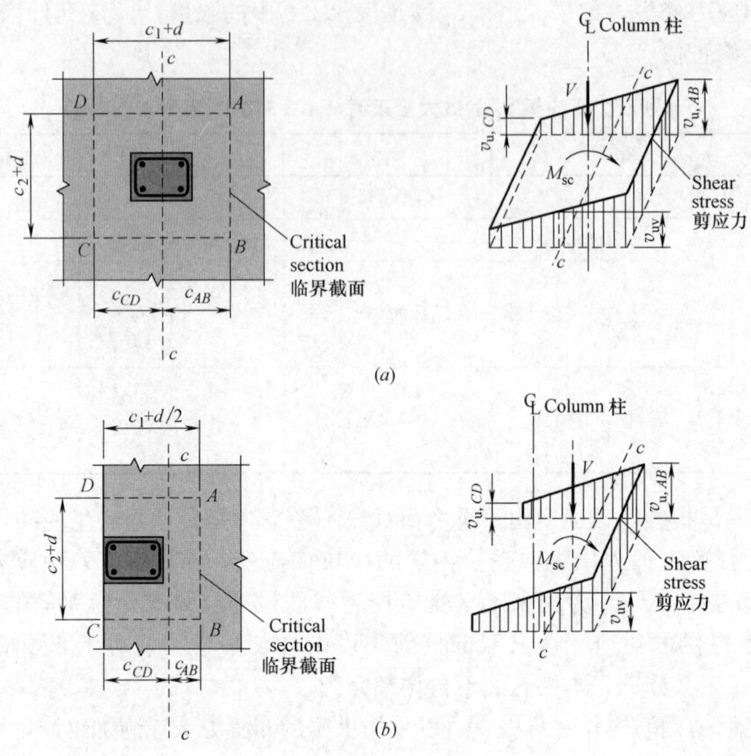

图 4.2-17　假定的剪应力分布（ACI 318-19 图 R8.4.4.2.3）

（a）中间柱；（b）边柱

（2）受剪承载力

在柱、集中荷载或集中反力区域附近的板的抗剪强度设计值应按如下原则确定：

对于单向剪切，当要研究的每个临界截面在一个平面上延伸到整个板宽时，V_n 应按照前述单向剪切强度计算。

对于双向剪切，v_n 应按照前述双向剪切强度计算。

对于混凝土叠合板，水平抗剪强度 V_{nh} 应按照 ACI 318-19 第 16.4 节计算。

（3）板上开洞对承载力的影响

如果开洞后的分析表明板的所有强度与适用性要求（包括位移限值）均能得到满足，则允许在板上开任何尺寸的洞口。

作为对上述定量分析的另一种选择，在没有梁的板系中，应按照下述原则在板上开洞：

① 任何尺寸的板洞应允许在跨中板带的交叉区域进行，但板中的钢筋总量应至少为未开洞板所需的钢筋数量。

② 在两个柱上板带交叉的区域，任何一跨中被板洞截断的柱上板带宽度不得超过柱上板带宽度的 1/8，在洞口两侧应增加的钢筋数量应至少等于被洞口截断的钢筋数量。

③ 在柱上板带与跨中板带的交叉区域，任何板带中被板洞截断的柱上板带宽度不得超过柱上板带宽度的 1/4，在洞口两侧应增加的钢筋数量应至少等于被洞口截断的钢筋数量。

④ 如果板洞位于柱、集中荷载或集中反力周边 $4h$ 距离以内，则需满足 ACI 318-19 第 22.6.4.3 节的规定。

（三）欧洲规范

表 4.2-10 所示为板按欧洲规范进行配筋设计的一般程序，假定板厚先前已在概念设计期间确定。其中，有关确定设计寿命、作用（荷载）、材料特性、分析方法、最小混凝土保护层以及裂缝宽度控制等的更多详细建议，需参阅本书其他章节或规范原文。

板设计过程　　**表 4.2-10**

步骤	任务	规范索引
1	确定设计寿命	NA to BS EN 1990 Table NA. 2. 1
2	评估板上荷载	BS EN 1991and National Annexes
3	确定所应用的荷载组合	NA to BS EN 1990 表 NA. A1. 1 及 NA. A1. 2 (B)
4	确定荷载分布	NA to BS EN 1992-1-1
5	评估耐久性要求及确定混凝土强度	BS 8500:2002
6	根据适当的耐火极限检查混凝土保护层要求	BS EN 1992-1-2:Section 5
7	计算耐久性、耐火性及钢筋粘结所需的最小保护层厚度	BS EN 1992-1-1 Cl 4. 4. 1
8	结构分析获得关键弯矩与关键剪力	BS EN 1992-1-1 section 5
9	计算受弯钢筋	BS EN 1992-1-1 section 6. 1
10	校核挠度	BS EN 1992-1-1 section 7. 4
11	校核受剪承载力	BS EN 1992-1-1 section 6. 2
12	校核钢筋间距	BS EN 1992-1-1 section 7. 3

前 1～7 步是基本规定与要求的内容及结构模拟分析的内容，可参阅本书其他章节或规范原文，第 8 步是从结构分析结果中提取构件承载力校核或配筋计算所需内力的一个比较关键的环节，也是构件结构设计的起点（之前是模拟、分析阶段）。

1. 内力的确定

1）单向板的弯矩系数与剪力系数

当连续双向板满足下列条件时，可采用表 4.2-11 的弯矩系数与剪力系数计算单向板各个关键截面的弯矩及剪力：

（1）至少 3 跨连续；

（2）最短跨与最长跨之比大于 0.85；

（3）连续单向板的每个板块面积不小于 $30m^2$；

（4）$Q_k \leqslant 1.25G_k$ 且 $q_k \leqslant 5kN/m^2$。

单向板的弯矩系数与剪力系数　　**表 4.2-11**

	端支座/板节点				第一内支座	中间跨	中间支座
	铰接		连续				
	端支座	端跨	端支座	端跨			
弯矩	0	$0.086Fl$	$-0.04Fl$	$0.075Fl$	$-0.086Fl$	$0.063Fl$	$-0.063Fl$
剪力	$0.40F$		$0.46F$		$0.60F$		$0.50F$

注：1. F 为一跨内单位宽度的总设计极限荷载，$F=ql$，l 为跨长；

2. 表中数值基于支座弯矩 20%的调幅，但跨中弯矩未予降低。

2）双向板的弯矩系数

与 BS 8110 不同，欧洲规范 EC 2 中没有关于如何确定双向板弯矩的具体方法，但可以使用欧洲规范第 5 节中的任何适当方法（本书第三章第三节的内容）来进行弯矩的计算。也可以从表 4.2-12（摘自《Manual for the design of building structures to Eurocode 2》）查取弯矩系数从而确定每单位宽度的弯矩（M_{sx} 与 M_{sy}），其中

$$M_{sx}=\beta_{sx}wl_x^2 \tag{4.2-3}$$

$$M_{sy}=\beta_{sy}wl_x^2 \tag{4.2-4}$$

式中 β_{sx}、β_{sy}——弯矩系数；

l_x——双向板的短跨跨度；

w——承载力极限状态荷载组合下的单位面积荷载。

由梁支承的矩形双向板弯矩系数 **表 4.2-12**

板块类型	所考虑的弯矩	不同 l_y/l_x 值的短跨系数					所有 l_y/l_x 值的长跨系数
		1.00	1.25	1.50	1.75	2.00	
中间板块	连续边处的负弯矩	0.031	0.044	0.053	0.059	0.063	0.032
	跨中正弯矩	0.024	0.034	0.040	0.044	0.048	0.024
一个短边不连续	连续边处的负弯矩	0.039	0.050	0.058	0.063	0.067	0.037
	跨中正弯矩	0.029	0.038	0.043	0.047	0.050	0.028
一个长边不连续	连续边处的负弯矩	0.039	0.059	0.073	0.083	0.089	0.037
	跨中正弯矩	0.030	0.045	0.055	0.062	0.067	0.028
两个邻边不连续	连续边处的负弯矩	0.047	0.066	0.078	0.087	0.093	0.045
	跨中正弯矩	0.036	0.049	0.059	0.065	0.070	0.034

2. 配筋计算与承载力校核

1）受弯计算

由于欧洲规范 EC 2 既不包含派生公式，也未给出确定抗弯、受剪承载力的具体方法（之所以会出现这种情况，是因为欧洲惯例是仅在规范中给出原则，详细的应用方法则在其他来源（例如教科书）中显示），故本书在本章第一节的受弯承载力与配筋计算的有关内容中，结合 EC 2 及其参考书给出了已知弯矩求配筋及已知配筋求受弯承载力的计算公式，读者可以直接将已知量代入求解。

但在实际设计中，在已知弯矩求配筋的情况下，欧洲规范一般采用 K 值法通过查表并通过简化公式来计算所需钢筋，简要介绍如下。

根据算得的弯矩设计值 M_d 按下式计算出 K 值：

$$K=\frac{M_d}{bd^2f_{ck}} \tag{4.2-5}$$

根据弯矩重分配的调幅幅度查表 4.2-13 确定 K'，或根据 δ（弯矩重分配比率）值按下式计算 K'：

$$K'=0.60\delta-0.18\delta^2-0.21 \tag{4.2-6}$$

弯矩重分配与 K' 值的关系　　表 4.2-13

重分配(弯矩调幅)比率(%)	重分配弯矩折减系数 δ	K'
0	1.00	0.208
10	0.90	0.182
15	0.85	0.168
20	0.80	0.153
25	0.75	0.137
30	0.70	0.120

注：在英国经常建议将 K' 值限制在 0.168 以下以确保延性破坏。

校核 $K \leqslant K'$，满足条件则意味着不需要受压钢筋，不满足条件则表示需要受压钢筋，对于板类构件不建议采用受压钢筋，可通过增加板厚来重新调整计算。

当 $K \leqslant K'$ 条件满足时，可通过 K 值查表 4.2-14 得到 z/d 值或通过下式计算内力臂长度 z：

$$z=\frac{d}{2}(1+\sqrt{1-3.53K})\leqslant 0.95d \tag{4.2-7}$$

钢筋混凝土单筋矩形截面的 z/d 值　　表 4.2-14

K	z/d	K	z/d
≤0.05	0.950	0.13	0.868
0.06	0.944	0.14	0.856
0.07	0.934	0.15	0.843
0.08	0.924	0.16	0.830
0.09	0.913	0.17	0.816
0.10	0.902	0.18	0.802
0.11	0.891	0.19	0.787
0.12	0.880	0.20	0.771

注：将 z 值限制在 $0.95d$ 并非欧洲规范 EC 2 的要求，但被认为是好的实践。

最后根据 z 值按下式来计算所需配筋：

$$A_s=\frac{M_d}{f_{yd}z} \tag{4.2-8}$$

得到计算配筋后，需要校核是否满足最小与最大配筋限值的要求，满足要求则按配筋计算值去实配钢筋即可。如果不满足要求，一般来说表明构件截面（板厚）不合适，原则上应该考虑调整截面尺寸。

$$A_{s,min}=\frac{0.26f_{ctm}b_t d}{f_{yk}} \tag{4.2-9}$$

$$A_{s,max}=0.04A_c \tag{4.2-10}$$

欧洲混凝土规范的这种方法与英国混凝土规范是一脉相承的，由此可见英国规范对欧洲规范的影响力。

2）受剪计算

板通常不配抗剪钢筋，尤其是单向剪切应尽量利用混凝土本身的抗剪能力解决抗剪问题，一般仅需调整板厚确保无抗剪钢筋的混凝土受剪承载力 $v_{\mathrm{Rd,c}}$ 大于所施加的剪应力 $v_{\mathrm{Ed}}=V_{\mathrm{Ed}}/(bd)$ 即可。但对于无梁楼盖的双向剪切，增配一些抗剪钢筋有可能成为一种选择。

（四）中美欧规范各自特点分析

美国规范最大的特点是将普通双向板与无梁楼盖统一归为双向板，而且对于普通有梁的双向板也采用板带分析法进行柱上板带与跨中板带间的弯矩分配；然后，对于柱上板带再进行梁与板之间的分配，这是中欧规范不曾有的。

欧洲规范受弯承载力与截面配筋计算的 K 值法，沿袭了英国规范的做法，配合简单计算与查表，在没有电算工具的情况下，还是非常实用和好用的；中国的结构静力计算手册虽然也提供了一系列的表格，但表格数据相比之下要多很多（欧洲规范只有 K' 与 z/d 两张相对简单的表格，其中 z 还可以通过公式计算。这样就很容易编制 Excel 计算表格）；美国规范只提供了混凝土受弯构件的设计假定而没有提供配筋计算的具体公式，虽然用户可以基于这些假定并根据平衡条件与变形协调条件自行建立截面配筋计算的求解公式，也有大量教科书、参考书可供参考，但作为最重要且最常用的受弯构件配筋计算，没有将公式列入规范还是不够贴心、不够方便。此外，美国规范有关受弯截面配筋计算不像中欧规范有那么多系数，只有一个固定的混凝土应力折减系数 0.85、一个可变的等效受压区高度系数 β_1 及强度折减系数 ϕ，也比较方便 Excel 编程。

欧洲规范的抗剪强度验算考虑了纵向钢筋的有利影响，但同时要求纵向受拉钢筋应能抵抗剪力引起的附加拉力；我国规范的抗剪强度验算只考虑混凝土与抗剪钢筋的作用，不考虑纵向受拉钢筋的贡献，不仅如此，我国规范在这种情况下的受剪承载力还会在剪跨比 $\lambda>1.5$ 时通过斜截面混凝土受剪承载力系数 α_{cv} 予以降低（α_{cv} 最多可从 0.70 降至 0.4375）；美国规范同样不考虑纵向受拉钢筋对受剪承载力的贡献，但也不对受剪承载力进行降低。

欧洲规范对于集中荷载作用于梁板上表面且靠近支座的抗剪强度验算考虑了荷载折减（或者是受剪承载力增强），沿袭了英国规范的做法，这一点是中美规范不曾有的。

欧洲规范受剪承载力虽然也是由混凝土抗剪与抗剪钢筋抗剪来提供，但受剪承载力不是二者简单的相加，而是无抗剪钢筋时全部由混凝土提供，有抗剪钢筋时全部由抗剪钢筋提供，即有抗剪钢筋时不再考虑混凝土对受剪承载力的贡献，但抗剪钢筋提供的承载力不能超过构件所能承受的最大剪力（由受压弦杆的压溃控制）。

欧洲规范冲切验算的破裂角（冲切破坏锥体与水平面的夹角）为 26.6°，而中美规范为 45°。但美国规范承认在厚板中的冲切破裂角可低至 20°。

中美规范的冲切临界周长均为直边假定，而欧洲规范的临界周长则为直边加圆弧假定。

欧洲规范的冲切临界周长较长（距柱边 $2d$），中美规范则较短（距柱边 $d/2$）。

欧洲规范提供了不同时期浇筑的混凝土界面间的强度验算方法，并提供了 4 种界面粗糙度的粗糙度系数，使界面强度验算达到了精细化定量分析的程度，可以为中国规范提供借鉴。

中美欧规范均对冲切临界截面周长考虑较近洞口的影响，中欧规范考虑板有效高度 6 倍范围内的洞口，而美国规范 ACI 318-14 及以前版本考虑 10 倍板有效高度范围内洞口的影响，但在 ACI 318-19 将这个范围缩小到 4 倍板有效高度范围，主要是根据 2017 年 Genikomsou 与 Polak 的最新研究成果而作出的修改。

美国规范对非预应力板有钢筋应变限值的规定，要求最外层受拉钢筋的拉应变至少为 0.004。其用意是控制非预应力板的配筋率，用以缓解过载情况下的脆性弯曲破坏特性。这条规定不适用于预应力板。这是美国规范通过控制钢筋拉应变的方式来控制受弯构件超筋从而避免超筋脆性破坏的方式。

中国规范则没有对受拉钢筋应变的限值，但有对混凝土受压区高度与最大配筋率的限制，也是为了防止超筋脆性破坏。

五、钢筋配置要求

（一）中国规范

1. *构造钢筋配置要求*

《混规》（2015 年版）的规定：

单向板应在垂直于受力方向布置配筋率不宜小于 0.15%的分布钢筋，且不宜小于受力钢筋的 15%，分布钢筋直径不宜小于 6mm，间距不宜大于 250mm；当集中荷载较大时，分布钢筋的配筋面积尚应增加，且间距不宜大于 200mm。当有实践经验或可靠措施时，预制单向板的分布钢筋可不受本条的限制。

按简支边或非受力边设计的现浇混凝土板，当与混凝土梁、墙整体浇筑或嵌固在砌体墙内时，应设置板面构造钢筋，并符合下列要求：

（1）钢筋直径不宜小于 8mm，间距不宜大于 200mm，且单位宽度内的配筋面积不宜小于跨中相应方向板底钢筋截面面积的 1/3。与混凝土梁、混凝土墙整体浇筑单向板的非受力方向，钢筋截面面积尚不宜小于受力方向跨中板底钢筋截面面积的 1/3。

（2）钢筋从混凝土梁边、柱边、墙边伸入板内的长度不宜小于 $l_0/4$，砌体墙支座处钢筋伸入板边的长度不宜小于 $l_0/7$，其中计算跨度 l_0 对单向板按受力方向考虑，对双向板按短边方向考虑。

（3）在楼板角部，宜沿两个方向正交、斜向平行或放射状布置附加钢筋。

（4）钢筋应在梁内、墙内或柱内可靠锚固。

在温度、收缩应力较大的现浇板区域，应在板的表面双向配置配筋率不宜小于 0.10%的防裂构造钢筋，间距不宜大于 200mm。

混凝土厚板及卧置于地基上的基础筏板，当板的厚度大于 2m 时，除应沿板的上、下表面布置纵、横方向的钢筋外，尚宜在板厚度不超过 1m 范围内设置与板面平行的构造钢筋网片，网片钢筋直径不宜小于 12mm，纵横方向的间距不宜大于 300mm。但这条规定受到越来越多的诟病，大多数结构工程师倾向于取消。

《混通规》（2021 年版）的规定：

除本规范另有规定外，钢筋混凝土结构构件中纵向受力普通钢筋的配筋率不应小于表 4.2-15 的规定值，并应符合下列规定：

纵向受力普通钢筋的最小配筋率（《混通规》表 4.4.6）　　表 4.2-15

受力构件类型			最小配筋率(%)
受压构件	全部纵向钢筋	强度等级 500MPa	0.50
		强度等级 400MPa	0.55
		强度等级 300MPa	0.60
	一侧纵向钢筋		0.20
受弯构件、偏心受拉、轴心受拉构件一侧的受拉钢筋			0.20 和 $45f_t/f_y$ 中的较大值

除悬臂板、柱支承板之外的板类受弯构件，当纵向受拉钢筋采用强度等级 500MPa 的钢筋时，其最小配筋率应允许采用 0.15%和 $0.45f_t/f_y$ 中的较大值；

对于卧置于地基上的钢筋混凝土板，板中受拉普通钢筋的最小配筋率不应小于 0.15%。

2. 受力钢筋配置要求

板中受力钢筋的间距，当板厚不大于 150mm 时不宜大于 200mm；当板厚大于 150mm 时不宜大于板厚的 1.5 倍，且不宜大于 250mm。

采用分离式配筋的多跨板，板底钢筋宜全部伸入支座；支座负弯矩钢筋向跨内延伸的长度应根据负弯矩图确定，并满足钢筋锚固的要求。简支板或连续板下部纵向受力钢筋伸入支座的锚固长度不应小于钢筋直径的 5 倍，且宜伸过支座中心线。当连续板内温度、收缩应力较大时，伸入支座的长度宜适当增加。

板柱结构的混凝土板中配置抗冲切箍筋或弯起钢筋时，应符合下列构造要求：

（1）板的厚度不应小于 150mm。

（2）按计算所需的箍筋及相应的架立钢筋应配置在与 45°冲切破坏锥面相交的范围内，且从集中荷载作用面或柱截面边缘向外的分布长度不应小于 $1.5h_0$（图 4.2-18a）；箍筋直径不应小于 6mm，且应做成封闭式，间距不应大于 $h_0/3$，且不应大于 100m。

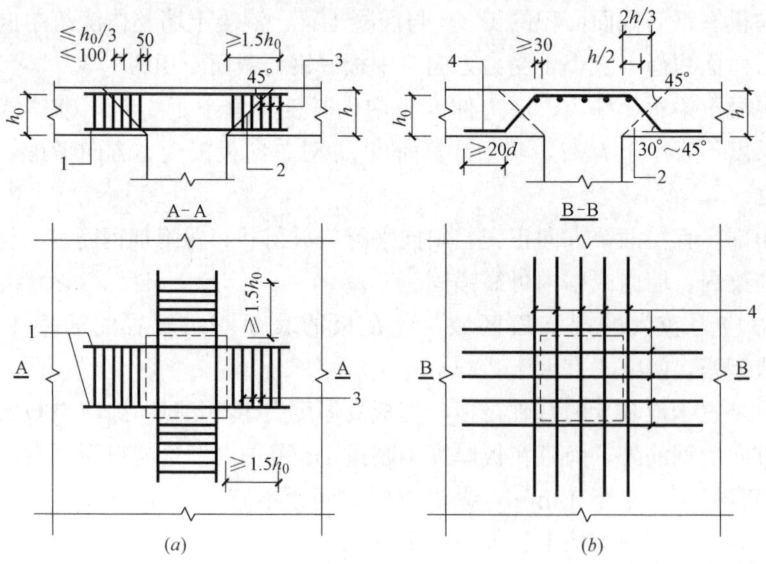

注：图中尺寸单位为mm。

1—架立钢筋；2—冲切破坏锥面；3—箍筋；4—弯起钢筋。

图 4.2-18　板中抗冲切钢筋布置

（a）用箍筋作抗冲切钢筋；（b）用弯起钢筋作抗冲切钢筋

(3) 按计算所需弯起钢筋的弯起角度可根据板的厚度在 30°~45°之间选取；弯起钢筋的倾斜段应与冲切破坏锥面相交（图 4.2-18b），其交点应在集中荷载作用面或柱截面边缘以外 (1/2~2/3)h 的范围内。弯起钢筋直径不宜小于 12mm，且每一方向不宜少于 3 根。

(二) 美国规范

1. 单向板

1) 非预应力板受弯钢筋

(1) 最小配筋（率）

关于非预应力楼板受弯钢筋最小配筋的要求，ACI 318-19 与 ACI 318-14 相比有一些变化，ACI 318-14 根据钢筋屈服强度的不同而给出不同的最小配筋要求，详见表 4.2-16。

非预应力单向板最小配筋（ACI 318—2014 表 7.6.1.1） **表 4.2-16**

钢筋类型	f_y(MPa)	$A_{s,min}$(mm²)	
带肋钢筋	<420	$0.0020A_g$	
带肋钢筋或焊接钢丝网片	≥420	二者较大值	$\frac{0.0018\times420}{f_y}A_g$
			$0.0014A_g$

而 ACI 318-19 则不分钢筋屈服强度给出统一的最小配筋要求：

$$A_{s,min}=0.0018A_g$$

式中 A_g——实心钢筋混凝土截面的全截面面积，对于空心或有孔洞的截面，应扣除孔洞面积。

规范变化的最主要原因是 ACI 318-19 不再推荐使用低强度钢筋 Grade 40（f_y=280MPa）的缘故。

带肋钢筋或焊接钢丝网片作为最小弯曲钢筋的所需面积与规范所要求的收缩与温度钢筋相同。虽然在特定条件下，允许在板的上下表面之间布置收缩与温度钢筋，但在外加的荷载作用下的最小弯曲钢筋应尽可能靠近受拉混凝土的表面。

(2) 最小钢筋间距

对于水平层中的平行非预应力钢筋，净间距至少应为 25mm、d_b 与 (4/3)d_{agg} 的最大值。

对于放置在两层或两层以上水平层中的平行非预应力钢筋，上层的钢筋应放置在底层钢筋的正上方，层间间距至少为 25mm。

(3) 最大钢筋间距

对于非预应力板和 C 级预应力板，最接近受拉侧表面的有粘结纵筋间距不得超过表 4.2-17 中给出的 s，其中 c_c是从带肋钢筋或预应力钢筋表面到受拉侧表面的最小距离。

非预应力与 C 级预应力单向板及梁中有粘结钢筋的最大间距 s（ACI 318-19 表 24.3.2）

表 4.2-17

钢筋类型	最大间距 s	
带肋钢筋或钢丝	二者较小值	$380\left(\frac{280}{f_s}\right)-2.5c_c$
		$300\left(\frac{280}{f_s}\right)$

续表

钢筋类型	最大间距 s	
有粘结预应力筋	二者较小值	$\frac{2}{3}\left[380\left(\frac{280}{\Delta f_{ps}}\right)-2.5c_c\right]$
		$\frac{2}{3}\left[300\left(\frac{280}{\Delta f_{ps}}\right)\right]$
带肋钢筋或钢丝与有粘结预应力筋的组合	二者较小值	$\frac{5}{6}\left[380\left(\frac{280}{\Delta f_{ps}}\right)-2.5c_c\right]$
		$\frac{5}{6}\left[300\left(\frac{280}{\Delta f_{ps}}\right)\right]$

表 4.2-17 中带肋钢筋的计算应力 f_s 和有粘结预应力钢筋中计算的应力变化 Δf_{ps} 应分别符合以下要求：

① 在使用荷载（相当于荷载标准组合）下，最接近受拉面的变形钢筋中的应力 f_s 应根据未乘系数弯矩计算，或允许 f_s 按（2/3）f_y 取值；

② 在使用荷载下，有粘结预应力钢筋的应力变化 Δf_{ps} 应等于基于开裂截面分析的计算应力减去减压应力 f_{dc}。应允许 f_{dc} 等于预应力钢筋中的有效应力 f_{se}。Δf_{ps} 的值不得超过 250MPa。如果 Δf_{ps} 不超过 140MPa，则不需要满足表 4.2-17 中的间距限制。

非预应力板及 T 级或 C 级无粘结预应力中变形钢筋的最大间距 s 应取 $3h$ 与 450mm 的较小值。

按 ACI 318-19 第 7.5.2.3 节要求的钢筋（作为梁有效翼缘的板中垂直于梁方向的上部钢筋）间距不得超过 $5h$ 与 450mm 的较小值，用于考虑翼缘板可能的悬臂作用。

2）预应力板受弯钢筋

对于有粘结预应力板，A_s 与 A_{ps} 的总量应足以抵抗基于混凝土断裂模量 f_r 的开裂荷载的 1.2 倍，其中混凝土断裂模量 f_r 按下式计算：

$$f_r=7.5\lambda\sqrt{f'_c}$$

（4.2-11）［ACI 318-19 式（19.2.3.1）］

式中 λ——前文所述的轻质混凝土力学性能折减系数，对于普通混凝土取 1.0。

当板中抗弯与抗剪设计强度均至少为所需强度的 2 倍时，则不需满足上述要求。

对于无粘结预应力板，有粘结纵向变形钢筋的最小面积 $A_{s,min}$ 应满足下式要求：

$$A_{s,min}\geqslant 0.004A_{ct}$$

（4.2-12）［ACI 318-19 式（7.6.2.3）］

3）受剪钢筋的配置要求

在 $V_u>\phi V_c$ 的所有区域应提供最小面积的抗剪钢筋 $A_{v,min}$。对于 $h>315$mm（未考虑叠合层的厚度）的预制预应力空心板，$A_{v,min}$ 应在 $V_u>0.5\phi V_{cw}$ 的所有区域提供。

实心板与独立基础具有比梁更不严格的最小剪切钢筋要求，因为在弱区和强区之间存在分担荷载的可能性。因此，对于普通钢筋混凝土平板的单向剪切，一般均通过调整板厚而依靠混凝土截面来抗剪而不配置抗剪钢筋。如果必须配置抗剪钢筋时，可参照 ACI 318-19 第 9.6.3.3 节关于梁的抗剪钢筋要求执行。

研究已经表明，厚而配筋较少的单向板，特别是采用高强度混凝土或所用的粗骨料尺寸较小时，很可能会在低于按表 4.1-4 中公式算得的 V_c 值时发生剪切破坏。承受集中荷载的单向板更有可能表现出这种脆弱性。

4）收缩及温度筋

单向板应在垂直于受力钢筋方向提供抵抗收缩与温度应力的分布钢筋。

无论 ACI 318-14 还是 ACI 318-19，该分布钢筋的最小配筋率均与受力钢筋的最小配筋率相同，但 ACI 318-14 考虑了采用屈服强度大于 60000psi（420MPa）钢筋时配筋率的折减，而 ACI 318-19 则认为增加钢筋屈服强度对控制开裂没有明显益处，故将收缩与温度应力分布钢筋的配筋率统一控制在 0.0018。

收缩和温度钢筋应垂直于弯曲钢筋布置。用于抵抗收缩与温度作用的变形钢筋间距不得超过 $5h$ 与 450mm 的较小值。

对于单向预制板和单向预制预应力墙板，如果满足下述条件，则在垂直于抗弯钢筋方向上不需要配置收缩与温度钢筋：

（1）预制构件宽度不超过 3.7m；

（2）预制构件无限制横向位移的机械连接；

（3）不需要钢筋来抵抗横向弯曲应力。

板中预应力筋的间距以及梁或墙边与板中最近预应力筋之间的距离不得超过 1.8m。如果板中预应力筋间距超过 1.4m，应提供如图 4.2-19 所示的收缩与温度附加钢筋，这种收缩和温度钢筋应从板边延伸至不小于板中预应力筋间距的长度。

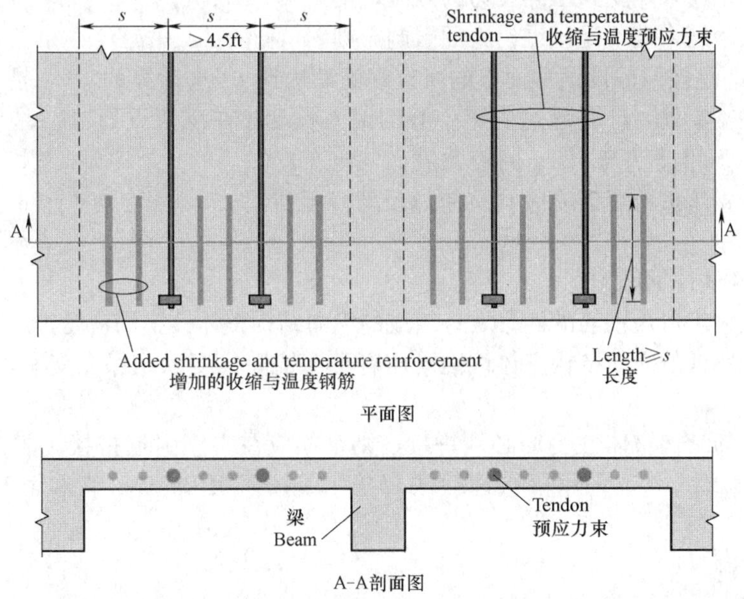

图 4.2-19 板边附加收缩与温度钢筋平面与剖面图（ACI 318-19 图 R7.7.6.3.2）

5）钢筋的锚固与截断

板任一截面处算得的钢筋拉力或压力应向该截面的每一侧延伸传递。

钢筋延伸的临界位置包括最大应力点及沿跨度方向不再需要钢筋（弯起钢筋或被截断的受拉钢筋）来抗弯的点。

钢筋应在越过不再需要其抗弯的点后至少延伸 d 与 $12d_b$ 较大值的距离，简支端与自由端除外。

弯曲受拉钢筋应在越过不再需要其抗弯的点后至少延伸 l_d 的锚固长度。

除非以下条件满足，否则弯曲受拉钢筋不应在受拉区截断：

（1）在截断点处 $V_u \leqslant (2/3)\phi V_n$；

（2）对于 11 号（36mm）钢筋与更小直径的钢筋，贯通钢筋提供了截断点处所需受弯钢筋面积的两倍且 $V_u \leqslant (3/4)\phi V_n$；

（3）在钢筋截断点沿截断钢筋方向的$\frac{3}{4}d$ 距离内配置多于抗剪所需面积的箍筋。多余的箍筋面积不小于 $0.41b_w s/f_{yt}$，间距 s 不超过 $d/(8\beta_b)$，β_b 为截断钢筋面积占受拉钢筋总面积的比率。

在钢筋应力与弯矩不成正比的情况下，钢筋应有足够的锚固，如在倾斜、台阶状或锥形板中，或在受拉钢筋与受压区表面不平行的情况下。

在简支支座处，至少 1/3 的最大正弯矩钢筋应沿板底延伸进入支座，但预制板的这种钢筋应至少延伸到支承长度的中心。在其他支座处，至少 1/4 的最大正弯矩配筋应沿板底延伸进入支座至少 150mm。

在简支支座和反弯点处，正弯矩受拉钢筋的直径 d_b 应受到限制，以便使该配筋的锚固长度 l_d 满足下列要求。如果钢筋在越过支座中心线以外相当于一个标准弯钩处以采用标准弯钩或机械锚固的方式终止，则下列要求不必满足：

（1）如果钢筋末端受到压缩反力的限制，则 $l_d \leqslant (1.3M_n/V_u + l_a)$；

（2）如果钢筋末端不受压缩反力的限制，则 $l_d \leqslant (M_n/V_u + l_a)$ 。

其中，M_n 是按照假设该截面上的所有钢筋都达到 f_y 来计算的，V_u 是在同一截面计算的剪力。在支座处，l_a 是越过支座中心的锚固长度；在反弯点处，l_a 是反弯点以外的锚固长度，l_a 不超过 d 与 $12d_b$ 的较大值。

至少 1/3 支座负弯矩钢筋应具有越过反弯点至少为 d、$12d_b$ 与 $l_n/16$ 三者最大值的锚固长度。

6）结构整体性钢筋

至少由最大正弯矩钢筋的四分之一组成的纵向结构整体性钢筋应是连续的。

非连续支座处的纵向结构整体性钢筋应有足够锚固长度以确保在支座边缘能发展 f_y 的强度。

如果连续的结构整体性钢筋必须拼接，则钢筋应在支座附近拼接。拼接接头应按照 ACI 318-19 第 25.5.7 节采用机械连接或焊接，或按照第 25.5.2 节采用 B 级抗拉搭接接头。

2. 普通双向板

1）非预应力板受弯钢筋

（1）最小配筋（率）

关于非预应力楼板受弯钢筋最小配筋的要求，ACI 318-19 与 ACI 318-14 相比有一些变化，ACI 318-14 根据钢筋屈服强度的不同而给出不同的最小配筋要求，详见表 4.2-18。

非预应力双向板最小配筋 $A_{s,min}$（ACI 318-14 表 8.6.1.1）　　表 4.2-18

钢筋类型	f_y(MPa)	$A_{s,min}$(mm^2)
带肋钢筋	<420	$0.0020A_g$

续表

钢筋类型	f_y(MPa)	$A_{s,min}$(mm²)	
带肋钢筋或焊接钢丝网片	≥420	二者较大值	$\frac{0.0018\times420}{f_y}A_g$
			$0.0014A_g$

而 ACI 318-19 则不分钢筋屈服强度给出统一的最小配筋要求：$A_{s,min}=0.0018A_g$。可以认为 ACI 318-19 不再考虑高强钢筋对最小配筋率的折减作用而提高了最小配筋率的标准（图 4.2-20）。

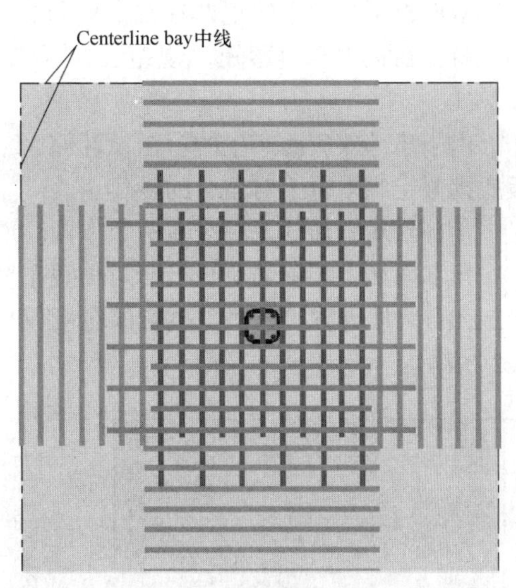

图 4.2-20　双向板靠近顶部的最低配筋布置（ACI 318-19 图 R8.6.1.1）

如果在环绕柱、集中荷载或集中反力临界截面处的双向剪力 $v_{uv}>\phi2\lambda_s\lambda\sqrt{f'_c}$，则在 b_{slab} 宽度范围内所需提供的最小纵向钢筋 $A_{s,min}$ 应满足下式要求：

$$A_{s,min}=\frac{5v_{uv}b_{slab}b_o}{\phi\alpha_sf_y}$$

（4.2-13）[ACI 318-19 式（8.6.1.2）]

（2）最小钢筋间距

与单向板的最小钢筋间距相同。

（3）最大钢筋间距

对于非预应力实心板，纵向带肋钢筋在临界截面的最大间距 s 应取 $2h$ 与 450mm 的较小值，在其他截面应取 $3h$ 与 450mm 的较小值。

2）预应力板受弯钢筋

预应力板中的有效预应力 $A_{ps}f_{se}$ 应在预应力筋或预应力筋组影响范围内的板截面中产生至少 0.9MPa 的平均压应力。

对于有粘结预应力板，A_s 与 A_{ps} 的总量应足以抵抗基于混凝土断裂模量 f_r 的开裂荷载的 1.2 倍。

当板中抗弯与抗剪设计强度均至少为所需强度的 2 倍时，则不需满足上述要求。

对于预应力双向板，应在有预压应力跨度方向的受拉区提供如表 4.2-19 所要求的有粘结纵向变形钢筋 $A_{s,min}$。

预应力双向板中有粘结纵向变形钢筋的最小面积 $A_{s,min}$（ACI 318-19 表 8.6.2.3）　　表 4.2-19

区域	考虑所有预应力损失后算得的 f_t(MPa)	$A_{s,min}$(mm²)	
正弯矩区域	$f_t\leqslant0.17\sqrt{f'_c}$	不需要	(1)
	$0.17\sqrt{f'_c}<f_t\leqslant0.50\sqrt{f'_c}$	$\frac{N_c}{0.5f_y}$	(2)
柱附近的负弯矩	$f_t\leqslant0.50\sqrt{f'_c}$	$0.00075A_{cf}$	(3)

注：1. f_y 值不大于 420MPa；

2. N_c 是作用于混凝土截面上的拉力的合力，是服务荷载与有效预应力所导致的拉应力的效应；

3. A_{cf} 是两个正交方向等效框架的板带在双向板柱处全截面面积的较大值。

对于承受均匀分布荷载的预应力板，至少一个方向的预应力筋或预应力筋组的最大间距 s 应为 $8h$ 与 1.5m 的较小值。

3）板角部的约束效应

当阳角处的板由边墙或 $\alpha_f>1.0$ 的边梁支承时，板顶部和底部应配置能抵抗角部效应弯矩的钢筋，该角部效应弯矩可取该板块单位宽度最大正弯矩 M_u。

双向板不受约束的角部在加载时倾向于翘起。如果这种翘起趋势受到边墙或梁的限制，就会在板内产生弯矩。规范要求附加钢筋以抵抗这些弯矩，从而控制开裂。见图 4.2-21。

由于角部效应而产生的弯矩设计值 M_u，应假定在板顶绕垂直于对角线的轴作用，在板底则假定绕平行于对角线的轴作用。

角部附加钢筋的范围应在两个方向均取较长跨度的 1/5。

角部附加上部钢筋应平行于对角线布置，角部附加下部钢筋应垂直于对角线布置（图 4.2-21*a*）。作为替代方法，也可以在板顶与板底分别布置平行于板边的双层双向钢筋（图 4.2-21*b*）。

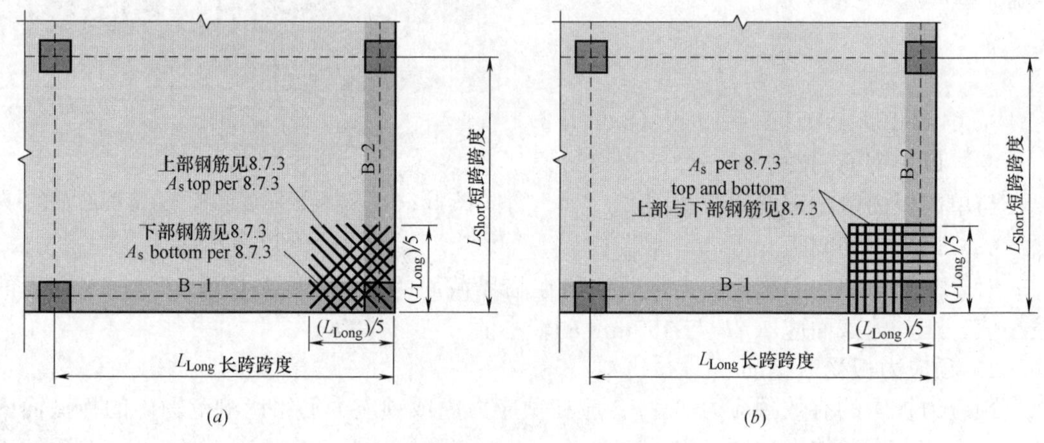

图 4.2-21　板角部附加钢筋（ACI 318-19 图 R8.7.3.1）

（*a*）选项 1；（*b*）选项 2

注：1. 适用于 B-1 或 B-2 的 $\alpha_f>1.0$；2. 最大钢筋间距不超过 $2h$，h 为板厚。

4）钢筋的锚固与截断

如果板支承在边梁、柱或墙上，垂直于不连续边缘的钢筋锚固应满足下列要求：

（1）正弯矩钢筋应延伸到板的边缘，并且锚入边梁、柱或墙内至少 150mm；

（2）负弯矩钢筋应弯曲、加弯钩或以其他方式锚入边梁、柱或墙中，并应从支座边缘开始延伸。

如果板在不连续边缘没有梁或墙支承，或板悬臂越过支座，则应允许在板内锚固钢筋。

对于没有梁的板，钢筋延伸应符合下列要求：

（1）钢筋长度应至少符合图 4.2-22 的要求，如果板作为抵抗横向荷载的主要构件，则钢筋长度应至少为整体结构分析所需的长度；

（2）如果相邻跨度不相等，则图 4.2-22 中负弯矩钢筋越过支座边缘的延伸长度应基于较长的跨度；

(3) 只有在高跨比允许使用45°或45°以下弯起角度的情况下，才允许使用弯起钢筋。

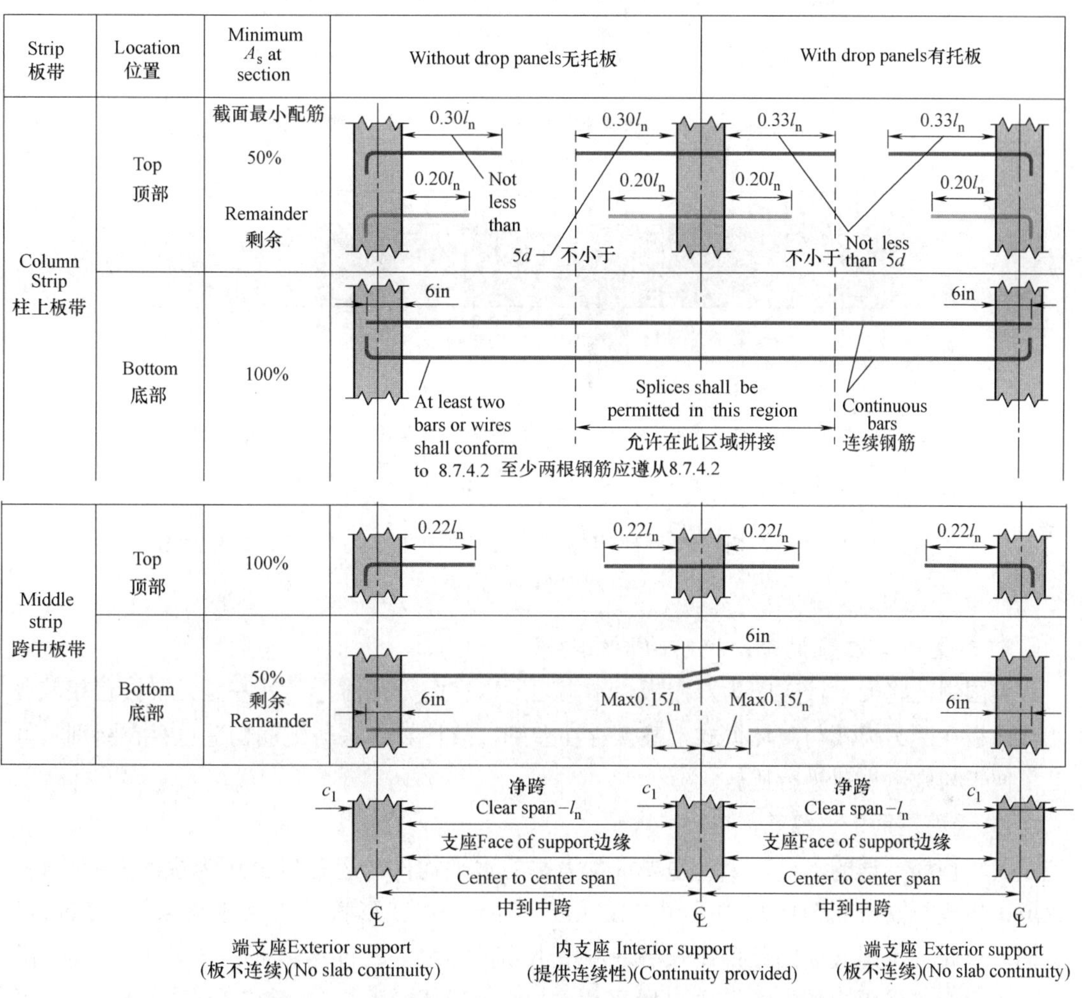

图 4.2-22 无梁双向板中变形钢筋的最小延伸长度（ACI 318-19 图 R8.7.4.1.3a）

图 4.2-23（*a*）中所示的钢筋最小长度和延伸长度适用于支承正常重力荷载的板，但这些最小长度与延伸长度可能不足以用于较厚的双向板，如转换板、大平台板与筏形基础等。因而规范要求至少一半的柱上板带上部钢筋需从柱边向外延伸至少 $5d$ 距离（图 4.2-23*b*）。对于有托板的无梁板，d 为托板范围内的有效高度。在这些较厚的双向板中，在每个方向靠近两个板面的连续钢筋都有助于改善结构的整体性、控制开裂以及降低徐变位移。

如图 4.2-23（*b*）所示，冲切剪切裂缝的角度可低至 20°左右。如果厚板中的抗拉钢筋没有延伸到距柱边 $5d$ 的长度，则这些钢筋可能不会与冲切裂缝相交，因而会大大降低冲剪强度。当无梁板的跨厚比 l_n/h 小于 15 时，$5d$ 的钢筋延伸长度要求起控制作用。此外，对于由侧向荷载和重力荷载组合而产生的弯矩，按图 4.2-23（*a*）确定的钢筋最小长度和延伸长度也可能不足。

美国规范允许使用弯起钢筋，但很少使用，主要原因是弯起钢筋很难正确放置。关于弯起钢筋系统使用的进一步指导，可参见 1983 年版规范的第 13.4.8 节。

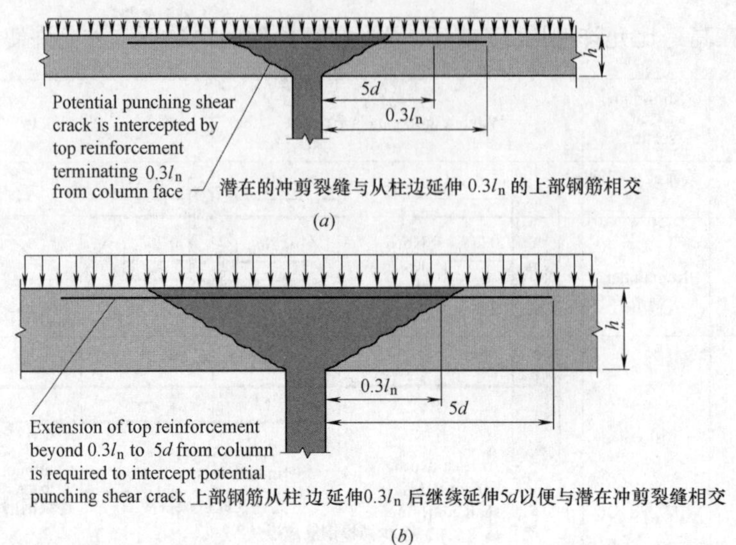

图 4.2-23　板的冲切剪切裂缝与钢筋延伸长度（ACI 318-19 图 R8.7.4.1.3b）
（a）普通板；（b）厚板

3. 无梁楼盖配置抗冲切钢筋的特殊要求

美国规范将无梁楼盖归为双向板，本书之所以在此分开讨论，其一是无梁楼盖相较普通双向板在受力模式与破坏模式上确实存在差别，故计算方法与配筋构造也存在差别；其二是便于与中欧规范进行比较。

1）受剪钢筋——箍筋

关于箍筋一词的术语，无论是以抗弯为主的水平构件，还是以受压为主的竖向构件，原英国规范与现行欧洲规范均采用“Links”一词，对 U 形箍筋有时也会采用“Loops”一词；对此，美国规范则分得比较清楚：用于梁板等水平构件的箍筋一律采用“Stirrup”一词，而用于受压构件的箍筋则一般采用“Hoops”或“Ties”，前者为封闭箍筋，后者多表示拉筋。初接触美国规范的人很容易困惑于这些术语。

单肢、简单 U 形、多联 U 形以及封闭箍筋，可用于抗剪钢筋。

箍筋锚固与几何形状应符合 ACI 318-19 第 25.7.1 节的要求。

如设置箍筋，位置及间距应符合表 4.2-20 的规定。

第一道箍筋的位置与钢筋间距（ACI 318-19 表 8.7.6.3）　　表 4.2-20

测量方向	测量描述	最大距离或间距(mm)
垂直于柱表面	从柱边至第一道箍筋的距离	$d/2$
	箍筋间距	$d/2$
平行于柱表面	箍筋垂直分肢的肢距	$2d$

虽然图 4.2-24 所示这种抗剪钢筋能与板顶部和底部的纵向钢筋很好地结合，但在厚度小于 250mm 的板中采用这类抗剪钢筋是很困难的，因此抗剪钢筋一般由在端部通过锚

板或扩大头进行机械锚固的垂直钢筋组成，只要能确保钢筋发挥其屈服强度即可。

在弯矩传递可以忽略不计的板柱连接中，剪切钢筋应对称于临界截面的形心（图 4.2-25）。箍筋布置及间距见图 4.2-25 与图 4.2-26。

在边柱或内部节点，弯矩传递是重要的，封闭箍筋建议以尽可能对称的模式布置。

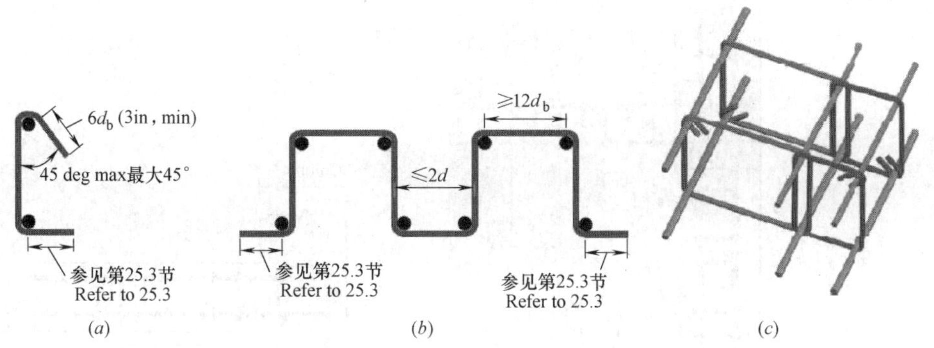

图 4.2-24　单肢或多肢箍筋用作板的抗剪钢筋［ACI 318-19 图 R8.7.6（a）～（c）］

（a）单肢箍筋或钢筋；（b）多肢箍筋或钢筋；（c）封闭箍筋

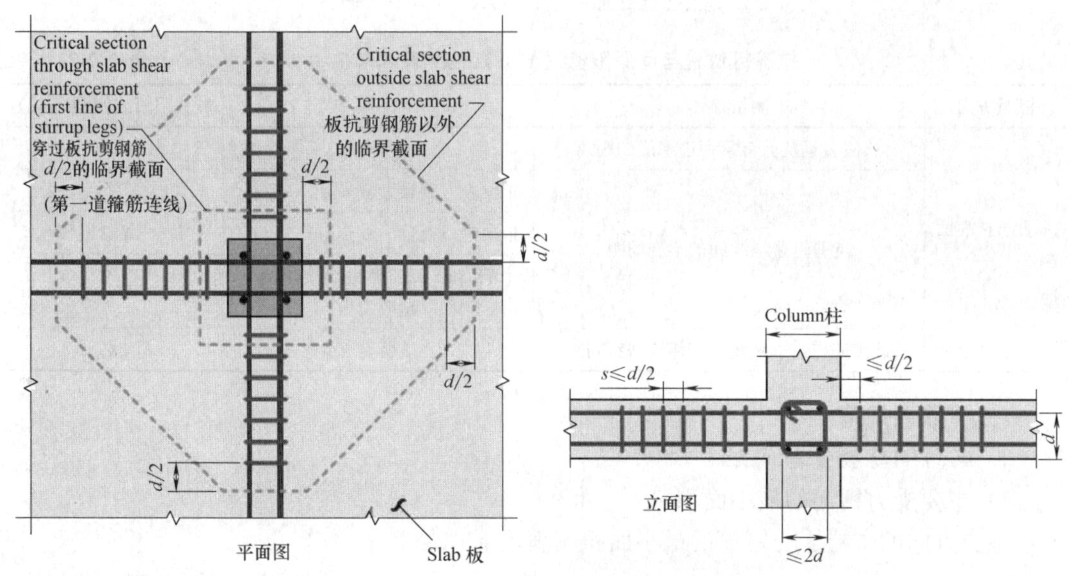

图 4.2-25　内柱抗剪箍筋布置（ACI 318-19 图 R8.7.6d）

2）受剪钢筋——抗剪钉

允许在垂直于板的平面采用大头抗剪钉。

大头抗剪钉群的总高度应至少为板厚度减去下列情形之和：

（1）顶部受弯钢筋混凝土保护层；

（2）抗剪钉基板的混凝土保护层；

（3）弯曲受拉筋钢筋直径的一半。

大头抗剪钉的典型布置方式见图 4.2-27，位置与间距限值见表 4.2-21。

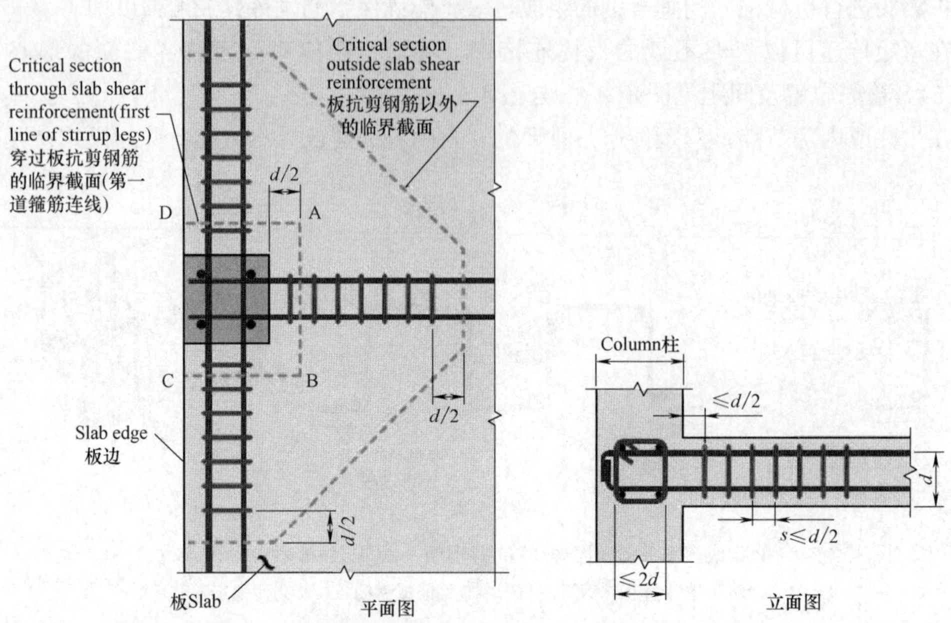

图 4.2-26　边柱抗剪箍筋布置（ACI 318-19 图 R8.7.6e）

抗剪钉位置与间距限值（ACI 318-19 表 8.7.7.1.2）　　**表 4.2-21**

测量方向	测量描述	条件		最大距离或间距(mm)
垂直于柱表面	从柱边至抗剪钉第一边缘线的距离	所有		$d/2$
	抗剪钉边缘线间的不变间距	非预应力板且	$v_u \leqslant \phi 0.5\sqrt{f'_c}$	$3d/4$
		非预应力板且	$v_u > \phi 0.5\sqrt{f'_c}$	$d/2$
		符合第 22.6.5.4 节要求的预应力板		$3d/4$
平行于柱表面	最靠近柱边边缘线上相邻抗剪钉间距	所有		$2d$

(三) 欧洲规范

1. 纵向钢筋数量与间距

1）主要受力钢筋的最小面积

主要方向的主要受力钢筋的最小面积应满足下式要求：

$$A_{s,min}=0.26 f_{ctm} b_t d / f_{yk} \tag{4.2-14}$$
［EC 2 式（9.1N）］

$$A_{s,min} \geqslant 0.0013 b_t d \tag{4.2-15}$$
［EC 2 式（9.1N）］

式中　b_t——受拉区的平均宽度，对于板可取单位宽度。对于带有受压翼缘的 T 梁，b_t 为腹板的宽度。

2）次要钢筋（分布钢筋）的最小面积

单向板中次要的横向钢筋应不少于主要受力钢筋的 20%。在靠近支座没有横向弯矩的区域，不需要配置垂直于上部主要受力钢筋的横向钢筋。

3）最大钢筋面积

在搭接范围以外，受拉或受压钢筋的最大面积不应超过 $A_{s,max}=0.04A_c$。

4）钢筋最小间距

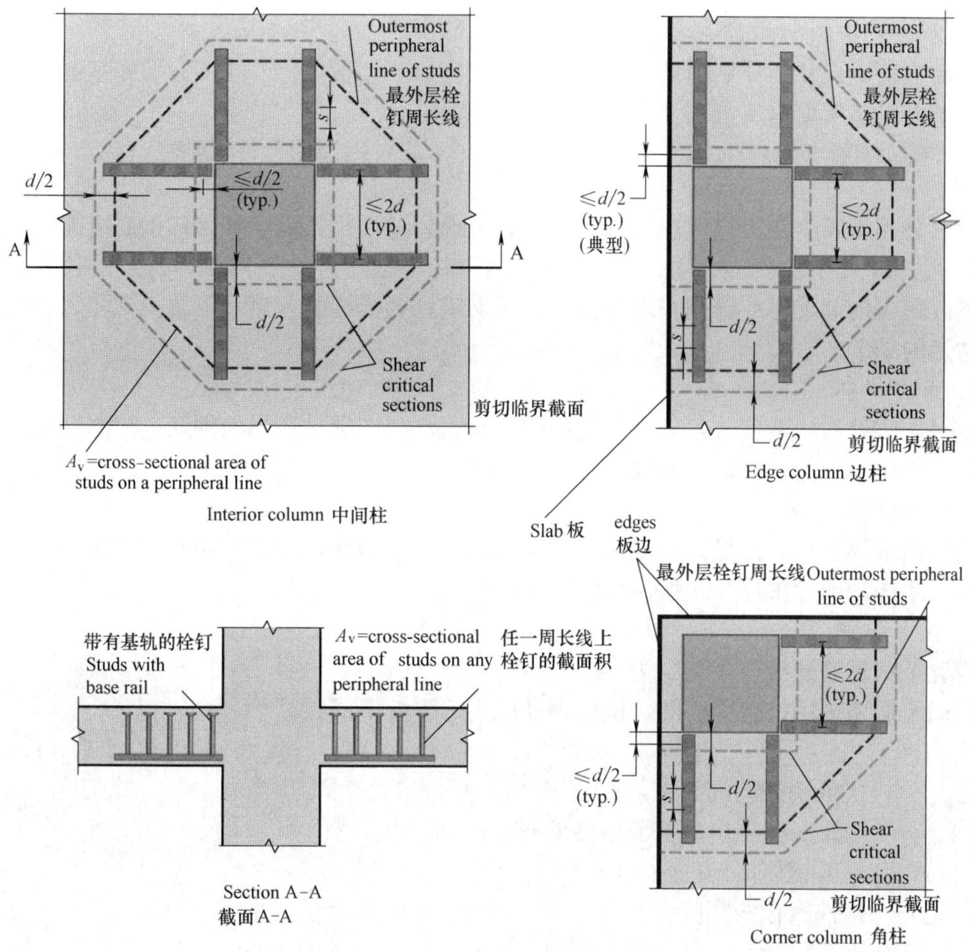

图 4.2-27 临界截面与抗剪钉的典型分布（ACI 318-19 图 R8.7.7）

钢筋间的最小净距应为以下情况中的较大值：

(1) 钢筋直径；

(2) 骨料尺寸＋5mm；

(3) 20mm。

5）钢筋最大间距

注：所在国使用的钢筋间距最大值 $s_{max,slabs}$ 可在其国家附件中找到。以下为欧洲规范推荐值。

对于厚度小于 200mm 的板，最大钢筋间距应满足如下要求：

(1) 主要受力钢筋：$3h$ 且不大于 400mm；

(2) 次要钢筋（分布钢筋）：$3.5h$ 且不大于 450mm。

在集中荷载作用的区域或最大弯矩区域，上述规定分别变为：

(1) 主要受力钢筋：$2h$ 且不大于 250mm；

(2) 次要钢筋（分布钢筋）：$3h$ 且不大于 400mm。

此处 h 为板的厚度。

对于厚度大于等于 200mm 的板，应限制钢筋直径与间距以便控制裂缝宽度，可参考

EC 2 第 7.3.3 节。

2. 在支座附近的钢筋

在简支板中，跨中计算配筋的一半应延伸到支座并按照 EC 2 第 8.4.4 节要求在支座锚固，也可参照本书第五章相关内容。

注：钢筋的截断与锚固可按第 9.2.1.3、9.2.1.4 和 9.2.1.5 节要求进行，也可参照本书第五章相关内容。

当部分固支发生在板边但在分析中却没有考虑到时，相邻跨度的顶部钢筋应能够抵抗至少 25%的最大弯矩。这种钢筋应至少从支座边缘算起延伸 0.2 倍相邻跨度的长度。它应该连续跨越内部支座并锚固在端支座。在端支座，要抵抗的弯矩可以减少到相邻跨度中最大弯矩的 15%。

3. 角部钢筋

如果支座处的构造使转角处板的翘起受到限制，则应提供适当的钢筋以控制开裂。这一点与美国规范相同，但却没有展开。

4. 自由边的钢筋

沿自由（无支承）边缘，板通常应包含纵向和横向钢筋，一般应布置封边钢筋（见图 4.1-25），但板中配置的正常钢筋可以作为板的封边钢筋。

5. 抗剪钢筋

设置抗剪钢筋的板厚应至少为 200mm。

当确定需要采用抗剪钢筋时，抗剪钢筋的配筋率按下式计算：

$$\rho_w = A_{sw}/(s \cdot b_w \cdot \sin\alpha) \quad (4.2\text{-}16)[\text{EC 2 式 (9.4)}]$$

式中 ρ_w——抗剪钢筋的配筋率，ρ_w 不应小于 $\rho_{w,min}$；

A_{sw}——间距 s 范围内的抗剪钢筋面积；

s——抗剪钢筋沿构件轴向的间距；

b_w——构件腹板的宽度；

α——抗剪钢筋与构件轴向的夹角。

注：对于梁，$\rho_{w,min}$ 值见所在国的国家附件。欧洲规范推荐值按下式确定：

$$\rho_{w,min} = 0.08\sqrt{f_{ck}}/f_{yk} \quad (4.2\text{-}17)[\text{EC 2 式 (9.5N)}]$$

在板中，如果$|V_{Ed}| \leqslant 1/3V_{Rd,mac}$，则抗剪钢筋可以完全由弯起钢筋或抗剪钢筋组件组成。

抗剪组件沿纵向的最大间距不应超过 $s_{l,max}$。

注：$s_{l,max}$ 值见所在国的国家附件。欧洲规范推荐值按下式确定：

$$s_{l,max} = 0.75d(1+\cot\alpha) \quad (4.2\text{-}18)[\text{EC 2 式 (9.6N)}]$$

式中 α——抗剪钢筋的倾角。

弯起钢筋的最大纵向间距不应超过 $s_{b,max}$。

注：$s_{b,max}$ 值见所在国的国家附件。欧洲规范推荐值按下式确定：

$$s_{b,max} = 0.60d(1+\cot\alpha) \quad (4.2\text{-}19)[\text{EC 2 式 (9.10)}]$$

系列抗剪箍筋的横向肢距不应大于 $s_{t,max}$。

注：$s_{t,max}$ 值见所在国的国家附件。欧洲规范推荐值按下式确定：

$$s_{t,max} = 0.75d \leqslant 600\text{mm} \quad (4.2\text{-}20)[\text{EC 2 式 (9.8N)}]$$

6. 无梁楼盖配筋的特殊要求

1）内柱处的板

无梁楼盖中钢筋的布置应反映其工作状态的性能表现。总体来说，这将导致在柱处的相对集中。

在内柱处，除非执行了严格的正常使用极限状态计算，否则应将 $0.5A_t$ 的上部钢筋布置在柱列每侧宽度为 0.125 倍板块宽度的范围内。A_t 为柱列每侧各一半板宽的全部负弯矩钢筋截面积。

在每一正交方向应至少有 2 根底部钢筋通过内柱截面布置。这相当于美国规范对整体性钢筋的要求。

2）边柱与角柱处的板

用于传递板与柱间弯矩的垂直于自由边的钢筋，应布置在如图 4.2-28 所示的有效宽度 b_e 范围内。

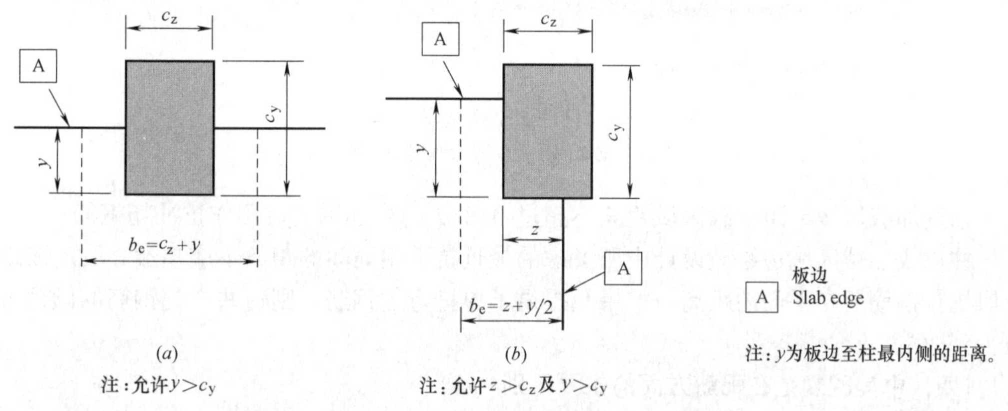

图 4.2-28　无梁楼盖边角柱处的有效宽度 b_e（EC 2 图 9.9）
（*a*）边柱（Edge column）；（*b*）角柱（Corner column）

3）抗冲切钢筋

当需要抗冲切钢筋时，抗冲切钢筋应在加载区域（或柱）边缘至不再需要抗剪钢筋的控制周长（B 处）以内 kd 位置（A 处）之间的区域配置。如图 4.2-29 所示。

箍筋沿径向的间距不应大于 $0.75d$，在第一控制周长（距加载区域 $2d$）内的箍筋沿环向的间距不应大于 $1.5d$，且在第一控制周长以外的环向间距不应大于 $2d$，因为这部分周长被假定为对受剪承载力有贡献（见 EC 2 图 6.22）。

如图 4.2-29 所示的弯起钢筋布置方式，一个周长的抗剪钢筋就可认为满足要求。

当需要抗剪钢筋时，每肢箍筋的面积 $A_{sw,min}$ 可按下式计算：

$$A_{sw,min}(1.5\sin\alpha+\cos\alpha)/(s_r s_t)\geqslant 0.08\frac{\sqrt{f_{ck}}}{f_{yk}}$$

（4.2-21）［EC 2 式（9.11）］

式中　α——抗剪钢筋与纵向受力钢筋的夹角（对于垂直箍筋，$\alpha=90°$，$\sin\alpha=1$）；

s_r——抗剪箍筋的径向间距；

s_t——抗剪箍筋的切向间距；

f_{ck}——钢筋混凝土的特征强度（MPa）。

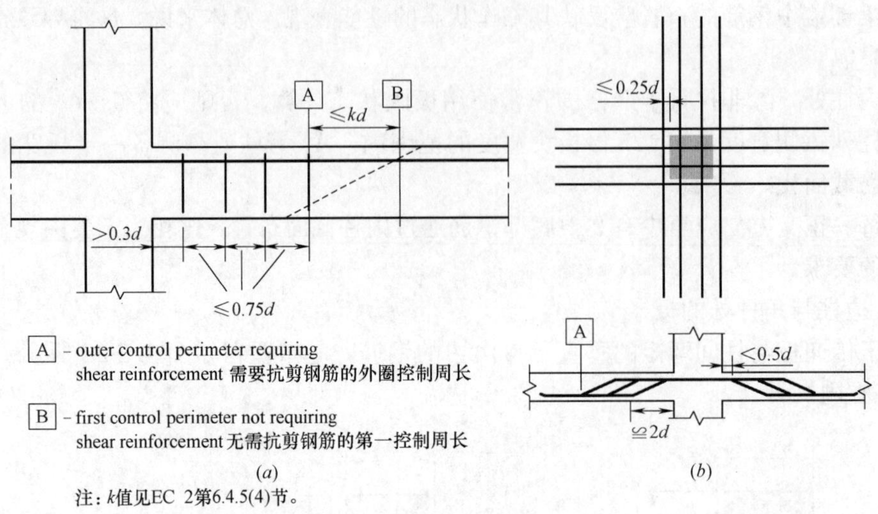

图 4.2-29　抗冲切钢筋（EC 2 图 9.10）

（*a*）钢筋间距；（*b*）弯起钢筋间距

通过加载区域或距加载区域距离不超过 0.25d 的弯起钢筋可用作抗冲切钢筋。

柱边或加载区域边缘至设计中所考虑的最近抗剪钢筋间的距离不应超过 $d/2$。该距离应取抗拉钢筋所在平面的距离。如果只提供了单排弯起钢筋，则这些弯起钢筋的倾角可以减少到 30°。

（四）中美欧规范在配筋方面的主要区别

1. 受力钢筋与分布钢筋的最大间距

欧美规范的最大钢筋间距要求明显大于中国规范的最大钢筋间距要求，且最大钢筋间距与板厚 h 相关，最小值也有 2 倍板厚和 250mm，而最大值甚至达 3 倍板厚与 450mm，相比之下，中国规范对最大钢筋间距的控制要求就太严了，应该引起规范编制组的重视（表 4.2-22）。

中美欧规范的钢筋最大间距对比（mm）　　**表 4.2-22**

钢筋用途	中国规范	美国规范			欧洲规范	
		单向板	双向板			
			关键截面	其他截面	高应力区域	其他区域
受力钢筋	200	按计算	Min(2h,450)	Min(3h,450)	Min(2h,250)	Min(3h,400)
分布钢筋	250	Min(3h,450)			Min(3h,400)	Min(3.5h,450)
收缩与温度筋	200	Min(5h,450)	Min(5h,450)			

注：高应力区域指集中荷载作用的区域或最大弯矩区域。

2. 阳角处板块的角部钢筋

对于阳角处的板块，不受约束的角部在加载时倾向于翘起。如果这种翘起趋势受到边墙或梁的限制，就会在板内产生弯矩。美国规范取该板块单位宽度最大正弯矩 M_u，并要求附加钢筋以抵抗这一弯矩，从而控制开裂。美国规范还提供了两种角部附加钢筋的配筋方式，见图 4.2-21。

欧洲规范也明确了类似原则：如果支座处的构造使转角处板的翘起受到限制，则应提供适当的钢筋以控制开裂。但没有像美国规范那样给出定量分析方法及明确的钢筋布置方式。

我国规范《混凝土结构设计规范》GB 50010—2010 第 9.1.6 条第 3 款也给出了与欧洲规范类似的定性原则：在楼板角部，宜沿两个方向正交、斜向平行或放射状布置附加钢筋。没有像美国规范那样给出定量分析方法及明确的钢筋布置方式。

中欧规范有必要学习借鉴美国规范的定量分析方法与钢筋布置方式。尤其是采用对角线方式配筋时，因板顶与板底钢筋分别为单向（不成网）且互相垂直，故应切记：板顶钢筋应为平行于对角线方向的钢筋，而板底钢筋则应为垂直于对角线方向的钢筋。

3. 整体性钢筋

美国规范 ACI 318 有明确而具体的整体性钢筋要求，包括两个层面的内容：其一是针对所有柱上板带底部钢筋的要求（ACI 318-19 第 8.7.4.2.1 款），要求这些钢筋无接头（连续）或通过全机械、全焊接或 B 级受拉搭接接头进行拼接，但接头位置不限；其二是对柱上板带底部钢筋中至少两根通长钢筋的特殊要求（ACI 318-19 第 8.7.4.2.2）款，要求这两根柱上板带底部钢筋除满足“无接头（连续）或通过全机械、全焊接或 B 级受拉搭接接头进行拼接”的要求外，对接头的位置也进行了限制（仅允许在中间支座附近拼接，见图 4.2-22），且这两根通长钢筋需锚固在两端的端支座上。

ACI 318-19 第 8.7.4.2.1 款：每一方向柱上板带内的所有底部变形钢筋或变形钢丝应连续，或通过全机械、全焊接或 B 级受拉搭接接头进行拼接。接头的位置应符合图 4.2-22 的要求。

ACI 318-19 第 8.7.4.2.2 款：每一方向柱上板带的底部钢筋或钢丝应至少有两根通过以柱子纵向钢筋为边界的区域，并应将两端锚固在最外侧支座上。

ACI 的上述条文，是在单个支座损坏的情况下，连续的柱上板带的底部钢筋会为楼板提供一些残余能力，以便将板跨接至相邻的支座。穿过柱子的两根连续的柱上板带底部钢筋或钢丝可称为“整体性钢筋”，可在单一支座遭遇冲切破坏后，给板提供一些残余强度。

第三节 梁的设计

一、规范设计限值

（一）中国规范

《混规》没有给“梁”赋予一个科学严谨的定义，仅在“术语与符号”中针对“深受弯构件”与“深梁”给出了定义。因此可以说，《混规》对普通梁的几何尺寸没有作出规定，即便是深受弯构件与深梁，也是围绕跨高比而下的定义，均未涉及设计师所关心的高宽比。对于梁截面高宽比较大且受压翼缘不受约束的梁，即便对于混凝土结构也存在整体稳定问题，这一点需引起中国结构设计师的注意。

《混通规》2021 年版的规定：矩形截面框架梁的截面宽度不应小于 200mm。

（二）美国规范

美国规范 ACI 318 对梁有明确的定义：

梁——承受或不承受轴力或扭矩但以承受弯曲与剪切为主的构件。

美国规范对梁高给出了最小限值：

对于非预应力梁，如果既不支承也不连接隔墙（或可能被大位移损坏的其他设施），则梁的总高 h 应满足表 4.3-1 中的限值，除非计算的位移满足 ACI 318 第 9.3.2 条的位移限值要求。

非预应力梁的最小梁高（ACI 318 表 9.3.1.1）　　表 4.3-1

支承条件	最小梁高 h	支承条件	最小梁高 h
简支梁	$l/16$	两端连续	$l/21$
一端连续	$l/18.5$	悬臂梁	$l/8$

注：表中数值针对普通混凝土及 420MPa 等级的钢筋，其他情况需按 ACI 318—2019 第 9.3.1.1.1～9.3.1.1.3 条修正。

在计算梁高时，如果混凝土楼板面层与梁整浇在一起或面层与梁按组合梁设计，则混凝土面层的厚度允许计入到 h 中。

对于不满足上述梁高限值的非预应力梁位移及预应力梁的瞬时位移及与时间相关的位移应根据 ACI 318 第 24.2 节计算，并应满足 ACI 318 第 24.2.2 条的位移限值要求，见本书第五章表 5.2.1。

对于梁高满足表 4.3-1 要求的非预应力混凝土叠合梁，不必计算构件变成叠合构件后的位移，但变成叠合构件以前所发生的位移则需要计算，除非叠合前的构件截面高度也满足表 4.3-1 的要求。

非预应力梁中的钢筋应变限值：

对于 $P_u < 0.10 f'_c A_g$ 的非预应力梁，钢筋应变 ε_t 至少应为 0.004。

这是中国规范没有的规定，ACI 条文说明给出的解释如下：此种限制的效果是为限制非预应力梁的配筋率，从而减轻过载情况下的脆性弯曲破坏行为。效果与中国规范的最大配筋率规定相似，都是为了避免梁的超筋脆性破坏。此条限值不适用于预应力梁。

（三）欧洲规范

前文针对板的基本跨厚比要求同样适用于梁的跨高比要求，可参照前文“板的设计”章节中的表 4.2-3。

梁的挠度控制要求也与板相同，当梁的截面高度满足基本跨高比要求时，可不必进行挠度校核。

二、强度设计或校核

（一）中国规范

梁的受弯承载力计算与板的受弯承载力计算基本相同，而梁的受剪承载力计算则与板的单向受剪承载力计算相同，但梁不存在双向受剪（冲切）问题。但因梁截面的几何形状（有 T 形、I 形等）及高宽比与板存在较大不同，故配筋方式及原则也有很大不同，与之相应的承载力计算与板也会有许多不同，如钢筋混凝土梁所必需的抗剪箍筋的配置与计算，以及梁截面剪跨比对抗剪性能的影响等。此外，梁还存在整体稳定性计算、受扭承载力计算及大概率会出现的受压甚至受拉承载力计算等。

鉴于本章第一节和第二节已经针对受弯构件配筋计算与承载力校核有过比较系统的介绍，同为受弯构件的梁不再赘述。

（二）美国规范

1. 强度校核原则

美国规范 ACI 318 针对梁的强度校核原则如下：

对于每一种适用的荷载组合，所有截面的设计强度均应满足包括下述（1）至（4）的通用公式 $\phi S_n \geqslant U$，且需考虑荷载效应之间相互作用的影响：

（1）$\phi M_n \geqslant M_u$，弯矩校核，不等式左端为构件截面受弯承载力，右端为同一截面处的弯矩设计值；

（2）$\phi V_n \geqslant V_u$，剪力校核，不等式左端为构件截面受剪承载力，右端为同一截面处的剪力设计值；

（3）$\phi T_n \geqslant T_u$，扭转校核，不等式左端为构件截面受扭承载力，右端为同一截面处的扭矩设计值；

（4）$\phi P_n \geqslant P_u$，轴力校核，不等式左端为构件截面受拉压承载力，右端为同一截面处的轴力设计值。

上述（1）至（4）仅列出了需考虑的典型力与弯矩，但通用公式 $\phi S_n \geqslant U$ 涵盖了与给定结构有关的所有需要考虑的力（轴力、剪力）与力矩（弯矩、扭矩）。

ϕ 为强度折减系数，可参阅前文“板设计”章节的表 4.1-1，也可查阅 ACI 318 第 21.2 节原文。

2. 承载力设计值

1）梁的受弯承载力

美国规范中梁的受弯承载力与板的受弯承载力合并在截面强度章节，可参阅本章第一节“截面强度设计”的有关内容，也可参阅 ACI 318-19 原文第 22.3 节。

美国规范 ACI 318 针对梁的受弯承载力计算根据梁所受轴力 P_u 的水平给出了两种情况，即 $P_u < 0.10 f'_c A_g$ 的情况及 $P_u \geqslant 0.10 f'_c A_g$ 的情况，二者在计算 M_n 时的基本假定及计算公式与板的受弯承载力计算基本相同。有关叠合梁的要求也与叠合板相同，不再赘述。但对于 $P_u \geqslant 0.10 f'_c A_g$ 的情况，梁所受轴力的效应不可忽略，虽然在梁的受弯承载力计算时可不考虑轴力的影响，配筋构造方面也可不必按柱的要求配置纵向受力钢筋，但此类受轴压力梁的箍筋或螺旋筋则必须按照柱的要求进行配置。对于轴力影响比较显著的长细比较大的梁，还需按柱的要求考虑长细比的影响。

2）梁的受剪承载力

美国规范中梁的受剪承载力与板的受剪承载力合并在截面强度章节，可参阅本章第一节“截面强度设计”的有关内容，也可参阅 ACI 318-19 原文第 22.5 节。

叠合梁的水平受剪承载力计算可参阅前文“板的设计”章节，也可参阅 ACI 318 原文第 16.4 节。

3）梁的受扭承载力

当 $T_u \geqslant \phi T_{th}$ 时，需按本章第一节的有关原则校核 $\phi T_n \geqslant T_u$；当 $T_u < \phi T_{th}$ 时，允许

忽略扭转效应，规范针对受扭构件的配筋要求可不执行。其中，T_{th} 称为临界扭矩。在计算 T_n 时，所有扭矩假定由箍筋与纵向钢筋承受，忽略混凝土对受扭强度的贡献。同时，假定由混凝土提供的名义抗剪强度 V_c 不因扭矩的存在而改变。

当扭矩与剪力、弯矩及轴力组合时，抗扭计算所需的纵向钢筋与横向钢筋应与抗剪、抗弯及抗轴压（拉）所需的钢筋叠加。

在受弯剪扭构件的弯曲受压区，纵向受扭钢筋的拉力会被完全受压的压力抵消一部分，故弯曲受压区的纵向受扭钢筋可以折减一个相当于 $M_u/(0.9df_y)$ 的量值，此处的 M_u 为扭矩 T_u 所在截面的弯矩。

对于 $h/b_t \geqslant 3$ 的实心截面，允许采用其他替代方法（参阅 PCI MNL-120）进行受扭承载力计算，只要分析和试验结果证明该替代方法的充分性即可。此时，最小抗扭构造钢筋的数量规定可不必执行，但有关构造规定应该执行。

对于 $h/b_t \geqslant 4.5$ 的实心预制截面，允许采用其他替代方法及开放式腹板箍筋（在腹板配置的开口箍筋）进行受扭承载力计算，只要分析和试验结果证明该替代方法的充分性即可。此时，最小抗扭构造钢筋的数量规定及有关构造规定均可不必执行。

这是 ACI 318-14 新增的条款，是以当时最新研究成果为基础的，对于简化预制梁或叠合梁中抗剪箍筋的施工工艺具有重要意义。

3. 内力设计值

1）弯矩设计值

对于与支座整浇在一起的梁，支座处的 M_u 允许取支座边缘处的弯矩值。

2）剪力设计值

对于与支座整浇在一起的梁，支座处的 V_u 允许取支座边缘处的剪力值。

如果满足下述条件，则支座边缘与控制截面（非预应力梁为距支座边缘距离为 d 的截面，预应力梁为距支座边缘距离为 $h/2$ 的截面）之间的截面允许采用控制截面处的 V_u 进行设计：

（1）与剪力同方向的支座反力使梁端区域受压；

（2）荷载施加在上表面或靠近上表面的位置；

（3）在支座边缘与控制截面之间没有集中荷载。

美国规范 ACI 318 上述规定的意思是：当支座附近没有集中荷载且分布荷载作用于梁上表面或靠近上表面的位置时，计算梁端抗剪的剪力值可不必取支座边缘处的剪力值（较大），而是可以取距支座边缘 d 处（非预应力梁）或 $h/2$ 处（预应力梁）的剪力值（较小）。与英国规范、欧洲规范“距离支座边缘 $0.5d \leqslant a_v \leqslant 2d$ 范围内”的剪力折减有异曲同工之处。

ACI 318-19 的条文说明给出了非常详细的解释，值得国内同行们思考。

图 4.3-1 中最接近梁支座的倾斜裂缝将从支座边缘向上延伸，到达距离支座边缘约 d 的受压区。当荷载施加到梁的顶部时，则贯穿斜裂缝的箍筋仅需抵抗距支座边缘远于 d 的梁顶荷载（见图 4.3-1 裂缝右侧的隔离体）。而距支座边缘 d 处至支座边缘间的梁顶荷载，则通过斜裂缝上方腹板的受压直接传给了支座。因此，ACI 318 允许在非预应力梁距支座 d 处以及预应力梁距离 $h/2$ 处来获取最大设计剪力 V_u 进行设计。

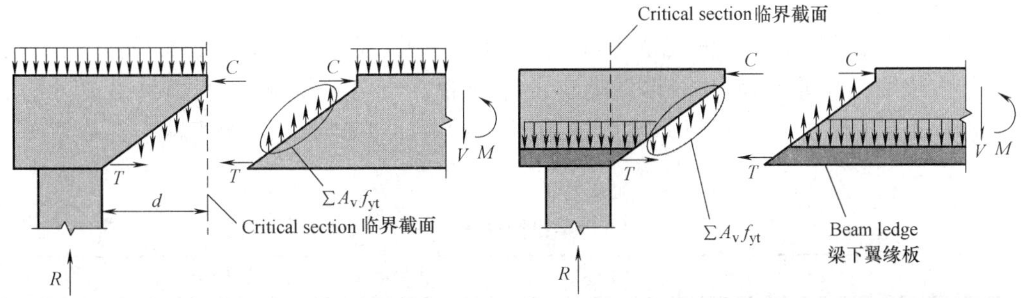

图 4.3-1 梁端斜裂缝两侧的隔离体受力图 图 4.3-2 荷载作用于梁底部的抗剪临界截面位置

在图 4.3-2 中，荷载作用于梁底部附近。从图 4.3-2 右侧的隔离体受力图可以看出，贯穿斜裂缝的箍筋需抵抗支座边缘以外几乎所有的梁底荷载。因此，在这种情况下，临界截面的位置就应取为支座边缘。

可以使用距支座 d 处剪力值的典型支承条件包括：

(1) 梁底有垫块支承的情况，如图 4.3-3 (a) 所示；

(2) 梁与柱整浇在一起的情况，如图 4.3-3 (b) 所示。

临界截面取支座边缘截面的典型支承条件包括：

(1) 梁与一个受拉支承构件整浇在一起，如图 4.3-3 (c) 所示；

(2) 前文所述梁上荷载施加位置没有靠近梁顶的情况，如图 4.3-2 所示；

(3) 集中荷载靠近支座的情况，如图 4.3-3 (d) 所示。

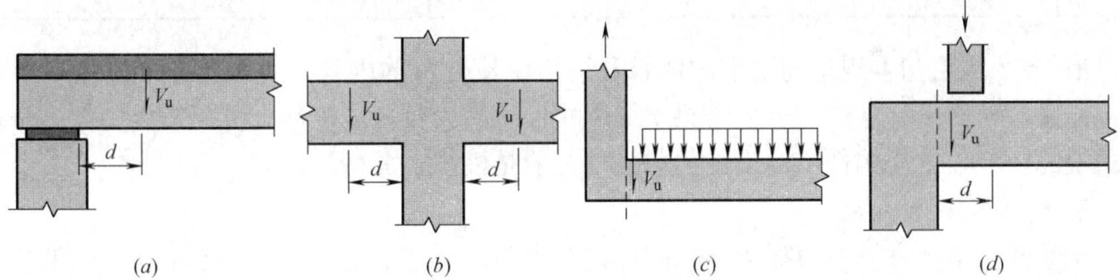

图 4.3-3 确定剪力设计值所在截面位置的典型支承条件（ACI 318-19 图 R9.4.3.2）

3) 扭矩设计值

除非通过更详细的分析确定，否则应允许采用源自板的、沿梁均匀分布的扭转荷载。

对于与支座整浇的梁，应允许在支座边缘计算支座处的 T_u。

梁的受扭临界截面与受剪临界截面的确定原则相同。除非支座边缘截面与临界截面之间存在集中扭矩，否则支座边缘与临界截面之间任何截面处的扭矩设计值 T_u 均可取临界截面处的扭矩设计值。当支座边缘截面与临界截面之间存在集中扭矩时，扭矩设计值应取支座边缘截面处的扭矩。

T_u 允许按 ACI 318-19 第 22.7.3 节的要求进行折减。

(三) 欧洲规范

欧洲规范中有关混凝土梁的分析设计方法几乎与原英国混凝土规范 BS 8110 的方法完全相同。

1. 梁的设计流程

表 4.3-2 所示为梁按欧洲规范进行配筋设计的一般程序，假定梁截面尺寸已在先前的概念设计期间确定。其中，有关确定设计寿命、作用（荷载）、材料特性、分析方法、最小混凝土保护层以及裂缝宽度控制等的更多详细建议，需参阅本书其他章节或规范原文。

梁设计过程 **表 4.3-2**

步骤	任务	规范索引
1	确定设计寿命	NA to BS EN 1990 Table NA. 2. 1
2	评估作用于梁上的荷载	BS EN 1991and National Annexes
3	确定所应用的荷载组合	NA to BS EN 1990 表 NA. A1. 1 及 NA. A1. 2 (B)
4	确定荷载分布	NA to BS EN 1992-1-1
5	评估耐久性要求及确定混凝土强度	BS 8500：2002
6	根据适当的耐火极限检查混凝土保护层要求	BS EN 1992-1-2：Section 5
7	计算耐久性、耐火性及钢筋粘结所需的最小保护层厚度	BS EN 1992-1-1 Cl 4. 4. 1
8	结构分析获得关键弯矩与关键剪力	BS EN 1992-1-1 section 5
9	计算受弯钢筋	BS EN 1992-1-1 section 6. 1
10	校核受剪承载力	BS EN 1992-1-1 section 6. 2
11	校核挠度	BS EN 1992-1-1 section 7. 4
12	校核钢筋间距	BS EN 1992-1-1 section 7. 3

前 1～7 步是基本规定与要求的内容及结构模拟分析的内容，可参阅本书其他章节或规范原文，第 8 步是从结构分析结果中提取构件承载力校核或配筋计算所需内力的一个比较关键的环节，也是构件结构设计的起点（之前是模拟、分析阶段）。

2. 受弯承载力校核

梁的受弯承载力校核与板无异，故可完全参照前文“板的设计”一节中有关欧洲规范的受弯承载力校核原则。

简单分析方法的梁弯矩与剪力系数与连续单向板的弯矩与剪力系数有所不同，故在此单独给出。

当连续梁满足下列条件时，可采用表 4.3-3 所示的弯矩系数与剪力系数计算连续梁关键截面的弯矩及剪力：

（1）至少 3 跨连续；

（2）最短跨与最长跨之比大于 0.85；

（3）$Q_k \leqslant G_k$。

连续梁的弯矩系数与剪力系数 **表 4.3-3**

关键截面位置	弯矩	剪力
端支座	25%跨中弯矩	$0.45(G+Q)$
端跨跨中	$0.090Gl+0.100Ql$	—

续表

关键截面位置	弯矩	剪力
第一内支座	$-0.094(G+Q)l$	$0.63(G+Q)$
中间跨跨中	$0.066Gl+0.086Ql$	—
中间支座	$-0.075(G+Q)l$	$0.50(G+Q)$

注：1. G 为一跨内的总永久荷载设计值，Q 为一跨内的总可变荷载设计值；
2. 表中数值基于支座弯矩 15%的调幅。

根据算得的弯矩设计值 M_d 按下式计算出 K 值：

$$K=\frac{M_d}{bd^2f_{ck}} \tag{4.3-1}$$

接下来的步骤同板的设计，即根据弯矩重分配的调幅幅度查表 4.2-13 或根据 δ（弯矩重分配比率）值按式（4.2-6）计算 K'，然后校核 $K\leqslant K'$，若满足条件则意味着不需要受压钢筋，即可通过 K 值查表 4.2-14 得到 z/d 值或通过式（4.2-7）计算内力臂长度 z，最后根据 z 值按下式来计算所需配筋：

$$A_s=\frac{M_d}{f_{yd}z} \tag{4.3-2}$$

得到计算配筋后，需要校核是否满足最小与最大配筋限值的要求。

上述过程与板的弯曲配筋计算相同，可参照上一节“板的设计”的有关内容，在此不再重复介绍。

3. 受剪承载力校核

1）不需要设计抗剪钢筋的构件

不需要设计抗剪钢筋的构件主要适用于板，故在前文“板的设计”章节已经做过系统的介绍，而梁的设计很少出现无抗剪钢筋的情况（即便计算上不需要，一般也要按构造配置抗剪钢筋)，故本书将需要设计抗剪钢筋的构件放到“梁的设计”章节中。

2）需要设计抗剪钢筋的构件

欧洲规范 EC 2 引入了支杆倾角方法来进行受剪承载力校核。在这种方法中，剪力由受压的混凝土支杆以及受拉的抗剪钢筋共同抵抗。有关方法参见本章第一节的有关内容。

3）腹板与翼缘间的剪切

翼缘的抗剪强度可按这种方式来计算，即将翼缘视为抗压支柱与抗拉钢筋形式的拉杆组合而成的系统。限于篇幅，本书在此略过，有感兴趣者可阅读欧洲规范原文。

4）不同浇筑时间混凝土界面间的抗剪

前文“板的设计”章节已有介绍，请参阅前文。

4. 受扭承载力校核

当结构的静力平衡取决于结构构件的抗扭强度时，应进行全面的抗扭设计，包括承载力极限状态与正常使用极限状态。

如果在超静定结构中，扭转仅是出于对兼容性的考虑，而结构的稳定性并不依赖于扭转抗力，则通常无需考虑承载力极限状态下的扭转。在这种情况下，仍应按 EC 2 第 7.3 节与第 9.2 节的最低配筋要求提供箍筋与纵筋，以防止过度开裂。

梁截面抗扭的承载力验算与配筋计算，参见本章第一节中有关“扭转”部分的内容。

三、配筋要求

（一）中国规范

1.《混凝土结构设计规范》GB 50010—2010（2015 年版）的规定

1）纵向配筋

梁的纵向受力钢筋应符合下列规定：

(1) 伸入梁支座范围内的钢筋不应少于 2 根。

(2) 梁高不小于 300mm 时，钢筋直径不应小于 10mm；梁高小于 300mm 时，钢筋直径不应小于 8mm。

(3) 梁上部钢筋水平方向的净间距不应小于 30mm 和 $1.5d$；梁下部钢筋水平方向的净间距不应小于 25mm 和 d。当下部钢筋多于 2 层时，2 层以上钢筋水平方向的中距应比下面 2 层的中距增大一倍；各层钢筋之间的净间距不应小于 25mm 和 d，d 为钢筋的最大直径。

(4) 在梁的配筋密集区域宜采用并筋的配筋形式。

钢筋混凝土简支梁和连续梁简支端的下部纵向受力钢筋，从支座边缘算起伸入支座内的锚固长度应符合《混规》第 9.2.2 条的规定。

钢筋混凝土梁支座截面负弯矩纵向受拉钢筋不宜在受拉区截断，当要截断时，应符合《混规》第 9.2.3 条的规定。

在钢筋混凝土悬臂梁中，应有不少于 2 根上部钢筋伸至悬臂梁外端，并向下弯折不小于 $12d$。

梁内受扭纵向钢筋的最小配筋率 $\rho_{tl,\min}$ 应符合下列规定：

$$\rho_{tl,\min}=0.6\sqrt{\frac{T}{Vb}}\frac{f_t}{f_y} \qquad (4.3\text{-}3)\ [《混规》式\ (9.2.5)]$$

当 $T/(Vb)>2.0$ 时，取 $T/(Vb)=2.0$。

式中 $\rho_{tl,\min}$——受扭纵向钢筋的最小配筋率，取 $A_{stl}/(bh)$；

b——受剪的截面宽度，对箱形截面构件，应以 b_h 代替；

A_{stl}——沿截面周边布置的受扭纵向钢筋总截面面积。

沿截面周边布置受扭纵向钢筋的间距不应大于 200mm 及梁截面短边长度；除应在梁截面四角设置受扭纵向钢筋外，其余受扭纵向钢筋宜沿截面周边均匀对称布置。受扭纵向钢筋应按受拉钢筋锚固在支座内。

梁的上部纵向构造钢筋应符合下列要求：

(1) 当梁端按简支计算但实际受到部分约束时，应在支座区上部设置纵向构造钢筋。其截面面积不应小于梁跨中下部纵向受力钢筋计算所需截面面积的 1/4，且不应少于 2 根。该纵向构造钢筋自支座边缘向跨内伸出的长度不应小于 $l_0/5$，l_0 为梁的计算跨度。

(2) 对架立钢筋，当梁的跨度小于 4m 时，直径不宜小于 8mm；当梁的跨度为 4～6m 时，直径不应小于 10mm；当梁的跨度大于 6m 时，直径不宜小于 12mm。

2）横向配筋

混凝土梁宜采用箍筋作为承受剪力的钢筋。

当采用弯起钢筋时，弯起角宜取 45°或 60°；在弯终点外应留有平行于梁轴线方向的锚固长度，且在受拉区不应小于 $20d$，在受压区不应小于 $10d$，d 为弯起钢筋的直径；梁底层钢筋中的角部钢筋不应弯起，顶层钢筋中的角部钢筋不应弯下。

在混凝土梁的受拉区中，弯起钢筋的弯起点可设在按正截面受弯承载力计算不需要该钢筋的截面之前，但弯起钢筋与梁中心线的交点应位于不需要该钢筋的截面之外；同时，弯起点与按计算充分利用该钢筋的截面之间的距离不应小于 $h_0/2$。

梁中箍筋的配置应符合下列规定：

（1）按承载力计算不需要箍筋的梁，当截面高度大于 300mm 时，应沿梁全长设置构造箍筋；当截面高度 $h=150\sim300$mm 时，可仅在构件端部 $l_0/4$ 范围内设置构造箍筋，l_0 为跨度。但当在构件中部 $l_0/2$ 范围内有集中荷载作用时，则应沿梁全长设置箍筋。当截面高度小于 150mm 时，可以不设置箍筋。

（2）截面高度大于 800mm 的梁，箍筋直径不宜小于 8mm；对截面高度不大于 800mm 的梁，不宜小于 6mm。梁中配有计算需要的纵向受压钢筋时，箍筋直径尚不应小于 $d/4$，d 为受压钢筋最大直径。

（3）梁中箍筋的最大间距宜符合表 4.3-4 的规定；当 V 大于 $0.7f_tbh_0+0.05N_{p0}$ 时，箍筋的配筋率 $\rho_{sv}[\rho_{sv}=A_{sv}/(bs)]$ 尚不应小于 $0.24f_t/f_{yv}$。

（4）当梁中配有按计算需要的纵向受压钢筋时，箍筋应符合以下规定：

① 箍筋应做成封闭式，且弯钩直线段长度不应小于 $5d$，d 为箍筋直径。

② 箍筋的间距不应大于 $15d$，并且不应大于 400mm。当一层内的纵向受压钢筋多于 5 根且直径大于 18mm 时，箍筋间距不应大于 $10d$，d 为纵向受压钢筋的最小直径。

③ 当梁的宽度大于 400mm 且一层内的纵向受压钢筋多于 3 根时，或当梁的宽度不大于 400mm 但一层内的纵向受压钢筋多于 4 根时，应设置复合箍筋。

梁中箍筋的最大间距（mm）(《混规》表 9.2.9) **表 4.3-4**

梁高 h	$V>0.7f_tbh_0+0.05N_{p0}$	$V\leqslant0.7f_tbh_0+0.05N_{p0}$
$150<h\leqslant300$	150	200
$300<h\leqslant500$	200	300
$500<h\leqslant800$	250	350
$h>800$	300	400

在弯剪扭构件中，箍筋的配筋率 ρ_{sv} 不应小于 $0.28f_t/f_{yv}$。

箍筋间距应符合表 4.3-4 的规定，其中受扭所需的箍筋应做成封闭式，且应沿截面周边布置。当采用复合箍筋时，位于截面内部的箍筋不应计入受扭所需的箍筋面积。受扭所需箍筋的末端应做成 135°弯钩，弯钩端头平直段长度不应小于 $10d$，d 为箍筋直径。

3）局部配筋

位于梁下部或梁截面高度范围内的集中荷载，应全部由附加横向钢筋承担；附加横向钢筋宜采用箍筋。

箍筋应布置在长度为 $2h$ 与 $3b$ 之和的范围内（图 4.3-4）。当采用吊筋时，弯起段应伸至梁的上边缘，且末端水平段长度不应小于《混规》第 9.2.7 条的规定。

附加横向钢筋所需的总截面面积应符合下列规定：

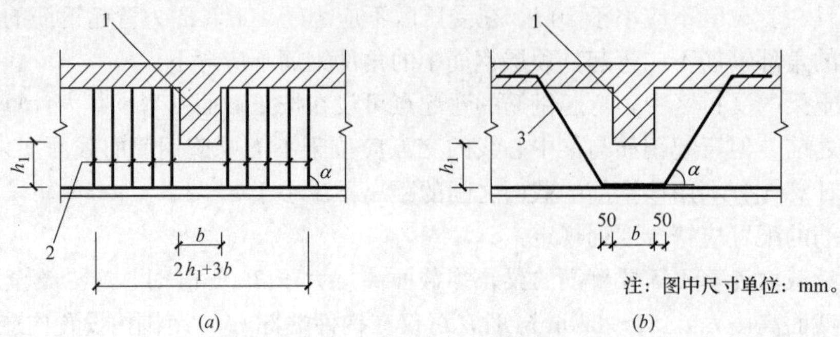

图 4.3-4　梁截面高度范围内有集中荷载作用时附加横向钢筋的布置（《混规》图 9.2.11）

（a）附加箍筋；（b）附加吊筋

1—传递集中荷载的位置；2—附加箍筋；3—附加吊筋

$$A_{sv}=\frac{F}{f_{yv}\sin\alpha}\qquad(4.3\text{-}4)\ [《混规》式(9.2.11)]$$

式中　A_{sv}——承受集中荷载所需的附加横向钢筋总截面面积；当采用附加吊筋时，A_{sv}应为左、右弯起段截面面积之和。

F——作用在梁的下部或梁截面高度范围内的集中荷载设计值。

α——附加横向钢筋与梁轴线间的夹角。

折梁的内折角处应增设箍筋（图 4.3-5）。箍筋应能承受未在受压区锚固纵向受拉钢筋的合力，且在任何情况下不应小于全部纵向钢筋合力的 35%。

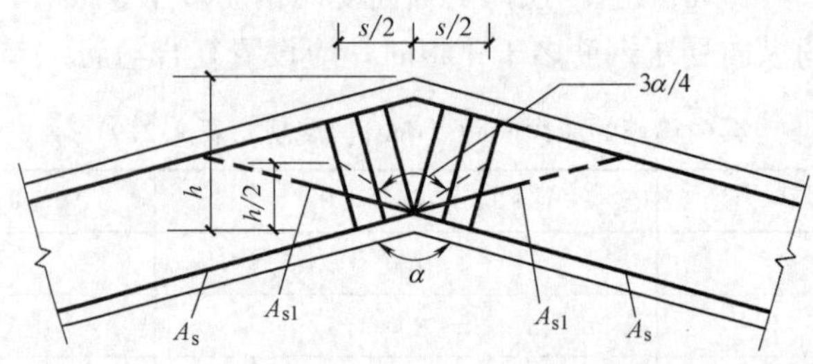

图 4.3-5　折梁内折角处的配筋（《混规》图 9.2.12）

由箍筋承受的纵向受拉钢筋的合力按下列公式计算。

未在受压区锚固的纵向受拉钢筋的合力为：

$$N_{s1}=2f_yA_{s1}\cos\frac{\alpha}{2}\qquad(4.3\text{-}5a)\ [《混规》式(9.2.12\text{-}1)]$$

$$N_{s2}=0.7f_yA_s\cos\frac{\alpha}{2}\qquad(4.3\text{-}5b)\ [《混规》式(9.2.12\text{-}1)]$$

式中　A_s——全部纵向受拉钢筋的截面面积；

A_{s1}——未在受压区锚固的纵向受拉钢筋的截面面积；

α——构件的内折角。

按上述条件求得的箍筋应设置在长度 $s=h\tan(3\alpha/8)$ 的范围内。

梁的腹板高度 $h_w \geqslant 450$mm 时，在梁的两侧应沿高度配置纵向构造钢筋。每侧纵向构造钢筋（不包括梁上、下部受力钢筋及架立钢筋）的间距不宜大于 200mm，截面面积不应小于腹板截面面积（bh_w）的 0.1%，但当梁宽较大时可适当放松。此处，腹板高度 h_w 按《混规》第 6.3 节的规定取用。

薄腹梁或需作疲劳验算的钢筋混凝土梁，应在下部 1/2 梁高的腹板内沿两侧配置直径 8～14mm 的纵向构造钢筋，其间距为 100～150mm，并按下密上疏的方式布置。在上部 1/2 梁高的腹板内，纵向构造钢筋可按《混规》第 9.2.13 条的规定配置。

当梁的混凝土保护层厚度大于 50mm 且配置表层钢筋网片时，应符合下列规定：

（1）表层钢筋宜采用焊接网片，其直径不宜大于 8mm，间距不应大于 150mm；网片应配置在梁底和梁侧，梁侧的网片钢筋应延伸至梁高的 2/3 处。

（2）两个方向上表层网片钢筋的截面积均不应小于相应混凝土保护层（图 4.3-6 阴影部分）面积的 1%。

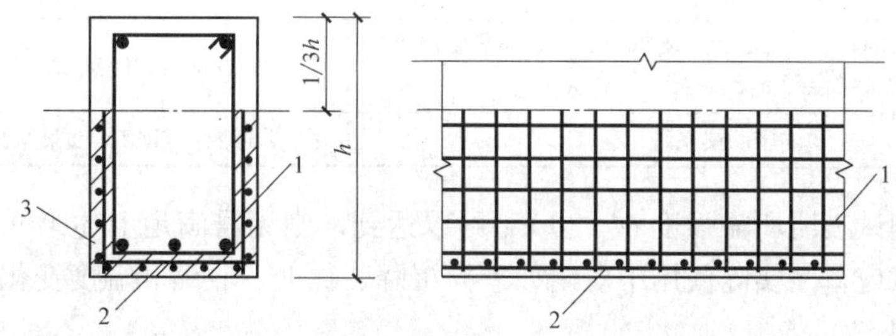

图 4.3-6 配置表层钢筋网片的构造要求（《混规》图 9.2.15）

1—梁侧表层钢筋网片；2—梁底表层钢筋网片；3—配置网片钢筋区域

2.《混凝土结构通用规范》GB 55008—2021 的规定

纵向受力普通钢筋的配筋率不应小于表 4.2-15 的规定值。有抗震要求的框架梁配筋应符合本书第七章的有关要求。

（二）美国规范

1. 配筋限值要求

1）非预应力梁中的最小受弯钢筋

通过分析确定需要受拉钢筋的任何截面均应提供最小受弯钢筋 $A_{s,min}$，$A_{s,min}$ 应为下述两式计算的较大值：

$$A_{s,min}=\frac{0.25\sqrt{f_c'}}{f_y}b_w d \tag{4.3-6a}$$

$$A_{s,min}=\frac{1.4}{f_y}b_w d \tag{4.3-6b}$$

式中 对于翼缘受拉的静定结构梁，b_w 应取 b_f 与 $2b_w$ 的较小值。

如果为每个截面提供的 A_s 至少比分析所需的 A_s 大 1/3，则无需满足上述要求。

2）预应力梁中的最小受弯钢筋

对于存在有粘结预应力钢筋的梁，A_s 和 A_{ps} 的总量应足以抵抗相当于 1.2 倍开裂荷载（基于 ACI 318-19 第 19.2.3 条定义的 f_r 计算）的设计荷载。

对于同时具有抗弯和抗剪设计强度且至少均为要求强度两倍的梁，无需满足上述要求。

对于无粘结预应力梁，有粘结纵向变形钢筋的最小面积应为：

$$A_{s,\min}=0.004A_{ct} \quad (4.3\text{-}7)\text{(ACI 318-19 第 9.6.2.3 款)}$$

式中 A_{ct}——弯曲受拉边至总截面质心横截面的面积。

3）最小受剪钢筋

对于非预应力梁，在 $V_u>0.083\phi\lambda\sqrt{f'_c}b_w d$ 的所有区域除表 4.3-5 中的情况外，应提供最小的抗剪钢筋面积 $A_{v,\min}$。对于表中的这些情况，在 $V_u>\phi V_c$ 的区域也至少应提供 $A_{v,\min}$。

当 $V_u\leqslant\phi V_c$ 时不需要 $A_{v,\min}$ 的情况（ACI 318-19 表 9.6.3.1） **表 4.3-5**

梁类型	条件
梁高较小	$h\leqslant250$mm
与板整浇	$h\leqslant\max\{2.5t_f, 0.5b_w\}$ 且 $h\leqslant600$mm
符合第 26.4.1.5.1(a)、26.4.2.2(i)及 26.12.7.1(a)节要求的钢纤维混凝土梁且 $f'_c\leqslant40$MPa	$h\leqslant600$mm 且 $V_u\leqslant0.17\phi\sqrt{f'_c}b_w d$
单向密肋梁系统	遵照 ACI 318-19 第 9.8 节的要求

如果通过测试表明所需强度 M_n 和 V_n 可以达到，则无需满足上述第 9.6.3.1 节的要求。但这些测试应基于实际使用中对诸如差异沉降、徐变、收缩和温度变化等影响的真实评估而进行模拟。

如果需要抗剪钢筋且扭转效应可被忽略，则应按表 4.3-6 配置最小受剪钢筋 $A_{v,\min}$。

所需 $A_{v,\min}$（ACI 318-19 表 9.6.3.4） **表 4.3-6**

<table>
<tr><th>梁类型</th><th colspan="3">$A_{v,\min}/s$</th><th></th></tr>
<tr><td rowspan="2">非预应力梁与 $A_{ps}f_{se}<0.4(A_{ps}f_{pu}+A_s f_y)$ 的预应力梁</td><td rowspan="2">较大值</td><td colspan="2">$0.062\sqrt{f'_c}\frac{b_w}{f_{yt}}$</td><td>(1)</td></tr>
<tr><td colspan="2">$0.35\frac{b_w}{f_{yt}}$</td><td>(2)</td></tr>
<tr><td rowspan="3">$A_{ps}f_{se}\geqslant0.4(A_{ps}f_{pu}+A_s f_y)$ 的预应力梁</td><td rowspan="3">较小值</td><td rowspan="2">较大值</td><td>$0.062\sqrt{f'_c}\frac{b_w}{f_{yt}}$</td><td>(3)</td></tr>
<tr><td>$0.35\frac{b_w}{f_{yt}}$</td><td>(4)</td></tr>
<tr><td colspan="2">$\frac{A_{ps}f_{pu}}{80f_{yt}d}\sqrt{\frac{d}{b_w}}$</td><td>(5)</td></tr>
</table>

4）最小受扭钢筋

在 $T_u\geqslant\phi T_{th}$ 的所有区域应提供最小抗扭钢筋面积。

如果需要抗扭钢筋，则最小横向钢筋 $(A_v+2A_t)_{\min}/s$ 应取下列两式计算中的较大值。

$$(A_v+2A_t)_{\min}/s=0.062\sqrt{f'_c}\frac{b_w}{f_{yt}} \tag{4.3-8a}$$

$$(A_v+2A_t)_{\min}/s=\frac{1.4b_w}{f_{yt}} \tag{4.3-8b}$$

如果需要抗扭钢筋，则最小纵向受扭钢筋 $A_{l,\min}$ 应取下列两式计算中的较小值。

$$A_{l,\min}=\frac{0.42\sqrt{f'_c}A_{cp}}{f_y}-\left(\frac{A_t}{s}\right)p_h\frac{f_{yt}}{f_y} \tag{4.3-9a}$$

$$A_{l,\min}=\frac{0.42\sqrt{f'_c}A_{cp}}{f_y}-\left(\frac{0.175b_w}{f_{yt}}\right)p_h\frac{f_{yt}}{f_y} \tag{4.3-9b}$$

2. 钢筋间距要求

对于水平层中的平行非预应力钢筋，净间距至少应为 25mm、d_b 与 $(4/3)d_{agg}$ 的最大值。

对于放置在两层或两层以上水平层中的平行非预应力钢筋，上层的钢筋应放置在底层钢筋的正上方，层间间距至少为 25mm。

最接近受拉边的有粘结钢筋的间距 s 不应超过表 4.3-7 中的限值。其中 c_c 是从变形或预应力钢筋的表面到受拉面的最小距离。在使用荷载下，最接近受拉边的变形钢筋中的应力 f_s 应基于弯矩标准值（未乘系数）来计算，允许 f_s 取为 $\left(\frac{2}{3}\right)f_y$。

非预应力梁板中有粘结钢筋的最大间距（ACI 318-19 表 24.3.2）　　表 4.3-7

钢筋类型	最大间距 s	
带肋钢筋或钢丝	较小值	$380\left(\frac{280}{f_s}\right)-2.5c_c$
		$300\left(\frac{280}{f_s}\right)$

对于 h 超过 900mm 的非预应力和 C 类预应力梁，纵向蒙皮钢筋（腰筋）应均匀分布在距受拉边缘距离为 $h/2$ 范围的梁的两个侧面上。蒙皮钢筋（腰筋）的间距不应超过表 4.3-7 中给出的 s，此时的 c_c 应为蒙皮钢筋（腰筋）至侧表面的距离。如果进行了应变相容性分析，则应允许在强度计算中包括蒙皮钢筋（腰筋）。

3. 非预应力梁受弯钢筋构造要求

除简支跨的支座与悬臂梁的自由端外，钢筋应在不再需要抵抗弯曲的点后继续延伸一个相当于 d 与 $12d_b$ 中较大者的距离。其中，d 为梁截面有效高度（受拉钢筋合力点至受压区边缘的距离），d_b 为钢筋直径。

连续的弯曲抗拉钢筋应该在通过不再需要其抵抗弯曲的点后至少 l_d 的埋入长度。

弯曲抗拉钢筋不应在受拉区终止，除非满足下述条件之一：

(1) 在截断点处的 $V_u \leqslant (2/3)\phi V_n$；

(2) 对于 11 号钢筋与更小直径的钢筋，贯通钢筋在截断点处提供了所需受弯钢筋面积的两倍且 $V_u \leqslant (3/4)\phi V_n$；

(3) 在钢筋截断点沿截断钢筋方向的 $3/4d$ 距离内配置多于抗剪所需面积的箍筋。多余的箍筋面积不小于 $0.41b_w s/f_{yt}$，间距 s 不超过 $d/(8\beta_b)$，β_b 为截断钢筋面积占受拉钢筋总面积的比率。

在钢筋应力与弯矩不成正比的情况下，钢筋应有足够的锚固，如在倾斜、台阶状或锥形板中，或在受拉钢筋与受压区表面不平行的情况下。

允许梁一侧的弯曲受拉钢筋穿过梁腹板锚固到梁的另一侧或与另一侧的钢筋连续。

在简支支座处，至少1/3的最大正弯矩钢筋应沿梁底延伸进入支座，但预制梁的这种钢筋应至少延伸到支承长度的中心。在其他支座处，至少1/4的最大正弯矩钢筋应沿梁底延伸进入支座至少150mm。如果梁是主要抗侧力系统的一部分，则钢筋应锚入支座并确保在支座边缘处能发挥 f_y 的强度。

在简支支座和反弯点处，正弯矩受拉钢筋的直径 d_b 应受到限制，以便使该配筋的锚固长度 l_d 满足下列要求。如果钢筋在越过支座中心线以外相当于一个标准弯钩处以采用标准弯钩或机械锚固的方式终止，则下列要求不必满足：

(1) 如果钢筋末端受到压缩反力的限制，则 $l_d \leqslant (1.3M_n/V_u + l_a)$；

(2) 如果钢筋末端不受压缩反力的限制，则 $l_d \leqslant (M_n/V_u + l_a)$。

其中，M_n 是按照假设该截面上的所有钢筋都达到 f_y 来计算的，V_u 是在同一截面计算的剪力。在支座处，l_a 是越过支座中心的锚固长度；在反弯点处，l_a 是反弯点以外的锚固长度，l_a 不超过 d 与 $12d_b$ 的较大值。

至少1/3支座负弯矩钢筋应具有越过反弯点至少为 d、$12d_b$ 与 $l_n/16$ 三者最大值的锚固长度。

4. 纵向受扭钢筋

如果需要抗扭钢筋，则纵向扭转钢筋应分布在闭合箍筋（closed stirrups）或箍圈（hoops）的周围，其间距不大于300mm。纵向钢筋应放在闭合箍筋或箍圈内，并且至少有一根纵向钢筋应放置在每个角上。

纵向受扭钢筋的直径至少应为横向钢筋间距的0.042倍，但不小于10mm。

纵向抗扭钢筋应至少延伸至超出分析所需点一个（$b_t + d$）的距离。

纵向抗扭钢筋在梁两端应有足够的锚固长度。

5. 横向钢筋

1) 抗剪钢筋

如果需要，抗剪钢筋应采用箍筋、箍圈或纵向弯起钢筋。

抗剪钢筋最大间距应符合表4.3-8的要求。

抗剪钢筋的最大间距（ACI 318-19 表 9.7.6.2.2）　　表 4.3-8

所需 V_s		最大间距 s(mm)			
		非预应力梁		预应力梁	
		沿梁长方向	沿梁宽方向	沿梁长方向	沿梁宽方向
$\leqslant 0.33\sqrt{f'_c}b_w d$	较小值	$d/2$	d	$3h/4$	$3h/2$
		600			
$> 0.33\sqrt{f'_c}b_w d$	较小值	$d/4$	$d/2$	$3h/8$	$3h/4$
		300			

弯曲成抗剪钢筋的纵向钢筋，如果延伸到受拉区域，则应与纵向钢筋连续；如果延伸到受压区域，则应在构件中线外有 $d/2$ 的锚固长度。

焊接光圆钢丝网片中形成单个U形箍筋的每一肢的锚固应符合下列规定：

(1) 在U形箍顶部沿构件长度方向的两根纵向钢丝的间距为50mm；

(2) 第一根纵向钢丝距受压边的距离不超过 $d/4$，靠近受压边的另一根纵向钢丝与第一根纵向钢丝的距离不超过 50mm。第二根钢丝应被允许放置在箍筋末端弯钩的直段，或弯曲内径至少为 $8d_b$ 的弯曲处。

图 4.3-7 说明了焊接光圆钢丝箍筋网片的锚固要求。

由单肢箍筋组成的焊接钢丝网片中每一肢箍筋末端的锚固应根据下述要求，使两根纵向钢丝的间距最小为 50mm：

(1) 内部纵向钢丝距 $d/2$ 处至少为 $d/4$ 和 50mm 中的较大者；

(2) 靠近受拉边处的外部纵向钢丝应不远于最靠近受拉边的主要抗弯钢筋（图 4.3-8）。

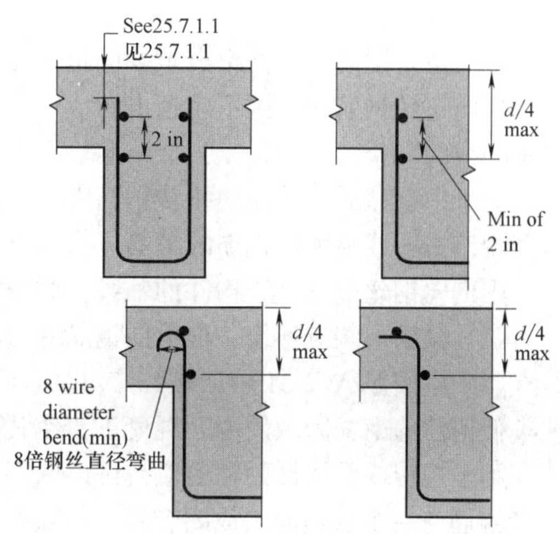

图 4.3-7 焊接钢丝网片 U 形箍筋在受压区的锚固（ACI 318-19 图 R25.7.1.4）

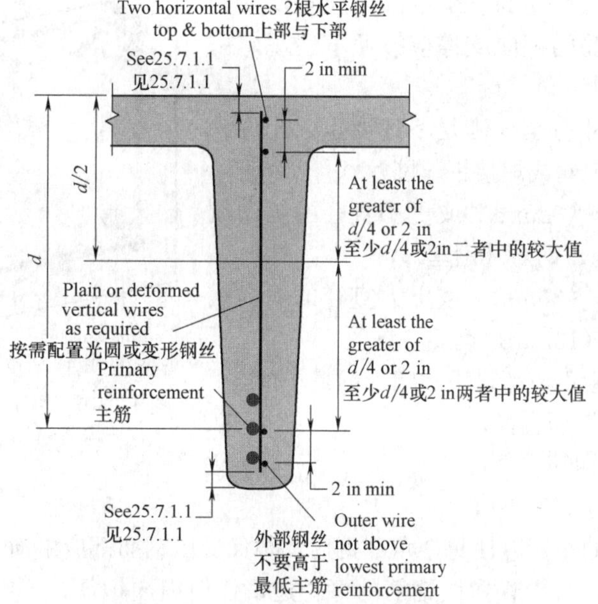

图 4.3-8 抗剪用单肢焊接钢丝网片的锚固（ACI 318-19 图 R25.7.1.5）

除用于抗扭或整体性钢筋的情况外，闭合箍筋允许使用成对的 U 形箍按不小于 $1.3l_d$ 的搭接长度拼接而成。在总梁高至少为 450mm 的构件中，如果箍筋各肢可以在构件的整个可用高度内延伸，则每肢 $A_b f_{yt} \leqslant 40$kN 这样的搭接接头被认为是足够的。图 4.3-9 所示为搭接接头形成的封闭式箍筋配置。

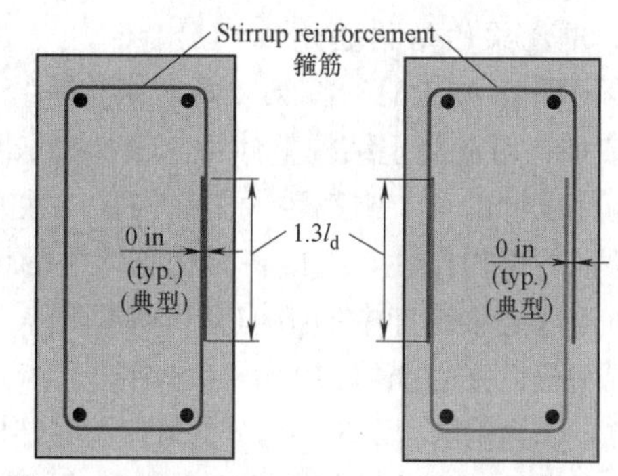

图 4.3-9 封闭式箍筋配置（ACI 318-19 图 R25.7.1.7）

2）抗扭钢筋

横向扭转钢筋的延伸距离至少应超出分析要求的点一个（b_t+d）长度。

横向扭转钢筋的间距不应超出的 $p_h/8$ 与 300mm 的较小值，p_h 为最外圈抗扭闭合箍筋中心线的周长。

对于中空截面，从横向扭转钢筋中心线到中空截面内壁的距离应至少为 $0.5A_{oh}/p_h$。

用于扭转或整体性钢筋的箍筋应为垂直于构件轴线的封闭箍筋。如果使用焊接钢丝网片，则横向钢丝应垂直于构件的轴线。此类钢筋应采用下述锚固方式：

（1）箍筋末端应环绕一根纵向钢筋并应带 135°弯钩；

（2）应按照 ACI 318-19 第 25.7.1.3（a）或（b）或 25.7.1.4 节的规定，用翼缘、板或类似构件约束锚固区周围的混凝土，使其不致剥落。

用于扭转或整体性的箍筋应允许由两部分钢筋组成：满足上述（1）锚固要求的单个 U 形箍筋与一个盖帽筋组成闭合箍，但盖帽筋 90°的弯钩应该被翼缘、板或类似构件约束以防剥落，见图 4.3-10。

3）受压钢筋的侧向支撑

在需要纵向受压钢筋的整个范围内应提供横向钢筋。纵向受压钢筋的侧向支撑应按照下述规定由封闭箍筋或箍圈提供。

横向钢筋的尺寸应至少满足下述要求。允许采用等效面积的变形钢丝或焊接钢丝网片。

（1）对于 10 号（32mm）或更小直径的纵向钢筋采用 3 号（10mm）钢筋（钢丝）；

（2）对于 11 号（36mm）或更大直径的纵向钢筋及并筋采用 4 号（13mm）钢筋（钢丝）。

横向钢筋的间距不应超过下述情形的最小值：

（1）16 倍纵向钢筋直径；

（2）48 倍横向钢筋直径；

（3）梁截面尺寸的最小值。

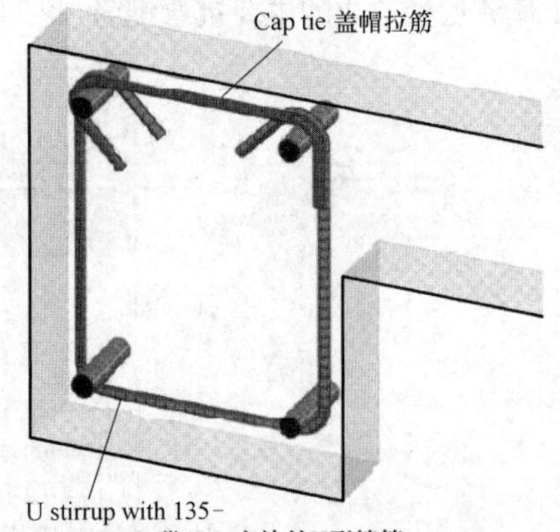

图 4.3-10　用于扭转或整体性的箍筋由两部分钢筋组成示例（ACI 318—2019 图 R9.7.7.1）

纵向受压钢筋的布置应使每个角部钢筋及替代受压钢筋都应由横向钢筋的角包围，且夹角应不大于 135°，且沿着横向钢筋的每一边，任何纵向钢筋都不得与这种被包围的纵向钢筋相距超过 150mm。

6. 现浇梁的结构整体性钢筋

美国规范 ACI 318-19 第 4 章“结构系统要求（Structural System Requirements）”第 4.10 节是针对混凝土结构整体性（Structural Integrity）的全面要求，同时在全书分布于各个构件设计的章节中都融入了结构整体性方面的考虑及具体规定。与中欧规范相比，具有非常强的可操作性，直接将结构整体性的设计理念落实到配筋构造方面。

对于现浇梁设计中的结构整体性钢筋设置要求，则在第 9.7.7 节中作出了专门的规定，现用我们熟悉而习惯的语言总结如下：

（1）作为抗侧力系统一部分的梁应配置结构整体性钢筋，其他梁宜配置结构整体性钢筋；

（2）沿结构周边的梁，应至少有 2 根且不少于 1/4 最大正弯矩钢筋的底部钢筋以及

1/6 支座负弯矩筋的顶部钢筋连续（用作结构整体性钢筋），纵向钢筋应在梁净跨范围内采用封闭箍筋围住；

（3）除结构外围梁外的其他梁，应至少有 2 根且不少于 1/4 最大正弯矩钢筋的底部钢筋连续（用作结构整体性钢筋），纵向钢筋应在梁净跨范围内采用封闭箍筋围住；

（4）梁中的结构整体性钢筋应连续，但允许采用全机械、全焊接或 B 级受拉搭接的拼接接头；

（5）结构整体性钢筋的拼接接头位置有严格要求，正弯矩筋应在支座附近拼接，负弯矩筋应在跨中附近拼接；

（6）纵向整体性钢筋必须穿越由柱子纵向钢筋所围合的区域；

（7）非连续支座处的纵向结构整体性钢筋应有足够的锚固长度以确保在支座边缘能将强度发展到 f_y。

（三）欧洲规范

1. 纵向钢筋

1）最小和最大钢筋面积

纵向受拉钢筋的面积不应小于 $A_{s,min}$。

注：1. 控制开裂的纵向受拉钢筋面积另见 EC 2 第 7.3 节。

2. 某个国家使用的梁 $A_{s,min}$ 值可在其国家标准附件中找到。欧洲建议取值如下：

$$A_{s,min}=0.26\frac{f_{ctm}}{f_{yk}}b_t d\geqslant 0.0013b_t d \quad (4.3\text{-}10)\ (\text{EC 2 式 9.1N})$$

式中 b_t——受拉区的平均宽度；对于具有翼缘的 T 形梁，在计算 b_t 值时只考虑腹板的宽度。

f_{ctm}——混凝土轴向抗拉强度的平均值，应根据相应的强度等级按本书表 2.4-4（EC 2 表 3.1）确定。

或者，对于次级构件，在某些脆性破坏风险可以接受的情况下，$A_{s,min}$ 可以取为承载力极限状态验证所需面积的 1.2 倍。

配筋小于 $A_{s,min}$ 的截面应视为无配筋截面。

在搭接区域以外，受拉或受压钢筋的横截面积不应超过 $A_{s,max}$。

注：某个国家使用的梁配筋最大值 $A_{s,max}$ 可在其国家标准附件中找到。欧洲规范推荐值为 $0.04A_c$。

2）其他配筋要求

在整体建造的结构中，即使在设计中已假定支座为简支，支座处截面也应考虑由支座的部分约束作用所产生的弯矩，该弯矩至少为跨中最大弯矩的 β_1 倍。

注：1. 某个国家用于梁的 β_1 值可在其国家标准附件中找到，欧洲规范推荐值为 0.15。

2. 第 9.2.1.1（1）节中规定的最小纵向钢筋截面面积仍然适用。

在连续梁的中间支座处，带翼缘截面抗拉钢筋的总面积 A_s 应在翼缘有效宽度上分布（见本书图 3.4-3，EC 2 图 5.3）。它的一部分可以集中在腹板宽度上，见图 4.3-11。

抗力计算中所包含的任何受压纵向钢筋（直径为 ϕ）应通过间距不大于 15ϕ 的横向钢筋来固定。

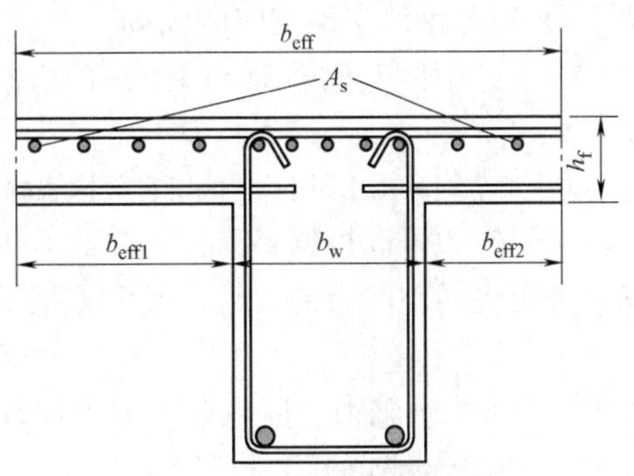

图 4.3-11 带翼缘截面受拉钢筋的配置（EC 2 图 9.1）

3）纵向受拉钢筋的截断

在所有截面都应提供足够的钢筋，以抵抗作用拉力的包络，以及抵消腹板和翼缘上倾斜裂缝的影响。

对于具有抗剪钢筋的构件，附加拉力 ΔF_{td} 应根据 EC 2 第 6.2.3（7）条计算。对于没有抗剪钢筋的构件，ΔF_{td} 可以根据 EC 2 第 6.2.2（5）节的要求通过平移弯矩曲线一个 $a_l=d$ 的距离来估算。此“平移规则”也可以用作具有抗剪钢筋构件的替代方案，其中：

$$a_l=z(\cot\theta-\cot\alpha)/2 \quad (4.3\text{-}11)\text{［EC2 式（9.2）］}$$

附加拉力如图 4.3-12 所示。有关符号参见前文图 4.1-16。

可以考虑钢筋在锚固长度内的抗力，并假定力按线性变化，见图 4.3-12。但作为偏于保守的简化，可以忽略此贡献。

对受剪承载力有贡献的弯起钢筋的锚固长度，在受拉区域应不少于 $1.3l_{bd}$，在受压区域应不少于 $0.7l_{bd}$。它是从弯起钢筋与纵向钢筋轴线的交点开始测量的。

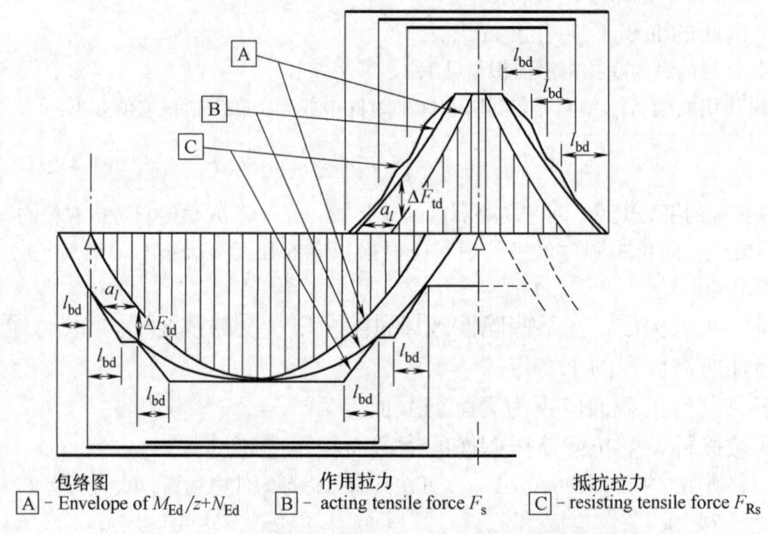

图 4.3-12　纵向钢筋截断示意，考虑了倾斜裂缝的影响及锚固长度内钢筋的抗力（EC 2 图 9.2）

4）底部钢筋在端支座的锚固

在设计中假定无转动约束的端支座底部钢筋面积应至少取为跨中截面钢筋面积的 β_2 倍。

注：某个国家用于梁的 β_2 值可在其国家附件中找到，欧洲规范推荐值为 0.25。

锚固拉力可以根据 EC 2 第 6.2.3（7）条确定（带有抗剪钢筋的构件），如果存在轴向力则应包括轴向力的贡献，或者根据平移规则确定：

$$F_{Ed}=|V_{Ed}|\cdot a_l/z+N_{Ed} \quad (4.3\text{-}12)\text{［EC 2 式（9.3）］}$$

式中　N_{Ed}——轴力，应该在拉力中加或减去该值；

a_l——见前文。

锚固长度 l_{bd} 根据 EC 2 第 8.4.4 条确定，从梁与支座之间的接触线开始测量。对于直接支座，可以考虑横向压力的影响（通过 α_5）。参见图 4.3-13。

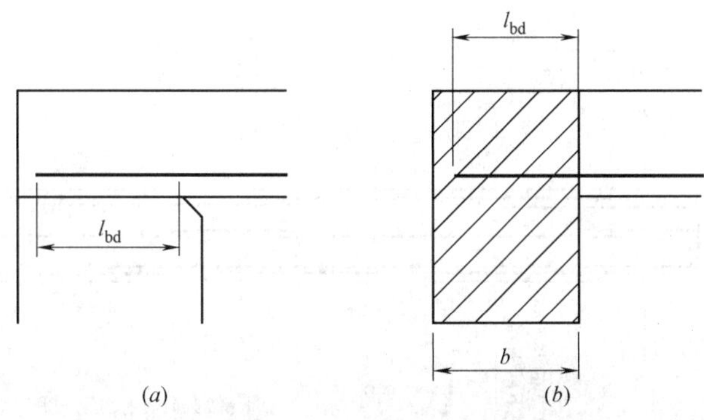

图 4.3-13　底部钢筋在端支座的锚固（EC 2 图 9.3）

（a）直接支座（梁被墙或柱支承）；（b）间接支座（梁被与之相交的另一根梁支承）

5）底部钢筋在中间支座的锚固

前文端支座底部钢筋最小配筋面积的要求仍然适用。

底部纵向钢筋在中间支座锚固长度应不小于 10ϕ（对于直线锚固）或不小于弯钩的弯曲直径（对于钢筋直径不小于 16mm 的弯钩）或两倍于弯钩的弯曲直径（对于其他情况），见图 4.3-14。这些最小值通常是有效的，但可以根据 EC 2 第 6.6 节进行更精细的分析。

应在合同文件中指定抵抗支座处可能出现正弯矩（例如支座的沉降、爆炸等）所需的钢筋。这种钢筋应是连续的，这可以通过钢筋搭接来实现，见图 4.3-14。

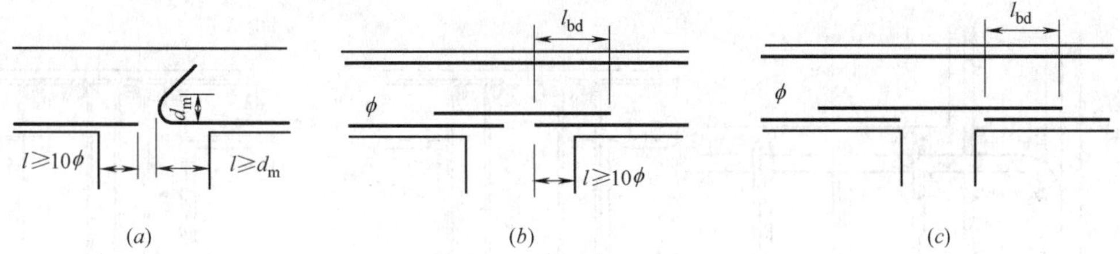

图 4.3-14　底部纵向钢筋在中间支座的锚固（EC 2 图 9.4）

图 4.3-15 所示为《Standard Method of Concrete Detailing》（基于英国规范与欧洲规范习惯做法）一书提供的梁的灵活配筋布置方式。比较突出的是梁端 U 形筋的配置。

这些 U 形筋应提供支座弯矩或 30%最大跨中弯矩（简支支座则为 50%）所需的受拉钢筋面积。如果使用简化规则，则以较大值为准。

U 形筋的上肢长度应采用与中间支座钢筋相同的方式计算。

U 形筋的下肢延伸入跨中的距离与中间支座拼接钢筋延伸入跨中的距离相同。

在设计假定梁端部为简支的情况下，应提供足够的支座上部钢筋来控制裂缝。如果抗裂钢筋比所需底部钢筋少得多，则应用顶部和底部的 L 形筋代替 U 形筋。

U 形筋的上下两肢均应从支座伸出一个受拉搭接长度。

在存在竖向钢筋的情况下，可以通过确保梁和竖向构件之间发生某种机械连接，来实现足够的锚固。图 4.3-16 所示为一个墙支承梁的典型例子。其中，墙身水平钢筋穿过梁端 U 形钢筋，从而实现梁纵筋的锚固。

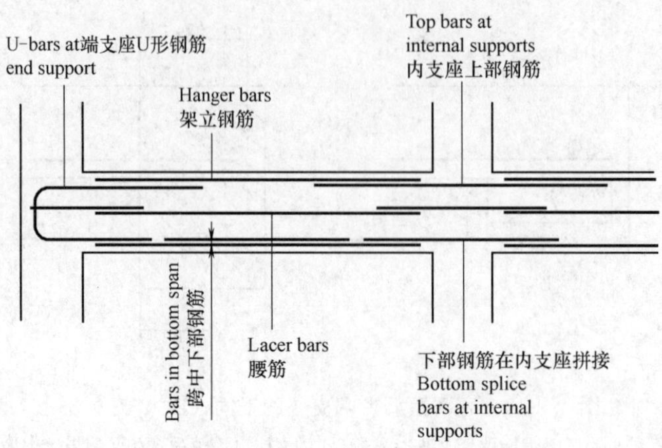

图 4.3-15　梁的灵活配筋布置（文献 124 图 6.15）

2. 抗剪钢筋

抗剪钢筋应与结构构件的纵轴形成 45°～90°的夹角 α。

抗剪钢筋可以由以下组合构成：

（1）包围纵向受拉钢筋和受压区的箍筋（英国规范与欧洲规范对箍筋一词的英文用词为 Link），见图 4.3-17（EC 2 图 9.5）；

（2）弯起钢筋；

（3）笼子形、梯子形等，它们不包围纵向钢筋，但正确地锚固在受压区与受拉区中。

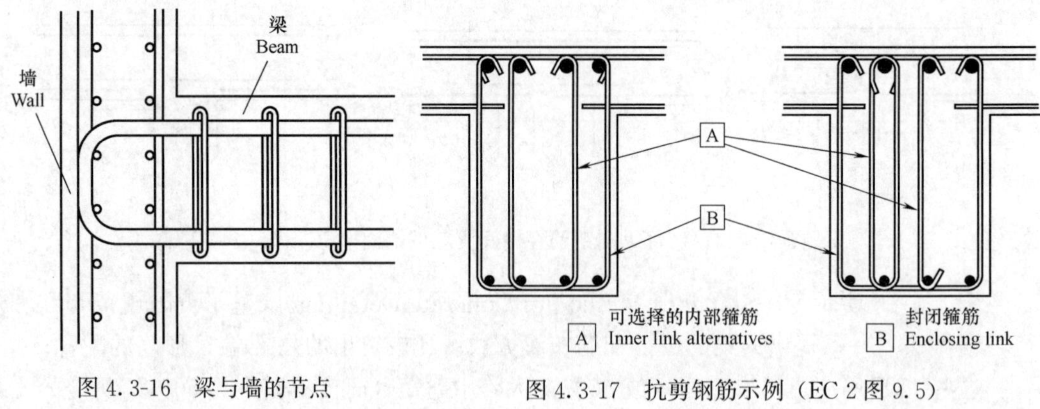

图 4.3-16　梁与墙的节点（文献 124 图 6.23）

图 4.3-17　抗剪钢筋示例（EC 2 图 9.5）

箍筋应有效地锚固。如果不需要箍筋抵抗扭转，则允许箍筋在靠近腹板表面的肢中采用搭接接头。

所需抗剪钢筋中至少有 β_3 比例的箍筋。

注：某个国家用于梁的 β_3 值可在其国家附件中找到，欧洲规范推荐值为 0.5。

抗剪钢筋的配筋率可按下式计算：

$$\rho_w = A_{sw}/(s \cdot b_w \cdot \sin\alpha) \qquad (4.3\text{-}13)\ [\text{EC 2 式 (9.4)}]$$

式中　ρ_w——抗剪钢筋的配筋率，ρ_w 应不小于 $\rho_{w,\min}$；

A_{sw}——长度 s 范围内的抗剪钢筋面积；

s——抗剪钢筋的间距，沿构件纵轴线测量；

b_w——构件腹板的宽度；

α——抗剪钢筋与构件纵轴的夹角。

注：某个国家用于梁的 $\rho_{w,min}$ 值可在其国家附件中找到，欧洲规范推荐值按下式计算：

$$\rho_{w,min}=0.08\sqrt{f_{ck}}/f_{yk} \quad (4.3\text{-}14)\ [\text{EC 2 式 (9.5)}]$$

抗剪组件之间的最大纵向间距不应超过 $s_{l,max}$。

注：某个国家使用的 $s_{l,max}$ 值可以在其国家附件中找到，欧洲规范推荐值由下式给出：

$$s_{l,max}=0.75d(1+\cot\alpha) \quad (4.3\text{-}15)\ [\text{EC 2 式 (9.6)}]$$

式中 d——受弯构件截面的有效高度；

α——抗剪钢筋与梁纵轴的夹角。

弯起钢筋最大纵向间距不应超过 $s_{b,max}$。

注：某个国家使用的 $s_{b,max}$ 值可以在其国家标准附件中找到，欧洲规范推荐值由下式给出：

$$s_{b,max}=0.6d(1+\cot\alpha) \quad (4.3\text{-}16)\ [\text{EC 2 式 (9.7N)}]$$

多肢箍筋的横向肢距不应超过 $s_{t,max}$。

注：某个国家使用的 $s_{t,max}$ 值可以在其国家标准附件中找到，欧洲规范推荐值由下式给出：

$$s_{t,max}=0.75d\leqslant 600\text{mm} \quad (4.3\text{-}17)\ [\text{EC 2 式 (9.8N)}]$$

任何所需的抗剪钢筋都应延续到支座。

当荷载施加在截面底部附近时，除了任何抵抗剪切所需的钢筋外，还应提供足够的竖向钢筋，以将荷载传递到截面顶部。

3. *受扭钢筋*

抗扭箍筋应闭合，并通过搭接或末端弯钩进行锚固，见图 4.3-18（EC 2 图 9.6），并且应与结构构件的轴线成 90°角。

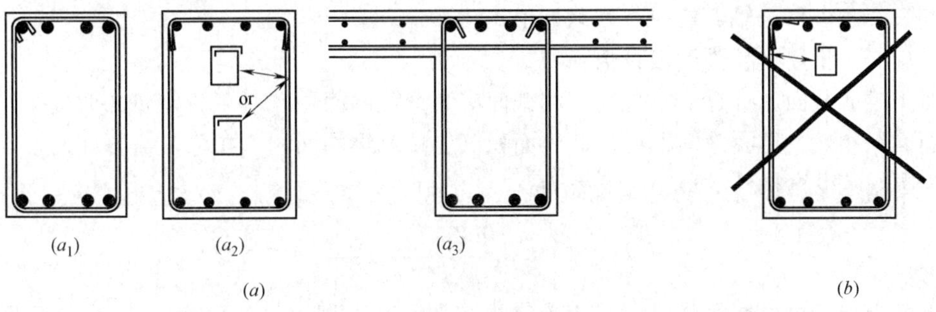

注：（a_2）的第二种做法应沿顶部有完全的搭接长度。

图 4.3-18 抗扭箍筋形状示例（EC 2 图 9.6）

（a）推荐的形状；（b）不推荐的形状

前文中抗剪箍筋的最小配筋及最大间距要求，一般来说可满足最小抗扭箍筋要求。

抗扭箍筋的纵向间距不应超过 $u/8$（u 为构件截面外边缘的周长），或者符合第 9.2.2 (6) 条中的要求，或较小的梁截面尺寸。

纵向钢筋的布置应使每个拐角处至少有一根钢筋，其余的钢筋均匀地分布在箍筋的内缘周围，且间距不大于 350mm。

4. 表面钢筋

为控制开裂或确保保护层有足够的抗剥落能力，表面钢筋有可能是必要的。

注：有关表面钢筋的指南在参考性附录 J 中给出。

5. 间接支座

如果支承梁的构件是其他梁而不是墙或柱，则应提供并设计用于抵抗相互作用的钢筋。此类钢筋是附加于其他原因所需钢筋之外的钢筋。此规则也适用于未支承于梁顶部的板。

两根梁之间的支承钢筋应由围绕支承构件主要钢筋的箍筋组成。这些箍筋中的某些箍筋可能分布在两个梁所共有的混凝土体积之外，参见图 4.3-19（EC 2 图 9.7）。

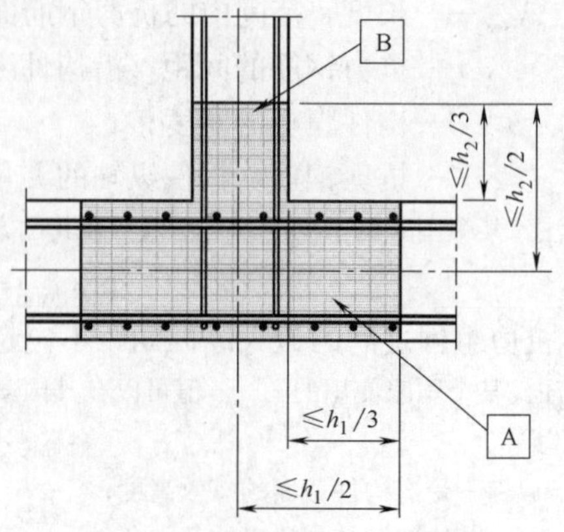

注：A 为高度 h_1 的主梁，B 为高度 h_2 的次梁，$h_1 \geqslant h_2$。

图 4.3-19 两根梁交叉区域支承钢筋的放置（平面视图）（EC 2 图 9.7）

（四）中美欧混凝土规范在梁配筋方面的比较与分析

1. 纵向受拉钢筋配筋率限值要求

1）最小配筋率

中国规范受弯构件的最小配筋率为：

$$\rho_{\min}=\max\left(45\frac{f_t}{f_y},0.2\right)\%$$

对于板类受弯构件（不包括悬臂板），当受拉钢筋采用强度等级 400、500MPa 的钢筋时，最小配筋率允许采用 $\rho_{\min}=\max\left(45\frac{f_t}{f_y},0.15\right)\%$

式中 f_t——混凝土轴心抗拉强度设计值；

f_y——钢筋抗拉强度设计值。

对于矩形截面，计算最小配筋率的截面应为全截面面积，对于 T 形或 I 形截面，应为全截面面积扣除受压翼缘面积后的截面面积（受拉翼缘的面积不扣除，需要计入）。

美国规范受弯构件的最小配筋率为：

$$\rho_{\min}=\max\left(\frac{0.25\sqrt{f'_c}}{f_y},\frac{1.4}{f_y}\right)$$

上式为国际单位制的公式，f'_c为美国规范的混凝土规定抗压强度，f_y 为美国规范的非预应力钢筋规定屈服强度，二者均应以 MPa 为单位代入。在这里，美国规范对翼缘受拉的 T 形或 I 形截面静定梁有一项比较特殊的规定，即要求计算最小配筋时的截面宽度 b_w 应取梁 2 倍腹板宽度与翼缘宽度的较小值：$\min(b_f,2b_w)$。如果为每个截面提供的 A_s 至少比分析所需的 A_s 大 1/3，则无需满足上述要求，体现了美国规范的柔性、变通。

欧洲规范建议的最小配筋率为：

$$A_{s,\min}=0.26\frac{f_{ctm}}{f_{yk}}b_t d\geqslant 0.0013b_t d$$

式中 b_t——受拉区的平均宽度，对于具有翼缘的 T 形梁，在计算 b_t 值时只考虑腹板的宽度；

f_{ctm}——混凝土轴向抗拉强度的平均值，应根据相应的强度等级按本书表 2.4-4（EC 2 表 3.1）确定；

f_{yk}——欧洲规范钢筋的特征屈服强度。

当中国规范采用 C30（$f_t=1.43$MPa）混凝土及 HRB400（$f_y=360$MPa）钢筋，美国规范采用 $f'_c=4000$psi（27.6MPa）混凝土及 $f_y=60000$psi（420MPa）钢筋，欧洲规范采用 C25/30（$f_{ctm}=2.6$MPa）混凝土及 B400（$f_{yk}=400$MPa）钢筋时，最小配筋率分别为：

我国规范：$\rho_{min}=\max(0.179\%,0.2\%)=0.2\%$

美国规范：$\rho_{min}=\max(0.00313,0.00333)=0.00333=0.333\%$

欧洲规范：$\rho_{min}=\max(0.00169,0.0013)=0.00169=0.169\%$

因此，基本可以得出以下规律：美国规范受弯构件受拉钢筋的最小配筋率明显高于中欧规范，中欧规范比较接近，但我国规范的最小配筋率略高于欧洲规范。

2）最大配筋率

我国规范对钢筋混凝土受弯构件没有最大配筋率的规定，但有相对界限受压区高度 ξ_b 的规定。当相对受压区高度 $\xi=x/h_0>\xi_b$ 时，意味着截面超筋，应该避免。故我国规范受弯构件的最大配筋率等于界限配筋率。

美国规范没有明确提出受弯构件的最大配筋率要求，但美国规范有针对非预应力梁最小钢筋应变限值的要求，很多读者对美国规范的这一要求不明就里，其实这一规定就是变相对受弯构件最大配筋率的要求。

对于钢筋混凝土双筋矩形截面，当钢筋最小应变取 $\varepsilon_t=0.004$ 时，则最大配筋率为：

$$\rho_{max}=0.364\frac{\beta_1 f'_c}{f_y}+\rho'$$

式中 ρ'——双筋矩形截面受压钢筋的配筋率。

因此，对于单筋矩形截面，最大配筋率为：

$$\rho_{max}=0.364\frac{\beta_1 f'_c}{f_y}$$

欧洲规范的钢筋混凝土受弯截面，在钢筋搭接区域以外，受拉或受压钢筋的横截面积均不应超过 $A_{s,max}=0.04A_c$，A_c 为混凝土的截面积。

文献《中美欧混凝土结构设计》（中国建筑工业出版社，2007）认为，欧洲规范 EC 2 有 $x_u/d\leqslant0.45$（混凝土强度等级不大于 C50/C60）及 $x_u/d\leqslant0.35$（混凝土强度等级不小于 C55/C67）的规定，笔者认为并不准确，EC 2 第 5.6 节的塑性分析确实在第 5.6.2 及 5.6.3 小节都有 x_u/d 的限值规定，但笔者认为该规定只适用于塑性分析，对于线弹性分析及有限重分配的系统性分析甚至非线性分析与二阶效应分析，都没有相应的规定。《Worked Examples to Eurocode 2 Volume 1》也认为，"这不是欧洲规范 EC 2 的要求，也没有被所有工程师接受"。但这确实是一个非常好的设计实践，通过将 x_u/d 限制在 0.45，可以保证在承载力极限状态下混凝土与钢筋可以同时达到它们的极限应变，也与英国规范 BS 8110 的处理方式一脉相承。但在实际操作层面，一般是通过限制 K'的值不超过 0.167 来实现同一目的，与混凝土强度等级不大于 C50/C60 时的 $x_u/d\leqslant0.45$ 是等价的，换算成配筋率相当于：

$$\rho_{max}=0.45\frac{\lambda\eta f_{cd}}{f_{yd}}$$

当中美欧规范的混凝土与钢筋强度等级与最小配筋率计算的强度等级相同时，欧洲规范的 $\gamma_c=1.5$，$\gamma_s=1.15$，$\alpha_{cc}=0.85$，$\lambda=0.8$，$\eta=1.0$，则最大配筋率分别为：

中国规范：$\rho_{max}=2.06\%$

美国规范：$\rho_{max}=2.03\%$

欧洲规范：$\rho_{max}=1.47\%<4\%$

2. 翼缘受拉截面的受拉钢筋配置

中美规范没有特别规定。

欧洲规范要求在整个翼缘宽度内配置计算所需的受拉钢筋，但允许在梁腹板宽度范围内相对集中地配置受拉钢筋。

美国规范虽没有专门针对受拉翼缘的配筋作出规定，但受拉翼缘作为截面受拉区的钢筋间距要求是必须遵守的，纵向蒙皮钢筋也需要按规范要求配置。

3. 梁箍筋的构造要求

1）中国规范

中国规范有梁高 h 满足一定条件沿梁全长不配筋及沿梁长部分截面不配筋的规定：$h<150$mm 时，可以不设置箍筋；$h=150\sim300$mm 时，可仅在构件端部 $l_0/4$ 范围内设置构造箍筋，但当在构件中部 $l_0/2$ 范围内有集中荷载作用时，则应沿梁全长设置箍筋；$h>300$mm 时，应沿梁全长设置构造箍筋。l_0 为跨度。

当 $V>0.7f_tbh_0+0.05N_{p0}$ 时，箍筋的配筋率 $\rho_w=A_{sv}/(bs)$ 不应小于 $0.24f_t/f_{yv}$，在弯剪扭构件中，箍筋的配筋率 ρ_w 不应小于 $0.28f_t/f_{yv}$。

中国规范偏好封闭箍筋。尤其在第 9.2.9 条说明中明言："开口箍不利于纵向钢筋的定位，且不能约束芯部混凝土。故除小过梁以外，一般构件不应采用开口箍"。

中国规范有最小箍筋直径的规定：截面高度大于 800mm 的梁，箍筋直径不宜小于 8mm；对截面高度不大于 800mm 的梁，不宜小于 6mm。梁中配有计算需要的纵向受压钢筋时，箍筋直径尚不应小于 $d/4$，d 为受压钢筋最大直径。

中国规范有最大箍筋间距的规定，见表 4.3-4。

对于配有计算所需纵向受压钢筋的梁时，对箍筋的配置还有特殊规定：

(1) 箍筋应做成封闭式，且弯钩直线段长度不应小于 $5d$，d 为箍筋直径。

(2) 箍筋的间距不应大于 $15d$，并不应大于 400mm。当一层内的纵向受压钢筋多于 5 根且直径大于 18mm 时，箍筋间距不应大于 $10d$，d 为纵向受压钢筋的最小直径。

(3) 当梁的宽度大于 400mm 且一层内的纵向受压钢筋多于 3 根时，或当梁的宽度不大于 400mm 但一层内的纵向受压钢筋多于 4 根时，应设置复合箍筋。

2）美国规范

美国规范也有关于梁可不配抗剪钢筋的规定：对于非预应力梁，当 $V_u\leqslant0.083\phi\lambda\sqrt{f'_c}b_wd$ 时可不配抗剪钢筋；当 $V_u\leqslant\phi V_c$ 时，表 4.3-4（ACI 318-19 表 9.6.3.1）中的情况也不需要配置抗剪钢筋。其中，就包括梁高 $h\leqslant250$mm 的情况。

当需要抗剪钢筋且扭转效应可忽略时，最小受剪钢筋 $A_{v,min}$ 应按表 4.3-5（ACI 318-

19 表 9.6.3.4）配置。对于非预应力梁，$A_{v,min}/s$ 应为 $0.062\sqrt{f'_c}\frac{b_w}{f_{yt}}$ 与 $0.35\frac{b_w}{f_{yt}}$ 的较大值。

美国规范允许采用 U 形甚至 L 形的开口箍筋，也允许采用满足搭接要求的成对 U 形箍筋组成的闭合箍筋，但这种组合的闭合箍筋不能用作抗扭箍筋。美国规范的这些要求对预制叠合构件及结构加固改造时无法形成闭合箍筋的情况非常适用、有效。

美国规范对普通的箍筋没有最小直径的要求，但对有纵向受压钢筋要求的梁箍筋有最小直径要求：纵筋直径不大于 10 号（32mm）时应采用 3 号（10mm）钢筋作为箍筋；纵筋直径不小于 11 号（36mm）时应采用 4 号（13mm）钢筋作为箍筋。

美国规范对抗剪钢筋最大间距要求见表 4.3-7（ACI 318-19 表 9.7.6.2.2），该表根据所需 V_s 以 $0.33\sqrt{f'_c}b_wd$ 为界分为两档，为便于与中欧规范的最小构造箍筋比较，仅考虑 $V_s \leqslant 0.33\sqrt{f'_c}b_wd$ 的情况，则可将非预应力梁的最大箍筋间距概括为 600mm 与 $d/2$ 的较小值，d 为梁截面有效高度。与之对应的箍筋横向间距（肢距）则为 600mm 与 d 的较小值。这个肢距要求太宽松了。

美国规范对有纵向受压钢筋要求的梁的箍筋间距也有特殊要求：不应超过 16 倍纵筋直径、48 倍箍筋直径与梁截面短边尺寸三者的最小值。

3）欧洲规范

当钢筋混凝土受弯构件的抗剪验算截面满足 $V_{Ed} \leqslant V_{Rd,c}$ 要求时，不需要计算抗剪钢筋，V_{Ed} 是由外部荷载和预应力引起的截面剪力设计值，$V_{Rd,c}$ 为无抗剪钢筋构件的设计受剪承载力。对于可能发生横向荷载重分配的板式构件（实心板、带肋板或空心板），可以省略最小抗剪钢筋。对于那些对结构的整体抗力与稳定性没有显著贡献的次要构件（如跨度不大于 2m 的过梁），也可以省略最小抗剪钢筋。

欧洲规范对最小抗剪钢筋的建议值为 $\rho_{w,min}=(0.08\sqrt{f_{ck}})/f_{yk}$。

欧洲规范规定除了箍筋与弯起钢筋可以做抗剪钢筋外，笼子型、梯子型等钢筋组件，即使没有围合住纵向钢筋，但只要在受拉区与受压区恰当地锚固，都可以用作抗剪钢筋，但以箍筋作为抗剪钢筋必须超过总抗剪钢筋一定的比例，欧洲规范对该比例的建议值为 0.5。

欧洲规范对抗剪箍筋最大纵向间距的建议值为 $s_{l,max}=0.75d(1+\cot\alpha)$，$\alpha$ 为抗剪钢筋与梁纵轴的夹角，当采用垂直箍筋时则简化为 $s_{l,max}=0.75d$，d 为受弯构件截面的有效高度；多肢箍筋的横向间距（肢距）不应超过 $s_{t,max}=0.75d \leqslant 600$mm。

欧洲规范对抗剪钢筋没有最小直径的要求。

以上均基于欧洲规范的建议值，具体数值应以各国的国家附件为准。

综上所述，在箍筋间距方面，欧洲规范的规定最为宽松。中美规范在梁高 700mm 左右时相当，小于 700mm 时美国规范偏严，大于 700mm 时中国规范偏严。

4. 受扭钢筋的配置

1）中国规范

抗扭纵筋：沿截面周边布置受扭纵向钢筋的间距不应大于 200mm 及梁截面短边长度；除应在梁截面四角设置受扭纵向钢筋外，其余受扭纵向钢筋宜沿截面周边均匀对称布置。

抗扭箍筋：受扭所需的箍筋应做成封闭式，且应沿截面周边布置。当采用复合箍筋时，位于截面内部的箍筋不应计入受扭所需的箍筋面积。受扭所需箍筋的末端应做成135°弯钩，弯钩端头平直段长度不应小于 $10d$，d 为箍筋直径。

2）美国规范

抗扭纵筋：如果需要抗扭钢筋，则纵向扭转钢筋应分布在闭合箍筋（closed stirrups）或箍圈（hoops）的周围，其间距不大于 300mm。纵向钢筋应放在闭合箍筋或箍圈内，并且至少有一根纵向钢筋应放置在每个角上。纵向受扭钢筋的直径至少应为横向钢筋间距的 0.042 倍，但不小于 10mm。

抗扭箍筋：横向扭转钢筋的间距不应超出的 $p_h/8$ 与 300mm 的较小值，p_h 为最外圈抗扭闭合箍筋中心线的周长。用于扭转或整体性钢筋的箍筋应为垂直于构件轴线的封闭箍筋。允许使用满足规范要求锚固方式的焊接钢丝网片。

用于扭转或整体性的箍筋允许由两部分钢筋组成：满足锚固要求的单个 U 形箍筋与一个盖帽筋组成闭合箍，但盖帽筋 90°的弯钩应该被翼缘、板或类似构件约束以防剥落，见图 4.3-6。

3）欧洲规范

抗扭纵筋：纵向钢筋的布置应使每个拐角处至少有一根钢筋，其余的钢筋均匀地分布在箍筋的内缘周围，且间距不大于 350mm。

抗扭箍筋：抗扭箍筋应闭合，并通过搭接或弯钩形端部锚固，见图 4.3-15（EC 2 图 9.6），并且应与结构构件的轴线成 90°角。抗扭箍筋的纵向间距不应超过 $u/8$（u 为构件截面外边缘的周长），或抗剪钢筋最大间距 $s_{l,\max}$，或梁截面短边尺寸。

5. 表面钢筋的配置

关于梁侧面的抗裂钢筋，中国规范称为侧向构造钢筋，俗称腰筋，欧洲规范称为表面钢筋（surface reinforcements），美国规范称为纵向蒙皮钢筋（longitudinal skin reinforcement）。

1）中国规范

当梁的腹板高度 h_w 不小于 450mm 时，在梁的两个侧面应沿高度配置纵向构造钢筋。每侧纵向构造钢筋（不包括梁上、下部受力钢筋及架立钢筋）的间距不宜大于 200mm，截面面积不应小于腹板截面面积（bh_w）的 0.1%，但当梁宽较大时可以适当放松。此处，腹板高度 h_w：矩形截面，取有效高度；T 形截面，取有效高度减去翼缘高度；I 形截面，取腹板净高。

中国规范的腰筋配置要求以腹板高度 $h_w=450$mm 为界，腰筋数量与腹板截面面积（bh_w）及百分比 0.1%两个参数有关。

中国规范对保护层厚度大于 50mm 的梁、柱、墙宜对保护层采取有效构造措施的要求，常用措施之一是在保护层内加配钢筋网片，见图 4.3-6。

根据中国《混规》第 9.2.15 条的条文说明：本条参考欧洲规范 EN 1992-1-1：2004 的有关规定，为防止表层混凝土碎裂、坠落和控制裂缝宽度，提出了在厚保护层混凝土梁下部配置表层分布钢筋（表层钢筋）的构造要求。

2）美国规范

对于梁高 h 超过 900mm 的非预应力梁和 C 类预应力梁，纵向蒙皮钢筋（腰筋）应均匀分布在距受拉边缘距离为 $h/2$ 范围的梁的两个侧面上，见图 4.3-20。蒙皮钢筋的最大间距要求同受拉钢筋的间距要求（表 4.2-17）。将保护层厚度以 5mm 为模数并将几种常用带肋钢筋的强度等级以 $f_s=\left(\frac{2}{3}\right)f_y$ 代入表 4.2-17 中的前两式并取较小值，便可得表 4.3-9 中的带肋钢筋最大间距。

有趣的是，在采取了应变相容性分析的情况下，美国规范允许在强度计算中包括蒙皮钢筋的贡献。

美国规范蒙皮钢筋的配置要求以梁高 900mm 为界，蒙皮钢筋数量仅与钢筋强度等级及保护层厚度有关，与构件截面尺寸无关。

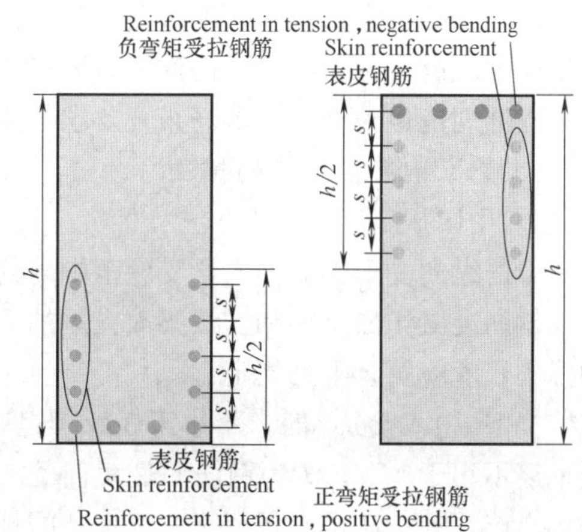

图 4.3-20　梁高大于 900mm 的梁蒙皮钢筋

非预应力梁与单向板中带肋钢筋的最大间距　　表 4.3-9

钢筋强度等级(MPa)	保护层厚度(mm)									
	15	20	25	30	35	40	45	50	55	60
280	450	450	450	450	450	450	450	445	433	420
420	300	300	300	300	293	280	268	255	243	230
550	229	229	228	215	203	190	178	165	153	140

3）欧洲规范

将表面钢筋作为非正式条款列入附录 J 中。仅当主筋直径（或并筋等价直径）大于 32mm 或钢筋保护层厚度大于 70mm 时采用。前者针对大直径主筋的表面钢筋欧洲规范建议值为 $A_{s,surf\ min}=0.01A_{ct,ext}$，后者针对较厚保护层的表面钢筋欧洲规范建议值为 $A_{s,surf\ min}=0.005A_{ct,ext}$。但与中美规范不同的是，欧洲规范此处的 $A_{ct,ext}$ 为梁箍筋以外受拉区混凝土截面积，即图 4.3-21 中的阴影面积。而且，配筋方式也是在箍筋以外的保护层内配筋，纵横两个方向均需配筋。

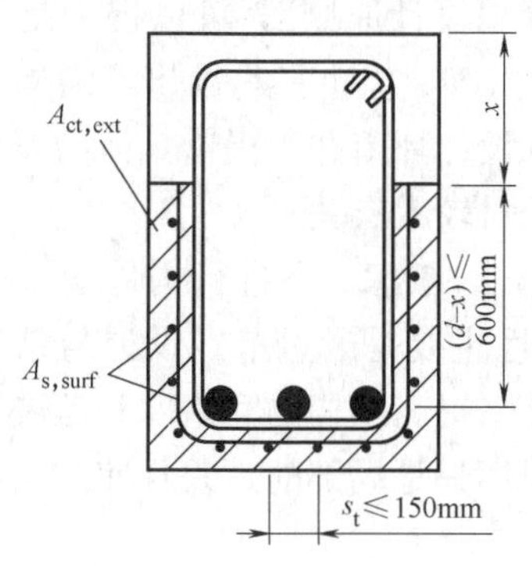

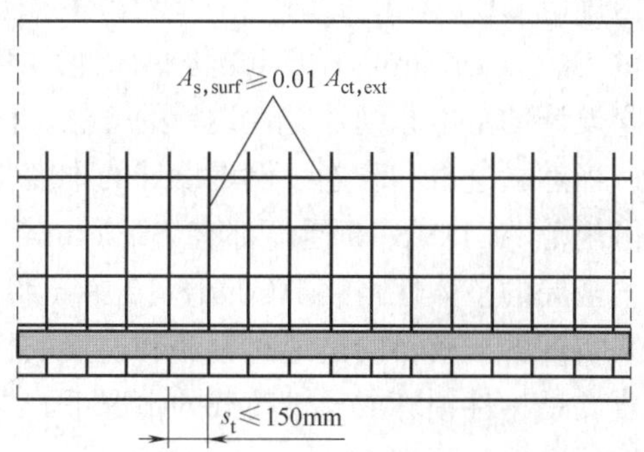

注：x为承载力极限状态下中性轴的高度。

图 4.3-21　梁表面钢筋示例（EC 2 图 J.1）

欧洲规范对表面钢筋的配置要求与梁截面尺寸无关，配筋数量仅与箍筋以外受拉区混凝土截面积有关，也与整个构件的截面尺寸无关。

欧洲规范也允许符合钢筋布置要求与锚固要求的表面钢筋参与构件抗弯与抗剪。

6. 受拉钢筋在支座的锚固

1）中国规范

梁的纵向受力钢筋伸入梁支座范围内的钢筋不应少于 2 根。

钢筋混凝土简支梁和连续梁简支端的下部纵向受力钢筋，从支座边缘算起伸入支座内的锚固长度应符合下列规定：

当 $V \leqslant 0.7f_tbh_0$ 时，不小于 $5d$；当 $V > 0.7f_tbh_0$ 时，对带肋钢筋不小于 $12d$，对光圆钢筋不小于 $15d$，d 为钢筋的最大直径；如锚固长度不满足要求时，可采取弯钩或机械锚固措施，并应满足本规范第 8.3.3 条的规定。

注：混凝土强度等级为 C25 及以下的简支梁和连续梁的简支端，当距支座边 $1.5h$ 范围内作用有集中荷载，且 $V > 0.7f_tbh_0$ 时，对带肋钢筋宜采取有效的锚固措施，或取锚固长度不小于 $15d$，d 为锚固钢筋的直径。

2）美国规范

在简支支座处，至少 1/3 的最大正弯矩钢筋应沿梁底延伸进入支座，但预制梁的这种钢筋应至少延伸到支承长度的中心。在其他支座处，至少 1/4 的最大正弯矩配筋应沿梁底延伸进入支座至少 150mm。如果梁是主要抗侧力系统的一部分，则钢筋应锚入支座并确保在支座边缘处能发挥 f_y 的强度。

3）欧洲规范

设计中，假定无转动约束的端支座底部钢筋面积应至少取为跨中截面钢筋面积的 β_2 倍，欧洲规范建议值：$\beta_2 = 0.25$。锚固长度 l_{bd} 根据 EC 2 第 8.4.4 条确定，从梁与支座之间的接触线开始测量。

对于底部钢筋在中间支座的锚固，前文端支座底部钢筋最小配筋面积的要求仍然适用。底部钢筋在中间支座锚固长度：当为直线锚固时，应不小于 10ϕ（ϕ 为钢筋直径）；采用弯钩锚固时，对于直径不小于 16mm 的钢筋应不小于弯钩的弯曲直径，对于直径小于 16mm 的钢筋应不小于弯钩弯曲直径的两倍。

7. 防连续倒塌设计原则、结构整体性与拉结系统

中国规范 GB 50010—2010 第 3.6 节有“防连续倒塌设计原则”，可以视为是与 ACI 318-19 的 Structural integrity（结构整体性）相类似的内容，但也只是给出了结构防连续倒塌概念设计的基本原则及定性设计的方法，而在构件设计环节并未提供具体的设计或构造措施。当然，这也和防连续倒塌设计的难度与代价相对较大有关。

美国规范 ACI 318-19 通篇都有 Structural integrity 的考虑，在进行构件设计的同时兼顾结构全局的整体性，在 ACI 318-19 中，结构整体性主要是通过节点设计与结构整体性钢筋来实现的。其目的是通过钢筋和连接的构造设计来提高结构的冗余度和延展性，以便在主要支承构件损坏或异常荷载的情况下，导致的损坏只是局部的，并且使结构维持整体稳定性的可能性更高。

欧洲规范 EN 1992-1-1：2004＋A1：2014 虽然没有“Structural integrity”的概念，但有“防连续倒塌”的设计原则及具体的设计方法，集中体现在“9.10 Tying systems”

（第 9.10 节 拉结系统）中，同时在构件设计环节也在构造方面予以适当的考虑，如连续梁的支座下部钢筋（9.2.1.5）及无梁楼盖的支座下部钢筋（9.4.1）等。

与中欧规范相比，美国规范的结构整体性不但有原则性、概念性的总体要求，在各类构件设计与节点设计环节中也都融入了结构整体性方面的考虑及具体规定，具有非常强的可操作性与可实现性，是中欧规范应该借鉴的。

四、深受弯构件与深梁

（一）中国规范

深受弯构件（Deep flexural member）是中国混凝土规范的专有名词，是指跨高比小于 5 的受弯构件。欧美规范没有深受弯构件的概念，但欧美规范同中国规范一样均有深梁（Deep Beam）的概念。中国规范的深梁是指“跨高比小于 2 的简支单跨梁或跨高比小于 2.5 的多跨连续梁”，与欧美规范对“深梁”的定义也是有所区别的。

此外，中国混凝土规范没有将深受弯构件与深梁的内容放到规范正文中，而是放到了“附录 G 深受弯构件”中，限于篇幅，本书不再展开介绍。

（二）美国规范

对于荷载施加在一个面上而支座在相反面上的构件（这样，在荷载与支座之间就可以发展出像撑杆一样的压缩元件），当满足下述要求即可视为深梁：

（1）净跨度不超过总构件高度 h 的四倍；

（2）距支座边缘 $2h$ 距离内存在集中荷载。

深梁设计应考虑沿截面高度纵向应变分布的非线性。拉—压杆模型被认为满足上述要求。

深梁截面尺寸选择或确定应满足下式要求：

$$V_u \leqslant \phi 10\sqrt{f'_c} b_w d$$

（4.3-18）［ACI 318-19 式（9.9.2.1）］

沿深梁侧面的分布钢筋至少应满足下列要求：

（1）垂直于梁纵轴的分布钢筋的面积 A_v 应至少为 $0.0025b_w s$，其中 s 为分布横向钢筋的间距。

（2）平行于梁纵轴的分布钢筋的面积 A_{vh} 应至少为 $0.0025b_w s_2$，其中 s_2 为分布纵向钢筋的间距。

最小弯曲受拉钢筋面积 $A_{s,min}$ 的确定同前述普通梁。

纵向受力钢筋间距要求同普通梁，分布钢筋间距不应超过 $d/5$ 与 300mm 的较小值。

抗拉钢筋的延伸长度应考虑钢筋中与弯矩不成正比的应力分布。

在简支支座，正弯矩受拉钢筋应有足够的锚固长度以确保在支座边缘能使强度发展到 f_y。如果使用 ACI 318-19 第 23 章的“拉—压杆模型”设计深梁，则正弯矩抗拉钢筋应根据该章第 23.8.2 和 23.8.3 条的要求锚固。

在中间支座，应满足下述要求：

（1）负弯矩受拉钢筋应与相邻跨钢筋连续；

（2）正弯矩受拉钢筋应与相邻跨钢筋连续或拼接。

(三) 欧洲规范

梁是其跨度不小于总截面高度的 3 倍的梁；否则，应将其视为深梁。

深梁通常应在每个侧面附近配备满足 $A_{s,db\ min}$ 的正交钢筋网。

注：某个国家使用的 $A_{s,db\ min}$ 值可以在其国家附件中找到，欧洲规范推荐值为每个侧面的每一方向不小于 150mm^2/m。

钢筋网中两根相邻钢筋之间的距离不应超过两倍深梁厚度与 300mm 中的较小值。

对应于设计模型中所考虑的连接钢筋应完全锚固在节点中以保持平衡（参见 EC 2 第 6.5.4 条），除非在节点与梁端之间有足够的长度允许锚固 l_{bd} 长度，否则应采用弯钩、U 形箍或其他锚固装置。

第四节　柱 的 设 计

一、中国规范

中国混凝土规范没有给柱一个明确的定义，但在“9.4 墙”中的第 9.4.1 条中，明确“竖向构件截面长边、短边（厚度）比值大于 4 时，宜按墙的要求进行设计”，由此可以推导出“竖向构件截面长边、短边（厚度）比值不大于 4 时，宜按柱的要求进行设计”的结论。

柱的设计与梁板设计的最大区别在于受压构件的稳定性与内力的二阶效应，影响最大的便是柱的长细比及与长细比密切相关的计算长度。一般来说，这部分内容属于结构模拟分析的内容，但中国混凝土规范将这部分内容归入了“6.2 正截面承载力计算”的第（Ⅰ）部分“正截面受压承载力计算的一般规定”与第（Ⅲ）部分“正截面受压承载力计算”中，而将“近似计算偏压构件侧移二阶效应的增大系数法”则列入了附录 B。柱承载力与配筋计算属于第 6.2 节的内容，但柱的配筋原则则在“9.3 柱、梁柱节点及牛腿”中，这也符合中国混凝土规范将“构件承载力计算”与“构件配筋要求”分列的基本原则。

1.《混凝土结构设计规范》GB 50010—2010（2015 年版）的规定

1）柱中纵向钢筋

（1）纵向受力钢筋直径不宜小于 12mm；全部纵向钢筋的配筋率不宜大于 5%。

（2）柱中纵向钢筋的净间距不应小于 50mm，且不宜大于 300mm。

（3）偏心受压柱的截面高度不小于 600mm 时，在柱的侧面上应设置直径不小于 10mm 的纵向构造钢筋，并相应设置复合箍筋或拉筋。

（4）圆柱中纵向钢筋不宜少于 8 根，不应少于 6 根，且宜沿周边均匀布置。

（5）在偏心受压柱中，垂直于弯矩作用平面的侧面上的纵向受力钢筋以及轴心受压柱中各边的纵向受力钢筋，其中距不宜大 300mm。

注：水平浇筑的预制柱，纵向钢筋的最小净间距可按《混规》第 9.2.1 条关于梁的有关规定取用。

2）柱中箍筋

（1）箍筋直径不应小于 $d/4$ 且不应小于 6mm，d 为纵向钢筋的最大直径。

（2）箍筋间距不应大于 400mm 及构件截面的短边尺寸，且不应大于 $15d$，d 为纵向钢筋的最小直径。

(3) 柱及其他受压构件中的周边箍筋应做成封闭式；对圆柱中的箍筋，搭接长度不应小于《混规》第 8.3.1 条规定的锚固长度，且末端应做成 135°弯钩，弯钩末端平直段长度不应小于 $5d$，d 为箍筋直径。

(4) 当柱截面短边尺寸大于 400mm 且各边纵向钢筋多于 3 根时，或当柱截面短边尺寸不大于 400mm 但各边纵向钢筋多于 4 根时，应设置复合箍筋。

(5) 柱中全部纵向受力钢筋的配筋率大于 3%时，箍筋直径不应小于 8mm，间距不应大于 $10d$ 且不应大于 200mm，d 为纵向受力钢筋的最小直径。箍筋末端应做成 135°弯钩，且弯钩末端平直段长度不应小于箍筋直径的 10 倍。

(6) 在配有螺旋式或焊接环式箍筋的柱中，如在正截面受压承载力计算中考虑间接钢筋的作用时，箍筋间距不应大于 80mm 及 $d_{cor}/5$，且不宜小于 40mm，d_{cor} 为按箍筋内表面确定的核心截面直径。

3) I 形截面柱

I 形截面柱的翼缘厚度不宜小于 120mm，腹板厚度不宜小于 100mm。当腹板开孔时，宜在孔洞周边每边设置 2～3 根直径不小于 8mm 的补强钢筋，每个方向补强钢筋的截面面积不宜小于该方向被截断钢筋的截面面积。

腹板开孔的 I 形截面柱，当孔的横向尺寸小于柱截面高度的一半、孔的竖向尺寸小于相邻两孔之间的净间距时，柱的刚度可按实腹 I 形截面柱计算，但在计算承载力时应扣除孔洞的削弱部分。当开孔尺寸超过上述规定时，柱的刚度和承载力应按双肢柱计算。

2.《混凝土结构通用规范》GB 55008—2021 的规定

矩形截面框架柱的边长不应小于 300mm，圆形截面柱的直径不应小于 350mm。

纵向受力普通钢筋的配筋率不应小于表 4.2-15 的规定值。当采用 C60 以上强度等级的混凝土时，受压构件全部纵向普通钢筋最小配筋率应按表 4.2-15 中的规定值增加 0.1%采用。

有抗震要求的框架柱配筋应符合本书第七章的有关要求。

二、美国规范

美国规范 ACI 318 对柱的定义：通常为垂直或主要为垂直的构件，主要用于支承轴向压缩荷载，但也可以抵抗弯矩、剪力或扭矩的构件。用作抗侧力系统一部分的柱抵抗轴向荷载、弯矩和剪力的共同作用。另请参见弯矩框架。

上述柱的定义没有给出柱截面长短边之比的数值指标，但在 ACI 318 对墙的定义中，有"水平长度与厚度之比大于 3"的要求，因此可以认为水平截面长短边之比为 3 是美国规范中墙与柱的分界线。

1. 设计限值

对于具有正方形、八边形或其他形状截面的柱，应允许将所考虑的总截面面积、所需钢筋和设计强度等价成为直径等于实际形状最小截面边长的圆形截面上。

对于横截面大于受力所需截面面积的柱子，应允许以折减的有效面积来计算所需钢筋，但不小于钢筋总面积的一半。也就是说，当柱子的总截面尺寸大于抵抗设计荷载所需的截面尺寸时，则最小配筋应该基于实际所需的截面面积而不是实际提供的截面面积，但钢筋面积不应小于基于实际提供截面配筋面积的一半。本规定不适用于特殊弯矩框架中的柱子或不属于根据 ACI 318-19 第 18 章设计的抗震系统一部分的柱子。

对于与混凝土墙整浇在一起的柱，其有效横截面的外缘极限不得大于横向钢筋以外 40mm。

对于具有两个或多个互锁螺旋箍的柱，有效横截面的外缘极限应取螺旋箍外等于最小所需混凝土保护层的距离。

当根据前述规定考虑有效面积折减时，则结构中与柱相互作用的其他部分的结构分析与设计应基于实际横截面。

对于混凝土核心用结构钢包裹的复合柱，钢壳的厚度至少应为下述（1）或（2）。

（1）$b\sqrt{\dfrac{f_y}{3E_s}}$ 对于柱宽为 b 的每个边

（2）$h\sqrt{\dfrac{f_y}{8E_s}}$ 对于直径为 h 的圆形截面

2. 所需强度

1）一般规定

所需强度应根据 ACI 318-19 第 5 章中的设计荷载组合进行计算；

所需强度应按照本书“第三章　结构模拟与分析”（ACI 318—19 第 6 章）中的分析方法进行计算。

2）设计轴力与设计弯矩

P_u 与 M_u 同时发生的每一个设计荷载组合均应考虑。如果不系统地检查每个组合，可能很难确定关键荷载组合。

如图 4.4-1 所示，仅考虑与最大轴向力（LC_1）和最大弯曲力矩（LC_2）相关的设计荷载组合并不一定为其他荷载组合（例如 LC_3）提供符合规范的设计。

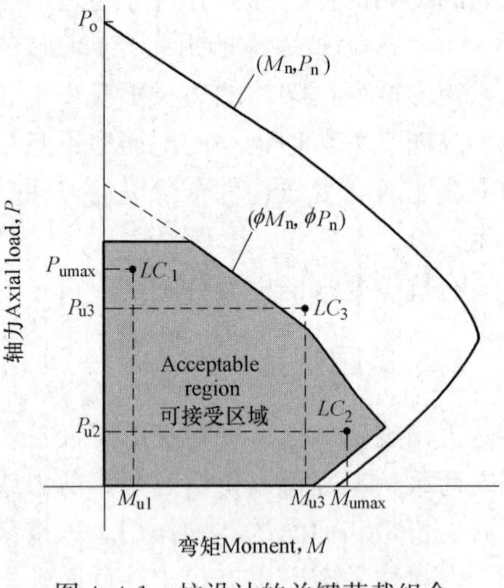

图 4.4-1　柱设计的关键荷载组合（ACI 318-19 图 R10.4.2.1）

3. 设计强度（承载力）

1）一般规定

对于每种适用的设计荷载组合，所有截面的设计强度均应满足 $\phi S_n \geqslant U$，包括下列情况。荷载效应之间的相互作用应予以考虑。

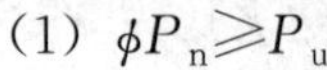

（1）$\phi P_n \geqslant P_u$

（2）$\phi M_n \geqslant M_u$

（3）$\phi V_n \geqslant V_u$

（4）$\phi T_n \geqslant T_u$

2）轴力与弯矩

标称轴向抗压强度 P_n 不得超过本章第一节表 4.1-3（ACI 318-19 表 22.4.2.1）中的 $P_{n,max}$，表中 P_o 前的系数是考虑偶然偏心而额外采用的折减系数。注意：f_y 值应限定在最大 560MPa。M_n 应按本章第一节受弯构件的基本假定与承载力计算原则和方法进行确定，也可参照 ACI 318-19 第 22.3 节。

3）抗剪强度

抗剪强度 V_n 的确定同前文梁板设计章节，也可参阅 ACI 318-19 第 22.5 节，在此不再重述。

4）抗扭强度

一般而言，作用于建筑物柱上的扭矩是可忽略的，很少会影响柱的设计。但当 $T_u \geqslant \phi T_{th}$ 时，必须考虑扭转的影响，可参阅前文“梁的设计”相关内容，也可参阅 ACI 318-19 第 9 章的内容。

4. 配筋限值

1）最小与最大纵向钢筋

对于非预应力柱与 $f_{pe}<1.6$MPa 的预应力柱，纵向钢筋的面积至少应为 $0.01A_g$，但不应超过 $0.08A_g$。

对于具有钢骨核心的混凝土复合柱，位于横向钢筋以内的纵向钢筋的面积至少应为 $0.01(A_g - A_{sx})$，但不应超过 $0.08(A_g - A_{sx})$。

可见美国规范对柱的最小配筋率要求比较高。

2）最小抗剪钢筋

在所有 $V_u>0.5\phi V_c$ 的区域都应提供最小抗剪钢筋 $A_{v,min}$。

如果需要抗剪钢筋，则 $A_{v,min}$ 应取以下二式计算的较大值：

（1）$0.062\sqrt{f_c'}\dfrac{b_w s}{f_{yt}}$

（2）$0.35\dfrac{b_w s}{f_{yt}}$

5. 配筋详图

1）一般规定

钢筋的混凝土保护层应满足 ACI 318-19 第 20.6.1 条的要求。

带肋钢筋与预应力钢筋的发展长度应符合 ACI 318-19 第 25.4 节的规定。

并筋应符合 ACI 318-19 第 25.6 节的规定。

2）钢筋间距

柱、支撑与墙边缘构件中的纵向钢筋净距应至少为 25mm、1.5 倍纵筋直径与 4/3 粗骨料直径的最大值。

3）纵向钢筋

对于非预应力柱与 $f_{pe}<1.6$MPa 的预应力柱，纵向钢筋的最小数量应为下列情形之一：

（1）在三角形拉结筋内为 3 根；

（2）在矩形或圆形拉结筋内为 4 根；

（3）螺旋箍或采用圆形箍的特殊弯矩框架柱为 6 根。

对于具有钢骨核心的复合柱，应在矩形横截面的每个角处放置一根纵向钢筋，而其他纵向钢筋的间距应不小于复合柱短边尺寸的二分之一。

当钢筋被矩形或圆形的拉筋包围时，至少需要 4 根纵向钢筋。对于其他拉筋形状，应在每个顶点或拐角处提供 1 根钢筋，并提供适当的横向钢筋。例如，拉结三角柱至少需要 3 根纵向钢筋，在三角形拉筋的每个顶点处 1 根。对于螺旋箍所包围的钢筋，至少需要 6 根钢筋。

如果圆形排列中的钢筋数量少于 8 根，则钢筋笼的方向可能会显著影响偏心受压柱的弯曲强度，因此应在设计中加以考虑。

4）偏置弯曲纵向钢筋

偏置弯曲的纵向钢筋相对于柱纵轴的倾斜部分的斜度应不超过 1∶6。偏置部位之上和之下的钢筋应与柱轴线平行。

如果柱边偏移量达 75mm 或更多，则纵向钢筋不应偏移弯曲，应提供单独的钢筋与柱边相邻纵向钢筋搭接。

5）纵向钢筋的拼接

（1）一般规定

允许采用搭接、机械连接、对焊拉结及端板连接。

拼接接头应满足所有设计荷载组合。

带肋钢筋的拼接应符合 ACI 318-19 第 25.5 节的规定，应满足 ACI 318-19 第 10.7.5.2 款搭接连接或第 10.7.5.3 款端板连接的要求。

在计算有偏置钢筋柱中的受拉钢筋搭接长度时，图 4.4-2 所示的钢筋净距可以采用。

（2）搭接接头

在同时承受弯矩与轴力的柱子中，拉应力可能会发生在图 4.4-3 所示中等偏心和大偏心受压柱的一边。当这种拉应力出现时，纵向受力钢筋就需要采用受拉拼接接头。

拼接要求的制定是基于受压搭接接头的抗拉强度至少为 $0.25f_y$。因此，即使柱按受压设计，也可提供一定的固有抗拉强度。

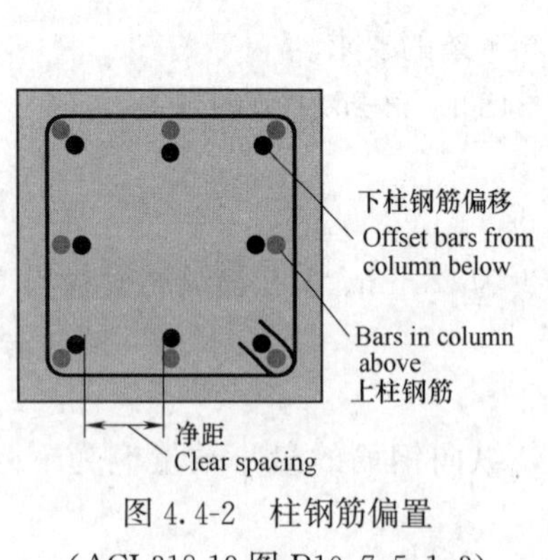

图 4.4-2　柱钢筋偏置

（ACI 318-19 图 R10.7.5.1.3）

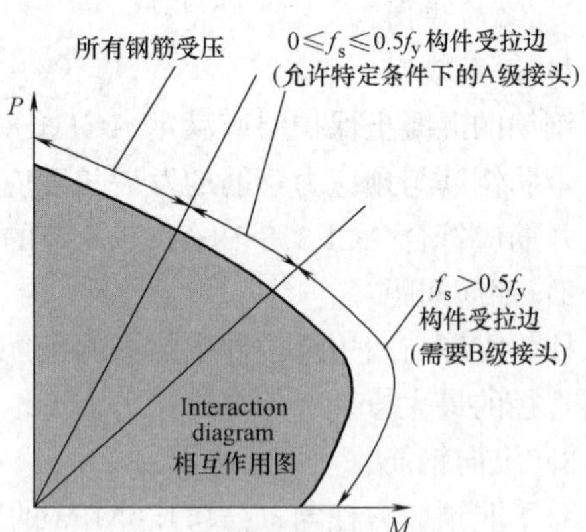

图 4.4-3　柱纵筋的搭接连接要求

（ACI 318-19 图 R10.7.5.2）

如果钢筋在设计荷载下受压，则应允许受压搭接。应允许按照下列规定减小受压搭接接头的长度，但搭接接头的长度应至少为 300mm。

① 对于有拉结筋的柱，在整个搭接接头长度上，当拉结筋在两个方向上的有效面积均不小于 $0.0015hs$ 时，应允许搭接接头长度乘以 0.83。在计算有效面积时，应考虑垂直于尺寸 h 的分肢。

② 对于配有螺旋箍的柱，当整个搭接接头长度上的螺旋箍满足 ACI 318-19 第 25.7.3 条的要求时，应允许搭接接头长度乘以 0.75。

如果接头在整个长度上都用足够的拉结筋围住，则可以减小搭接接头长度。

垂直于每个方向的拉筋分肢面积应分别计算。如图 4.4-4（ACI 318-19 图 R10.7.5.2.1）所示，其中 4 个分肢在一个方向上有效，而 2 个分肢在另一个方向上有效。当搭接接头在整个长度范围内都被螺线包围从而增加分离抗力时，则受压搭接长度也可被减少。

如果钢筋在设计荷载下受拉，则应按表 4.4-1 的要求采用受拉搭接接头。

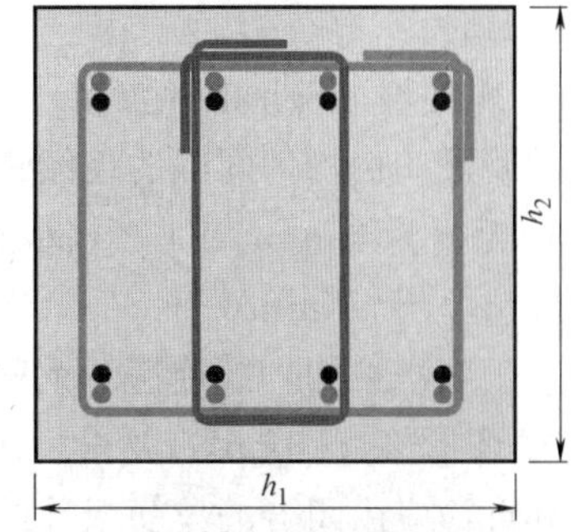

方向 1：$4A_b \geqslant 0.0015h_1s$；
方向 2：$2A_b \geqslant 0.0015h_1s$
式中 A_b 为拉筋的单肢面积。

图 4.4-4　拉筋在两个方向上的有效面积示例（ACI 318-19 图 R10.7.5.2.1）

受拉搭接接头等级（ACI 318-19 表 10.7.5.2.2）　　**表 4.4-1**

受拉钢筋应力	拼接详情	拼接类型
$\leqslant 0.5f_y$	任一截面不多于 50%的钢筋搭接且相邻钢筋的搭接接头位置应错开至少 l_d	A 级
	其他情况	B 级
$>0.5f_y$	所有情况	C 级

（3）端部承压接头

当设计荷载使钢筋受压时，只要接头是交错的，或在接头位置提供附加钢筋，则应允许采用端部承压接头。柱子每边的连续钢筋应至少具有相当于该边纵向钢筋面积乘以 $0.25f_y$ 的抗拉强度。

6）横向钢筋

（1）一般规定

横向钢筋应满足钢筋间距最严格的要求。

横向钢筋的详图应符合下述拉筋、螺旋筋或环形箍的要求。

① 拉筋（Ties）要求（ACI 318-19 第 25.7.2 条）

柱的拉筋应由闭环的变形钢筋组成，其间距应符合下述规定：

a. 净距至少为 4/3 倍粗骨料直径；

b. 中心距不应超过 16 倍纵筋直径、48 倍拉筋直径与构件短边尺寸的最小值。

拉筋直径至少应为下述情形之一：

a. 纵筋直径不大于 10 号（32mm）时为 3 号（10mm）钢筋；

b. 纵筋直径不小于 11 号（36mm）时为 4 号（13mm）钢筋。

直线型拉筋的布置应满足下述要求：

a. 每个角部钢筋和间隔的纵向钢筋应由拉筋所形成的不超过 135°的夹角来提供侧向支撑；

b. 沿着拉筋的每一侧，无侧向支撑钢筋与有侧向支撑钢筋之间的净距不得超过 150mm。

② 螺旋箍（Spirals）要求（ACI 318-19 第 25.7.3 条）

螺旋箍应由均匀间隔的连续钢筋或钢丝组成，且其净间距应符合下述要求：

a. 至少为 25mm 与 4/3 倍粗骨料直径，取大值；

b. 不大于 75mm。

对于现浇结构，螺旋箍的钢筋或钢丝直径至少应为 9.5mm。

③ 环形箍（Hoops）要求（ACI 318-19 第 25.7.4 条）

环形箍应由闭合的拉筋或连续缠绕的拉筋组成，拉筋可以由多个钢筋元件组成，每个钢筋元件的两端均带有防震钩。

环形箍中钢筋元件的端部应采用抗震钩锚固并钩住纵向钢筋。环形箍不应由互锁的墩头带肋钢筋组成。

对于具有钢骨核心的复合柱，横向拉筋或环箍的最小钢筋直径 d_b 至少应为复合柱较大边长尺寸的 0.02 倍，但至少应为 3 号钢筋，且不得大于 5 号钢筋。钢筋间距应满足 ACI 318-19 第 25.7.2.1 款的要求，但不超过复合柱最小尺寸的 0.5 倍。

应允许使用带肋钢丝或等效面积的焊接钢丝网片。

纵向钢筋应使用拉筋或环箍（符合第 10.7.6.2 款要求）或螺旋箍（符合第 10.7.6.3 款要求）进行侧向支撑，除非试验和结构分析证明有足够的强度和施工可行性。

当柱子或基座顶部有地脚螺栓时，则螺栓应由横向钢筋包围，该横向钢筋也应围绕柱子或基座内的至少 4 根纵向钢筋。横向钢筋应分布在立柱或基座顶部的 5in 范围内，并且应至少由 2 根 4 号钢筋或 3 根 3 号钢筋组成。

(2) 用拉筋或环箍作为纵向钢筋的侧向支撑

在任一楼层，底部拉筋或环箍至基础或板顶的距离不得超过基础或板顶上方拉筋或环箍间距的一半。

在任一楼层，顶部拉筋或环箍至楼板、托板或柱帽中最低水平钢筋的距离均不得超过楼板、托板或柱帽中最低水平钢筋下方拉筋或环箍间距的一半。如果柱子四周均有梁或支撑，则顶部拉筋或环箍应位于截面高度最矮梁或支撑中最低水平钢筋下方不超过 75mm 的位置。

(3) 用螺旋箍作为纵向钢筋的侧向支撑

在任一楼层，螺旋箍的底部应位于基础或板的顶部。

在任一楼层，螺旋箍的顶部应满足表 4.4-2 的要求。

螺旋箍在柱顶的延伸要求（ACI 318-19 表 10.7.6.3.2）　　表 4.4-2

柱端的连接状态	延伸要求
梁或支撑进入柱的各边形成框架	延伸到上面被支承构件中最低水平钢筋的高度
梁或支撑未进入柱的各边形成框架	延伸到上面被支承构件中最低水平钢筋的高度。附加的柱拉筋应从螺旋筋的末端向上方延伸到板、托板或柱帽的底部
有柱帽的柱	延伸到柱帽的直径或宽度是柱直径或宽度两倍的标高处

(4) 偏置弯曲纵向钢筋的侧向支撑

如果纵向钢筋偏置，则应通过拉筋、环箍、螺旋箍或楼板结构的一部分来为纵向钢筋提供水平支撑，其设计应能抵抗偏置钢筋倾斜部分中所算得的力的水平分量的 1.5 倍。

如果提供了横向钢筋来抵抗偏置弯曲产生的力，则应将拉筋、环箍、螺旋箍放置在距弯曲点不超过 150mm 的位置。

（5）抗剪钢筋

如果需要，应使用拉筋、环箍或螺旋筋提供抗剪钢筋。

抗剪钢筋的最大间距应符合表 4.4-3 的规定。

抗剪钢筋的最大间距（ACI 318-19 表 10.7.6.5.2）　　　　**表 4.4-3**

V_s	最大间距 S(mm)		
		非预应力柱	预应力柱
$\leqslant 0.33\sqrt{f'_c}b_wd$	右侧较小值	$d/2$	$3h/4$
		600	
$>0.33\sqrt{f'_c}b_wd$	右侧较小值	$d/4$	$3h/8$
		300	

三、欧洲规范

欧洲规范对柱有明确的定义：柱为截面高度不超过其截面宽度的 4 倍，且其构件高度至少为截面高度 3 倍的构件；否则，应将其视为墙。

习惯了原英国规范的人，常常感到欧洲规范“不好用”，尤其在“柱的设计”方面，英国规范是将柱设计的所有要求集于一节之中（BS 8110：Part1：3.8），几乎是一目了然。但在欧洲规范中，有关柱设计的内容，仅构件配筋要求单列了柱、梁、板等构件设计章节，而强度设计及分析计算等内容，都是按受力状态分类而不是按构件类型分类。这种做法对梁、板的设计可能问题还不大，但对于柱的设计，就显得相当不便，因为柱的设计与梁、板相比更为复杂，不但存在梁板的弯剪问题及梁的扭转问题，还存在双向弯曲与压弯组合的问题，且构件的长细比及二阶效应，对钢筋混凝土结构而言，也主要是柱与墙需要考虑的问题。此外，构件缺陷对墙柱等受压构件也更为敏感，因此按欧洲规范完成柱的完整设计差不多要翻遍整本规范，那是相当不便的。另外，需关注的是：欧洲规范未提供以受压为主的压弯构件的设计原则、设计方法，连计算公式都未提供。EC 2 第 6.1 节应理解为以受弯为主、有无轴力都无多大影响的一类构件，也不适用于“以受压为主或压弯并重”的柱的设计。故采用欧洲规范进行柱的设计仅依靠规范还不够，还需要其他配套参考书。

（一）柱设计流程

表 4.4-4 列出了对有支撑柱（即对抵抗水平作用无贡献的柱）进行详细设计的流程。它假设柱的尺寸先前已在概念设计过程中或通过使用快速设计方法确定。

柱设计流程　　　　**表 4.4-4**

步骤	任务	规范索引
1	确定设计寿命	NA to BS EN 1990 Table NA. 2. 1
2	评估作用于柱上的荷载	BS EN 1991and UK National Annexes
3	确定所应用的荷载组合	NA to BS EN 1990 表 NA. A1. 1 及 NA. A1. 2(B)

续表

步骤	任务	规范索引
4	评估耐久性要求及确定混凝土强度	BS 8500：2002
5	根据适当的耐火极限检查混凝土保护层要求	Approved Document B. BS EN 1992-1-2
6	计算耐久性、耐火性及钢筋粘结所需的最小保护层厚度	BS EN 1992-1-1 Cl 4.4.1
7	结构分析获得关键弯矩与关键轴力	BS EN 1992-1-1 section 5
8	校核长细比	BS EN 1992-1-1 section 5.8
9	确定所需钢筋面积	BS EN 1992-1-1 section 6.1
10	校核钢筋间距	BS EN 1992-1-1 section 8 & 9

（二）柱的模拟与分析

分析的类型应适合所考虑的问题。可以使用以下各种分析方法：线性弹性分析、有限重新分配的线性弹性分析、塑性分析和非线性分析。假设横截面未开裂，可以进行线性弹性分析，使用线性应力—应变关系并假设长期弹性模量的平均值。

对于柱的设计，应使用框架作用、无任何重分配的弹性弯矩。对于细长柱，可以进行非线性分析以确定二阶弯矩。也可以使用弯矩放大法或标称曲率法。

鉴于几何缺陷及长细比等因素对柱的分析设计影响较大，本文在此再次给出柱分析所需重点关注的简要内容，更详细的介绍参见本书“第三章 结构模拟与分析”的有关内容，或参阅欧洲规范原文。

1. 几何缺陷

欧洲规范与中美规范相比的优点之一就是将构件几何缺陷的影响进行了定量化。

在进行构件和结构分析时，应考虑到结构几何形状和荷载位置可能产生偏差的不利影响。

对于受压截面，必须假定 $e_0=h/30$ 且不小于 20mm 的最小偏心率，其中 h 为截面高度。

在持久和偶然状态的极限状态性设计中均应考虑构件缺陷，正常使用极限状态不需考虑构件缺陷。

2. 有轴力构件的二阶效应分析

二阶效应是欧洲规范针对受压为主的孤立构件及整体结构非常关注的一部分内容，用了 11 页的篇幅进行阐述，足见其重视程度。

在可能会严重影响结构的整体稳定性以及关键截面达到承载力极限状态的情况下，应考虑二阶效应（请参阅 EN 1990 第 1 部分）。

当二阶效应小于所对应的一阶效应的 10%时，可忽略二级效应。下文的长细比标准为孤立的构件给出了简化标准。

3. 有效长度

图 4.4-5 提供了柱有效长度的指导。但对于大多数实际结构而言，仅图 4.4-5（f）与图 4.4-5（g）是适用的。欧洲规范 EC 2 提供了两个表达式来计算这些情况下的有效长度。EC 2-5.15 用于有支撑构件，EC 2-5.16 用于无支撑构件，见“第三章结构模拟与分析”的有关内容。

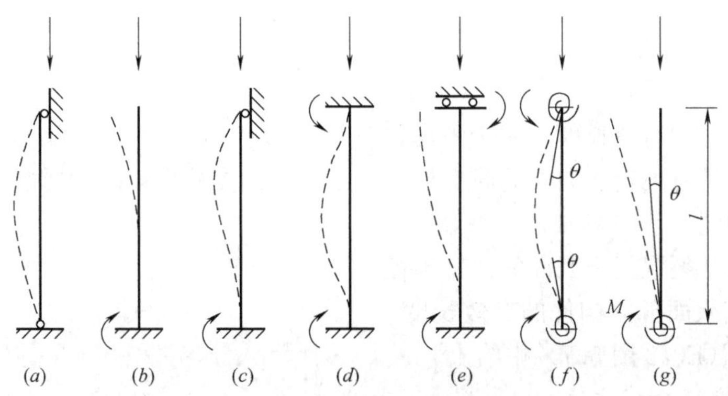

图 4.4-5 隔离构件的有效长度

(a) $l_0=l$；(b) $l_0=2l$；(c) $l_0=0.7l$；(d) $l_0=l/2$；(e) $l_0=l$；(f) $l/2<l_0<l$；(g) $l_0>2l$

在上文提到的 EC 2 的两个表达式中，均需先计算两端的相对柔度 k_1 和 k_2。欧洲规范中给出的用于计算 k 的表达式涉及计算约束构件的转角，而实际上这需要使用框架分析软件才能实现。作为替代方法，英国国家附件 8 的背景文件 PD 6687 提供了一种简化方法，该方法基于柱两侧与之相连的梁的刚度。因此，可以按以下方式计算此相对刚度 k（假设相邻柱的刚度变化不超过较高刚度值的 15%）：

$$k=\frac{EI_c}{l_c}\bigg/\sum\frac{2EI_b}{l_b}\geqslant 0.1 \tag{4.4-1}$$

一旦计算出 k_1 和 k_2，就可以从表 4.4-5 中为有支撑柱确定有效长度因子 F，则有效长度为 $l_0=Fl$。

有支撑柱的有效长度系数 *F* **表 4.4-5**

k_2	k_1										
	0.10	0.20	0.30	0.40	0.50	0.70	1.00	2.00	5.00	9.00	Pinned
0.10	0.59	0.62	0.64	0.66	0.67	0.69	0.71	0.73	0.75	0.76	0.77
0.20	0.62	0.65	0.68	0.69	0.71	0.73	0.74	0.77	0.79	0.80	0.81
0.30	0.64	0.68	0.70	0.72	0.73	0.75	0.77	0.80	0.82	0.83	0.84
0.40	0.66	0.69	0.72	0.74	0.75	0.77	0.79	0.82	0.84	0.85	0.86
0.50	0.67	0.71	0.73	0.75	0.76	0.78	0.80	0.83	0.86	0.86	0.87
0.70	0.69	0.73	0.75	0.77	0.78	0.80	0.82	0.85	0.88	0.89	0.90
1.00	0.71	0.74	0.77	0.79	0.80	0.82	0.84	0.88	0.90	0.91	0.92
2.00	0.73	0.77	0.80	0.82	0.83	0.85	0.88	0.91	0.93	0.94	0.95
5.00	0.75	0.79	0.82	0.84	0.86	0.88	0.90	0.93	0.96	0.97	0.98
9.00	0.76	0.80	0.83	0.85	0.86	0.89	0.91	0.94	0.97	0.98	0.99
Pinned	0.77	0.81	0.84	0.86	0.87	0.90	0.92	0.95	0.98	0.99	1.00

4. 长细比限值与二阶效应

欧洲规范 EC 2 指出，如果二阶效应小于一阶效应的 10%，则可以忽略不计。作为替代，如果长细比 λ 小于长细比限值 λ_{lim}，则可以忽略二阶效应，见"第三章结构模拟与分析”的有关内容。

构件长细比定义如下：

$$\lambda = l_0 / i \quad (4.4\text{-}2)\ [\text{EC 2 式 (5.14)}]$$

式中 l_0——构件的有效长度，用于考虑位移曲线形状的长度，也可以定义为屈曲长度，即具有恒定法向力的简支柱的长度，该简支柱横截面和屈曲荷载与实际构件相同；

i——未开裂混凝土截面的回转半径。

具有恒定横截面孤立构件的有效长度示例在图 4.4-5（EC 2 图 5.7）中给出。

5. 二阶效应的分析方法

二阶效应分析方法包括一种基于非线性二阶分析的一般方法及下列两种简化方法：

（1）基于标称刚度的方法（见 EC 2 第 5.8.7 条）；

（2）基于标称曲率的方法（见 EC 2 第 5.8.8 条）。

6. 设计弯矩

设计弯矩参见图 4.4-6，并根据下列各式确定：

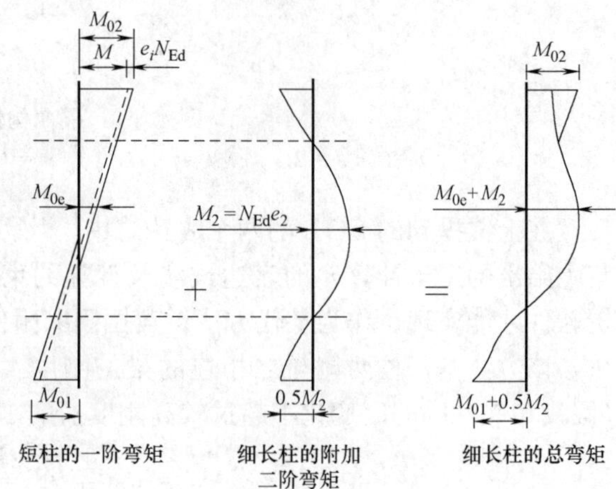

图 4.4-6 设计弯矩

$$M_d = \text{Max}\{M_{02}, M_{0e} + M_2, M_{01} + 0.5M_2\} \quad (4.4\text{-}3)$$

其中，

$$M_{01} = \text{Min}\{|M_{top}|, |M_{bottom}|\} + e_i N_{Ed} \quad (4.4\text{-}4)$$

$$M_{02} = \text{Max}\{|M_{top}|, |M_{bottom}|\} + e_i N_{Ed} \quad (4.4\text{-}5)$$

$$e_i = \text{Max}\{400/l_0, h/30, 20\} \quad (\text{单位为 mm}) \quad (4.4\text{-}6)$$

$$M_{0e} = 0.6M_{02} + 0.4M_{01} \geqslant 0.4M_{02} \quad (4.4\text{-}7)$$

$$M_2 = N_{Ed} e_2 \quad (4.4\text{-}8)$$

式中 M_{top}、M_{bottom}——柱顶和柱底的弯矩；

N_{Ed}——轴力设计值；

e_2——二阶效应引起的挠曲。

M_{01} 与 M_{02} 如果使柱的同一侧面受拉，则二者应取正值。

非细长柱的设计可以忽略二阶效应，故极限设计弯矩 $M_d = M_{02}$

偏心率 e_2 的计算并不简单，并且可能需要进行一些迭代才能确定大约在中间高度处的挠度 e_2。

（三）承载力校核与配筋计算

欧洲规范 EC 2 不包含派生公式，故同梁板类构件一样，也没有提供柱的承载力与配筋计算的公式。这是基于欧洲的惯例，即在规范中只给出原则和通用应用规则，而在其他来源（例如教科书或指导文档）中提供详细的应用规则。

出于实用目的，用于梁设计的矩形应力块也可以用于柱的设计。但是，当整个截面处于纯受压状态时，C50/60 以下混凝土等级的最大压应变为 0.00175（图 4.4-7a）。当中性轴落在截面之外（图 4.4-7b）时，假定最大允许应变在 0.00175～0.0035 之间，此时最大应变可以通过从零应变点到截面半高处 0.00175 应变的“铰点”之间画一条线来获得。当中性轴位于截面高度内时，最大压应变为 0.0035（图 4.4-7c）。总体关系如图 4.4-7（d）所示。对于 C50/60 以上的混凝土等级，原理相同，但最大应变值有所不同。

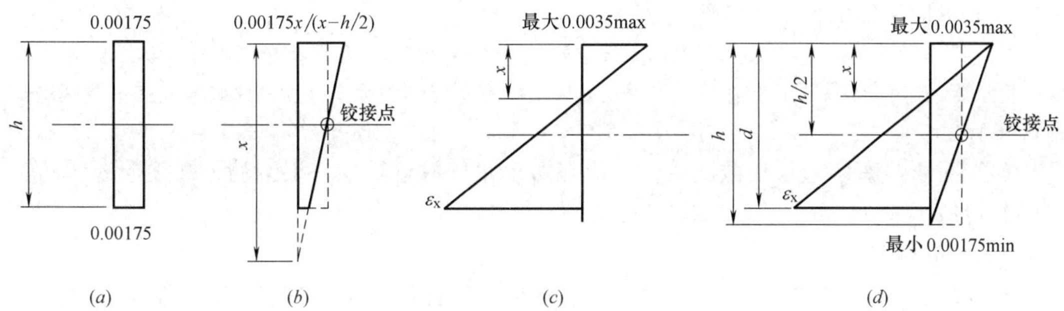

图 4.4-7　柱截面应变图

（a）纯受压；（b）当 $x>h$ 时；（c）当 $x<h$ 时；（d）一般关系

基于矩形应力块可以推导出两个表达式用于计算所需钢筋面积，一个用于轴向荷载，另一个用于弯矩：

$$A_{sN}/2=(N_{Ed}-f_{cd}bd_c)/(\sigma_{sc}-\sigma_{st}) \tag{4.4-9}$$

式中　A_{sN}——用于抵抗轴向荷载的所需钢筋面积；

N_{Ed}——轴向荷载；

f_{cd}——混凝土抗压强度设计值；

$\sigma_{sc}(\sigma_{st})$——受压（受拉）钢筋的应力；

b——截面宽度；

d_c——受压区混凝土的有效高度，$d_c=\lambda x\leqslant h$，对于强度等级不高于 C50 的，$\lambda=0.8$；

x——中性轴的高度；

h——截面高度。

$$A_{sM}/2=[M-f_{cd}bd_c(h/2-d_c/2)]/[(h/2-d_2)(\sigma_{sc}+\sigma_{st})] \tag{4.4-10}$$

式中　A_{sM}——用于抵抗弯矩的所需钢筋总面积。

实际上，这些公式只能迭代求解，可以使用计算机软件（例如有专门针对英国规范 BS 8110 和欧洲规范 EC 2 而编制的 Excel 计算表格 RC Spreadsheet TCC53）或柱的设计曲线图。

（四）详细配筋要求

1. 一般规定

欧洲规范的柱是截面较大尺寸 h 与较小尺寸 b 之比不大于 4 的构件。

2. 纵向钢筋

（1）纵向钢筋直径不应小于 ϕ_{min}。

注：某一国用于 ϕ_{min} 的值可见其国家标准附件，欧洲规范建议值是 8mm。

(2) 纵向钢筋的总量不应小于 $A_{s,min}$。

注：某一国用于 $A_{s,min}$ 的值可见其国家附件，欧洲规范建议值为下式与 $0.002A_c$ 的较大值。

$$A_{s,min}=\frac{0.10N_{Ed}}{f_{yd}} \tag{4.4-11}$$ [EC 2 式 (9.12N)]

式中 f_{yd}——钢筋的设计屈服强度；

N_{Ed}——设计轴向压力。

(3) 纵向钢筋的面积不应超过 $A_{s,max}$。

注：某一国用于 $A_{s,max}$ 的值可见其国家标准附件，欧洲规范建议值为搭接区以外 $0.04A_c$，除非可以证明混凝土的完整性不受影响，并且在承载力极限状态下能达到完全强度。此限值应在搭接区增加到 $0.08A_c$。

(4) 对于具有多边形横截面的柱，应在每个角处放置至少一根钢筋。圆柱中的纵向钢筋的数量应不少于 4 根。

3. 横向钢筋

1) 横向钢筋（箍筋、环形箍或螺旋形钢筋）的直径应不小于 6mm 或纵向钢筋最大直径的四分之一，以较大者为准。采用焊接钢丝网片作为横向钢筋的钢丝直径不应小于 5mm。

2) 横向钢筋应充分锚固。

3) 横向钢筋沿柱长方向的间距不应超过 $s_{cl,tmax}$。

注：某一国用于 $s_{cl,tmax}$ 的值可见其国家标准附件，欧洲规范建议值为下列三者的最小值：

(1) 纵向钢筋最小直径的 20 倍；

(2) 柱截面的短边尺寸；

(3) 400mm。

4) 下列情况应将上述横向钢筋最大间距减小至 $0.6s_{cl,tmax}$：

(1) 在梁板上方或下方等于柱截面长边尺寸距离的剖面中；

(2) 在纵向钢筋最大直径大于 14mm 的搭接区附近。搭接长度内至少需要均匀放置 3 根钢筋。

5) 如果纵向钢筋的方向发生变化（如随着柱尺寸的变化），则应考虑所涉及的侧向力来计算横向钢筋的间距。如果方向变化不大于 1/12，则可以忽略这些影响。

6) 放置在角落中的每根纵向钢筋或并筋应通过横向钢筋固定。受压区内任一纵向钢筋与受约束钢筋的距离不得超过 150mm。

四、中美欧规范的主要异同

1. 柱的定义

欧美规范对柱有明确的定义，但从学术角度都不够严谨，美国规范的定义侧重于构件方向与受力性质方面，却没有涉及截面尺寸，即未明确墙与柱的区别；欧洲规范对柱的定义则仅提及截面尺寸，却没有构件方向与受力性质的描述；中国混凝土规范没有给柱一个明确的定义，但明确了墙与柱的分界线。

2. 附加偏心距的规定

中国混凝土规范规定：偏心受压构件的正截面承载力计算时，应计入轴向压力在偏心方向存在的附加偏心距 e_a，其值应取 20mm 和偏心方向截面最大尺寸的 1/30 两者中的较大值。

这是考虑工程中实际存在着荷载作用位置的不定性、混凝土质量的不均匀性及施工的偏差等因素，都可能产生附加偏心距。

中国规范在其有关规定的条文说明中承认：很多国家的规范中都有关于附加偏心距的具体规定，因此参照国外规范的经验，规定了附加偏心距 e_a 的绝对值与相对值的要求，并取其较大值用于计算。

而这一规定与欧洲规范的规定几乎完全相同，只不过欧洲规范是将初始偏心距归于“几何缺陷”，且适用于所有受压截面，而不像中国规范这样只适用于偏心受压构件。因此，我们有理由相信，中国混凝土规范关于附加偏心距的规定很有可能参考的就是欧洲规范。

美国规范没有附加偏心距的明确提法，但不意味着美国规范没有这方面的考虑。美国规范是通过将标称轴向强度折减的方式来考虑这个附加偏心距，是在构件强度折减系数 ϕ 的基础上的再次折减。不过美国规范的用词为“偶然偏心”：“考虑到偶然偏心，纯受压截面的设计轴向强度被限制为标称轴向强度的 80%到 85%。该百分比值近似等于偏心比（偏心距离与截面高度之比）为 0.10 和 0.05 时的轴向强度”，即考虑了偏心方向截面最大尺寸 1/20～1/10 的偏心距。该轴向荷载限值适用于现浇和预制压缩构件。

3. 不考虑二阶效应的条件

1）中国规范

弯矩作用平面内截面对称的偏心受压构件，当同一主轴方向的杆端弯矩比 M_1/M_2 不大于 0.9 且设计轴压比不大于 0.9 时，若构件的长细比满足公式（4.4-12）的要求，可不考虑轴向压力在该方向挠曲杆件中产生的附加弯矩影响；否则应按截面的两个主轴方向分别考虑轴向压力在挠曲杆件中产生的附加弯矩影响。

$$l_c/i \leqslant 34-12(M_1/M_2) \quad (4.4\text{-}12)$$（《混规》第 6.2.3 条）

式中　M_1、M_2——分别为已考虑侧移影响的偏心受压构件两端截面按结果弹性分析确定的对同一主轴的组合弯矩设计值，绝对值较大端为 M_2，绝对值较小端为 M_1，当构件按单曲率弯曲时，M_1/M_2 取正值，否则取负值；

l_c——构件的计算长度，可近似取偏心受压构件相应主轴方向上下支撑点之间的距离；

i——偏心方向的截面回转半径。

中国混凝土规范第 6.2.3 条条文说明承认“该条件是根据分析结果并参考国外规范给出的”，对比下文美国规范的有关规定，可以看出中国规范的该项规定与美国规范针对无侧移柱的规定几乎完全相同，可以断定此处参考的外国规范应为美国规范。

2）美国规范

如果下述条件满足，则应允许忽略长细比效应。

（1）对于有侧移柱：

$$\frac{kl_u}{r} \leqslant 22 \quad (4.4\text{-}13a)$$［ACI 318-19 式（6.2.5.1a）］

（2）对于无侧移柱：

$$\frac{kl_u}{r}\leqslant 34+12(M_1/M_2)$$

(4.4-13b)［ACI 318-19 式（6.2.5.1b）］

$$\frac{kl_u}{r}\leqslant 40$$

(4.4-13c)［ACI 318-19 式（6.2.5.1c）］

式中　当构件按单曲率弯曲时，M_1/M_2 取负值，双曲率弯曲时取正值。

3）欧洲规范

当二阶效应小于所对应的一阶效应的 10%时，可忽略二级效应。但因为该条件需以一阶效应与二阶效应的计算结果为前提，故在设计实践中很不适用，故欧洲规范针对孤立的构件给出了简化标准。

当长细比 λ 低于某一特定限值 λ_{lim} 时，二阶效应可忽略。欧洲规范对 λ_{lim} 推荐值如下式：

$$\lambda_{lim}=20\cdot A\cdot B\cdot C/\sqrt{n}$$ (4.4-14)［EC 2 式（5.13N）］

当 A、B、C 均按规范取缺省值 $A=0.7$、$B=1.1$、$C=0.7$ 时，λ_{lim} 仅与相对法向力 n（相当于中国规范的轴压比）有关，此时式（4.4-14）可简化为：

$$\lambda_{lim}=10.78/\sqrt{n}$$ (4.4-15)

当 $n=0.9$ 时，$\lambda_{lim}=11.36$；当 $n=0.5$ 时，$\lambda_{lim}=15.25$。

4. *受压构件中考虑 P—δ 效应的具体方法*

中国混凝土规范除排架结构柱外，其他偏心受压构件考虑轴向压力在挠曲杆件中产生的二阶效应后控制截面的弯矩设计值，应按下列公式计算：

$$M=C_m\eta_{ns}M_2$$ (4.4-16)［《混规》式（6.2.4-1）］

当 $C_m\eta_{ns}$ 小于 1.0 时取 1.0；对剪力墙及核心筒墙，可取 $C_m\eta_{ns}$ 等于 1.0。

式中　C_m——构件端截面偏心距调节系数，当小于 0.7 时取 0.7；

η_{ns}——弯矩增大系数。

上述方法可称为 C_m—η_{ns} 法。“该方法的基本思路与美国 ACI 318-08 规范所用方法相同”（《混规》第 6.2.4 条条文说明原话）。其中，η_{ns} 使用中国习惯的极限曲率表达式。“此处 C_m 系数的表达形式与美国 ACI 318-08 规范所用形式相似，但取值略偏高，这是根据我国所做的系列试验结果，考虑钢筋混凝土偏心压杆 P-δ 效应规律的较大离散性而给出的”（《混规》第 6.2.4 条条文说明原话）。这一方法在 ACI 318-19 中仍然保留。

欧洲规范针对 $P-\delta$ 效应给出了一种基于非线性二阶分析的一般方法及以下两种简化方法：

（1）基于标称刚度的方法；

（2）基于标称曲率的方法。

其中，标称曲率法与中美规范类似，设计弯矩按下式确定：

$$M_{Ed}=M_{0Ed}+M_2$$ (4.4-17)［EC 2 式（5.31）］

式中　M_{0Ed}——包括缺陷效应的一阶弯矩；

M_2——标称二阶弯矩，按下式确定：

$$M_2=N_{Ed}e_2$$ (4.4-18)［EC 2 式（5.33）］

$e_2=(1/r)l_0^2/c$ 为位移，其中 $1/r$ 为曲率。

5. 构造要求的配筋量限值规定

1）中国规范

受压构件全截面配筋率针对不同强度等级钢筋有不同的的要求：

强度等级 500MPa——0.50%；

强度等级 400MPa——0.55%；

强度等级 300MPa、335MPa——0.60%；

中国规范还规定了单侧纵向钢筋的最小配筋率为 0.20%。

此外，当采用 C60 以上强度等级的混凝土时，受压构件全部纵向钢筋最小配筋百分率应按上述规定增加 0.10%。

全部纵向钢筋的配筋率不宜大于 5%。

受压构件的全部纵向钢筋和一侧纵向钢筋的配筋率，应按构件的全截面面积计算。

2）美国规范

对于非预应力柱与 $f_{pe}<1.6$MPa 的预应力柱，纵向钢筋的面积至少应为 $0.01A_g$，但不应超过 $0.08A_g$。

3）欧洲规范

$A_{s,min}=\dfrac{0.10N_{Ed}}{f_{yd}}$ 与 $0.002A_c$ 的较大值。

4）点评

中国规范对柱全截面最小配筋率的要求与钢筋强度等级有关，且规定了单侧纵筋最小配筋率的要求，本人认为是科学、严谨的，在此为中国规范点赞。

美国规范对柱全截面最小配筋率的要求明显高于中欧规范，达到了 1.0%，由此可以看出美国规范对柱设计的重视程度。鉴于柱子的造价占比低而重要性高，从价值工程的角度分析是值得的。

欧洲规范对柱全截面最小配筋率的绝对数值明显偏低，只有 0.20%，但有全截面纵向钢筋抵抗至少 10%轴力设计值的要求，也算是多了一层保证。

6. 配筋构造规定

1）中国规范

柱中纵向受力钢筋直径不宜小于 12mm；柱中纵向钢筋的净间距不应小于 50mm，且不宜大于 300mm；圆柱中纵向钢筋不宜少于 8 根，不应少于 6 根且宜沿周边均匀布置。

偏心受压柱的截面高度不小于 600mm 时，在柱的侧面上应设置直径不小于 10mm 的纵向构造钢筋，并相应设置复合箍筋或拉筋；在偏心受压柱中，垂直于弯矩作用平面的侧面上的纵向受力钢筋以及轴心受压柱中各边的纵向受力钢筋，其中距不宜大于 300mm。

柱中箍筋直径不应小于 1/4 纵筋直径，且不应小于 6mm；箍筋间距不应大于 400mm、15 倍纵筋直径及构件截面的短边尺寸的最小值；柱中全部纵向受力钢筋的配筋率大于 3%时，箍筋直径不应小于 8mm，间距不应大于 10 倍纵筋直径与 200mm 的较小值。

2）美国规范

美国规范对柱最小纵筋数量的要求是不小于多边形（含三角形与四边形）的角数，每个角 1 根，但当采用螺旋箍时则需要 6 根纵筋。

美国规范允许柱的横向钢筋采用拉筋（Ties）、螺旋箍（Spirals）或环形箍(Hoops)。

采用拉筋其间距不应超过 16 倍纵筋直径、48 倍拉筋直径与柱截面短边尺寸的最小值。拉筋直径不小于 10mm（纵筋直径不大于 32mm）时，无侧向支撑纵筋与有侧向支撑纵筋之间的净距不得超过 150mm。

采用螺旋箍其净间距应不大于 75mm。对于现浇结构，螺旋箍的钢筋或钢丝直径至少应为 9.5mm。

3）欧洲规范

欧洲规范建议的纵向钢筋最小直径 ϕ_{min} 为 8mm。对于具有多边形横截面的柱，应在每个角处放置至少一根钢筋。圆柱中的纵向钢筋的数量应不少于 4 根。

横向钢筋（箍筋、环形箍或螺旋形钢筋）的直径应不小于 6mm 与 1/4 纵筋最大直径的较大值。

欧洲规范建议的横向钢筋沿柱长方向的间距 $s_{cl,tmax}$ 为 400mm、20 倍纵筋最小直径与柱截面短边尺寸的最小值。

4）点评

中国规范的最小纵筋直径为 12mm，欧洲规范为 8mm，美国规范未作规定。中国规范的最小纵筋直径大于欧洲规范的规定，但更合理。

中国规范与欧洲规范的最小箍筋直径均为 6mm 且不小于 1/4 纵筋直径，美国规范为 10mm，明显大于中欧规范的规定。

中国规范的最大箍筋间距为 400mm、15 倍纵筋直径及柱截面短边尺寸的最小值；美国规范的拉筋间距不应超过 16 倍纵筋直径、48 倍拉筋直径与柱截面短边尺寸的最小值；欧洲规范建议的横向钢筋最大间距为 400mm、20 倍纵筋最小直径与柱截面短边尺寸的最小值。中美欧规范均有不大于柱短边尺寸的要求，中欧规范给出了不大于 400mm 的绝对数值要求，美国规范未给绝对数值，代之以 48 倍箍筋直径，该值大于 400mm，相当于要求放宽。中美欧规范的箍筋间距均与纵筋直径建立了联系，其中中国规范的 15 倍纵筋直径偏严，20 倍纵筋直径可能与另两项要求更为匹配；否则，可能就变成了总是该项指标控制，另两项指标的规定就失去了意义。

第五节 墙的设计

如果说柱是两个方向抗弯刚度相差不大的压弯构件，那么墙就是两个方向抗弯刚度相差较大的压弯构件。作为抗侧力体系的墙，在进行结构整体分析时，一般仅考虑墙平面内的刚度与贡献，而忽略墙平面外的刚度与贡献，但当有限元分析采用更精确的壳单元时，也可以模拟其平面外刚度与贡献。有墙存在的结构的空间作用一般均比较明显，一般难以通过简化分析方法得到构件设计所需的各种内力，大多通过三维有限元结构分析软件获取内力。作为抗侧力体系的墙，当不考虑平面外刚度与贡献时，可将墙视为平面内的单向偏心受压柱进行设计，此时墙作用有轴力及平面内的弯矩与剪力，同时必须校核墙平面外的稳定。

对于抵抗水土压力的地下室外墙，当其作为整个结构抗侧力构件向下延伸的一部分时，墙身轴力与平面外弯矩的影响均非常显著，故此时的墙应该按双向压弯构件进行设计，而且平面外的二阶效应可能不可忽视。对于无上部结构的地下室外墙，轴力的作用及平面内的弯矩、剪力对构件设计的影响不大，甚至可以忽略，此时墙体以平面外抵抗水土压力的受弯为主，其受力性能更接近于板，故可按板进行设计。

一、中国规范

中国混凝土规范没有提供如何针对墙进行分析和设计的介绍，仅在“9.4 墙”中给出了截面尺寸与配筋方面的要求。但根据墙的受力特点，墙平面内的分析设计可参考柱，平面外的受弯分析设计可参考板。当轴力的作用比较显著时，需考虑墙平面外的二阶效应。

1.《混凝土结构设计规范》GB 50010—2010（2015 年版）的规定

竖向构件截面长边、短边（厚度）比值大于 4 时，宜按墙的要求进行设计。支撑预制楼（屋面）板的墙，其厚度不宜小于 140mm；对剪力墙结构尚不宜小于层高的 1/25，对框架—剪力墙结构尚不宜小于层高的 1/20。当采用预制板时，支承墙的厚度应满足墙内竖向钢筋贯通的要求。

厚度大于 160mm 的墙应配置双排分布钢筋网；结构中重要部位的剪力墙，当其厚度不大于 160mm 时，也宜配置双排分布钢筋网。双排分布钢筋网应沿墙的两个侧面布置，且应采用拉筋连系；拉筋直径不宜小于 6mm，间距不宜大于 600mm。

在平行于墙面的水平荷载和竖向荷载作用下，墙体宜根据结构分析所得的内力和本规范第 6.2 节的有关规定，分别按偏心受压或偏心受拉进行正截面承载力计算，并按本规范第 6.3 节的有关规定进行斜截面受剪承载力计算。在集中荷载作用处，尚应按本规范第 6.6 节进行局部受压承载力计算。在承载力计算中，剪力墙的翼缘计算宽度可取剪力墙的间距、门窗洞间翼墙的宽度、剪力墙厚度加两侧各 6 倍翼墙厚度、剪力墙墙肢总高度的 1/10 四者中的最小值。

墙水平及竖向分布钢筋直径不宜小于 8mm，间距不宜大于 300mm。可利用焊接钢筋网片进行墙内配筋。墙水平分布钢筋的配筋率 ρ_{sh}（$A_{sh}/(bs_v)$，s_v 为水平分布钢筋的间距）和竖向分布钢筋的配筋率 ρ_{sv}（$A_{sv}/(bs_h)$，s_h 为竖向分布钢筋的间距）不宜小于 0.20%；重要部位的墙，水平和竖向分布钢筋的配筋率宜适当提高。墙中温度、收缩应力较大的部位，水平分布钢筋的配筋率宜适当提高。

对于房屋高度不大于 10m 且不超过 3 层的墙，其截面厚度不应小于 120mm，其水平与竖向分布钢筋的配筋率均不宜小 0.15%。

墙中配筋构造应符合下列要求：

（1）墙竖向分布钢筋可在同高度搭接，搭接长度不应小于 $1.2l_a$。

（2）墙水平分布钢筋的搭接长度不应小于 $1.2l_a$。同排水平分布钢筋的搭接接头之间以及上、下相邻水平分布钢筋的搭接接头之间，沿水平方向的净间距不宜小于 500mm。

（3）墙中水平分布钢筋应伸至墙端，并向内水平弯折 $10d$，d 为钢筋直径。

（4）端部有翼墙或转角的墙，内墙两侧和外墙内的水平分布钢筋应伸至翼墙或转角外边，并分别向两侧水平弯折 $15d$。在转角墙处，外墙外侧的水平分布钢筋应在墙端外角处弯入翼墙，并与翼墙外侧的水平分布钢筋搭接。

(5) 带边框的墙，水平和竖向分布钢筋宜分别贯穿柱、梁或锚固在柱、梁内。

墙洞口连梁应沿全长配置箍筋，箍筋直径不应小于 6mm，间距不宜大于 150mm。在顶层洞口连梁纵向钢筋伸入墙内的锚固长度范围内，应设置间距不大于 150mm 的箍筋，箍筋直径宜与跨内箍筋直径相同。同时，门窗洞边的竖向钢筋应满足受拉钢筋锚固长度的要求，墙洞口上、下两边的水平钢筋除应满足洞口连梁正截面受弯承载力的要求外，尚不应少于 2 根直径不小于 12mm 的钢筋。对于计算分析中可忽略的洞口，洞边钢筋截面面积分别不宜小于洞口截断的水平分布钢筋总截面面积的一半。纵向钢筋自洞口边伸入墙内的长度不应小于受拉钢筋的锚固长度。

剪力墙墙肢两端应配置竖向受力钢筋，并与墙内的竖向分布钢筋共同用于墙的正截面受弯承载力计算。每端的竖向受力钢筋不宜少于 4 根直径为 12mm 或 2 根直径为 16mm 的钢筋，并宜沿该竖向钢筋方向配置直径不小于 6mm、间距为 50mm 的箍筋或拉筋。

2.《混凝土结构通用规范》GB 55008—2021 的规定

高层建筑剪力墙的截面厚度不应小于 160mm，多层建筑剪力墙的截面厚度不应小于 140mm。

高层房屋建筑框架—剪力墙结构、板柱—剪力墙结构、筒体结构中，剪力墙的竖向、水平向分布钢筋的配筋率均不应小于 0.25%，并应至少双排布置，各排分布钢筋之间应设置拉筋，拉筋的直径不应小于 6mm，间距不应大于 600mm。

房屋高度不大于 10m 且不超过三层的混凝土剪力墙结构，剪力墙分布钢筋的最小配筋率应允许适当降低，但不应小于 0.15%。

有抗震要求的剪力墙配筋应符合本书第七章的有关要求。

二、美国规范

美国规范 ACI 318 对墙的定义：一种用于抵抗轴向荷载、横向荷载或二者兼有，其水平长度与厚度之比大于 3 的垂直构件，用于封闭或分隔空间。

1. 一般规定

混凝土的设计特性应根据第 19 章选择。

钢筋的设计特性应根据第 20 章选择，可参阅本书第二章第四节的有关内容。

埋入混凝土的材料、设计及详细要求应符合第 20.7 节的规定。

对于预制墙，节点应根据第 16.2 节设计。

墙与基础的连接节点应满足第 16.3 节的要求。

除非通过分析另有说明，否则认为有效抵抗每个集中荷载的水平墙长不得超过荷载之间的中心距与支承宽度加四倍墙厚的较小值。有效水平支承长度不得超出墙面垂直接缝，除非设计提供了跨接缝的传力方式。

墙应锚固在与之相交的构件上，如楼面板与屋面板，以及柱、壁柱、支撑、相交的墙与基础等。

2. 设计限值

最小墙厚应满足表 4.5-1 的要求。如果结构分析表明更薄的墙具有足够的强度与稳定性，则允许采用比表 4.5-1 中更薄的墙。

最小墙厚 h（ACI 318-19 表 11.3.1.1）　　表 4.5-1

墙类型	最小厚度 h		
承重墙	右侧较大值	100mm	(1)
		无支撑长度与无支撑高度较小值的 1/25	(2)
非承重墙	右侧较大值	100mm	(3)
		无支撑长度与无支撑高度较小值的 1/30	(4)
基础与地下室外墙	190mm		(5)

注：有关承重墙厚度的规定仅适用于轴力＋平面外弯曲的简化设计方法（ACI 318-19 第 11.5.3 条）。

3. 所需强度

所需强度应采用设计荷载组合进行计算。

所需强度应采用 ACI 318-19 第 6 章的分析方法进行计算。

长细比效应应根据 ACI 318-19 第 6.6.4 条（考虑长细比效应的弯矩增大法）、第 6.7 节（线弹性二阶分析）或第 6.8 节（非弹性分析）进行设计。作为替代方法，平面外长细比分析应允许采用 ACI 318-19 第 11.8 节中满足该章节所要求条件的墙的方法来进行。

作用于一片墙上的典型力参见图 4.5-1。

墙应设计成抵抗偏心轴向荷载以及任何侧向荷载或其他可能承受的荷载。

对于每种适用的荷载组合，墙的设计应考虑到最大设计弯矩 M_u 以及与之相伴的设计轴力。在给定的偏心率下，设计轴力 P_u 不得超过 $\phi P_{n,max}$，此处 $\phi P_{n,max}$ 应按表 4.1-3 计算，强度折减系数 ϕ 应按受压控制截面查取。

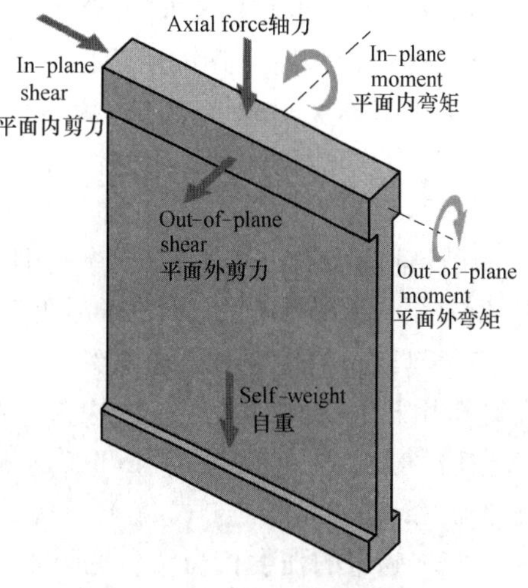

图 4.5-1　墙平面内与平面外的力（ACI 318-19 图 R11.4.1.3）

最大设计弯矩 M_u 应根据 ACI 318-19 第 6.6.4 条（考虑长细比效应的弯矩增大法）、第 6.7 节（线弹性二阶分析）或第 6.8 节（非弹性分析）的长细比效应进行放大，见本书第三章的有关内容。

墙应该根据平面内设计剪力 V_u 与平面外设计剪力 V_u 进行设计。

4. 设计强度

1）一般规定

对于每种适用的设计荷载组合，所有截面的设计强度均应满足 $\phi S_n \geqslant U$，包括下列情况，荷载效应之间的相互作用应予以考虑：

(1) $\phi P_n \geqslant P_u$

(2) $\phi M_n \geqslant M_u$

(3) $\phi V_n \geqslant V_u$

2）轴力与平面内或平面外弯曲

对于承重墙，P_n 与 M_n（平面内或平面外）应根据 ACI 318-19 第 22.4 节（前文“柱的设计”中有介绍）计算。作为替代方法，轴力与平面外弯曲允许按 ACI 318-19 第

11.5.3 条考虑。

对于非承重墙，M_n 应根据 ACI 318-19 第 22.3 节计算。

3）轴力与平面外弯曲——简化设计方法

如果所有设计荷载的合力位于矩形截面实心墙的中间 1/3 厚度处，则 P_n 允许按下式计算：

$$P_n = 0.55 f'_c A_g \left[1 - \left(\frac{kl_c}{32h}\right)^2\right]$$

（4.5-1）［ACI 318-19 式（11.5.3.1）］

简化设计方法仅适用于实心矩形截面。所有其他截面形状需根据表 4.1-3 与式（4.1-26）、式（4.1-27）设计。

偏心轴向荷载与平面外力引起的弯矩用于确定设计轴向力 P_u 的最大总偏心率。当所有适用荷载组合的轴向力合力沿未变形墙长度的所有截面都作用于墙厚的中间 1/3（偏心率不大于 $h/6$）时，就不会在墙中产生拉力，这样简化设计方法就可以使用。然后，将 P_u 作为同心轴向力进行设计。设计轴向力 P_u 应当小于或等于使用公式（4.5-1）计算得出的设计轴向强度 ϕP_n。

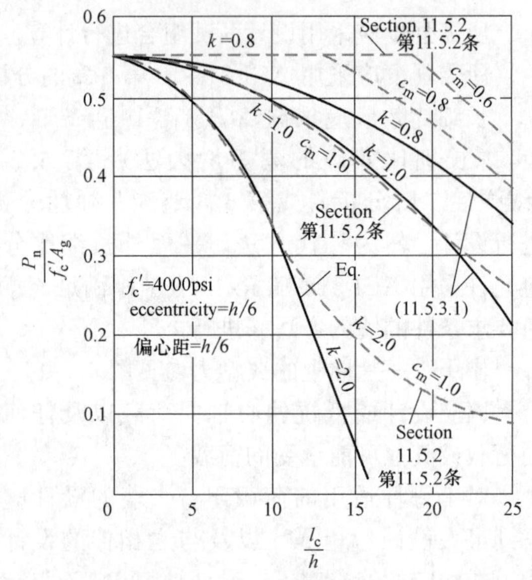

图 4.5-2　墙的简化设计

（ACI 318-19 图 R11.5.3.1）

对于具有不同支撑和端部约束条件且荷载作用于墙厚中间 1/3 的构件，按式（4.5-1）得出的强度与按 ACI 318-19 第 11.5.2 条表 4.1-3 与式（4.1-26）、式（4.1-27）确定的强度相当。参见图 4.5-2。

用于公式（4.5-1）的有效长度系数 k 应从表 4.5-2 查取。

墙的有效长度系数 k（ACI 318-19 表 11.5.3.2）　　**表 4.5-2**

边界条件		k
墙顶部与底部无侧向位移，且	(1)在一端或两端可约束转动	0.8
	(2)两端均可约束转动	1.0
无侧向约束的墙		2.0

式（4.5-1）中的 P_n 应乘以折减系数 ϕ。

4）平面内剪切

V_n 应按式（4.5-4）计算，但任一水平截面的 V_n 均不应超过 $0.83\sqrt{f'_c}hd$。作为替代方法，对于 $h_w \leqslant 2l_w$ 的墙，应允许针对平面内抗剪设计采用拉压杆模型法。任何情况钢筋均应满足配筋率（ACI 318-19 第 11.6 节）与纵横钢筋间距（ACI 318-19 第 11.7.2、11.7.3 条）的限值要求。

对于平面内抗剪设计，h 为墙厚，d 应取 $0.8l_w$。如果通过应变相容性分析计算出拉力中心，则应允许取较大的 d 值，即从极限压缩纤维到所有受拉钢筋合力中心的距离。

ACI 318-14 中 V_n 的计算公式如下：

$$V_n=V_c+V_s \quad (4.5\text{-}2)\ [\text{ACI 318-14 式 (11.5.4.4)}]$$

除非根据表 4.5-3 做过更详细的计算，否则承受轴向压力的墙的 V_c 不应超过 $0.17\lambda\sqrt{f'_c}hd$，承受轴向拉力的墙的 V_c 不应超过 ACI 318-14 第 22.5.7 条（有显著轴向拉力的非预应力构件）给出的值。

允许根据表 4.5-3 计算 V_c，式中 N_u 以受压为正、受拉为负，N_u/A_g 以 MPa 计量。

非预应力及预应力墙的 V_c（ACI 318-14 表 11.5.4.6）　　表 4.5-3

计算选择	轴力		V_c	
简化方法	受压		$0.17\lambda\sqrt{f'_c}hd$	(1)
	受拉	右侧较大值	$0.17\left(1+\dfrac{0.29N_u}{A_g}\right)\lambda\sqrt{f'_c}hd$	(2)
			0	(3)
详细方法	受拉或受压	右侧较小值	$0.27\lambda\sqrt{f'_c}hd+\dfrac{N_ud}{4l_w}$	(4)
			$\left[0.05\lambda\sqrt{f'_c}+\dfrac{l_w\left(0.1\lambda\sqrt{f'_c}+0.2\dfrac{N_u}{l_wh}\right)}{\dfrac{M_u}{V_u}-\dfrac{l_w}{2}}\right]hd$ 如果 $(M_u/V_u-l_w/2)$ 为负则公式不适用	(5)

靠近墙底 $l_w/2$ 或一半墙高（二者取小值）的截面允许采用表 4.5-3 的详细计算法按距离墙底 $l_w/2$ 或一半墙高（二者取小值）处的剪力 V_c 进行设计。

V_s 应由横向抗剪钢筋提供，可按下式计算：

$$V_s=\frac{A_vf_{yt}d}{s} \quad (4.5\text{-}3)\ [\text{ACI 318-14 式 (11.5.4.8)}]$$

在 ACI 318-19 中，为了改善规范的协调性，V_n 的计算公式改为与抗震设计相同的形式，即式（4.5-4）：

$$V_n=(\alpha_c\lambda\sqrt{f'_c}+\rho_tf_{yt})A_{cv}$$

$$(4.5\text{-}4)\ [\text{ACI 318-19 式 (11.5.4.3)}]$$

式中　当 $h_w/l_w\leqslant1.5$ 时，$\alpha_c=3$；当 $h_w/l_w\geqslant2.0$ 时，$\alpha_c=2$；当 $1.5<h_w/l_w<2.0$ 时，α_c 在 3 与 2 之间线性插值。

当墙承受纯轴向拉力时，上式中的 α_c 应按下式计算：

$$\alpha_c=2\left(1+\frac{N_u}{500A_g}\right)\geqslant0.0$$

$$(4.5\text{-}5)\ [\text{ACI 318-19 式 (11.5.4.4)}]$$

式中的 N_u 以受拉为负。

5）平面外剪切

平面外的 V_n 应根据 ACI 318-19 第 22.5 节的单向抗剪强度计算。

5. 配筋限值

如果墙平面内 $V_u\leqslant0.5\phi\alpha_c\lambda\sqrt{f'_c}A_{cv}$，则最小 ρ_l 与最小 ρ_t 应根据表 4.5-4 确定。如果结构分析表明墙具有足够的强度与稳定性，则这些限值可不必满足。

平面内 $V_u \leqslant 0.5\phi\alpha_c\lambda\sqrt{f'_c}A_{cv}$ 的墙的最小配筋（ACI 318-19 表 11.6.1）　　表 4.5-4

墙类型	非预应力钢筋的类型	钢筋/钢丝尺寸	f_y(MPa)	最小纵向钢筋 ρ_l	最小横向钢筋 ρ_t
现浇墙	带肋钢筋	≤5 号(16mm)	≥420	0.0012	0.0020
			<420	0.0015	0.0025
		>5 号(16mm)	任何值	0.0015	0.0025
	焊接钢丝网片	≤W31 或 D31	任何值	0.0012	0.0020
预制墙	带肋钢筋或焊接钢丝网片	任何值	任何值	0.0010	0.0010

注：平均有效压应力不小于 1.6MPa 的预应力墙不需要满足最小纵向配筋率 ρ_l 的要求。

如果墙平面内 $V_u > 0.5\phi\alpha_c\lambda\sqrt{f'_c}A_{cv}$，则需满足下述要求：

（1）ρ_l 应至少为 0.0025 与下式计算值的较大值，但不应超过表 4.5-4 中的 ρ_t 值：

$$\rho_l \geqslant 0.0025 + 0.5(2.5 - h_w/l_w)(\rho_t - 0.0025)$$

（4.5-6）［ACI 318-19 式（11.6.2）］

（2）ρ_t 至少为 0.0025。

6. 配筋详图

1）纵向钢筋间距

现浇墙纵向钢筋间距 s 不应超过 $3h$ 与 450mm 的较小值。如果需要抗剪钢筋提供平面内强度，则 s 不应超过 $l_w/3$。

预制墙纵向钢筋间距 s 不应超过下述（1）与（2）的较小值：

（1）$5h$；

（2）外墙 450mm，内墙 750mm。如果需要抗剪钢筋提供平面内强度，则 s 不应超过 $3h$、450mm 与 $l_w/3$ 的最小值。

对于厚度大于 250mm 的墙，除了地下室墙与悬臂挡土墙外，每一方向分布钢筋应按下述要求平行于墙面分两层布置：

（1）每个方向的外层至少应占总钢筋面积的一半，且不超过三分之二，应放置在距外表面至少 50mm，但不超过 $h/3$ 的位置。

（2）另一层则为该方向上所需钢筋总量的剩余部分，应放置在距内表面至少 20mm，但不大于 $h/3$ 的位置。

弯曲受拉钢筋应均匀分布并放置在尽可能接近受拉面的位置。

2）横向钢筋间距

现浇墙横向钢筋间距 s 不应超过 $3h$ 与 450mm 的较小值。如果需要抗剪钢筋提供平面内强度，则 s 不应超过 $l_w/5$。

预制墙横向钢筋间距 s 不应超过下述（1）与（2）的较小值：

（1）$5h$；

（2）外墙 450mm，内墙 750mm。如果需要抗剪钢筋提供平面内强度，则 s 不应超过 $3h$、450mm 与 $l_w/5$ 的最小值。

3）纵向钢筋的侧向支撑

如果对纵向钢筋有轴向强度要求或 $A_{st} > 0.01A_g$，则纵向钢筋应由横向拉筋提供侧向支撑。

4）洞口边的钢筋

除了表 4.5-4 要求的最小钢筋外，在两个方向均具有两层钢筋的墙中至少有两根 5 号（16mm）钢筋、在两个方向均只有单层钢筋的墙中至少有一根 5 号（16mm）钢筋应设置在窗、门或类似尺寸洞口的周边。此类钢筋应在洞口角处充分锚固以发挥出 f_y 的抗拉强度。

7. 平面外细长墙分析的替代方法

1）一般规定

应允许对满足下述条件的墙体按本节进行平面外长细效应分析：

（1）横截面沿墙高方向保持不变；

（2）墙的平面外弯曲效应由拉力控制；

（3）ϕM_n 至少是 M_{cr}，其中 M_{cr} 采用 ACI 318-19 第 19.2.3 条中提供的 f_r 来计算；

（4）墙高中部的 P_u 不超过 $0.06f'_cA_g$；

（5）据服务荷载计算出的平面外位移 Δ_s，包括 P-Δ 影响，不超过 $l_c/150$。

2）模拟

墙应按简支轴向受力构件并承受平面外均布侧向荷载进行分析，最大弯矩和挠度发生在墙高中部。

施加于墙任一截面上方的集中重力荷载应分布在宽度等于承压宽度的宽度加上每侧以 2∶1 坡度（垂直∶水平）扩散增加的宽度，但不超过下述情形：

（1）集中荷载的间距；

（2）墙板的边缘。

3）因式弯矩

由弯曲和轴向荷载共同引起的墙高中部的 M_u 应包括符合下列规定的墙体变形的影响。

（1）用下式迭代计算

$$M_u = M_{ua} + P_u\Delta_u$$

（4.5-7a）［ACI 318-19 式（11.8.3.1a）］

式中　M_{ua}——由于侧向力及偏心竖向力在墙中部引起的最大因式弯矩，但不包括 P-Δ 效应。

Δ_u 应按下式计算：

$$\Delta_u = \frac{5M_u l_c^2}{0.75\times 48E_cI_{cr}}$$

（4.5-7b）［ACI 318-19 式（11.8.3.1b）］

式中　I_{cr} 应按下式计算：

$$I_{cr} = \frac{E_s}{E_c}\left(A_s + \frac{P_u}{f_y}\frac{h}{2d}\right)(d-c)^2 + \frac{l_w c^3}{3}$$

（4.5-7c）［ACI 318-19 式（11.8.3.1c）］

且 E_s/E_c 的值至少是 6。

（2）直接用下式计算

$$M_u = \frac{M_{ua}}{\left(1 - \dfrac{5P_u l_c^2}{0.75\times 48E_cI_{cr}}\right)}$$

（4.5-7d）［ACI 318-19 式（11.8.3.1d）］

三、欧洲规范

1. 设计方法

当竖向构件的截面长度大于其厚度的四倍时，应将其定义为墙。除了以下几点，墙的设计与柱的设计没有显著差异：

（1）防火要求（请参见 EC2：Part 1-2）；

（2）绕弱轴的弯曲至关重要；

（3）钢筋的间距和数量有不同的规则。

欧洲规范没有给出关于绕强轴弯曲以保持稳定性的具体指导。作为替代方法，可以使用拉—压杆模型法（欧洲规范 EC 2 第 6.5 节）。

对于以承受平面外弯曲为主的墙，应遵循板的规则。

2. 配筋要求

1）竖向钢筋

（1）竖向钢筋面积应介于 $A_{s,vmin}$ 与 $A_{s,vmax}$ 之间。

注：1. 某国用于 $A_{s,vmin}$ 的值可见其国家附件，欧洲规范建议值为 $0.002A_c$；

2. 某国用于 $A_{s,vmax}$ 的值可见其国家附件，欧洲规范建议值为搭接区外 $0.04A_c$，除非可以证明混凝土完整性没有受到影响，并且在承载力极限状态下达到了全部强度。此限值可以在搭接区翻倍。

（2）最小钢筋面积 $A_{s,vmin}$ 在设计中起控制作用的情况下，$A_{s,vmin}$ 的一半应位于每个面上。

（3）相邻两根竖向钢筋的间距不应大于 3 倍墙厚或 400mm。

2）水平钢筋

（1）水平钢筋应平行于墙体（和自由边）并在靠近墙的每一个表面处设置。水平钢筋的总量不应小于 $A_{s,hmin}$。

注：某国用于 $A_{s,hmin}$ 的值可见其国家附件，欧洲规范建议值为 25％的竖向钢筋或 $0.001A_c$，二者取大值。

（2）相邻两根水平钢筋的间距不应大于 400mm。

3）横向钢筋

（1）在双面垂直钢筋总面积超过 $0.02A_c$ 的墙的任何部分中，应按照柱子的要求提供箍筋形式的横向钢筋。

（2）当主筋位于最靠近墙面的位置时，应以箍筋形式提供横向钢筋，每平方米墙面应不少于 4 个。

注：当主筋采用直径 $\phi \leqslant 16$ 的焊接钢丝网片且混凝土保护层厚度大于 2ϕ 时，可不必提供横向钢筋。

四、中美欧规范的主要异同

1. 墙的定义

1）中国规范

竖向构件截面长边、短边（厚度）比值大于 4 时，宜按墙的要求进行设计。

2）美国规范

一种用于抵抗轴向荷载、横向荷载或二者兼有，其水平长度与厚度之比大于 3 的垂直构件，用于封闭或分隔空间。

3）欧洲规范

当竖向构件的截面长度大于其厚度的四倍时，应将其定义为墙。

可见中欧规范均将截面长边、短边（厚度）之比大于 4 作为墙与柱的分界，而美国规范则将截面长边、短边（厚度）之比大于 3 作为墙与柱的分界。

2. 截面尺寸规定

1）中国规范

《混通规》2021 年版比《混规》2015 年版的要求变严，其中高层建筑剪力墙的截面厚度不应小于 160mm，多层建筑剪力墙的截面厚度不应小于 140mm。因此，有关墙厚的最低限值要求应该执行《混通规》2021。

2）美国规范

美国规范的最小墙厚限值分承重墙、非承重墙与地下室外墙三种情况分别给出。为便于与中欧规范对比，此处不讨论非承重墙与地下室外墙。

美国规范对承重墙的最小墙厚限值为 100mm，且不小于无支撑长度与无支撑高度较小值的 1/25。

3）欧洲规范

欧洲规范 EC 2 Part 1-1 未提供有关墙截面尺寸方面的规定，但在 EC 2 Part 1-2 的混凝土结构防火规范中则分别针对承重墙与非承重墙根据临火面的数量、耐火等级、火灾情况下的利用程度而有非常详细的规定。但这不能弥补欧洲规范 EC 2 Part 1-1 未对墙厚进行规定的遗憾。

反观被欧洲规范取代的英国规范，是有最小墙厚的规定的，尽管是通过规定墙平面外最小长细比的方式：有支撑墙，当配筋率＜1%时，长细比 l_e/h 不大于 40；无支撑墙，长细比 l_e/h 不大于 30。

4）点评

美国规范最小墙厚限值的绝对值为 100mm，低于中国《混通规》2021 的 160mm 和 140mm，美国规范最小墙厚限值的相对值为 1/25，没有因结构体系而不同，与中国规范对剪力墙结构的要求相同，但低于框架—剪力墙结构 1/20 的要求。但美国规范最小墙厚的相对值不仅仅与竖向的无支撑高度有关，还与水平向的无支撑长度有关，这一规定是合理的，也是与中英规范的最大不同。尽管如此，美国规范仍不忘体现其灵活性，时刻给设计者以主动权与灵活裁量的空间，“只要结构分析能够表明更薄的墙具有足够的强度与稳定性，就允许采用比最小墙厚限值更薄的墙”。个人认为，这是中国规范应该借鉴的地方。

3. 构造要求的配筋量限值规定

1）中国规范

高层房屋建筑框架—剪力墙结构、板柱—剪力墙结构、筒体结构中，剪力墙的竖向、水平向分布钢筋的配筋率均不应小于 0.25%。

房屋高度不大于 10m 且不超过三层的混凝土剪力墙结构，剪力墙分布钢筋的最小配筋率应允许适当降低，但不应小于 0.15%。

有抗震要求的剪力墙配筋应符合本书第七章的有关要求。

2）美国规范

如果墙平面内 $V_u \leqslant 0.5\phi V_c$，则可对墙按最小 ρ_l 与最小 ρ_t 进行配筋。如果结构分析表明墙具有足够的强度与稳定性，则这些限值可不必满足。这正是美国规范的灵活之处，不像中国规范的某些规定那样死板和教条，以致会在某些情况下出现不切实际的笑话。美国规范的最小配筋要求对现浇墙与预制墙有很大不同，预制墙的最小配筋要求明显比现浇墙降低，这是与其构件生产工厂化所具有的更高质量保障率相对应的。作为与中欧规范的对比，此处仅列现浇墙的最小配筋要求，预制墙的配筋构造要求见原文。此外，美国规范对墙的最小配筋要求也与钢筋类型、钢筋直径及钢筋强度有关，虽然稍嫌繁琐，但明显更为科学严谨。

鉴于中国规范对墙身分布钢筋的偏好及具体设计实践均偏好采用小直径钢筋，故此处仅针对前文表中直径不大于 5 号（16mm）带肋钢筋用于现浇墙的最小配筋要求与中欧规范对比：

当钢筋规定屈服强度 $f_y \geqslant 420$MPa 时，最小纵向钢筋 $\rho_l = 0.0012$，最小横向钢筋 $\rho_t = 0.0020$；

当钢筋规定屈服强度 $f_y < 420$MPa 时，最小纵向钢筋 $\rho_l = 0.0015$，最小横向钢筋 $\rho_t = 0.0025$。

实际上美国 ASTM 标准中低于 420MPa 的钢筋只有 ASTM A615 的 Grade40（280MPa），且只有 3 号（10mm）、4 号（13mm）、5 号（16mm）与 6 号（19mm）直径的钢筋，因此用量也是越来越少。尤其是在规范规定的最小配筋率有较大差异的情况下，更多的人倾向于采用 Grade60（420MPa）及以上等级的钢筋，因此最小纵向钢筋 $\rho_l = 0.0012$，最小横向钢筋 $\rho_t = 0.0020$ 应为主流。

3）欧洲规范

竖向钢筋面积应介于 $A_{s,vmin}$ 与 $A_{s,vmax}$ 之间。

欧洲规范建议值：竖向钢筋 $A_{s,vmin} = 0.002A_c$，$A_{s,vmax} = 0.04A_c$；水平钢筋 $A_{s,hmin} = 0.001A_c$ 且不少于 25%的竖向钢筋。

4）点评

中国规范对水平钢筋与竖向钢筋采用无差别的统一配筋率 0.20%，不区分钢筋类型、钢筋强度与钢筋直径，比较简单粗暴；有关“重要部位的墙”及“墙中温度、收缩应力较大的部位”，可以理解为概念设计的堡垒，但也给设计的随意性开了一个口子，难以评说，但如果能够更具体一些就更好。

美国规范对墙体的构造要求与平面内的剪力水平直接相关，此处中美欧规范的对比仅针对平面内 $V_u \leqslant 0.5\phi V_c$ 的情况，这种做法无疑更为科学严谨。

美国规范对横向钢筋与纵向钢筋的最小配筋率要求不同，纵向钢筋（$\rho_l = 0.0012$）明显小于横向钢筋（$\rho_t = 0.0020$），这与长墙的竖向钢筋基本是构造的分布钢筋而水平钢筋有可能参与墙身受剪的受力钢筋性质有关。此外，美国规范横向钢筋的最小配筋率与中国规范相当，均为 0.20%，但美国规范纵向钢筋的最小配筋率（$\rho_l = 0.0012$）明显小于中国规范 0.20%的配筋率。

欧洲规范对水平钢筋与竖向钢筋的最小配筋率要求也不同，但欧洲规范的增减趋势与美国规范恰恰相反，欧洲规范是水平钢筋的最小配筋率（$A_{s,hmin} = 0.001A_c$）远低于竖向钢筋的最小配筋率（$A_{s,vmin}=0.002A_c$），笔者认为这种规定仅适用于截面尺寸更接近于柱的短墙，对于长墙则不适用。此外，欧洲规范竖向钢筋的最小配筋率与中国规范相当，均为0.20%，但欧洲规范水平钢筋的最小配筋率（$A_{s,hmin}=0.001A_c$）明显小于中国规范0.20%的配筋率。

4. 配筋构造规定

1）中国规范

厚度大于160mm的墙应配置双排分布钢筋网；结构中重要部位的剪力墙，当其厚度不大于160mm时，也宜配置双排分布钢筋网。双排分布钢筋网应沿墙的两个侧面布置，且应采用拉筋连系；拉筋直径不宜小于6mm，间距不宜大于600mm。墙水平及竖向分布钢筋直径不宜小于8mm，间距不宜大于300mm。

剪力墙墙肢两端应配置竖向受力钢筋，并与墙内的竖向分布钢筋共同用于墙的正截面受弯承载力计算。每端的竖向受力钢筋不宜少于4根直径为12mm或2根直径为16mm的钢筋，并宜沿该竖向钢筋方向配置直径不小于6mm、间距为250mm的箍筋或拉筋。

2）美国规范

美国规范将现浇墙与预制墙区别对待，总体而言对预制墙的要求更为宽松，这也是与其构件生产工厂化所具有的更高质量保障率相对应的。作为与中欧规范的对比，此处仅列现浇墙的配筋构造要求，预制墙的配筋构造要求见上文。

现浇墙纵向钢筋间距 s 不应超过 $3h$ 与450mm的较小值。如果需要抗剪钢筋提供平面内强度，则 s 不应超过 $l_w/3$。

对于厚度大于250mm的墙，除了地下室墙与悬臂挡土墙外，每一方向分布钢筋应按下述要求平行于墙面分两层布置：

（1）每个方向的外层至少应占总钢筋面积的一半，且不超过三分之二，应放置在距外表面至少50mm，但不超过 $h/3$ 的位置。

（2）另一层则为该方向上所需钢筋总量的剩余部分，应放置在距内表面至少20mm，但不大于 $h/3$ 的位置。

弯曲受拉钢筋应均匀分布并放置在尽可能接近受拉面的位置。

现浇墙横向钢筋间距 s 不应超过 $3h$ 与450mm的较小值。如果需要抗剪钢筋提供平面内强度，则 s 不应超过 $l_w/5$。

3）欧洲规范

竖向钢筋的间距不应大于3倍墙厚或400mm。水平钢筋的间距不应大于400mm。

4）点评

中国规范的墙厚大于160mm的墙，就要求配置双排分布钢筋网。

美国规范厚度大于250mm的墙，才要求配置双层钢筋网。

欧洲规范没有将双层配筋的规定与墙厚联系起来，但字里行间能够看出有配置双层钢筋网的要求。

中国规范的墙身水平及竖向分布钢筋直径不宜小于8mm，间距不宜大于300mm，与墙厚无关。墙肢两端 $4\phi12$ 或 $2\phi16$ 钢筋是借用了抗震结构边缘构件的概念。

美国规范当不需要抗剪钢筋提供平面内强度时，现浇墙横向钢筋与纵向钢筋间距均不应超过 $3h$ 与450mm的较小值。当需要抗剪钢筋提供平面内强度时，则横向钢筋与纵向钢筋间距均与墙在水平方向的长度 l_w 有关。

欧洲规范水平及竖向分布钢筋间距均不应大于 400mm，但竖向钢筋间距尚有不大于 3 倍墙厚的要求。

可以看出，中国规范对钢筋间距的要求要明显严于欧美规范，至少表明在规范要求层面已经实现部分的“超欧赶美”。

第六节　基础设计

一、中国规范

中国的混凝土结构设计规范没有为基础安排专门的章节，仅在“受冲切承载力计算”一节中介绍了矩形截面柱下阶形基础的抗冲切计算。其他有关基础的更多内容，则有专门的《建筑地基基础设计规范》及《建筑桩基技术规范》。

欧洲规范也有专门的岩土与地基基础设计规范 Eurocode 7。鉴于此，本书有关欧美规范的基础设计也不作详细介绍和规范间的对比分析。

二、美国规范

美国混凝土规范 ACI 318-19 列入了基础设计的内容，这一点与中国混凝土规范不同。鉴于本书的主要内容是欧美混凝土规范与中国混凝土规范的对比，故本书对美国混凝土规范中的基础设计仅作简要介绍。

（一）美国混凝土规范中基础设计篇章的适用范围

适用于预应力与非预应力基础的设计，包括下述（1）～（6）的浅基础、（7）～（9）的深基础及（10）与（11）的挡土墙（图 4.6-1）。

（1）条形基础（Strip footings）；

（2）独立基础（Isolated footings）；

（3）联合基础（Combined footings）；

（4）筏形基础（Mat foundations）；

（5）地基梁（Grade beams）；

（6）桩承台（Pile caps）；

（7）桩（Piles）；

（8）钻孔墩（Drilled piers）；

（9）沉箱（Caissons）；

（10）悬臂挡土墙（Cantilever retaining walls）；

（11）扶壁式悬臂挡土墙（Counterfort and buttressed cantilever retaining walls）。

（二）美国混凝土规范中基础设计篇章的主要内容

1. 一般规定

（1）地震效应；

（2）地面板；

（3）设计准则；

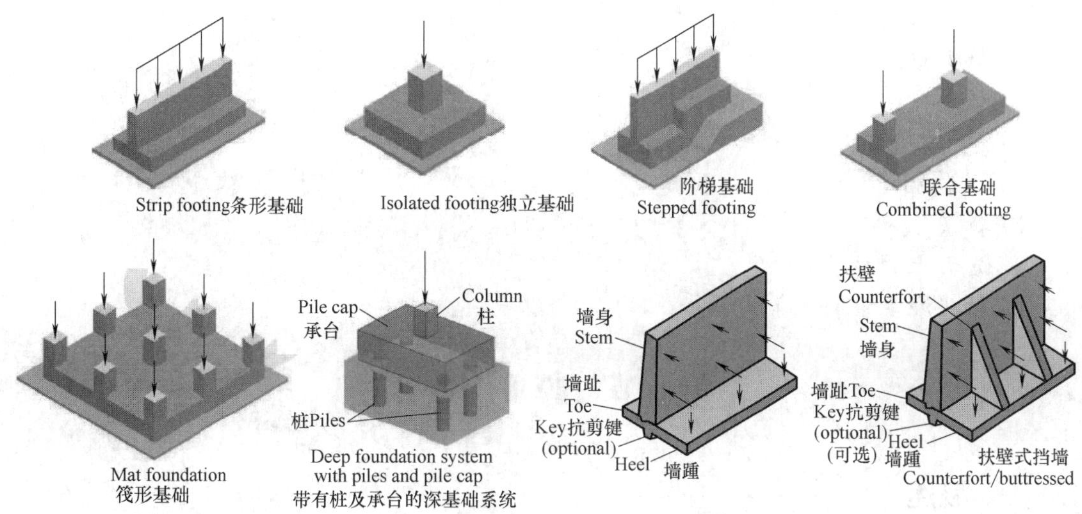

图 4.6-1 基础类型（ACI 318-19 图 R13.1.1）

（4）浅基础与桩承台的临界截面。

2. 浅基础

（1）一般规定；

（2）单向浅基础；

（3）双向独立基础；

（4）双向联合基础与筏板基础；

（5）墙用作地基梁；

（6）悬臂式挡土墙的墙组件。

3. 深基础

（1）一般规定；

（2）允许轴向强度；

（3）强度设计；

（4）原位浇筑深基础；

（5）预制混凝土桩；

（6）桩承台。

三、欧洲规范

基础设计涉及岩土与结构两部分内容，在欧洲规范家族中，与岩土相关的设计内容列入了《Eurocode 7：Geotechnical design—Part 1：General rules》中，而结构设计部分虽然在 EC 7 中有所体现，但仅给出了原则，故主要还是要参考 EC 2。由于基础不像板、梁、柱那样具有鲜明的一致性受力特征，而是根据基础类型及其结构模型分别表现出具有单向板、双向板、梁或柱的受力特征，故基础构件的强度设计也基本参照符合某种构件类型的相应方法进行设计，比如条形基础参照单向板、独立基础与筏形基础参照双向板、桩基础参照柱进行设计等，真正作为与“基础”有关的专题出现在 EC 2 中的，只有“构件详图与特殊规则”这章，故本书仅就这部分内容的目录列出供索引之用，方便有需要者去查看 EC 2 规范原文。

1. 桩承台

2. 柱与墙的基础

(1) 一般规定;

(2) 钢筋的锚固。

3. 拉梁

4. 岩石上的柱基础

5. 钻孔灌注桩

第七节 膜的设计

一、概述

膜（Diaphragms）不是一个新概念，中国规范的刚性楼板假定实质就是发挥其“膜”的功能，在 SATWE、YJK 等有限元分析设计软件中，对楼板的模拟存在刚性板、弹性膜、弹性板 3 与弹性板 6 等对应多种模拟方法的单元类型，但无论采用哪种单元类型与模拟方法，软件中这个楼板在整个抗侧力体系中的功能都相当于美国规范中“膜”的功能，但将“膜”作为一类构件进行专门设计的，却只有美国规范一家。

美国规范 ACI 318 对“膜”给出了如下定义：用于将侧向力传递至抗侧向力系统垂直构件的水平或近乎水平的平面构件（图 4.7-1）。膜将建筑构件连接在一起，形成一个完整的三维系统，并通过将这些构件连接到抗侧力系统来为这些构件提供侧向支撑。通常，膜还可以用作楼板和屋顶板，或用作停车结构坡道，因此可以支承重力荷载。膜可以包括“弦杆（chord）”和“收集器（collector）”。

当承受横向荷载（例如作用在图 4.7-3 屋顶膜上的面内惯性荷载）时，膜基本上起到水平跨越抗侧力系统竖向构件之间的梁的作用。因此，膜会产生面内弯矩、剪力以及其他可能的作用。如果抗侧力系统的垂直构件未沿隔膜的整个深度延伸，则可能需要收集器来收集隔膜剪切力并将其传递给垂直构件。术语“分配器（distributor）”有时用于描述将力从抗侧力系统的垂直构件传递到膜中的收集器。

鉴于本书的目的不是某一部规范的详细介绍，而是侧重于规范之间的异同，故本节内容仅作概念性介绍及模拟分析原则的介绍，不再进行更详细、更深入的介绍。有兴趣想深入了解的读者还是建议去阅读 ACI 318 的规范原文。

二、膜承受的荷载

如图 4.7-1 所示，膜可抵抗如下多种作用力：

(1) 膜平面内的力——来自包括风、地震、流体或土的水平压力等荷载组合的横向力，通过膜的架越作用将其传递给抗侧力系统的垂直构件上，并在膜中产生面内剪切、轴力和弯曲作用，见图 4.7-2。对于风荷载，作用在建筑物外墙上的风压会产生横向力，该力通过膜传递到垂直构件。对于地震作用，惯性力会在膜与墙、柱及其他构件的从属部分内产生，然后通过膜传递到垂直构件。对于具有地下结构的建筑物，土压力会作用在地下

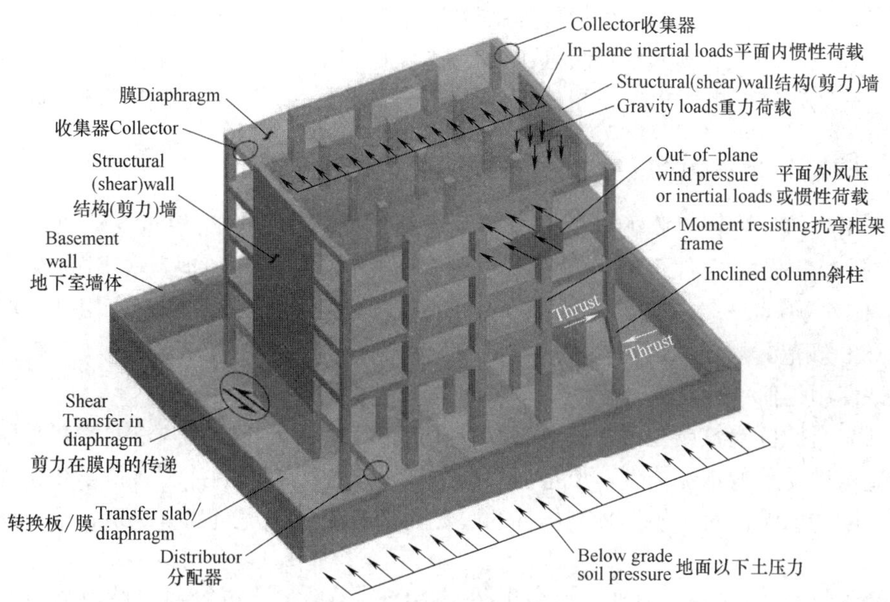

图 4.7-1 膜上的典型作用（ACI 318-19 图 R12.1.1）

室外墙上，从而产生横向力。在典型的系统中，地下室墙体在垂直方向架越在楼板之间，这些楼板也发挥膜的作用，从而将侧向土压力分配给其他抗力构件。

（2）膜传递力——抗侧向力系统的垂直构件沿高度方向可能具有不同属性，或者它们的抗力平面从一个楼层到另一个楼层可能改变，从而在垂直构件之间会产生力的传递。抗力平面改变的常见位置位于具有扩大地下建筑平面的建筑物地坪标高；在此位置，力可能会从较窄的塔楼通过大地下室顶板（作为膜）传递到地下室墙体（请参见图 4.7-1）。

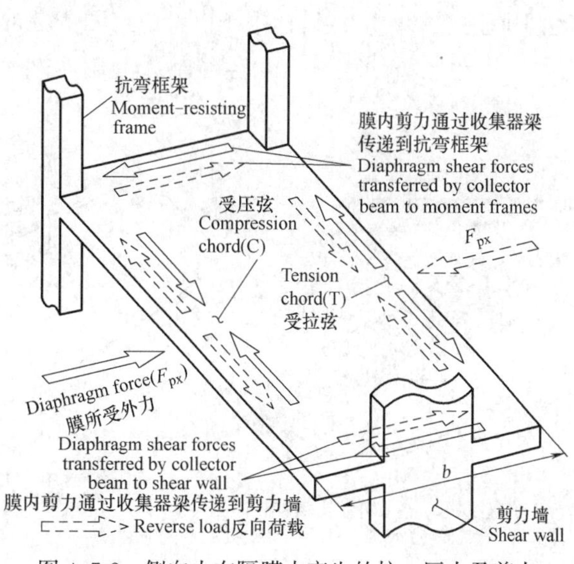

图 4.7-2 侧向力在隔膜中产生的拉—压力及剪力

（3）节点力——作用在裸露建筑表面上的风压会在这些表面上产生平面外力。同样，地震震动会在垂直框架和非结构构件（如外围护体系）中产生惯性力。这些力从产生力的构件通过节点传递到膜。

（4）柱支撑力——建筑造型有时需要倾斜的柱，由于重力和倾覆作用，这可能会导致在膜平面内作用较大的水平推力。推力可以根据柱子的方向以及受力状态（拉或压）而沿不同方向作用。在这些推力不能通过其他构件局部平衡的情况下，必须将力传递到膜中，然后再将他们传递到抗侧力系统的其他合适构件上。这种力是常见的，对于与相邻框架不是整体式的偏心受力预制混凝土柱而言尤其重要。膜还可为未设计为抗侧力系统的柱提供侧向支撑，并将这些柱通过膜连接到为结构提供侧向稳定性的其他构件。

（5）膜平面外力——大多数膜是楼面板和屋面板的一部分，因而承受重力荷载。通用建筑规范可能还需要考虑作用于屋面板上的向上风吸荷载及竖向地震作用等平面外力。

三、膜的模拟与分析

当通用建筑规范针对膜的模拟和分析要求适用时，应按通用建筑规范执行。ASCE/SEI 7 包括某些设计条件下有关膜的模拟要求，例如抵抗风和地震作用的设计。如果 ASCE/SEI 7 被依法采纳作为通用建筑规范的一部分，则 ASCE/SEI 7 的相关要求也适用于 ACI 318 规范的规定。否则，膜的模拟和分析应符合下述要求：

允许使用任何一套具有合理性与一致性的膜刚度假设。

对于完全原位浇筑或在预制板上有原位浇筑整浇层的低长宽比膜，通常将膜模拟为由柔性垂直构件支承的刚性构件。但是当膜的柔度可能会严重影响计算所得设计作用时，应考虑膜柔度的影响。对于使用预制构件的膜，无论有无原位浇筑的整浇层，都应考虑这种效果。

如前文（2）膜传递力所述，在发生较大传递力的地方，可以通过模拟膜的平面内刚度来获得更实际的设计力。对于具有大跨度、较大切口区域或其他不规则性的膜，可能会产生平面内变形，应在设计中予以考虑（图 4.7-3）。

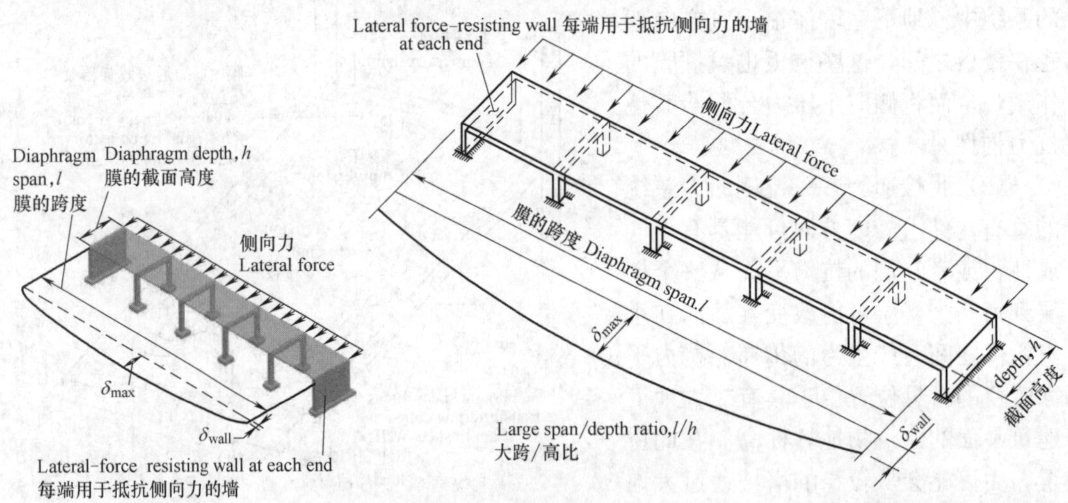

图 4.7-3 可能不被认为是平面内刚性膜的示例（ACI 318-19 图 R12.4.2.3a）

对于在其自身平面内被认为是刚性和半刚性的膜，可通过将膜模拟为支承在弹性支座上的水平刚性梁来取得膜的内力分布，该弹性支座代表垂直构件的侧向刚度（图 4.7-4）。分析中应包括施加力与垂直构件抗力之间面内偏心率的影响，该偏心会导致建筑物整体扭转。在正交方向上对齐的抗侧力系统的构件可以参与抵抗膜的平面内旋转。

膜平面内设计弯矩、剪力与轴力的计算应与平衡要求和设计边界条件相一致。应允许按照下述条件之一计算设计弯矩、剪力与轴力：

（1）如果可以将膜理想化为刚性，则采用刚性膜模型；

（2）如果可以将膜理想化为柔性，则采用柔性膜模型；

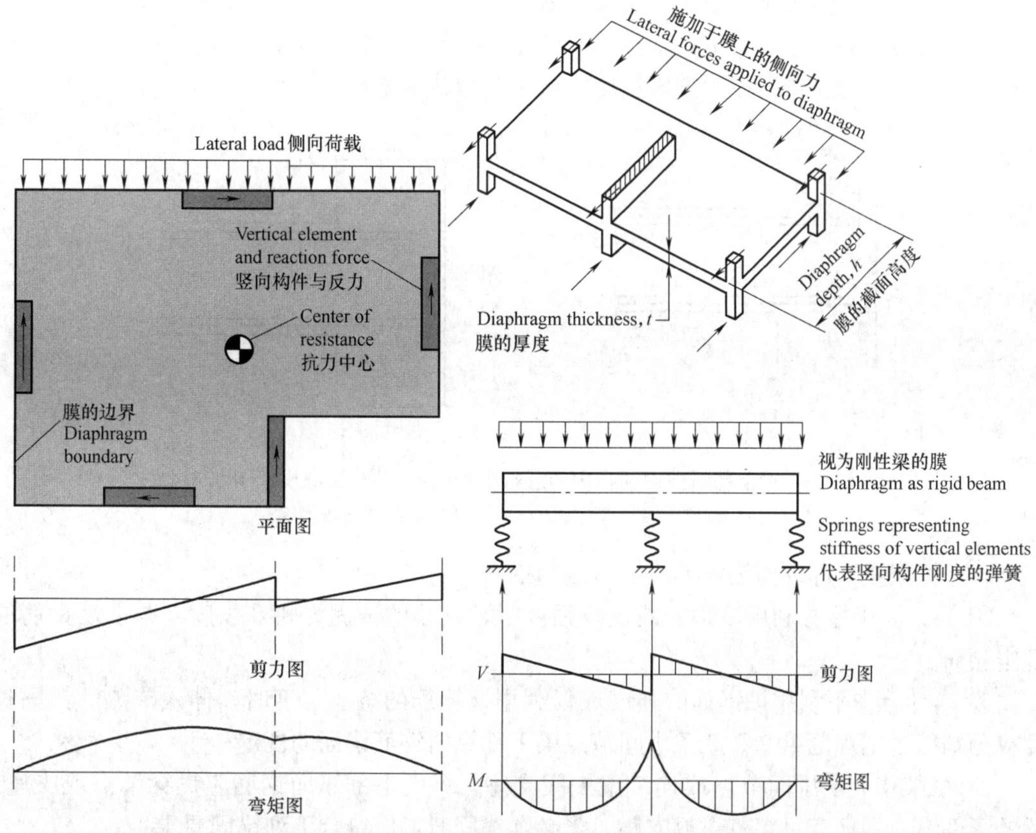

图 4.7-4　将膜模拟为柔性支座上的水平刚性梁而获得膜的内力（ACI 318-19 图 R12.4.2.3b）

（3）边界分析，其中设计值是通过在两次或更多次单独分析中假设膜平面内刚度分别为上限与下限而分别获得值的包络；

（4）考虑膜柔性的有限元模型；

（5）拉—压杆模型。

第八节　节点设计

一、中国规范

（一）梁柱节点设计

1）梁纵向钢筋在框架中间层端节点的锚固应符合下列要求：

（1）梁上部纵向钢筋伸入节点的锚固：

① 当采用直线锚固形式时，锚固长度不应小于 l_a，且应伸过柱中心线，伸过的长度不宜小于 $5d$，d 为梁上部纵向钢筋的直径。

② 当柱截面尺寸不满足直线锚固要求时，梁上部纵向钢筋可采用本规范第 8.3 节所述，3 条钢筋端部加机械锚头的锚固方式。梁上部纵向钢筋宜伸至柱外侧纵向钢筋内边，包括机械锚头在内的水平投影锚固长度不应小于 $0.4l_{ab}$（图 4.8-1a）。

③ 梁上部纵向钢筋也可采用90°弯折锚固的方式，此时梁上部纵向钢筋应伸至柱外侧纵向钢筋内边并向节点内弯折，其包含弯弧在内的水平投影长度不应小于 $0.4l_{ab}$，弯折钢筋在弯折平面内包含弯弧段的投影长度不应小于 $15d$（图 4.8-1b）。

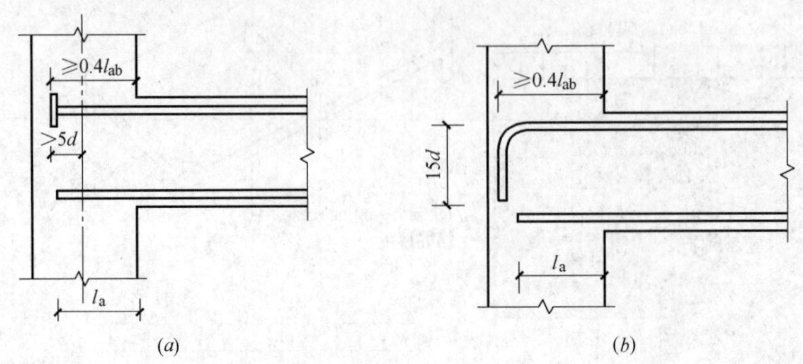

图 4.8-1 梁上部纵向钢筋在中间层端节点内的锚固（《混规》图 9.3.4）

（a）钢筋端部加锚头锚固；（b）钢筋末端 90°弯折锚固

（2）框架梁下部纵向钢筋伸入端节点的锚固：

① 当计算中充分利用该钢筋的抗拉强度时，钢筋的锚固方式及长度应与上部钢筋的规定相同。

② 当计算中不利用该钢筋的强度或仅利用该钢筋的抗压强度时，伸入节点的锚固长度应分别符合本规范第 9.3.5 条中间节点梁下部纵向钢筋锚固的规定。

2）框架中间层中间节点或连续梁中间支座，梁的上部纵向钢筋应贯穿节点或支座。梁的下部纵向钢筋宜贯穿节点或支座。当必须锚固时，应符合下列锚固要求：

（1）当计算中不利用该钢筋的强度时，其伸入节点或支座的锚固长度对带肋钢筋不小于 $12d$，对光面钢筋不小于 $15d$，d 为钢筋的最大直径；

（2）当计算中充分利用钢筋的抗压强度时，钢筋应按受压钢筋锚固在中间节点或中间支座内，其直线锚固长度不应小于 $0.7l_a$；

（3）当计算中充分利用钢筋的抗拉强度时，钢筋可采用直线方式锚固在节点或支座内，锚固长度不应小于钢筋的受拉锚固长度 l_a（图 4.8-2a）；

（4）当柱截面尺寸不足时，宜按本规范第 9.3.4 条第 1 款的规定采用钢筋端部加锚头的机械锚固措施，也可采用 90°弯折锚固的方式；

（5）钢筋可在节点或支座外梁中弯矩较小处设置搭接接头，搭接长度的起始点至节点或支座边缘的距离不应小于 $1.5h_0$（图 4.8-2b）。

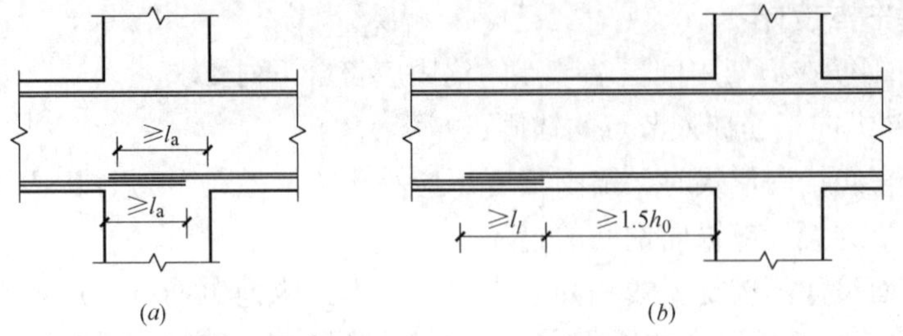

图 4.8-2 梁下部纵向钢筋在中间节点或中间支座范围的锚固与搭接（《混规》图 9.3.5）

（a）下部纵向钢筋在节点中直线锚固；（b）下部纵向钢筋在节点或支座范围外的搭接

3）柱纵向钢筋应贯穿中间层的中间节点或端节点，接头应设在节点区以外。

柱纵向钢筋在顶层中节点的锚固应符合下列要求：

（1）柱纵向钢筋应伸至柱顶，且自梁底算起的锚固长度不应小于 l_a。

（2）当截面尺寸不满足直线锚固要求时，可采用 90°弯折锚固措施。此时，包括弯弧在内的钢筋垂直投影锚固长度不应小于 $0.5l_{ab}$，在弯折平面内包含弯弧段的水平投影长度不宜小于 $12d$（图 4.8-3a）。

（3）当截面尺寸不足时，也可采用带锚头的机械锚固措施。此时，包含锚头在内的竖向锚固长度不应小于 $0.5l_{ab}$（图 4.8-3b）。

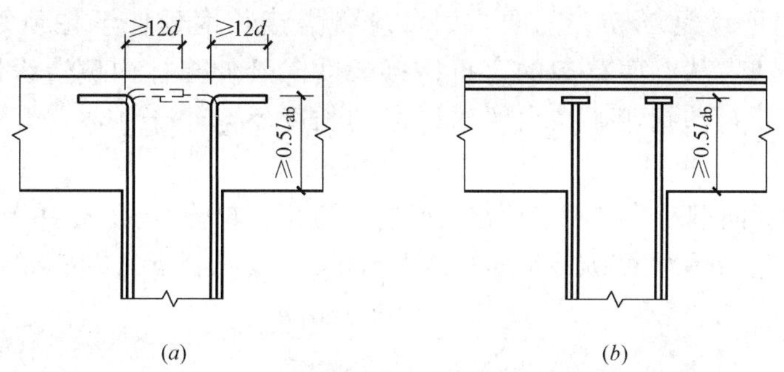

图 4.8-3 顶层节点中纵向钢筋在节点内的锚固（《混规》图 9.3.6）

（a）柱纵向钢筋 90°弯折锚固；（b）柱纵向钢筋端头加锚板锚固

（4）当柱顶有现浇楼板且板厚不小于 100mm 时，柱纵向钢筋也可向外弯折，弯折后的水平投影长度不宜小于 $12d$。

4）顶层端节点柱外侧纵向钢筋可弯入梁内作梁上部纵向钢筋；也可将梁上部纵向钢筋与柱外侧纵向钢筋在节点及附近部位搭接，搭接可采用下列方式：

（1）搭接接头可沿顶层端节点外侧及梁端顶部布置，搭接长度不应小于 $1.5l_{ab}$（图 4.8-4a）。其中，伸入梁内的柱外侧钢筋截面面积不宜小于其全部面积的 65%；梁宽范围以外的柱外侧钢筋宜沿节点顶部伸至柱内边锚固。当柱外侧纵向钢筋位于柱顶第一层时，钢筋伸至柱内边后宜向下弯折不小于 $8d$ 后截断（图 4.8-4b），d 为柱纵向钢筋的直径；当柱外侧纵向钢筋位于柱顶第二层时，可不向下弯折。当现浇板厚度不小于 100mm 时，梁宽范围以外的柱外侧纵向钢筋也可伸入现浇板内，其长度与伸入梁内的柱纵向钢筋相同。

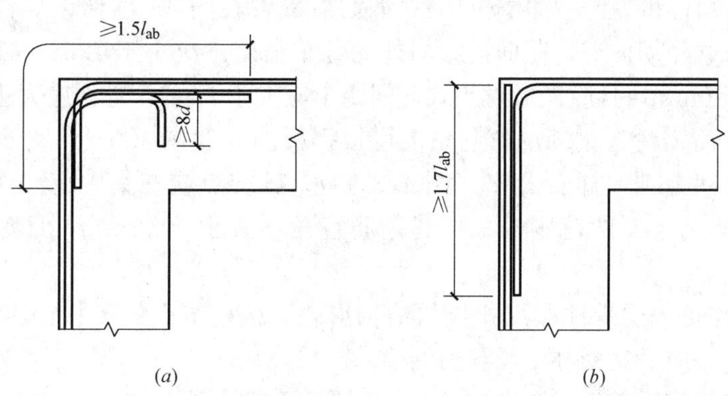

图 4.8-4 顶层端节点梁、柱纵向钢筋在节点内的锚固与搭接（《混规》图 9.3.7）

（a）搭接接头沿顶层端节点外侧及梁端顶部布置；（b）搭接接头沿节点外侧直线布置

(2) 当柱外侧纵向钢筋配筋率大于1.2%时，伸入梁内的柱纵向钢筋应满足本条第1款规定且宜分两批截断，截断点之间的距离不宜小于20d，d为柱外侧纵向钢筋的直径。梁上部纵向钢筋应伸至节点外侧并向下弯至梁下边缘高度位置截断。

(3) 纵向钢筋搭接接头也可沿节点柱顶外侧直线布置（见图4.8-4b），此时，搭接长度自柱顶算起不应小于1.7l_{ab}。当梁上部纵向钢筋的配筋率大于1.2%时，弯入柱外侧的梁上部纵向钢筋应满足本条第1款规定的搭接长度，且宜分两批截断，其截断点之间的距离不宜小于20d，d为梁上部纵向钢筋的直径。

(4) 当梁的截面高度较大，梁、柱纵向钢筋相对较小，从梁底算起的直线搭接长度未延伸至柱顶即已满足1.5l_{ab}的要求时，应将搭接长度延伸至柱顶并满足搭接长度1.7l_{ab}的要求；或者从梁底算起的弯折搭接长度未延伸至柱内侧边缘即已满足1.5l_{ab}的要求时，其弯折后包括弯弧在内的水平段的长度不应小于15d，d为柱纵向钢筋的直径。

(5) 柱内侧纵向钢筋的锚固应符合《混规》第9.3.6条关于顶层中节点的规定。

5) 顶层端节点处梁上部纵向钢筋的截面面积A_s应符合下列规定：

$$A_s \leqslant \frac{0.35\beta_c f_c b_b h_0}{f_y} \quad (4.8\text{-}1)\ [《混规》式(9.3.8)]$$

式中 b_b——梁腹板宽度；

h_0——梁截面有效高度。

梁上部纵向钢筋与柱外侧纵向钢筋在节点角部的弯弧内半径，当钢筋直径不大于25mm时，不宜小于6d；大于25mm时，不宜小于8d。钢筋弯弧外的混凝土中应配置防裂、防剥落的构造钢筋。

6) 在框架节点内应设置水平箍筋，箍筋应符合《混规》第9.3.2条柱中箍筋的构造规定，但间距不宜大于250mm。对四边均有梁的中间节点，节点内可只设置沿周边的矩形箍筋。当顶层端节点内有梁上部纵向钢筋和柱外侧纵向钢筋的搭接接头时，节点内水平箍筋应符合《混规》第8.4.6条的规定。

(二) 板柱节点设计

1) 混凝土板中配置抗冲切箍筋或弯起钢筋时，应符合下列构造要求：

(1) 板的厚度不应小于150mm。

(2) 按计算所需的箍筋及相应的架立钢筋应配置在与45°冲切破坏锥面相交的范围内，且从集中荷载作用面或柱截面边缘向外的分布长度不应小于1.5h_0（图4.8-5a）；箍筋直径不应小于6mm，且应做成封闭式，间距不应大于$h_0/3$，且不应大于100m。

(3) 按计算所需弯起钢筋的弯起角度可根据板的厚度在30°～45°之间选取；弯起钢筋的倾斜段应与冲切破坏锥面相交（图4.8-5b），其交点应在集中荷载作用面或柱截面边缘以外(1/2～2/3)h的范围内。弯起钢筋直径不宜小于12mm，且每一方向不宜少于3根。

2) 板柱节点可采用带柱帽或托板的结构形式。板柱节点的形状、尺寸应包容45°的冲切破坏锥体，并应满足受冲切承载力的要求。

柱帽的高度不应小于板的厚度h；托板的厚度不应小于$h/4$。柱帽或托板在平面两个方向上的尺寸均不宜小于同方向上柱截面宽度b与4h的和（图4.8-6）。

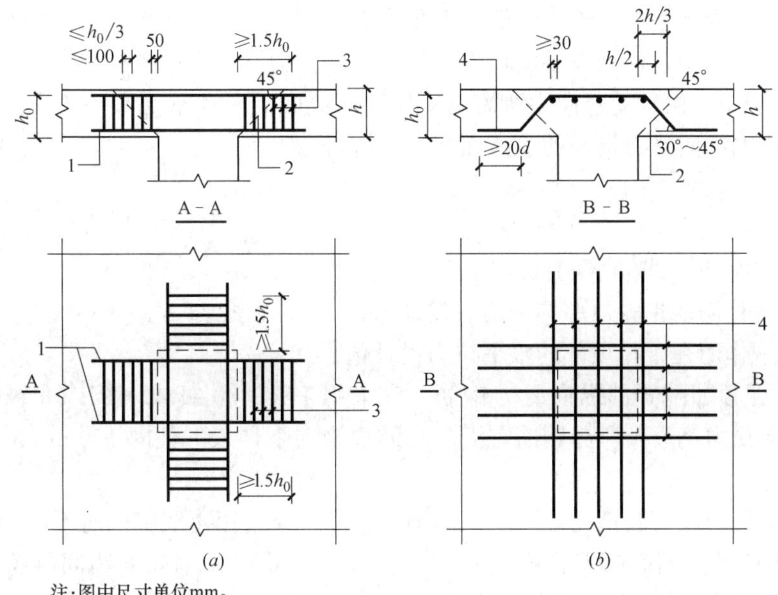

图 4.8-5 板中抗冲切钢筋布置（《混规》图 9.1.11）

（a）用箍筋作抗冲切钢筋；（b）用弯起钢筋作抗冲切钢筋

1—架立钢筋；2—冲切破坏锥面；3—箍筋；4—弯起钢筋

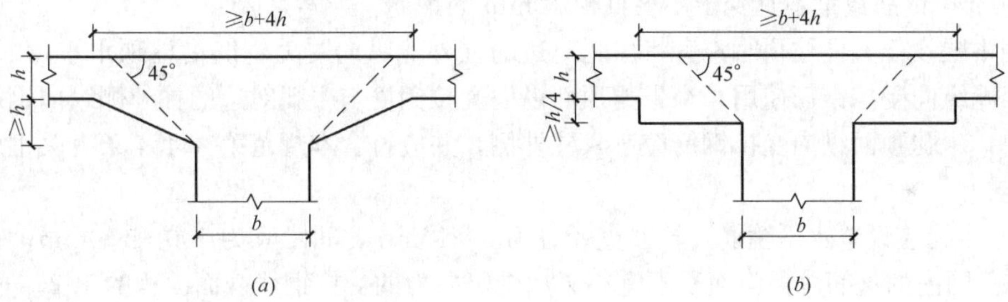

图 4.8-6 带柱帽或托班的板柱结构（《混规》图 9.1.12）

（a）柱帽；（b）托板

（三）牛腿设计

1）对于 a 不大于 h_0 的柱牛腿（图 4.8-7），其截面尺寸应符合下列要求：

（1）牛腿的裂缝控制要求（公式略）。

（2）牛腿的外边缘高度 h_1 不应小于 $h/3$，且不应小于 200mm。

（3）在牛腿顶面的受压面上，由竖向力 F_{vk} 所引起的局部压应力不应超过 $0.75f_c$。

牛腿（短悬臂）的受力特征可以用由顶部水平的纵向受力钢筋作为拉

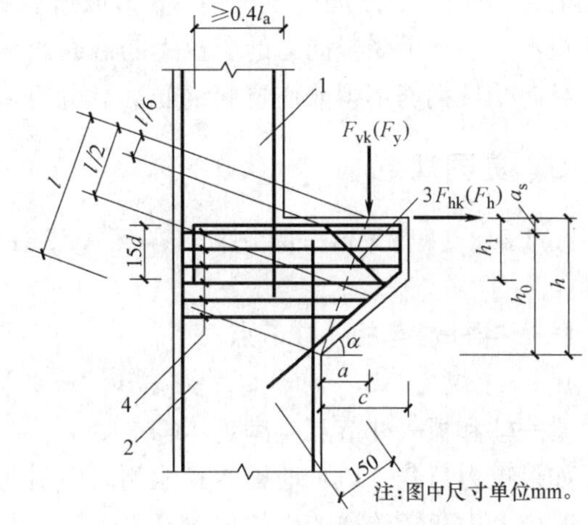

图 4.8-7 牛腿的外形及钢筋配置（《混规》图 9.3.10）

1—上柱；2—下柱；3—弯起钢筋；4—水平钢筋

杆和牛腿内的混凝土斜压杆组成的简化三角桁架模型描述。竖向荷载将由水平拉杆的拉力和斜压杆的压力承担；作用在牛腿顶部向外的水平拉力则由水平拉杆承担。

2）在牛腿中，由承受竖向力所需的受拉钢筋截面面积和承受水平拉力所需的锚筋截面面积所组成的纵向受力钢筋的总截面面积，应符合下列规定：

$$A_s \geqslant \frac{F_v a}{0.85 f_y h_0} + 1.2\frac{F_h}{f_y} \quad (4.8\text{-}2)\ [《混规》式(9.3.11)]$$

当 $a<0.3h_0$ 时，取 a 等于 $0.3h_0$。

式中 F_v——作用在牛腿顶部的竖向力设计值；

F_h——作用在牛腿顶部的水平拉力设计值。

3）沿牛腿顶部配置的纵向受力钢筋，宜采用 HRB400 级或 HRB500 级热轧带肋钢筋。全部纵向受力钢筋及弯起钢筋宜沿牛腿外边缘向下伸入下柱内 150mm 后截断（见图 4.8-7）。

纵向受力钢筋及弯起钢筋伸入上柱的锚固长度，当采用直线锚固时不应小于本规范第 8.3.1 条规定的受拉钢筋锚固长度 l_a；当上柱尺寸不足时，钢筋的锚固应符合本规范第 9.3.4 条梁上部钢筋在框架中间层端节点中带 90°弯折的锚固规定。此时，锚固长度应从上柱内边算起。

承受竖向力所需的纵向受力钢筋的配筋率不应小于 0.20%及 $0.45f_t/f_y$，也不宜大于 0.60%，钢筋数量不宜少于 4 根直径 12mm 的钢筋。

当牛腿设于上柱柱顶时，宜将牛腿对边的柱外侧纵向受力钢筋沿柱顶水平弯入牛腿，作为牛腿纵向受拉钢筋使用。当牛腿顶面纵向受拉钢筋与牛腿对边的柱外侧纵向钢筋分开配置时，牛腿顶面纵向受拉钢筋应弯入柱外侧，并应符合本规范第 8.4.4 条有关钢筋搭接的规定。

4）牛腿应设置水平箍筋，箍筋直径宜为 6～12mm，间距宜为 100～150mm；在上部 $2h_0/3$ 范围内的箍筋总截面面积不宜小于承受竖向力的受拉钢筋截面面积的 1/2。

当牛腿的剪跨比不小于 0.3 时，宜设置弯起钢筋。弯起钢筋宜采用 HRB400 级或 HRB500 级热轧带肋钢筋，并宜使其与集中荷载作用点到牛腿斜边下端点连线的交点位于牛腿上部 $l/6$～$l/2$ 之间的范围内，l 为该连线的长度（《混规》图 9.3.10）。弯起钢筋截面面积不宜小于承受竖向力的受拉钢筋截面面积的 1/2，且不宜少于 2 根直径 12mm 的钢筋。纵向受拉钢筋不得兼作弯起钢筋。

二、美国规范

ACI 318-19 有关这一部分的内容较 ACI 318-14 有较多的改变，习惯了旧版规范者应重视。

（一）梁—柱与板—柱节点

1. 一般规定

梁—柱和板—柱节点应满足 ACI 318-19 第 15.3 节柱轴力通过楼板系统的传递。

如果重力荷载、风、地震或其他侧向力引起梁—柱或板—柱节点处的弯矩传递，节点设计时应考虑弯矩传递产生的剪力。

向柱传递弯矩的梁—柱、板—柱节点应满足 ACI 318-19 第 15.4 节的详细规定。特殊抗弯框架中的梁柱节点、中等抗弯框架中的板柱节点以及抗震设计类别 D、E 或 F 结构中未被指定为抗震系统一部分的框架中的梁柱和板柱节点，应满足第 ACI 318-19 第 18 章的要求。

在两个构件之间的角节点处，应考虑节点内的闭合弯矩与张开弯矩的影响。

1）如果与节点刚接并产生节点剪力的梁截面高度超过柱截面高度的两倍，节点的分析和设计应基于 ACI 318-19 第 23 章的拉—压杆方法，并且应满足以下要求：

(1) 根据 ACI 318-19 第 23 章确定的节点设计抗剪强度不应超过根据 ACI 318-19 第 15.4.2 条计算的 ϕV_n；

(2) 应满足 ACI 318-19 第 15.3 节的配筋细部规定。

2）在节点受剪方向上将柱通过梁柱节点后继续延伸以获得连续性的柱延伸需满足下述要求：

(1) 在所考虑节点受剪方向上测量的柱延伸长度，从节点上边缘算起应不小于柱截面高度 h；

(2) 来自节点下方的柱纵向与横向钢筋应延续到延伸部分。

3）在节点受剪方向上将梁通过梁柱节点继续延伸以获得连续性的梁延伸需满足下述要求：

(1) 梁在节点面之外至少延伸一个梁截面高度 h；

(2) 来自节点另一侧的梁的纵向和横向钢筋应延续到延伸部分。

4）如果与节点相连的两根横向梁满足下述要求，则该梁柱节点应被视为在节点剪力方向受到约束：

(1) 每根横向梁的宽度至少为柱面宽度的四分之三；

(2) 横向梁延伸到节点面之外至少一个梁高 h；

(3) 横向梁至少包含两根连续顶部与底部钢筋及不小于 3 号（10mm）的箍筋（需满足 ACI 318-19 第 9.6.1.2、9.6.3.4 和 9.7.6.2.2 款的要求）。

传递弯矩的板—柱节点，其强度和细部要求应符合 ACI 318-19 第 8 章、第 15.3.2 条和第 22.6 节的适用规定。

2. 节点大样

1）梁—柱节点横向钢筋

梁柱节点应满足 ACI 318-19 第 15.3.1.2 至 15.3.1.4 款的要求，除非满足下述要求：

(1) 对于所有考虑的剪切方向，可根据 ACI 318-19 第 15.2.8 条将节点认定为由横梁约束；

(2) 节点不是指定的抗震系统的一部分；

(3) 节点不是抗震设防类别为 D、E 或 F 的结构的一部分。

节点横向钢筋应由满足 ACI 318-19 第 25.7.2 条的拉筋、第 25.7.3 条的螺旋筋和第 25.7.4 条的箍筋组成。

在节点域中截面高度最小的梁高范围内应至少设置两层水平横向钢筋。

节点域中截面高度最大的梁高范围内的横向钢筋间距不应超过 8in（200mm）。

2）板—柱节点横向钢筋

除了在四个侧面有板支撑的情况下，柱横向钢筋应通过板柱节点延续，包括柱帽、托板和抗剪帽。

3）纵向钢筋

按照 ACI 318-19 第 15.2.6（a）和 15.2.7（a）条的定义，在节点处或在柱或梁延伸段内终止的纵向钢筋的延伸应符合 ACI 318-19 第 25.4 节的要求。用标准弯钩终止于节点的纵向钢筋应使弯钩转向梁或柱截面的中间高度。

3. 梁—柱节点的强度要求

1）所需抗剪强度

节点剪力 V_u 应在节点中间高度的平面上使用与下述要求一致的弯曲受拉和弯曲受压的梁内力以及柱剪力计算：

（1）在所考虑的受剪方向上，梁柱之间传递的最大弯矩应采用连续梁模型并对梁—柱节点通过因式荷载分析确定；

（2）梁的标称抗弯强度 M_n。

2）设计抗剪强度

现浇梁柱节点的设计抗剪强度应满足：

$$\phi V_n \geqslant V_u$$

节点的 V_n 应按表 4.8-1 计算。

标称节点抗剪强度 V_n（ACI 318-19 表 15.4.2.3） **表 4.8-1**

柱	在 V_u 方向的梁	据第 15.2.8 条被横向梁的约束情况	英制 V_n(lb)	米制 V_n(N)
连续或满足第 15.2.6 条	连续或满足第 15.2.7 条	约束	$24\lambda\sqrt{f'_c}A_j$	$2\lambda\sqrt{f'_c}A_j$
		不约束	$20\lambda\sqrt{f'_c}A_j$	$1.67\lambda\sqrt{f'_c}A_j$
	其他	约束	$20\lambda\sqrt{f'_c}A_j$	$1.67\lambda\sqrt{f'_c}A_j$
		不约束	$15\lambda\sqrt{f'_c}A_j$	$1.25\lambda\sqrt{f'_c}A_j$
其他	连续或满足第 15.2.7 条	约束	$20\lambda\sqrt{f'_c}A_j$	$1.67\lambda\sqrt{f'_c}A_j$
		不约束	$15\lambda\sqrt{f'_c}A_j$	$1.25\lambda\sqrt{f'_c}A_j$
	其他	约束	$15\lambda\sqrt{f'_c}A_j$	$1.25\lambda\sqrt{f'_c}A_j$
		不约束	$12\lambda\sqrt{f'_c}A_j$	$\lambda\sqrt{f'_c}A_j$

注：普通混凝土 λ 取 1.0，轻质混凝土 λ 取 0.75。

节点内的有效横截面积 A_j 应按节点高度和有效节点宽度的乘积计算。节点截面高度应为柱在考虑的节点剪力方向上的总截面高度 h。当梁比柱宽时，有效节点宽度应为的柱的总宽度；当柱比梁宽时，有效节点宽度不应超过下述两种情形中的较小者：

（1）梁宽加上节点截面高度；

（2）梁纵轴到柱最近侧面的距离的两倍。

4. 通过楼板系统传递柱轴力

如果楼板系统的 f'_c 小于柱的 $0.7f'_c$，则通过楼板系统的轴向力传递应符合下列要求：

（1）为柱指定的抗压强度混凝土应浇筑在柱位置处的楼板系统中。柱混凝土应从柱面向外延伸至少 2ft（600mm）进入楼板系统，达到楼板系统的全部深度，并与楼板混凝土结合。

（2）穿过楼板系统的柱子的设计强度应根据达到设计强度的要求，使用带有垂直销钉的混凝土强度与带有横向钢筋的混凝土强度的较低值来计算。

(3) 对于在四个侧面上由满足 ACI 318-19 第 15.2.7 和 15.2.8 (a) 条的近似相等截面高度的梁支撑的梁柱节点和在四个侧面由板支撑的板柱节点，应允许使用假定的柱节点混凝土强度计算柱的设计强度，该强度等于柱混凝土强度的 75% 加上楼板系统混凝土强度的 35%，其中柱混凝土强度值不应超过楼板系统混凝土强度的 2.5 倍。

(二) 支架与牛腿

1. 一般规定

满足剪切跨高比 $a_v/d \leqslant 1.0$ 和因式水平拉力 $N_{uc} \leqslant V_u$ 的支架和牛腿应允许按本节设计。

2. 尺寸限制

支架或牛腿的有效高度 d 应按支座边缘截面确定。支架或牛腿在承压区外缘的总高度至少应为 $0.5d$，见图 4.8-8。支架或牛腿上承压区的任何部分都不应超出下述 (1) 或 (2) 至支座边缘面的范围：

(1) 主受拉钢筋直线段的末端；

(2) 如果设置了横向锚固钢筋，则为横向锚固钢筋的内表面。

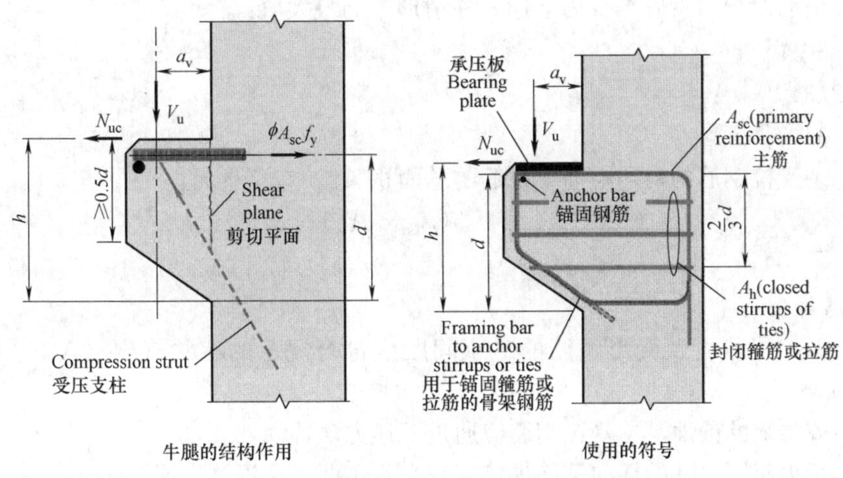

图 4.8-8 允许根据第 23 章设计支架和牛腿，无论剪切跨度如何（ACI 318-19 图 R16.5.1.1）

对于正常质量的混凝土，在确定支架或牛腿尺寸时，应使 V_u/ϕ 不超过下述三种情形中的最小值：

(1) $0.2f'_c b_w d$

(2) $(3.3+0.08f'_c)b_w d$

(3) $11b_w d$

3. 所需强度

支座边缘截面应按同时抵抗因式剪力 V_u、因式水平拉力 N_{uc} 以及由 $[V_u a_v+N_{uc}(h-d)]$ 给出的因式弯矩 M_u 进行设计。

因式拉力 N_{uc} 和剪力 V_u 应为根据因式荷载组合计算的最大值。

所需强度应按 ACI 318-19 第 6 章的分析方法和本节要求计算。

在计算 N_{uc} 时，作用于支架或牛腿上的水平拉力应被视为活荷载，即使拉力来自于对蠕变、收缩或温度变化的约束。

除非具有防止拉力施加到支架或牛腿上的可靠措施，否则 N_{uc} 应至少为 $0.2V_u$。

4. 设计强度

各个截面的设计强度应满足 $\phi S_n \geqslant U$，包括下述三种情形，并应考虑荷载效应之间的相互作用。

(1) $\phi N_n \geqslant N_{uc}$

(2) $\phi V_n \geqslant V_u$

(3) $\phi M_n \geqslant M_u$

A_n 提供的标称抗拉强度 N_n 应按下式计算：

$$N_n = A_n f_y \qquad (4.8\text{-}3)\ [\text{ACI 318-19 式 (16.5.4.3)}]$$

A_{vf} 提供的标称抗剪强度 V_n 应按照 ACI 318-19 第 22.9 节中的剪切摩擦规定计算，其中 A_{vf} 是穿过假定剪切平面的钢筋面积。

A_f 提供的标称抗弯强度 M_n 应按 ACI 318-19 第 22.2 节中的设计假设计算。

5. 钢筋限值

主受拉钢筋面积 A_{sc} 应至少为下述三种情形中的最大值：

(1) $A_f + A_n$

(2) $(2/3)A_f + A_n$

(3) $0.04(f'_c/f_y)(b_w d)$

平行于主受拉钢筋的封闭箍筋或拉筋的总面积 A_h，应至少为：

$$A_h = 0.5(A_{sc} - A_n)$$

$$(4.8\text{-}4)\ [\text{ACI 318-19 式 (16.5.5.2)}]$$

6. 钢筋详图

混凝土保护层厚度及变形钢筋的最小间距应符合规范的有关规定（ACI 318-19 第 20.6.1.3 款与第 25.2 节）。

在支架或牛腿的前面，主受拉钢筋应通过下述方法锚固：

(1) 与至少相同尺寸的横向钢筋焊接，旨在将主要受拉钢筋发展至 f_y；

(2) 将主受拉钢筋弯回形成水平环；

(3) 发展 f_y 的其他锚固方式。

主受拉钢筋应在支座边缘充分发展强度。

受拉钢筋的延伸应考虑钢筋应力分布与弯矩不成正比的情况。

闭合箍筋或拉筋的间距应使 A_h 均匀分布在 $\frac{2}{3}d$ 范围内（从主受拉钢筋测量）。

三、欧洲规范

欧洲规范没有将节点设计独立成篇，而是归属于第 9 节构件详图与具体规则（Section 9 Detailing of Members and Particular Rules）之中，但基本上局限于各类构件自身的配筋规则，少有构件间连接节点的详图设计规则。事实上，整个欧洲规范有关详图设计的内容偏少，这一点与英国规范似乎一脉相承。但欧洲规范还是非常严谨的，并没有遗漏节点设计的原则。欧洲规范认为绝大多数的节点域都属于几何或静力不连续区域（D-域），因此它在第 9.9 节专门针对 D-域的详图设计作出了规定，并明确了拉—压杆模型的适用性，并通过附注将拉—压杆模型在框架角节点及牛腿等典型 D-域的应用引导至附录 J（Informative）。

几何或静力不连续区域

（1）D-域通常应根据 EC 2 第 6.5 节的拉—压杆模型进行设计，并根据第 8 节给出的规则进行详细配筋。

注：进一步的信息详见附件 J。

（2）拉杆中的钢筋应根据第 8.4 节的规定以 l_{bd} 的锚固长度充分锚固。

以下为 EC 2 附录 J 中的内容。

（一）框架角节点

1. 一般规定

混凝土强度 $\sigma_{Rd,max}$ 应根据 EC 2 第 6.5.2 节（有或没有横向钢筋的受压区）来确定，见本书第三章第六节“欧洲规范的拉—压杆模型分析”。

2. 具有内收弯矩（close moment）的框架角节点

（1）对于梁柱截面高度大致相等的情况（$2/3 < h_2/h_1 < 3/2$）（图 4.8-9（*a*）），无需检查梁柱接头内的箍筋或主筋的锚固长度，前提是所有梁的受拉钢筋在拐角处弯曲。

（2）图 4.8-9（*b*）显示了 $h_2/h_1 < 2/3$ 时对于有限范围的 $\tan\theta$ 的拉—压杆模型。

注：在一个国家使用的 $\tan\theta$ 限值可在其国家附件中找到。欧洲规范推荐的下限值为 0.4，上限值为 1.0。

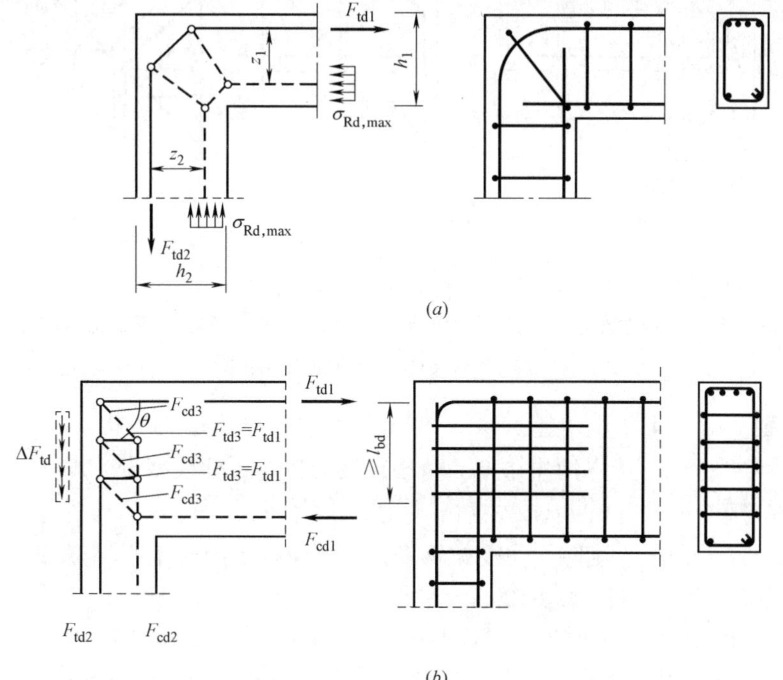

图 4.8-9 具有内收弯矩的框架角节点模型与配筋（EC 2 图 J.2）
（*a*）梁柱截面高度大致相等；（*b*）梁柱截面高度相差较大

(3) 锚固长度 l_{bd} 应根据力 $\Delta F_{td}=F_{td2}-F_{td1}$ 确定。

(4) 应为垂直于平面内节点的横向拉力提供钢筋。

3. 具有外张弯矩（open moment）的框架角节点

(1) 对于梁柱截面高度大致相等的情况，可以使用图 4.8-10（*a*）和 4.8-11（*a*）中给出的拉—压杆模型。如图 4.8-10（*b*）以及图 4.8-11（*b*）所示，钢筋应在拐角区域以环形或两个重叠 U 形钢筋与倾斜箍筋相结合的形式提供。

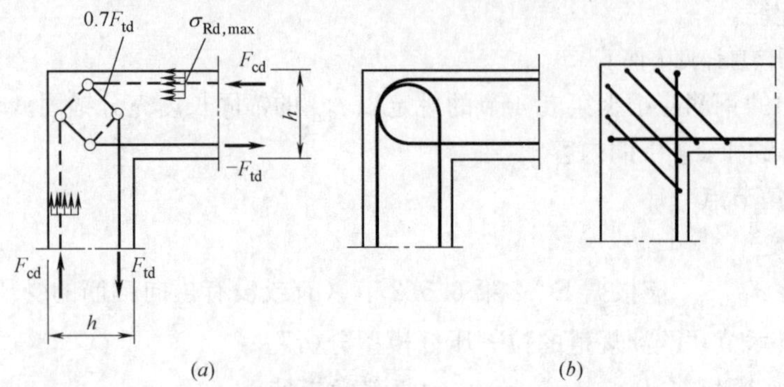

图 4.8-10　中等外张弯矩的框架角节点（例如 $A_s/bh\leqslant 2\%$）（EC 2 图 J.3）

（*a*）拉—压杆模型；（*b*）钢筋大样详图

(2) 当外张弯矩较大时，应考虑如图 4.8-11 所示的对角钢筋和箍筋以防止劈裂。

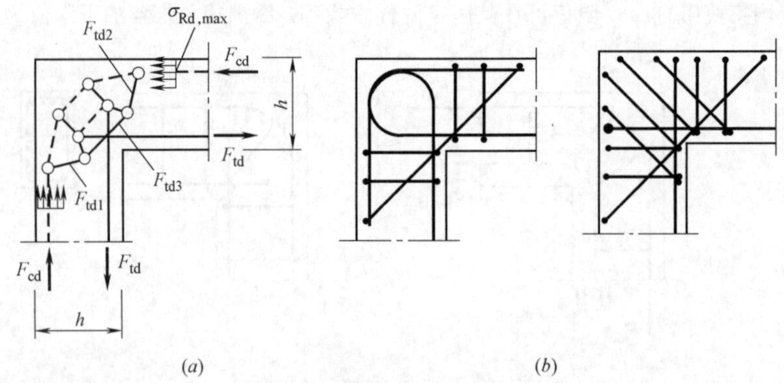

图 4.8-11　较大外张弯矩的框架角节点（例如 $A_s/bh>2\%$）（EC 2 图 J.4）

（*a*）拉—压杆模型；（*b*）钢筋大样详图

（二）牛腿

(1) 牛腿（$a_c<z_0$）可以使用第 6.5 节中描述的拉—压杆模型进行设计（图 4.8-12）。支柱的倾斜度受限于 $1.0\leqslant\tan\theta\leqslant 2.5$。

(2) 如果 $a_c<0.5h_c$，则除了主受拉钢筋外，还应提供闭合水平箍筋或倾斜箍筋，其数量为 $A_{s,lnk}\geqslant k_1A_{s,main}$（图 4.8-13*a*）。

注：在一个国家使用的 k_1 值可以在其国家标准附件中找到。推荐值为 0.25。

(3) 如果 $a_c>0.5h_c$ 且 $F_{Ed}>V_{Rd,c}$，则除了主受拉钢筋外，还应提供闭合竖向箍筋，其数量为 $A_{s,lnk}\geqslant k_2F_{Ed}/f_{yd}$（图 4.8-13*b*）。

注：在一个国家使用的 k_2 值可以在其国家标准附件中找到。推荐值为 0.5。

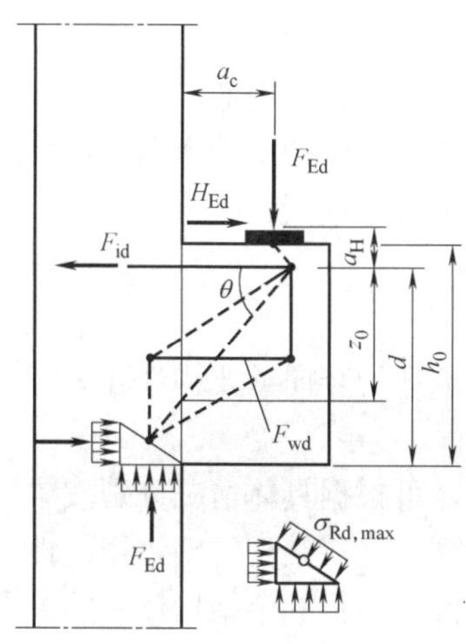

图 4.8-12　牛腿的拉—压杆模型（EC 2 图 J.5）

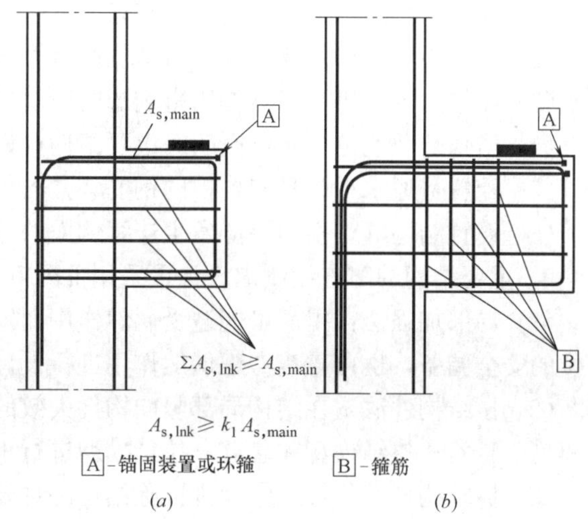

图 4.8-13　牛腿配筋大样（EC 2 图 J.6）

（a）$a_c < 0.5h_c$ 时的配筋；（b）$a_c > 0.5h_c$ 时的配筋

（4）主受拉钢筋两端应锚固。它应锚固在远表面的支承构件中，锚固长度应从近表面垂直钢筋的位置算起。钢筋应锚固在牛腿中，锚固长度应从承载板的内表面算起。

（5）如对裂缝限制有特殊要求，可在阴角处设置斜箍筋。

第九节　结构整体性

结构整体性（Structural Integrity）是美国规范的术语，其目的是通过钢筋与节点的详细构造来提高结构的冗余度和延性，以便在主要支承构件损坏或异常荷载施加的情况下，将结构的损坏控制在局部区域，以使结构具有维持整体稳定的更高可靠性。

在中国规范的术语体系中没有结构整体性的概念，但中国规范的“防连续倒塌”概念与之非常接近。

欧洲规范也没有结构整体性这一术语，但欧洲规范将“防连续倒塌”的概念体现在“拉结系统（Tying System）”中。

美国规范 ACI 318-19 在其第 4 章“结构系统要求（Structural System Requirements）”的第 4.10 节是针对混凝土结构结构整体性（Structural Integrity）的全面要求，同时在全书分布于各个构件设计的章节中都融入了结构整体性方面的考虑及具体规定。可操作性极强，直接将整体性的设计理念贯彻到具体构件的节点与配筋构造方面。

欧洲规范的“拉结系统”也是在第 9.10 节中单独列出。不像中国规范那样只是概念性地提出，欧洲规范对拉结系统的要求是具体的、可实现的，更多的是利用结构分析所需的钢筋通过合理布置与构造来实现，很少需要提供专为拉结系统服务的额外钢筋。

中国的《混规》第 3.6 节的“防连续倒塌设计原则”正如其标题所言是一个概念性的指导原则，没有给出具体的实施方案，故指导性与可实现性不强。

一、中国规范的“防连续倒塌设计原则”

1. 规范要求

1）混凝土结构防连续倒塌设计宜符合下列要求：

（1）采取减小偶然作用效应的措施；

（2）采取使重要构件及关键传力部位避免直接遭受偶然作用的措施；

（3）在结构容易遭受偶然作用影响的区域增加冗余约束，布置备用的传力途径；

（4）增强疏散通道、避难空间等重要结构构件及关键传力部位的承载力和变形性能；

（5）配置贯通水平、竖向构件的钢筋，并与周边构件可靠地锚固；

（6）设置结构缝，控制可能发生连续倒塌的范围。

2）重要结构的防连续倒塌设计可采用下列方法：

（1）局部加强法：提高可能遭受偶然作用而发生局部破坏的竖向重要构件和关键传力部位的安全储备，也可直接考虑偶然作用进行设计。

（2）拉结构件法：在结构局部竖向构件失效的条件下，可根据具体情况分别按梁—拉结模型、悬索—拉结模型和悬臂—拉结模型进行承载力验算，维持结构的整体稳固性。

（3）拆除构件法：按一定规则拆除结构的主要受力构件，验算剩余结构体系的极限承载力；也可采用倒塌全过程分析进行设计。

3）当进行偶然作用下结构防连续倒塌的验算时，作用宜考虑结构相应部位倒塌冲击引起的动力系数。

在抗力函数的计算中，混凝土强度取强度标准值 f_{ck}；普通钢筋强度取极限强度标准值 f_{stk}，预应力筋强度取极限强度标准值 f_{ptk} 并考虑锚具的影响。宜考虑偶然作用下结构倒塌对结构几何参数的影响。必要时尚应考虑材料性能在动力作用下的强化和脆性，并取相应的强度特征值。

2. 构造暗梁设置与否的讨论

暗梁的存在对提高无梁楼盖的面内与面外刚度几乎没有帮助，所增设的箍筋对受弯承载力也影响不大，反倒是柱上板带 50%的上部钢筋与 25%的下部钢筋在暗梁宽度内集中布置的方式更有意义，使钢筋分布与内力（应力）分布尽量吻合，对应内力（应力）集中度更高的区域，配筋集中度也相应提高，从而提高了整体的安全度。因此，从这个意义上来讲，暗梁或集中配筋带并非越宽越好，宽到一定程度，就失去了应有的意义；此外，暗梁在加密区的箍筋，也能发挥抗冲切钢筋的作用，可以作为额外的安全储备。

因此，笔者赞成将柱上板带钢筋的 50%（上部钢筋）及 25%（下部钢筋）集中布置在柱宽及柱两侧各不大于 1.5 倍板厚区域的做法，而不一定非要设置构造暗梁。《建筑抗震设计规范》GB 50011—2010 第 6.6.4 条规定“无柱帽平板应在柱上板带中设构造暗梁”，对有柱帽的无梁楼盖则没有相应规定；《抗规》2010 第 14.3.2 条虽然要求“地下建筑的顶板、底板和楼板宜采用梁板结构。当采用板柱—抗震墙结构时，应在柱上板带中设构造暗梁”，但《建筑抗震设计规范》GB 50011—2010（2016 年局部修订版）则将该条文修改为“无柱帽的平板应在柱上板带中设构造暗梁”，原文如下：

14.3.2 地下建筑的顶板、底板和楼板，应符合下列要求：

1 宜采用梁板结构。当采用板柱—抗震墙结构时，无柱帽的平板应在柱上板带中设构造暗梁，其构造措施按本规范第 6.6.4 条第 1 款的规定采用。

加下划线的文字是《抗规》2016 局部修订版增加或修改的内容，是为了与《抗规》第 6.6.4 条的规定统一而作出的修改，从规范的严谨性与标准的一致性而言是正确的。因为，地上建筑板柱结构的无梁楼盖在承受竖向荷载的同时，还作为抗侧力体系的一部分，承受并传递水平荷载（风荷载、地震力），而应用于地下结构时，楼盖系统基本不承受水平荷载，此时无梁楼盖的安全度相对更高一些。因此，理论上应该加强地上建筑无梁楼盖的构造措施，而不是加强地下建筑无梁楼盖的构造措施，或者地上地下统一标准而采用相同的构造措施。即适用于地下建筑板柱结构的第 14.3.2 条应该与适用于地上建筑板柱结构的第 6.6.4 条执行相同或略低的标准，而不应高于适用于地上建筑板柱结构的标准。《抗规》2016 局部修订版正是基于这方面的考虑而对第 14.3.2 条作出上述局部修改。但这样的修改也使有柱帽的无梁楼盖失去了设置构造暗梁的规范依据。

冲切锥体内构造暗梁箍筋所发挥的抗冲切作用，可以通过前述增大柱帽高度的做法来弥补或加强。

3. 通过柱截面的板底连续钢筋必须满足规范要求

这条是为了防止强震作用下楼板脱落的措施，也是为了防止在板与柱界面处发生直剪破坏后楼板不致脱落的措施，是缓解脆性冲切破坏的突然性、延长破坏的预警时间、改善无梁楼盖的破坏特征，进而避免连续垮塌事故的一项重要措施。

其重要意义在于，只要跨越柱顶截面的板底钢筋连续而没有断点，且数量足够，其抗拉能力足以拉住因直剪破坏或冲剪破坏而脱落的楼板，此时只要柱子不发生破坏，则楼盖就不会脱落，也就可以避免楼盖大范围脱落所引起的连续垮塌。此时的模型有点像斜拉桥，直剪或冲剪破坏的楼板是桥身，柱子是索塔，而板底钢筋则是拉索。

对此，有两点关键措施必须确保。

其一，拉索（通过柱截面的板底钢筋）必须牢固、可靠，必须确保通过柱截面板底钢筋能将楼板与柱牢固地连接在一起，既不能与楼板发生脱锚破坏，也不能与柱子发生连接破坏，当然通过柱截面的板底钢筋自身也不能发生破坏。这就要求通过柱截面的板底钢筋在柱子附近一定范围内不宜有接头，更不能有搭接接头，一旦在冲切破坏锥体内有搭接接头，通过柱截面的板底钢筋也就失去了斜拉桥模型的拉索作用，从而也就无法在直剪或冲剪破坏时托住楼板，导致楼板脱落进而引起连续垮塌。笔者认为，《抗规》第 6.6.4 条第 2 款的要求还不够严格，应该禁止通过柱截面的板底钢筋采用搭接连接。

其二，拉索（通过柱截面的板底钢筋）必须具有足够的受拉承载力，从而通过拉索作用拉住楼板，避免楼板脱落。

关于这两点关键措施，《抗规》在第 6.6.4 条第 2 款与第 3 款均有所考虑：

6.6.4 板柱—抗震墙结构的板柱节点构造应符合下列要求：

2 无柱帽柱上板带的板底钢筋，宜在距柱面为 2 倍板厚以外连接，采用搭接时钢筋端部宜有垂直于板面的弯钩。

3 沿两个主轴方向通过柱截面的板底连续钢筋的总截面面积，应符合下式要求：

$$A_s \geqslant N_G / f_y \tag{4.9-1}$$

式中 A_s——板底连续钢筋总截面面积；

N_G——在本层楼板重力荷载代表值（8 度时尚宜计入竖向地震）作用下的柱轴压力设计值；

f_y——楼板钢筋的抗拉强度设计值。

对于没柱帽的无梁楼盖，这个钢筋毫无疑问是设置在柱子宽度范围内的。但对于有柱帽的无梁楼盖，可能有些人会考虑将该数量的钢筋放在冲切锥体范围内，但这样做的前提是要确保不发生冲切直剪破坏。从图 3-4-25 可发现，柱头上均没有柱帽，但不能肯定该项目就没有做柱帽，很有可能是直剪破坏把柱帽剪掉了，从而使配置在柱边以外但在冲切锥体以内的板底钢筋失效。可见防止直剪破坏和连续垮塌，就必须把这部分钢筋不折不扣地放到柱子截面范围内。

二、美国规范的"结构整体性"

1. ACI 318 的规范要求

1）总体要求

节点与钢筋应详细构造以便将结构有效地拉结在一起，并改善整个结构的整体性。

结构构件及其连接应符合表 4.9-1 的结构整体性要求。

结构整体性的最低要求（ACI 318-19 表 4.10.2.1）　　表 4.9-1

构件类型	规范所在章节
非预应力单向现浇板	7.7.7
非预应力双向板	8.7.4.2
预应力双向板	8.7.5.6
非预应力双向密肋板	8.8.1.6
现浇梁	9.7.7
预应力单向密肋板	9.8.1.6
预制接缝与节点	16.2.1.8

2）非预应力单向板设计中的具体要求

现浇单向板的结构整体性钢筋：

至少由最大正弯矩钢筋的四分之一组成的纵向结构整体性钢筋应是连续的。

非连续支座处的纵向结构整体性钢筋应有足够锚固以确保在支座边缘能发展 f_y 的强度。

如果连续的结构整体性钢筋必须拼接，则钢筋应在支座附近拼接。拼接接头应按照 ACI 318-19 第 25.5.7 条采用机械连接或焊接，或按照 ACI 318-19 第 25.5.2 条采用 B 级抗拉搭接接头。

3）非预应力双向板设计中的具体要求

讲到非预应力双向板中的受弯钢筋（纵向受力钢筋），尤其要为美国规范在"结构整体性"方面的周到考虑点赞。ACI 318-19 在第 8.7.4.2 条中有如下两款规定：

两个正交方向柱上板带的所有底部钢筋都必须连续或采用全机械、全焊接、B 级抗拉搭接等接头形式，接头位置应符合图 4.2-22 的要求（只能在支座负弯矩筋长度范围内）；

本条规定是考虑到，一旦某个支座遭到破坏，则连续的柱上板带底部钢筋能够给板提供支承到相邻支座的残余能力；

每个方向至少有两根柱上板带的下部钢筋必须在柱子两侧纵筋之间穿过，并且要在端支座有可靠的锚固；其中穿过柱截面的两根连续的柱上板带底部钢筋，可视作"整体性"钢筋，可在单一支座遭遇冲切破坏后，给板提供一些残余强度。

上述两款规定，是防止单个支座发生破坏后引起结构连续倒塌的重要举措，美国人早在 20 世纪 50 年代就开始研究，并发表了一系列文章。

在有剪切头的板中，如果底部钢筋无法贯通柱，则每个方向至少有两根底部钢筋或钢丝应尽可能靠近柱并贯通，或采用全机械、全焊接或 B 类受拉搭接接头。在边柱处，钢筋或钢丝应锚定在剪切头上。

4）现浇梁设计中的具体要求

（略）

2. ACI 352.1R 的规范要求

除此之外，ACI 352.1R（注意不是美国混凝土规范 ACI 318）还针对无梁的板柱节点作了进一步的规定，其目的也是增加结构系统抵抗连续倒塌的能力。

对于无梁的板柱节点，尤其是在中间支座节点，穿过柱子核心区的连续板底钢筋在每一主方向的截面积不应小于下式要求：

$$A_{sm}=\frac{0.5w_u l_1 l_2}{\phi f_y} \quad (4.9\text{-}2)\ [\text{ACI 352.1R 式 (6.3.1)}]$$

式中 A_{sm}——每一主方向跨越支座的最小有效连续板底钢筋截面积，相邻跨计算值取大，对于边节点在垂直板边的方向可取计算值的 2/3，对于角节点可在两个主方向均取计算值的 1/2；

w_u——均布荷载设计值，但不小于 2 倍的恒载标准值；

l_1 与 l_2——每个主方向中到中的跨度；

f_y——钢筋 A_{sm} 的屈服强度；

ϕ——系数，取 0.9。

ACI 352.1R-04 对于何为连续的板底钢筋作出了更明确的规定：

① 在距柱边 $2l_d$ 以外搭接，且搭接长度不小于 l_d；

② 在柱截面范围内搭接且搭接长度不小于 l_d；

③ 倘若搭接接头发生在包含上部钢筋的区域，且在紧邻柱边区域按不小于 $2l_d$ 搭接；

④ 在不连续边有弯钩或其他形式的锚固，且钢筋在柱边的锚固应力有条件发展到屈服应力。但在 ACI 352.1R-11 中则删除了这些规定。

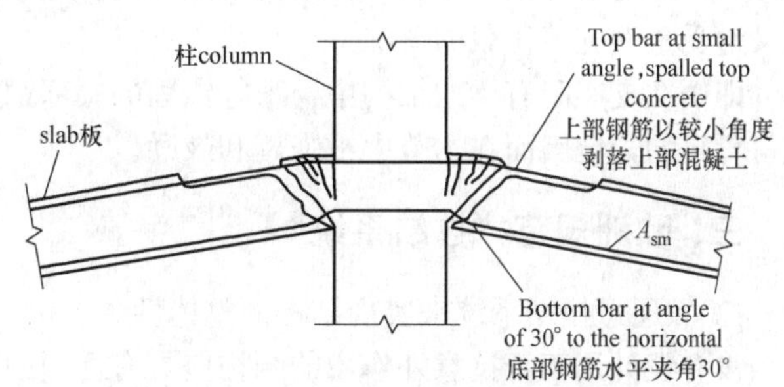

图 4.9-1 节点冲切破坏模型

（ACI 352.1R—2011 图 6.3.1）

上述公式（6.3.1）是基于图 4.9-1 的概念模型得出。在该模型中，板经冲切破坏后，由两个方向通过支座下垂的板底钢筋来支承。假定板经冲切破坏后板底钢筋下垂至与水平方向成 30°夹角，则按公式（4.9-2）算得的通过柱截面核心的钢筋量具备支承从属面积 $l_1 l_2$ 上 w_u 荷载的能力。

需要注意的是，只有板底钢筋才具有显著的冲切后承载力，且必须是连续的板底钢筋直接穿越柱截面并位于柱子核心区内才能达此目的。而支座上部钢筋则像图 4.9-1 所示那样是少有效力的，因为它倾向于劈裂支座上部的混凝土保护层（图 4.9-2）。

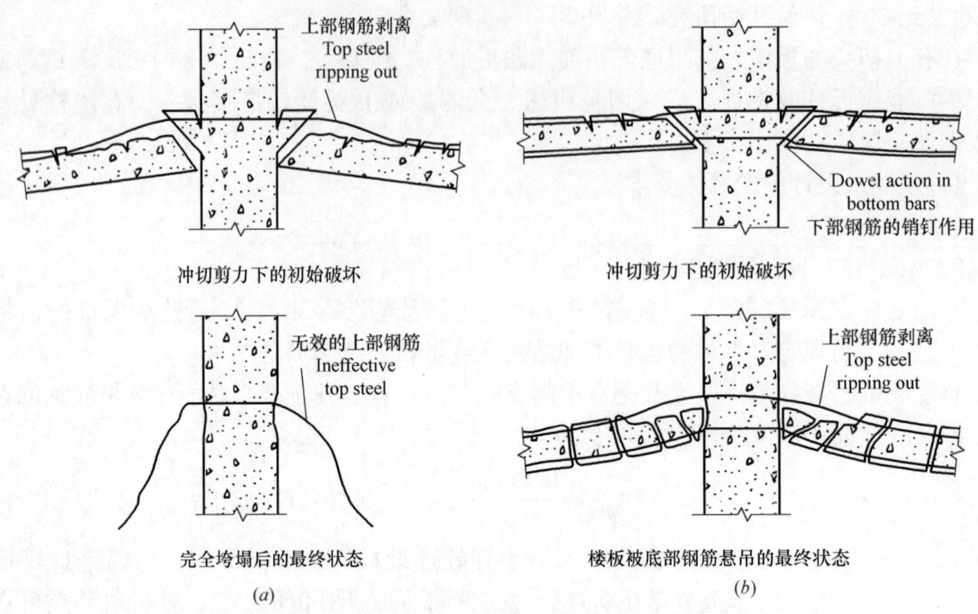

图 4.9-2　冲切失效后底部受弯钢筋的悬链线效应

（*a*）无连续底部钢筋；（*b*）有连续底部钢筋

公式（4.9-2）对于荷载不是很重的无梁楼盖有现实意义，但对于地下车库顶板这样的重载无梁楼盖，按式（4.9-2）算得的 A_{sm} 会非常大，让这样多的钢筋穿越柱截面，在理论上与实践上都不具备可行性。因此，ACI 352.1R 尽管早在 1989 年版就已经将该公式列入，但美国正统的混凝土规范 ACI 318 一直到 2014 年版也没有将该公式列入其规范内容，或许也是由于该公式对重载无梁楼盖的可实施性问题。但 ACI 352.1R 作为一部专注于板柱节点设计的导则，在 ACI 318 中的条文说明中还是会被引用。

灾难性的连续倒塌在板—柱结构中发生过。许多事故是在混凝土龄期较短、强度较弱而又遭受重型施工荷载的情况。

即便在支座间有梁的结构中，很好锚固的底部钢筋作为预防连续倒塌措施的价值也是值得肯定的，也因而在本节中被强调和鼓励。

三、欧洲规范“拉结系统”

EC 2 通过拉结系统来实现结构的整体性。

没有设计用于抵抗意外作用的结构应具有适当的拉结系统，以便在局部损坏后提供替代的加载路径而防止连续倒塌。以下简单规则被认为符合这一要求。

结构应提供下列拉结：

（1）外围拉结；

（2）内部拉结；

（3）水平柱或墙拉结；

（4）必要情况的垂直拉结，特别是在面板建筑（panel buildings）中。

当建筑物被伸缩缝划分为结构独立的部分时，每个部分都应该有一个独立的拉结系统。

在拉结钢筋的设计中，可以假定钢筋以其特征强度作用，并能够承受以下条款中定义的拉力。

在柱、墙、梁和板中为其他目的提供的钢筋可视为提供这些拉结钢筋的一部分或全部。

拉结是作为最低限度的配筋要求，而不是作为结构分析所需的额外钢筋。

1. 外围拉结

在每个楼层和屋面标高，应在距边缘 1.2m 范围内提供有效的连续外围拉结。此类拉结可以包括用作内部拉结一部分的钢筋。

外围拉结应能抵抗按下式确定的拉力：

$$F_{tie,per}=l_i \cdot q_1 \geqslant Q_2 \qquad (4.9\text{-}3)\ [\text{EC 2 式 } (9.15)]$$

式中 $F_{tie,per}$——拉结力（此处受拉）；

l_i——端跨的长度。

注：一国使用的 q_1 与 Q_2 的数值可在其国家附件中找到。EC 2 推荐值为：$q_1=10\text{kN/m}$，$Q_2=70\text{kN}$。

具有内部边缘的结构（例如中庭、庭院等）应具有与外部边缘相同的外围拉结且应完全锚固。

2. 内部拉结

内部拉结应该在每一楼层和屋面标高处以近似直角在两个水平方向拉结。它们应在整个长度上有效地连续，并应锚固在两端的外围拉结上，除非继续作为柱或墙的水平拉结。

内部拉结可以全部或部分均匀地分布在楼板中，也可以分组在梁、墙或其他适当位置设置。在墙中时，它们应该在距楼板顶部或底部 0.5m 以内。

在每个方向上，内部拉结应能够抵抗拉力设计值 $F_{tie,per}$（以 kN/m 为单位）。

注：在一个国家使用的 $F_{tie,per}$ 值可在其国家附件中找到。EC 2 建议值为 20kN/m。

在没有楼板（screed）的楼层中，拉结筋不能在跨度方向上均布，此时水平拉结可以沿着梁线分组。在这种情况下，内部梁线上的最小力按下式计算：

$$F_{tie}=q_3 \cdot (l_1+l_2)/2 \geqslant Q_4 \qquad (4.9\text{-}4)\ [\text{EC 2 式 } (9.16)]$$

式中 l_1、l_2——梁两侧楼板的跨长（m）。

注：一国使用的 q_3 与 Q_4 的数值可在其国家附件中找到。EC 2 推荐值为：$q_3=20\text{kN/m}$，$Q_4=70\text{kN}$。

内部拉结应与外围拉结连接，以确保力的传递。

3. 与柱子和/或墙壁的水平拉结

边柱与边墙应在每个楼层与屋面标高处与结构进行水平拉结。

拉结应该能够抵抗立面上每米 $f_{tie,fac}$ 的拉力，对于柱，该力不应超过 $F_{tie,col}$。

注：在一个国家使用的 $f_{tie,fac}$ 与 $F_{tie,col}$ 的值可在其国家附件中找到。EC 2 建议值为：$f_{tie,fac}=20\text{kN/m}$，$F_{tie,col}=150\text{kN}$。

角柱应在两个方向拉结。在这种情况下，为外围拉结提供的钢筋可以用作此种情况的水平拉结。

4. 垂直拉结

在 5 层或 5 层以上的面板建筑中，应在柱和/或墙中设置垂直拉结，以限制在下层柱或墙意外破坏的情况下楼板倒塌的损坏。这些拉结应该成为跨越受损区域的桥梁系统的一部分。

通常情况下，应提供从最低标高到最高标高的连续垂直拉结，使之能够在意外设计状况下承受作用于其下墙柱意外破坏的楼板上的荷载。其他解决办法也可以使用，例如考虑剩余墙单元的隔膜作用和/或楼板中膜的作用，如果平衡和足够的变形能力可以保证的话。

柱或墙在其最低标高处由基础以外的构件（例如，梁或板）支承时，在设计中应考虑该构件的意外破坏，并应提供适当的替代荷载路径。

5. 拉结的连续性与锚固

两个水平方向的拉结应有效地连续并锚定在结构周圈。

拉结可以完全在预制构件的迭浇层或在预制构件的连接处。如果拉结在一个平面上不连续，则应考虑偏心引起的弯曲效应。

拉结通常不应在预制单元之间的窄缝中搭接。在这些情况下，应使用机械锚固。

第五章　正常使用极限状态

中美欧规范的正常使用极限状态都使用 serviceability（适用性）一词。

中国的规范《工程结构设计基本术语标准》GB/T 50083—2014 对正常使用极限状态的英文用词为“Serviceability Limit States”，与欧洲规范的术语用词完全一样，美国规范（ACI 318）虽然没有使用极限状态的概念，但也有类似正常使用极限状态方面的要求，而且术语用词也是 Serviceability。

根据中国《工程结构设计基本术语标准》GB/T 50083 对术语的定义：

适用性（Serviceability）：结构在正常使用条件下，保持良好使用性能的能力。

正常使用极限状态（Serviceability Limit States）：对应于结构或结构构件达到正常使用或耐久性能的某项规定限值的状态。

鉴于此，本书针对欧美规范“Serviceability”一词一律翻译为“适用性”。

第一节　中国规范的正常使用极限状态

一、总体要求

混凝土结构构件应根据其使用功能及外观要求，按下列规定进行正常使用极限状态验算：

（1）对需要控制变形的构件，应进行变形验算；

（2）对不允许出现裂缝的构件，应进行混凝土拉应力验算；

（3）对允许出现裂缝的构件，应进行受力裂缝宽度验算；

（4）对舒适度有要求的楼盖结构，应进行竖向自振频率验算。

二、通用验算公式

对于正常使用极限状态，钢筋混凝土构件、预应力混凝土构件应分别按荷载的准永久组合并考虑长期作用的影响或标准组合并考虑长期作用的影响，采用下列极限状态设计表达式进行验算：

$$S \leqslant C \qquad (5.1\text{-}1)\ [《混规》式\ (3.4.2)]$$

式中　S——正常使用极限状态荷载组合的效应设计值；

C——结构构件达到正常使用要求所规定的变形、应力、裂缝宽度和自振频率等的限值。

三、挠度验算

钢筋混凝土受弯构件的最大挠度应按荷载的准永久组合，预应力混凝土受弯构件的最大挠度应按荷载的标准组合，并均应考虑荷载长期作用的影响进行计算。

钢筋混凝土和预应力混凝土受弯构件的挠度可按照结构力学方法计算，且不应超过本规范表 5.1-1 规定的挠度限值。在等截面构件中，可假定各同号弯矩区段内的刚度相等，并取用该区段内最大弯矩处的刚度。当计算跨度内的支座截面刚度不大于跨中截面刚度的 2 倍或不小于跨中截面刚度的 1/2 时，该跨也可按等刚度构件进行计算，其构件刚度可取跨中最大弯矩截面的刚度。

矩形、T 形、倒 T 形和 I 形截面受弯构件考虑荷载长期作用影响的刚度 B 可按下列规定计算。

1）采用荷载标准组合时

$$B=\frac{M_k}{M_q(\theta-1)+M_k}B_s \qquad (5.1\text{-}2)\ [《混规》式（7.2.2\text{-}1）]$$

2）采用荷载准永久组合时

$$B=\frac{B_s}{\theta} \qquad (5.1\text{-}3)\ [《混规》式（7.2.2\text{-}2）]$$

式中 M_k——按荷载的标准组合计算的弯矩，取计算区段内的最大弯矩值。

M_q——按荷载的准永久组合计算的弯矩，取计算区段内的最大弯矩值。

B_s——按荷载准永久组合计算的钢筋混凝土受弯构件或按标准组合计算的预应力混凝土受弯构件的短期刚度，按《混规》第 7.2.3 条计算，鉴于公式复杂，本书在此不列。

θ——考虑荷载长期作用对挠度增大的影响系数，可按下列规定取用。

（1）钢筋混凝土受弯构件

当 $\rho'=0$ 时，取 $\theta=2.0$；当 $\rho'=\rho$ 时，取 $\theta=1.6$；当 ρ' 为中间数值时，θ 按线性内插法取用。

此处，$\rho'=A'_s/(bh_0)$，$\rho=A'_s/(bh_0)$。对翼缘位于受拉区的倒 T 形截面，θ 应增加 20%。

（2）预应力混凝土受弯构件

取 $\theta=2.0$。

受弯构件的挠度限值（《混规》表 3.4.3） **表 5.1-1**

构件类型		挠度限值
起重机梁	手动起重机	$l_0/500$
	电动起重机	$l_0/600$
屋盖、楼盖及楼梯构件	当 $l_0<7$m 时	$l_0/200(l_0/250)$
	当 $7\text{m}\leqslant l_0\leqslant 9$m 时	$l_0/250(l_0/300)$
	当 $l_0>9$m 时	$l_0/300(l_0/400)$

注：1. 表中，l_0 为构件的计算跨度；计算悬臂构件的挠度限值时，其计算跨度 l_0 按实际悬臂长度的 2 倍取用。
2. 表中，括号内的数值适用于使用上对挠度有较高要求的构件。
3. 如果构件制作时预先起拱，且使用上也允许，则在验算挠度时，可将计算所得的挠度值减去起拱值；对预应力混凝土构件，尚可减去预加力所产生的反拱值。
4. 构件制作时的起拱值和预加力所产生的反拱值，不宜超过构件在相应荷载组合作用下的计算挠度值。

四、抗裂与裂缝宽度验算

结构构件正截面的受力裂缝控制等级分为三级，等级划分及要求应符合下列规定：

一级：严格要求不出现裂缝的构件，按荷载标准组合计算时，构件受拉边缘混凝土不应产生拉应力。

二级：一般要求不出现裂缝的构件，按荷载标准组合计算时，构件受拉边缘混凝土拉应力不应大于混凝土抗拉强度的标准值。

三级：允许出现裂缝的构件：对钢筋混凝土构件，按荷载准永久组合并考虑长期作用影响计算时，构件的最大裂缝宽度不应超过表 5.1-2 规定的最大裂缝宽度限值。对预应力混凝土构件，按荷载标准组合并考虑长期作用的影响计算时，构件的最大裂缝宽度不应超过《混规》第 3.4.5 条规定的最大裂缝宽度限值；对二 a 类环境的预应力混凝土构件，尚应按荷载准永久组合计算，且构件受拉边缘混凝土的拉应力不应大于混凝土的抗拉强度标准值。

钢筋混凝土和预应力混凝土构件，应按下列规定进行受拉边缘应力或正截面裂缝宽度验算。

（1）一级裂缝控制等级构件，在荷载标准组合下，受拉边缘应力应符合下列规定：

$$\sigma_{ck}-\sigma_{pc}\leqslant 0 \quad (5.1\text{-}4)［《混规》式（7.1.1\text{-}1）］$$

（2）二级裂缝控制等级构件，在荷载标准组合下，受拉边缘应力应符合下列规定：

$$\sigma_{ck}-\sigma_{pc}\leqslant f_{tk} \quad (5.1\text{-}5)［《混规》式（7.1.1\text{-}2）］$$

（3）三级裂缝控制等级时，钢筋混凝土构件的最大裂缝宽度可按荷载准永久组合并考虑长期作用影响的效应计算，预应力混凝土构件的最大裂缝宽度可按荷载标准组合并考虑长期作用影响的效应计算。最大裂缝宽度应符合下列规定：

$$w_{max}\leqslant w_{lim} \quad (5.1\text{-}6)［《混规》式（7.1.1\text{-}3）］$$

对环境类别为二 a 类的预应力混凝土构件，在荷载准永久组合下，受拉边缘应力尚应符合下列规定：

$$\sigma_{cq}-\sigma_{pc}\leqslant f_{tk} \quad (5.1\text{-}7)［《混规》式（7.1.1\text{-}4）］$$

式中 σ_{ck}、σ_{cq}——荷载标准组合、准永久组合下抗裂验算边缘的混凝土法向应力；

σ_{pc}——扣除全部预应力损失后在抗裂验算边缘混凝土的预压应力，计算公式从略［《混规》式（10.1.6-1）与式（10.1.6-4）］；

f_{tk}——混凝土轴心抗拉强度标准值，按前文表 2.4-1（《混规》表 4.1.3-2）采用；

w_{max}——按荷载的标准组合或准永久组合并考虑长期作用影响计算的最大裂缝宽度，按式（5.1-6）计算；

w_{lim}——最大裂缝宽度限值，见表 5.1-2。

在矩形、T 形、倒 T 形和 I 形截面的钢筋混凝土受拉、受弯和偏心受压构件及预应力混凝土轴心受拉和受弯构件中，按荷载标准组合或准永久组合并考虑长期作用影响的最大裂缝宽度可按下列公式计算：

$$w_{max}=\alpha_{cr}\psi\frac{\sigma_s}{E_s}\left[1.9c_s+0.08\frac{d_{eq}}{\rho_{te}}\right]$$

（5.1-8）［《混规》式（7.1.2-1）］

结构构件的裂缝控制等级及最大裂缝宽度的限值 w_{lim}(mm)(《混规》表 3.4.5)　　表 5.1-2

环境类别	钢筋混凝土结构		预应力混凝土结构	
	裂缝控制等级	w_{lim}	裂缝控制等级	w_{lim}
一	三级	0.30(0.40)	三级	0.20
二 a	三级	0.20	三级	0.10
二 b	三级	0.20	二级	—
三 a、三 b	三级	0.20	一级	—

注：1. 对处于年平均相对湿度小于 60%地区一类环境下的受弯构件，其最大裂缝宽度限值可采用括号内的数值。

2. 在一类环境下，对钢筋混凝土屋架、托架及需作疲劳验算的吊车梁，其最大裂缝宽度限值应取为 0.20mm；对钢筋混凝土屋面梁和托梁，其最大裂缝宽度限值应取为 0.30mm。

3. 在一类环境下，对预应力混凝土屋架、托架及双向板体系，应按二级裂缝控制等级进行验算；对一类环境下的预应力混凝土屋面梁、托梁、单向板，应按表中二 a 类环境的要求进行验算；在一类和二 a 类环境下需作疲劳验算的预应力混凝土吊车梁，应按裂缝控制等级不低于二级的构件进行验算。

4. 表中规定的预应力混凝土构件的裂缝控制等级和最大裂缝宽度限值仅适用于正截面的验算；预应力混凝土构件的斜截面裂缝控制验算应符合《混规》第 7 章的有关规定。

5. 对于烟囱、筒仓和处于液体压力下的结构，其裂缝控制要求应符合专门标准的有关规定。

6. 对于处于四、五类环境下的结构构件，其裂缝控制要求应符合专门标准的有关规定。

7. 表中的最大裂缝宽度限值为用于验算荷载作用引起的最大裂缝宽度。

$$\psi=1.1-0.65\frac{f_{tk}}{\rho_{te}\sigma_s} \qquad (5.1\text{-}9)\ [《混规》式\ (7.1.2\text{-}2)]$$

$$d_{eq}=\frac{\sum n_i d_i^2}{\sum n_i v_i d_i} \qquad (5.1\text{-}10)\ [《混规》式\ (7.1.2\text{-}3)]$$

$$\rho_{te}=\frac{A_s+A_p}{A_{te}} \qquad (5.1\text{-}11)\ [《混规》式\ (7.1.2\text{-}4)]$$

式中 α_{cr}——构件受力特征系数，按表 5.1-3 采用。

ψ——裂缝间纵向受拉钢筋应变不均匀系数：当 $\psi<0.2$ 时，取 $\psi=0.2$；当 $\psi>1.0$ 时，取 $\psi=1.0$；对直接承受重复荷载的构件，取 $\psi=1.0$。

σ_s——按荷载准永久组合计算的钢筋混凝土构件纵向受拉普通钢筋应力或按标准组合计算的预应力混凝土构件纵向受拉钢筋等效应力。

E_s——钢筋的弹性模量，按《混规》表 4.2.5 采用。

c_s——最外层纵向受拉钢筋外边缘至受拉区底边的距离（mm）：当 $c_s<20$ 时，取 $c_s=20$；当 $c_s>65$ 时，取 $c_s=65$。

ρ_{te}——按有效受拉混凝土截面面积计算的纵向受拉钢筋配筋率；对无粘结后张构件，仅取纵向受拉普通钢筋计算配筋率；在最大裂缝宽度计算中，当 $\rho_{te}<0.01$ 时，取 $\rho_{te}=0.01$。

A_{te}——有效受拉混凝土截面面积：对轴心受拉构件，取构件截面面积；对受弯、偏心受压和偏心受拉构件，取 $A_{te}=0.5bh+(b_f-b)h_f$，此处 b_f、h_f 为受拉翼缘的宽度、高度。

A_s——受拉区纵向普通钢筋截面面积。

A_p——受拉区纵向预应力筋截面面积。

d_{eq}——受拉区纵向钢筋的等效直径（mm）；对无粘结后张构件，仅为受拉区纵向受拉普通钢筋的等效直径（mm）。

d_i——受拉区第 i 种纵向钢筋的公称直径；对于有粘结预应力钢绞线束的直径取为$\sqrt{n_1}d_{p1}$，其中 d_{p1} 为单根钢绞线的公称直径，n_1 为单束钢绞线根数。

n_i——受拉区第 i 种纵向钢筋的根数；对于有粘结预应力钢绞线，取为钢绞线束数。

v_i——受拉区第 i 种纵向钢筋的相对粘结特性系数，按表 5.1-4 采用。

构件受力特征系数（《混规》表 7.1.2-1） **表 5.1-3**

类型	α_{cr}	
	钢筋混凝土构件	预应力混凝土构件
受弯、偏心受压	1.9	1.5
偏心受拉	2.4	—
轴心受拉	2.7	2.2

钢筋的相对粘结特性系数（《混规》表 7.1.2-2） **表 5.1-4**

钢筋类别	钢筋		先张法预应力筋			后张法预应力筋		
	光圆钢筋	带肋钢筋	带肋钢筋	螺旋肋钢丝	钢绞线	带肋钢筋	钢绞线	光面钢丝
v_i	0.7	1.0	1.0	0.8	0.6	0.8	0.5	0.4

注：对环氧树脂涂层带肋钢筋，其相对粘结特性系数应按表中系数的 80%取用。

在荷载准永久组合或标准组合下，钢筋混凝土构件、预应力混凝土构件开裂截面处受压边缘混凝土压应力、不同位置处钢筋的拉应力及预应力筋的等效应力宜按下列假定计算：

（1）截面应变保持平面；

（2）受压区混凝土的法向应力图取为三角形；

（3）不考虑受拉区混凝土的抗拉强度；

（4）采用换算截面。

在荷载准永久组合或标准组合下，钢筋混凝土构件受拉区纵向普通钢筋的应力或预应力混凝土构件受拉区纵向钢筋的等效应力也可按下列公式计算。

1）钢筋混凝土构件受拉区纵向普通钢筋的应力

（1）轴心受拉构件

$$\sigma_{sq}=\frac{N_q}{A_s} \quad (5.1\text{-}12)\ [《混规》式(7.1.4\text{-}1)]$$

（2）偏心受拉构件

$$\sigma_{sq}=\frac{N_q e'}{A_s(h_0-a'_s)} \quad (5.1\text{-}13)\ [《混规》式(7.1.4\text{-}2)]$$

（3）受弯构件

$$\sigma_{sq}=\frac{M_q}{0.87h_0A_s} \quad (5.1\text{-}14)\ [《混规》式(7.1.4\text{-}3)]$$

（4）偏心受压构件

$$\sigma_{sq}=\frac{N_q(e-z)}{A_s z} \quad (5.1\text{-}15)\ [《混规》式(7.1.4\text{-}4)]$$

$$z=\left[0.87-0.12(1-\gamma_f')\left(\frac{h_0}{e}\right)^2\right]h_0$$

(5.1-16)［《混规》式（7.1.4-5）］

$$e=\eta_s e_0+\gamma_s \quad (5.1\text{-}17)［《混规》式（7.1.4\text{-}6）］$$

$$\gamma_f'=\frac{(b_f'-b)h_f'}{bh_0} \quad (5.1\text{-}18)［《混规》式（7.1.4\text{-}7）］$$

$$\eta_s=1+\frac{1}{4000e_0/h_0}\left(\frac{l_0}{h}\right)^2$$

(5.1-19)［《混规》式（7.1.4-8）］

式中 A_s——受拉区纵向普通钢筋截面面积：对轴心受拉构件，取全部纵向普通钢筋截面面积；对偏心受拉构件，取受拉较大边的纵向普通钢筋截面面积；对受弯、偏心受压构件，取受拉区纵向普通钢筋截面面积。

N_q、M_q——按荷载准永久组合计算的轴向力值、弯矩值。

e'——轴向拉力作用点至受压区或受拉较小边纵向普通钢筋合力点的距离。

e——轴向压力作用点至纵向受拉普通钢筋合力点的距离。

e_0——荷载准永久组合下的初始偏心距，取为 M_q/N_q。

z——纵向受拉普通钢筋合力点至截面受压区合力点的距离，且不大于 $0.87h_0$。

η_s——使用阶段的轴向压力偏心距增大系数，当 l_0/h 不大于 14 时，取 1.0。

γ_s——截面重心至纵向受拉普通钢筋合力点的距离。

γ_f'——受压翼缘截面面积与腹板有效截面面积的比值。

b_f'、h_f'——分别为受压区翼缘的宽度、高度；在公式（5.1-18）中 b_f' 大于 $0.2h_0$ 时，取 $0.2h_0$。

2）预应力混凝土构件受拉区纵向钢筋的等效应力

（略）

五、舒适度验算

对混凝土楼盖结构应根据使用功能的要求进行竖向自振频率验算，并宜符合下列要求：

（1）住宅和公寓不宜低于 5Hz；

（2）办公楼和旅馆不宜低于 4Hz；

（3）大跨度公共建筑不宜低于 3Hz。

第二节　美国规范的正常使用极限状态

一、适用范围

本节包括下述最低适用性的设计：

（1）服务水平重力荷载引起的挠度（ACI 318-19 第 24.2 节）；

（2）单向板和梁中控制裂缝的抗弯钢筋分布（ACI 318-19 第 24.3 节）；

（3）收缩和温度钢筋（ACI 318-19 第 24.4 节）；

（4）预应力受弯构件的容许应力（ACI 318-19 第 24.5 节）。

二、服务水平重力荷载引起的挠度

受弯构件应设计有足够的刚度，以限制对结构强度或适用性产生不利影响的挠度或变形。

根据规范公式计算的挠度不得超过表 5.2-1 限值。

最大允许计算挠度（ACI 318-19 表 24.2.2）　　　**表 5.2-1**

<table>
<tr><th>构件</th><th colspan="2">条件</th><th>挠度类型</th><th>挠度限值</th></tr>
<tr><td>平屋盖</td><td colspan="2" rowspan="2">所支承或与之连接的非结构构件不会被大变形损坏</td><td>由 L_R、S 及 R 的最大值产生的瞬时挠度</td><td>l/180</td></tr>
<tr><td>楼盖</td><td>由 L 产生的瞬时挠度</td><td>l/360</td></tr>
<tr><td rowspan="2">楼屋盖</td><td rowspan="2">支承或与之连接的非结构构件</td><td>有可能被大变形损坏</td><td rowspan="2">非结构构件附着以后的总挠度，是任何附加活荷载产生的瞬时挠度与所有持续性荷载产生的时间相关挠度之和</td><td>l/480</td></tr>
<tr><td>不大可能被大变形损坏</td><td>l/240</td></tr>
</table>

注：1. 时间相关的挠度应另行计算，但应允许通过计算非结构构件附着之前的挠度来将位移限值降低一定量值。
2. 如果采取措施防止对支撑物或附属物造成损坏，则应允许超过限值。
3. 限值不得超过为非结构构件提供的公差。

1. 即时挠度计算

应使用弹性挠度的方法或公式计算即时挠度，同时考虑开裂和钢筋对构件刚度的影响。

计算挠度时，应考虑横截面特性变化（如加腋）的影响。

计算双向板系统的挠度时，应考虑板块的尺寸和形状、支承条件和板块边缘约束的性质。

应允许根据 ACI 318-19 第 19.2.2 条计算弹性模量 E_c。

对于非预应力构件，除非通过更全面的分析获得，否则应根据式（5.2-1）计算有效惯性矩 I_e，但 I_e 不得大于 I_g。

$$I_e=\left(\frac{M_{cr}}{M_a}\right)^3 I_g+\left[1-\left(\frac{M_{cr}}{M_a}\right)^3\right] I_{cr}$$

（5.2-1）［ACI 318-19 式（24.2.3.5a）］

式中　M_{cr} 按下式计算：

$$M_{cr}=\frac{f_r I_g}{y_t}$$

（5.2-2）［ACI 318-19 式（24.2.3.5b）］

对于连续单向板和梁，应允许 I_e 取式（5.2-1）中临界正弯矩和负弯矩截面的平均值。

对于等截面单向板和梁，应允许 I_e 取式（5.2-1）中简支与连续梁板跨中处的值，以及悬臂结构支座处的值。

对于预应力 U 级板和梁，应允许根据 I_g 计算挠度。

对于预应力 T 级和 C 级板和梁，挠度计算应基于开裂转换截面分析。应允许根据双线性弯矩—挠度关系或式（5.2-1）中的 I_e 进行挠度计算，其中 M_{cr} 计算如下：

$$M_{cr}=\frac{(f_r+f_{pe})I_g}{y_t}$$

(5.2-3)［ACI 318-19 式（24.2.3.9)］

2. 时间相关挠度计算

非预应力混凝土构件

除非通过更全面的分析获得，否则由受弯构件的徐变和收缩引起的附加时间相关挠度应按持续荷载引起的直接挠度与系数 λ_Δ 的乘积来计算：

$$\lambda_\Delta=\frac{\xi}{1+50\rho'}$$

(5.2-4)［ACI 318-19 式（24.2.4.1.1)］

ρ'对于简支跨和连续跨，应在跨中进行计算，对于悬臂结构，应在支座处进行计算。

上式中持续荷载时间相关系数 ξ 的值，应符合表 5.2-2 的要求。

持续荷载的时间相关系数（ACI 318—2019 表 24.2.4.1.3) **表 5.2-2**

持续荷载的持续时间(月)	时间相关系数
3	1.0
6	1.2
12	1.4
60 或更多	2.0

三、单向板与梁中的抗弯钢筋布置

应在非预应力板、C 类预应力板以及单向受弯梁的受拉区中布置有粘结钢筋以控制受弯裂缝。

当使用荷载导致钢筋应力较高时，出现可见裂缝是可预期的，故应采取措施对钢筋进行详细设计以控制裂缝。出于耐久性和外观的原因，较多的细裂缝比较少的宽裂纹更可取。在使用 60 级钢筋的情况下，限制钢筋间距的详细做法通常会导致足够的裂缝控制。

涉及带肋钢筋的大量实验室工作证明，在使用荷载下的裂缝宽度与钢筋应力成正比。发现反映钢筋细节的重要变量是混凝土保护层的厚度和钢筋的间距。

即使在严谨的实验室工作中，裂缝宽度也必然会产生较大的离散性，并且会受到收缩和其他时间相关效应的影响。当钢筋在最大混凝土受拉区域内分布良好时，裂缝控制得到了改善。几根中等间距的钢筋比一根或两根同等面积的大钢筋更能有效地控制裂缝。

最接近受拉侧表面的有粘结钢筋间距不得超过表 4.3-7（ACI 318-19 表 24.3.2）的限值，其中 c_c 是从带肋钢筋或预应力钢筋表面到受拉侧表面的最小距离。鉴于第四章的“单向板”设计中已给出，在此不再重复提供。

美国规范对钢筋间距的要求仅限于控制裂缝（Beeby，1979；Frosch，1999；ACI 318 委员会，1999)。对于采用 60 级（420MPa）钢筋、主筋有 2in（50mm）净保护层厚度及 $f_s=40000$psi（280MPa）的梁，最大钢筋间距为 10in（250mm)。

结构中的裂缝宽度变化很大。规范中有关间距的规定旨在将表面裂缝的宽度限制在实践中通常可接受的范围内，但在给定的结构中可能会发生很大变化。

裂缝在钢筋腐蚀中的作用是有争议的。研究（Darwin，等，1985；Oesterle，1997)

表明，在正常情况下，腐蚀与工作荷载水平下钢筋应力范围内的表面裂缝宽度没有明显的相关性。出于这个原因，ACI 规范未对内部和外部暴露进行区分。

在选择用于计算间距要求的 c_c 值时，只需考虑最靠近受拉面的受拉钢筋。考虑到预应力钢筋（如钢绞线）的粘结特性不如带肋钢筋有效，ACI 318-19 表 24.3.2（前文表 4.3-7）中使用了 2/3 的有效系数。

对于设计为开裂构件的后张法构件，通过使用带肋钢筋来提供裂缝控制通常是有利的，为此可使用表 4.3-7 中关于带肋钢筋或钢丝的规定。规范其他条款要求的粘结钢筋也可用作裂缝控制钢筋。

四、收缩与温度钢筋

单向板应在垂直于受力钢筋方向提供抵抗收缩与温度应力的分布钢筋。

无论 ACI 318-14 还是 ACI 318-19，该分布钢筋的最小配筋率均与受力钢筋的最小配筋率相同，但 ACI 318-14 考虑了采用屈服强度大于 60000psi（420MPa）钢筋时配筋率的折减，而 ACI 318-19 则认为增加钢筋屈服对控制开裂没有明显益处，故将收缩与温度应力分布钢筋的配筋率统一控制在 0.0018。收缩和温度钢筋应垂直于弯曲钢筋布置。用于抵抗收缩与温度作用的带肋钢筋间距不得超过 $5h$ 与 450mm 的较小值。

更多信息可参阅本书第四章的“单向板”设计中的有关内容。

五、预应力混凝土受弯构件的容许应力

（略）

第三节　欧洲规范的正常使用极限状态

一、一般规定

本节介绍了常见的正常使用性能控制原则。它们是：①应力限值（EC 2 第 7.2 节）；②裂缝控制（EC 2 第 7.3 节）；③挠度控制（EC 2 第 7.4 节）。其他极限状态（例如振动）在特定结构中可能重要，但不包含在 EC 2 中。

在计算应力和挠度时，只要挠曲拉应力不超过 $f_{ct,eff}$，就应假定横截面是无裂缝的。$f_{ct,eff}$ 的值可以取为 f_{ctm} 或 $f_{ctm,fl}$，前提是最小抗拉钢筋的计算也基于相同的值。为了计算裂缝宽度和拉伸刚度，应使用 f_{ctm}。

二、应力限值

为了避免纵向裂缝、微裂缝或高水平的蠕变，应限制混凝土中的压应力，以免对结构的功能产生无法接受的影响。

如果在特征荷载组合下的应力水平超过临界值，则可能会发生纵向裂缝。这样的开裂可能导致耐久性的降低。在没有其他措施的情况下，例如增加受压区钢筋的保护层厚度或通过横向钢筋进行约束，则在暴露于 XD、XF 和 XS 级暴露环境的区域中，将压应力限制在 $k_1 f_{ck}$ 可能是适当的（请参阅 EC 2 表 4.1）。

注：在某个国家使用的 k_1 值可以在其国家附件中找到。推荐值为 0.6。

如果在准永久荷载下的混凝土应力小于 $k_2 f_{ck}$，则可以假定为线性蠕变。如果混凝土中的应力超过 $k_2 f_{ck}$，则应考虑非线性蠕变（请参见 EC 2 第 3.1.4 条）。

注：在某个国家使用的 k_2 值可以在其国家附件中找到。推荐值为 0.45。

为了避免非弹性应变、不可接受的开裂或变形，应限制钢筋中的拉应力。

在外观方面，如果在荷载的特征组合下，钢筋中的抗拉强度不超过 $k_3 f_{yk}$，则可以避免出现不可接受的开裂或变形。当应力是由施加的变形引起时，拉伸强度不应超过 $k_4 f_{yk}$。预应力筋中应力的平均值不应超过 $k_5 f_{yk}$。

注：在一个国家中使用的 k_3、k_4 和 k_5 值，可以在其国家附件中找到。推荐值分别为 0.8、1 和 0.75。

三、开裂与裂缝宽度控制

1. 总体考虑

裂缝应限制在不会损害结构正常功能或耐久性或导致其外观不可接受的程度。

钢筋混凝土结构在直接荷载或约束或施加变形所引起的弯曲、剪切、扭转或拉力作用下的开裂是正常的。

裂缝也可能由其他原因引起，如硬化混凝土内的塑性收缩或膨胀化学反应。此类裂缝可能大得令人无法接受，但其避免和控制不在 EC 2 的范围内。

如果不危害结构的功能，则允许出现裂缝且不控制其宽度。

考虑到结构的既定功能和性质以及限制裂缝的成本，应确定计算裂缝宽度 w_k 的极限值 w_{max}。

注：在一个国家使用的 w_{max} 值可在其国家附件中找到。相关暴露等级的建议值见表 5.3-1。

建议的裂缝宽度限值 w_{max}（由 EC 2 表 7.1N 改编）　　表 5.3-1

环境类别	环境类别描述	钢筋混凝土及无粘结预应力混凝土构件	有粘结预应力混凝土构件
		准永久荷载组合	荷载长期组合
X0	无腐蚀风险的构件、干燥环境下的钢筋混凝土构件	0.4	0.2
XC1	干燥或永久水下环境的碳化腐蚀类别		
XC2	潮湿、偶尔干燥的环境（如混凝土表面长期与水接触及多数基础）的碳化腐蚀类别	0.3	0.2
XC3	中等潮湿环境（如中等湿度及高湿度室内环境及不受雨淋的室外环境）的碳化腐蚀类别		
XC4	干湿交替的环境的碳化腐蚀类别		
XD1	中等湿度环境（混凝土表面受空气中氯离子腐蚀）的氯盐腐蚀类别	0.3	不出现拉应力
XD2	潮湿、偶尔干燥的环境（如游泳池、与含氯离子的工业废水接触的环境）的氯盐腐蚀类别		
XS1	暴露于海风盐但不与海水直接接触的环境（如位于或靠近海岸的结构）的海水氯离子腐蚀类别		
XS2	持久浸没在海水中结构的海水氯离子腐蚀类别		
XS3	受海水潮汐、浪溅结构的海水氯离子腐蚀类别		

表 5.3-1 中，X0 为无腐蚀风险的构件、干燥环境下的钢筋混凝土构件；XC1、XC2、XC3、XC4 为碳化腐蚀类别，其中 XC1 为干燥或永久水下环境、XC2 为潮湿、偶尔干燥的环境（如混凝土表面长期与水接触及多数基础）、XC3 为中等潮湿环境（如中等湿度及高湿度室内环境及不受雨淋的室外环境）、XC4 为干湿交替的环境；XD1、XD2 为氯盐腐蚀类别，其中 XD1 为中等湿度环境（混凝土表面受空气中氯离子腐蚀）、XD2 为潮湿、偶尔干燥的环境（如游泳池、与含氯离子的工业废水接触的环境）；XS1、XS2、XS3 为海水氯离子腐蚀类别，其中 XS1 为暴露于海风盐但不与海水直接接触的环境（如位于或靠近海岸的结构）、XS2 为持久浸没在海水中的结构、XS3 为受海水潮汐、浪溅的结构。

在没有具体要求（例如水密性）的情况下，可以假设将准永久荷载组合下的计算裂缝宽度限制在表 5.3-1 中给出的 w_{max} 值，对于建筑物中的钢筋混凝土构件，在外观和耐久性方面通常是令人满意的。

预应力构件的耐久性可能会受到开裂的严重影响。在没有更详细要求的情况下，可以假设将频遇荷载组合下的计算裂缝宽度限制在表 5.3-1 中给出的 w_{max} 值，通常对预应力混凝土构件是令人满意的。

对于只有无粘结钢筋束的构件，钢筋混凝土构件的要求适用。对于有粘结和无粘结钢筋束组合的构件，有粘结钢筋束预应力混凝土构件的要求适用。

暴露等级为 XD3 的构件可能需要采取特殊措施。适当措施的选择将取决于所涉侵蚀性介质的性质。

当使用拉压杆模型时，压杆根据无裂缝状态下的压应力轨迹定向，可以使用拉杆中的力获得相应的钢筋应力，用以估算裂缝宽度（见 EC 2 第 5.6.4（2）条）。

裂缝宽度可按式（5.3-5）计算。一种简化的替代方法是根据表 5.3-2 或表 5.3-3 限制钢筋间距。

2. 最小配筋面积

如需控制裂缝，则应在预期的受拉区域配置最低数量的有粘结钢筋。如果有必要限制裂缝宽度，则可根据开裂前混凝土中的拉力与屈服或较低应力下钢筋中拉力之间的平衡来估算钢筋数量。

除非更严格的计算表明更少的面积是足够的，否则所需的最小钢筋面积可按下式计算。在 T 形梁和箱形梁等异形截面中，应确定截面各部分（腹板、翼缘）的最小配筋。

$$A_{s,min}\sigma_s = k_c k f_{ct,eff} A_{ct} \qquad (5.3\text{-}1)\ [\text{EC 2 式 (7.1)}]$$

式中 $A_{s,min}$——受拉区内纵向钢筋的最小面积。

A_{ct}——受拉区混凝土的面积。受拉区为该截面刚好在第一个裂缝形成之前处于受拉状态的那一部分截面。

σ_s——裂缝刚形成后钢筋最大允许应力绝对值，可取为钢筋的屈服强度 f_{yk}。为了采用 EC 2 第 7.3.3（2）条通过限制钢筋最大直径或间距来满足裂缝宽度限值的简化方法，则可能需要采用较小的钢筋直径或更密的钢筋。

$f_{ct,eff}$——裂缝可能即将出现时混凝土有效抗拉强度的平均值：如果裂缝预期出现的时间早于 28d，则 $f_{ct,eff} \leqslant f_{ctm}$。

k——考虑非均匀自平衡应力影响的系数，这种非均匀自平衡应力会导致约束力折减：

$k=1.00$，对于高度 $h\leqslant 300$mm 的腹板或宽度小于 300mm 的翼缘；

$k=0.65$，对于高度 $h\geqslant 800$mm 的腹板或宽度大于 800mm 的翼缘；

$k=0.65\sim1.00$，中间值可以在 0.65～1.00 之间线性插值。

k_c——考虑即将开裂之前截面内应力分布以及内力臂变化的系数：

对于纯受拉构件：$k_c=1.0$

对于受弯与轴弯组合的构件：

——对于矩形截面以及箱形与 T 形截面的腹板：

$$k_c=0.4\cdot\left[1-\frac{\sigma_c}{k_1(h/h^*)f_{ct,eff}}\right]\leqslant 1 \quad (5.3\text{-}2)\ [\text{EC 2 式 (7.2)}]$$

——箱形与 T 形截面的翼缘：

$$k_c=0.9\frac{F_{cr}}{A_{ct}f_{ct,eff}}\geqslant 0.5 \quad (5.3\text{-}3)\ [\text{EC 2 式 (7.3)}]$$

式中 σ_c——作用在所考虑截面上的混凝土平均应力：

$$\sigma_c=\frac{N_{Ed}}{bh} \quad (5.3\text{-}4)\ [\text{EC 2 式 (7.4)}]$$

式中 N_{Ed}——正常使用极限状态下作用在所考虑的横截面部分上的轴向力（受压为正）。N_{Ed} 的确定应考虑相关作用组合下预应力和轴向力的特征值。

$h^*=h$（当 $h<1.0$m 时）；$h^*=1.0$m（当 $h\geqslant 1.0$m 时）。

k_1——考虑轴力对应力分布影响的系数：

当 N_{Ed} 为压力时，$k_1=1.5$

当 N_{Ed} 为拉力时，$k_1=\dfrac{2h^*}{3h}$

F_{cr}——由于采用 $f_{ct,eff}$ 计算的开裂弯矩而导致开裂前翼缘内拉力的绝对值。

3. 无需直接计算的裂缝控制

对于承受弯曲而无明显轴向拉力的建筑物中的普通钢筋混凝土或预应力混凝土板，如果总截面高度不超过 200mm 且已采用 EC 2 第 9.3 节有关实心板设计的各项规定，则无需采取具体措施来控制裂缝。

EC 2 第 7.3.4 条中给出的有关裂缝宽度计算规则的内容可通过限制钢筋直径或间距（作为简化）以表格形式呈现。

注：如果已经按第 7.3.2 条的要求提供了最小配筋，当满足下列条件时，裂缝宽度不太可能过大：

(1) 对于主要由约束引起的裂缝，未超过表 5.3-2 中给出的钢筋直径，且钢筋应力是刚刚开裂后的值（即式 (5.3-1) 中的 σ_s）；

(2) 对于主要由荷载引起的裂缝，符合表 5.3-2 或表 5.3-3 的规定。钢筋应力基于相关组合作用下的开裂截面进行计算。

用于控制裂缝的最大钢筋直径 ϕ_s^*（EC 2 表 7.2N） **表 5.3-2**

钢筋应力(MPa)	最大钢筋直径(mm)		
	$w_k=0.4$mm	$w_k=0.3$mm	$w_k=0.2$mm
160	40	32	25
200	32	25	16

续表

钢筋应力(MPa)	最大钢筋直径(mm)		
	w_k=0.4mm	w_k=0.3mm	w_k=0.2mm
240	20	16	12
280	16	12	8
320	12	10	6
360	10	8	5
400	8	6	4
450	6	5	—

注：表中数值基于以下假设：$c=25$mm；$f_{ct,eff}=2.9$MPa；$h_{cr}=0.5h$；$(h-d)=0.1h$；$k_1=0.8$；$k_2=0.5$；$k_c=0.4$；$k=1.0$；$k_t=0.4$；$k_4=1.0$。

用于控制裂缝的最大钢筋间距（EC 2 表 7.3N） **表 5.3-3**

钢筋应力(MPa)	最大钢筋间距(mm)		
	w_k=0.4mm	w_k=0.3mm	w_k=0.2mm
160	300	300	200
200	300	250	150
240	250	200	100
280	200	150	50
320	150	100	—
360	100	50	—

4. 裂缝宽度计算

裂缝宽度 w_k 可按下式计算：

$$w_k=s_{r,max}(\varepsilon_{sm}-\varepsilon_{cm}) \quad (5.3\text{-}5)\ [\text{EC 2 式 (7.8)}]$$

式中 $s_{r,max}$——最大裂缝间距。

ε_{sm}——相关荷载组合下钢筋的平均应变，包括外加变形的影响以及拉伸刚度的影响。在相同水平下，仅考虑超出混凝土零应变状态的附加拉伸应变。

ε_{cm}——裂缝间的混凝土平均应变。

$\varepsilon_{sm}-\varepsilon_{cm}$ 可按下式计算：

$$\varepsilon_{sm}-\varepsilon_{cm}=\frac{\sigma_s-k_t\dfrac{f_{ct,eff}}{\rho_{p,eff}}(1+\alpha_e\rho_{p,eff})}{E_s}\geqslant 0.6\frac{\sigma_s}{E_s}$$

(5.3-6)［EC 2 式（7.9）］

式中 σ_s——假定开裂截面的受拉钢筋应力。对于预应力构件，可以用 $\Delta\sigma_p$ 代替 σ_s，这是由于在同一水平下混凝土的零应变状态导致的预应力筋中的应力变化。

α_e——钢筋弹性模量与混凝土割线弹性模量之比，$\alpha_e=E_s/E_{cm}$。

$$\rho_{p,eff}=(A_s+\xi_1A'_p)/A_{c,eff} \quad (5.3\text{-}7)\ [\text{EC 2 式 (7.10)}]$$

A'_p——$A_{c,eff}$ 范围内预应力筋的面积。

$A_{c,eff}$——截面高度 $h_{c,ef}$ 范围内环绕预应力与普通钢筋的受拉混凝土的有效面积，此处 $h_{c,ef}$ 取 $2.5(h-d)$、$(h-x)/3$ 与 $h/2$ 三者的较小值。

$\xi_1=\sqrt{\xi\dfrac{\phi_s}{\phi_p}}$ 是考虑到预应力筋与普通钢筋不同直径的调整后的粘结强度之比，其中：

ξ——预应力筋与普通钢筋的粘结强度之比；

ϕ_s——普通钢筋的最大直径；

ϕ_p——预应力钢筋的等效直径；

k_t——与荷载持续时间有关的系数，短期荷载：$k_t=0.6$；长期荷载：$k_t=0.4$。

如果有粘结钢筋被固定在合理靠近受拉区中心的位置［间距$\leqslant 5(c+\phi/2)$］，可根据公式（5.3-8）计算最终的最大裂缝间距（图 5.3-1）。

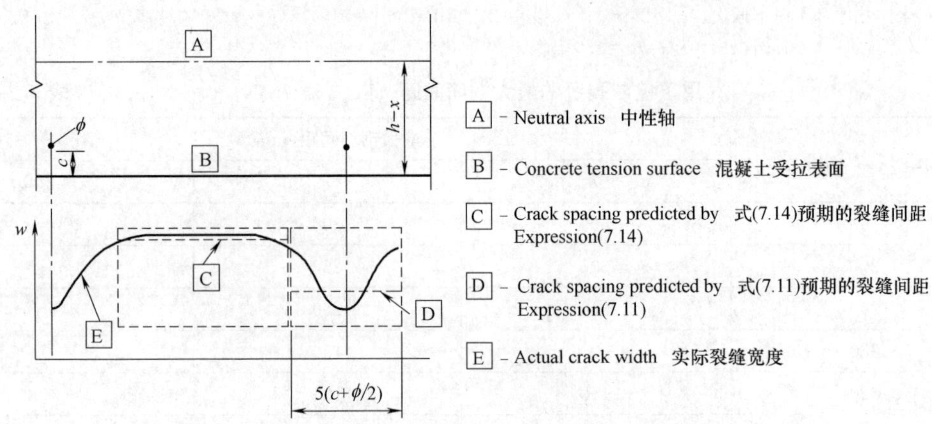

图 5.3-1 混凝土表面相对于钢筋距离的裂缝宽度 w（EC 2 图 7.2）

$$s_{r,max}=k_3c+k_1k_2k_4\phi/\rho_{p,eff} \qquad (5.3\text{-}8)［EC\ 2\ 式（7.11）］$$

式中 ϕ——钢筋直径。如果在截面中使用两种直径混合的钢筋，则应使用等效直径 ϕ_{eq}。对于采用 n_1 根 ϕ_1 直径与 n_2 根 ϕ_2 直径混合配筋的截面，应使用以下表达式计算 ϕ_{eq}：

$$\phi_{eq}=\frac{n_1\phi_1^2+n_2\phi_2^2}{n_1\phi_1+n_2\phi_2} \qquad (5.3\text{-}9)［EC\ 2\ 式（7.12）］$$

c——纵向钢筋的保护层厚度。

k_1——考虑有粘结钢筋粘结特性的系数，对于高粘结力钢筋：$k_1=0.8$；对于光圆钢筋（预应力钢筋）：$k_1=1.6$。

k_2——考虑应变分布的系数，受弯：$k_2=0.5$；纯受拉：$k_2=1.0$。对于偏心受拉或局部区域，应使用 k_2 的中间值，该中间值可按下式计算：

$$k_2=(\varepsilon_1+\varepsilon_2)/(2\varepsilon_1) \qquad (5.3\text{-}10)［EC\ 2\ 式（7.13）］$$

其中，ε_1 是所考虑截面边界处较大的拉应变，而 ε_2 则是较小的拉应变，根据开裂截面进行评估。

注：一个国家使用的 k_3 和 k_4 值可在其国家附录中找到。推荐值分别为 3.4 和 0.425。

当有粘结钢筋的间距超过 $5(c+\phi/2)$（图 5.3-1）或受拉区内未配置有粘结钢筋时，可通过假设最大裂缝间距来确定裂缝宽度的上限：

$$s_{r,max}=1.3(h-x) \qquad (5.3\text{-}11)［EC\ 2\ 式（7.14）］$$

对于承受早期热收缩的墙，如果水平钢筋面积不满足前文 $A_{s,min}$（EC 2 第 7.3.2）的要求，并且墙的底部受到先前浇筑的基底的约束，$s_{r,max}$ 可假定等于墙高的 1.3 倍。

注：当使用计算裂缝宽度的简化方法时，它们应基于 EC 2 规范给出的特性或通过试验证实的特性。

四、挠度控制

1. 总体考虑

构件或结构的变形不得严重影响其正常功能或外观。

应根据结构的性质、饰面、隔断和固定装置以及结构的功能，确定适当的挠度限值。

变形不应超过其他连接元件（如隔断、玻璃、覆层或饰面）所能承受的变形。在某些情况下，可能需要进行限制，以确保由结构支撑的机械或设备的正常运行，或避免在平屋顶上积水。

当承受准永久荷载的梁、板或悬臂结构的计算挠度超过 $l/250$ 时，可能会损害结构的外观和一般用途。挠度应相对于支座进行评估。预拱度可用于补偿部分或全部挠度，但模板中的任何向上挠度一般不应超过 $l/250$。

应限制可能损坏结构相邻部分的挠度。对于施工后的挠度，准永久荷载下 $l/500$ 通常是适当的限值。根据相邻部件的灵敏度，可以考虑其他限值。

可以通过以下方式检查变形的极限状态：

——限制跨度/高度比（EC 2 第 7.4.2 条）；

——将计算出的挠度与挠度限值进行比较（EC 2 第 7.4.3 条）。

注：实际变形可能与估计值有所不同，特别是如果施加的弯矩值接近开裂弯矩时。差异将取决于材料特性的离散性、环境条件、加载历史、支座的约束及地面条件等。

2. 可忽略挠度计算的情况

一般来说，没有必要按照简单的规则明确地计算挠度，例如，可以制定跨度/深度比的限制，这将足以避免正常情况下的挠度问题。对于超出此限制范围的构件，或者除了简化方法中隐含的挠度限值之外的挠度限值是合适的，则有必要进行更严格的检查。

如果建筑物中钢筋混凝土梁或板的尺寸确定为符合本条规定的跨高比限值，则其挠度可被认为不超过前述规定的限值（$l/250$ 或 $l/500$）。跨高比限值可以使用表达式（5.3-12a）和式（5.3-12b）进行估算，然后将其乘以校正系数以考虑所用钢筋的类型和其他变量。在这些表达式的推导中，未对任何预起拱作任何考虑。

当 $\rho \leqslant \rho_0$ 时，$$\frac{l}{d}=K\left[11+1.5\sqrt{f_{ck}}\frac{\rho_0}{\rho}+3.2\sqrt{f_{ck}}\left(\frac{\rho_0}{\rho}-1\right)^{\frac{3}{2}}\right]$$

（5.3-12a）［EC 2 式（7.16a）］

当 $\rho > \rho_0$ 时，$$\frac{l}{d}=K\left[11+1.5\sqrt{f_{ck}}\frac{\rho_0}{\rho-\rho'}+\frac{1}{12}\sqrt{f_{ck}}\sqrt{\frac{\rho'}{\rho_0}}\right]$$

（5.3-12b）［EC 2 式（7.16b）］

式中　l/d——跨高比限值；

K——考虑不同结构系统的系数；

ρ_0——参考配筋率，$\rho_0=10^{-3}\sqrt{f_{ck}}$；

ρ——跨中截面（悬臂结构为支座截面）抵抗设计荷载所引起弯矩的所需受拉钢筋配筋率；

ρ'——跨中截面（悬臂结构为支座截面）抵抗设计荷载所引起弯矩的所需受压钢筋配筋率；

f_{ck} 的单位为 MPa。

式（5.3-12a）和式（5.3-12b）的推导假设是：在正常使用极限状态适当的设计荷载下，位于梁或板跨中或悬臂结构支座附近开裂截面处的应力为 310MPa（大致相当于 $f_{yk}=500\text{MPa}$）。

在使用其他应力水平的情况下，应将使用式（5.3-12）获得的值乘以 $310/\sigma_s$。通常假定以下几点是保守的：

$$310/\sigma_s=500/(f_{yk}A_{s,req}/A_{s,prov}) \tag{5.3-13}$$ ［EC 2 式（7.17）］

式中 σ_s——正常使用极限状态设计荷载作用下跨中截面（悬臂结构为支座截面）的钢筋拉应力；

$A_{s,prov}$——该截面实际提供的钢筋面积；

$A_{s,req}$——该截面在承载力极限状态下所需的钢筋面积。

对于翼缘宽度与腹板宽度之比超过 3 的翼缘截面，应将表达式（5.3-12）算出的 l/d 值乘以 0.8。

对于跨度超过 7m 的梁和板（无梁楼盖除外），其支承的隔墙容易因过度挠曲而损坏，则应将表达式（5.3-12）算出的 l/d 值乘以 $7/l_{eff}$（l_{eff} 以 m 为单位，见 EC 2 第 5.3.2.2（1）款）。

对于跨度超过 8.5m 的无梁楼盖，其支承的隔墙容易因过度挠曲而损坏，则应将表达式（5.3-12）算出的 l/d 值乘以 $8.5/l_{eff}$（l_{eff} 以 m 为单位）。

注：在一个国家中使用的 K 值可在其国家附件中找到。推荐的 K 值在表 5.3-4 中给出，还给出了常见情况下（C30/C37，$\sigma_s=310\text{MPa}$，不同结构体系和配筋率 $\rho=0.5\%$和 $\rho=1.5\%$）用公式（5.3-12）所获得的值。

无轴压钢筋混凝土构件的基本跨厚比（EC 2 表 7.4N） **表 5.3-4**

结构系统	K	高应力混凝土 $\rho=1.5\%$	低应力混凝土 $\rho=0.5\%$
简支梁、单向或双向简支板	1.0	14	20
连续梁或连续单向板的端跨，跨越长边连续双向板的端跨	1.3	18	26
梁、单向板或双向板的中间跨	1.5	20	30
支承于柱的无梁板（按长跨考虑）	1.2	17	24
悬挑构件	0.4	6	8

注：1. 所给出的值一般偏于保守，经计算可选用较薄的构件。

2. 双向板用较短跨，无梁板应采用较长跨。

3. 通过计算复核挠度

如果认为变形计算是必要的，则应在适合于检查目的的荷载条件下计算变形。

所采用的计算方法应代表相关作用下结构的真实行为，精确度应与计算目标相适应。

预期加载水平使构件内任何地方均不会超出混凝土抗拉强度的构件应视为未开裂构件。预期会开裂但可能不会完全开裂的构件行为将介于未开裂与完全开裂的状态之间，并且对于主要承受弯曲的构件，公式（5.3-14）给出了足够的行为预测：

$$\alpha=\zeta\alpha_{\mathrm{II}}+(1-\zeta)\alpha_{\mathrm{I}} \tag{5.3-14}$$ ［EC 2 式（7.18）］

式中　α——所考虑的变形参数，可以是应变、曲率或转角（为简化计，α 也可取为挠度）；

α_{I}、α_{II}——针对未开裂与完全开裂条件计算的参数值；

ζ——由下式给出的分布系数：

$$\zeta=1-\beta\left(\frac{\sigma_{sr}}{\sigma_{s}}\right)^{2} \qquad (5.3\text{-}15)\ [\text{EC 2 式 }(7.19)]$$

式中　对于未开裂的截面，$\zeta=0$。

β——考虑荷载持续时间与重复荷载对平均应变影响的系数：对于单个短期荷载，$\beta=1.0$；对于持续荷载或多次循环的荷载，$\beta=0.5$。

σ_{s}——根据开裂截面计算的受拉钢筋应力。

σ_{sr}——在导致第一次开裂的荷载条件下基于开裂截面计算的抗拉钢筋应力。

注：σ_{sr}/σ_{s}，对于弯曲，可以用 M_{cr}/M 代替，对于纯受拉，可以用 N_{cr}/N 代替，其中 M_{cr} 是开裂弯矩，N_{cr} 是开裂轴力。

可以使用混凝土的抗拉强度和有效弹性模量来评估由于荷载引起的变形。

EC 2 表 3.1 列出了抗拉强度的可能值范围。一般来说，如果使用 f_{ctm}，将获得对性能的最佳估计。如果可以证明没有轴向拉应力（例如，由收缩或热效应引起的轴向拉应力），则可以使用弯曲拉伸强度 $f_{ctm,fl}$（参见 EC 2 第 3.1.8 条）。

对于持续时间导致徐变的荷载，包括徐变在内的总变形可根据表达式（5.3-16）使用混凝土的有效弹性模量进行计算：

$$E_{c,eff}=\frac{E_{cm}}{1+\varphi(\infty,t_{0})} \qquad (5.3\text{-}16)\ [\text{EC 2 式 }(7.20)]$$

式中　$\varphi(\infty,t_{0})$——与荷载和时间间隔有关的徐变系数（参见 EC 2 第 3.1 节）。

收缩曲率可用下式计算：

$$\frac{1}{r_{cs}}=\varepsilon_{cs}\alpha_{e}\frac{S}{I} \qquad (5.3\text{-}17)\ [\text{EC 2 式 }(7.21)]$$

式中　$1/r_{cs}$——由于收缩引起的曲率；

ε_{cs}——自由收缩应变（参见 EC 2 第 3.1.4 条）；

S——钢筋关于截面形心的一阶矩（面积矩）；

I——截面的二阶矩（惯性矩）；

α_{e}——有效模量比，$\alpha_{e}=E_{s}/E_{c,eff}$。

应针对未开裂条件和完全开裂条件分别计算 S 和 I，并用式（5.3-14）评估最终曲率。

使用上述方法来评估挠度的最严格方法是计算沿构件截面的曲率，然后通过数值积分计算挠度。在大多数情况下，假设整个构件依次处于未开裂和完全开裂的状态，分别计算挠度并使用表达式（5.3-14）进行插值，则如此计算挠度是可以接受的。

注：在使用简化的挠度计算方法时，应基于 EC 2 中给出并经试验证实的特性。

第四节　中美欧规范正常使用极限状态对比分析

一、裂缝控制

根据中国混凝土规范第 3.4.1 条，对于结构构件“是否进行变形验算”尚有一个前提条件“需要控制变形的构件”，但对于开裂控制与裂缝宽度控制的验算，则是无条件的，即“对不允许出现裂缝的构件，应进行混凝土拉应力验算”；“对允许出现裂缝的构件，应进行受力裂缝宽度验算”。为此中国规范提供了相关抗裂与裂缝宽度验算的规定及具体的计算公式，未提供免于裂缝宽度验算的其他替代方法。

欧洲规范裂缝宽度可根据公式（7.3.4）计算。但允许采用一种简化的替代方法来免除裂缝宽度的计算，该替代方法即为限制钢筋直径或间距的方法。而且，对于受弯且无明显轴向拉力的实心板，当总截面高度不超过 200mm 且已采用 EC2 第 9.3 节有关实心板设计的各项构造规定时，也无需采取具体措施来控制裂缝。

美国规范则干脆不提供裂缝宽度的限值及有关计算方法，而是完全通过优化混凝土保护层的厚度及质量、完善配筋构造措施等方法来保证钢筋混凝土结构的耐久性。

美国规范认为混凝土裂缝对钢筋防腐的作用存在争议，二者的相关性不大，而混凝土质量与保护层厚度对钢筋防腐会更有帮助。也正因如此，ACI 318 对钢筋的混凝土保护层最小厚度的限值要求明显大于中欧规范。

现摘抄 ACI 318—2019 的两段译文供读者参考，均出自第 24 章的条文说明中：

R24.3.2：裂缝在钢筋腐蚀中的作用是有争议的。研究（Darwin，等，1985；Oesterle，1997）表明，在正常情况下，腐蚀与工作荷载水平下钢筋应力范围内的表面裂缝宽度没有明显的相关性。出于这个原因，ACI 规范未对内部和外部暴露进行区分。

R24.3.5：尽管已经进行了大量的研究，但是没有关于裂缝宽度的明确实验证据能够证明超过该宽度就存在腐蚀危险。暴露试验表明，混凝土质量、足够的压实度和充足的混凝土保护层对防腐的重要性，可能大于混凝土表面的裂缝宽度。

二、挠度控制

中美欧规范均提供了构件跨高比限值与构件计算挠度限值，欧美规范在二者之间建立了联系，即将验证构件跨高比限值作为构件挠度控制的简化替代方法，满足了构件的跨高比限值即可免于计算挠度的验证。

中国规范则没有建立两者之间的联系，构件跨高比限值验证与构件计算挠度验证是彼此孤立和并行的两种验证。笔者认为中国规范在这个问题上应借鉴欧美规范。

三、中欧规范裂缝宽度计算值比较

鉴于中国规范裂缝宽度计算公式对板类构件及连续梁的适用性问题，在设计实践中对梁板类受弯构件的裂缝宽度限值存在较大争议。

以《Eurocode 2 Worked Examples》的 EXAMPLE 7.3 Evaluation of crack amplitude（裂缝幅度的评估）为例对中欧规范的裂缝宽度计算值进行比较。

已知条件如下：$M=300\text{kN}\cdot\text{m}$，$b=400\text{mm}$，$h=600\text{mm}$，$c=40\text{mm}$，$f_{\text{ck}}=30\text{MPa}$，$f_{\text{ct,eff}}=f_{\text{ctm}}=2.9\text{MPa}$，$A_{\text{s}}=2712\text{mm}^2$（6φ24），$A'_{\text{s}}=452\text{mm}^2$（4φ12），则 $d=548\text{mm}$，$d'=46.0\text{mm}$，$\alpha_{\text{e}}=15$。见图 5.4-1。

此处的 M 对普通钢筋混凝土构件及无粘结预应力混凝土构件应为准永久值。

欧洲规范的计算过程在此不再详细列出，直接取《Eurocode 2 Worked Examples》的计算结果，则按欧洲规范公式算得的裂缝宽度为 $w_k=0.184$mm。

该值为基于短期荷载（对应的 $k_t=0.6$）的裂缝宽度计算值，当考虑荷载的长期效应时，$k_t=0.4$，$\sigma_{s,cr}=38.05$MPa，则裂缝宽度计算值为 $w_k=0.204$mm。

用中国规范计算，采用准永久组合的内力值并考虑长期作用的影响，则 $M_q=M=300$kNm，$h_0=548$mm，笔者自编 Excel 表格进行裂缝宽度计算，则采用中国规范的裂缝宽度计算值为 $w_k=0.285$mm。大于欧洲规范考虑荷载长期效应的裂缝宽度计算值 $w_k=0.204$mm。

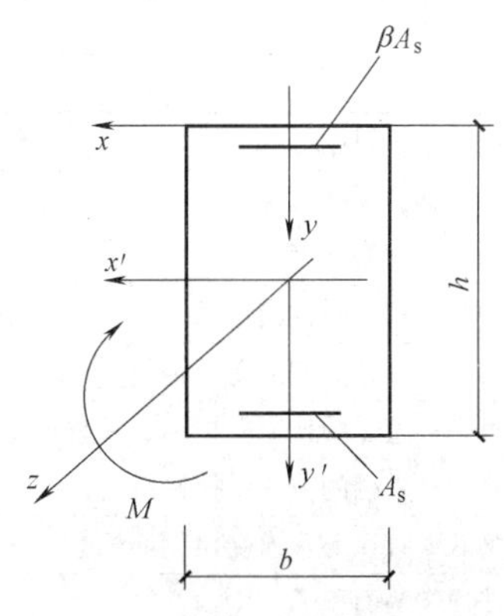

图 5.4-1 钢筋混凝土截面、裂缝幅度评定（文献 149 图 7.6）

此外，欧洲规范的裂缝宽度计算考虑受压钢筋与混凝土弹性模量的影响，而中国规范的裂缝宽度计算公式则不予考虑，笔者认为，混凝土弹性模量尽管在不同等级混凝土之间的变化幅度不大，但其作为一个与混凝土形变息息相关的参数不应该在裂缝宽度计算的影响因素中缺席，何况相邻等级混凝土的弹性模量仍然存在 3%左右的差距；而受压钢筋的存在，可以提高受压区截面的复合弹性模量，相当于提高了受压区混凝土的弹性模量，从而可在同等应力条件下降低截面受压区的压应变，进而减小受弯构件的曲率，对受拉区的裂缝控制及受弯构件的挠度控制均有益处。此外，受压钢筋的存在也有利于降低受压区混凝土的徐变，对长期荷载下的裂缝控制与挠度控制作用更大。

尤其不能接受的是，本来加大保护层厚度是一项非常有利于耐久性的举措，但根据中国规范公式的计算结果则会导致裂缝宽度计算值加大，为此还要付出包括增加钢筋数量等更多的代价，这是非常荒谬的。

因此，笔者在此斗胆放言，中国规范的裂缝宽度计算公式过于陈旧了，既不科学、严谨，也偏于保守，其结果是大量受弯构件的配筋量值不是由强度控制，而是由限制裂缝宽度所需的钢筋来控制，导致极大且没有必要的工程浪费。

结合欧洲规范无需通过计算来进行裂缝控制的方法（控制钢筋最大直径与最大间距）及美国规范不提供裂缝宽度限值的理念（重视保护层的厚度与质量及对钢筋间距的控制），中国规范有必要作出改进，向欧美规范看齐。

表 5.4-1 所示为笔者根据中国规范公式编制的针对相同设计条件的矩形截面受弯构件裂缝宽度计算表格。

矩形截面受弯构件裂缝宽度计算 **表 5.4-1**

项目	符号或计算公式	数值	单位
荷载准永久组合最大弯矩	M_q	300	kN·m
梁截面高度	h	600	mm
梁截面宽度	b	400	mm
保护层厚度	c	40	mm
混凝土强度等级	$f_{ck,cube}$	C40	
混凝土轴心抗拉强度标准值	f_{tk}	2.39	MPa

续表

项目	符号或计算公式	数值	单位
普通钢筋强度等级	f_{yk}	400	MPa
普通钢筋弹性模量	E_c	2.00E+05	MPa
预应力钢筋强度	f_{pyk}	1860	MPa
预应力钢筋弹性模量	E_s	1.95E+05	MPa
第一种直径的普通受拉钢筋直径	d_1	24	mm
第一种直径的普通受拉钢筋根数	n_1	6	根
第二种直径的普通受拉钢筋直径	d_2	20	mm
第二种直径的普通受拉钢筋根数	n_2	0	根
普通钢筋面积	A_s	2714	mm^2
受拉钢筋的相对粘结特性系数	ν_1	1.0 带肋钢筋	
	ν_2	0.7 光圆钢筋	
受拉区纵向钢筋的等效直径	d_{eq}	24	mm
钢筋外缘至受拉区底边距离	c_s	40	mm
有效受拉混凝土截面面积	$A_{te}=0.5bh$	120000	mm^2
有效受拉区纵筋配筋率	$\rho_{te}=(A_s+A_p)/A_{te}$	0.023	
梁截面有效高度(单排钢筋)	$h_0=h-c-d/2$	548	mm
准永久组合下受拉钢筋应力	$\sigma_{eq}=M_q/(0.87h_0A_s)$	231.8	MPa
受拉钢筋应变不均匀系数	$\psi=1.1-0.65f_{tk}/(\rho_{te}\sigma_s)$	0.804	
构件受力特征系数	α_{cs}	1.9RC 受弯	
最大裂缝宽度	w_{max}	0.285	mm

四、中美欧比较

对比中国规范与美国规范可以看出，两本规范均对板厚限值及计算挠度限值有相应的规定，但中国规范的计算挠度限值在先，板厚限值在后，且规范没有在二者之间建立联系，我们可以视为是并行的要求。美国规范则是板厚限值在先，计算挠度限值在后，且规范在二者之间建立了联系：只要满足板厚限值要求，就可以不必去计算挠度，当然也就不必理会挠度限值问题了。美国规范的板厚限值更像是从设计实践中得出的经验值，也就是说在大多数正常情况下，只要板厚能满足规范的要求，则计算挠度也基本能满足相应的要求，因此就不必再计算挠度；欧洲规范的计算挠度限值则基本是从挠度所产生的不良后果出发去考虑问题，主要体现在对板上附着的非结构构件的破坏方面，如非结构构件易于发生破坏，则挠度控制趋严；如不易发生破坏，则挠度控制会比较宽松。美国规范的计算挠度限值既有瞬时挠度，也有时间相关挠度（考虑荷载长期作用），中国规范的挠度限值均考虑荷载长期作用的影响。中国规范对楼屋盖及楼梯按跨度大小给出不同的挠度限值，美国规范的计算挠度限值则不区分跨度大小。中国规范的计算挠度可以减去起拱值及预应力所产生的反拱值，欧洲规范也允许反拱（Pre-camber），且规定了反拱的最大限值，但美国规范没有相应规定。

第六章　构造规定与详细配筋

本章主要讨论钢筋的锚固、连接、弯钩与弯曲直径等微观层面的构造要求，因大直径钢筋与并筋和本章讨论的内容关系非常密切，故也在本章单列一节进行讨论。混凝土保护层厚度与耐久性的关系更大，且本书将耐久性设计放到了靠前的章节，故有关混凝土保护层的要求不在本章讨论，读者可查阅第二章第五节的有关内容。

中国混凝土规范将伸缩缝的规定列入构造规定章节中，笔者认为伸缩缝的构造要求属于结构宏观层面的构造要求，而且美国规范（ACI 318-19）针对钢筋混凝土结构没有给出伸缩缝的设置要求，仅针对素混凝土结构给出了设置收缩与隔离缝（Contraction and isolation joints）的定性要求。

ACI 318-19 在其条文说明 R14.3.4.1 中针对钢筋混凝土结构与素混凝土结构设置伸缩缝的问题给出了如下解释：

设缝在素混凝土结构中是一个重要的设计考虑因素。在钢筋混凝土中，配置的钢筋可以抵抗由于抑制蠕变、收缩和温度效应而产生的应力。而在素混凝土中，设缝就成为控制并因此释放这种拉应力积累的唯一方法。因此，素混凝土构件应该足够小或通过设缝分成更小的单元，以控制内应力的累积。这种缝可以是收缩缝或隔离缝。构件厚度至少减少25％通常足以使收缩缝有效。缝的设置应该使得缝在开裂后不会发展轴向拉力或弯曲拉力。如果适用——则这种情况称为弯曲不连续性。如果由于徐变收缩和温度效应导致的随机开裂，不会影响结构完整性并且在其他方面是可以接受的（例如连续墙基中的横向裂缝），则不需要横向收缩缝或隔离缝。

笔者认为，上述观点对我们有一定的参考价值。

欧洲规范是以结构整体分析中不需要考虑温度与收缩效应为条件给出了钢筋混凝土结构的设缝要求，具体要求如下：

1）设计时应考虑温度、蠕变和收缩引起的变形后果。

2）这些效应的影响通常通过遵守本标准的应用规则来解决，还应考虑到如下因素：

（1）通过混凝土混合物的组成，最大限度地减少由于早期运动、蠕变和收缩引起的变形和开裂。

（2）通过提供支座或设缝，最大限度地减少对变形的限制。

（3）如果存在约束，确保在设计中考虑到它们的影响。

3）在建筑结构中，温度和收缩效应可以在整体分析中忽略，前提是在每隔 d_{joint} 的距离都设缝以容纳所产生的变形。

注：d_{joint} 值以国家附件为准。欧洲规范推荐值为 30m。对于预制混凝土结构，该值可能大于现浇结构，因为部分蠕变和收缩发生在安装之前。

基于以上内容，本书不再将与设缝有关的内容单列一节进行介绍。

第一节　钢筋的锚固与延伸

一、锚固长度与延伸长度

无论是在中国混凝土规范中还是中国结构工程师们的日常技术活动中，钢筋的锚固及锚固长度（anchorage length）都是一组使用频率相当高的词汇，其应用场景绝大多数是指钢筋在支座的锚固长度，也即钢筋从支座边缘深入支座内部的长度，但对于同等重要的钢筋截断问题，即钢筋的“理论不需要点”至“实际截断点”之间的距离，中国混凝土规范则没有给出如锚固长度那般的关注，甚至没有赋予它一个专门术语。结构工程师们一般倾向于根据经验数据或标准图集来确定实际截断点位置（梁 1/3 净跨长度，板 1/4 净跨长度），而不像钢筋锚固长度那样给予关注。当然，这种现象除了规范的原因，也与软件直接出图及标准图集的普及有关。

美国混凝土规范的锚固（anchorage）一词仅应用于后张法预应力混凝土结构中预应力筋的锚固，而对于普通钢筋，则采用延伸长度（development length）一词。该术语既适用于钢筋在支座中的锚固，也适用于钢筋在跨间的截断，都是指从钢筋尽端至发展到其设计强度所需的长度。笔者认为，这一术语更为科学，在实际应用上也更为方便。

美国混凝土规范（ACI 318-19）的术语定义：

development length—length of embedded reinforcement, including pretensioned strand, required to develop the design strength of reinforcement at a critical section.

译文：延伸长度——需要使关键截面钢筋发展到设计强度的钢筋（包括先张法预应力筋）预埋长度。

这一术语既包括钢筋在支座的锚固，也包括钢筋在跨间的截断（图 6.1-1）。

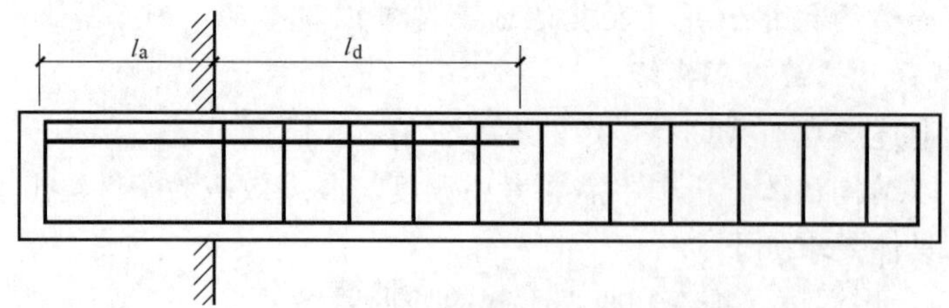

图 6.1-1　锚固长度与延伸长度示意

中国《混凝土结构设计规范》GB 50010—2010（以下简称《混规》）没有引入“延伸长度”这一术语，但中国能源局发布的电力行业标准（注意不是中国水利部发布的水利行业标准）《水工混凝土结构设计规范》DL/T 5057—2009（以下简称《水混规》）却使用了“延伸长度”这一术语，该规范虽然没有对这一术语给出明确的定义，但却以图文并茂的方式对这一术语进行了诠释：

13.2.4　钢筋混凝土梁支座截面负弯矩纵向受拉钢筋不宜在受拉区截断。当需截断时，应符合以下规定［如图 13.2.4（注：本书图 6.1-2）所示］：

1 当 $V \leqslant V_c/\gamma_d$ 时，应延伸至按正截面受弯承载力计算不需要该钢筋的截面以外，延伸长度不应小于 $20d$，且从该钢筋强度充分利用截面伸出的长度不应小于 $1.2l_a$。

2 当 $V > V_c/\gamma_d$ 时，应延伸至按正截面受弯承载力计算不需要该钢筋的截面以外，延伸长度不应小于 h_0。并不应小于 $20d$，且从该钢筋强度充分利用截面伸出的长度不应小于 $1.2l_a + h_0$。

3 若按上述规定确定的截断点仍位于负弯矩受拉区内，则应延伸至按正截面受弯承载力计算不需要该钢筋的截面以外，延伸长度不应小于 $1.3h_0$ 且不应小于 $20d$，且从该钢筋强度充分利用截面伸出的延伸长度不应小于 $1.2l_a + 1.7h_0$。

此处，V_c 应按式（9.5.3-2）计算（即 $V_c = 0.7f_tbh_0$）。

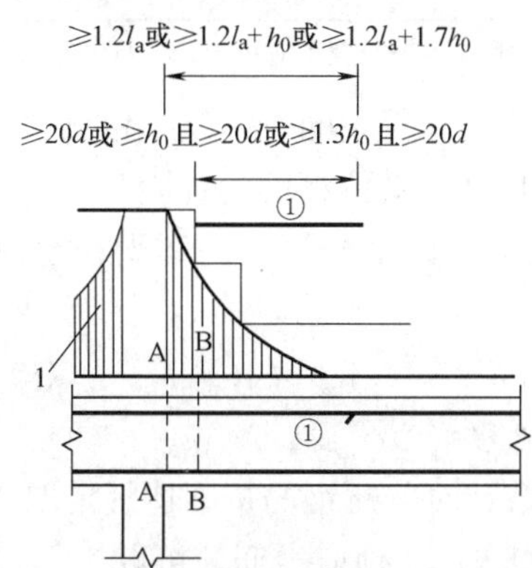

A-A— 钢筋① 的强度充分利用截面；B-B— 按计算不需要钢筋 ① 的截面

1—弯矩图

图 6.1-2 纵向受力钢筋截断时的延伸长度（《水混规》图 13.2.4）

仔细对照《水混规》的上述规定与《混规》第 9.2.3 条的规定，发现核心内容几乎完全相同，仅仅在表述方面存在差异，最主要的是前者明确引用了“延伸长度”这一术语，打消了“锚固长度”一词是否适用于跨间钢筋截断的疑问，弥补了规范于此处的术语缺位，解决了人们的困惑及使用上的不便。

二、中国规范的锚固长度

《混规》关于锚固长度的术语定义。

锚固长度（anchorage length）——受力钢筋依靠其表面与混凝土的粘结作用或端部构造的挤压作用而达到设计承受应力所需的长度。

（一）受拉钢筋的基本锚固长度 l_{ab} 与锚固长度 l_a

当计算中充分利用钢筋的抗拉强度时，受拉钢筋的基本锚固长度应按下列公式计算：

普通钢筋

$$l_{ab} = \alpha \frac{f_y}{f_t} d \qquad (6.1\text{-}1)\ [《混规》式\ (8.3.1\text{-}1)]$$

预应力筋

$$l_{ab}=\alpha \frac{f_{py}}{f_t}d \qquad (6.1\text{-}2)\ [《混规》式(8.3.1\text{-}2)]$$

式中 l_{ab}——受拉钢筋的基本锚固长度；

f_y、f_{py}——普通钢筋、预应力钢筋的抗拉强度设计值；

f_t——混凝土轴心抗拉强度设计值，当混凝土强度等级高于 C60 时，按 C60 取值；

d——钢筋的公称直径；

α——钢筋的外形系数，按表 6.1-1 取用。

钢筋的外形系数 α（《混规》表 8.3.1） **表 6.1-1**

钢筋类型	光圆钢筋	带肋钢筋	螺旋肋钢丝	三股钢绞线	七股钢绞线
α	0.16	0.14	0.13	0.16	0.17

注：光圆钢筋末端应做 180°弯钩，弯后平直段长度不应小于 $3d$，但作受压钢筋时可不做弯钩。

需要注意的是，按上述公式计算得到的只是基本锚固长度，在实际设计与施工中采用的是锚固长度而不是基本锚固长度，受拉钢筋的锚固长度 l_a 还要将基本锚固长度 l_{ab} 乘以一个锚固长度修正系数 ξ_a 而得到，即受拉钢筋的锚固长度应根据锚固条件按下列公式计算，且不应小于 200mm：

$$l_a=\xi_a l_{ab} \qquad (6.1\text{-}3)\ [《混规》式(8.3.1\text{-}3)]$$

式中 l_a——受拉钢筋的锚固长度。

ξ_a——锚固长度修正系数，对普通钢筋按下述规定取用，当多于一项时，可连乘计算，但不应小于 0.6；对预应力筋，可取 1.0。

（二）纵向受拉普通钢筋的锚固长度修正系数 ξ_a

纵向受拉普通钢筋的锚固长度修正系数 ξ_a 应按下列规定取用：

（1）当带肋钢筋的公称直径大于 25mm 时取 1.10；

（2）环氧树脂涂层带肋钢筋取 1.25；

（3）施工过程中易受扰动的钢筋取 1.10；

（4）当纵向受力钢筋的实际配筋面积大于其设计计算面积时，修正系数取设计计算面积与实际配筋面积的比值，但对有抗震设防要求及直接承受动力荷载的结构构件，不应考虑此项修正；

（5）锚固钢筋的保护层厚度为 $3d$ 时修正系数可取 0.8，保护层厚度为 $5d$ 时修正系数可取 0.7，中间按内插取值，此处 d 为锚固钢筋的直径。

从以上规范规定可看出，当钢筋直径大于 25mm 时，钢筋锚固长度会增加 10%，故在设计时尽量少用直径大于 25mm 的钢筋，当钢筋排布较困难时，可考虑较小直径双排筋的配筋方式，其中第二排钢筋对于负弯矩钢筋可在 1/4 净跨处截断（第一排在 1/3 净跨处截断）（参见国家标准图集 22G101-1），对于正弯矩钢筋可在进入支座前截断（参见国家标准图集 22G101-1）。一般来说，可弥补截面有效高度降低所产生的钢筋增量，且比大直径单排钢筋要省。对于其他情况需要配置双排钢筋时，第二排钢筋也应采用提前截断的方式。

（三）机械锚固

当按前式计算得到的受拉钢筋锚固长度较长，锚固体内无法满足锚固长度要求时，可采用末端加弯钩或机械锚固措施，此时包括锚固端头在内的锚固长度可取为基本锚固长度的 60%。弯钩和机械锚固形式和技术要求参见《混规》第 8.3.3 条。

当纵向受拉普通钢筋末端采用弯钩或机械锚固措施时，包括弯钩或锚固端头在内的锚固长度（投影长度）可取为基本锚固长度 l_{ab} 的 60%。弯钩和机械锚固形式（图 6.1-3）和技术要求应符合表 6.1-2 的规定。

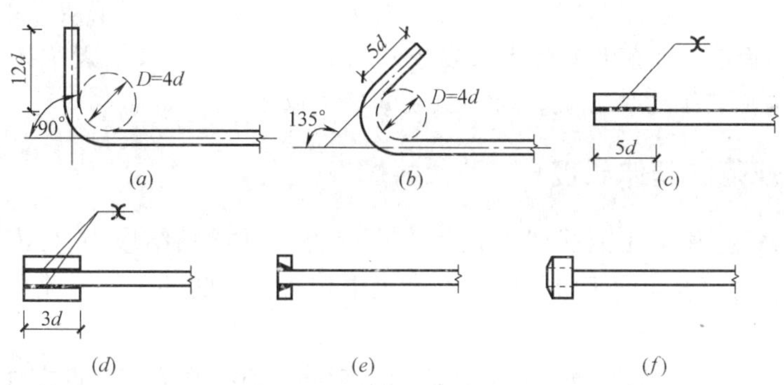

图 6.1-3　弯钩和机械锚固的形式和技术要求（《混规》图 8.3.3）

（a）90°弯钩；（b）135°弯钩；（c）一侧贴焊锚筋；（d）两侧贴焊锚筋；（e）穿孔塞焊锚板；（f）螺栓锚头

钢筋弯钩和机械锚固的形式和技术要求（《混规》表 8.3.3）　　表 6.1-2

锚固形式	技术要求
90°弯钩	末端 90°弯钩，弯钩内径 4*d*，弯后直段长度 12*d*
135°弯钩	末端 135°弯钩，弯钩内径 4*d*，弯后直段长度 5*d*
一侧贴焊锚筋	末端一侧贴焊长 5*d* 同直径钢筋
两侧贴焊锚筋	末端两侧贴焊长 3*d* 同直径钢筋
焊端锚板	末端与厚度 *d* 的锚板穿孔塞焊
螺栓锚头	末端旋入螺栓锚头

注：1. 焊缝和螺纹长度应满足承载力要求；
2. 螺栓锚头和焊接锚板的承压净面积不应小于锚固钢筋截面积的 4 倍；
3. 螺栓锚头的规格应符合相关标准的要求；
4. 螺栓锚头和焊接锚板的钢筋净间距不宜小于 4*d*，否则应考虑群锚效应的不利影响；
5. 截面角部的弯钩和一侧贴焊锚筋的布筋方向宜向截面内侧偏置。

（四）受压钢筋的锚固长度

混凝土结构中的纵向受压钢筋，当计算中充分利用其抗压强度时，锚固长度不应小于相应受拉锚固长度的 70%。

受压钢筋不应采用末端弯钩和一侧贴焊锚筋的锚固措施。

受压钢筋锚固长度范围内的横向构造钢筋应符合《混规》第 8.3.1 条的有关规定。

承受动力荷载的预制构件，应将纵向受力普通钢筋末端焊接在钢板或角钢上，钢板或角钢应可靠地锚固在混凝土中。钢板或角钢的尺寸应按计算确定，其厚度不宜小于 10mm。

其他构件中受力普通钢筋的末端也可通过焊接钢板或型钢实现锚固。

前文所述均为非抗震设计的受拉钢筋锚固长度，对于非抗震的地下室、基础、非框架梁及楼屋面板等均适用。当结构构件需进行抗震设计时，钢筋的锚固长度应采用纵向受拉钢筋的抗震锚固长度，可按《混规》第 11.1.7 条计算：

11.1.7　混凝土结构构件的纵向受拉钢筋的锚固和连接除应符合本规范 8.3 节和第 8.4 节的有关规定外，尚应符合下列要求：

1　纵向受拉钢筋的抗震锚固长度应按下式计算：

$$l_{aE}=\xi_{aE}l_a \qquad (6.1\text{-}4)\ [《混规》式(11.1.7\text{-}1)]$$

式中　ξ_{aE}——纵向受拉钢筋抗震锚固长度修正系数，对一、二级抗震等级取 1.15，对三级抗震等级取 1.05，对四级抗震等级取 1.00。

三、美国规范的延伸长度

延伸长度的概念基于在钢筋埋入长度上可获得的平均粘结应力（ACI 委员会 408，1966）。由于高应力钢筋倾向于拉裂约束混凝土中相对较薄的部分，因此需要延伸长度来降低粘结应力。

在实际应用中，延伸长度概念要求钢筋超出钢筋中所有峰值应力点之外一个最小延伸长度。这种峰值应力通常出现在最大应力点、钢筋弯起点或截断点。从钢筋中的峰值应力点开始，需要一定的延伸长度或锚固长度来发展应力。在这种峰值应力点的两侧，这种延伸长度或锚固长度是必要的。通常，钢筋在临界应力点的一侧会延续相当长的距离，因此延伸长度的计算只需要涉及另一侧，例如，负弯矩钢筋在通过支座后会延伸到下一个跨度的中间某处。

鉴于 ACI 318—2019 在第 25 章中前后互相引用得非常频繁，为了使本章节上下文间的逻辑关系更为清晰及避免人为失误，故在此保留美国规范原文的条目编号，特此提醒读者留意并予以理解。

1. 带肋钢筋与带肋钢筋网片的受拉延伸长度 l_d

美国规范提供了不考虑 $(c_b+K_{tr})/d_b$ 影响的简化计算方法与考虑 $(c_b+K_{tr})/d_b$ 影响的一般计算方法，后者计算稍嫌复杂，但在锚固条件较好（保护层厚度与钢筋间距较大）时可取得明显更短的锚固长度。但采用任何计算方法的受拉延伸长度不应小于 12in（300mm）。$(c_b+K_{tr})/d_b$ 中的 c_b 为钢筋中心间距与钢筋中心至混凝土表面距离的较小值，d_b 为钢筋直径，K_{tr} 是考虑跨潜在劈裂面约束钢筋贡献的系数。

(1) 不考虑 $(c_b+K_{tr})/d_b$ 影响的简化计算方法

简化计算方法的受拉延伸长度 l_d 应按表 6.1-3 计算。

带肋钢筋与带肋钢筋网片的受拉延伸长度（ACI 318-19 表 25.4.2.3）　　表 6.1-3

间距与保护层厚度	6 号(19mm)及更小直径钢筋及带肋钢筋网片	7 号(22mm)及更大直径钢筋
被延伸或搭接钢筋或钢筋网片的净间距不小于 d_b，保护层净厚至少为 d_b，l_d 长度范围内的箍筋或拉筋不小于规范最小值； 被延伸或搭接钢筋或钢筋网片的净间距至少为 $2d_b$，保护层净厚至少为 d_b	$\left(\dfrac{f_y\psi_t\psi_e\psi_g}{2.1\lambda\sqrt{f'_c}}\right)d_b$	$\left(\dfrac{f_y\psi_t\psi_e\psi_g}{1.7\lambda\sqrt{f'_c}}\right)d_b$

续表

间距与保护层厚度	6号(19mm)及更小直径钢筋及带肋钢筋网片	7号(22mm)及更大直径钢筋
其他情况	$\left(\frac{f_y\psi_t\psi_e\psi_g}{1.4\lambda\sqrt{f'_c}}\right)d_b$	$\left(\frac{f_y\psi_t\psi_e\psi_g}{1.1\lambda\sqrt{f'_c}}\right)d_b$

(2) 考虑 $(c_b+K_{tr})/d_b$ 影响的一般计算方法

一般计算方法的受拉延伸长度 l_d 应按下式计算：

$$l_d=\left[\frac{f_y}{1.1\lambda\sqrt{f'_c}}\frac{\psi_t\psi_e\psi_s\psi_g}{\left(\frac{c_b+K_{tr}}{d_b}\right)}\right]d_b$$

(6.1-5a)［ACI 318-19 式 (25.4.2.4a)］

其中，钢筋约束项 $(c_b+K_{tr})/d_b$ 不应超过 2.5，且

$$K_{tr}=\frac{40A_{tr}}{sn}$$

(6.1-5b)［ACI 318-19 式 (25.4.2.4b)］

式中　K_{tr}——考虑跨潜在劈裂面约束钢筋贡献的系数，即使存在横向钢筋，也应允许使用 $K_{tr}=0$ 作为设计简化。但对于 $f_y\geqslant$80000psi (550MPa) 且中心间距小于 6in (150mm) 的钢筋，应提供横向钢筋以便使 K_{tr} 不小于 $0.5d_b$。

n——沿破裂面延伸的钢筋或钢丝的数量。

s——l_d 范围内横向钢筋的中心间距 (mm)。

A_{tr}——间距 s 范围内与延伸钢筋潜在破裂面相交的横向钢筋总截面面积 (mm^2)。

ψ_t——反映浇筑位置影响的钢筋位置系数（规范早期版本表示为“上部钢筋效应”，用于反映顶部钢筋浇筑位置的不利影响）。

ψ_e——反映环氧涂层效果的涂层系数。$\psi_t\psi_e$ 的乘积有一个极限，即不超过 1.7。

ψ_s——钢筋尺寸系数，反映了较小直径钢筋更有利的性能。

修正系数 ψ_t、ψ_e、ψ_s 与 ψ_g 应按表 6.1-4 取值。

受拉带肋钢筋与带肋钢筋网片的延伸长度修正系数 (ACI 318-19 表 25.4.2.5)　　表 6.1-4

修正系数	条件	系数值
轻质混凝土系数 λ	轻质混凝土	0.75
	普通混凝土	1.0
钢筋强度等级 ψ_g	40 级(280MPa)或 60 级(420MPa)	1.0
	80 级(550MPa)	1.15
	100 级(690MPa)	1.3
环氧树脂系数 ψ_e	环氧涂层或镀锌环氧双涂层的钢筋且具有净保护层小于 $3d_b$ 或净间距小于 $6d_b$ 的情况	1.5
	环氧涂层或镀锌环氧双涂层的钢筋的其他情况	1.2
	无环氧涂层或有镀锌涂层的钢筋	1.0

续表

修正系数	条件	系数值
钢筋尺寸系数 ψ_s	7号(22mm)及更大直径钢筋	1.0
	6号(19mm)及更小直径钢筋以及带肋钢丝	0.8
浇筑位置系数 ψ_t	超过12in(300mm)的新鲜混凝土浇筑在水平钢筋下方	1.3
	其他	1.0

注：$\psi_t\psi_e$ 的乘积不应超过1.7。

当采用考虑 $(c_b+K_{tr})/d_b$ 影响的一般计算方法时，通过增加侧面保护层厚度、钢筋净距和约束钢筋等许多实际组合，可以产生比简化计算方法所要求的明显更短的延伸长度。

【例】 7号（22mm）60级（420MPa）无涂层的梁板下部钢筋在 $f'_c=4000\text{psi}$（28MPa）普通混凝土中的延伸长度。

普通混凝土 $\lambda=1.0$，60级钢筋 $\psi_g=1.0$，钢筋无涂层 $\psi_e=1.0$，7号（22mm）钢筋 $\psi_s=1.0$，底部钢筋 $\psi_t=1.0$，当该钢筋与其他底部钢筋的净距离不小于 $2d_b$ 且保护层厚度不小于 d_b 时，或者底部钢筋的净距虽然小于 $2d_b$ 但不小于 d_b，但 l_d 长度范围内的箍筋或拉筋不小于规范最小值且保护层厚度不小于 d_b 时，可代入以下公式，得：

$$l_d=\left(\frac{f_y\psi_t\psi_e\psi_g}{1.7\lambda\sqrt{f'_c}}\right)d_b=\left(\frac{420\times1.0\times1.0\times1.0}{1.7\times1.0\times\sqrt{28}}\right)d_b=47d_b$$

但当钢筋净距或保护层厚度不满足上述要求时，则需代入以下公式，得：

$$l_d=\left(\frac{f_y\psi_t\psi_e\psi_g}{1.1\lambda\sqrt{f'_c}}\right)d_b=\left(\frac{420\times1.0\times1.0\times1.0}{1.1\times1.0\times\sqrt{28}}\right)d_b=72d_b\text{（根据英制公式计算为}71d_b\text{）}$$

但当采用考虑 $(c_b+K_{tr})/d_b$ 影响的一般计算方法时，如果最小净保护层不小于 $2d_b$ 且最小钢筋净间距不小于 $4d_b$（此时 $c_b=2.5d_b$），即便没有任何约束钢筋（$K_{tr}=0$），也可使 $(c_b+K_{tr})/d_b$ 的值达到2.5，则采用考虑 $(c_b+K_{tr})/d_b$ 影响的一般计算方法所得到的受拉延伸长度 l_d 仅为 $29d_b$。即

$$l_d=\left[\frac{f_y}{1.1\lambda\sqrt{f'_c}}\frac{\psi_t\psi_e\psi_s\psi_g}{\left(\frac{c_b+K_{tr}}{d_b}\right)}\right]d_b=\left[\frac{420\times1.0\times1.0\times1.0\times1.0}{1.1\times1.0\times\sqrt{28}\times\left(\frac{2.5d_b+0}{d_b}\right)}\right]d_b=29d_b$$

（根据英制公式计算为 $28d_b$）

在ACI 318-08之前，公式（25.4.2.4b）中的 K_{tr} 包括横向钢筋的屈服强度。但当前规范的表达式仅包括横向钢筋的面积、间距以及延伸或搭接钢筋的数量，而没有考虑横向钢筋的屈服强度，因为测试表明横向钢筋在粘结失效期间很少屈服（Azizinamini，等，1995）。

2. 带受拉标准弯钩钢筋的延伸长度 l_{dh}

以标准弯钩方式终止的受拉带肋钢筋的延伸长度 l_{dh} 应按下式计算，且不小于 $8d_b$ 与6in（150mm）：

$$l_{dh}=\left(\frac{f_y\psi_e\psi_r\psi_o\psi_c}{23\lambda\sqrt{f'_c}}\right)d_b^{1.5}$$

(6.1-6)［ACI 318-19 式(25.4.3.1)］

式中，修正系数 ψ_e、ψ_r、ψ_o、ψ_c 及 λ 值按表 6.1-5 取用。其中，系数 ψ_c 和 ψ_r 应允许取 1.0。在构件的不连续端部另有规定，详见下文。

注：ACI 318-19 相较 ACI 318-14 对该表格作了较大调整，增加了位置系数 ψ_o 及混凝土强度系数 ψ_c，取消了前版规范的保护层系数 ψ_c，故 ψ_c 的符号含义发生了变化。

受拉弯钩延伸长度的修正系数（ACI 318-19 表 25.4.3.2）　　表 6.1-5

修正系数	条件	系数值
轻质混凝土系数 λ	轻质混凝土	0.75
	普通混凝土	1.0
环氧树脂系数 ψ_e	环氧涂层或镀锌环氧双涂层的钢筋	1.2
	无环氧涂层或有镀锌涂层的钢筋	1.0
约束钢筋系数 ψ_r	对于 11 号(36mm)及更小直径钢筋的弯钩，当 $A_{th}\geqslant 0.4A_{hs}$ 或 $s\geqslant 6d_b$ 时	1.0
	其他情况	1.6
位置系数 ψ_o	对于 11 号(36mm)及更小直径的带弯钩钢筋： (1)在柱核心区内部终止且在垂直于弯钩平面上的侧面保护层厚度≥2.5in(65mm)； (2)垂直于弯钩平面上的侧面保护层厚度≥$6d_b$	1.0
	其他情况	1.25
混凝土强度系数 ψ_c	对于 f'_c<6000psi(40MPa)	$0.01f'_c+0.6$
	对于 $f'_c\geqslant$6000psi(40MPa)	1.0

注：1. s 为带弯钩钢筋中心到中心的距离；
2. d_b 为带弯钩钢筋的公称直径；
3. A_{hs} 为某一关键截面被延伸的带弯钩钢筋的总截面面积；
4. A_{th} 为约束带弯钩钢筋的拉筋或箍筋的总截面面积。

表中约束带弯钩钢筋的拉筋或箍筋总截面面积 A_{th} 应包括下述(a)或(b)：

(a) 弯曲直径与弯后直段长度满足规范要求（ACI 318-19 第 25.3.2 条）的拉筋或箍筋；

(b) 围合主筋弯钩的其他钢筋，从被围合的弯钩尽端沿受拉钢筋方向至少延伸 $0.75l_{dh}$，并且符合下述(1)或(2)的要求。

对于同时具有平行于 l_{dh} 约束钢筋与垂直于 l_{dh} 约束钢筋的构件，允许采用基于下述(1)或(2)可导致较低 l_{dh} 值的 A_{th} 值。

(1) 两组或多组围合弯钩的拉筋或箍筋应平行于 l_{dh} 布置，在弯钩直线段的 $15d_b$ 范围内以不大于 $8d_b$ 的中心距离均匀分布，见图 6.1-4。此处，d_b 为带弯钩钢筋的公称直径。

(2) 两组或多组围合带弯钩钢筋的拉筋或箍筋应垂直于 l_{dh} 布置，以不大于 $8d_b$ 的中心距离沿 l_{dh} 均匀分布，见图 6.1-5。此处，d_b 为带弯钩钢筋的公称直径。

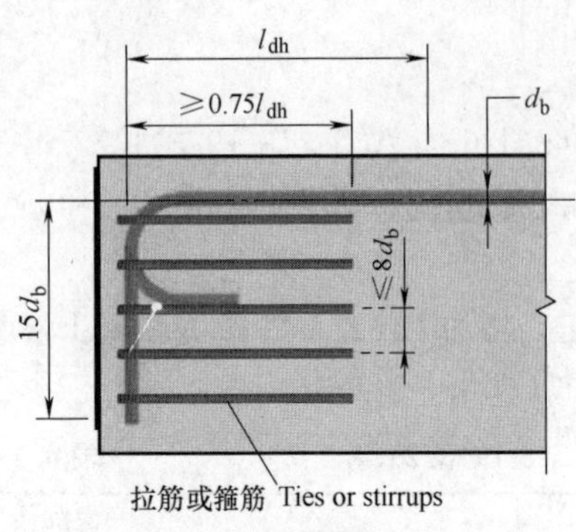

图 6.1-4 约束钢筋平行于主筋
（ACI 318-19 图 R25.4.3.3a）

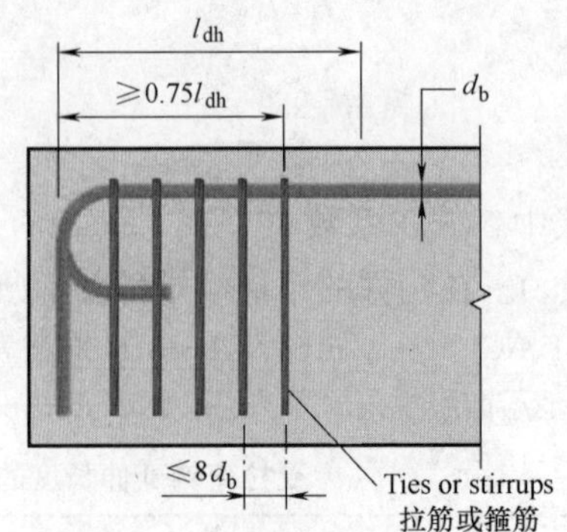

图 6.1-5 约束钢筋垂直于主筋
（ACI 318-19 图 R25.4.3.3b）

对于采用标准弯钩在构件的不连续端延伸的钢筋，当弯钩在两侧及上下的保护层厚度小于 2.5in（65mm）时，应满足下述要求（参见图 6.1-6）：

（1）弯钩应采用垂直于 l_{dh} 的拉筋或箍筋沿 l_{dh} 方向以 $s<3d_b$ 的间距围合；

（2）第一组围合拉筋或箍筋至弯钩的距离应控制在 $2d_b$ 范围以内。

此处，d_b 为带弯钩钢筋的公称直径。

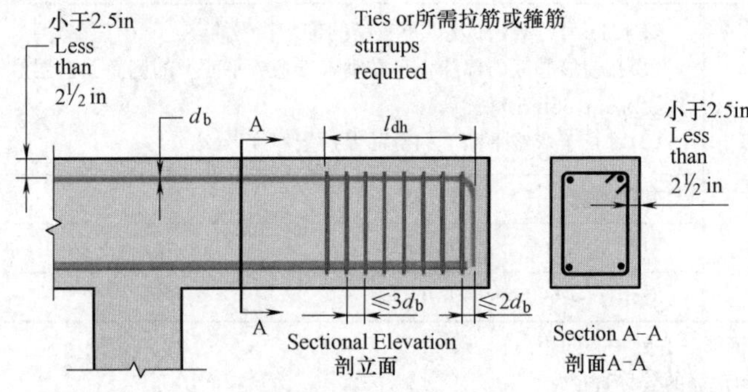

图 6.1-6 符合第 25.4.3.4 款要求的混凝土保护层（ACI 318-19 图 R25.4.3.4）

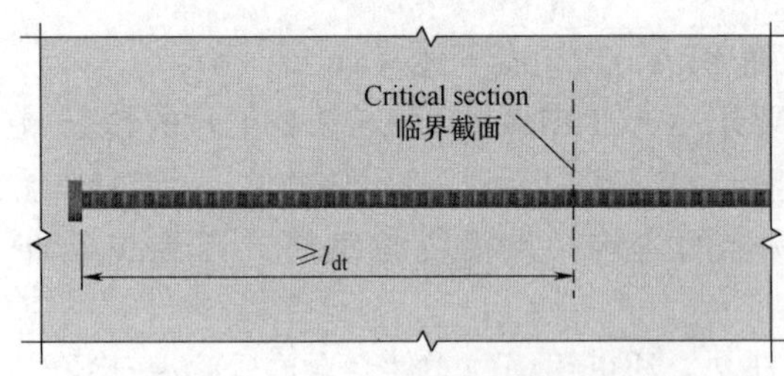

图 6.1-7 带墩头变形钢筋的受拉延伸长度（ACI 318-19 图 R25.4.4.2a）

3. 带墩头变形钢筋的受拉延伸长度 l_{dt}

如果满足下列条件，则应允许使用墩头来对受拉带肋钢筋进行延伸（锚固）（图 6.1-7）：

（1）钢筋本身应符合规范要求（ACI 318-19 第 20.2.1.3 款）；

（2）钢筋强度 $f_y \leqslant 60000$psi（420MPa）；

（3）钢筋直径不超过 11 号（36mm）；

（4）钢筋墩头的净承压面积 A_{brg} 至少应为 $4A_b$；

（5）混凝土应为普通混凝土；

（6）钢筋的净保护层厚度应至少为 $2d_b$；

（7）钢筋间的净距至少为 $4d_b$。

以墩头方式终止的受拉变形钢筋的延伸长度 l_{dt} 应按下式计算，且不小于 $8d_b$ 与 6in（150mm）：

$$l_{dt}=\left(\frac{f_y\psi_e\psi_p\psi_o\psi_c}{31\sqrt{f_c'}}\right)d_b^{1.5}$$

（6.1-7）［ACI 318-19 式（25.4.4.2）］

式中，修正系数 ψ_e、ψ_p、ψ_o 与 ψ_c 分别为环氧树脂涂层影响系数、平行拉筋影响系数、墩头位置影响系数与混凝土强度影响系数，其值可查规范原表（ACI 318-19 表 25.4.4.3），本书不再给出。

4. 受拉带肋钢筋采用机械锚固的延伸长度

任何能够使带肋钢筋强度发展到 f_y 的机械附件或装置都应被允许使用，前提是根据规范要求得到建筑官员的批准。带肋钢筋的延伸长度应允许包括机械锚固长度加上临界截面与机械附件（或装置）之间带肋钢筋附加埋入长度的组合。

5. 焊接带肋钢筋网片中受拉钢筋的延伸长度

焊接带肋钢筋网片中受拉钢筋的延伸长度 l_d（从临界截面到网片尽端测量），应取前述简化计算方法表 6.1-3 或一般计算方法式（6.1-5）算得的延伸长度乘以焊接带肋钢筋网片系数 ψ_w，且不小于 8in（200mm）。其中，沿延伸长度方向的钢筋应为 D31 或更小直径（图 6.1-8）。

焊接带肋钢筋网片系数 ψ_w 应按下述原则确定：

（1）对于在 l_d 范围内至少有一根横向钢丝距离临界截面至少为 2in（50mm）的焊接带肋钢丝网片，ψ_w 应为（a）和（b）中的较大者，并且不超过 1.0。

（a）
$$\psi_w=\left(\frac{f_y-240}{f_y}\right)$$

（6.1-8a）［ACI 318-19 式（25.4.6.3a）］

（b）
$$\psi_w=\left(\frac{5d_b}{s}\right)$$

（6.1-8b）［ACI 318-19 式（25.4.6.3b）］

其中，s 为待延伸钢丝之间的间距。

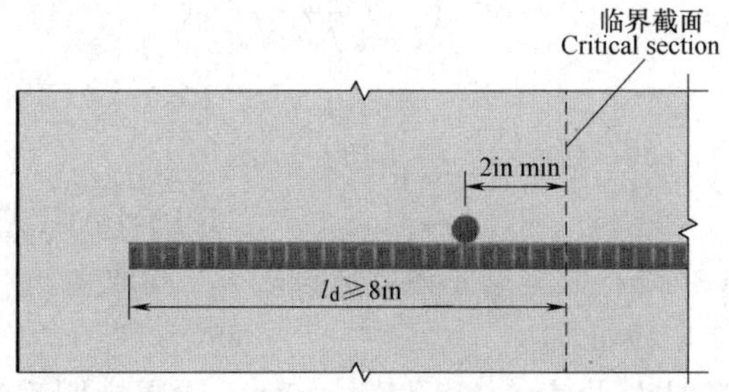

图 6.1-8 焊接变形钢丝受拉钢筋的延伸长度（ACI 318—2019 图 R25.4.6.3）

对于满足上述条件的带环氧涂层焊接带肋钢筋网片中的受拉钢筋，应允许在延伸长度 l_d 的计算中使用 $\psi_e=1.0$。

（2）对于在 l_d 内没有横向钢丝或单根横向钢丝距离临界截面小于 2in（50mm）的焊

接带肋钢筋，ψ_w 取 1.0。

如果焊接带肋钢筋网片沿延伸长度方向存在任何大于 D31 的光圆钢筋或者带肋钢筋，则应按照下文焊接光圆钢筋网片的规则（ACI 318-19 第 25.4.7 条）计算钢筋延伸长度。

镀锌焊接带肋钢筋网片中的受拉钢筋应按照下文焊接光圆钢筋网片的规则计算延伸长度。

6. 焊接光圆钢筋网片中受拉钢筋的延伸长度

受拉焊接光圆钢筋网片的延伸长度 l_d（从临界截面测量到最远端横向钢丝）应为以下二式的较大者，且不小于 6in（150mm）。注意：在 l_d 内至少需要两根横向钢筋（图 6.1-9）。

$$l_d = \text{横向钢筋的间距} + 2\text{in}(50\text{mm})$$

（6.1-9a）［ACI 318-19 式（25.4.7.2a）］

$$l_d = 3.3\left(\frac{f_y}{\lambda\sqrt{f_c'}}\right)\left(\frac{A_b}{s}\right)$$

（6.1-9b）［ACI 318-19 式（25.4.7.2b）］

式中，s 为待延伸钢筋的间距，轻质混凝土系数 λ 同前。

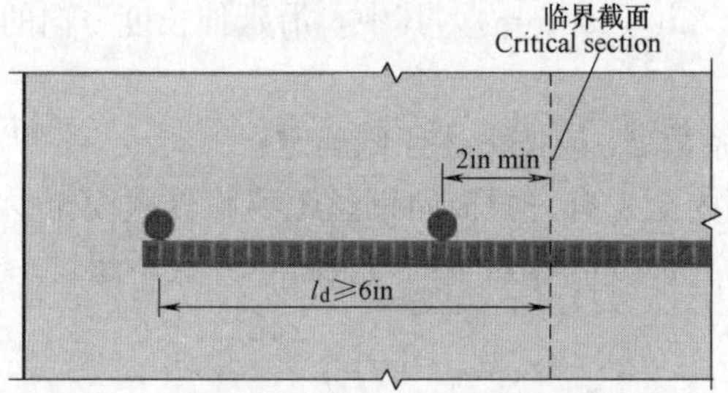

图 6.1-9　焊接光圆钢丝受拉钢筋的延伸长度（ACI 318-19 图 R25.4.7.2）

7. 带肋钢筋与带肋钢丝的受压延伸长度 l_{dc}

带肋钢筋与带肋钢丝的受压延伸长度 l_{dc} 应为以下二式的较大值且不小于 8in（200mm）：

$$l_{dc} = \left(\frac{0.24 f_y \psi_r}{\lambda\sqrt{f_c'}}\right) d_b$$

（6.1-10a）［ACI 318-19 式（25.4.9.2a）］

$$l_{dc} = 0.043 f_y \psi_r d_b$$

（6.1-10b）［ACI 318-19 式（25.4.9.2b）］

上式除 ψ_r 允许取 1.0 外，其他修正系数应按表 6.1-6 取用。

8. 超配钢筋延伸长度的折减

美国钢筋及钢筋网片规格见表 6.1-7 和表 6.1-8。除下文明确禁止的情况外，应允许使用比率 $A_{s,\text{required}}/A_{s,\text{provided}}$ 对规范中按粘结强度计算的延伸长度进行折减，但折减后的延伸长度不得小于规范中各自规定的最小值。

下述情形不允许根据上述原则对延伸长度进行折减：

（1）在非连续支座处；

带肋钢筋与带肋钢丝的修正系数（ACI 318-19 表 25.4.9.3） 表 6.1-6

修正系数	条件	系数取值
轻质混凝土系数 λ	轻质混凝土	0.75
	指定 f_{ct} 的轻质混凝土	依据第 19.2.4.3 款的要求
	普通混凝土	1.0
约束钢筋系数 ψ_r	被下述(1)、(2)、(3)、(4)围合的钢筋： (1)螺旋箍筋； (2)直径≥6mm、节距 100mm 的连续缠绕圆形拉筋； (3)4 号(13mm)钢筋或 D20 网片符合第 25.7.2 条要求且中距≤100mm 的拉结筋； (4)符合第 25.7.4 条要求且中距≤100mm 的箍筋	0.75
	其他情况	1.0

(2) 在锚固或延伸需达到强度 f_y 处；

(3) 在钢筋需要连续处；

(4) 对于带墩头或机械锚固的带肋钢筋；

(5) 抗震设计类别为 D、E 或 F 结构的抗震系统中。

美国规范的钢筋规格 表 6.1-7

钢筋尺寸编号	公称直径		公称面积		公称质量	
	in	mm	in^2	mm^2	lb/ft	kg/m
3 号	0.375	10	0.11	71	0.376	0.560
4 号	0.500	13	0.20	129	0.668	0.994
5 号	0.625	16	0.31	199	1.043	1.552
6 号	0.750	19	0.44	284	1.502	2.235
7 号	0.875	22	0.60	387	2.044	3.042
8 号	1.000	25	0.79	510	2.670	3.973
9 号	1.128	29	1.00	645	3.400	5.060
10 号	1.270	32	1.27	819	4.303	6.404
11 号	1.410	36	1.56	1006	5.313	7.907
14 号	1.693	43	2.25	1452	7.650	11.380
18 号	2.257	57	4.00	2581	13.600	20.240

美国 WRI 标准钢筋网片规格 表 6.1-8

尺寸编号		公称直径		公称面积		各种间距单位宽度的钢筋面积(mm^2/m)					
光圆钢筋	带肋钢筋					2in	3in	4in	6in	8in	10in
		in	mm	in^2	mm^2	50.8	76.2	101.6	152.4	203.2	254.0
W31	D31	0.628	16.0	0.310	199.8	3933.8	2622.5	1966.9	1311.3	983.5	786.8
W30	D30	0.618	15.7	0.300	193.5	3809.5	2539.7	1904.8	1269.8	952.4	761.9
W28	D28	0.597	15.2	0.280	180.6	3555.0	2370.0	1777.5	1185.0	888.8	711.0
W26	D26	0.575	14.6	0.260	167.5	3297.8	2198.6	1648.9	1099.3	824.5	659.6

续表

尺寸编号		公称直径		公称面积		各种间距单位宽度的钢筋面积(mm^2/m)					
光圆钢筋	带肋钢筋					2in	3in	4in	6in	8in	10in
		in	mm	in^2	mm^2	50.8	76.2	101.6	152.4	203.2	254.0
W24	D24	0.553	14.0	0.240	155.0	3050.3	2033.5	1525.2	1016.8	762.6	610.1
W22	D22	0.529	13.4	0.220	141.8	2791.3	1860.9	1395.6	930.4	697.8	558.3
W20	D20	0.505	12.8	0.200	129.2	2543.8	1695.8	1271.9	847.9	635.9	508.8
W18	D18	0.479	12.2	0.180	116.3	2288.6	1525.7	1144.3	762.9	572.1	457.7
W16	D16	0.451	11.5	0.160	103.1	2028.8	1352.6	1014.4	676.3	507.2	405.8
W14	D14	0.422	10.7	0.140	90.2	1776.3	1184.2	888.2	592.1	444.1	355.3
W12	D12	0.391	9.9	0.120	77.5	1524.9	1016.6	762.5	508.3	381.2	305.0
W11	D11	0.374	9.5	0.110	70.9	1395.2	930.1	697.6	465.1	348.8	279.0
W10.5		0.366	9.3	0.105	67.9	1336.2	890.8	668.1	445.4	334.0	267.2
W10	D10	0.357	9.1	0.100	64.6	1271.2	847.5	635.6	423.7	317.8	254.2
W9.5		0.348	8.8	0.095	61.4	1208.0	805.3	604.0	402.7	302.0	241.6
W9	D9	0.338	8.6	0.090	57.9	1139.5	759.7	569.8	379.8	284.9	227.9
W8.5		0.329	8.4	0.085	54.8	1079.7	719.8	539.8	359.9	269.9	215.9
W8	D8	0.319	8.1	0.080	51.6	1015.0	676.7	507.5	338.3	253.8	203.0
W7.5		0.309	7.8	0.075	48.4	952.4	634.9	476.2	317.5	238.1	190.5
W7	D7	0.299	7.6	0.070	45.3	891.7	594.5	445.9	297.2	222.9	178.3
W6.5		0.288	7.3	0.065	42.0	827.3	551.6	413.7	275.8	206.8	165.5
W6	D6	0.276	7.0	0.060	38.6	759.8	506.5	379.9	253.3	190.0	152.0
W5.5		0.265	6.7	0.055	35.6	700.5	467.0	350.2	233.5	175.1	140.1
W5	D5	0.252	6.4	0.050	32.2	633.4	422.3	316.7	211.1	158.4	126.7
W4.5		0.239	6.1	0.045	28.9	569.8	379.8	284.9	189.9	142.4	114.0
W4	D4	0.226	5.7	0.040	25.9	509.5	339.6	254.7	169.8	127.4	101.9

注：W4 以下规格因用处不大未收录。

四、欧洲规范

（一）纵向钢筋的锚固

1. 一般规定

（1）钢筋、钢丝或焊接网状织物的锚固应使粘结力安全地传递到混凝土上，避免纵向开裂或剥落。必要时应提供横向钢筋。

（2）锚固方法如图 6.1-10 所示（另见 EC 2 第 8.8（3）条）。

（3）弯曲和弯钩对受压锚固没有贡献。

（4）应采取规范要求的措施来防止弯曲圆弧内侧的混凝土破坏（过弯曲圆弧末端切点后所需的锚固长度不大于 5ϕ，或钢筋所在的弯曲平面不处于边缘部位且在弯曲圆弧内有直径≥ϕ 的横向钢筋；钢筋弯曲半径不小于表 6.4-5 中的推荐值。见 EC 2 第 8.3

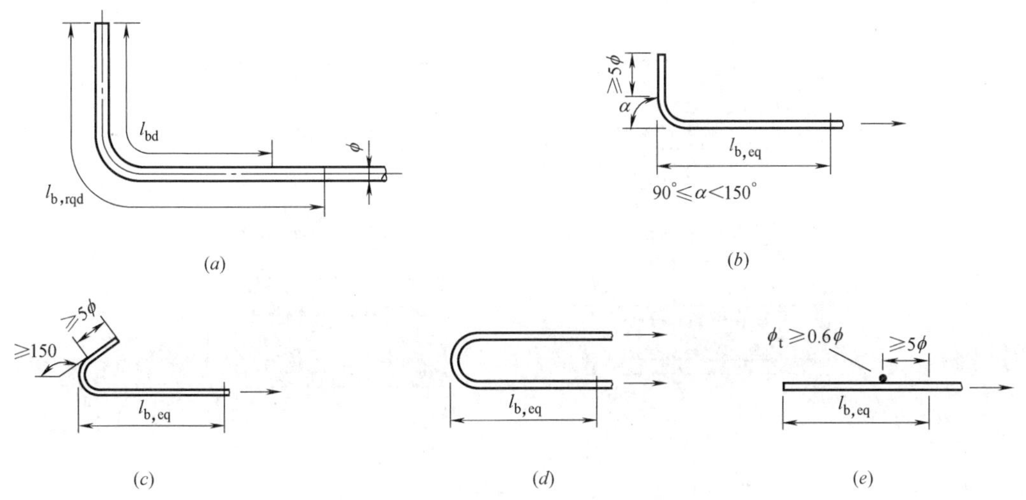

注：标准弯曲(standard bend)；标准弯钩(standard hook)；标准回形筋(standard loop)。

图 6.1-10　非直线钢筋的锚固方法（EC 2 图 8.1）

（*a*）任何形状按中线量度的基本受拉锚固长度 $l_{b,rqd}$；（*b*）标准弯曲的等价锚固长度 $l_{b,eq}$；

（*c*）标准弯钩的等价锚固长度 $l_{b,eq}$；（*d*）标准回形筋的等价锚固长度 $l_{b,eq}$；

（*e*）焊接横向钢筋的等价锚固长度 $l_{b,eq}$

(3) 条)。

(5) 如果使用机械锚固装置，检测要求应符合相关产品标准或欧洲技术认证。

2. 极限粘结应力

(1) 极限粘结强度应足以防止粘结失效。

(2) 带肋钢筋的极限粘结应力 f_{bd} 的设计值可取为：

$$f_{bd}=2.25\eta_1\eta_2 f_{ctd} \qquad (6.1\text{-}11)\ [\text{EC 2 式 } (8.2)]$$

式中　f_{ctd}——混凝土抗拉强度设计值。鉴于混凝土脆性随强度提高的性质，$f_{ctk,0.05}$ 在此应限制在 C60/C75 所对应的值，除非有证据表明平均粘结强度的增加可超过这个限值（$f_{ctk,0.05}$ 见表 2.4.4，即 EC 2 表 3.1）。

η_1——与粘结条件的质量及混凝土浇筑过程中钢筋位置相关的系数，见图 6.1-11：

$\eta_1=1.0$ 对应粘结质量好的条件；

$\eta_1=0.7$ 对应其他情况及用滑模建造的结构构件中的钢筋，除非可以证明存在“良好”的粘结条件。

η_2——与钢筋直径有关的系数：

$\eta_2=1.0$ 对应钢筋直径 $\phi=32$mm 的情况；

$\eta_2=(132-\phi)/100$ 对应钢筋直径 $\phi>32$mm 的情况。

3. 基本锚固长度

(1) 所需锚固长度的计算应考虑钢筋的类型和钢筋的粘结性能。

(2) 对于直线钢筋，当锚固力为 $A_s\sigma_{sd}$ 并假定粘结应力为定值 f_{bd} 时，所需基本锚固长度 $l_{b,rqd}$ 可按下式计算：

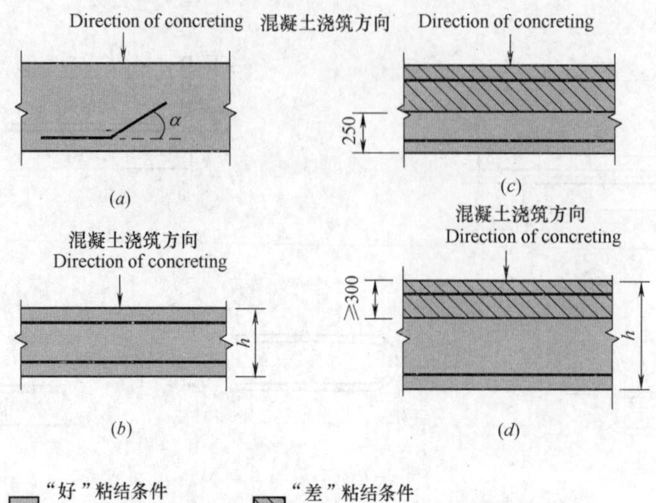

图 6.1-11 粘结条件的描述（EC 2 图 8.2）

（a）$45° \leqslant \alpha \leqslant 90°$；（$b$）$h \leqslant 250$mm；（$c$）$h > 250$mm；（$d$）$h > 600$mm

$$l_{b,rqd} = (\phi/4)(\sigma_{sd}/f_{bd}) \quad (6.1\text{-}12)\ [\text{EC 2 式 (8.3)}]$$

式中 σ_{sd}——钢筋在锚固测量位置处的设计应力；

f_{bd}——极限粘结应力，其值见前文并由式（6.1-11）算得。

（3）对于弯曲钢筋，基本锚固长度 $l_{b,rqd}$ 和设计锚固长度 l_{bd} 应沿钢筋中心线测量（见图 6.1-10a）。

（4）当成对的线材/棒材形成焊接织物时，公式（6.1-12）中的直径 ϕ 应替换为等效直径 $\phi_n = \sqrt{2}\phi$。

4. 设计锚固长度

（1）设计锚固长度 l_{bd} 应按下式计算：

$$l_{bd} = \alpha_1 \alpha_2 \alpha_3 \alpha_4 \alpha_5 l_{b,rqd} \geqslant l_{b,min} \quad (6.1\text{-}13)\ [\text{EC 2 式 (8.4)}]$$

式中 α_1、α_2、α_3、α_4 与 α_5 为表 6.1-9 给出的系数：

α_1——假设足够保护层的钢筋形状的影响，见图 6.1-10；

α_2——混凝土最小保护层厚度的影响，见图 6.1-12；

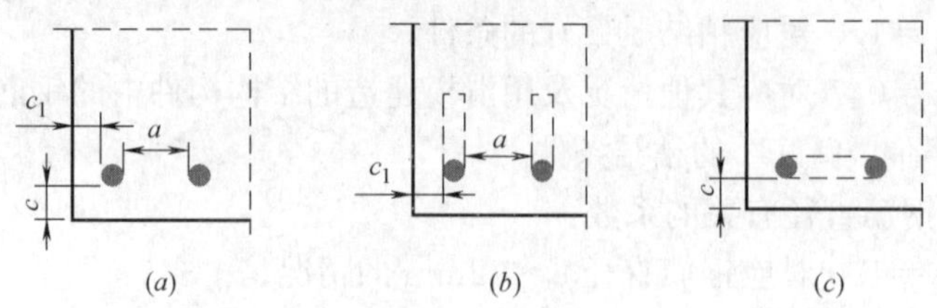

图 6.1-12 梁与板中的 c_d 值（EC 2 图 8.3）

（a）直线型钢筋 $c_d = \min(a/2, c_1, c)$；（b）弯折或带弯钩钢筋 $c_d = \min(a/2, c_1)$；（c）环形钢筋 $c_d = c$

α_3——横向钢筋的约束效果；

α_4——沿设计锚固长度 l_{bd} 设置的一根或多根焊接横向钢筋（$\phi_t > 0.6\phi$）的影响（另

见图 6.1-15，EC 2 第 8.6)；

α_5——沿设计锚固长度横向于劈裂平面的压力的影响：

$$\alpha_2\alpha_3\alpha_5 \geqslant 0.7 \qquad (6.1\text{-}14)\ [\text{EC 2 式 } (8.5)]$$

$l_{b,rqd}$——来自公式（6.1-12），EC 2 式（8.3）；

$l_{b,min}$——无其他限制条件适用时的最小锚固长度：

——受拉锚固：　$l_{b,min} \geqslant \max\{0.3l_{b,rqd};10\varphi;100\text{mm}\}$

（6.1-15）［EC 2 式（8.6）］

——受压锚固：　$l_{b,min} \geqslant \max\{0.6l_{b,rqd};10\varphi;100\text{mm}\}$

（6.1-16）［EC 2 式（8.7）］

（2）作为设计锚固长度 l_{bd} 的简化替代方案，图 6.1-10（EC 2 图 8.1）中所示的某些形状的受拉锚固可以采用等效锚固长度 $l_{b,eq}$，$l_{b,eq}$ 的定义见该图，可取作：

——$\alpha_1 l_{b,rqd}$ 针对图 6.1-10（*b*）至（*d*）所示的形状（α_1 值见表 6.1-9）；

——$\alpha_4 l_{b,rqd}$ 针对图 6.1-10（*e*）所示的形状（α_4 值见表 6.1-9）。

式中，α_1 与 α_4 的定义同上，$l_{b,rqd}$ 按公式（6.1-12）计算。

系数 α_1、α_2、α_3、α_4 与 α_5 的值（EC 2 表 8.2）　　表 6.1-9

影响系数	锚固类型	钢筋	
		受拉	受压
钢筋形状	直线型	$\alpha_1=1.0$	$\alpha_1=1.0$
	非直线型，见图 6.1-10 (*b*)、(*c*)及(*d*)	当 $c_d>3\phi$，$\alpha_1=0.7$ 否则 $\alpha_1=1.0$	$\alpha_1=1.0$
混凝土保护层	直线型	$\alpha_2=1-0.15(c_d-\phi)/\phi$ $0.7\leqslant\alpha_2\leqslant1.0$	$\alpha_2=1.0$
	非直线型，见图 6.1-10 (*b*)、(*c*)及(*d*)	$\alpha_2=1-0.15(c_d-3\phi)/\phi$ $0.7\leqslant\alpha_2\leqslant1.0$	$\alpha_2=1.0$
被非焊接到主筋上的横向钢筋约束	所有类型	$\alpha_3=1-K\lambda$ $0.7\leqslant\alpha_3\leqslant1.0$	$\alpha_3=1.0$
被焊接到主筋上的横向钢筋约束	所有类型，位置及尺寸在图 6.1-10(*e*)中指定	$\alpha_4=0.7$	$\alpha_4=0.7$
被横向压力约束	所有类型	$\alpha_5=1-0.04p$ $0.7\leqslant\alpha_5\leqslant1.0$	—

上表式中：

$$\lambda=(\Sigma A_{st}-\Sigma A_{st,min})/A_s$$

ΣA_{st}——沿设计锚固长度 l_{bd} 的横向钢筋的横截面面积；

$\Sigma A_{st,min}$——最小横向钢筋的横截面面积，对于梁为 $0.25A_s$，对于板为 0；

A_s——最大直径的单根锚固钢筋的面积；

K——取见图 6.1-13；

p——极限状态下沿 l_{bd} 的横向压力（MPa）；

* 见 EC 2 第 8.6 节：对于直接支座，如果支座内至少有一根横向焊接钢丝，则 l_{bd} 可取 $l_{b,min}$。横向钢丝距离支座表面至少 15mm。

（二）箍筋与抗剪钢筋的锚固

（1）箍筋和剪切钢筋的锚固通常应采用弯头、弯钩或焊接横向钢筋。在弯头或弯钩内

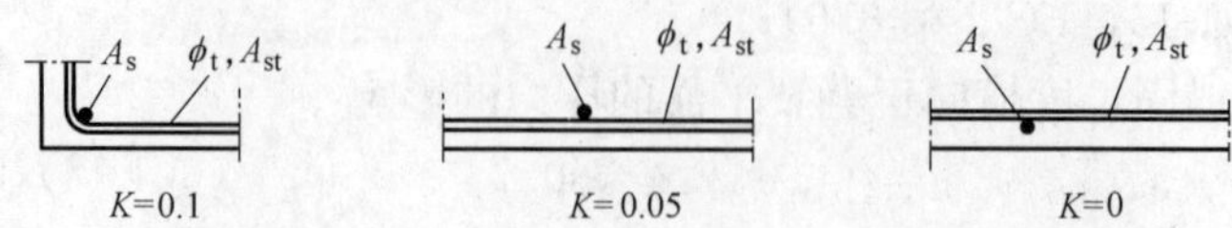

图 6.1-13 梁与板的 K 值（EC 2 图 8.4）

部应提供一根钢筋。

（2）锚固应符合图 6.1-14 的要求。焊接应符合 EN ISO 17660 的要求，其焊接承载力应符合下文对焊接横向钢筋的焊接要求（EC 2 第 8.6（2）条）。

注：有关弯曲角度的定义，请见图 6.1-10（EC 2 图 8.1）。

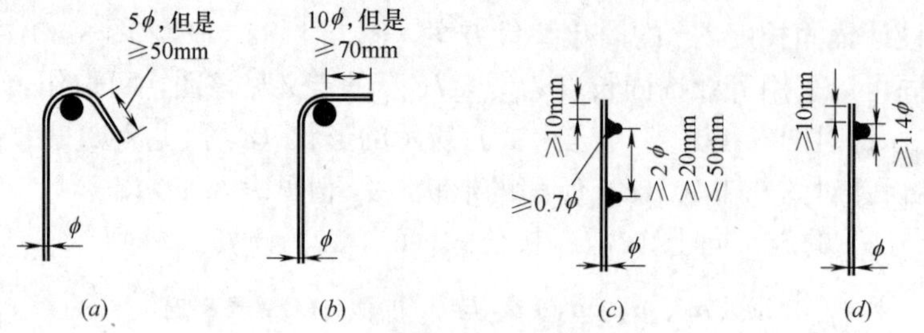

注：对于(c)和(d)，保护层厚度不得小于3ϕ或50mm。

图 6.1-14 箍筋的锚固（EC 2 图 8.5）

（三）焊接钢筋的锚固

（1）前文纵向钢筋、箍筋、抗剪钢筋的额外锚固可通过埋入混凝土的横向焊接钢筋来获得，见图 6.1-15。焊接接头的质量应被证明是足够的。

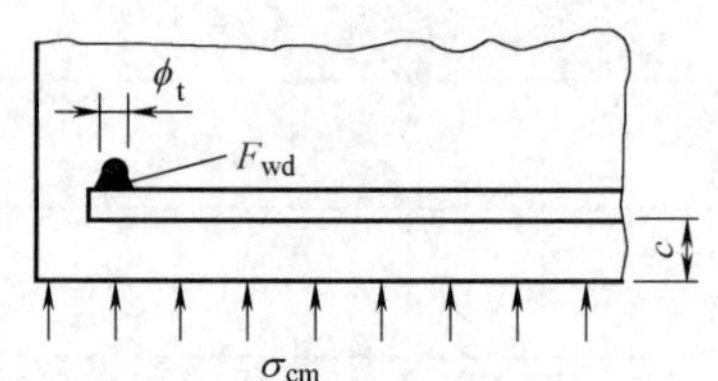

图 6.1-15 焊接横向钢筋作为锚固装置（EC 2 图 8.6）

（2）一根在主筋内侧焊有直径 14～32mm 横向钢筋的钢筋锚固承载力为 F_{btd}。这样前文用于计算基本锚固长度 $l_{b,rqd}$ 的公式（6.1-12）中的 σ_{sd} 可以通过 F_{btd}/A_s 来进行折减，意味着基本锚固长度 $l_{b,rqd}$ 也可按同一比率折减，其中 A_s 为钢筋面积。

注：在一个国家使用的 F_{btd} 值可见其国家附件。欧洲规范推荐值可按下式确定：

$$F_{btd}=l_{td}\phi_t\sigma_{td}\ 但不大于\ F_{wd} \quad (6.1\text{-}17)\ [EC\ 2\ 式\ (8.8)]$$

式中 F_{wd}——焊缝的设计抗剪强度（指定一个系数乘以 $A_s f_{yd}$；如 $0.5A_s f_{yd}$，其中 A_s 为锚固钢筋的横截面积，f_{yd} 为其设计屈服强度）；

l_{td}——横向钢筋的设计长度：$l_{td}=1.16\phi_t(f_{yd}/\sigma_{td})^{0.5}\leqslant l_t$；

l_t——横向钢筋的长度，但不超过锚固钢筋的间距；

ϕ_t——横向钢筋的直径；

σ_{td}——混凝土应力：$\sigma_{td}=(f_{ctd}+\sigma_{cm})/y\leqslant 3f_{cd}$；

σ_{cm}——垂直于两根钢筋的混凝土中压应力（平均值，受压为正）；

y——一个函数：$y=0.015+0.14e^{-0.18x}$；

x——考虑几何形状的函数：$x=2c/\phi_t+1$；

c——垂直于两根钢筋的混凝土保护层厚度。

（3）如果两根相同尺寸的钢筋在待锚固钢筋的两侧对称焊接，则钢筋锚固承载力 F_{btd}

可以增加一倍。

（4）如果两根钢筋在待锚固钢筋的同一侧焊接，且两根钢筋的最小间距为 3ϕ，则承载力 F_{btd} 应乘以 1.41 的系数。

（5）对于公称直径在 12mm 及以下的钢筋，焊接交叉钢筋的锚固承载力主要取决于焊接接头的设计强度。其计算方法如下：

$$F_{btd}=F_{wd}\leqslant 16A_s f_{cd}\phi_t/\phi_l \qquad (6.1\text{-}18)\ [\text{EC 2 式 }(8.9)]$$

式中　F_{wd}——焊缝的设计抗剪强度，见前文；

ϕ_t——横向钢筋的公称直径：$\phi_t\leqslant$12mm；

ϕ_l——锚固钢筋的公称直径：$\phi_l\leqslant$12mm。

如果两根焊接横向钢筋的最小间距为 ϕ_t，则按式（6.1-18）给出的锚固承载力 F_{btd} 应乘以 1.41。

第二节　钢筋的连接

一、中国规范的钢筋连接

钢筋连接可采用绑扎搭接、机械连接或焊接。机械连接接头及焊接接头的类型及质量应符合国家现行有关标准的规定。

混凝土结构中受力钢筋的连接接头宜设置在受力较小处。在同一根受力钢筋上宜少设接头。在结构的重要构件和关键传力部位，纵向受力钢筋不宜设置连接接头。

1. 搭接连接

轴心受拉及小偏心受拉杆件的纵向受力钢筋不得采用绑扎搭接；其他构件中的钢筋采用绑扎搭接时，受拉钢筋直径不宜大于 25mm，受压钢筋直径不宜大于 28mm。

同一构件中相邻纵向受力钢筋的绑扎搭接接头宜互相错开。钢筋绑扎搭接接头连接区段的长度为 1.3 倍搭接长度，凡搭接接头中点位于该连接区段长度内的搭接接头均属于同一连接区段（图 6.2-1）。

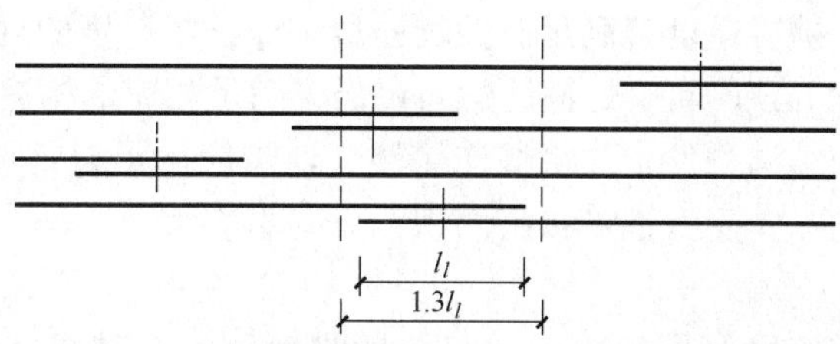

图 6.2-1　同一连接区段内纵向受拉钢筋的绑扎搭接接头（《混规》图 8.4.3）

注：图中所示同一连接区段内的搭接接头钢筋为两根，当钢筋直径相同时，钢筋搭接接头面积百分率为 50%。

同一连接区段内纵向受力钢筋搭接接头面积百分率为该区段内有搭接接头的纵向受力钢筋与全部纵向受力钢筋截面面积的比值。当直径不同的钢筋搭接时，按直径较小的钢筋计算。

位于同一连接区段内的受拉钢筋搭接接头面积百分率：对梁类、板类及墙类构件，不宜大于 25%；对柱类构件，不宜大于 50%。当工程中确有必要增大受拉钢筋搭接接头面积百分率时，对梁类构件，不宜大于 50%；对板、墙、柱及预制构件的拼接处，可根据实际情况放宽。

并筋采用绑扎搭接连接时，应按每根单筋错开搭接的方式连接。接头面积百分率应按同一连接区段内所有的单根钢筋计算。

并筋中钢筋的搭接长度应按单筋分别计算。

纵向受拉钢筋绑扎搭接接头的搭接长度，应根据位于同一连接区段内的钢筋搭接接头面积百分率按下列公式计算，且不应小于 300mm。

$$l_l=\xi_l l_a \qquad (6.2\text{-}1)［《混规》式（8.4.4)］$$

式中 l_l——纵向受拉钢筋的搭接长度；

ξ_l——纵向受拉钢筋搭接长度修正系数，按表 6.2-1 取用。当纵向搭接钢筋接头面积百分率为表的中间值时，修正系数可按内插取值。

纵向受拉钢筋搭接长度修正系数（《混规》表 8.4.4） **表 6.2-1**

纵向搭接钢筋接头面积百分率(%)	≤25	50	100
ξ_l	1.2	1.4	1.6

构件中的纵向受压钢筋当采用搭接连接时，其受压搭接长度不应小于上述纵向受拉钢筋搭接长度的 70%，且不应小于 200mm。

在梁、柱类构件的纵向受力钢筋搭接长度范围内的横向构造钢筋应符合《混规》第 8.3.1 条的要求；当受压钢筋直径大于 25mm 时，尚应在搭接接头两个端面外 100mm 的范围内各设置两道箍筋。

2. 机械连接

纵向受力钢筋的机械连接接头宜相互错开。钢筋机械连接区段的长度为 35d，d 为连接钢筋的较小直径。凡接头中点位于该连接区段长度内的机械连接接头均属于同一连接区段。

位于同一连接区段内的纵向受拉钢筋接头面积百分率不宜大于 50%；但对板、墙、柱及预制构件的拼接处，可根据实际情况放宽。纵向受压钢筋的接头百分率可不受限制。

机械连接套筒的保护层厚度宜满足有关钢筋最小保护层厚度的规定。机械连接套筒的横向净间距不宜小于 25mm；套筒处箍筋的间距仍应满足相应的构造要求。

直接承受动力荷载结构构件中的机械连接接头，除应满足设计要求的抗疲劳性能外，位于同一连接区段内的纵向受力钢筋接头面积百分率不应大于 50%。

3. 焊接

细晶粒热轧带肋钢筋以及直径大于 28mm 的带肋钢筋，其焊接应经试验确定；余热处理钢筋不宜焊接。

纵向受力钢筋的焊接接头应相互错开。钢筋焊接接头连接区段的长度为 35d 且不小于 500mm，d 为连接钢筋的较小直径，凡接头中点位于该连接区段长度内的焊接接头均属于同一连接区段。

纵向受拉钢筋的接头面积百分率不宜大于 50%，但对预制构件的拼接处，可根据实际情况放宽。纵向受压钢筋的接头百分率可不受限制。

需进行疲劳验算的构件，其纵向受拉钢筋不得采用绑扎搭接接头，也不宜采用焊接接头，除端部锚固外不得在钢筋上焊有附件。

当直接承受起重机荷载的钢筋混凝土吊车梁、屋面梁及屋架下弦的纵向受拉钢筋采用焊接接头时，应符合下列规定：

（1）应采用闪光接触对焊，并去掉接头的毛刺及卷边；

（2）同一连接区段内纵向受拉钢筋焊接接头面积百分率不应大于 25%，焊接接头连接区段的长度应取为 45d，d 为纵向受力钢筋的较大直径；

（3）疲劳验算时，焊接接头应符合《混规》第 4.2.6 条疲劳应力幅限值的规定。

二、美国规范的钢筋连接

1. 一般规定

不允许大于 11 号（36mm）的钢筋采用搭接接头（但允许 14 号（43mm）及 18 号（57mm）钢筋与 11 号（36mm）及更小直径钢筋之间采用受压搭接接头）。

对于接触式搭接接头，接触搭接接头与相邻接头或钢筋之间的最小净间距应符合对单根钢筋的要求。

对于受弯构件中的非接触式搭接接头，搭接钢筋的横向中心距不应超过所需搭接接头长度的 1/5 与 6in（150mm）。

在计算搭接接头长度时，不允许采用比率 $A_{s,required}/A_{s,provided}$ 对搭接长度进行折减（与延伸长度按此比率折减的规定不同）。

对于 $f_y \geqslant 80000$psi（550MPa）且中心距离小于 6in（150mm）的钢筋，应提供横向钢筋以便使 K_{tr} 不小于 $0.5d_b$。

成束钢筋（并筋）的搭接接头应符合下文针对成束钢筋（并筋）的有关规定。

2. 带肋钢筋与带肋钢丝的受拉搭接接头长度

带肋钢筋和带肋钢丝中受拉钢筋的受拉搭接接头长度 l_{st} 应符合表 6.2-2 的要求，其中 l_d 为受拉延伸长度，应按前文的简化计算方法或一般计算方法（ACI 318-19 第 25.4.2.1（a）款）确定（图 6.2-2）。

带肋钢筋和带肋钢丝中受拉钢筋的受拉搭接接头长度（ACI 318-19 表 25.5.2.1）

表 6.2-2

接头长度范围的 $A_{s,provided}/A_{s,required}$	所需搭接长度范围内搭接钢筋面积 A_s 的最大百分比(%)	接头类型	l_{st}	
≥2.0	50	A 级	较大值	$1.0l_d$ 与 12in(300mm)
	100	B 级	较大值	$1.3l_d$ 与 12in(300mm)
<2.0	所有情况	B 级		

注：$A_{s,provided}/A_{s,required}$ 为接头处所提供钢筋面积与分析所需钢筋面积的比率。

不同直径钢筋的受拉搭接接头，l_{st} 应取较大直径钢筋 l_d 与较小直径钢筋 l_{st} 中的较大者。

3. 焊接带肋钢筋网片中受拉钢筋的搭接接头长度 l_{st}

焊接带肋钢筋网片在搭接接头范围内存在横向钢筋的受拉搭接接头长度 l_{st} 应为 $1.3l_d$ 与 8in（200mm）中的较大者，其中 l_d 若满足下述要求，应按前文焊接带肋钢筋网

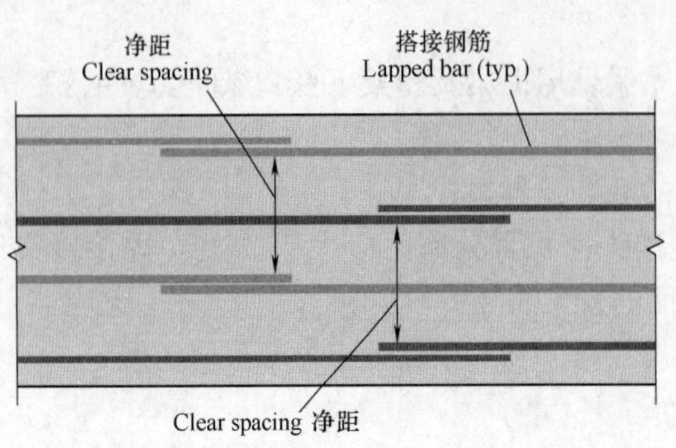

图 6.2-2　确定交错接头 l_d 时的搭接接头钢筋净间距（ACI 318—2019 图 R25.5.2.1）

片中受拉钢筋的延伸长度进行计算，即普通带肋钢筋的延伸长度乘以焊接带肋钢筋网片系数 ψ_w：

（1）每片钢筋网片在最外侧横向钢筋间的重叠长度至少应为 2in（50mm），见图 6.2-3 左图；

（2）延伸长度方向的钢筋网片应全部为 D31 及以下。

如果上述条件（1）不满足，l_{st} 应按照前文普通带肋钢筋或带肋钢丝的搭接长度（ACI 318-19 第 25.5.2 条）进行计算。

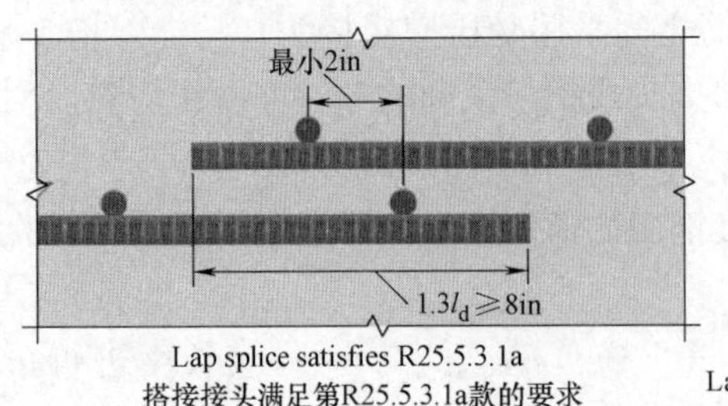

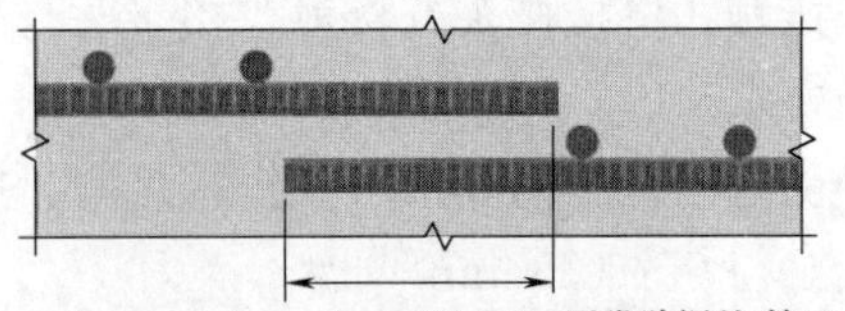

图 6.2-3　焊接带肋钢筋网片的搭接接头（ACI 318—2019 图 R25.5.3.1）

如果上述条件（2）不满足，l_{st} 应按照下文焊接光圆钢筋网片的规则（ACI 318-19 第 25.5.4 条）进行计算。

如果焊接带肋钢筋网片有镀锌涂层，则 l_{st} 应按下文焊接光圆钢筋网片的规则（ACI 318-19 第 25.5.4 条）进行计算。

4. 焊接光圆钢筋网片的受拉搭接接头长度 l_{st}

每片钢筋网片最外侧横向钢筋之间的焊接光圆钢筋网片的受拉搭接接头长度 l_{st} 应至少为下述情形中的最大值：

（1）$s+2$in（50mm）；

（2）$1.5l_d$；

（3）6in（150mm）。

式中　s——横向钢筋的间距；

l_d——前文焊接光圆钢筋网片的受拉延伸长度（按式（6-19b）计算）。

如果接头长度范围内的 $A_{s,provided}/A_{s,required} \geqslant 2.0$，则以每一钢筋网片最外侧横向钢筋之间距离测量的 l_{st} 应允许采用下述情形中的较大值：

（1）$1.5l_d$；

（2）2in（50mm）。

式中　l_d——前文焊接光圆钢筋网片的受拉延伸长度。

5. 带肋钢筋的受压搭接接头长度 l_{sc}

11 号（36mm）及更小直径带肋钢筋的受压搭接接头长度 l_{sc} 应按下述条件计算：

（1）对于 $f_y \leqslant 60000$psi（420MPa）的钢筋：l_{sc} 取 $0.071f_y d_b$ 与 12in（300mm）的较大值；

（2）对于 $f_y > 60000$psi（420MPa）的钢筋：l_{sc} 取 $(0.13f_y - 24)d_b$ 与 12in（300mm）的较大值。

当 $f'_c < 3000$psi（21MPa）时，搭接长度应增加 1/3。

不允许大于 11 号（36mm）的钢筋采用受压搭接接头。但允许 14 号（43mm）、18 号（57mm）钢筋与 11 号（36mm）及更小直径钢筋之间采用受压搭接接头。

当不同直径钢筋受压搭接时，l_{sc} 应取按较大直径钢筋计算的受压延伸长度 l_{dc}（按 ACI 318-19 第 25.4.9.1 款计算）与按较小直径钢筋计算的受压搭接长度 l_{sc} 两者之间的较大值（按 ACI 318-19 第 25.5.5.1 款计算）。

6. 受压变形钢筋的端承接头

对于仅需要受压的钢筋，应允许通过适当装置使之与钢筋保持同心接触的方形切割端承板来传递压应力。

仅允许在包含封闭箍筋、拉筋、螺旋箍筋或环形箍筋的构件中使用端承接头。

钢筋端部应为平面并与钢筋轴线成直角（误差在 1.5°范围内），并应在组装后与端承板的夹角控制在 3°以内。

7. 受拉或受压带肋钢筋的机械连接与焊接接头

受拉或受压的机械连接或焊接接头应根据需要发展至少 $1.25f_y$ 的钢筋强度。

钢筋焊接应符合 ACI 318-19 第 26.6.4 条的要求。

除受拉拉结构件（tension tie member）外，机械或焊接接头不需要错开。受拉拉结构件中钢筋的接头应在确保发展至少 $1.25f_y$ 钢筋强度的前提下采用机械连接接头或焊接接头。相邻钢筋中的接头应至少错开 30in（750mm）。

受拉拉结构件是一种比较特殊的构件，具有以下特性：构件具有足以在整个横截面上产生拉力的轴向拉杆；钢筋中的应力水平应使每根钢筋都必须完全有效；所有各边的混凝土保护层都比较有限。可以归类为受拉拉结构件的示例：拱形结构的拉杆、支承悬臂结构的拉杆以及桁架中的主要受拉杆件（图 6.2-4）。

三、欧洲规范的钢筋连接

1. 一般要求

力通过以下方式从一根钢筋传递到另一根钢筋：

（1）钢筋（带或不带弯钩）的搭接；

（2）焊接；

（3）确保在受拉—受压或仅在受压中传递荷载的机械装置。

2. 搭接要求

1）钢筋之间搭接的细节应如下：

（1）力从一根钢筋到另一根钢筋的传递得到保证；

（2）接头附近的混凝土不会发生剥落；

（3）不会出现影响结构性能的大裂缝。

2）搭接：

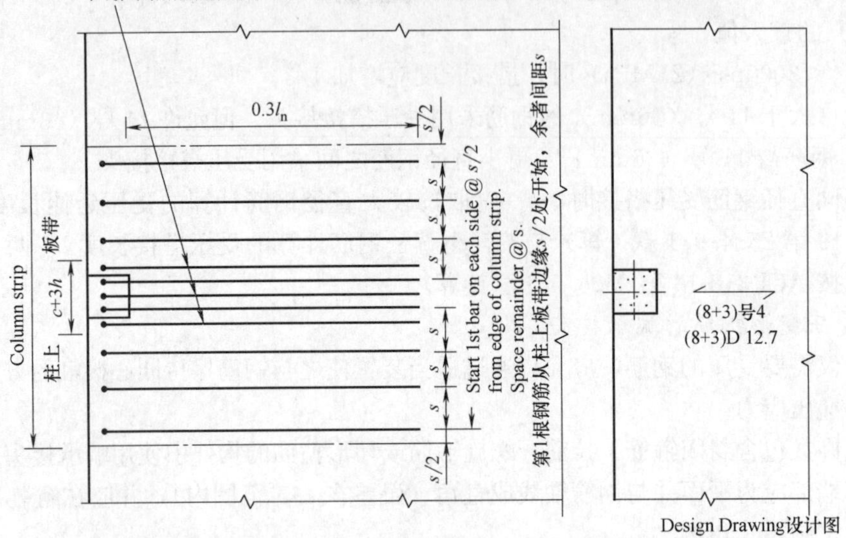

Start 1st bar @ column centerline(if uniformly spaced bar si on centerline, start additional bars @ 3″on each side).Provide 3″min. spacing from uniformly spaced bars (if possible). 第1根钢筋从柱中线开始(如果均匀分布钢筋位于中线，则附加钢筋位于中线两层各3in处)。附加钢筋距均匀分布钢筋3in(如可能)
0.3l_n
Column strip
柱上 板带
$c+3h$
Start 1st bar on each side @ $s/2$ from edge of column strip. Space remainder @ s.
第1根钢筋从柱上板带边缘$s/2$处开始，余者间距s
(8+3)号4
(8+3)D 12.7
Design Drawing设计图

注：1. 最大间距 $s=2h\leqslant18$in（450mm）；

2. 在需要附加上部钢筋处标注钢筋总数为（8+3）号 4，其中 8 为均匀布置钢筋的数量，3 为附加钢筋的数量。

图 6.2-4　边柱处无梁楼盖上部钢筋的典型配置实例（EC 2 图 8.7）

（1）钢筋之间通常应交错排列，不要位于高弯矩/力的区域（例如塑性铰处）。除了以下 4）给出的例外情况。

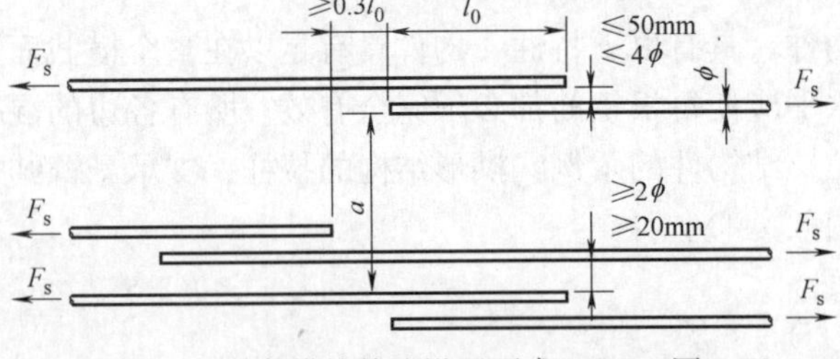

$\geqslant0.3l_0$
l_0
$\leqslant$50mm
$\leqslant4\phi$
F_s
ϕ
a
$\geqslant2\phi$
$\geqslant$20mm

图 6.2-5　相邻搭接接头设置要求（EC 2 图 8.7）

（2）在任何截面通常应对称布置。

3）搭接钢筋的布置应符合图 6.2-5 的要求：

（1）搭接钢筋之间的净距不应大于 4ϕ 或 50mm，否则应在净距超过 4ϕ 或 50mm 处将搭接长度增加等于净距的长度；

（2）相邻两个搭接接头之间的纵向距离不应小于搭接长度 l_0 的 0.3 倍；

（3）在存在相邻搭接的情况下，相邻搭接钢筋之间的净距不应小于 2ϕ 或 20mm。

4）当符合上述 3）的规定时，对于所有钢筋均处于同一层的情况，钢筋受拉搭接的允许百分比可为 100%。对于钢筋为多层的情况，则搭接接头百分比应减少到 50%。

受压及分布钢筋中的所有钢筋可以在同一个截面中搭接。

3. 搭接长度

设计搭接长度按下式计算：

$$l_0=\alpha_1\alpha_2\alpha_3\alpha_5\alpha_6 l_{b,rqd}\geqslant l_{0,min} \quad (6.2\text{-}2)\ [\text{EC 2 式 (8.10)}]$$

式中，$l_{b,rqd}$ 按公式 6.1-12 计算。

$$l_{0,\min} \geqslant \max\{0.3\alpha_6 l_{b,rqd};15\phi;200\text{mm}\}$$

(6.2-3)［EC 2 式 (8.11)］

α_1、α_2、α_3 与 α_5 的值可从表 6.1-9 查取；然而，为了计算 α_3，$\sum A_{st,\min}$ 应该取为 $1.0A_s(\sigma_{sd}/f_{yd})$，其中 A_s 为单根搭接钢筋的面积。

$\alpha_6=\sqrt{\rho_1/25}$ 但不大于 1.5 且不小于 1.0，式中 ρ_1 是以所考虑的搭接长度中点为标准的两侧各 $0.65l_0$ 范围内搭接钢筋的百分比，见图 6.2-6。α_6 的值见表 6.2-3。

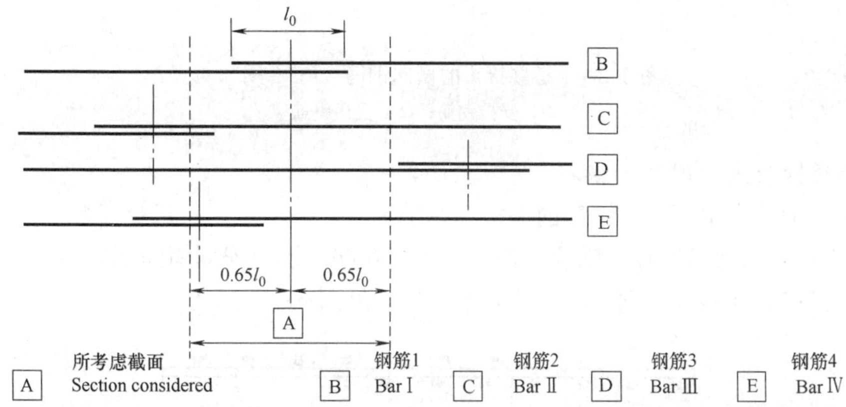

例：钢筋Ⅱ与钢筋Ⅲ在所考虑的截面区间之外，故搭接接头百分率为50%，得 α_6=1.40。

图 6.2-6 一个搭接截面区间内的搭接钢筋百分率（EC 2 图 8.8）

系数 α_6 的值（EC 2 表 8.3） **表 6.2-3**

搭接钢筋截面积占钢筋总截面面积的百分比	<25%	33%	50%	>50%
α_6	1.00	1.15	1.40	1.50

注：中间值可以通过插值确定。

4. 搭接区内的横向钢筋

1）受拉钢筋搭接区内的横向钢筋

（1）搭接区需要横向钢筋以抵抗横向拉力。

（2）如果搭接钢筋的直径 ϕ 小于 20mm，或任何截面上搭接钢筋的百分比小于 25%，则可以假定任何因其他原因所需要的横向钢筋或箍筋足以承受横向拉力，而无需进一步的验证。

（3）当搭接钢筋的直径 ϕ 大于或等于 20mm 时，横向钢筋的总面积 A_{st}（平行于拼接钢筋层的所有分肢的总和）不应小于一根搭接钢筋的面积 A_s（即 $\sum A_{st} \geqslant 1.0A_s$）。横向钢筋应垂直于搭接钢筋的方向放置。

如果超过 50% 的钢筋在一点上搭接，并且截面相邻搭接接头之间的横向距离 $a \leqslant 10\phi$，见图 6.2-5，则横向钢筋应由锚固在截面主体中的箍筋或 U 形钢筋构成。

（4）为上述 3）提供的横向钢筋应位于搭接区的端部截面，如图 6.2-7 所示。

2）永久受压搭接钢筋的横向钢筋

除了受拉钢筋的规则外，还应在搭接长度每一端的外侧不大于 4ϕ 距离处放置一根横向钢筋，见图 6.2-7。

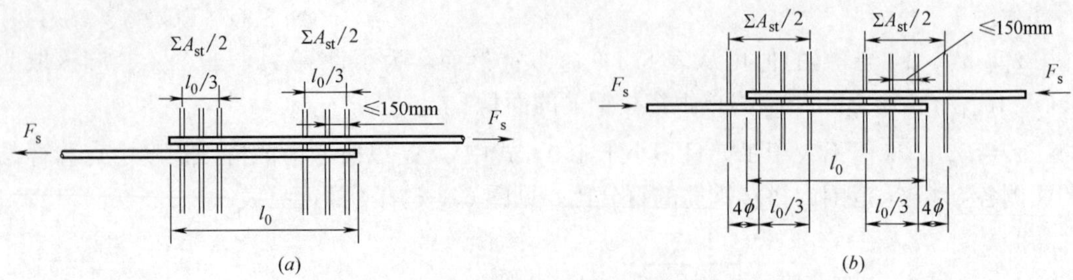

图 6.2-7　搭接接头的横向钢筋（EC 2 图 8.9）

（a）受拉钢筋；（b）受压钢筋

5. 带肋钢丝焊接网片的搭接

1）钢筋网片中主要受力钢筋的搭接

（1）搭接可以通过网片的啮合（搭接区主筋在同一层，连同横向钢筋共 3 层）或分层（两片网片搭接，连同横向钢筋共 4 层）来实现，见图 6.2-8。

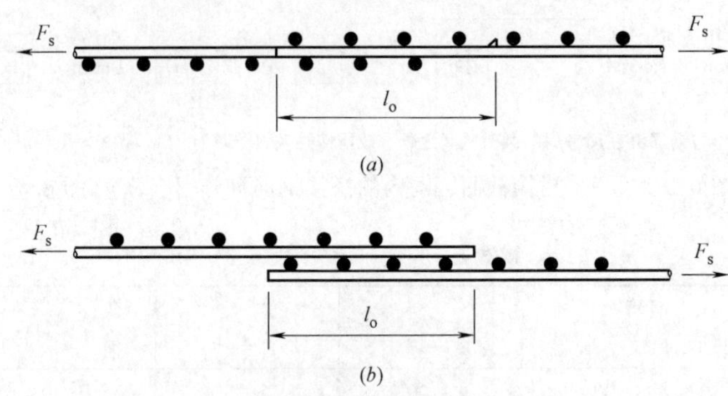

图 6.2-8　焊接钢筋网片的搭接（EC 2 图 8.10）

（a）网片啮合式搭接（纵向截面）；（b）网片分层搭接（纵向截面）

（2）存在疲劳荷载时，应采用啮合式搭接。

（3）对于啮合式搭接的网片，主要纵向钢筋的搭接布置应符合前文钢筋搭接的有关要求（EC 2 第 8.7.2 条）。应忽略横向钢筋的任何有利影响：因此，取 $\alpha_3=1.0$。

（4）对于分层搭接的网片，主筋搭接区一般应位于极限状态下钢筋计算应力不大于设计强度 80％的区域。

（5）当不满足上述条件（4）时，计算截面抗弯强度的钢筋有效高度应按距受拉边缘最远的层确定（EC 2 第 6.1 节）。此外，当在搭接末端附近进行裂缝宽度验证时，由于搭接末端的不连续性，计算裂缝宽度所用的钢筋应力（EC 2 表 7.2、表 7.3）应增加 25％。

（6）任一截面可搭接的主筋的百分比应符合下列规定：

对于啮合式搭接网片，适用表 6.2-3 中的数值。

对于分层搭接的网片，任何截面可搭接主筋的允许百分比取决于所提供的焊接网片的特定横截面积 $(A_s/s)_{prov}$，其中 s 为钢筋的间距：

① 100％，如果 $(A_s/s)_{prov}\leqslant 1200\text{mm}^2/\text{m}$；

② 60%，如果 $(A_s/s)_{prov}>1200mm^2/m$。

多层接头应至少错开 $1.3l_0$（l_0 为前文所述的设计搭接长度）。

(7) 在搭接区不需要额外的横向钢筋。

2) 钢筋网片中次要钢筋或分布钢筋的搭接

所有分布钢筋可以在同一位置搭接。

搭接长度 l_0 的最小值见表 6.2-4；两根分布钢筋的搭接长度应覆盖两根主筋。连接不同直径钢筋的机械连接套筒见图 6.2-9。

钢筋网片中分布钢筋的所需搭接长度（EC 2 表 8.4） **表 6.2-4**

分布钢筋直径(mm)	搭接长度
$\phi \leqslant 6$	≥150mm；在搭接长度内至少有 1 个线距
$6<\phi \leqslant 8.5$	≥250mm；至少有 2 个线距
$8.5<\phi \leqslant 12$	≥350mm；至少有 2 个线距

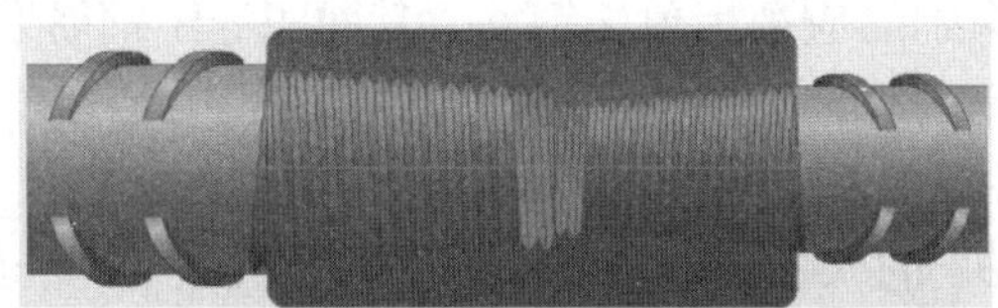

图 6.2-9 连接不同直径钢筋的机械连接套筒（仅供参考）

第三节 大直径钢筋与并筋

一、中国规范

1. 大直径钢筋

中国规范 400MPa 与 500MPa 级普通钢筋的直径范围为 6～50mm，直径超过 25mm 一般即认为是大直径钢筋，锚固长度与搭接长度就会乘以一个大于 1.0 的修正系数，对于受压钢筋还有限制绑扎搭接及附加横向钢筋等要求。中国规范的大直径钢筋有 28、32、36、40 及 50mm 几种直径，但目前在民用建筑设计中采用后三种大直径钢筋的很少。

2. 并筋

中国规范构件中的钢筋可采用并筋的配置形式。但直径 28mm 及以下的钢筋并筋数量不应超过 3 根；直径 32mm 的钢筋并筋数量宜为 2 根；直径 36mm 及以上的钢筋不应采用并筋。

并筋应按单根等效钢筋进行计算，等效钢筋的等效直径应按截面面积相等的原则换算确定。

中国规范推荐在梁的配筋密集区域采用并筋的配筋形式。

并筋采用绑扎搭接连接时，应按每根单筋错开搭接的方式连接。接头面积百分率应按同一连接区段内所有的单根钢筋计算。

并筋中钢筋的搭接长度应按单筋分别计算。

二、美国规范

1. 成束钢筋（并筋）

非预应力钢筋的并筋

以接触方式捆绑在一起作为一个单元的平行钢筋束（并筋）应将每一束的钢筋数量限制在 4 根。

成束钢筋（并筋）应封闭在横向钢筋内。受压构件中包围成束钢筋（并筋）的横向钢筋最小尺寸为 4 号（13mm）。

梁中不应采用单根钢筋直径大于 11 号（36mm）的并筋。

受弯构件在跨度内终止的并筋中的单根钢筋应以至少 $40d_b$ 的交错距离终止于不同的点。

并筋中单根钢筋的受拉或受压延伸长度应为单根钢筋的延伸长度，三并筋束增加 20%，四并筋束增加 33%。

作为一个整体的成束钢筋应视为单根钢筋，其面积等于钢筋束的总面积，质心与钢筋束的质心重合。等效钢筋的直径适用于下述情形中的 d_b：

（1）基于钢筋直径 d_b 的间距限值；

（2）基于钢筋直径 d_b 的保护层厚度要求；

（3）计算变形钢筋、变形钢丝延伸长度的钢筋间距与保护层厚度值（ACI 318-19 第 25.4.2.3 款）；

（4）计算变形钢筋、变形钢丝延伸长度的约束钢筋情况（ACI 318-19 第 25.4.2.4 款）；

（5）计算变形钢筋、变形钢丝延伸长度的修正系数 ψ_e（ACI 318-19 第 25.4.2.5 款）。

成束钢筋的搭接接头应基于束内单根钢筋所需的搭接长度，再根据前文并筋根数予以增加。束内各单根钢筋的接头不应重叠。不得对整束进行搭接。

2. 大直径钢筋

美国没有专门针对大直径钢筋提出要求，有关要求通过钢筋尺寸系数 ψ_s 予以体现。

三、欧洲规范

1. 大直径钢筋的附加规则

1）对于直径大于 ϕ_{large} 的钢筋，需遵守以下补充规则。

注：用于一个国家的 ϕ_{large} 值可在其国家附件中找到。欧洲规范推荐值为 32mm。

2）当使用大直径钢筋时，可以通过使用表面钢筋（见 EC 2 第 9.2.4 条）或通过计算（见 EC 2 第 7.3.4 条）来控制裂缝。

3）使用大直径钢筋时，劈裂力更高，销钉作用更大。此类钢筋应使用机械装置锚固。作为替代方案，它们可以采取直线形锚固，但应配置箍筋作为约束钢筋。

4）一般情况下大直径钢筋不应采用搭接连接。例外情况包括最小尺寸为 1.0m 或钢筋应力不大于设计极限强度的 80%的截面。

5）在不存在横向受压的锚固区，除了剪切钢筋外，还应提供横向钢筋。

6）对于直线锚固长度，上述 5）中提到的附加钢筋不应小于以下值：

（1）在平行于受拉边的方向上：

$$A_{sh}=0.25A_s n_1 \quad (6.3\text{-}1)\ [\text{EC 2 式 (8.12)}]$$

（2）在垂直于受拉边的方向上：

$$A_{sv}=0.25A_s n_2 \quad (6.3\text{-}2)\ [\text{EC 2 式 (8.13)}]$$

式中　A_s——锚固钢筋的横截面积；

n_1——钢筋锚固在构件同一点的层数；

n_2——每层锚固钢筋的数量。

所用符号见图 6.3-1。

7）附加横向钢筋应均匀分布在锚固区内，钢筋间距不应超过纵向钢筋直径的 5 倍。

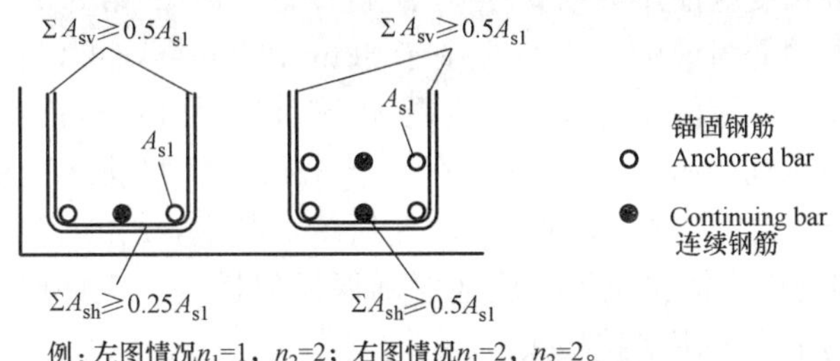

图 6.3-1　无横向受压大直径钢筋锚固的附加钢筋（EC 2 图 8.11）

8）表面钢筋的布置应按照 EC 2 第 9.2.4 条执行，但表面钢筋的面积在垂直于大直径钢筋的方向上应不小于 $0.01A_{ct,ext}$，在平行于大直径钢筋的方向上应不小于 $0.02A_{ct,ext}$。

2. 成束钢筋（下文均简称为并筋）

1）一般规定

（1）除非另有说明，单根钢筋的规则也适用于并筋。并筋中的所有钢筋都应该具有相同的特性（类型和等级）。如果组成并筋各单根钢筋的直径比不超过 1.7，则并筋可以由不同直径的钢筋组成。

（2）在设计中，并筋可以被与并筋具有相同截面积和相同重心的名义钢筋代替。该名义钢筋的等效直径 ϕ_n 可按下式确定：

$$\phi_n=\phi\sqrt{n_b}\leqslant 55\text{mm} \quad (6.3\text{-}3)\ [\text{EC 2 式 (8.14)}]$$

其中，n_b 是并筋中钢筋的数量，应作出如下限制：竖向受压钢筋及搭接接头中的钢筋为 $n_b\leqslant 4$；对于所有其他情况，$n_b\leqslant 3$。

（3）对于并筋，前文适用于单根钢筋的钢筋间距规则（EC 2 第 8.2 节）同样适用。并筋应使用等效直径 ϕ_n，且应根据并筋的实际外部轮廓来测量并筋之间的净距。混凝土保护层应从并筋的实际外轮廓量起，不应小于 ϕ_n。

（4）如果两根接触的钢筋上下叠放，并且粘结条件良好，则不需要将这些钢筋视为并筋。

2）并筋的锚固

（1）受拉并筋可以在端部和中间支座处截断。等效直径小于 32mm 的并筋可以在支座附近截断，而无需将钢筋交错截断。等效直径不小于 32mm 的并筋在支座附近锚固时，应沿纵向交错截断，如图 6.3-2 所示。

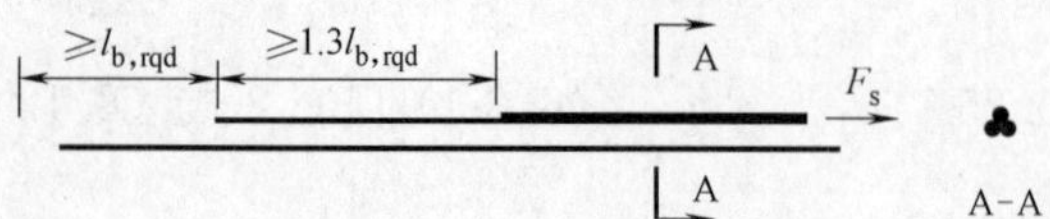

图 6.3-2　成束钢筋充分交错的锚固（EC 2 图 8.12）

（2）如果单根钢筋以大于 $1.3l_{b,rqd}$ 的交错距离锚固（其中 $l_{b,rqd}$ 基于单根钢筋直径），则设计锚固长度 l_{bd} 可采用单根钢筋的直径进行计算，见图 6.3-2；否则，应使用并筋的等效直径 ϕ_n 进行计算。

（3）对于受压锚固，并筋不需要交错。对于等效直径不小于 32mm 的并筋，并筋的末端应至少设置 4 根直径不小于 12mm 的箍筋。尚应在紧挨截断钢筋末端之外提供一根箍筋。

3）并筋的搭接接头

（1）并筋的搭接长度应使用等效直径 ϕ_n 进行计算（EC 2 第 8.7.3 条）。

（2）对于由两根钢筋组成的等效直径小于 32mm 的并筋，可以在不交错的情况下进行搭接。在这种情况下，应使用等效钢筋直径 ϕ_n 来计算设计搭接长度 l_0。

（3）对于由两根钢筋组成的等效直径不小于 32mm 的并筋或三根钢筋组成的并筋，单根钢筋在纵向应至少错开 $1.3l_0$，如图 6.3-3 所示。其中，l_0 应基于单根钢筋确定。在这种情况下，4 号钢筋用作搭接钢筋。应注意确保任何搭接横截面中的钢筋不超过 4 根。超过 3 根钢筋的并筋不应采用搭接接头。

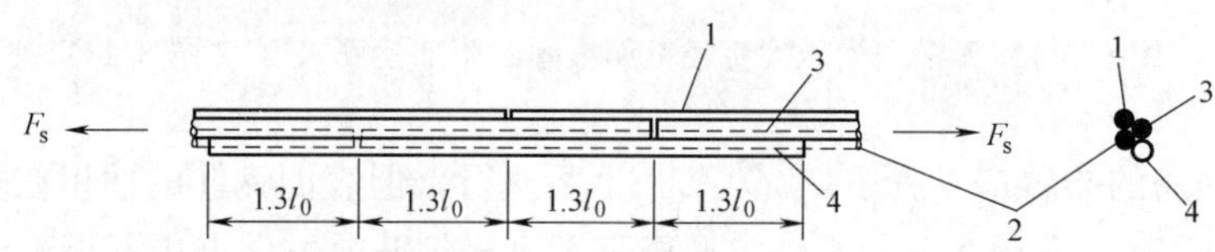

图 6.3-3　包含第四根钢筋的受拉搭接连接（EC 2 图 8.13）

第四节　弯钩与弯曲直径

一、中国规范

当纵向受拉普通钢筋末端采用弯钩或机械锚固措施时，包括弯钩或锚固端头在内的锚固长度（投影长度）可取为基本锚固长度的 60%。弯钩和机械锚固的形式（图 6.4-1）和技术要求应符合表 6.4-1 的规定。

钢筋弯钩和机械锚固的形式和技术要求（《混规》表 8.3.3）　　表 6.4-1

锚固形式	技术要求
90°弯钩	末端 90°弯钩，弯钩内径 $4d$，弯后直段长度 $12d$
135°弯钩	末端 135°弯钩，弯钩内径 $4d$，弯后直段长度 $5d$
一侧贴焊锚筋	末端一侧贴焊长 $5d$ 同直径钢筋
两侧贴焊锚筋	末端两侧贴焊长 $3d$ 同直径钢筋
焊端锚板	末端与厚度 d 的锚板穿孔塞焊
螺栓锚头	末端旋入螺栓锚头

注：1. 焊缝和螺纹长度应满足承载力要求；
2. 螺栓锚头和焊接锚板的承压净面积不应小于锚固钢筋截面积的 4 倍；
3. 螺栓锚头的规格应符合相关标准的要求；
4. 螺栓锚头和焊接锚板的钢筋净间距不宜小于 $4d$，否则应考虑群锚效应的不利影响；
5. 截面角部的弯钩和一侧贴焊锚筋的布筋方向宜向截面内侧偏置。

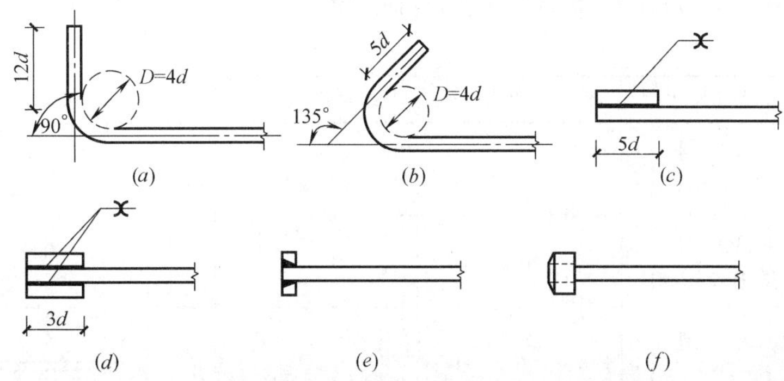

图 6.4-1　弯钩和机械锚固的形式和技术要求（《混规》图 8.3.3）

（*a*）90°弯钩；（*b*）135°弯钩；（*c*）一侧贴焊锚筋；（*d*）两侧贴焊锚筋；（*e*）穿孔塞焊锚板；（*f*）螺栓锚头

二、美国规范

用于带肋钢筋受拉延伸长度的标准弯钩应符合表 6.4-2 的要求。

带肋钢筋受拉延伸标准弯钩的几何形状（ACI 318-19 表 25.3.1）　　表 6.4-2

标准弯钩类型	钢筋尺寸	最小内弯曲直径	直线延伸长度 l_{ext}	标准弯钩图示
90°弯钩	3～8 号（10～25mm）	$6d_b$	$12d_b$	从该点开始发展强度；d_b；90°；直径；l_{ext}；l_{dh}
	9～11 号（29～36mm）	$8d_b$		
	14～18 号（43～57mm）	$10d_b$		
180°弯钩	3～8 号（10～25mm）	$6d_b$	$4d_b$ 与 25in（100mm）的较大值	从该点开始发展强度；d_b；180°；直径；l_{ext}；l_{dh}
	9～11 号（29～36mm）	$8d_b$		
	14～18 号（43～57mm）	$10d_b$		

注：受拉带肋钢筋的标准弯钩包括特定的内弯曲直径和直线延伸长度。应允许在弯钩末端使用更长的直线延伸部分。不应考虑更长的延伸长度以增加弯钩的锚固能力。

用作横向钢筋的钢筋最小内弯曲直径和用于箍筋、拉筋、环形箍和螺旋箍锚固的标准弯钩应符合表 6.4-3 的要求。标准弯钩应勾住纵向钢筋。

用作箍筋或拉筋的焊接钢筋网片的最小内弯曲直径对于大于 D6 的带肋钢筋网片应不小于 $4d_b$，对于所有其他钢筋网片应不小于 $2d_b$。内径小于 $8d_b$ 的弯头离最近的焊接交点不应小于 $4d_b$。

用于箍筋、拉筋、环形箍和横向拉筋的抗震锚固的弯钩应符合下述要求：

箍筋、拉筋与环形箍的最小内弯曲直径和标准弯钩几何形状（ACI 318—2019 表 25.3.2）

表 6.4-3

标准弯钩类型	钢筋尺寸	最小内弯曲直径	直线延伸长度 l_{ext}	标准弯钩图示
90°弯钩	3～5 号（10～16mm）	$4d_b$	$6d_b$ 与 3in(75mm)的较大值	d_b 90° 直径 l_{ext}
	6～8 号（19～25mm）	$6d_b$	$12d_b$	
135°弯钩	3～5 号（10～16mm）	$4d_b$	$6d_b$ 与 3in（75mm）的较大值	d_b 135° 直径 l_{ext}
	6～8 号（19～25mm）	$6d_b$		
180°弯钩	3～5 号（10～16mm）	$4d_b$	$4d_b$ 与 2.5in（65mm）的较大值	d_b 180° 直径 l_{ext}
	6～8 号（19～25mm）	$6d_b$		

注：箍筋、拉筋、环形箍和螺旋箍的标准弯钩包括特定的内弯曲直径和直线延伸长度。应允许在钩子末端使用更长的直线延伸部分。不应考虑更长的延伸长度，以增加弯钩的锚固能力。

（1）圆形箍的最小弯曲角度为 90°，所有其他箍的最小弯曲角度为 135°；

（2）弯钩应勾住纵向钢筋，延伸部分应伸入箍筋或环箍的内部。

横向拉筋应符合下述要求：

（1）横向拉筋应在两个端点间连续；

（2）横向拉筋一端应有抗震弯钩；

（3）横向拉筋另一端应有一个标准弯钩，最小弯曲角度为 90°；

（4）弯钩应勾住外围纵向钢筋；

（5）勾住同一纵向钢筋的两个连续横向拉筋的 90°弯钩应首尾交替，除非横向拉筋满足 ACI 318-19 第 18.6.4.3 款或 ACI 318-19 第 25.7.1.6.1 款的要求，见图 6.4-2 及下文所列规范原文的译文。

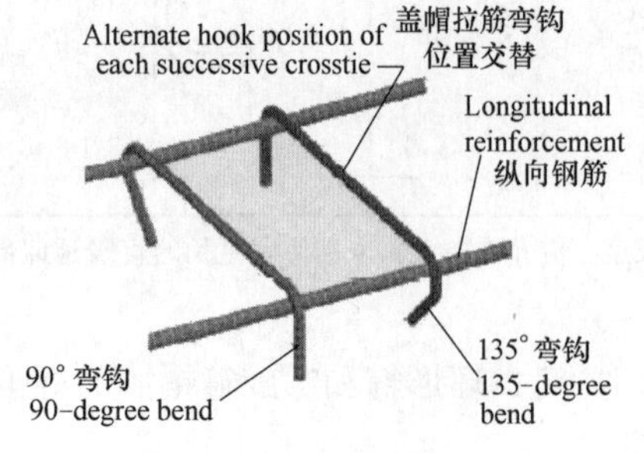

图 6.4-2　横向拉筋

（ACI 318-19 图 R25.3.5）

18.6.4.3　梁中的箍筋应允许由两段钢筋组成：两端有抗震钩的 U 形箍并在顶端用横向拉筋进行封闭。钩住同一纵向钢筋并串联的横向拉筋应让其 90°弯钩在受弯构件的两个对边分布。

如果由横向拉筋固定的纵向钢筋仅在梁的一侧被板约束，则横向拉筋的 90°弯钩应放置在该侧（图 6.4-3）。

25.7.1.6　用于抗扭或整体性钢筋的箍筋应为垂直于构件轴线的封闭箍筋。如果使用焊接钢丝，横向钢丝应垂直于构件的轴线。这种箍筋应通过（a）或（b）锚固：

（a）端部应以 135°标准钩终止并钩住纵向钢筋；

（b）锚固区周围的混凝土由翼缘、楼板或类似构件约束，以防止剥落。

R25.7.1.6 纵向钢筋与闭合横向钢筋都需要用来抵抗由于扭转引起的对角拉应力。这种情况应该采用封闭箍筋，因为由于扭转导致的倾斜开裂可能发生在构件的所有面上。对于主要受到扭转的截面，箍筋侧面的混凝土保护层在高扭转力矩下容易剥落。这使得搭接拼接的箍筋无效，导致过早的扭转失效。在这种情况下，封闭的箍筋不应由相互搭接的成对的 U 形箍筋组成。

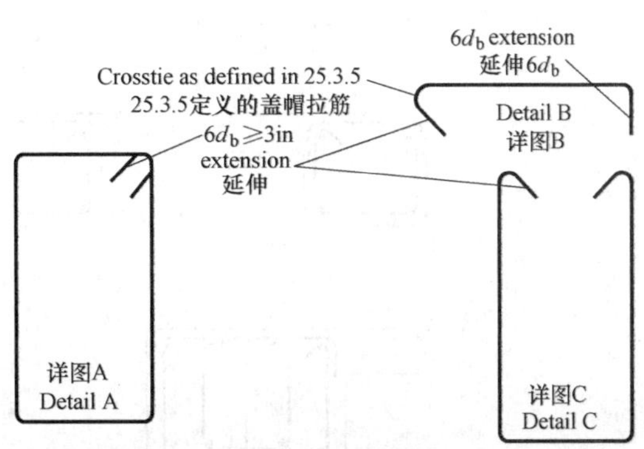

图 6.4-3 适用于梁的箍筋示例

（ACI 318—2019 图 R18.64）

如图 6.4-4（a）所示，当矩形梁扭转失效时，由于空间桁架效应使混凝土压应力在拐角处改变为倾斜方向，易使梁拐角处的混凝土发生剥落。在 Mitchell 和 Collins 1976 年的测试中，由 90°钩锚定的闭合箍筋在发生这种情况时会失效。出于这个原因，在所有情况下，135°标准弯钩或抗震弯钩都适用于扭转箍筋。在有相邻楼板或翼缘防止剥落的区域，放宽了这一要求并允许采用 90°弯钩，因为楼板施加了约束（参见图 6.4-4）。

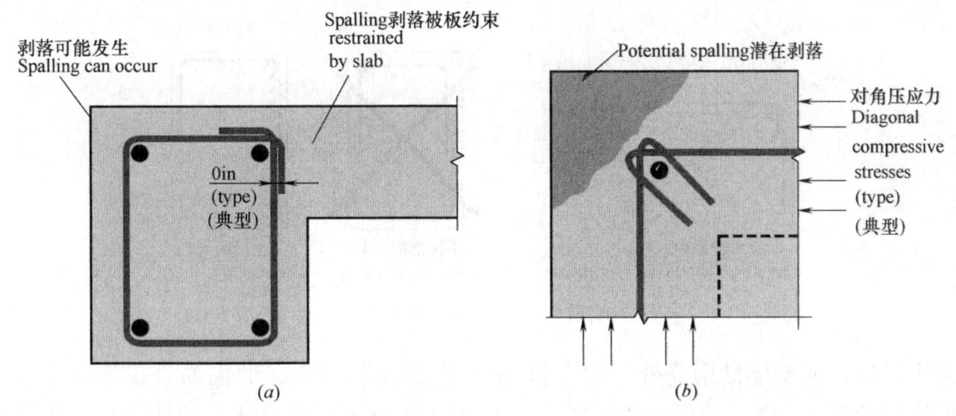

图 6.4-4 梁受扭时的角部脱落（ACI 318—2019 图 25.7.1.6）

（a）断面图；（b）角部构造

25.7.1.6.1 用于扭转或整体性钢筋的箍筋应允许由两段组成：满足锚固要求的单个 U 形箍筋并在顶部由横向拉筋封闭，横向拉筋的 90°弯钩应受到板或翼缘的约束以防止混凝土剥落。

ACI 318-19 第 9.7.5 条和第 9.7.6 条分别列出了梁抗扭的详细要求，分别适用于纵向和横向钢筋。其中，抗扭箍筋末端应采用 135°的弯钩。但当末端弯钩处有板或 T 形截面翼缘对钢筋进行约束，因而可防止保护层混凝土剥落时，该处的 135°弯钩可以用 90°弯钩代替，见图 6.4-5（a）、（b）和（d）。

美国规范的扭转钢筋不接受图 6.4-6 所示的拼接箍筋，但从图 6.4-5 可以看出，美国规范允许采用两段分离的钢筋（U 形箍筋与盖帽筋）通过弯钩进行拼接的方式，并认定

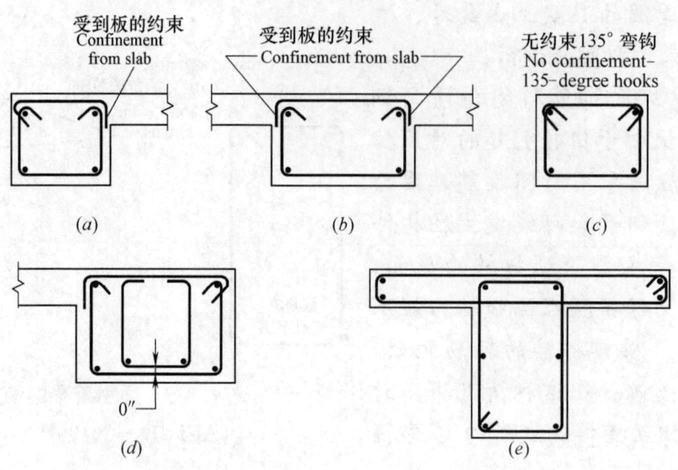

图 6.4-5 沿梁周边分布的纵向钢筋约束情况（ACI SP-017（14）图 7.6.2a）

其为封闭箍筋，其要点是两段钢筋需分别用末端弯钩钩住纵向钢筋。这一规定为预制叠合构件的配筋提供了极大的便利。对于需现场绑扎钢筋的现浇混凝土构件，也大大降低了钢筋绑扎的难度。

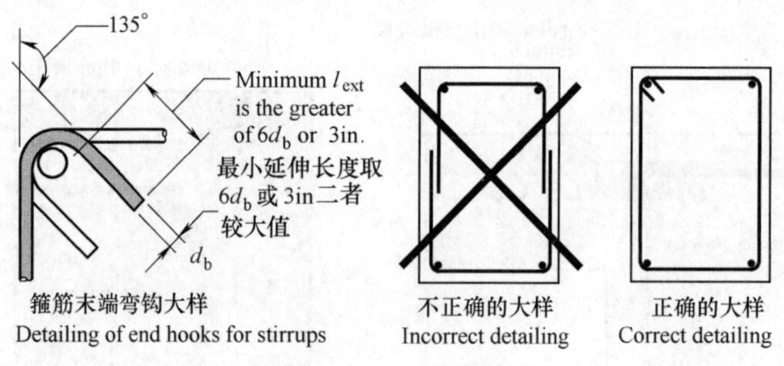

图 6.4-6 抗扭封闭箍筋详图（ACI SP-017（14）图 7.6.3）

除用于抗扭或整体性钢筋外，闭合箍筋允许使用成对的 U 形箍筋拼接成一个闭合单元，但搭接长度至少为 $1.3l_d$。在截面总高度不小于 18in（460mm）的构件中，如果箍筋各肢延伸到构件的全部可用高度，则应认为每肢 $A_b f_{yt} \leqslant 900$lb（$A_b f_{yt} \leqslant 40$kN）的这种接头是足够的。

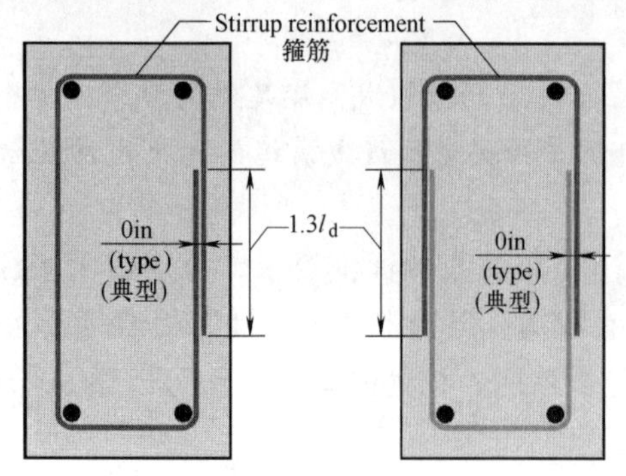

图 6.4-7 封闭箍筋详图
（ACI 318-19 图 25.7.1.7）

双 U 形箍筋形成封闭箍筋的搭接要求应满足 ACI 318-19 第 25.5.2 条有关搭接接头的规定。图 6.4-7 所示为使用搭接接头形成的闭合箍筋示例。

三、欧洲规范

1. 弯曲钢筋的允许芯轴直径

（1）钢筋的最小弯曲直径应避免钢筋产生弯曲裂缝，并避免钢筋弯曲圆弧内的混凝土破坏。

（2）为避免损坏钢筋，钢筋弯曲直径（芯轴直径）不应小于 $\phi_{m,min}$。

注：用于一个国家的 $\phi_{m,min}$ 值可在其国家附件中找到。推荐值在表 6.4-4、表 6.4-5 中给出。

避免损坏钢筋的最小芯轴直径用于钢筋及钢筋网片（EC 2 表 8.1N）　　表 6.4-4

钢筋直径	最小弯曲直径(心轴直径)，见 EC 2 图 8.1
$\phi\leqslant$16mm	4ϕ
$\phi>$16mm	7ϕ

避免损坏钢筋的最小芯轴直径用于焊接后的钢筋弯曲与网片弯曲（EC 2 表 8.1N）

表 6.4-5

最小弯曲直径(芯轴直径)	
或	d 或
5ϕ	$d\geqslant3\phi$：5ϕ $d<3\phi$ 或在弯曲圆弧段焊接：20ϕ

注：在弯曲圆弧段焊接的芯轴尺寸（弯曲半径）可以折减到 5ϕ，其中焊接需按 EN ISO 17660 执行。

（3）如果存在以下情况，则无需检查芯轴直径以避免混凝土破坏：

（1）过弯曲圆弧末端切点后所需的锚固长度不大于 5ϕ，或钢筋所在的弯曲平面不处于边缘部位且在弯曲圆弧内有直径不小于 ϕ 的横向钢筋。

（2）芯轴直径至少等于表 6.4-4 中给出的推荐值。

否则，应根据公式 6.4-1 增加芯轴直径 $\phi_{m,min}$

$$\phi_{m,min}\geqslant F_{bt}[(1/a_b)+1/(2\phi)]/f_{cd} \quad (6.4\text{-}1)\ [\text{EC 2 式 (8.1)}]$$

式中 F_{bt}——一根或相互接触的一组钢筋在弯曲起始点处由极限荷载产生的拉力。

a_b——对于给定的钢筋（或相互接触的钢筋组）为垂直于弯曲平面钢筋（或钢筋组）中心距的一半。对于与构件表面相邻的一根或一组钢筋，应取 a_b 为保护层厚度加上 $\phi/2$。

f_{cd}——其值不应大于强度等级 C55/C67 所对应的值。

2. 钢筋的二次弯曲

小于或等于 16mm 钢筋的最小弯曲芯轴直径为 4ϕ，大于 16mm 钢筋的最小弯曲芯轴直径为 7ϕ。一般不允许在现场重新弯折钢筋。如果能证明钢筋具有足够的韧性（即 B 级或 C 级钢筋），则尺寸不超过 12mm 的钢筋可以重弯曲，但应注意不要将弯曲芯轴尺寸减小到低于钢筋尺寸的四倍。更大尺寸的钢筋只能在专有系统内可以重新弯曲，该系统拥有经适当认可的认证机构（如英国护理机构）颁发的技术核准，并且通过测试表明钢筋的性能没有发生损坏。

应注意的是，在重新弯曲钢筋时，可能会对混凝土表面造成损坏。

3. 大直径弯曲

设计师（Designer）通常应负责计算大直径弯曲，但详图师（Detailer）应知道大直径弯曲的存在，并应能够识别大弯曲直径与标准弯曲直径的差异及对钢筋排布的影响。手册末尾的表格给出了给定钢筋设计应力下不同混凝土等级的芯轴尺寸值。需要更大直径弯曲的例子包括：

（1）柱和墙连接到梁或板的末端；

（2）悬臂式挡土墙；

（3）牛腿；

（4）承台底部钢筋。

在中国之外的设计实践中，详图师可能会有两种工作场景：其一是设计公司内部的职业绘图员，他们按设计师的意图完成绘图、出图工作，而设计师只负责设计而不需要画图，但需要把设计意图交代给绘图员并负责图纸的审核把关；其二是总包或详图设计单位的绘制施工详图（Shop Drawing）的人员，类似于国内绘制钢结构加工详图的人员，但在欧美日韩等建筑业比较发达的国家，即便是钢筋混凝土结构，总包单位一般也会在施工前绘制自己的施工详图。笔者在新加坡工作期间见过日本总承包单位绘制的钢筋混凝土结构施工详图，详细到每个构件的每根钢筋的细部尺寸。有了施工详图，就可按施工详图去下料、加工并运到现场组装，虽然前期费时、费力，但可确保后期准确、高效的施工。

第五节　中美欧规范的差异

中美欧混凝土规范的锚固长度均习惯以钢筋直径的倍数表示，并以钢筋抗拉强度与混凝土抗拉强度作为最主要的变量。

一、关于锚固长度（延伸长度）

1. 钢筋外形的影响

中国规范对钢筋外形系数考虑得很全面，光圆钢筋、带肋钢筋、螺旋肋钢丝、三股钢绞线与七股钢绞线，分别采用不同的钢筋外形系数。

美国规范对带肋钢筋及带肋钢筋网片的处理方式相同，仅对光圆钢筋网片区别对待，没有光圆钢筋的要求，可能是光圆钢筋除钢筋网片外很少单独使用的缘故。

欧洲规范未考虑钢筋外形的影响。欧洲规范有钢筋形状（shape of bars）的影响，所考虑的是直线型钢筋与非直线型钢筋。与中国规范的钢筋外形不是同一概念。

2. 保护层厚度与钢筋净距的影响

中国规范：锚固钢筋的保护层厚度为 $3d$ 时，锚固长度修正系数可取 0.8；保护层厚度为 $5d$ 时，修正系数可取 0.7；中间按内插取值。此处，d 为锚固钢筋的直径。没有考虑钢筋净距的影响。

美国规范：只要延伸或搭接钢筋的保护层厚度不小于钢筋直径，且钢筋间净距不小于 2 倍钢筋直径，即可将受拉延伸长度折减 1/1.5。同时考虑了保护层厚度与钢筋净距的影响。

欧洲规范：欧洲规范的受拉钢筋锚固长度与保护层厚度 c、侧面保护层厚度 c_1 及钢筋净距 a 均有关系，对于直线型钢筋是通过 $c_d = \min(a/2, c_1, c)$ 值来影响混凝土保护层修正系数 α_2 的，但对于受压钢筋的锚固长度则没有影响。

3. 横向钢筋约束效应的影响

美国规范与欧洲规范均考虑了横向约束钢筋的有利作用，中国规范没有考虑这一影响。

美国规范横向钢筋约束效应对钢筋延伸长度的影响非常显著，且要求并不苛刻，只要钢筋的保护层厚度及钢筋间净距不小于钢筋直径，即便钢筋间净距不满足最小 2 倍钢筋直径的要求，只要按规范最低要求配置了箍筋或拉筋，仍可将受拉延伸长度折减 1/1.5＝0.667。由于钢筋约束项 $(c_b+K_{tr})/d_b$ 的最大限值为 2.5，意味着美国规范延伸长度的钢筋约束折减系数可达 1/2.5＝0.4，这一折减效应是非常显著的，当然这需要增加锚固区（搭接区）内的横向钢筋用量才能达到这种极致的效果。

欧洲规范根据横向约束钢筋是否与所考虑锚固（拼接）钢筋焊接而分为两种情况：焊接时受拉、受压的锚固长度折减系数均取 $\alpha_4=0.7$；非焊接时受压锚固不折减，受拉锚固长度修正系数 α_3 与横向钢筋实际配置的富余程度及横向钢筋与待锚固钢筋的位置关系有关，$0.7\leqslant\alpha_3\leqslant1.0$。

4. 钢筋直径的影响

中国规范：当带肋钢筋的公称直径大于 25mm 时，锚固长度修正系数取 1.10。

美国规范：对于 7 号（22mm）及更大直径钢筋，钢筋延伸长度的尺寸系数取 $\psi_s=1.0$，对于 6 号（19mm）及更小直径钢筋以及带肋钢丝，钢筋延伸长度的尺寸系数取 $\psi_s=0.8$。

欧洲规范：对大直径钢筋的建议值为 32mm。欧洲规范对大直径钢筋没有增加锚固长度的规定，但有增加机械锚固（或箍筋）、增加表面钢筋抗裂、不允许搭接、增加除抗剪钢筋之外的横向钢筋等要求。

5. 钢筋强度等级的影响

中美欧规范的锚固长度（延伸长度）均以钢筋抗拉强度作为基本变量，只不过具体表现形式不同，中国规范采用钢筋的抗拉强度设计值，美国规范采用的是规定屈服强度(specified yield strength)，欧洲规范基本锚固长度公式中采用的是钢筋的设计应力 σ_{sd}，但在实际操作环节大多以设计屈服强度 f_{yd} 来取代。

此外，美国规范对超过 60 级（420MPa）的高强钢筋还有额外的钢筋等级修正系数 ψ_g，对 80 级（550MPa）高强钢筋，$\psi_g=1.15$，对 100 级（690MPa）高强钢筋，$\psi_g=1.30$。对 80 级及 100 级高强钢筋，当待延伸钢筋的中心距小于 6in（150mm）时，所提供的横向钢筋数量尚不应使 $K_{tr}<0.5d_b$。

中欧规范虽均采用了屈服强度超过 420MPa 的高强钢筋（如中国规范的 HRB500），但均没有类似于美国规范的额外的钢筋等级修正系数。

6. 钢筋浇筑位置的影响

美国规范考虑了浇筑位置的影响，对上部钢筋延伸长度修正系数 ψ_t 最大可达 1.3。只要待延伸的水平钢筋下方浇筑了超过 12in（300mm）厚的混凝土，浇筑位置系数 $\psi_t=1.3$ 就适用，即此种情况下的钢筋延伸长度需增加 30%。美国规范的这一规定可以追溯到 ACI 318-02 以前的版本，是基于 Jeanty 等人在 1988 年的研究成果。

欧洲规范在计算极限粘结应力设计值 f_{bd} 时，通过引入系数 η_1 对粘结条件质量的影响进行修正，粘结条件好则 $\eta_1=1.0$，粘结条件差则 $\eta_1=0.7$。当水平构件的截面高度超过 250mm 时，超过 250mm 部分截面中的水平钢筋被认为粘结条件较差，而当水平构件的截面高度超过 600mm 时，上部 300mm 高截面中的水平钢筋被认为是粘结条件较差。

η_1 即为粘结条件质量与钢筋位置修正系数。

中国规范的锚固长度（搭接长度）没有考虑钢筋浇筑位置的影响。

7. 环氧树脂涂层的影响

中美规范均考虑了环氧树脂涂层影响的锚固长度修正系数。

中国规范修正系数为 1.25。

美国规范修正系数为 1.2 或 1.5，因保护层净厚度及钢筋净距而不同。当环氧树脂涂层钢筋的净保护层厚度小于 $3d_b$ 或钢筋间净距小于 $6d_b$ 时，待延伸钢筋的延伸长度修正系数取 $\psi_e=1.5$，环氧树脂涂层钢筋的其他情况取 $\psi_e=1.2$。

欧洲规范未发现有类似规定。

8. 横向压力约束的影响

欧洲规范还考虑了横向压力约束的影响，最多有 30%的折减，即 $0.7\leqslant\alpha_5\leqslant1.0$。

中美规范均没有类似规定。

9. 施工扰动的影响

中国规范当纵向受拉钢筋在施工过程中易受扰动时，锚固长度应乘以 1.1 的修正系数，欧美规范没有这方面的规定。

二、关于钢筋的拼接

1. 拼接接头

中美欧规范均允许采用钢筋搭接、焊接和机械连接接头。但中国规范对需进行疲劳验算的构件，规定不宜采用焊接接头，且除端部锚固外不得在钢筋上焊有附件。欧美规范无此规定。

中国规范要求纵向受力钢筋的焊接接头应相互错开。纵向受拉钢筋的焊接接头面积百分率不宜大于 50%，但对预制构件的拼接处，可根据实际情况放宽。纵向受压钢筋的焊接接头百分率可不受限制。

中国规范要求纵向受力钢筋的机械连接接头宜相互错开。位于同一连接区段内的纵向受拉钢筋接头面积百分率不宜大于 50%；但对板、墙、柱及预制构件的拼接处，可根据实际情况放宽。纵向受压钢筋的接头百分率可不受限制。

美国规范除了“受拉拉结构件（tension tie member）”这类特殊的构件外，其他各类钢筋混凝土构件的受力钢筋采用机械或焊接接头时不需要错开。

欧洲规范未有明确规定。

2. 非接触式搭接接头

美国规范对于受弯构件允许采用非接触式搭接接头，但搭接钢筋的横向中心距不应超过所需搭接接头长度的 1/5 与 6in（150mm）。

欧洲规范也允许采用非接触式搭接接头，但搭接钢筋之间的净距不应大于 4ϕ 或 50mm，否则应在净距超过 4ϕ 或 50mm 时将搭接长度增加等于净距的长度。意味着非接触式搭接钢筋间的净距甚至可以超过美国规范的规定，只要将搭接长度增加一个钢筋净距即可。

中国规范没有非接触式搭接接头的概念，可以认为是不允许采用非接触式搭接接头。

三、关于大直径钢筋与并筋

1. 大直径钢筋

中美欧规范均对大直径钢筋提出额外的或严格的要求，但相比之下欧美规范的附加要求更多、更严厉。

欧洲规范原则上不建议大直径钢筋采用搭接连接，除非构件截面最小尺寸达到 1.0m 或钢筋应力不高于设计极限强度的 80%，且对大直径钢筋的锚固提出了附加横向钢筋与表面钢筋的要求。

美国规范禁止大于 11 号（36mm）的钢筋采用搭接接头，但允许 14 号（43mm）及 18 号（57mm）钢筋与 11 号（36mm）及更小直径钢筋之间采用受压搭接接头。

2. 并筋

中美欧规范均允许使用成束钢筋（并筋）。

欧美规范均有专门章节对成束钢筋（并筋）作出了比较全面、系统的规定（ACI 318-19 第 25.6 节，EC 2 第 8.9 节），中国规范未独立成篇，没有系统介绍，内容相对较少，仅在个别条目中有所提及。

美国规范：并筋内的钢筋数量不应超过 4 根。梁中单根钢筋直径大于 11 号（36mm）时不应采用并筋。受弯构件的并筋在跨度内截断的单根钢筋应以至少 $40d_b$ 的交错距离截断。并筋中单根钢筋的受拉或受压延伸长度应为单根钢筋的延伸长度，三并筋束增加 20%，四并筋束增加 33%。并筋中，各单根钢筋的接头不应重叠。不得对整束钢筋进行搭接。

欧洲规范：对竖向受压钢筋及搭接接头中并筋的数量不应超过 4 根，其他情况不应超过 3 根。对于彼此接触且上下叠放的两根钢筋，如果粘结条件良好，可不必将这些钢筋视为成束钢筋（并筋）。等效直径小于 32mm 的并筋可以在支座附近整束截断，而无需将钢筋交错截断。锚固在支座附近的等效直径不小于 32mm 的并筋应将单根钢筋沿纵向交错截断。对于受压锚固，并筋中的单根钢筋不需要交错截断。对于由等效直径小于 32mm 的两根钢筋组成的并筋，可以在不交错的情况下进行搭接。对于由两根钢筋组成的等效直径不小于 32mm 的并筋或三根钢筋组成的并筋，单根钢筋在纵向应相互错开。超过三根钢筋的并筋不应采用搭接接头。

四、关于钢筋末端弯钩要求

美国规范针对以抗弯为主的受拉钢筋与包括箍筋在内的横向钢筋提出了不同的要求。受拉钢筋提供了 90°与 180°两种弯钩形式，弯后直线段长度分别为 $12d_b$ 与 max（$4d_b$，65mm）。最小内弯曲直径以钢筋直径的倍数表示，但钢筋直径越大则倍数也越大，有 $6d_b$、$8d_b$ 与 $10d_b$ 三档；针对横向钢筋及箍筋则有 90°、135°与 180°三种弯钩形式，弯后直线段长度，对于 90°弯钩的 6～8 号钢筋为 $12d_b$，对于 90°弯钩的 3～5 号钢筋及 135°弯钩为 max（$6d_b$，75mm），180°弯钩的弯后直线段长度与受拉钢筋相同，为 max（$4d_b$，65mm），最小内弯曲直径针对 3～5 号钢筋及 6～8 号钢筋分别为 $4d_b$ 与 $6d_b$。

中国规范的弯钩形式及技术要求未区分主筋、横向钢筋与箍筋。提供了 90°与 135°两种弯钩形式。弯后直线段与弯钩内径的数值相对固定，弯钩内径统一为 $4d$，弯后直段对

90°弯钩为 $12d$，135°弯钩为 $5d$。

欧洲规范针对末端为非直线型钢筋提供的是变弯曲角度的弯钩形式，分别为 $90°\leqslant\alpha<150°$ 与 $\alpha\geqslant150°$ 两种形式，对纵向钢筋的弯后直段数值相同，均为 5ϕ，但对于箍筋的标准更高，90°弯钩的弯后直段为 10ϕ 且不小于 70mm，135°弯钩的弯后直段为 5ϕ 且不小于 50mm。对直径 16mm 及以下钢筋的芯轴直径为 4ϕ，对于直径大于 16mm 钢筋的芯轴直径为 7ϕ。

五、关于焊接钢筋网片

欧美规范均以较大篇幅单独介绍钢筋网片的锚固长度（延伸长度）与搭接长度。尤其是美国规范，又针对由带肋钢筋组成的网片及光圆钢筋组成的网片分别作出了延伸长度与搭接长度的规定。

据此可以推断预制钢筋网片在欧美应用的普及程度，从一个侧面可以反映出欧美国家钢筋加工制作工业化的行业现状，即尽可能减少现场人工作业的工作量，尽可能多地将钢筋加工制作在工厂内完成。

中国尚未将焊接钢筋网片纳入《混凝土结构设计规范》。

六、中美欧规范锚固长度（延伸长度）、搭接长度对比

1. 中国规范（表 6.5-1）

中国规范受拉钢筋的锚固长度 l_a 　　表 6.5-1

混凝土强度等级	C25		C30		C35		C40		C45		C50		C55		≥C60	
钢筋直径(mm)	≤25	>25	≤25	>25	≤25	>25	≤25	>25	≤25	>25	≤25	>25	≤25	>25	≤25	>25
HRB400 级	40d	44d	35d	39d	32d	35d	29d	32d	28d	31d	27d	30d	26d	29d	25d	28d
HRB500 级	48d	53d	43d	47d	39d	43d	36d	40d	34d	37d	32d	35d	31d	34d	30d	33d

注：1. 当为环氧涂层带肋钢筋时，表中数值应乘以 1.25；
2. 当纵向受拉钢筋在施工过程中易受扰动时，表中数值应乘以 1.1；
3. 当锚固长度范围内纵向受力钢筋周边保护层厚度为 $3d$、$5d$ 时，表中数值可分别乘以 0.8、0.7，中间按线性插值；
4. 当纵向受拉普通钢筋锚固长度修正系数（注 1～3）多于一项时，可按连乘计算。

当钢筋为 HRB400 级，混凝土为 C30 时，直径 16mm 带肋钢筋的锚固长度为 $35d=35\times16=560$mm；直径 32mm 带肋钢筋的锚固长度为 $39d=39\times32=1248$mm。

2. 美国规范（表 6.5-2）

美国规范 60 级（420MPa）钢筋的受拉延伸长度 l_d（mm） 　　表 6.5-2

钢筋尺寸编号	锚固条件好				锚固条件一般			
	混凝土规定抗压强度 f_c',psi(MPa)				混凝土规定抗压强度 f_c',psi(MPa)			
	3000 (20.7)	4000 (27.6)	5000 (34.5)	6000 (41.4)	3000 (20.7)	4000 (27.6)	5000 (34.5)	6000 (41.4)
3 号(10mm)	417	361	323	305	625	541	485	442
4 号(13mm)	556	483	432	394	836	724	648	589

续表

钢筋尺寸编号	锚固条件好				锚固条件一般			
	混凝土规定抗压强度 f_c',psi(MPa)				混凝土规定抗压强度 f_c',psi(MPa)			
	3000 (20.7)	4000 (27.6)	5000 (34.5)	6000 (41.4)	3000 (20.7)	4000 (27.6)	5000 (34.5)	6000 (41.4)
5号(16mm)	696	602	538	493	1044	904	808	737
6号(19mm)	836	724	648	589	1252	1085	970	886
7号(22mm)	973	843	754	688	1826	1582	1415	1290
8号(25mm)	1392	1204	1077	983	2088	1808	1615	1476
9号(29mm)	1570	1359	1217	1110	2355	2040	1824	1588
10号(32mm)	1768	1529	1369	1250	2649	2296	2052	1875
11号(36mm)	1961	1699	1519	1387	2941	2548	2278	2080

注：1. 表中数值基于非环氧树脂涂层钢筋及普通混凝土。对于上部钢筋，表中数值需乘以 1.3。
2. "锚固条件好"意指"钢筋净距不小于 d_b，保护层净厚不小于 d_b，l_d 范围的箍筋不小于规范最小值；或钢筋净距不小于 $2d_b$，保护层净厚不小于 d_b"。
3. "锚固条件一般"意指不符合上述注 2 条件的其他情况。

3. 欧洲规范（表 6.5-3）

欧洲规范混凝土强度等级为 C25/C30 的锚固长度与搭接长度（mm）　　表 6.5-3

		粘结条件	受拉钢筋直径 ϕ(mm)								受压钢筋
			8	10	12	16	20	25	32	40	
锚固长度 l_{bd}	直线型钢筋	好	230	320	410	600	780	1010	1300	1760	40ϕ
		差	330	450	580	850	1120	1450	1850	2510	58ϕ
	其他形状钢筋	好	320	410	490	650	810	1010	1300	1760	40ϕ
		差	460	580	700	930	1160	1450	1850	2510	58ϕ
搭接长度 l_0	同一连接区段 50%搭接(α_6=1.4)	好	320	440	570	830	1090	1420	1810	2460	57ϕ
		差	460	630	820	1190	1560	2020	2590	3520	81ϕ
	同一连接区段 100%搭接(α_6=1.15)	好	340	470	610	890	1170	1520	1940	2640	61ϕ
		差	490	680	870	1270	1670	2170	2770	3770	87ϕ

注：1. 钢筋到各边的保护层厚度及钢筋间的净距≥25mm（即 $\alpha_2<1$）。
2. $\alpha_1=\alpha_3=\alpha_4=\alpha_5=1.0$。
3. 表中数据按设计应力 σ_{sd}=435MPa 算得。当钢筋锚固（或搭接）处的实际设计应力 σ_{sd}<435MPa 时，表中数据可乘以 $\sigma_{sd}/435$ 进行折减。
4. 锚固长度与搭接长度精确到 10mm。
5. 同一连接区段的搭接比率为 33%时，可将 50%搭接比率的数值乘以 0.82。
6. 表中数值基于混凝土强度等级 C25/C30 算得。对于其他混凝土强度等级，可采用表 6.5-4 的修正系数。

锚固长度与搭接长度的混凝土强度修正系数　　表 6.5-4

混凝土强度等级	C20/C25	C25/C30	C28/C35	C30/C37	C32/C40	C35/C45	C40/C50	C45/C55	C50/C60
修正系数	1.16	1.00	0.93	0.89	0.85	0.80	0.73	0.68	0.63

4. 点评

为了令中美欧规范间锚固长度（延伸长度）的对比尽可能全面、客观且更直观，应分别针对大直径钢筋与小直径钢筋进行对比。鉴于中美欧规范均有直径 16mm 与直径 32mm 的钢筋，故选小直径钢筋与大直径钢筋的代表来进行横向对比（表 6.5-5）。

两种直径钢筋锚固长度的对比（mm） **表 6.5-5**

钢筋直径	中国规范	美国规范		欧洲规范	
		锚固条件好	锚固条件一般	粘结条件好	粘结条件差
16	560	602	904	600	850
32	1248	1529	2296	1300	1850

注：美国规范的锚固条件指的是保护层厚度、钢筋净距及横向约束钢筋对锚固条件的影响；欧洲规范的粘结条件则是指截面高度大于 250mm 水平构件中上部钢筋粘结不利的影响，与美国规范钢筋浇筑位置影响类似。

从表 6.5-5 可以看出中国规范与欧美规范在锚固长度（延伸长度）方面有几点显著区别：

（1）中国规范的锚固长度总体小于欧美规范的锚固长度（延伸长度）。

（2）对于小直径钢筋，当粘结条件或锚固条件较好时，欧美规范的锚固长度（延伸长度）与中国规范的锚固长度差别不大，但当锚固条件一般或粘结条件较差时，欧美规范的锚固长度（延伸长度）远大于中国规范的锚固长度；故在使用美国规范时应特别注意保护层厚度与钢筋净距对锚固条件的影响，并在使用欧美规范时对截面高度较大水平构件的上部钢筋予以特殊关注。

（3）对于大直径钢筋，美国规范的延伸长度远大于中欧规范的锚固长度。故在使用美国规范时，建议不用或少用大直径钢筋。

笔者以为，对于中美欧规范在锚固长度（延伸长度）方面的显著差异，既有欧美规范多虑而偏于保守的成分，也有中国规范考虑不全面的成分。中国规范应充分评估彼此间规范的差异，并借鉴欧美规范的可取之处，取其精华而去其糟粕。

第六节　配筋经济性的设计考虑

《ACI 318-11 钢筋混凝土简化设计》（Simplified design of reinforced concrete to ACI 318-11）提供了配筋经济性的设计考虑，笔者认为这些建议是综合考虑设计与施工等因素而给出的，而且是基于美国人工成本高与建筑工业化的现实情况作出的，随着中国人工成本的不断提高与建筑工业化的不断推进，必将与美国的建筑业现状有趋同趋势，因此具有一定的参考和借鉴意义。故摘录如下。

以下关于钢筋选择和安置的说明通常会提供整体经济性，并可以最大限度地减少代价高昂的项目延误和停工：

1）首先，在合同文件中清楚、完整地显示钢筋细节和钢筋布置。

此问题在《ACI 详图手册》（ACI Detailing Manual）第 8.1 节中载明："……工程师的责任是提供设计要求的明确陈述；钢筋详图师的职责是执行这些要求。" ACI 318 进一步强调设计师负责所有钢筋的尺寸和位置以及钢筋接头的类型、位置和长度（ACI 318-19 第 1.2.1 和 12.14.1 条）。

2）使用 60 级钢筋。

60 级钢筋是最广泛使用的，并且可以在市场上轻松获得直到 11 号（36mm）所有尺寸的钢筋，14 号（43mm）和 18 号（57mm）钢筋一般在常规库存中没有存货。此外，小于 6 号（19mm）的钢筋尺寸通常每磅成本更高，并且每磅钢筋需要更多的安装劳动力。

3）仅在受弯构件中使用直线型钢筋。

直线型钢筋被视为行业标准。从制造和安装角度来看，桁架（弯曲）钢筋是不可取的，并且在发生应力反转的地方会导致结构不安全。

4）在梁中仅设计单层钢筋。在给定跨度位置的一个面上使用一种钢筋尺寸。在楼板中，钢筋间距以整英寸为单位，但间距不小于 6in（150mm）。

5）对柱中的纵向钢筋使用尽可能大的钢筋尺寸。在其他结构构件中使用更大尺寸与更少数量的钢筋，将受到规范有关钢筋延伸长度、最大间距以及抗弯钢筋分布的限制。

6）对一个项目尽可能使用或指定较少的钢筋尺寸。

7）梁箍筋直径通常较小，这通常会导致每吨钢筋的安装总成本升高。为了整体经济并尽量减少钢筋的拥塞，建议采用最大直径与最少数量的箍筋及最少的间距变化。以最大允许间距配置的箍筋通常是最经济的。

8）当结构完整性需要闭合箍筋，并且扭转对设计不起控制作用时，可以指定符合 ACI 318-19 第 12.13.5 条要求的两段分离式箍筋以方便安装，除非抗扭需要闭合箍筋。

9）钢筋的对位和间隙需要工程师特别注意。在梁柱接头处，柱钢筋的布置必须提供足够的空间以允许梁钢筋通过。在制造钢筋并将其运送到工程现场之前，应正确准备和核对钢筋的详细信息。构件接头太重要了，不需要在现场不加选择地调整以方便放置钢筋。

10）使用或指定标准钢筋大样和做法：

（1）标准端部弯钩（ACI 318-19 第 7.1 节）。

请注意，ACI 318-19 第 12.5 节中的受拉延伸长度规定仅适用于符合 ACI 318-19 第 7.1 节要求的标准弯钩。

（2）钢筋弯曲标准大样（参见 ACI 318-19 第 7.2 节和 ACI 318-19 Detailing Manual 8.1 中的图 6）。

（3）标准制造公差（ACI Detailing Manual 8.1 中的图 8）。

工程师必须在合同文件中注明更严格的公差。

（4）钢筋安装的公差（ACI 318-19 第 7.5 节）。

更严格的公差必须由工程师在合同文件中注明。

必须谨慎地为制造和安装钢筋指定更严格的公差。更严格的制造公差受到车间制造设备能力的限制。必须协调制造和安装公差。还必须考虑和协调模板的公差。

11）组装钢筋时不允许将交叉钢筋在现场进行焊接（如点焊等）。用绑线绑扎可以完成这项工作而不会损坏钢筋。

12）尽可能避免采用手工电弧焊对钢筋接头进行现场焊接，特别是对于较小的项目。

13）一个经常出现的施工问题是必须对部分嵌入硬化混凝土中的钢筋进行现场修正。

这种“工作阻碍”通常是由于安装或制造偏差、施工设备或设计变更造成的意外弯曲造成的。不允许对部分嵌入混凝土的钢筋进行现场弯曲，除非这种弯曲在设计图纸上显示或由工程师授权（ACI 318-19 第 7.3.2 条）。ACI 318-19 第 R7.3 节提供了有关这一主题的指南。ACI Detailing Manual 8.2 给出了钢筋弯曲和矫直的进一步指导。

第七章　混凝土结构抗震设计

结构工程抗震是结构工程专业这个二级学科（一级学科为土木工程）的一个分支，在科研角度则是一个相对独立的研究方向。结构工程抗震在本质上是研究结构物在地震动作用下的各种反应并将其控制在安全或可接受程度之内的一个专题，其载体与研究对象都离不开由不同材料按不同结构体系组建而成的结构物本身，因此对结构抗震的研究就必须涉及对混凝土结构（以及钢结构、砌体结构等）的研究，同理对混凝土结构的研究也必然涉及结构抗震的研究。

尽管这一专题过于宏大，但从本书内容的完整性出发，有必要对混凝土结构抗震这一专题在某些关键知识点进行中美欧规范对比式的介绍，以便能够从中汲取一些有营养、有价值的东西为我所用。

中国与欧洲都有专门的抗震设计规范，但美国的情况则稍显复杂。

中国为《建筑抗震设计规范》，最新版本为 GB 50011—2010（2016 年修订），同时《混凝土结构设计规范》GB 50010 及《高层建筑混凝土结构技术规程》JGJ 3 等规范也有专门的抗震设计章节，最新发布实施的系列通用规范之一的《建筑与市政工程抗震通用规范》GB 55002—2021 则对上述三部规范的强制性条文进行了重新修订并加入了市政工程的抗震设计内容，是不容忽视的一部全文强制性规范。

欧洲为 Eurocode 8：Design of structures for earthquake resistance，共有 6 个分册，其中第一分册 EN 1998-1 全名为 Part 1：General rules，seismic actions and rules for buildings，是关于建筑物的抗震，其他 5 个分册分别是关于桥梁、建筑物翻新、筒仓箱罐管线、基础与挡土结构以及塔桅烟囱方面的抗震，不再详述。

美国的情况稍为复杂，既有官方主导的《NEHRP 建议抗震规定》，也有民间性质的行业协会主编的 ASCE/SEI 7，前者为纯抗震内容，包括大量与抗震有关的源文档，后者其实是一部完整的荷载规范，只不过 ASCE 将抗震有关的规范内容纳入了荷载规范，近年来二者在内容上逐渐融合、归一。此外，美国的模式建筑规范（如 IBC）及行业标准（如 ACI 318 等）也均有结构抗震相关的内容，但两者均以全文引用 ASCE/SEI 7 为主。

综上所述，涉及中美欧规范的抗震设计是一个宏大的题材，仅介绍其中差异部分就是一本独立专著的体量，但作为混凝土结构设计，抗震又是不可或缺的重要内容，故本书在此只能择其要点与主要区别进行简单介绍及在必要的情况下作一些简单的对比分析。

第一节　抗震设计水准

一、中国规范

中国抗震设计规范通过“三水准两阶段”设计来完成“小震不坏、中震可修、大震不倒”的抗震设防目标，规范直接给出的是“丙类建筑”三个水准地震作用的概率含义，现给出所有四个建筑抗震类别对应三水准地震的概率指标，见表 7.1-1。

中国规范不同抗震类别建筑的抗震设防标准及其概率意义　　表 7.1-1

建筑抗震类别			多遇地震	设防地震	罕遇地震
甲类	超越概率		200 年 63.2%	200 年 10%	200 年 2.5%
	重现期(年)		200	1898	7900
乙类	乙 1 类	超越概率	100 年 63.2%	100 年 10%	100 年 2.5%
		重现期(年)	100	949	3950
	乙 2 类	超越概率	75 年 63.2%	75 年 10%	75 年 2.5%
		重现期(年)	75	712	2962
丙类	超越概率		50 年 63.2%	50 年 10%	50 年 2.5%
	重现期(年)		50	475	2000
丁类	超越概率		30 年 63.2%	30 年 10%	30 年 2.5%
	重现期(年)		30	285	1185

二、美国规范

美国规范自《NEHRP 规定》2009 年版开始采用“以风险为目标”的地震动（MCE_R）取代之前“以危害为目标”的地震动（MCE），《NEHRP 规定》2015 年版又进行了完善，采用“50 年内普通建筑物发生结构倒塌的可能性为 1%”作为抗震设防目标，MCE_R 地震动也据此目标进行了调整，对应于“MCE_R 地震动发生时具有 10%的倒塌概率”，这一调整结合了对某个地点地震危害性质的更全面考虑，地震动危害定义（即“以危害为目标”的地震动）仅与地震动发生的单一概率水平相关。

从上文可以看出两点：其一，美国的抗震设防目标一直在持续更新或改进；其二，中欧现行抗震设计规范采用的抗震设防目标在性质上就是美国《NEHRP 规定》2009 年以前采用的抗震设防目标，只不过在量值上可能有所不同。而且，美国的地震动又分为三种情况：概率性地震动（Probabilistic MCE）、确定性地震动（Deterministic MCE）（主要用于近源场地）及特定场地地震动（Site-Specific MCE）（主要用于 F 级场地等级）。《NEHRP 规定》2009 年以前的概率性地震动为 50 年超越概率为 2%的地震动，《NEHRP 规定》2009 年及以后的概率性地震动为 50 年超越概率为 1%的地震动，另外两类地震动无法用超越概率描述。此外，美国抗震规范在涉及岩土方面的内容，尤其是评估岩土液化与岩土强度损失时，采用的是最大考虑地震几何平均（MCE_G）的峰值地面加速度（PGA_M）。

因此，现行美国规范的抗震设防目标与现行中欧规范的抗震设防目标是两套不同的体系，难以直接对比。

美国《NEHRP 规定》2015 年版给出的对应不同风险类别的抗震设防目标见表 7.1-2 与表 7.1-3。

不同风险类别的倒塌概率（FEMA P-1050 第 1.1.1 条） **表 7.1-2**

风险类别	倒塌概率	
	在给定的 MCE_R 下	50 年内*
Ⅰ	**	**
Ⅱ	10%	1%
Ⅲ	5%	<1%
Ⅳ	2.5%	<1%

注：*是根据地震发生的确定性假设计算出的区域，50 年内的倒塌概率会更大。

**大多数Ⅰ类风险结构的设计要求同Ⅱ类风险结构，但某些Ⅰ类结构可不受任何地震设计要求的约束。

单个构件/节点的可靠性目标（FEMA P-2082-1） **表 7.1-3**

风险类别	构件或节点的条件失效概率	
	在给定的设计地震动下	在给定的 MCE_R 下
Ⅰ	**	**
Ⅱ	10%	25%
Ⅲ	5%	15%
Ⅳ	2.5%	9%

“这些目标的实现程度取决于许多因素，包括结构类型、建筑形体、材料、建造细节以及整体设计质量。此外，震动强度与持续时间的不确定性很大，以及建筑物或其他结构一小部分的不利响应的可能性可能会阻止意图的完全实现。”

三、欧洲规范

欧洲规范要求进行二级抗震设计，明确确定以下两个要求。

1. 不倒塌要求（No-collapse requirement）

结构应按能承受设计地震作用而不会发生局部或整体倒塌而进行设计和建造，从而在地震事件发生后保持其结构完整性和残余承载力。这个设计地震作用既与 50 年超越概率（P_{NCR}）或重现期（T_{NCR}）有关，也与结构的重要性系数 γ_I 有关（注意：有关设计地震概率含义，某中文版的翻译有误，提醒读者慎重对待中文译文版资料，有条件的尽量查阅英文原版）。建筑物的重要性分级见表 7.1-4，重要性系数取值见表 7.1-5。

2. 限制破坏要求（Damage limitation requirement）

结构应按如下方式设计和建造：结构应能承受发生概率大于设计地震发生概率的地震作用，并且不会出现与结构自身成本相比更高代价的破坏及相关的使用限制。

上述两个性能水平对应两个不同等级的地震作用。对于普通结构（相当于重要性等级为Ⅱ级），两个等级的地震作用按如下原则确定：

（1）设计地震作用：50 年内超越概率 10%，对应 475 年的重现期；

（2）限制破坏地震作用：10 年内超越概率 10%，对应 95 年的重现期，又名可维修性地震作用。

第一个要求与结构防倒塌（整体或局部）及罕见地震事件下的生命保护有关，结构在地震事件发生后应保持其完整性和足够的残余承载能力。虽然结构可能会造成重大损害，包括永久性漂移，甚至在经济上无法恢复，但它应能够在事件发生后的疏散过程中或余震期间保护人类生命。这一性能要求与承载力极限状态（Ultimate Limit State）的要求相关。

第二个要求与减少频繁地震造成的经济损失有关，涉及结构性和非结构性破坏。在这种情况下，结构不应具有永久变形，其构件应保持其原始强度和刚度，因此无需进行结构修复。考虑到非结构性损坏的最小化，结构应具有足够的刚度以在这种频繁事件下将其变形限制在不会对此类构件造成重大损坏的水平。可以接受非结构性构件的一些损坏，但它们不应对使用造成重大限制，并且应在经济上可修复。这一性能要求与正常使用极限状态（Serviceability Limit State）的要求相关。

欧洲规范根据倒塌后果将建筑物划分为 4 个重要性等级（Ⅰ、Ⅱ、Ⅲ、Ⅳ），见表 7.1-4，相应的重要性系数 γ_I 分别为 0.8、1.0、1.2、1.4。欧洲规范的重要性系数 γ_I 以对峰值地面加速度 α_{gR} 直接放大（或缩小）的方式（$\alpha_g=\gamma_I\alpha_{gR}$）直接体现在地震响应谱中（欧洲规范称为弹性响应谱），也就是以直接放大地震力的方式来体现其作用，这个影响与美国规范相比更为全面和彻底。

建筑物的重要性分级（EC 8-1 表 4.3） **表 7.1-4**

重要性等级	建筑物
Ⅰ	对公共安全不太重要的建筑物，例如农业建筑等
Ⅱ	不属于其他类别的普通建筑物
Ⅲ	考虑到与倒塌有关的后果，其抗震能力具有重要意义的建筑物，例如学校、集会大厅、文化机构等
Ⅳ	地震期间建筑物的完整性对民事保护至关重要，例如医院、消防站、发电厂等

表 7.1-5 为考虑地震指数 k（seismicity exponent）并引入重要性系数 γ_I 推荐值后所得出的平均重现期。

建筑物的重要性等级及重要性系数推荐值（Worked Examples 表 1.2.2） **表 7.1-5**

重要性等级	重要性系数 γ_I	暗含的平均重现期(年)		
		$k=2.5$	$k=3$	$k=4$
Ⅰ	0.8	272	243	195
Ⅱ	1.0	475	475	475
Ⅲ	1.2	749	821	985
Ⅳ	1.4	1102	1303	1825

表中 $k=3$ 是欧洲高地震活动区域（如意大利）的典型值。较小的 k 值对应于低地震活动区域或地震危害由远距离大震所控制的区域，这类地震发生的时间间隔很大，而较大的 k 值对应于地震发生频率较高的区域。

欧洲抗震规范秉承了“承载力极限状态”与“正常使用极限状态”的一贯做法，承载力极限状态对应“不倒塌要求”，采用“设计地震”水平的地震作用，主要涉及抗力、延性、平衡、基础稳定以及防震缝等方面的内容；正常使用极限状态对应“限制破坏要求”，主要涉及楼层位移及层间位移的校核。表 7.1-6 所示为不同重要性等级建筑物同时以超越概率与重现期表示的抗震设防标准。

不同重要性等级建筑物的抗震设防标准及其概率意义 **表 7.1-6**

重要性等级		频遇地震	设计地震		
			$k=2.5$	$k=3.0$	$k=4.0$
Ⅰ	超越概率	—	50 年 16.8%	50 年 18.6%	50 年 22.6%
	重现期(年)	—	272	243	195
Ⅱ	超越概率	10 年 10%	50 年 10%	50 年 10%	50 年 10%
	重现期(年)	95	475	475	475
Ⅲ	超越概率	—	50 年 6.4%	50 年 5.8%	50 年 4.9%
	重现期(年)	—	749	821	985
Ⅳ	超越概率	—	50 年 4.3%	50 年 3.65%	50 年 2.6%
	重现期(年)	—	1102	1303	1825

四、对比分析

美国抗震规范的设防目标已经从“以危害为目标”过渡到“以风险为目标”。

“以风险为目标”的概率性 MCE_R，考虑了美国各地危害曲线形状的差异，将导致建筑物具有地理上统一的平均年倒塌频率，或称统一风险。这一目标风险水平对应于 50 年内 1%的倒塌概率，此目标基于美国西部（WUS）的年平均倒塌频率的平均值。统一危害地震动强度只是简单地将危害曲线插值得出 50 年内超过 2%的概率。而以风险为目标的地震动强度则利用了整个危害曲线，从而导致在全国范围内具有不同重现期的 MCE_R 值。

换言之，在美国全境内，具有相同目标风险水平的不同地域，其 MCE_R 值以超越概率或重现期表示的概率水平不一定相同，这就是美国现行规范没有给出以地震发生概率来表达抗震设防标准的主要原因，而是如表 7.1-2 那样以建筑物倒塌概率作为抗震设防目标。这也是美国抗震规范与中欧抗震规范的最大区别。

诚然，美国规范的上述做法更具先进性，但对于欧洲规范而言，因大部分成员国均处于低地震风险区，且各成员国本土范围内的地震危害水平差别不大，故欧洲抗震规范采用这一做法的迫切性不大。但中国的国土面积大，国土范围内的地震危害水平差别也大，与美国的情况非常类似，故有必要借鉴学习。

美国抗震规范的地震作用水平有三级：以风险为目标的最大考虑地震（MCE_R），可以简单地理解为“大震”，与之对应的有 MCE_R 响应谱；设计地震（DE），可以简单地理解为“中震”，与之对应的为设计响应谱；折减设计地震（设计地震除以响应修正系数 R，该系数取值范围为 1.25～8.0），可以简单地理解为“小震”，用于构件强度计算，用折减设计地震算得的位移，经位移放大系数 C_d 放大后，进行层间位移的校核。

欧洲抗震规范的地震作用水平有两级：设计地震作用（Design seismic action），与之对应的为弹性响应谱（Elastic Response Spectrum），相当于“中震”水平；折减设计地震作用，与之对应的为设计响应谱（Design Response Spectrum），由设计地震作用除以性能系数 q 而得到，用于构件强度计算，相当于“小震”水平；限制破坏地震作用（Damage limitation seismic action），用于位移计算，但一般是通过由折减设计地震作用算得的位移值乘以折减系数 ν 而得到。

美国不追求“大震不倒”的抗震设防目标。这体现在以风险为目标的地震动设计准则上。即“由于地震动而导致结构倒塌的可能性不是零”。实际上，50 年内百分之一的失效率，与承受其他自然荷载（例如风和雪）建筑物可接受的失效率相比，是一个更高的概率。原因如 Newmark and Rosenblueth 所述：“……世界上所有的财富都将证明不足……”。当发生相当于设计地震的地震时，破坏是可以预期的（“设计地震”取 MCE 的三分之二）。在发生相当于 MCE 的时间和地点，一些倒塌是可以预期的。

我国的抗震设防目标是“小震不坏、中震可修、大震不倒”，而美国的抗震设防目标则是“DE 可坏、MCE 可倒”，但要把“可坏可倒”控制在一个较小的概率上。

有些文献资料仿照中国规范“三水准两阶段”的表述认为美国规范属于“两水准”设计。这种认识是有严重缺陷的。首先，从规范所涉及的地震力水平来看，美国规范存在最大考虑地震（MCE_R）、设计地震（DE）与直接用于构件强度计算的折减设计地震三个水准，因此原则上也应该是“三水准”设计，又因折减设计地震的折减系数（响应修正系数 R）因结构体系而异，因此从地震力水平方面考虑应该是“多水准”设计。其次，美国规范的抗震设计基于“等位移”的概念，关注点与抗震设计目标聚焦于位移，因此同等位移限值条件下对延性水平不同的结构强度具有不同的要求，结构延性越差，对承载力（屈服强度）的要求越高，材料消耗就越多；结构延性越好，对承载力（屈服强度）的要求越低，材料消耗越少。换言之，在等位移要求下，对具有不同屈服强度的结构提出了不同的“延性需求”。其实际意义在于，可以用低屈服强度结构屈服后的弹塑性变形取代以高材料消耗为代价的高屈服强度结构在屈服前的弹性变形，笔者认为该方法兼具先进性与经济性，可供中欧规范借鉴。在实际操作层面，针对不同的结构体系，用设计地震（DE）除以该结构体系所对应的响应修正系数 R 得到的折减设计地震，去计算结构在此地震水平下的弹性位移及构件的截面与配筋；在位移控制方面，将根据“折减设计地震”所计算的弹性位移，乘以“位移放大系数”C_d 而得到非弹性位移，并以此非弹性位移作为位移校核的位移控制标准。

第二节　抗震设计参数

这里的抗震设计参数是指所有可能影响地震作用的参数，包括结构重要性参数、场地参数及加速度参数等，影响程度会有所不同，有的是直接影响，有的是间接影响。

一、重要性参数

1. 中国规范

中国抗震规范虽有抗震设防类别（甲、乙、丙、丁类建筑），但没有结构重要性的概念，见表 7.2-1。

建筑抗震类别（甲类、乙类、丁类）也不直接影响地震响应谱参数。但根据《建筑工程抗震设防分类标准》GB 50223—2008 的要求，对于特殊设防类（甲类）建筑，除了“应按高于本地区抗震设防烈度 1 度的要求加强其抗震措施”外，同时“应按批准的地震安全性评价的结果且高于本地区抗震设防烈度的要求确定其地震作用”，即地震作用需要在丙类建筑的基础上予以提高。地震作用提高多少以地震安全性评价的结果为准，不是提高 1 度或 0.5 度这种硬性规定。对于重点设防类（乙类）及适度设防类（丁类）仅提高或降低（6 度时不再降低）抗震措施，而不必提高或降低地震作用。

建筑工程抗震设防类别　　表 7.2-1

抗震设防类别		描　述
全称	简称	
特殊设防类	甲类	使用上有特殊设施，涉及国家公共安全的重大建筑工程和地震时可能发生严重次生灾害等特别重大灾害后果，需要进行特殊设防的建筑
重点设防类	乙类	地震时使用功能不能中断或需尽快恢复的生命线相关建筑，以及地震时可能导致大量人员伤亡等重大灾害后果，需要提高设防标准的建筑
标准设防类	丙类	大量的除甲、乙、丁类以外按标准要求进行设防的建筑
适度设防类	丁类	使用上人员稀少且震损不致产生次生灾害，允许在一定条件下适度降低要求的建筑

2. 美国规范

美国抗震规范根据建筑的不同风险类别（Ⅰ、Ⅱ、Ⅲ、Ⅳ类风险）定义了 MCE_R 级地震危害所造成的条件失效概率以及不同的地震重要性系数（I_e 分别取 1.0、1.0、1.25、1.5），这个重要性系数在 MCE_R 响应谱与设计响应谱中均不体现，但在结构分析与设计环节会体现在地震内力与位移的计算公式中，以等效侧向力法为例，地震作用下的基底剪力计算公式 $V=C_sW$ 中的 C_s 就是重要性系数 I_e 的函数，简单地说就是将地震内力放大 I_e 倍，但因为内力的放大是通过外力的放大来实现的，故计算的位移也是放大 I_e 倍的位移，故 ASCE 公式（12.8.15）又将计算的弹性位移 δ_{xe} 除以 I_e 进行还原，同时乘以位移放大系数 C_d 而得到非弹性位移 δ_x，用 δ_x 算得的层间位移 Δ 去与规范的允许层间位移 Δ_a 进行比较。

3. 欧洲规范

欧洲规范根据倒塌后果将建筑物划分为 4 个重要性等级（Ⅰ、Ⅱ、Ⅲ、Ⅳ），见表 7.1-4。相应的重要性系数 γ_I 分别为 0.8、1.0、1.2、1.4，见表 7.1-5。欧洲规范的重要性系数 γ_I 以对峰值地面加速度 α_{gR} 直接放大（或缩小）的方式（$\alpha_g=\gamma_I\alpha_{gR}$）直接体现在地震响应谱中（欧洲规范称为弹性响应谱），也就是以直接放大地震作用的方式来体现其作用，这个影响与美国规范相比，更为全面和彻底。

二、地震烈度（地震动参数区划图、地震分区）

地震烈度的概念，如本章第一节所述，在地震工程学中是国际上广泛使用、广为人知的一个概念。但以载入规范的形式进入工程设计实践领域的，只有中国的抗震设计规范。

在现行欧美抗震规范中都没有使用地震烈度的概念。

1. 中国规范

一般情况下，建筑的抗震设防烈度应采用根据中国地震动参数区划图确定的地震基本烈度（《建筑抗震设计规范》GB 50011—2010 设计基本地震加速度值所对应的烈度值，见表 7.2-2）。

抗震设防烈度和设计基本地震加速度取值的对应关系　　表 7.2-2

抗震设防烈度	6	7	7.5	8	8.5	9
设计基本地震加速度	0.05g	0.10g	0.15g	0.20g	0.30g	0.40g

抗震设防烈度从概率上讲，是 50 年内超越概率 10%的地震烈度或地震加速度。截面抗震验算与抗震弹性变形验算采用多遇地震（小震）的地震烈度，这一地震烈度比基本烈度低 1.5 度左右，对应于 50 年内超越概率 63.2%的地震烈度，在地震作用数值上（对应于结构地震响应加速度或水平地震影响系数最大值 α_{max}）相当于将抗震设防烈度的地震作用除以一个 2.8（设防烈度水平地震影响系数最大值 α_{max} 与众值烈度水平地震影响系数最大值 α_{max} 的比值）左右的折减系数；而抗震弹塑性变形验算的地震烈度则比相应的基本烈度高，高出的程度随基本烈度 7 度、8 度、9 度区而有所不同，对应于 50 年内超越概率 2%～3%的地震烈度。表 7.2-3 所示为三个烈度水准的水平地震影响系数取值及其与 50 年超越概率、重现期的关系。

三个烈度水准设防的水平地震影响系数取值及其概率意义　　表 7.2-3

烈度水准	50 年超越概率	重现期（年）	水平地震影响系数最大值 α_{max}			
			6 度	7 度	8 度	9 度
众值烈度(多遇地震,俗称小震)	63.2%	50	0.04	0.08	0.16	0.32
设防烈度、基本烈度(俗称中震)	10%	475	0.11	0.23	0.45	0.90
罕遇烈度(罕遇地震,俗称大震)	2%～3%	约 2000	0.28	0.50	0.90	1.40

2. 美国规范

美国的麦加利烈度表差不多是国际上最早的地震烈度表，但地震烈度的概念并没有体现在美国现行的抗震设计规范之中，地震设计参数也没有与地震烈度建立联系。

美国的抗震设计类别在形式上与中国的抗震设防烈度有一定的相似度，但也不完全相同，见下文的对比分析内容。美国抗震设计规范在《NEHRP 规定》2020 年版以前有 A、B、C、D、E、F 六个抗震设计类别。

位于图示频谱响应加速度参数 S_1 值不小于 0.75 区域的风险类别Ⅰ、Ⅱ或Ⅲ类的结构应赋予地震设计类别 E。位于图示频谱响应加速度参数 S_1 值不小于 0.75 区域的风险类别Ⅳ类的结构应赋予地震设计类别 F。所有其他结构应根据其风险类别和设计频谱响应加速度参数 S_{DS} 和 S_{D1} 来定义抗震设计类别，见表 7.2-4 与表 7.2-5。

3. 欧洲规范

欧洲有 1998 年最终完善的 EMS98 地震烈度表，但同样没有应用到工程实践层面，欧洲规范 EC 8 也没有将地震设计参数与地震烈度建立联系。

基于 S_{DS} 的抗震设计类别（SDC）划分（ASCE 7-22 表 11.6-1） 表 7.2-4

S_{DS} 值	风险类别Ⅰ、Ⅱ或Ⅲ	风险类别Ⅳ
$S_{DS}<0.167$	A	A
$0.167\leqslant S_{DS}<0.33$	B	C
$0.33\leqslant S_{DS}<0.50$	C	D
$0.50\leqslant S_{DS}$	D	D

基于 S_{D1} 的抗震设计类别（SDC）划分（ASCE 7-22 表 11.6-2） 表 7.2-5

S_{D1} 值	风险类别Ⅰ、Ⅱ或Ⅲ	风险类别Ⅳ
$S_{D1}<0.067$	A	A
$0.067\leqslant S_{D1}<0.133$	B	C
$0.133\leqslant S_{D1}<0.20$	C	D
$0.20\leqslant S_{D1}$	D	D

欧洲规范采用地震分区（Seismic Zones）的概念，是依据峰值地面加速度来划分的，但遗憾的是欧洲抗震规范没有提供欧洲地区的地震分区图，也没有给出任何一个成员国的地震分区图，每个成员国的地震分区图需要在每个成员国的国家附件（National Annex）中提供。欧洲规范的地震分区，与美国已经废止的 UBC 规范的术语相同。

4. 对比分析

有些专家学者把美国抗震规范的抗震设计类别（Seismic Design Category，简写为SDC）与中国规范的地震烈度对等起来并进行比较，如果从二者的本质上来看，确实都是某一区域地震动强度的反映，但在实际应用层面，二者有很大不同：中国规范的地震烈度是最主要的抗震设计参数，直接决定着施加于结构上的地震作用的大小；但美国规范的SDC 则不影响地震作用，SDC 是随着地震风险与破坏后果水平的升级，而对设计与施工方法进行从简单、易行、经济到更复杂、更详尽、更耗费的一种分级划分方法。SDC 既执行美国早期建筑物中使用的地震分区的功能，也取决于建筑物的占用性质及所需性能。此外，用于定义 SDC 的地震动包括场地条件对地震动强度的影响。

中美规范可以有得一比的，是中国的地震动参数区划图与美国的地震动参数区划图。

中国的地震动参数区划图的核心是“两图两表”。“两图”是指“中国地震动峰值加速度区划图”和“中国地震动加速度反应谱特征周期区划图”，“两表”是指地震动峰值加速度调整系数表和基本地震动反应谱特征周期调整表。

美国的地震动参数区划图的核心是“四图”，分别是：

（1）以风险为目标的最大考虑地震（MCE_R）地震动参数，对应于5%阻尼的0.2s周期处的响应谱加速度 S_S；

（2）以风险为目标的最大考虑地震（MCE_R）地震动参数，对应于5%阻尼的1.0s周期处的响应谱加速度 S_1；

（3）最大考虑地震几何平均（MCE_G）峰值地面加速度 PGA_M；

（4）长周期转换周期 T_L（s）。

USGS（美国地质勘探局）提供包含美国全境的地震设计地理数据库并提供在线服

务，可通过 USGS 地震设计网络服务平台进行访问，该服务允许用户通过指定场地位置的经纬度及场地类别来获取地震设计数据。USGS Web 服务通过在 USGS 地理数据库的网格数据之间进行空间插值，可以得到远高于规范所附地震动参数图的数据精度。

用户可以通过 https://doi.org/10.5066/F7NK3C76 访问 USGS 地理数据库和 USGS Web 服务器，也可以通过 https://www.wbdg.org/additional-resources/tools/bssc2020nehrp 访问。

鉴于中美欧规范在地震烈度（地震动参数区划图、地震分区）这一主题没有明确而严谨的对应关系，笔者就不在此引述其他专家学者的对比表了。

三、场地参数

1. 中国规范

中国规范根据等效剪切波速 v_{se} 及覆盖层厚度划分场地类别，用以反映不同场地条件对基岩地震震动的综合放大效应。在 2010 年版之前划分为Ⅰ、Ⅱ、Ⅲ、Ⅳ共四类场地，2010 年版将Ⅰ类进行了细分，故有 I_0、I_1、Ⅱ、Ⅲ、Ⅳ共五类场地，见表 7.2-6。对应每个场地类别也都进行了地震分组，即有第一组、第二组、第三组，其中第一组代表近震，第三组代表远震。

剪切波速计算深度取 20m 与覆盖层厚度的较小值，覆盖层厚度以剪切波速不小于 500m/s 的稳定土层为界进行计算。

中国规范的场地类别仅用于确定场地特征周期，而场地特征周期对地震影响系数曲线的平台段纵坐标没有影响，只影响平台段与曲线下降段的宽度及曲线下降段与直线下降段的纵坐标。

中国规范的建筑场地类别划分　　　　表 7.2-6

等效剪切波速 (m/s)	场地类别				
	I_0	I_1	Ⅱ	Ⅲ	Ⅳ
$v_{se}>800$	0				
$800\geqslant v_{se}>500$		0			
$500\geqslant v_{se}>250$		<5m	≥5m		
$250\geqslant v_{se}>150$		<3m	3～50m	>50m	
$v_{se}\leqslant150$		<3m	3～15m	>15～80m	>80m

设计特征周期是指抗震设计用的地震影响系数曲线中，反映地震震级、震中距和场地类型等因素的下降段起始点对应的周期值，简称特征周期。特征周期与地震震级、震中距和场地类别等因素有关，规范通过设计地震分组和场地类别反映，场地越软，震级、震中距越大，值越大。特征周期直接影响中国抗震规范设计反应谱高平台段的长度，与欧美规范的最大区别即在于此。

随着震源机制、震级大小、震中距远近的变化，在同样场地条件下的反应谱形状有较大差别。设计地震分组实际上是用来表征地震震级及震中距影响的一个参量，实际上就是用来代替原来老规范的“设计近震和远震”，它是一个与场地特征周期与峰值加速度有关的参量。一般而言，可以这样理解，第一、第二分组大概相当老规范的“设计近震”，它仅与特征周期有关，且周期越长，分组越大；而第三分组大概相当于老规范的“设计远震”，在峰值加速度区划图中，它仅与峰值加速度衰减区段有关，而在特征周期区划图中，它不仅与峰值加速度衰减区段有关，还与特征周期有关，见表 7.2-7。

特征周期值（s） **表 7.2-7**

设计地震分组	场地类别				
	I_0	I_1	Ⅱ	Ⅲ	Ⅳ
第一组	0.20	0.25	0.35	0.45	0.65
第二组	0.25	0.30	0.40	0.55	0.75
第三组	0.30	0.35	0.45	0.65	0.90

2. 美国规范

ASCE 7-16 及以前版本，共有 A、B、C、D、E 及 F 共 6 类场地，《NEHRP 规定》2020 年版与 ASCE/SEI 7-22 新增 BC、CD、DE 三个场地等级。当没有足够详细的岩土特性来确定场地等级时，则应采用场地等级 C、CD 和 D，除非有司法管辖权的机构或岩土工程数据确定该场地存在 DE、E 或 F 级场地。如果岩石表面与独立基础或筏形基础底部之间的土层厚度超过 10ft（3.1m），则不得将该场地定义为 A 级和 B 级场地。新的场地等级划分见表 7.2-8。

新的场地等级和剪切波速的相关值（表 2.2-1，FEMA P-2078，2020 年 6 月） **表 7.2-8**

场地等级		剪切波速，$V_{s,30}$（fps）			USGS $v_{s,30}$（mps）
名称	描述	下限值	上限值	中间值	
A	Hard rock	5000			1500
B	Medium hard rock	3000	5000	3536	1080
BC	Soft rock	2100	3000	2500	760
C	Very dense soil or hard clay	1450	2100	1732	530
CD	Dense sand or very stiff clay	1000	1450	1200	365
D	Medium dense sand or stiff clay	700	1000	849	260
DE	Loose sand or medium stiff clay	500	700	600	185
E	Very loose sand or soft clay		500		150

对于按照规范要求进行现场勘察发现岩土条件符合 B 级场地等级标准，但未进行现场特定剪切波速测量的情况，应将场地系数 F_a、F_v 及 F_{PGA} 一律设为 1.0。

剪切波速计算深度取 30m，不存在覆盖层厚度的概念。但当基础底部至岩层表面的距离不足 3.1m 时，不能确定为 A 类或 B 类。美国规范将基岩表面定义为剪切波速 $v_{s,30}$=760m/s 深度处，该值对应于场地等级 B 与 C 边界处的剪切波速，但划归场地等级 B。0.2s 与 1.0s 振动周期处 5%阻尼的响应谱加速度参数就是以 760m/s 的剪切波速为基准的。

美国规范没有地震分组的概念，远近震的影响主要通过 1.0s 响应谱加速度参数来直接反映，《NEHRP 规定》2020 年版采用多周期设计响应频谱，可以更准确地表示设计地震动的频率成分，特别是与远震对应的长周期的影响。

在《NEHRP 规定》2020 年版与 ASCE/SEI 7-22 以前，场地效应通过两个场地修正系数 F_a 与 F_v 而发挥作用，即对直接从图表中查得的响应谱加速度参数 S_S 与 S_1 进行修正而得到经场地效应修正的 MCE_R 响应谱加速度参数 S_{MS} 与 S_{M1}。

$$S_{MS}=F_aS_S \quad (7.2\text{-}1)\ [\text{ASCE 7-16 式 (11.4-1)}]$$

$$S_{M1}=F_vS_1 \quad (7.2\text{-}2)\ [\text{ASCE 7-16 式 (11.4-2)}]$$

式中，S_S 与 S_1 分别为对应于默认场地等级为 BC 场地条件下 0.2s 短周期与 1.0s 周期处的图示 MCE_R 响应谱加速度参数，也即未经场地条件修正的 MCE_R 响应谱加速度参数，可通过查 ASCE 7-16 第 22 章图表获得，在 ASCE 7-22 中因场地响应已内置于 USGS 地震设计网络服务平台数据库中的 S_{MS} 与 S_{M1}，故 S_S 与 S_1 两个参数已从 ASCE 7-22 中淡出。场地系数 F_a、F_v 按表 7.2-9 及表 7.2-10 取值，这两个表来自《NEHRP 规定》2015 年版，相较于 2009 年版有变化。当因缺乏数据而按前述原则将场地等级 D 作为默认场地等级时，则 F_a 的值不得小于 1.2。当采用 ASCE 7-22 第 12.14 节的简化设计方法时，应根据第 12.14.8.1 款确定 F_a 值，而不必确定 F_v、S_{MS} 和 S_{M1} 的值。

MCE_R 短周期响应谱加速度参数的场地系数 F_a（FEMA P-1050 表 11.4-1）　表 7.2-9

场地等级	$S_S\leqslant0.25$	$S_S=0.5$	$S_S=0.75$	$S_S=1.0$	$S_S=1.25$	$S_S\geqslant1.5$
A	0.8	0.8	0.8	0.8	0.8	0.8
B	0.9	0.9	0.9	0.9	0.9	0.9
C	1.3	1.3	1.2	1.2	1.2	1.2
D	1.6	1.4	1.2	1.1	1.0	1.0
E	2.4	1.7	1.3	见第 11.4.7 条	见第 11.4.7 条	见第 11.4.7 条
F	见第 11.4.7 条	见第 11.4.7 条	见第 11.4.7 条	见第 11.4.7 条	见第 11.4.7 条	见第 11.4.7 条

MCE_R 1-s 周期响应谱加速度参数的场地系数 F_v（FEMA P-1050 表 11.4-2）　表 7.2-10

场地等级	$S_1\leqslant0.1$	$S_1=0.2$	$S_1=0.3$	$S_1=0.4$	$S_1=0.5$	$S_1\geqslant0.6$
A	0.8	0.8	0.8	0.8	0.8	0.8
B	0.8	0.8	0.8	0.8	0.8	0.8
C	1.5	1.5	1.5	1.5	1.5	1.4
D	2.4	2.21	2.01	1.91	1.81	1.71
E	4.2	3.31	2.81	2.41	2.21	2.01
F	见第 11.4.7 条	见第 11.4.7 条	见第 11.4.7 条	见第 11.4.7 条	见第 11.4.7 条	见第 11.4.7 条

需要注意的是，《NEHRP 规定》2009 年版及 ASCE 7-10 的图示地震动参数值均是以 B 级场地为基准绘制，当某个场地的实际场地等级异于 B 级时，就需要通过场地系数来对地震动参数进行调整（表 7.2-11）。但《NEHRP 规定》2015 年版及 ASCE 7-16 的图示地震动参数值则以剪切波速 v_s=760m/s（2500ft/s）的场地为基准绘制。

需要提请注意的是，以上场地系数仅存在于《NEHRP 规定》2015 年版与 ASCE 7-16 及其更早版本中，《NEHRP 规定》2020 年版及 ASCE 7-22 已不复存在，原因是有关场地效应已经体现在 USGS 地震设计网络服务平台数据库中。

MCE$_R$ 峰值地面加速度 PGA 的场地系数 F_{PGA}（FEMA P-1050 表 11.8-1） 表 7.2-11

场地等级	PGA≤0.1	PGA=0.2	PGA=0.3	PGA=0.4	PGA=0.5	PGA≥0.6
A	0.8	0.8	0.8	0.8	0.8	0.8
B	0.9	0.9	0.9	0.9	0.9	0.9
C	1.3	1.2	1.2	1.2	1.2	1.2
D	1.6	1.4	1.3	1.2	1.1	1.1
E	2.4	1.9	1.6	1.4	1.2	1.1
F	见第 11.4.7 条	见第 11.4.7 条	见第 11.4.7 条	见第 11.4.7 条	见第 11.4.7 条	见第 11.4.7 条

S_{MS} 与 S_{M1} 乘以 2/3 即得到设计地震（DE）谱响应加速度参数 S_{DS} 与 S_{D1}。

3. 欧洲规范

EC 8 根据平均剪切波速 $v_{s,30}$ 将场地类型划分为 A、B、C、D、E 五种类型，当场地存在深厚高塑性指数土、高含水量软黏土、淤泥或淤泥质土、液化土、敏感黏土等特殊土层时，应进行专门研究并据实划分为 S_1 类或 S_2 类。故欧洲规范总共有 A、B、C、D、E、S_1 及 S_2 共 7 种场地类型。表 7.2-12 所示为欧洲规范的场地类型。

场地类型（EC 8 表 3.1） 表 7.2-12

场地类型	地层剖面描述	参数		
		$v_{s,30}$(m/s)	N_{SPT}(次/30cm)	c_u(kPa)
A	岩石或其他类岩石地质构造，包括表层最多 5m 厚的软弱材料	>800	—	—
B	非常致密砂、卵石或非常坚硬黏土组成的厚达几十米的沉积层，具有力学特性随深度逐渐增大的特征	360～800	>50	>250
C	密实或中密砂、卵石或坚硬黏土组成的厚达几十至数百米的沉积物	180～360	15～50	70～250
D	松散～中密的非黏性土（有或没有软黏土层），或以软～硬黏性土为主的沉积层	<180	<15	<70
E	由厚度 5～20m 具有 C 类或 D 类场地 v_s 值的表面淤积层及 v_s>800m/s 的较硬下卧土层组成	—	—	—
S_1	由至少 10m 厚高塑性指数（PI>40）高含水率的软黏/粉土组成或包含上述土层的沉积物	<100（指示性的）	—	10～20
S_2	液化土、敏感黏土或任何其他不包含在 A～E 类或 S_1 类土层结构的沉积物	—	—	—

平均剪切波速 $v_{s,30}$ 应取地面下 30m（美国 30m，中国 20m）深度范围内的平均剪切波速。原则上场地分类均应按平均剪切波速 $v_{s,30}$ 分类，当没有这方面数据时，也可以用 N_{SPT}（标准贯入试验锤击数）分类。

注意：与欧洲规范 A 类产地对应的基岩剪切波速要求大于 800m/s，且 A 类场地的上覆软弱材料的厚度不应大于 5m。

在抗震设计响应谱中，场地类型的影响通过岩土系数（soil factor）S 予以体现。

四、响应谱参数

1. 中国规范

中国抗震规范的响应谱参数最核心的有三个：阻尼 ζ、地震影响系数最大值 α_{max} 及场地土特征周期 T_g。其中，反映地震响应加速度水平的参数只有一个 α_{max}。

阻尼 ζ：中美欧规范对于混凝土结构均取 5%的阻尼，也作为各自规范的基准阻尼。

地震影响系数最大值 α_{max}：是中国规范对加速度响应谱曲线进行无量纲化后的一个无量纲参数，其与重力加速度 g 的乘积 $\alpha_{max}g$ 就是建筑物在地震动下峰值响应加速度。α_{max} 决定了地震影响系数曲线的高度（纵坐标），该值既与地震影响有关，也与地震烈度有关，规范提供了多遇地震与罕遇地震各烈度水平的地震影响系数最大值，见表 7.2-13。

特征周期 T_g：特征周期与场地土类别及地震分组有关，T_g 决定了地震影响系数曲线各段（直线上升段除外）的宽度（横坐标），且对两个下降曲线段的纵坐标也有一定程度的影响，但对直线上升段与平台段的纵坐标没有影响。中国规范仅仅通过特征周期来反映覆盖层厚度的影响及远近震的影响，与美国规范相比过于粗糙。

水平地震影响系数最大值 α_{max} **表 7.2-13**

地震影响	6 度	7 度	8 度	9 度
多遇地震	0.04	0.08(0.12)	0.16(0.24)	0.32
罕遇地震	0.28	0.50(0.72)	0.90(1.20)	1.40

注：括号中数值分别用于设计基本地震加速度为 0.15g 和 0.30g 的地区。

此外，还有三个辅助参数：直线下降段的下降斜率调整系数 η_1、阻尼调整系数 η_2 与曲线下降段的衰减指数 γ。之所以将这三个参数归为辅助参数，是因为这三个参数均不是独立的参数，而是阻尼比 ζ 的函数。当阻尼比 $\zeta=0.05$ 时，$\eta_1=0.02$，$\eta_2=1.0$，$\gamma=0.9$。

2. 美国规范

在《NEHRP 规定》2020 年版与 ASCE/SEI7-22 以前的版本中，二周期响应谱的核心参数有如下几个：阻尼比 ζ、0.2s 短周期加速度参数 S_{DS}、1.0s 周期加速度参数 S_{D1} 及长周期过渡点周期 T_L。

S_{DS}、S_{D1} 及 T_L 是确定地震响应谱形状与坐标的参数，其中 $T_0=0.2T_S=0.2\dfrac{S_{D1}}{S_{DS}}$、$T_S=\dfrac{S_{D1}}{S_{DS}}$ 与 T_L 确定了响应谱各段曲线的起始点的横坐标，而响应谱各段曲线的纵坐标则分别由 S_{DS}（恒加速度段，即平台段）、S_{D1}（恒速度段，即第一曲线下降段）及 S_{D1} 与 T_L 共同（恒位移段，即第二曲线下降段）决定。

因此，美国规范反映地震响应加速度水平的参数有两个，即 S_{DS} 与 S_{D1}。与其称为“二周期响应谱”不如称为“双加速度参数响应谱”更为切中要害，也更有利于与中欧规范的直接比较。

PGA_M 是与岩土动力学有关的参数，仅在考虑岩土与结构相互作用的抗震设计中采用，并不出现在用于结构抗震设计的设计响应谱中。

美国的地震响应谱是有量纲的加速度谱。谱曲线纵坐标 S_a 值或经公式计算出来的 S_a 值直接就是结构响应加速度。当然，S_S、S_1 及 PGA_M 也都是以加速度为量纲的数，这与中国规范的无量纲参数 α_{max} 不同。

美国规范的场地等级，是通过场地修正系数 F_a、F_v 对响应谱加速度参数 S_S、S_1 进行修正而发挥作用，直接影响谱加速度值（纵坐标），但对响应谱曲线的横坐标仅通过 T_0 与 T_S 值有间接影响，远不像中国规范那样直接以 T_g 及 $5T_g$ 作为横坐标的度量。

2020 年版《NEHRP 规定》与 ASCE/SEI 7-22 的地震动以从 0 到 10s 的 22 个周期的频谱响应加速度给出，取代了 0.2s 短周期加速度参数 S_{DS} 与 1.0s 周期加速度参数 S_{D1}，并内置于 USGS 地震设计地质数据库中，故称为多周期设计响应频谱。场地等级 A、B、BC、C、CD、D、DE 和 E 级的 S_{MS} 与 S_{M1} 值、MCE_R 谱响应加速度参数 S_S 与 S_1 的值（场地等级 BC 级）以及所有场地等级的 PGA_M 值也包含在 USGS 地震设计地质数据库中。为了最大限度地方便用户，ASCE/SEI 7-22 第 22 章也提供了基于场地等级 C、CD 和 D 级场地的最关键谱响应加速度而绘制的默认场地条件下以风险为目标的最大考虑地震（MCE_R）谱响应加速度参数 S_{MS} 与 S_{M1} 地图、默认场地条件下的最大考虑地震的几何平均（MCE_G）峰值地面加速度参数 PGA_M 地图以及长周期过渡周期参数 T_L 地图。设计师仍可按照传统的查图表方式采用二周期响应谱进行结构抗震设计。

3. 欧洲规范

欧洲规范的抗震设计参数也比较多：阻尼 ζ、岩土参数 α_{gR}、γ_I、S、T_B、T_C、T_D。

欧洲规范的 α_{gR} 是 A 类场地峰值地面加速度参考值，是描述地震灾害的唯一一个参数，与 UBC 的术语相同，相当于美国现行规范的抗震设计类别及中国规范的抗震设防烈度，但遗憾的是欧洲抗震规范没有提供欧洲地区的地震分区图，也没有给出任何一个成员国的地震分区图，每个成员国的地震分区图需要在每个成员国的国家附件中提供。但欧洲规范针对低烈度（low seismicity）地区及超低烈度（very low seismicity）地区提供了 α_g（$\alpha_g=\gamma_I\alpha_{gR}$）的阈值可供参考，见表 7.2-14。

欧洲规范建议的峰值地面加速度参数　　表 7.2-14

加速度参数	场地类别	地震概率水平	低烈度	超低烈度
$\alpha_g=\gamma_I\alpha_{gR}$	A	50 年超越 10%	$\leqslant 0.08g$（$0.78m/s^2$）	$\leqslant 0.04g$（$0.39m/s^2$）
$\alpha_g S$	A	50 年超越 10%	$\leqslant 0.10g$（$0.98m/s^2$）	$\leqslant 0.05g$（$0.49m/s^2$）

α_{gR} 对欧洲规范的两类响应谱（Type 1 & 2）取值相同，与重要性系数 γ_I 一起，决定着 A 类场地的响应谱曲线的纵坐标。

S 是根据场地类别不同而分别确定的岩土系数，对两类响应谱取值不同，其作用相当于将响应谱曲线纵坐标直接放大 S 倍，故对于场地类别对系统振动响应加速度的影响程度，欧洲规范要比中国规范大得多。

T_B、T_C、T_D 是根据场地类别不同而分别确定的周期值，对两类响应谱取值不同，对响应谱曲线纵坐标有一定程度的影响。T_B 相当于中国规范的 0.1s 周期，而 T_C、T_D 在直观上相当于中国规范的 T_g 与 $5T_g$，对应的都是响应谱曲线各分支段界限处的周期值。

五、对比分析

美国规范在实际应用层面已取消地震烈度的概念，不同场地的抗震设计参数直接取自USGS地震设计地质数据库或规范ASCE/SEI 7-22所附“四图”，这些参数也没有和地震烈度建立联系。欧洲规范依据峰值地面加速度来划分了地震分区，但既没有提供整个欧洲的地震分区图，也没有给出任何一个成员国的地震分区图，每个成员国的地震分区图需要在每个成员国的国家附录中提供。欧洲规范的地震分区，与美国已经废止的UBC规范的术语相同。中国规范的地震烈度不但直接影响地震影响系数最大值α_{max}的取值，而且对结构限高与抗震措施等均有直接影响。

中欧规范的响应谱均为单加速度参数响应谱，即响应谱曲线均由单一加速度参数配合其他响应谱参数及辅助参数而构建，虽然其他响应谱参数及辅助参数对响应谱曲线的纵坐标（系统振动响应加速度）也有不同程度的影响，但核心的加速度参数只有一个，对于中国规范就是地震影响系数最大值α_{max}，而对于欧洲规范则为对应不同场地类别的峰值地面加速度α_{gR}。美国规范则由S_{DS}与S_{D1}所代表的双加速度参数发展到多达22个周期处的多加速度参数，无疑美国规范的新一代多周期响应谱更为先进、精确和细腻。

欧美规范场地效应对响应谱曲线纵坐标（系统振动响应加速度）的影响，均相当于采用一个与不同场地类别对应的系数（美国规范为场地系数F_a与F_v，而欧洲规范则为岩土系数S）对响应谱曲线直接进行放大，故响应大且直接；而中国规范场地类别只响应场地特征周期T_g的取值，而特征周期T_g主要影响的是平台段（恒加速度段）与曲线下降段（恒速度段）的宽度，对曲线下降段与直线下降段（恒位移段）的纵坐标也有一定程度的影响，但对最关键的平台段纵坐标却没有影响。笔者认为这是与欧美规范相比的另一较大差异之处，是否是缺陷，笔者在此不能断言。

中美规范的响应谱加速度参数都是结构响应加速度。但欧洲规范的α_{gR}不是结构响应加速度，而是地面加速度，即对应地震响应谱曲线起点处的坐标值（$T=0$时的谱值）。中国规范没有出现地面加速度的概念，但对应中国规范响应谱曲线起点处坐标值的$0.45\alpha_{max}$就是峰值地面加速度。美国规范虽然也有峰值地面加速度PGA_M，但不应用于地震响应谱，仅限于岩土与结构在地震下相互作用分析时采用的一个参数。

第三节 抗震设计响应谱

一、中国规范的响应谱

中国规范的术语为“反应谱”，笔者惯用“响应谱”这一术语，二者均源自Response Spectrum一词，只不过译法不同。

中国规范的抗震设计反应谱：取同样场地条件下的许多加速度记录，并取阻尼比＝0.5，得到相应于该阻尼比的加速度反应谱，除以每一条加速度记录的最大加速度来进行无量纲化处理，然后进行统计分析，取综合平均值并结合经验判断进行平滑化处理而得到“标准反应谱”，将标准反应谱乘以地震系数（相当于7、8、9度烈度峰值加速度与重力加速度的比值），即为规范采用的地震影响系数，或称抗震设计反应谱。

设计反应谱是用来预估建筑结构在其设计基准期内可能经受的地震作用，通常根据大量实际地震记录的反应谱进行统计并结合工程经验判断加以规定。

弹性反应谱理论仍是现阶段抗震设计的最基本理论，中国规范所采用的设计反应谱以地震影响系数曲线的形式给出，见图 7.3-1。

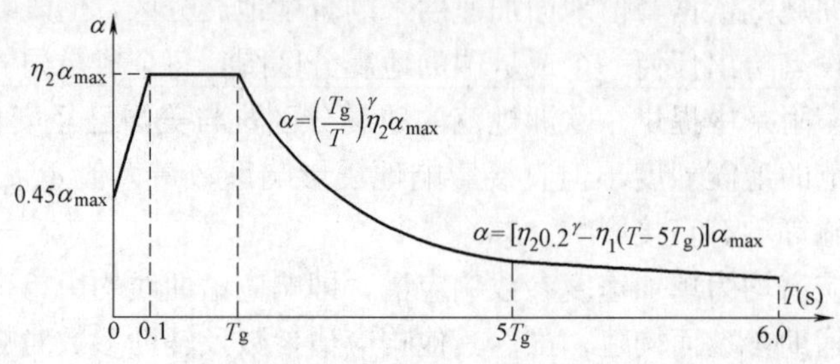

图 7.3-1　地震影响系数曲线

α—地震影响系数；α_{max}—地震影响系数最大值；T—结构自振周期；T_g—场地土特征周期

1）除有专门规定外，建筑结构的阻尼比应取 0.05，地震影响系数曲线的阻尼调整系数应按 1.0 采用，形状参数应符合下列规定：

（1）直线上升段，周期小于 0.1s 的区段。

（2）水平段，自 0.1s 至特征周期区段，应取最大值，$\alpha=\eta_2\alpha_{max}$。

（3）曲线下降段，自特征周期至 5 倍特征周期区段，$\alpha=\left(\frac{T_g}{T}\right)^{\gamma}\eta_2\alpha_{max}$，衰减指数 γ 应取 0.9。

（4）直线下降段，自 5 倍特征周期至 6s 区段，$\alpha=[\eta_2 0.2^{\gamma}-\eta_1(T-5T_g)]\alpha_{max}$，下降斜率调整系数 η_1 应取 0.02。

2）当建筑结构的阻尼比按有关规定不等于 0.05 时，地震影响系数曲线的阻尼调整系数和形状参数应符合下列规定：

（1）曲线下降段的衰减指数应按下式确定：

$$\gamma=0.9+\frac{0.05-\zeta}{0.3+6\zeta} \quad (7.3\text{-}1)\ [《抗规》式\ (5.1.5\text{-}1)]$$

式中　γ——曲线下降段的衰减指数；

　　　ζ——阻尼比。

（2）直线下降段的下降斜率调整系数应按下式确定：

$$\eta_1=0.02+\frac{0.05-\zeta}{4+32\zeta} \quad (7.3\text{-}2)\ [《抗规》式\ (5.1.5\text{-}2)]$$

式中　η_1——直线下降段的下降斜率调整系数，小于 0 时取 0。

（3）阻尼调整系数应按下式确定：

$$\eta_2=1+\frac{0.05-\zeta}{0.08+1.6\zeta} \quad (7.3\text{-}3)\ [《抗规》式\ (5.1.5\text{-}3)]$$

式中　η_2——阻尼调整系数，当小于 0.55 时，应取 0.55。

同样烈度、同样场地条件的反应谱形状，随着震源机制、震级大小、震中距远近等的变化，有较大的差别，影响因素很多。在继续保留烈度概念的基础上，用设计地震分组的

特征周期 T_g 予以反映。

在 $T \leqslant 0.1s$ 的范围内，各类场地的地震影响系数一律采用同样的斜线，使之符合 $T=0$ 时（刚体）动力不放大的规律；在 $T \geqslant T_g$ 时，设计反应谱在理论上存在两个曲线下降段，即速度控制段和位移控制段，在加速度反应谱中，前者衰减指数为 1，后者衰减指数为 2，这正是美国规范与欧洲规范所采用的做法。但中国《建筑抗震设计规范》GB 50011—2010（2016 年修订版）为保持规范的延续性，地震影响系数在 $T \leqslant 5T_g$ 范围内与 2001 年版规范维持一致，第一个下降段（$T_g \leqslant T \leqslant 5T_g$）为曲线下降段，曲线的衰减指数为非整数；当阻尼比为 0.05 时衰减指数为 0.9，第二个下降段（$T > 5T_g$）则取直线下降段。

中国的地震反应谱曲线的横坐标（结构基本周期）最多到 6s，对于周期大于 6s 的结构，地震影响系数仍需专门研究。美国的地震反应谱曲线，仅标志为第二个下降段起始点周期的 T_L 值就长达 16s。

二、美国规范的响应谱

（一）二周期设计响应谱（第 11.4.5.2 款）

美国规范在《NEHRP 规定》2020 年版与 ASCE/SEI 7-10 以前的版本中使用的设计响应谱是由“四段线三参数”构建的，因谱响应加速度 S_a 值主要与 0.2s 周期与 1.0s 周期所对应的两个加速度参数 S_{DS} 与 S_{D1} 有关，或者说这两个周期的加速度参数 S_{DS} 及 S_{D1} 共同决定了谱响应加速度 S_a 的值，故也被称为二周期设计响应谱（图 7.3-2）。

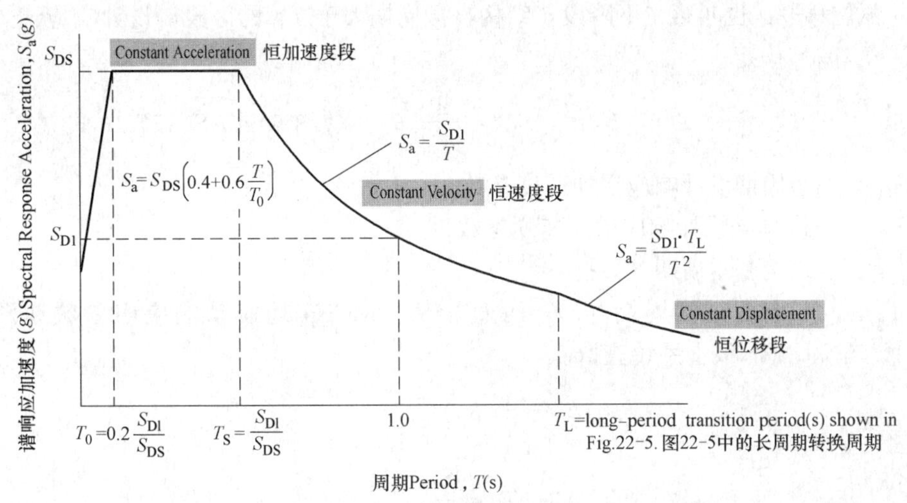

图 7.3-2 NEHRP/ASCE 7 设计响应谱（ASCE 7-10 图 11.4-1）

1. 三参数

（1）第一个参数 S_{DS}：短周期（$T=0.2s$）响应谱纵坐标（谱值）。

S_{DS} 设定了恒加速度段（平台段），是直线上升段的最大值，也是整条响应谱曲线的最大值。

（2）第二个参数 S_{D1}：1.0s 周期所对应的响应谱纵坐标。

S_{D1} 设定了恒速度段（第一下降段），该段响应谱加速度 S_a 由 1.0s 周期参数 S_{D1} 除

以结构基本周期 T 而得到。恒加速度段与恒速度段相交的点称为短周期过渡点 T_S，该值决定了响应谱平台段的宽度。

(3) 第三个参数 T_L：长周期过渡点参数。

T_L 设定了恒位移段（第二下降段），是第一下降段与第二下降段的交汇点。

2. 四段线

(1) 直线上升段：结构自振周期在 0 与 $T_0\left(T_0=0.2T_S=0.2\dfrac{S_{D1}}{S_{DS}}\right)$之间的区段，加速度谱值 S_a 从 S_{DS} 的 40%开始（峰值地面加速度），并且与 S_{DS} 呈线性关系。设计响应谱加速度 S_a 按式（7.3-4）确定。

$$S_a=S_{DS}\left(0.4+0.6\frac{T}{T_0}\right)$$

（7.3-4）［ASCE 7-16 式（11.4-5）］

(2) 恒加速度段：也叫响应谱平台段，结构自振周期处于 T_0 与 T_S 之间，设计响应谱加速度为常量 S_{DS}。

$$S_a=S_{DS}$$

(3) 恒速度段：也叫第一下降段，结构自振周期处于 T_S 与 T_L 之间，设计响应谱加速度 S_a 按式（7.3-5）确定。

$$S_a=\frac{S_{D1}}{T}$$ （7.3-5）［ASCE 7-16 式（11.4-6）］

(4) 恒位移段：也叫第二下降段，结构自振周期大于 T_L 的区段，设计响应谱加速度 S_a 按式（7.3-6）确定。

$$S_a=\frac{S_{D1}T_L}{T^2}$$ （7.3-6）［ASCE 7-16 式（11.4-7）］

式中 S_{DS}——短周期设计响应谱加速度参数；

S_{D1}——1s 周期设计响应谱加速度参数；

T——结构基本周期（s）；

T_L——长周期过渡周期（s），可直接从“MCE_R 地震动响应谱参数地图”或USGS线上系统查取。

$$T_0=0.2\frac{S_{D1}}{S_{DS}}$$

$$T_S=\frac{S_{D1}}{S_{DS}}$$

（二）多周期设计响应谱（第 11.4.5.1 款）

多周期设计响应频谱的引入是为了提高地震设计地震动频率含量的准确性，并提高从这些地震动得出的地震设计参数的可靠性。多周期设计响应频谱可以更准确地表示设计地震动的频率成分，并且是频谱响应的首选特征。可以更好地利用现有的地球科学的先进成果，以便准确定义更广周期范围内不同场地条件的谱响应。

多周期设计响应谱应按如下方式确定：

(1) 在周期 T 的离散值等于 0.0、0.01、0.02、0.03、0.05、0.075、0.1、0.15、

0.2、0.25、0.3、0.4、0.5、0.75、1.0、1.5、2.0、3.0、4.0、5.0、7.5 和 10s 处，5%阻尼设计谱响应加速度参数 S_a 应取来自 USGS 地震设计地理数据库中适用场地等级的多周期 5%阻尼 MCE_R 响应谱值的 2/3。

(2) 当每个响应周期 T 小于 10s 且不等于上述第 (1) 项中列出的周期 T 的离散值之一时，S_a 应由上述第 (1) 项的 S_a 值之间的线性插值确定。

(3) 当每个响应周期 T 大于 10s 时，若 T 值小于或等于长周期过渡期值 T_L，S_a 应取上述第 (1) 项 10s 周期的 S_a 值乘以 $10/T$；若其中 T 值大于长周期过渡期值 T_L，S_a 应取 10s 周期处的 S_a 值乘以 $10T_L/T^2$。

表 7.3-1 所示为 MCE_R 地震动强度下 5%阻尼 8 种场地等级 22 个周期点的响应谱加速度参数与 PGA 参数，可帮助用户在无法获取线上数据时快速构建多周期响应谱。

22 个响应周期加上 PGA_G 和 8 个假设场地等级组合的多周期响应谱标准格式 (g)
(ASCE 7—2022 表 21.2-1 MCE_R 响应谱和 PGA_G 的确定性下限值)　　表 7.3-1

周期 T (s)	5% 阻尼分场地等级的响应谱加速度或 PGA 参数(g)							
	A	B	BC	C	CD	D	DE	E
0.00	0.501	0.565	0.658	0.726	0.741	0.694	0.607	0.547
0.010	0.503	0.568	0.662	0.730	0.748	0.703	0.617	0.547
0.020	0.519	0.583	0.676	0.739	0.749	0.703	0.617	0.547
0.030	0.596	0.662	0.750	0.792	0.778	0.703	0.617	0.547
0.050	0.811	0.888	0.955	0.958	0.888	0.758	0.620	0.551
0.075	1.040	1.142	1.214	1.193	1.076	0.900	0.713	0.624
0.10	1.119	1.252	1.371	1.368	1.241	1.040	0.825	0.724
0.15	1.117	1.291	1.535	1.606	1.497	1.266	1.002	0.875
0.20	1.012	1.194	1.500	1.710	1.662	1.440	1.153	1.010
0.25	0.897	1.075	1.397	1.714	1.766	1.584	1.299	1.153
0.30	0.810	0.976	1.299	1.665	1.829	1.705	1.443	1.301
0.40	0.689	0.833	1.138	1.525	1.823	1.802	1.607	1.484
0.50	0.598	0.724	1.009	1.385	1.734	1.803	1.681	1.596
0.75	0.460	0.536	0.760	1.067	1.407	1.566	1.598	1.589
1.0	0.368	0.417	0.600	0.859	1.168	1.388	1.512	1.578
1.5	0.261	0.288	0.410	0.600	0.839	1.086	1.348	1.540
2.0	0.207	0.228	0.309	0.452	0.640	0.877	1.192	1.458
3.0	0.152	0.167	0.214	0.314	0.449	0.632	0.889	1.111
4.0	0.120	0.132	0.164	0.238	0.339	0.471	0.655	0.815
5.0	0.100	0.109	0.132	0.188	0.263	0.359	0.492	0.607
7.5	0.063	0.068	0.080	0.110	0.148	0.194	0.256	0.311
10	0.042	0.045	0.052	0.069	0.089	0.113	0.144	0.170
PGA_G	0.373	0.429	0.500	0.552	0.563	0.527	0.461	0.416

图 7.3-3 所示为将各种场地等级集成到一张图上的多周期响应谱示例。

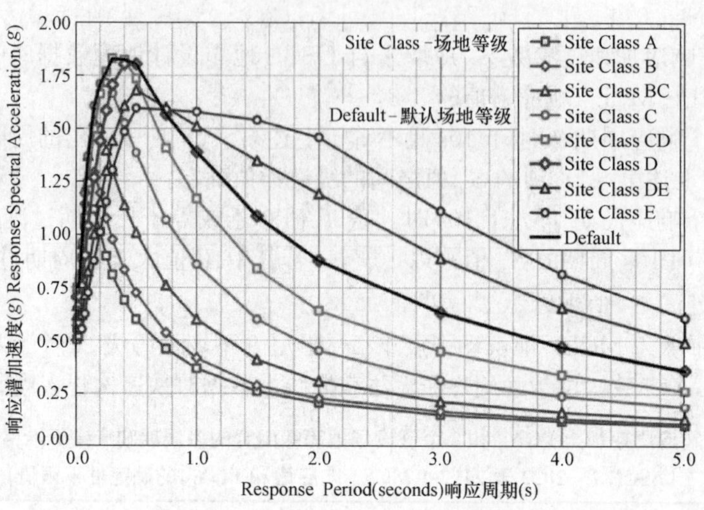

图 7.3-3　来自 ASCE/SEI 7-22 表 21.2-1 的 MCE_R 响应谱示例（FEMA P 2192 V2）

（三）多周期响应谱与二周期响应谱的差异及改进之处

图 7.3-4 所示为美国加州 San Mateo 默认场地等级的规范响应谱演化过程。图中 3 条有水平段的响应谱为二周期响应谱，从下至上分别为 ASCE 7-10 的二周期响应谱、ASCE 7-16 的二周期响应谱和《NEHRP 规定》2020 年版（ASCE 7-22）的二周期响应谱，随着规范版本升级，峰值加速度参数总体呈增大趋势。无水平段的光滑曲线则为《NEHRP 规定》2020 年版（ASCE 7-22）的多周期响应谱，曲线更为光滑，峰值加速度参数与《NEHRP 规定》2020 年版（ASCE 7-22）的二周期响应谱相比有增有减。

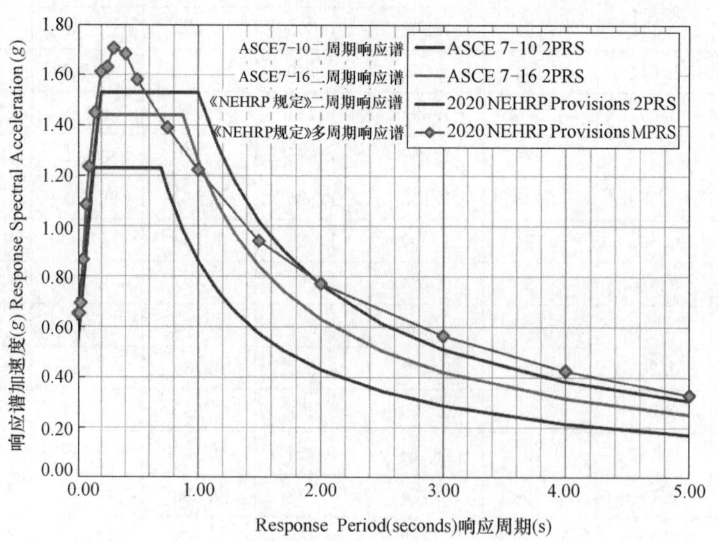

图 7.3-4　美国加州 San Mateo 默认场地等级的规范响应谱演化过程（FEMA P-2078 图 8.2-2）

以下三组图是 M7.0 地震下几种典型场地等级间多周期响应谱的对比及与等效侧向力法（ELF）所用二周期设计响应谱的对比，其中中间红色曲线为默认场地等级 BC 级的 MCE_R 地震动多周期响应谱，对于同样的地震动强度在 3 幅图中的曲线形状与谱值保持不变。

图 7.3-5 所示为 M7.0 地震下场地等级 C 的不带谱形调整的二周期（ELF）设计谱和多周期响应谱的比较。带有平直段的黑色曲线为 ELF 设计谱，其平台段谱值与设计多周期响应谱（最下一条青色曲线）的峰值比较接近，而 C 级场地的 MCE_R 多周期响应谱的谱值要明显高于默认场地等级 BC 的 MCE_R 多周期响应谱谱值，且曲线极值点明显向右偏移，但没有交叉。

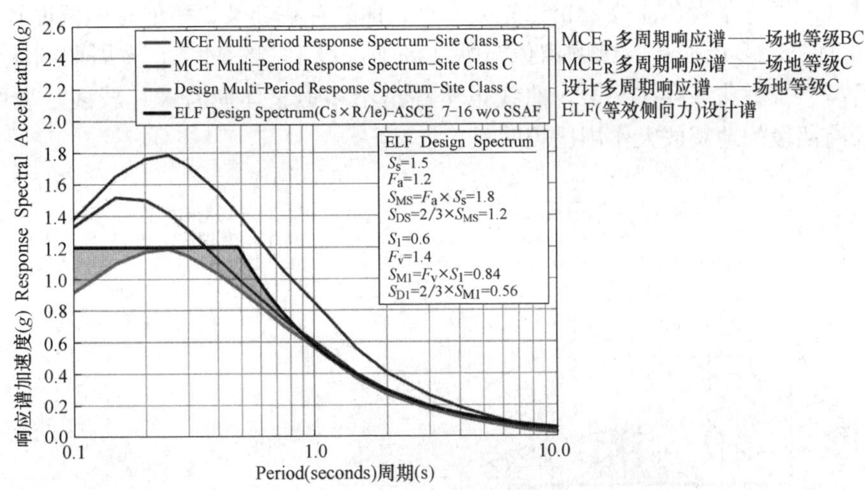

图 7.3-5　ASCE/SEI 7-16 二周期（ELF）设计谱（不带谱形调整）和多周期响应谱的比较——场地等级 C（基于 RX=6.8km 处的 M7.0 地震地面运动）

图 7.3-6 所示为 M7.0 地震下场地等级 D 的不带谱形调整的二周期（ELF）设计谱和多周期响应谱的比较。带有平直段的黑色曲线为 ELF 设计谱，其平台段谱值与设计多周

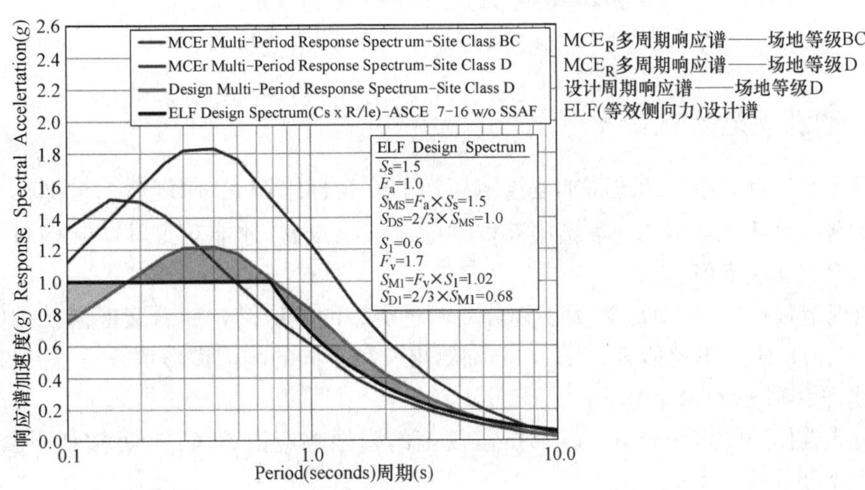

图 7.3-6　ASCE/SEI 7-16 二周期（ELF）设计谱（不带谱形调整）和多周期响应谱的比较——场地等级 D（基于 RX=6.8km 处的 M7.0 地震地面运动）

期响应谱（最下一条青色曲线）相比先大后小，曲线存在交叉。而D级场地的MCE_R多周期响应谱的谱值与默认场地等级BC的MCE_R多周期响应谱谱值相比先低后高，二者曲线存在交叉，且极值点的谱值要高出较多且向右偏移较多，表明D级场地在低周期段的加速度参数与BC级场地相比反倒有缩小的现象，但在交叉点后则放大较多。

图7.3-7所示为M7.0地震下场地等级E的不带谱形调整的二周期（ELF）设计谱和多周期响应谱的比较。带有平直段的黑色曲线为ELF设计谱，其平台段谱值与设计多周期响应谱（最下一条青色曲线）相比先大后小，曲线存在交叉，谱值总体偏低较多。而E级场地的MCE_R多周期响应谱的谱值与默认场地等级BC的MCE_R多周期响应谱谱值相比先低后高，二者曲线存在交叉，曲线虽然高出不多但整体向右偏移较多，表明E级场地在较长周期段的地震放大作用比较明显。

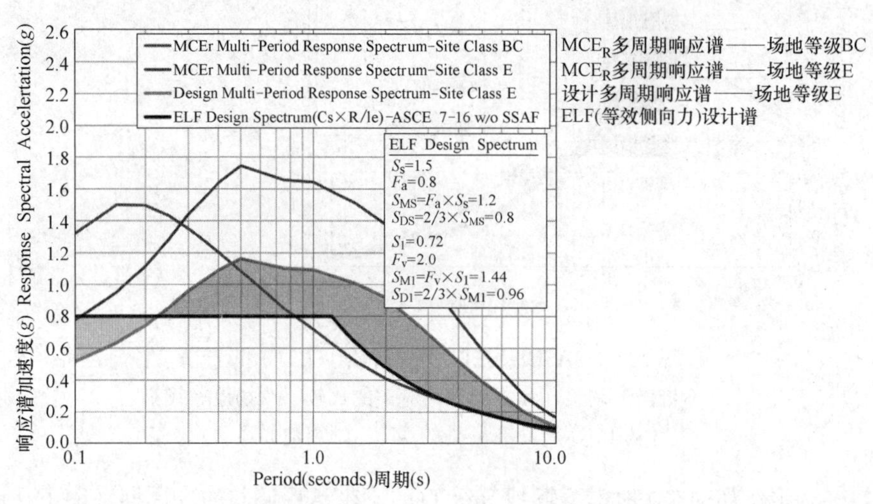

图7.3-7　ASCE/SEI 7-16二周期（ELF）设计谱（不带谱形调整）和多周期响应谱的比较——场地等级D（基于RX=6.8km处的M7.0地震地面运动）

三、欧洲规范的响应谱

欧洲规范的响应谱是通过将加速度响应谱的纵坐标除以α_g而进行无量纲化后的无量纲加速度谱，故从无量纲加速度谱中获取的值应该乘以α_g才能获得具体结构对应某个周期的结构响应加速度值。

欧洲规范根据震级（M_W）大小划分成两种类型的响应谱，然后又根据5种场地类别（A、B、C、D、E，不包括S_1、S_2）分别给出5种不同的响应谱形状。

1. 水平弹性响应谱

代表地震作用的水平分量，欧洲抗震规范的弹性响应谱$S_e(T)$可按如下公式定义，响应谱形状参见图7.3-8。

$$0 \leqslant T \leqslant T_B: \qquad S_e(T)=\alpha_g \cdot S \cdot \left[1+\frac{T}{T_B} \cdot (\eta \cdot 2.5-1)\right]$$

(7.3-7)［EC 8式（3.2）］

$T_B \leqslant T \leqslant T_C$: $S_e(T)=\alpha_g \cdot S \cdot \eta \cdot 2.5$ (7.3-8)［EC 8 式 (3.3)］

$T_C \leqslant T \leqslant T_D$: $S_e(T)=\alpha_g \cdot S \cdot \eta \cdot 2.5\left[\frac{T_C}{T}\right]$ (7.3-9)［EC 8 式 (3.4)］

$T_D \leqslant T \leqslant 4s$: $S_e(T)=\alpha_g \cdot S \cdot \eta \cdot 2.5\left[\frac{T_C T_D}{T^2}\right]$ (7.3-10)［EC 8 式 (3.5)］

式中 $S_e(T)$——弹性响应谱，以结构基本周期为自变量，以系统振动响应加速度为函数；

T——线性单自由度体系的振动周期；

α_g——A 类场地的设计地震动加速度（$\alpha_g=\gamma_I\alpha_{gR}$，其中 α_{gR} 是 A 类场地峰值地面加速度参考值）；

T_B——恒加速度分支的下限周期；

T_C——恒加速度分支的下限周期；

T_D——恒位移分支的起始点周期；

S——岩土系数（或叫场地修正系数）；

η——阻尼修正系数，当黏滞阻尼为 5%时，$\eta=1$，当阻尼比不为 5%时，η 按下式计算：

$$\eta=\sqrt{10/(5+\xi)} \geqslant 0.55$$

此处的 ξ 为结构的黏滞阻尼比。

描述弹性响应谱形状的周期值 T_B、T_C 与 T_D 以及岩土参数 S 取决于场地类型。对于成员国家使用的每种场地类型和频谱类型（形状），T_B、T_C、T_D 及 S 的取值应从其国家附件查取。当深层地质未被考虑时，欧洲抗震规范建议选择使用两种类型的响应谱：类型 1 和类型 2。

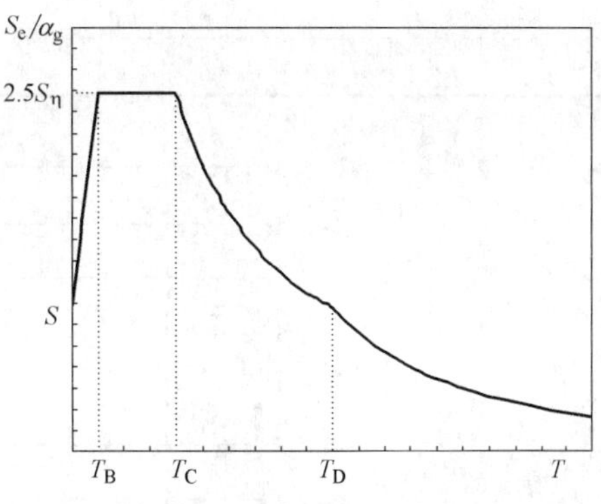

图 7.3-8 弹性响应谱形状（EC 8 图 3.1）

如果对地震危害（按照对场地的概率危害评估来定义）贡献最大的地震的表面波震级 M_s 不大于 5.5，建议采用 2 型响应谱，否则应采用 1 型响应谱。

对于五个场地类型 A、B、C、D 和 E，欧洲规范分别针对 1 型响应谱与 2 型响应谱给出了参数 S、T_B、T_C 和 T_D 的推荐值，见表 7.3-2 与表 7.3-3。图 7.3-9 和图 7.3-10 分别显示了建议的 1 型谱和 2 型谱的形状，并针对 5%阻尼通过除以 α_g 进行无量纲化。如果考虑到深层地质因素，则可以在国家附件中定义不同的响应谱。

描述建议类型 1 弹性响应谱的参数值（EC 8 表 3.2） **表 7.3-2**

场地类型	S	T_B(s)	T_C(s)	T_D(s)
A	1.00	0.15	0.4	2.0
B	1.20	0.15	0.5	2.0
C	1.15	0.20	0.6	2.0
D	1.35	0.20	0.8	2.0
E	1.40	0.15	0.5	2.0

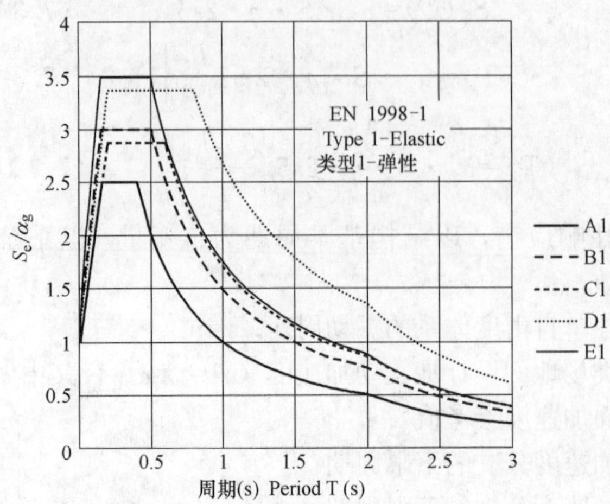

图 7.3-9　场地类型 A～E（5% 阻尼）的推荐 1 型弹性响应谱（震级 $M_s \leqslant 5.5$）（EC 8 图 3.2）

描述建议类型 2 弹性响应谱的参数值（EC 8 表 3.3）　　**表 7.3-3**

场地类型	S	T_B(s)	T_C(s)	T_D(s)
A	1.00	0.05	0.25	1.2
B	1.35	0.05	0.25	1.2
C	1.50	0.10	0.25	1.2
D	1.80	0.10	0.30	1.2
E	1.60	0.05	0.25	1.2

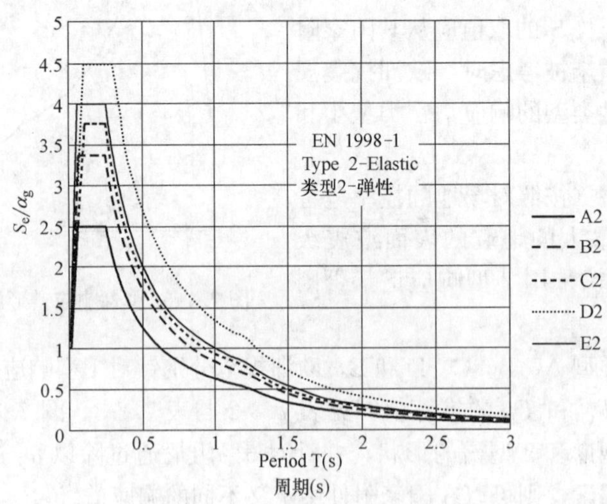

表 7.3-10　场地类型 A～E（5%阻尼）的推荐 2 型弹性响应谱（震级 $M_s > 5.5$）（EC 8 图 3.3）

2. 用于弹性分析的设计响应谱

结构系统在非线性范围内抵抗地震作用的能力，通常允许按照比线弹性响应地震作用更小的地震作用去进行抗力设计。

为了避免在设计中进行显性的非弹性结构分析，鉴于构件和/或其他机制的延性行为，结构耗散能量的能力可以通过基于折减响应谱（在弹性响应谱的基础上折减）的弹性分析予以考虑。这一折减的响应谱就称为“设计响应谱”。这种折减通过引入性能系数（Behaviour Factor，直译为行为因子）q 来实现。

上述理念与手法和美国规范十分相似。

性能系数是一个大概比率，该比率是结构响应为完全弹性时结构所承受的地震力与实际用于设计的地震力之比（对应5%阻尼比）。当设计中采用传统分析模型时，仍可确保具有满意的结构响应。性能系数 q 的值针对不同材料、不同结构系统根据相应的延性等级在EN 1998的各个分册中给出，同时考虑了不同阻尼比的影响。尽管延性等级在结构所有方向上都应相同，但结构不同水平方向上的性能系数 q 可能不同。

设计响应频谱地震作用的水平分量 $S_d(T)$ 应按如下公式定义：（图7.3-11）

$0\leqslant T\leqslant T_B$：
$$S_d(T)=\alpha_g\cdot S\cdot\left[\frac{2}{3}+\frac{T}{T_B}\cdot\left(\frac{2.5}{q}-\frac{2}{3}\right)\right]$$
（7.3-11）［EC 8式（3.13）］

$T_B\leqslant T\leqslant T_C$：
$$S_d(T)=\alpha_g\cdot S\cdot\frac{2.5}{q}$$
（7.3-12）［EC 8式（3.14）］

$T_C\leqslant T\leqslant T_D$：
$$S_d(T)\begin{cases}=\alpha_g\cdot S\cdot\dfrac{2.5}{q}\cdot\dfrac{T_C}{T}\\ \geqslant\beta\cdot\alpha_g\end{cases}$$
（7.3-13）［EC 8式（3.15）］

$T_D\leqslant T$：
$$S_d(T)\begin{cases}=\alpha_g\cdot S\cdot\dfrac{2.5}{q}\cdot\dfrac{T_C T_D}{T^2}\\ \geqslant\beta\cdot\alpha_g\end{cases}$$
（7.3-14）［EC 8式（3.16）］

式中 $S_d(T)$——设计响应谱；

q——性能系数；

β——水平设计谱的下限系数，应按所在国的国家附件取值，欧洲规范的推荐值为0.2。

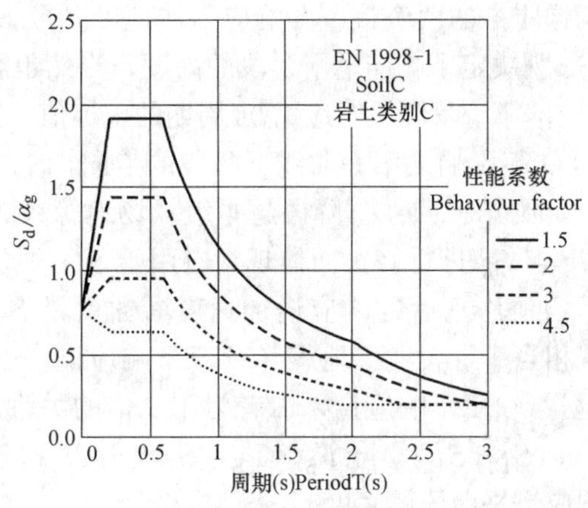

图7.3-11 C类场地各种性能系数的设计响应频谱
（参数采用EN 1998-1推荐值）

四、对比分析

1. 响应谱的量纲

中欧规范都是无量纲的加速度谱，美国规范则是有量纲的加速度谱。

欧洲规范的响应谱是通过将加速度响应谱的纵坐标除以 α_g 而进行无量纲化后的无量纲加速度谱，故从无量纲加速度谱中获取的值应该乘以 α_g 才能获得具体结构对应某个周期的结构响应加速度值。

中国规范的响应谱则是将加速度响应谱的纵坐标除以 g 而进行无量纲化后的无量纲加速度谱，故从无量纲加速度谱中获取的值应该乘以 g 才能获得具体结构对应某个周期的结构响应加速度值。

美国规范的响应谱直接就是加速度谱，从设计响应谱中获取的数值可直接用于分析和设计。

2. 响应谱的形状及影响因素

欧洲规范根据震级（M_W）大小划分成两种类型的响应谱，然后又根据 5 种场地类别（A、B、C、D、E，不包括 S_1、S_2）分别给出 5 种不同的响应谱形状，感觉欧洲规范的响应谱形式很繁多。

其实中美规范虽然只给出了一个响应谱形状，但如果按照欧洲规范的做法，也可以根据不同的场地类别而给出不同形状的响应谱。

中国规范场地土类别影响响应谱形状的方式与欧美规范不同，中国规范不管场地土类别如何，响应谱平台段的高度不变，即场地土类别不影响响应谱平台段的坐标值（也就是地震影响系数最大值，平台段坐标值仅与地震烈度有关），只通过 T_g 的作用影响两个下降段的坐标值。

欧美规范的第二个下降段均为曲线下降段，且均为 $1/T^2$ 的函数，中国规范则为直线下降段。

美国规范自《NEHRP 规定》2020 年版及 ASCE/SEI 7-22 始同时使用二周期响应谱与多周期响应谱。其中，二周期响应谱与中欧规范的相似度更高，而多周期响应谱则更具有先进性。其中，二周期响应谱的两个最重要响应谱加速度参数 S_S 与 S_1 直接决定响应谱曲线的坐标值，其中 S_S 既决定了响应谱平台段的高度，当然也影响第一下降段起始点的高度，而 S_1 则影响响应谱第一下降段对应 1.0s 周期的坐标值，影响第一曲线下降段的总体高度，而且 S_1 与 S_S 一起影响了第一曲线下降段的走向，S_1/S_S 越小，则第一曲线下降段越陡，S_1/S_S 越大，则第一曲线下降段越平缓。场地等级对响应谱曲线坐标的影响是通过场地系数来对 S_S 与 S_1 进行修正而体现，应用于 S_S 的场地系数为 F_a，应用于 S_1 的场地系数为 F_v，经场地修正后的响应谱加速度参数就是 S_{MS} 与 S_{M1}。以 S_{MS} 与 S_{M1} 展现的地震响应谱就相当于最大考虑地震（MCE）响应谱，以 S_{DS} 与 S_{D1} 展现的地震响应谱就相当于设计地震（DE）响应谱，二者为 1.5 倍的关系。不仅如此，S_{D1}/S_{DS} 的比值还通过 T_0（$T_0=0.2S_{D1}/S_{DS}$）与 T_S（$T_S=S_{D1}/S_{DS}$）决定了响应谱平台段的起点与终点，也就决定了响应谱平台段的宽度。

3. 简评

从场地土性质对地震作用的影响来看，欧美规范的场地土类别都有对响应谱形状和谱值（尤其是恒加速度平台段的谱值）的直接影响，进而直接影响地震作用，而中国规范的场地土类别不影响恒加速度平台段的谱值，仅通过特征周期对两个下降段的谱值有一定程度的影响，因此在这一方面中国规范就比欧美规范要弱得多。

美国规范的“两周期响应谱”通过 1.0s 周期响应谱加速度参数及长周期过渡周期 T_L 的引入，可以直接体现远震对具有更长结构周期建筑物的影响。美国规范提供的 T_L 值最大可达 16s，但因 T_L 只是第二下降段的起点，故实际可应付结构基本周期大于 16s 的结构，而中国规范的响应谱只能应付结构基本周期不大于 6s 的结构，欧洲规范的最大结构基本周期则为 4s。在这方面美国规范的能力与精度都超越中欧规范，尤其是《NEHRP 规定》2020 年版及 ASCE/SEI 7-22 中引入的“多周期响应谱”，提供了 0～10s 范围内总共 22 个周期处的响应谱加速度参数，使得响应谱曲线模拟实际地震的精度进一步加强，绝对是中欧规范应学习借鉴的方向。

第四节　模拟与分析方法

鉴于规范内容的庞杂繁多及本人的理解能力有限，在此仅就本人认为比较重要或比较有意思的主题进行介绍，有可比性的主题会作一些比较，没有可比性的主题也只能各自介绍。

一、有效地震重量

中国抗震规范计算地震惯性力所用的建筑物质量用“重力荷载代表值”表示，重力荷载代表值除以重力加速度 g 就是建筑物用于计算地震惯性力的质量。重力荷载代表值取结构和构配件自重标准值与各可变荷载组合值之和。组合值系数与可变荷载种类及建筑功能有关，对于居住、办公类的楼面活荷载，组合值系数为 0.5，对于藏书库、档案馆则为 0.8。

美国抗震规范计算地震惯性力所用的建筑物质量用“有效地震重量”表示。除了储藏区域需计入不少于 25％的楼面活荷载外，居住、办公等以人类活动为主的活荷载均不计入。

结构的有效地震重量 W 应包括基底以上的恒荷载及如下所列的其他荷载：

（1）储藏区域应至少包括 25％的楼面活荷载。但当计入的储藏荷载占有效地震重量不足 5％时，可不考虑储藏荷载的贡献。公共车库及开放式停车结构的活荷载也不需要考虑。

（2）当存在永久隔断时，取隔断的实际重量与 $0.48\mathrm{kN/m^2}$ 的较大值。

（3）永久设备的总运行重量。

（4）当平屋面的雪荷载超过 $1.44\mathrm{kN/m^2}$ 时，不管屋顶坡度如何，取均布设计雪荷载的 20％。

（5）屋顶花园和类似区域的园林绿化与其他材料的重量。

欧洲抗震规范没有对等的术语，而是以“The masses associated with all gravity loads（与所有重力荷载相关的质量）”来描述。其中，楼屋面活荷载计入地震质量的方法，是通过组合系数 ψ_{Ei} 来实现的，而 $\psi_{Ei}=\varphi\cdot\psi_2$ 又是两个系数的乘积，φ 值可查阅表 7.4-1，对建筑物类别为A～C的居住与办公楼层为0.8、屋面为1.0，ψ_2 为欧洲规范荷载组合的准永久值系数，可查阅本书前文表2.3-21，对建筑物类别为A、B的居住与办公区域为0.3，故对于建筑物类别为A、B的居住与办公区域，$\psi_{Ei}=\varphi\cdot\psi_2=0.8\times0.3=0.24$，也比中国规范0.5的活荷载参与系数小得多。

用于计算 ψ_{Ei} 的 φ 值（EC 8 表 4.2） **表 7.4-1**

可变作用类型	楼层	φ
类别A～C	屋面	1.0
	具有相关占用属性的楼层	0.8
	独立占用的楼层	0.5
类别D～F及档案室	—	1.0

注：类别根据EN 1991-1-1：2002定义，参见前文表2.3-9。

简单概括一下，对于居住、办公类的楼面活荷载，美国规范不计入其影响，欧洲规范计入24%，中国规范计入50%。

二、嵌固端（BASE）

嵌固端，最原始的本意是结构模型最底部与地球固定的部位，是最重要的边界条件，是结构模拟的重要组成部分，也是结构分析的基础。

中国规范里的嵌固端，在其本意上是结构模型底部（不一定是最底部）某一楼层（一般是地下部分）的位移（包括平动和转动）可以认为基本为零的部位，因此才有了在广大结构工程师之间在有关嵌固端位置问题上旷日持久的争议，也是很多专家学者热衷于写、热衷于讲，而很多结构师热衷于听、热衷于学、热衷于讨论的一个课题，似乎是总也讲不明白、争议永远存在的一个永恒的课题。

但实际的情况是，无论设计师把嵌固端人为指定在何处，两大国产分析设计软件一律将结构模型的计算嵌固端定在结构计算模型的最底部。软件使用者在前处理菜单中变换嵌固端的位置，并不会改变结构分析的结果（如基本周期、位移及不经任何调整的内力等），不信的话大家可以试试，一个地下二层地上若干层的建筑物，看看把嵌固端分别定在正负零板、地下二层顶板及基础底板，在不考虑地下室周围土体约束的前提下，看看这三个模型的周期是否惊人地相似？也可以比较一下地上模型完全一样的两栋建筑物，其一有地下室，嵌固于正负零板，另一个没有地下室，也嵌固于正负零地面，看看这两栋楼的基本周期是否一致？建筑物的最大位移是否一致？相信经过这样的比较之后，很多结构师自己就可以给出答案。所谓的软件中指定的嵌固端，影响的仅仅是抗震措施而已，对地震作用的效应（周期、位移、内力的计算）没有任何影响。这虽然是软件开发者的“骗局”，但其实是解决争议的最简单而又偏于安全的方法。软件已经为我们解决了这一难题，而我们还在为所谓的嵌固端位置而煞费苦心。想到置那么多应该关心的事而不顾，却偏偏纠结于软件已经为我们解决的问题，心情还是很沉重的。

相对于中国规范的“嵌固端”，美国抗震规范有“BASE”的术语，规范给出的定义是：“水平地震地面运动被认为从那里传递给结构的那个标高”，是抽象化了的大地与结构的接触面，因此直译为“基础”是不恰当的，而更像中国规范的“嵌固端”。所不同的是，美国规范的这个“BASE”一般就是结构模型的最底部，因此就不存在先建模后确定结构嵌固端的苦恼。

一般来说，结构模型均假定固定在“嵌固端”，中美欧规范均假定如此，但美国规范允许柔性基础替代方法，即 ASCE 7-22 第 19 章的“地震作用下土与结构相互作用”专篇，与中国规范仅停留在概念上不同，美国规范提供了系统的解决方案。

ASCE 7 条文说明将影响“Seismic Base”位置的因素归纳如下，我们也可以参考借鉴：

（1）地面相对于楼层的位置；

（2）毗邻建筑物的土壤条件；

（3）地下室墙体开洞的情况；

（4）抗侧力系统垂直构件的位置及刚度；

（5）抗震缝的位置及延伸情况；

（6）地下室的深度；

（7）地下室外墙的支承方式；

（8）与邻近建筑物的靠近程度；

（9）地面的坡度。

ASCE 7-16 及 ASCE 7-22 在其条文说明 C11.2 中针对多种岩土条件与地下结构情况给出了相应的建议，有兴趣的读者可查阅原文，在此不再赘述。

三、两阶段分析（Two Stage Analysis Procedure）

美国抗震规范对底部刚度较大的建筑物，也提出了可以将上部相对较柔建筑物嵌固于底部相对较刚建筑物的非常具体的解决办法。这就是 ASCE 7 自 2010 年版开始提出的“两阶段分析方法”。具体规定如下：

如果结构设计符合以下所有条件，则允许将两阶段等效侧向力方法用于具有刚性下部、柔性上部的结构：

（1）下部的刚度应至少是上部刚度的 10 倍。

（2）整个结构的周期应不大于上部结构周期的 1.1 倍，上部结构应视为支承在上下部结构过渡处的一个独立结构。

（3）上部结构应作为独立的结构进行设计，并采用与上部结构对应的合理的 R 值。

（4）下部结构应作为独立的结构进行设计，并使用适当的 R 值。上部结构的反力应是通过上部分析得到的反力乘以一个放大系数而得到，这个放大系数应该是上部分析的 R 值与下部分析 R 值的比率，该比率应不小于 1.0。

（5）上部用等效侧向力或模态响应谱法进行分析，下部用等效侧向力法进行分析。

四、抗震设计中土与结构的相互作用

在地震中，震动是从基础下面和周围的地质介质通过结构向上传播的。结构对地震震荡的响应受三个链接系统之间的相互作用的影响：结构、基础以及基础下面与周围的地质介质。第 12 章和第 15 章中的分析过程通过对结构施加力来理想化结构的响应，通常假定结构固定在基础—岩土界面处（即刚性地基假定）。但是，在大多数情况下，通过基础传

递结构的运动与此不同，这种差异来自结构与地质介质相互作用的影响。三种土与结构相互作用的效果可以显著影响结构的响应：基础变形、惯性相互作用与运动学效应。

美国抗震规范专门独立出一章系统介绍土与结构的相互作用，感兴趣的读者可参阅ASCE 7-16或ASCE 7-22第19章。

中国《抗规》（第5.2.7条）规定“一般情况下可不计入地基与结构相互作用的影响；8度和9度时建造于Ⅲ、Ⅳ类场地，采用箱形基础、刚性较好的筏形基础和桩箱联合基础的钢筋混凝土高层建筑，当结构基本自振周期处于特征周期的1.2倍至5倍范围时，若计入地基与结构动力相互作用的影响，对刚性地基假定计算的水平地震剪力可按下列规定折减，其层间变形可按折减后的楼层剪力计算”。规范仅给出了折减系数的计算公式及公式中涉及的附加周期的取值，没有在实际操作层面提供更多信息。国产结构分析设计软件据说能考虑岩土—基础—结构的相互作用，但具体操作有如暗箱，具体怎么实现的，外人无从得知，只能相信它是正确的。

五、结构分析方法

中美欧规范在地震作用分析方法方面没有本质区别，有区别的是分析方法名称的差异、每种分析方法的适用条件及各自规范针对具体分析方法的特殊要求。

中美欧规范根据分析期间地震作用是否变化，分为静态分析方法与动态分析方法，见表7.4-2。

中美欧规范所用地震作用分析方法　　表7.4-2

规范界别	静态分析方法		动态分析方法	
	简化方法	模态分析法	线性分析方法	非线性分析方法
中国	基底剪力法	振型分解反应谱法	弹性时程分析法	弹塑性时程分析法
美国	等效侧向力法	模态响应谱分析	线性响应历史分析	非线性响应历史分析
欧洲	侧向力分析方法	模态响应谱分析	—	线性时程(动态)分析

从表7.4-2可以看出，欧洲规范没有推荐线性动力分析方法，但欧洲规范推荐了非线性静态推覆（Push-Over）分析方法，美国规范没有推荐静态推覆分析方法，但推荐了除上表以外的另外两种动态分析方法：模态响应历史分析方法、准线性响应历史分析方法。

对于静态算法中的底部剪力法（美国规范叫作等效侧向力法，欧洲规范叫作侧向力分析方法），中美欧抗震规范具有一定的可比性。

六、“全系统模拟”

随着计算结构力学的发展及计算机软硬件功能的不断完善，美国规范提出了“全系统模拟”的概念，并逐渐付诸工程实践。“全系统模拟”涉及以下关键因素：

（1）三维模拟；

（2）将楼板（膜）模拟为半刚性；

（3）包括“重力柱”；

（4）包括P-Delta效应；

（5）通过重置质心来模拟偶然扭转（如果需要）；

（6）包括基础/岩土系统。

“全系统模拟”方法可以最好地促进 ASCE 7-16 或 ASCE 7-22 中的线性响应历史分析方法的发展。

第五节　构件强度设计原则

一、中国规范

中国建筑抗震规范自 1989 年版以来，一直沿用“三水准两阶段”的抗震设计理念，其目的是为了防止建筑物在预期的大震下倒塌破坏，保证其中的人员生命安全。

所谓“三水准两阶段”的抗震设计，是指抗震设防三个水准的要求采用两阶段设计方法来实现，即：在多遇地震作用下，建筑主体结构不受损坏，非结构构件（包括围护墙、隔墙、幕墙、内外装修等）没有过重破坏并导致人员伤亡，保证建筑的正常使用功能；在罕遇地震作用下，建筑主体结构遭受破坏或严重破坏但不倒塌。

1. 三水准

（1）当遭受低于本地区抗震设防烈度的多遇地震影响时，一般不受损失或者不需要修理可继续使用；

（2）当遭受相当于本地区抗震设防烈度的地震影响时，可能损坏，经一般修理或者不需要修理仍然可以继续使用；

（3）当遭受高于本地区抗震设防烈度预计的罕遇地震影响时，不至于倒塌或者发生危及生命的严重破坏。

2. 两阶段

1）第一阶段：结构设计计算阶段

主要任务是承载能力计算和一系列基本抗震构造措施设计。确定结构方案和结构布置，用小震作用计算结构弹性位移和构件的内力，并用极限状态法设计各构件（譬如确定配筋或者确定型钢类型），同时进行结构的抗震变形验算，按照延性和耗能要求，采用相应的构造措施。这样就基本可以做到保证前面所说的“三水准”中的前两个水准：小震不坏，中震可修。

中国规范并非以设防烈度所对应的地震力进行构件内力与配筋的计算，而是采用设防烈度经折减或降低后的众值烈度所对应的地震力进行截面承载力计算与结构弹性变形计算，这一折减系数在 2.72～2.88 之间，即表 7.5-1 中设防烈度一行与众值烈度一行在数值上的倍数关系。

各烈度水准的地震加速度与水平地震影响系数最大值 α_{max} 的对应关系　　表 7.5-1

烈度水准	6 度		7 度		8 度	
	地震加速度	α_{max}	地震加速度	α_{max}	地震加速度	α_{max}
众值烈度(多遇地震,俗称小震)	18	0.04	35	0.08	70	0.16
设防烈度、基本烈度(俗称中震)	49(0.05g)	0.11	98(0.10g)	0.23	196(0.20g)	0.45
罕遇烈度(罕遇地震,俗称大震)	125	0.28	220	0.50	400	0.90

注：表中地震加速度的单位为 cm/s^2，g 为重力加速度，按 $980cm/s^2$ 取值，当以有量纲的加速度作为地震作用输入时需与等效结构质量配对使用；地震影响系数最大值 α_{max} 为无量纲的参数，当作为地震作用输入时需与结构等效总重力荷载配对使用。

2）第二阶段：验算阶段

主要对抗震有特殊要求或者对地震特别敏感、存在大震作用时容易发生灾害的薄弱部位进行弹塑性变形验算，要求其值在避免结构发生倒塌的范围内。如果层间位移超过允许值，认为结构可能发生严重破坏或者倒塌，则需要对薄弱部位采取必要的措施，直到满足要求为止。

通过计算和构造措施，通过弹性阶段的设计计算和塑性阶段的验算，实现“小震不坏，中震可修，大震不倒”的抗震要求。

概括地讲，“三水准两阶段”设计涉及三类计算：小震下的构件截面承载力计算、小震下的结构弹性变形计算以及大震下的结构弹塑性变形计算。小震下的截面承载力计算与结构弹性变形计算，可基本保证“小震不坏”，大震下的结构弹塑性变形计算可基本保证“大震不倒”，通过采取相应的抗震构造措施，来实现“中震可修”，并为“小震不坏”及“大震不倒”多一分保障。

需要注意的是，“三水准两阶段”设计是针对某类特殊结构所进行的一个完整的设计过程，对于大多数无明显薄弱层的丙丁类设防结构，则无需进行第二阶段设计。对于大多数 6 度区的建筑，甚至可以不作第一阶段的抗震验算，只需满足有关抗震构造要求即可。

二、美国规范

美国抗震规范在进行构件强度设计时，所采用的内力是根据“设计响应谱”进行分析计算所得到的内力再除以“响应修正系数”R 进行折减后的内力，而这个性能系数 R 与结构的延性水平密切相关，其取值范围从 1.25 至 8.0 不等。换句话说，结构延性水平越低，地震作用及其作用效应折减得越少，地震内力越大；结构延性水平越高，地震作用及其作用效应折减得越多，地震内力越小。不同延性结构在进行结构设计时的地震作用及其作用效应最多可相差 6.4 倍之多。

表 7.5-2（节选自 ASCE 7-22 表 12.2-1 与混凝土结构有关的部分）中适当的响应修正系数 R、超强度系数 Ω_0 及位移放大系数 C_d 用于确定基础剪力、结构元件设计力和设计楼层漂移（即层间相对位移）。

钢筋混凝土结构的设计系数节选（节选自 ASCE 7-22 表 12.2-1）　　表 7.5-2

抗震结构体系	响应修正系数	超强度系数	位移放大系数	结构系统及结构高度 h_n 限值(ft)				
				抗震设计类别(SDC)				
	R	Ω_0	C_d	B	C	D	E	F
A. 承重墙系统								
1. 特殊钢筋混凝土剪力墙	5.0	2.5	5.0	NL	NL	160	160	160
2. 钢筋混凝土延性耦合墙	8.0	2.5	8.0	NL	NL	160	160	160
3. 普通钢筋混凝土剪力墙	4.0	2.5	4.0	NL	NL	NP	NP	NP
4. 详细的素混凝土墙	2.0	2.5	2.0	NL	NP	NP	NP	NP
5. 普通素混凝土墙	1.5	2.5	1.5	NL	NP	NP	NP	NP
6. 中等预制混凝土墙	4.0	2.5	4.0	NL	NL	40	40	40

续表

抗震结构体系	响应修正系数	超强度系数	位移放大系数	结构系统及结构高度 h_n 限值(ft)				
				抗震设计类别(SDC)				
	R	Ω_0	C_d	B	C	D	E	F
7. 普通预制混凝土墙	3.0	2.5	3.0	NL	NP	NP	NP	NP
B. 建筑框架系统								
4. 特殊钢筋混凝土剪力墙	6.0	2.5	5.0	NL	NL	160	160	160
5. 钢筋混凝土延性耦合墙	8.0	2.5	8.0	NL	NL	160	160	160
6. 普通钢筋混凝土剪力墙	5.0	2.5	4.5	NL	NL	NP	NP	NP
7. 详细的素混凝土墙	2.0	2.5	2.0	NL	NP	NP	NP	NP
8. 普通素混凝土墙	1.5	2.5	1.5	NL	NP	NP	NP	NP
9. 中等预制混凝土墙	5.0	2.5	4.5	NL	NL	40	40	40
10. 普通预制混凝土墙	4.0	2.5	4.0	NL	NP	NP	NP	NP
C. 抗弯框架系统								
5. 特殊钢筋混凝土抗弯框架	8.0	3.0	5.5	NL	NL	NL	NL	NL
6. 中等钢筋混凝土抗弯框架	5.0	3.0	4.5	NL	NL	NP	NP	NP
7. 普通钢筋混凝土抗弯框架	3.0	3.0	2.5	NL	NP	NP	NP	NP
D. 特殊抗弯框架至少能抵抗25%规定地震力的双重系统								
3. 特殊钢筋混凝土剪力墙	8.0	2.5	4.0	NL	NL	NL	NL	NL
4. 钢筋混凝土延性耦合墙	8.0	2.5	8.0	NL	NL	NL	NL	NL
5. 普通钢筋混凝土剪力墙	6.0	2.5	5.0	NL	NL	NP	NP	NP
E. 中等抗弯框架至少能抵抗25%规定地震力的双重系统								
2. 特殊钢筋混凝土剪力墙	6.5	2.5	5.0	NL	NL	160	160	160
8. 普通钢筋混凝土剪力墙	5.5	2.5	4.5	NL	NL	NP	NP	NP
F. 带有普通钢筋混凝土抗弯框架与普通钢筋混凝土剪力墙的剪力墙—框架交互系统	4.5	2.5	4.0	NL	NP	NP	NP	NP
G. 符合下述要求的悬臂柱系统								
3. 特殊钢筋混凝土抗弯框架	2.5	2.5	2.5	35	35	35	35	35
4. 中等钢筋混凝土抗弯框架	1.5	1.5	1.5	35	35	NP	NP	NP
5. 普通钢筋混凝土抗弯框架	1.0	1.25	1.0	35	NP	NP	NP	NP

每个选定的抗震系统应根据表7.5-2中列出的适用参考文件中规定的系统特定要求和ASCE 7-22第14章中规定的附加要求进行设计和详细构造。

三、欧洲规范

（一）耗能能力和延性等级（5.2.1 Energy dissipation capacity and ductility classes）

在低地震活动情况下（low seismicity cases）情况下，混凝土建筑可选择低耗能能力和低延性等级（称为延性等级L）的替代方法进行设计，对于抗震设计状况也可只遵照EN 1992-1-1：2004的要求进行设计，而不必遵照抗震设计规范中的具体规定，条件是满足 EC 8 第 5.3 节（按 EN 1992-1-1 设计）中规定的要求。采用基础隔震的建筑物除外。

除上述低地震活动情况外，抗震混凝土建筑物应按提供耗能能力与整体延性性能进行设计。延性破坏模式（如弯曲破坏）必须先于脆性破坏模式（如剪切破坏）以确保足够的可靠性。

按提供耗能能力与整体延性性能进行设计的混凝土建筑，根据其滞回耗能能力分为 DCM（中延性）和 DCH（高延性）两类。这两个类别的建筑物均应遵守各自特定的抗震设计规定进行设计、构造及尺寸验证，使结构能够在反复反向加载下发展稳定的较大滞回耗能机制，而不致遭受脆性破坏。

为保证延性等级 M（DCM）和 H（DCH）具有足够的延性，所有结构构件必须满足各自延性等级所规定的具体要求（见 EC 8 第 5.4～5.6 节）。每个延性等级应采用不同的性能系数 q 值以便与两个延性等级中可获得的不同延性相对应（见 EC 8 第 5.2.2.2 款）。

（二）混凝土结构的结构类型（5.2.2.1 Structural types）

混凝土建筑应按其在水平地震作用下的行为分为下列结构类型：

（1）框架系统；

（2）双重系统（框架或等效墙）；

（3）延性墙系统（联肢或非联肢）；

（4）大型低配筋墙系统；

（5）倒置钟摆系统；

（6）扭转柔性系统。

（三）水平地震作用的性能系数（5.2.2.2 Behaviour factors for horizontal seismic actions）

欧洲抗震规范与美国抗震规范的理念类似，其直接用于构件强度设计的“设计响应谱”是从“弹性响应谱”除以“性能系数”q 而折减得到（直线上升段例外，且为折减后的值设了下限），q 同样与结构延性密切相关，其取值范围从 1.5 至 6.75 不等，q 应在每个设计方向上按如下方式确定：

$$q=q_0k_w \geqslant 1.5 \qquad (7.5\text{-}1)\ [\text{EC 8 式 (5.1)}]$$

式中 q_0——性能系数的基本值，取决于结构系统的类型及其竖向规则性；

k_w——反映有墙结构系统常见破坏模式的系数。

1. q_0 的确定

对于满足竖向规则性准则的建筑物，表 7.5-3 给出了各种结构类型性能系数的基本值 q_0。

竖向规则系统性能系数的基本值 q_0（EC 8 表 5.1） **表 7.5-3**

结构类型	DCM(中延性)	DCH(高延性)
框架系统、双重系统、耦合墙系统	$3.0\alpha_u/\alpha_1$	$4.5\alpha_u/\alpha_1$
非耦合墙系统	3.0	$4.0\alpha_u/\alpha_1$
扭转柔性系统	2.0	3.0
倒钟摆系统	1.5	2.0

注：对于竖向不规则的建筑物，q_0 值应降低 20%。

1）α_1 和 α_u 定义如下：

α_1：给水平地震设计作用所乘的系数，以便使结构中任何构件首先达到受弯承载力，而所有其他设计作用保持不变；

α_u：给水平地震设计作用所乘的系数，以便在足以发展整体结构不稳定性的若干截面上形成塑性铰，而所有其他设计作用保持不变。系数 α_u 可以从非线性静力（推覆）整体分析中得到。

2）当 α_u/α_1 没有通过显式计算进行评估时，对于平面规则的建筑物，可以使用下述 α_u/α_1 的近似值；对于平面不规则的建筑物，α_u/α_1 可近似采用下述（1）（取 1.0）与（2）的平均值。α_u/α_1 在任何情况不应超过 1.5。

（1）框架系统或等效框架双重系统：

① 单层建筑：$\alpha_u/\alpha_1=1.1$；

② 多层单跨框架：$\alpha_u/\alpha_1=1$，2；

③ 多层多跨框架或等效框架双重结构：$\alpha_u/\alpha_1=1.3$。

（2）墙系统或等效墙双重系统：

① 每个水平方向仅有两片非耦合墙的墙系统：$\alpha_u/\alpha_1=1.0$；

② 其他非耦合墙系统：$\alpha_u/\alpha_1=1.1$；

③ 墙等效双重系统或耦合墙系统：$\alpha_u/\alpha_1=1.2$。

2. k_w 的确定

（1）反映有墙结构系统中常见破坏模式的系数 k_w 应按如下方法取值：

① 框架系统及等效框架双重系统：$k_w=1.0$；

② 墙系统、等效墙系统及扭转柔性系统：$0.5\leqslant k_w=(1+\alpha_0)/3\leqslant 1.0$；

③ 此处 α_0 为结构系统中墙的普遍高长比。

（2）如果结构系统中所有墙 i 的高长比 h_{wi}/l_{wi} 没有显著差异，则可以从以下表达式确定普遍高长比 α_0：

$$\alpha_0=\Sigma h_{wi}/\Sigma l_{wi} \tag{7.5-2}$$
［EC 8 式（5.3）］

式中 h_{wi}——墙 i 的高度；

l_{wi}——墙 i 截面的长度。

大型低配筋墙体系统不能依赖于塑性铰的耗能，因此应设计为 DCM 结构。

（四）设计准则（5.2.3 Design criteria）

1. 承载力设计规则（5.2.3.3 Capacity design rule）

应通过平衡条件导出所选定区域的设计作用效应，并假设塑性铰及可能的超强度已在其相邻区域形成，从而防止脆性破坏或其他不良破坏机制。

框架或等效框架混凝土结构的主要抗震柱应满足下述承载力设计要求，即在具有两层或多层的框架建筑中，主次抗震梁与主抗震柱的所有节点应满足以下条件：

$$\Sigma M_{Rc}\geqslant 1.3\Sigma M_{Rb} \tag{7.5-3}$$
［EC 8 式（4.29）］

但以下情况除外：

（1）在至少有四根柱横截面尺寸大致相同的平面框架中，每四根柱中有三根柱满足（没有必要所有柱均满足）表达式（7.5-3）；

（2）两层建筑中任何无量纲化后的轴向荷载（normalised axial load，即轴压比）ν_d 值不超过 0.3 的底层柱。

与梁平行且在有效翼缘宽度内的板钢筋，如果锚固在节点边缘的梁截面之外，应假定对式（7.5-3）中$\sum M_{Rb}$的梁受弯承载力有贡献。

2. 局部延性条件（5.2.3.4 Local ductility condition）

为实现结构所需的整体延性，塑性铰形成的潜在区域应具有高塑性旋转能力。为此需满足以下条件：

（1）在主要抗震元件的所有关键区域提供足够的曲率延展性，包括柱的端部。

（2）防止主要抗震元件的潜在塑性铰区域内受压钢筋的局部屈曲（见 EC 8 第 5.4.3 和 5.5.3 条）。

（3）采用如下适当的混凝土和钢材质量以确保局部延性：

① 用于主要抗震元件关键区域的钢筋应具有高均匀塑性伸长率（见 EC 8 第 5 章相关内容）；

② 主要抗震元件关键区域所用钢材的抗拉强度与屈服强度比应显著高于 1；

③ 主要抗震元件中使用的混凝土应具有足够的抗压强度和断裂应变。

3. 结构冗余度（5.2.3.5 Structural redundancy）

应寻求伴随再分配能力的高冗余度，以实现更广泛的能量耗散和总耗散能量的增加。因此，超静定次数较低的结构系统应指定较低的性能系数。必要的再分配能力应通过局部延性规则（EC 8 第 5.4～5.6 节）来实现。

4. 次要抗震构件和抗力（5.2.3.6 Secondary seismic members and resistances）

可以将有限数量的结构构件指定为次要抗震构件。次要抗震元件的设计和细化规则参见 EC 8 第 5.7 节。

如果非结构元件均匀分布在整个结构中，它们也可能有助于能量耗散。应采取措施防止由结构和非结构元件之间相互作用可能产生的局部不利影响。对于砌体填充框架这种存在典型非结构元件的情况，参见 EC 8 中的特殊规则（EC 8 第 4.3.6 条和第 5.9 节）。

计算中未明确考虑的抗力或稳定效应可能会增加强度和能量耗散。

5. 具体附加措施（5.2.3.7 Specific additional measures）

（1）由于地震作用的随机性和混凝土结构后弹性循环性能的不确定性，总体不确定性明显高于非地震作用。因此，应采取措施减少与结构配置、分析、抗力和延性有关的不确定性。

（2）几何误差可能会产生重要的抗力不确定性。为了尽量减少这种类型的不确定性，应采用以下规则：

① 应重视结构元件的某些最小尺寸以降低对几何误差的敏感性；

② 应限制线性元件最小尺寸与最大尺寸的比值，以尽量减少这些元件侧向不稳定的风险；

③ 应限制楼层漂移，以限制柱中的 P-Δ 效应；

④ 较大比例的梁端截面顶部钢筋应沿梁的整个长度连续，以考虑反弯点位置的不确定性；

⑤ 应在梁的相关侧面提供最小钢筋来考虑未被分析预测到的弯矩反转。

（3）为尽量减少延性的不确定性，应遵守以下规则：

① 应在所有主要抗震元件中提供最低限度的局部延性，该延性与设计中采用的延性

等级无关；

② 应提供最小数量的受拉钢筋，以避免开裂时发生脆性破坏（见 EC 8 第 5.4.3 和 5.5.5 节）；

③ 应遵守无量纲化设计轴力的适当限制（见 EC 8 第 5.4.3 条）以降低保护层剥落的后果，并避免在高轴力水平下可用延性的更大不确定性。

（五）安全性验证（5.2.4 Safety verifications）

对于承载力极限状态验证，材料性能分项系数 γ_c 和 γ_s 应考虑材料由于循环变形可能导致的强度退化。

如果没有更具体的数据，则应采用针对持久和短暂设计状况所用的分项系数 γ_c 和 γ_s 值，假设由于局部延性的提供，退化后的残余强度与初始强度之比大致等于用于偶然荷载组合与基本荷载组合的 γ_M 值之比。

如果在评估材料性能时适当考虑了强度退化，则可以使用针对意外设计状况所采用的 γ_M 值。

四、对比分析

无论美国规范的“响应修正系数”R 还是欧洲规范的“性能系数”q，都是考虑结构延性而将构件强度设计用地震力予以降低的系数，因此我们可以称为“延性系数”或“地震力降低系数”。

中国抗震规范如果沿用欧美规范的理念，相当于构件强度设计是在抗震设防烈度地震内力的基础上统一除以一个约 2.8 的系数进行折减，而不像欧美规范那样根据结构延性进行区别对待，在这个统一折减的基础上，中国抗震规范通过引入另一个折减系数来有限考虑构件层面的延性影响，这个系数就是承载力抗震调整系数 γ_{RE}（通过将材料强度予以放大来体现对地震作用效应的折减，见表 7.5-4）。中国抗震规范的延性系数相当于 2.8/γ_{RE}。但即便综合考虑这两个系数，以延性水平最高的梁为例，中国规范的延性系数也只有 2.8/0.75=3.73，与欧美规范还是有相当大的差距的。

中国规范不考虑结构延性的做法导致不同延性水平结构的安全度存在非常大的差异，低延性结构的安全度远远低于高延性结构。可以这样简单理解：假如中等延性结构的安全度刚好处于临界水平，则低延性结构的设计结果将偏于不安全，而高延性结构的设计结果将偏于保守。也可以这样理解：对于同为 6 层的砌体结构与钢筋混凝土框架结构，砌体结构的抗震设计可能偏于不安全，而钢筋混凝土框架结构的抗震设计则可能偏于保守。

中国规范的承载力抗震调整系数（《抗规》表 5.4.2） **表 7.5-4**

材料	结构构件	受力状态	γ_{RE}
钢	柱	—	0.75
	支撑	—	0.80
	梁	—	0.70
	节点、连接及其他连接件	—	1.00
砌体	两端均有构造柱、芯柱的抗震墙	受剪	0.90
	其他抗震墙	受剪	1.00

续表

材料	结构构件	受力状态	γ_{RE}
混凝土	梁	受弯	0.75
	轴压比小于 0.15 的柱	偏压	0.75
	轴压比不小于 0.15 的柱	偏压	0.80
	抗震墙	偏压	0.85
	各类构件	受剪、偏拉	0.85

第六节　位移控制原则

讨论位移控制原则，与构件承载力设计原则一样，必须将不等式的两端同时考虑才有意义，单独讨论层间位移或层间位移的限值没有任何意义，必须厘清产生层间位移的地震力是哪一水平的地震力。

一、中国规范

中国规范是多遇地震（小震）作用下的楼层最大弹性层间位移与层间弹性位移限值的比较，规范直接给出的是层间弹性位移角限值 $[\theta_e]$，$[\theta_e]h$ 即为层间弹性位移限值。用于层间位移校核的钢筋混凝土结构构件的截面刚度可采用弹性刚度。

各类结构应进行多遇地震作用下的抗震变形验算，其楼层内最大的弹性层间位移应符合下式要求：

$$\Delta u_e \leqslant [\theta_e]h \qquad (7.6\text{-}1)［《抗规》式（5.5.1）］$$

式中 Δu_e——多遇地震作用标准值产生的楼层内最大的弹性层间位移；计算时除了以弯曲变形为主的高层建筑外，可不扣除结构整体弯曲变形；应计入扭转变形，各作用分项系数均应采用 1.0；钢筋混凝土结构构件的截面刚度可采用弹性刚度。

$[\theta_e]$——弹性层间位移角限值宜按表 7.6-1 采用，为了方便与欧美规范比较，笔者在规范表格的基础上增加一列层间位移限值 $[\theta_e]h$。

h——计算楼层层高。

层间弹性位移角限值（《抗规》表 5.5.1）　　表 7.6-1

结构类型	层间弹性位移角限值$[\theta_e]$	层间位移限值$[\theta_e]h$
钢筋混凝土框架	1/550	$0.0018h$
钢筋混凝土框架—抗震墙、板柱—抗震墙、框架—核心筒	1/800	$0.00125h$
钢筋混凝土抗震墙、筒中筒	1/1000	$0.001h$
钢筋混凝土框支层	1/1000	$0.001h$
多、高层钢结构	1/250	$0.004h$

弹性变形验算属于正常使用极限状态的验算，各作用分项系数均取 1.0。钢筋混凝土结构构件的刚度，国外规范规定需考虑一定的非线性而取有效刚度，中国规范规定与位移

限值相配套，一般可取弹性刚度；当计算的变形较大时，宜适当考虑构件开裂时的刚度退化，如取 0.85 倍的弹性刚度。

第一阶段设计，变形验算以弹性层间位移角表示。不同结构类型给出的弹性层间位移角限值范围，主要依据国内外大量的试验研究和有限元分析的结果，以钢筋混凝土构件（框架柱、抗震墙等）开裂时的层间位移角作为多遇地震下结构弹性层间位移角限值。

第二阶段设计，以大震作用下弹塑性层间位移角表示。当建筑结构中存在薄弱层或薄弱部位时，应进行罕遇地震下结构薄弱楼层（部位）的弹塑性变形验算，表 7.6-2 所示为层间弹塑性位移角限值。

层间弹塑性位移角限值　　**表 7.6-2**

结构类型	层间弹塑性位移角限值$[\theta_e]$
单层钢筋混凝土柱排架	1/30
钢筋混凝土框架	1/50
底部框架砌体房屋中的框架—抗震墙	1/100
钢筋混凝土框架—抗震墙、板柱—抗震墙、框架—核心筒	1/100
钢筋混凝土抗震墙、筒中筒	1/120
多层、高层钢结构	1/50

二、美国规范

美国规范是设计地震作用经 R 折减后的地震作用算得的弹性位移再经 C_d 放大后的非弹性位移（设计层间位移）Δ_i 与允许层间位移 Δ_a（表 7.6-3）的比较。实质是非弹性层间位移与非弹性层间位移限值的比较。用于层间位移校核的钢筋混凝土结构构件的截面刚度应采用开裂截面刚度。

任一楼层 i 处的设计层间位移 Δ_i 应不超过层间位移限值 Δ_a，即

$$\Delta_i = \delta_i - \delta_{i-1} \leqslant \Delta_a \tag{7.6-2}$$

其中，用于计算设计层间位移 Δ 的第 i 楼层处的侧向位移 δ_i 应按下式确定：

$$\delta_i = \frac{C_d \delta_{ie}}{I_e} \qquad (7.6\text{-}3)\ [\text{ASCE 7-16 式 (12.8-15)}]$$

式中　C_d——位移放大系数；

I_e——重要性系数；

δ_{ie}——弹性分析（采用经 R 折减的地震作用，也叫强度水平设计地震力）算得的第 i 楼层处的侧向位移，简称弹性楼层位移；

δ_i——用于计算设计层间位移 Δ 的第 i 楼层处的侧向位移，是弹性楼层位移经 C_d 放大后的非弹性楼层位移。

简单地说，位移校核公式左端的位移不是小震（设计地震经 R 折减）作用下的弹性位移，但也不是设计地震（概念上相当于中国规范的中震）作用下的弹塑性位移，而是小震弹性位移经 C_d 放大后的非弹性位移，相当于设计地震作用下的非弹性位移乘以 C_d/R，因为响应修正系数 R 一般总是大于位移放大系数 C_d，故与设计层间位移对应的地震作用水平也就相当于设计地震作用乘以一个 C_d/R 的折减系数。

允许层间位移 Δ_a（ASCE 7-22 表 12.12-1） **表 7.6-3**

结构类型	风险类别		
	Ⅰ或Ⅱ	Ⅲ	Ⅳ
除砌体剪力墙结构外，内墙、隔墙、吊顶和外墙系统已经按适应层间位移设计且不超 4 层的结构	$0.025h_{sx}$	$0.020h_{sx}$	$0.015h_{sx}$
悬臂砌体剪力墙结构	$0.010h_{sx}$	$0.010h_{sx}$	$0.010h_{sx}$
其他砌体剪力墙结构	$0.007h_{sx}$	$0.007h_{sx}$	$0.007h_{sx}$
所有其他结构	$0.020h_{sx}$	$0.015h_{sx}$	$0.010h_{sx}$

公式（7.6-2）是不考虑 P-Δ 效应及 P-θ 效应（扭转效应）的层间位移限值计算，当需要考虑 P-Δ 效应及 P-θ 效应时，式（7.6-2）左端还需乘以放大系数，但公式右端的位移限值不变。

三、欧洲规范

1. 位移计算

（1）如果进行线性分析，则设计地震作用引起的位移应以结构系统的弹性变形为基础，用以下简化表达式计算：

$$d_s = q_d d_e \quad (7.6\text{-}4)\ [\text{EC 8 式 (4.23)}]$$

式中 d_s——由设计地震作用引起的结构系统的一个点的位移；

q_d——位移性能系数（行为因子），除非另有规定，假定等于 q（构件强度设计的性能系数）；

d_e——结构系统同一点的位移，根据设计响应谱进行线性分析确定。

d_e 的值不需要大于从弹性谱导出的值。

注：一般来说，如果结构的基本周期小于 T_C，则 q_d 大于 q。

（2）在确定位移 d_e 时，应考虑地震作用的扭转效应。

（3）对于静态和动态非线性分析，所确定的位移是直接从分析中得到的，无需进一步修改。

2. 层间位移限值

（1）除非 EC 8 第 5～9 节另有规定，否则应遵守下列限制：

① 对于具有附着在结构上的脆性材料非结构性构件的建筑物：

$$d_r \nu \leqslant 0.005h \quad (7.6\text{-}5)\ [\text{EC 8 式 (4.31)}]$$

② 对于具有延性非结构构件的建筑物：

$$d_r \nu \leqslant 0.0075h \quad (7.6\text{-}6)\ [\text{EC 8 式 (4.32)}]$$

③ 对于具有不干扰结构变形的非结构构件或没有非结构构件的建筑物：

$$d_r \nu \leqslant 0.010h \quad (7.6\text{-}7)\ [\text{EC 8 式 (4.33)}]$$

式中 d_r——设计层间位移，按所考虑楼层顶部和底部平均侧向位移 d_s 的差值来进行计算，d_s 按照式（7.4-23）计算；

h——层高；

ν——考虑与限制破坏要求对应的较低重现期地震作用的折减系数。

（2）折减系数 ν 的值也可能取决于建筑物的重要性等级。使用 ν 的隐含假设是：应满足“限制破坏要求”的地震作用弹性响应谱与对应于“承载力极限状态要求”的地震作用的弹性响应谱具有相同的形状。

注：在一个国家使用的 ν 值可在其国家附件中找到。某一国家各地震带的 ν 值可根据地震灾害条件和财产目标保护情况而定。对重要性等级为Ⅰ、Ⅱ类的，建议 $\nu=0.4$，对重要性等级为Ⅲ、Ⅳ类的，建议 $\nu=0.5$。

欧洲规范的位移校核是抗震设计性能目标之二“限值破坏要求”的直接体现，聚焦于非结构构件在小震弹性位移下的破坏情况。因欧洲抗震规范没有给出位移校核的通用公式，而是根据非结构构件延性特征及与主体结构的连接方式给出了三个具体的公式［见式(7.6-5)～式（7.6-7)］，故本文在此仿照欧美规范以列表的方式呈现，即表 7.6-4。

用于位移校核的层间位移及层间位移限值 **表 7.6-4**

非结构构件延性特征及与主体结构的连接方式	重要性等级		层间位移限值
	Ⅰ、Ⅱ	Ⅲ、Ⅳ	
具有附着在结构上的脆性材料非结构性构件的建筑物	$0.4d_r$	$0.5d_r$	$0.005h$
具有延性非结构构件的建筑物	$0.4d_r$	$0.5d_r$	$0.0075h$
具有不干扰结构变形的非结构构件或没有非结构构件的建筑物	$0.4d_r$	$0.5d_r$	$0.010h$

表中 d_r 为设计层间位移，是由设计地震作用引起的层间位移，此处的设计地震作用是对应弹性响应谱的地震作用，而非设计响应谱对应的地震作用。d_r 在数值上为所考虑楼层顶部和底部平均侧向位移 d_s 的差值，线性分析时可按照式（7.6-4）计算。

d_s 为由设计地震作用（此处的设计地震作用不是与设计响应谱对应的地震作用，而是与弹性响应谱对应的地震作用，与设计响应谱对应的地震作用可以称为折减后的设计地震作用，欧洲规范有关术语不够严谨，极易引起歧义和误解）引起的结构系统的一个点的位移；q_d 为位移性能系数（行为因子），除非另有规定，假定等于 q（构件强度设计的性能系数）；d_e 为根据设计响应谱（对应的地震作用为折减后的设计地震作用）进行线性分析确定的结构系统同一点的位移。

欧洲规范原文在此处关于 d_s 与 d_e 的解释，尤其是对 d_s 解释中的“design seismic action”及对 d_e 解释中的“design response spectrum”，极易误导读者或用户，笔者认为规范编辑组有必要在修订时对术语进行规范化处理，像这种两个不同等级的地震作用在术语使用中却都用“design”，确实存在不妥。

四、对比分析

美国规范根据结构延性水平对地震力进行折减来计算构件强度，同时得到这一地震作用水平下的位移，称为弹性位移。然后，再用这一弹性位移经位移放大系数放大后进行位移校核的方法，虽然有点绕，但不得不说更科学。

欧洲规范的位移校核手法与美国规范类似，都采用相当于构件强度设计水平的地震力算得的位移（相当于中国规范的小震弹性位移，根据欧洲规范的设计响应谱进行线性分析确定，这个设计响应谱是在弹性响应谱经性能系数 q 折减后的响应谱）d_e 再进行修正。

不同的是，这个相当于小震弹性位移的 d_e，先乘以位移性能系数 q_d 进行放大（相当于还原到相应于弹性响应谱的位移水平，属于非弹性位移），然后再乘以折减系数 ν 而得到与限制破坏要求相当的小震弹性位移水平。本质上是弹性位移与弹性位移限值的比较。

欧洲规范在位移校核所用的层间位移计算方面，与美国规范相比显得更迂回曲折。但欧洲抗震规范在位移校核方面没有考虑主体结构的结构体系及延性状态，而是根据非结构构件的延性状态及与主体结构的连接方式而区别对待，分三种情况给出不同的层间位移限值。笔者以为，考虑非结构构件的延性状态及与主体结构的连接方式是其积极进步的一面，但完全忽视主体结构的结构体系与延性要求是否恰当，还需进一步探讨。

中国规范的位移校核准则的最大优势就是简单、直接、方便，一次小震弹性分析后得到的构件内力和层间位移，可以直接用于构件配筋及位移校核。但也必须得承认，中国抗震规范的位移控制偏严，这一点已经在业界获得相当大的共识，以至广东地方标准已经自行放宽了层间位移角限值。中国规范也有必要学习欧洲规范在位移校核方面聚焦于非结构构件的做法。

参考文献

一、规范、标准

1. 中华人民共和国住房和城乡建设部. 建筑结构荷载规范：GB 50009—2012 [S]. 北京：中国建筑工业出版社，2012.

2. 中华人民共和国住房和城乡建设部. 工程结构可靠性设计统一标准：GB 50153—2008 [S]. 北京：中国建筑工业出版社，2008.

3. 中华人民共和国住房和城乡建设部. 建筑结构可靠性设计统一标准：GB 50068—2018 [S]. 北京：中国建筑工业出版社，2018.

4. 中华人民共和国住房和城乡建设部. 混凝土结构设计规范：GB 50010—2010（2015 年版）[S]. 北京：中国建筑工业出版社，2015.

5. 中华人民共和国住房和城乡建设部. 高层建筑混凝土结构技术规程：JGJ 3—2010 [S]. 北京：中国建筑工业出版社，2010.

6. 中华人民共和国国家能源局. 水工混凝土结构设计规范：DL/T 5057—2009 [S]. 北京：中国电力出版社，2009.

7. 中华人民共和国住房和城乡建设部. 建筑地基基础设计规范：GB 50007—2011 [S]. 北京：中国建筑工业出版社，2011.

8. 中华人民共和国住房和城乡建设部. 混凝土结构耐久性设计规范：GB/T 50476—2008 [S]. 北京：中国建筑工业出版社，2008.

9. 中华人民共和国建设部. 普通混凝土力学性能试验方法标准：GB/T 50081—2002 [S]. 北京：中国建筑工业出版社，2003.

10. 中华人民共和国住房和城乡建设部. 混凝土物理力学性能试验方法标准：GB/T 50081—2019 [S]. 北京：中国建筑工业出版社，2019.

11. 中华人民共和国住房和城乡建设部. 混凝土结构试验方法标准：GB/T 50152—2012 [S]. 北京：中国建筑工业出版社，2012.

12. 中华人民共和国住房和城乡建设部. 混凝土强度检验评定标准：GB/T 50107—2010 [S]. 北京：中国建筑工业出版社，2010.

13. 中华人民共和国住房和城乡建设部. 建筑工程抗震设防分类标准：GB 50223—2008 [S]. 北京：中国建筑工业出版社，2008.

14. 中华人民共和国住房和城乡建设部. 建筑结构可靠性设计统一标准：GB 50068—2018 [S]. 北京：中国建筑工业出版社，2018.

15. 中华人民共和国住房和城乡建设部. 中国地震动参数区划图：GB 18306—2015 [S]. 北京：中国建筑工业出版社，2015.

16. 中华人民共和国住房和城乡建设部. 建筑抗震设计规范：GB 50011—2010（2016 年局部修订版）[S]. 北京：中国建筑工业出版社，2016.

17. 中华人民共和国住房和城乡建设部. 工程结构通用规范：GB 55001—2021 [S]. 北京：中国建筑工业出版社，2021.

18. 中华人民共和国住房和城乡建设部. 混凝土结构通用规范：GB 55008—2021

[S]. 北京：中国建筑工业出版社，2021.

19. 中华人民共和国住房和城乡建设部. 建筑与市政工程抗震通用规范：GB 55002—2021 [S]. 北京：中国建筑工业出版社，2021.

20. 中华人民共和国住房和城乡建设部. 建筑与市政地基基础通用规范：GB 55003—2021 [S]. 北京：中国建筑工业出版社，2021.

21. IX-ISO. General principles on reliability for structures：ISO 2394：2015 [S]. Published in Switzerland，2015.

22. International Conference of Building Official. 1997 Uniform building code：volume 2 [S]. Whittier，1997.

23. International Code Council. 2018 International building code [S]. Printed in the USA，2017.

24. International Code Council. 2021 International building code [S]. Printed in the USA，2020.

25. International Code Council. 2018 International residential code [S]. Printed in the USA，2017.

26. International Code Council. 2015 International fire code [S]. Printed in the USA，2014.

27. American Society of Civil Engineer. Minimum design loads for buildings and other structures：ASCE/SEI 7-05 [S]. Reston：American Society of Civil Engineers，2006.

28. American Society of Civil Engineer. ASCE 7-10 Minimum design loads for buildings and other structures：ASCE/SEI 7-10 [S]. Reston：American Society of Civil Engineers，2010.

29. American Society of Civil Engineer. Minimum design loads and associated criteria for buildings and other structures：ASCE/SEI 7-16 [S]. Reston：American Society of Civil Engineers，2015.

30. American Society of Civil Engineer. Minimum design loads and associated criteria for buildings and other structures：ASCE/SEI 7-22 [S]. Reston，American Society of Civil Engineers，2022.

31. American Society of Civil Engineer. Design loads on structures during construction：ASCE/SEI 37—2014 [S]. Reston：American Society of Civil Engineers，2015.

32. ACI Committee 318. Building code requirements for structural concrete：ACI 318-02 [S]. Farmington Hills：American Concrete Institute，2002.

33. ACI Committee 318. Building code requirements for structural concrete：ACI 318-05 [S]. Farmington Hills：American Concrete Institute，2005.

34. ACI Committee 318. Building code requirements for structural concrete：ACI 318-08 [S]. Farmington Hills：American Concrete Institute，2008.

35. ACI Committee 318. Building code requirements for structural concrete：ACI 318-11 [S]. Farmington Hills：American Concrete Institute，2011.

36. ACI Committee 318. Building code requirements for structural concrete: ACI 318-14 [S]. Farmington Hills: American Concrete Institute, 2014.

37. ACI Committee 318. Building code requirements for structural concrete: ACI 318M-14 [S]. Farmington Hills: American Concrete Institute, 2014.

38. ACI Committee 318. Building code requirements for structural concrete: ACI 318-19 [S]. Farmington Hills: American Concrete Institute, 2019.

39. ACI Committee 117. Specifications for tolerances for concrete construction and materials and commentary: ACI 117-06 [S]. Farmington Hills: American Concrete Institute, 2006.

40. ACI Committee 201. Guide to durable concrete: ACI 201. 2R-08 [S]. Farmington Hills: American Concrete Institute, 2008.

41. ACI Committee 201. Guide to durable concrete: ACI 201. 2R-16 [S]. Farmington Hills: American Concrete Institute, 2016.

42. ACI Committee 209. Prediction of creep, shrinkage, and temperature effects in concrete structure: ACI 209R-92 (Reapproved 2008) [S]. Farmington Hills: American Concrete Institute, 2008.

43. ACI Committee 214. Guide to evaluation of strength test results of concrete: ACI 214R—2011 (Reapproved 2019) [S]. Farmington Hills: American Concrete Institute, 2019.

44. ACI Committee 222. Protection of metals in concrete against corrosion: ACI 222R-01 [S]. Farmington Hills: American Concrete Institute, 2001.

45. ACI Committee 224. Control of cracking in concrete structures: ACI 224R-01 [S]. Farmington Hills: American Concrete Institute, 2001.

46. ACI Committee 301. Specifications for structural concrete: ACI 301M-10 [S]. Farmington Hills: American Concrete Institute, 2010.

47. ACI Committee 301. Specifications for structural concrete: ACI 301-16 [S]. Farmington Hills: American Concrete Institute, 2016.

48. ACI Committee 302. Guide for concrete floor and slab construction: ACI 302. 1R-04 [S]. Farmington Hills: American Concrete Institute, 2004.

49. ACI Committee 350. Specification for environmental concrete structures: ACI 350. 5M-12 [S]. Farmington Hills: American Concrete Institute, 2012.

50. ACI-ASCE Committee 352. Guide for design of slab-column connections in monolithic concrete structures: ACI 352. 1R-04 [S]. Farmington Hills: American Concrete Institute, 2004.

51. ACI-ASCE Committee 352. Guide for design of slab-column connections in monolithic concrete structures: ACI 352. 1R-11 [S]. Farmington Hills: American Concrete Institute, 2011.

52. ACI-ASCE Committee 352. Recommendations for design of beam-column connections in monolithic reinforced concrete structures: ACI 352R-02 (Reapproved 2010)

[S]. Farmington Hills: American Concrete Institute, 2010.

53. ACI Committee 360. Guide to design of slabs-on-ground: ACI 360R-10 [S]. Farmington Hills: American Concrete Institute, 2010.

54. American Institute of Steel Construction. Load and resistance factor design specification for structural steel buildings [S]. Chicago: AISC Committee on Specifications, 1999.

55. American Institute of Steel Construction. Code of standard practice for steel building and bridges [S]. Chicago: AISC Committee on the Code of Standard Practice, 2000.

56. American Institute of Steel Construction. Seismic provisions for structural steel buildings: ANSI/AISC 341-16 [S]. Chicago: AISC Committee on Specifications, 2016.

57. American Institute of Steel Construction. Specification for structural steel buildingss: ANSI/AISC 360-16 [S]. Chicago: AISC Committee on Specifications, 2016.

58. ASTM International. Standard specification for deformed and plain carbon-steel bars for concrete reinforcement. A615/A615M-09 [S]. Conshohocken, 2009.

59. ASTM International. Standard specification for deformed and plain carbon-steel bars for concrete reinforcement. A615/A615M-20 [S]. Conshohocken, 2020.

60. ASTM International. Standard specification for deformed and plain low-alloy steel bars for concrete reinforcement. A706/ 706M-06a [S]. Conshohocken, 2006.

61. ASTM International. Standard specification for deformed and plain low-alloy steel bars for concrete reinforcement. A706/ 706M-16 [S]. Conshohocken, 2016.

62. ASTM International. Standard specification for deformed and plain, low-carbon, chromium, steel bars for concrete reinforcement. A1035/A1035M-20 [S]. Conshohocken, 2020.

63. ASTM International. Standard test methods and definitions for mechanical testing of steel products: A370-20 [S]. Conshohocken, 2020.

64. ASTM International. Making and curing concrete test specimens: C31/C31M-12 [S]. Conshohocken, 2012.

65. ASTM International. Compressive strength of cylindrical concrete specimens: C39/C39M-14a [S]. Conshohocken, 2014.

66. ASTM International. Standard practice for sampling freshly mixed concrete: C172/C172M-14 [S]. Conshohocken, 2014.

67. ASTM International. Standard test method for compressive strength of concrete cylinders cast in place in cylindrical molds: C873/873CM-15 [S]. Conshohocken, 2015.

68. ASTM International. Standard specification for anchor bolts, steel, 36, 55, and 105-ksi yield strength: F1554-07 [S]. Conshohocken, 2007.

69. Federal Emergency Management Agency. P-750 NEHRP pecommended seismic provisions for new buildings and other structures [S]. U. S. Department of Homeland Security by the Building Seismic Safety Council of the National Institute of Building Sci-

ences, 2009.

70. Federal Emergency Management Agency. P-1050-1 NEHRP recommended seismic provisions for new buildings and other structures: volume Ⅰ: part 1 provisions, part 2 commentary [S]. U. S. Department of Homeland Security by the Building Seismic Safety Council of the National Institute of Building Sciences, 2015.

71. Federal Emergency Management Agency. P-1050-2 NEHRP recommended seismic provisions for new buildings and other structures: volume Ⅱ: part 3 resource papers [S]. U. S. Department of Homeland Security by the Building Seismic Safety Council of the National Institute of Building Sciences, 2015.

72. Federal Emergency Management Agency. P-2082-1 NEHRP recommended seismic provisions for new buildings and other structures: volume Ⅰ: part 1 provisions, part 2 commentary [S]. U. S. Department of Homeland Security by the Building Seismic Safety Council of the National Institute of Building Sciences, September 2020.

73. Federal Emergency Management Agency. P-2082-2 NEHRP recommended seismic provisions for new buildings and other structures: volume Ⅱ: part 3 resource papers [S]. U. S. Department of Homeland Security by the Building Seismic Safety Council of the National Institute of Building Sciences, September 2020.

74. Technical Committee on Building Code. Building construction and safety code: NFPA 5000—2018 [S]. Quincy: National Fire Protection Association, 2018.

75. Technical Committee on Building Code. Building construction and safety code: NFPA 5000—2021 [S]. Quincy: National Fire Protection Association, 2020.

76. British Standard Institutes. Structural use of concrete: part 1 code of practice for design and construction BS 8110: Part 1: 1985 [S].

77. British Standard Institutes. Structural use of concrete: part 1 code of practice for design and construction BS 8110: Part 1: 1997 [S].

78. Singapore Productivity and Standard Board. Code of practice for structural use of concrete: Part 1: design and construction: CP65: Part 1: 1999 [S]. Singapore: Standard Council of Singapore, 1999.

79. European Committee for Standardization. Eurocode: basis of structural design: EN 1990: 2002/A1: 2005/AC: 2010 [S]. Brussels, 2010-04-21.

80. European Committee for Standardization. Eurocode 1: actions on structures part 1-1: general actions-densities, self-weight, imposed loads for buildings: EN 1991-1-1: 2002/AC: 2009 [S]. Brussels, 2009-03-18.

81. European Committee for Standardization. Eurocode 1: actions on structures part 1-3: general actions-snow loads: EN 1991-1-3: 2003/A1: 2015 [S]. Brussels, 2015-09-02.

82. European Committee for Standardization. Eurocode 1: actions on structures part 1-4: general actions-wind actions: EN 1991-1-4: 2005/A1: 2010 [S]. Brussels, 2010-04-07.

83. European Committee for Standardization. Eurocode 1：actions on structures part 1-5：general actions-thermal actions：EN 1991-1-5：2003/AC：2009 [S]. Brussels，2009-03-11.

84. European Committee for Standardization. Eurocode 1：actions on structures part 1-6：general actions-actions during execution：EN 1991-1-6：2005/AC：2013 [S]. Brussels，2013-02-06.

85. European Committee for Standardization. Eurocode 1：actions on structures part 1-7：general actions-accidental actions：EN 1991-1-7：2006/A1：2014 [S]. Brussels，2014-06-04.

86. European Committee for Standardization. Eurocode 1：actions on structures part 2：traffic loads on bridges：EN 1991-2：2003/AC：2010 [S]. Brussels，2010-02-17.

87. European Committee for Standardization. Eurocode 1：actions on structures part 3：actions induced by cranes and machinery：EN 1991-3：2006/AC：2012 [S]. Brussels，2012-12-05.

88. European Committee for Standardization. Eurocode 2：design of concrete structures：Part 1-1：general rules and rules for buildings：EN 1992-1-1：2004＋A1：2014 [S]. Brussels，2014-12-17.

89. European Committee for Standardization. Eurocode 3：design of steel structures：part 1-1：general rules and rules for buildings：EN 1993-1-1：2005/A1：2014 [S]. Brussels，2014-05-07.

90. European Committee for Standardization. Eurocode 4：design of composite steel and concrete structures：part 1-1：general rules and rules for buildings：EN 1994-1-1：2004/AC：2009 [S]. Brussels，2009-04-15.

91. European Committee for Standardization. Eurocode 7：geotechnical design：part 1：general rules：EN 1997-1：2004/A1：2013 [S]. Brussels，2013-11-06.

92. European Committee for Standardization. Eurocode 8：design of structures for earthquake resistance：part 1：general rules，seismic actions and rules for buildings：EN 1998-1：2004/A1：2013 [S]. Brussels，2013-02-20.

93. European Committee for Standardization. Concrete：specification，performance，production and conformity：EN 206：2013＋A1：2016 [S]. Brussels，2016.

94. European Committee for Standardization. Steel for the reinforcement of concrete：weldable reinforcing steel：general：EN 10080：2005 [S]. Brussels，2005.

95. European Committee for Standardization. Execution of concrete structures：EN 13670：2009 [S]. Brussels，2009.

96. European Committee for Standardization. Testing fresh concrete：part 1：sampling and common apparatus：EN 12350-1：2019 [S]. Brussels，2019.

97. European Committee for Standardization. Testing hardened concrete：EN 12390—part 1：shape，dimensions and other requirements for specimens and moulds：EN 12390-1：2012 [S]. Brussels，2012.

—part 2：making and curing specimens for strength tests：EN 12390-2：2000 [S]. Brussels，2000.

—part 3：compressive strength of test specimens：EN 12390-3：2019 [S]. Brussels，2019.

98. Department of Defense of USA. Unified facilities criteria（UFC）：high performance and sustainable building：UFC 1-200-02 [S]，2019.

99. Department of Defense of USA. Unified facilities criteria（UFC）：structural engineering：UFC3-301-01 [S]，2019.

100. Department of Defense of USA. Unified facilities criteria（UFC）：design of buildings to resist progressive collapse：UFC3-301-01 [S]，2016.

二、论文、专著

101. 李文平. 地下建筑结构设计优化及案例分析 [M]. 北京：中国建筑工业出版社，2019.

102. 李文平. 建筑结构优化设计方法及案例分析 [M]. 北京：中国建筑工业出版社，2016.

103. 刘金波，李文平，刘民易，等. 建筑地基基础设计禁忌及实例 [M]. 北京：中国建筑工业出版社，2013.

104. 刘金波，黄强. 建筑桩基技术规范理解与应用 [M]. 北京：中国建筑工业出版社，2008.

105. 李国胜. 建筑结构裂缝及加层加固疑难问题的处理：附实例 [M]. 北京：中国建筑工业出版社，2006.

106. 李国胜. 混凝土结构设计禁忌及实例 [M]. 北京：中国建筑工业出版社，2007.

107. 李国胜. 多高层钢筋混凝土结构设计优化与合理构造 [M]. 2 版. 北京：中国建筑工业出版社，2012.

108. 建筑结构静力计算手册 [M]. 2 版. 北京：中国建筑工业出版社，1998.

109. 国振喜，徐建. 建筑结构构造规定及图例 [M]. 北京：中国建筑工业出版社，2003.

110. 罗开海，黄世敏.《建筑抗震设计规范》发展历程及展望 [C] //第二届中国工程建设标准化高峰论坛论文集.

111. 易方民，高小旺，苏经宇. 建筑抗震设计规范理解与应用 [M]. 2 版. 北京：中国建筑工业出版社，2011.

112. 贡金鑫，魏巍巍，胡家顺. 中美欧混凝土结构设计 [M]. 北京：中国建筑工业出版社，2007.

113. 贡金鑫，车轶，李荣庆. 混凝土结构设计（按欧洲规范）[M]. 北京：中国建筑工业出版社，2009.

114. 中国建筑科学研究院. 混凝土结构设计 [M]. 北京：中国建筑工业出版社，2003.

115. 戴镇潮. 混凝土强度的标准差和变异系数［J］. 混凝土与水泥制品，1996（6）.

116. 王勖成. 有限单元法［M］. 北京：清华大学出版社，2003.

117. 曾攀. 有限元分析基础教程［M］. 北京：清华大学出版社，2008.

118. 张彬. 建筑抗震设计常见问题解析［M］. 北京：机械工业出版社，2014.

119. DOUGLAS W T，CHRIS K. *2021 International building code illustrated handbook*［M］. Global：Mc Graw Hill，International Code Council，2022.

120. PARK R，PAULAY T. *Reinforced concrete structures*［M］. New York：John Wiley & Sons，Inc.，1975.

121. PARK R，GAMBLE W L. *Reinforced concrete slabs*［M］. 台北：虹桥书店，1980.

122. RAO D S PRAKASH. *Design principles and detailing of concrete structures*［M］. New Delhi：Tata McGraw-Hill Publishing Company Limited，1995.

123. GRIDER A，RAMIREZ J A，YUN Y M. "Structural concrete design" *structural engineering handbook*［M］. Boca Raton：CRC Press LLC，1999.

124. IStructE/Concrete Society. *Standard method of detailing structural concrete*［M］. *Third Edition*. London：The Institution of Structural Engineers，2006.

125. El-Metwally，Salah El-Din E. *Structural concrete：strut-and-tie models for unified design*［M］. Boca Raton：CRC Press of Taylor & Francis Group，LLC，2018.

126. GRIDER A，RAMIREZ J A，YUN Y M. *ACI structural concrete design*［M］. Boca Raton：CRC Press LLC，1999.

127. American Concrete Institute. *ACI detailing manual*-2004（SP-66）［M］. Farmington Hills，2004.

128. MAHMOUD E K，LAWRENCE C N. *Simplified design of reinforced concrete to ACI* 318-11［M］. *Fouth Edition*. Skokie：Potland Cement Association，2011.

129. Computers & Structures Inc. *Concrete frame design manual ACI* 318-14 *For ETABS®* 2015［M］. CSI，2014.

130. Computers & Structures Inc. *Shear wall design manual ACI* 318-14 *for ETABS®* 2015［M］. CSI，2014.

131. *ACI design handbook：design of structural reinforced concrete elements in accordance with ACI* 318-05 ACI SP-17（09）［S］. American Concrete Institute，2009.

132. *The reinforced concrete design handbook，a companion to ACI* 318-14，*volume* 1：*Member Design* ACI SP-017（14）［S］. American Concrete Institute，2015.

133. *The reinforced concrete design handbook，a companion to ACI* 318-14，*volume* 3：*design aids* ACI SP-017（14）［S］. American Concrete Institute，2015.

134. *Next-generation performance-based seismic design guidelines* FEMA P-445［S］. Federal Emergency Management Agency of the U. S. Department of Homeland Security，August 2006.

135. *Earthquake-resistant design concepts* FEMA P-749［S］. Federal Emergency

Management Agency of the U. S. Department of Homeland Security by the National Institute of Building Sciences Building Seismic Safety Council, December 2010.

136. 2009 *NEHRP recommended seismic provisions: design examples* FEMAP-751 2009 [S]. Federal Emergency Management Agency of the U. S. Department of Homeland Security by the National Institute of Building Sciences Building Seismic Safety Council, September 2012.

137. 2015 P*NEHRP recommended seismic provisions: design examples* FEMAP-1051 [S]. Federal Emergency Management Agency of the U. S. Department of Homeland Security by the National Institute of Building Sciences Building Seismic Safety Council, July 2016.

138. 2015 *NEHRP recommended seismic provisions: design examples-flow charts* FEMA P-1051B [S]. Federal Emergency Management Agency of the U. S. Department of Homeland Security by the National Institute of Building Sciences Building Seismic Safety Council, September 2016.

139. NEHRP recommended seismic provisions: design examples, training materials, and design flow charts:

P-2192-V1, volume Ⅰ: design examples FEMA 2020 [S], November 2021.

P-2192-V2, volume Ⅱ: training materials FEMA 2020 [S], November 2021.

P-2192-V3, volume Ⅲ: flow charts FEMA 2020 [S], November 2021.

140. *The role of the NEHRP recommended seismic provisions in the development of nationwide seismic building code regulations: a thirty-fiveyear retrospective* FEMA P-2156 [S]. Federal Emergency Management Agency of the U. S. Department of Homeland Security by the National Institute of Building Sciences Building Seismic Safety Council, February 2021.

141. ROD W. *Reinforced concrete framed structure: comparative design study to EC2 and BS* 8110 [M]. London, BRE Bookshop by Permission of Building Research Establishment Ltd., 2003.

142. BOND A J, BROOKER O, HARRIS A J, et al. *How to design concrete structures using Eurocode* 2 [M]. Surrey: The Concrete Centre, 2006.

143. The Institution of Structural Engineers. *Manual for the design of concrete building structures to Eurocode* 2 [M]. London: The Institution of Structural Engineers, 2006.

144. MARTIN L H, PURKISS J A, *Concrete design to EN* 1992 [M]. (*second edition*) Arnold, 2006.

145. MOSLEY B, BUNGEY J, HULSE R. *Reinforced concrete design to Eurocode* 2 [M]. *Sixth Edition*. New York: Palgrave Macmillan, 2007.

146. GOODCHILD C H, et al. *Worked examples to Eurocode* 2: *volume* 1 [M]. Surrey: The Concrete Centre, 2009.

147. European Communities. *The role of En* 1990: *the key head Eurocode* [M].

DG Enterprise and Industry Joint Research Centre，2008.

148. European Concrete Platform. *Eurocode 2 commentary* [M]. Brusselss：European Concrete Platform ASBL，2008.

149. European Concrete Platform. *Eurocode 2 worked examples* [M]. Brusselss：European Concrete Platform ASBL，2008.

150. BAMFORTH P.，CHISHOLM D.，GIBBS J.，et al. *Properties of concrete for use in Eurocode 2* [M]. Surrey：The Concrete Centre，2008.

151. GOODCHILD C. H.，WEBSTER R. M.，ELLIOTT K. S. *Economic concrete frame elements to Eurocode 2* [M]. Surrey：The Concrete Centre，2009.

152. Wspgroup. *Designed and detailed Eurocode 2* [M]. *4th edition*. Surrey：The Concrete Society，2009.

153. BEEBY A W，NARAYANAN R S. *Designers' guide to Eurocode 2，design of concrete structures* [M]. London：Thomas Telford Publishing，first published 2005，reprinted with amendments，2009.

154. BIASIOLI F，MANCINI G，JUST M，et al. *Eurocode 2 background & applications，design of concrete buildings，worked examples* [M]. Ispra（VA）：European Commission，Joint Research Centre，2014.

155. AHMED Y E. *Seismic design of buildings to Eurocode 8* [M]. New York：Spon Press，2009.

156. FARDIS M，CARVALHO E，ELNASHAI A，et al. *Designers' guide to eurocode 8：design of structures for earthquake resistance* [M]. London：Published by ICE Publishing，first published 2005，reprinted 2009，2011.

157. BISCH P，CARVALHO E，DEGEE H. *Eurocode 8：seismic design of buildings worked examples* [M]. European Commission Joint Research Centre，EUR 25204 EN，2012.

158. MICHAEL N F，EDUARDO C C，PETER F，et al. *Seismic design of concrete buildings to Eurocode 8* [M]. CRC Press，Taylor & Francis Group，LLC，2015.

三、欧洲规范的背景文件

1. EN 1990：Eurocode-Basis of structural design

Designers' Guide to EN 1990 Eurocode：Basis of structural design，H. Gulvanessian，J.-A. Calgaro，M. Holicky

Les eurocodes-Conception des bâtiments et des ouvrages de génie civil，J. Moreau de Saint-Martin，J.-A. Calgaro

Handbook 1 Basis of structural design，Leonardo da Vinci Pilot Project CZ/02/B/F/PP-134007

Handbook 2 Reliability backgrounds，Leonardo da Vinci Pilot Project CZ/02/B/F/PP-134007

2. EN 1991：Eurocode 1-Actions on structures

Handbook 3 *Action effects for buildings*, Leonardo da Vinci Pilot Project CZ/02/B/F/PP-134007

Handbook 4 *Design of bridges*, Leonardo da Vinci Pilot Project CZ/02/B/F/PP-134007

Handbook 5 *Design of buildings for the fire situation*, Leonardo da Vinci Pilot Project CZ/02/B/F/PP-134007

3. EN 1992: Eurocode 2-Design of concrete structures

Applications de l' Eurocode 2: *Calcul des b timents en béton*, J.-A. Calgaro, J. Cortade

Designers' Guide to EN 1992-1-1 *and EN* 1992-1-2 *Eurocode* 2: *Design of Concrete Structures. General rules and rules for buildings and structural fire design*, R. S. Narayanan, A. Beeby

4. EN 1993: Eurocode 3-Design of steel structures

Assessment of Existing Steel Structures: *Recommendations for Estimation of the Remaining Fatigue Life*, B. Kühn, M. Lukić, A. Nussbaumer, H.-P. Günther, R. Helmerich, S. Herion, M. H. Kolstein, S. Walbridge, B. Androic, O. Dijkstra, Ö. Bucak

Commentary and worked examples to EN 1993-1-5 "*Plated structural elements*", B. Johansson, R. Maquoi, G. Sedlacek, C. Müller, D. Beg

Commentary and worked examples to EN 1993-1-10 "*Material toughness and through thickness properties*" *and other toughness oriented rules in EN* 1993, G. Sedlacek, M. Feldmann, B. Kuehn, D. Tschickardt, S. Hoehler, C. Mueller, W. Hensen, N. Stranghoener, W. Dahl, P. Langenberg, S. Muenstermann, J. Brozetti, J. Raoul, R. Pope, F. Bijlaard

Designers' Guide to EN 1993-1-1 *Eurocode* 3: *Design of Steel Structures-General Rules and Rules for Buildings*, L. Gardner, D. Nethercot D

5. EN 1995: Eurocode 5-Design of timber structures

Designers' Guide to EN 1995-1-1 *Eurocode* 5: *Design of Timber Structures-Common Rules and Rules for Buildings*, C. J. Mettem

Structural Fire Design according to Eurocode 5-*Design Rules and their Background*, J. Koenig

6. EN 1996: Eurocode 6-Design of masonry structures

Designers' Guide to EN 1996 *Eurocode* 6: *Design of Masonry Structures*, J. Morton

7. EN 1997: Eurocode 7-Geotechnical design

Designers' Guide to EN 1997-1 *Eurocode* 7: *Geotechnical Design-General Rules*

R. Frank, C. Bauduin, R. Driscoll, M. Kavvadas, N. Krebs Ovesen, T. Orr, B. Schuppener

8. EN 1998: Eurocode 8-Design of structures for earthquake resistance

Designers' Guide to EN 1998-1 *and* 1998-5. *Eurocode* 8: *Design Provisions for Earthquake Resistant Structures*, M. N. Fardis, E. Carvalho, A. Elnashai, E. Faccioli，P. Pinto，A. Plumier

9. Structural fire design

Background documents to EN 1992-1-2 *Eurocode* 2：*Design of concrete structures*，*Part* 1-2：*General rules-Structural fire design*，Y. Anderberg，N. E. Forsén，T. Hietanen，J. M. Izquierdo，A. Le Duff，E. Richter，R. T. Whittle，H. Bossenmayer，H. -U. Litzner，J. Kruppa